JN436848

개정판

분석화학

박영규 · 이무강 · 조병락 공저

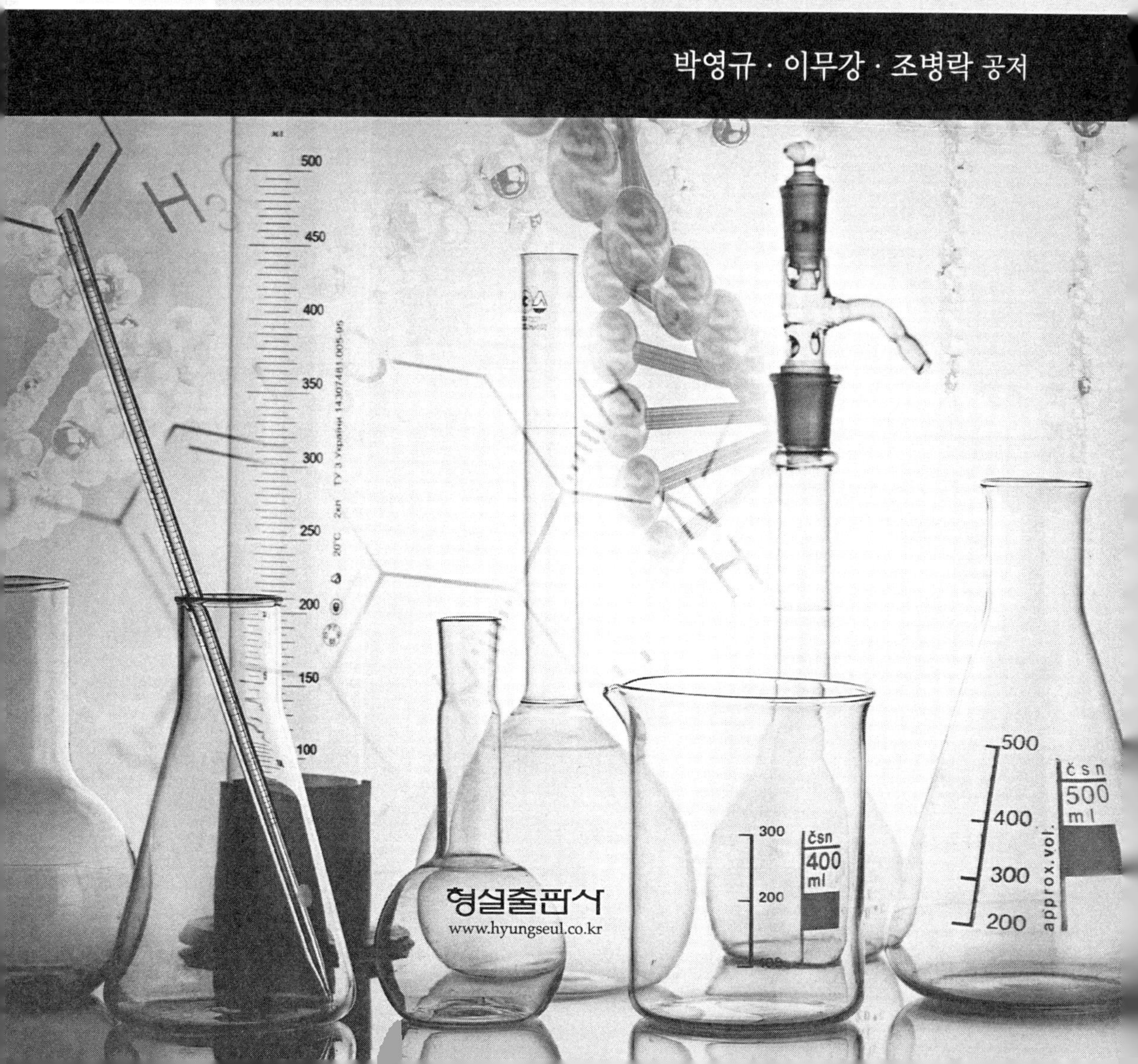

형설출판사
www.hyungseul.co.kr

머 리 말

분석화학은 화학의 모든 분야에서 기초가 되는 중요한 과목으로 화학을 전공하는 학생은 물론 화학을 전공하지 않는 자연과학도 중에서도 화학공업, 환경학, 농학, 의약학, 지질학, 생물학, 영양학 또는 이들과 관련된 분야를 공부하는 학생들에게 있어서는 반드시 필요한 과목이다.

자연과학의 다른 분야와 같이 분석화학도 그 이론과 분석기술이 급속히 발전하고 있으며 더욱이 기기분석의 발달에 따라서 분석화학의 내용도 너무나 방대하므로 이들을 적절히 간추려서 초보자에게 알기 쉽게 강의하기란 힘든 일이다.

이 책은 대학에서 일반화학 정도를 이수한 학생들이 주당 3~2시간의 수업으로 1~2학기에 강의를 마칠 수 있도록 엮었으며 학생들의 수준과 교과 특성에 맞추어 어떤 항목을 빼고 강의해도 소기의 목적을 달성할 수 있도록 구성하였다. 구판이 정성분석에 많은 부분을 할애했던 것에 비하여 이번의 개정판에서는 정성분석 부분을 줄이고 반면에 분석화학에 대한 기초이론과 실험 부분을 큰 항목으로 묶어서 주로 정량분석과 최근 많이 이용되고 있는 몇 가지 기기분석들에 대한 내용을 중점적으로 다루었다.

끝으로 이 책이 분석화학의 기초를 공부하는 데 조금이라도 도움이 되길 바라며 내용의 착오나 문제점을 발견하였을 때 저자들에게 지적해 주시면 수정 보완해 나가는 데 도움으로 삼겠다.

저자 씀

목 차

제1장 서 론

제 2 장 산−염기 용액과 중화 적정법

제 3 장 침전과 그 적정법

제 4 장 산화－환원 및 그 적정법

제 5 장 착화합물과 킬레이트 적정법

제 6 장 중량분석법과 그 실험

제 7 장 정성분석

제 8 장 전기화학적 분석법

제 9 장 광학적 분석법

제 10 장 분리분석법

제 1 장

서 론

1-1 화학분석

1. 분석화학

분석화학(analytical chemistry)은 분석하려는 물질, 곧 시료(sample) 속에 들어 있는 성분들의 조성을 명확하게 구명하는 학문으로서 화학의 모든 분야에서 기초가 되는 중요한 과목이며, 분석에 필요한 이론을 연구하고 물질변화의 근본이 되는 화학반응을 이해하며 또 추리할 수 있는 능력을 배양하는 학문이다.

이러한 분석화학의 원리를 이용하는 실험을 화학분석(chemical analysis)이라고 하며 분석대상에 따라 정성분석과 정량분석으로 대별한다.

2. 화학분석법의 종류

(1) 정성분석

정성분석(qualitative analysis)은 시료 속에 들어 있는 성분들의 종류를 조사·확인하는 분석법으로서 화학적 방법이 주로 쓰이나 물리적 방법도 종종 쓰이고 있다.

물리적 방법(physical method)은 원시료의 결정형, 색, 맛, 냄새, 광택, 비중, 끓는점, 녹는점, 용매에 대한 용해도, 상온에서의 상태(기체, 액체, 고체) 등의 물리적 성질을 관찰함으로써 어떤 성분을 추정하는 보조적 방법이다.

화학적 방법(chemical method)은 시료에 시약을 넣었을 때 어떤 성분이 특이하게 나타내는 화학반응, 곧 화학적 성질을 관찰하여 확인 검출하는 시험방법이다. 이 분석법은 다시 건식법(dry method)과 습식법(wet method)으로 나눌 수 있고, 건식법은 시료를 고온에서 반응시켜 분석하는 방법으로 불대시험, 강열시험, 불꽃시험, 붕사구시험 등이 있으나 그 적용범위가 제한되어 있다. 이에 반해 습식법은 시료를 용매에 녹여 용액으로 만든 다음 반응시키기 때문에 그 응용범위가 넓고 간단한 기구로써도 실험이 가능한 잇점이 있다.

일반적으로 물질은 여러 가지의 물리적, 화학적 성질을 가지고 있으나 실제로 어떤 시료를 분석할 때에는 이들 성질 모두를 조사할 필요는 없고 특이한 몇 가지의 성질만 시험하면 된다.

또 정성분석은 그 대상에 따라 유기정성분석, 무기정성분석으로 나누기도 하며 분석에 사용하는 시료의 양에 따라 표 1−1과 같이 분류한다.

표 1−1 정성분석법의 분류

종 류	시료의 양(고체 mg)	시료의 양(액체 ml)
상 량 분 석	100∼1,000	50∼100
반미량분석	10∼100	1∼10
미 량	1∼10	0.1∼1
초 미 량	10^{-2}∼10^{-3}	−
극 미 량	10^{-5}∼10^{-6}	−

(2) 정량분석

정량분석(quantitative analysis)은 시료의 화학적 성분량을 분석하여 물질의 순도나 조성을 알아내는 분석법이다. 이 방법은 20세기 전반까지는 대체로 용량분석법과 중량분석법이 널리 이용되어 왔으나 최근에 와서는 각종 기기를 이용하는 기기분석법이 중요한 위치를 차지하게 되었다.

용량분석법(volumetric analysis)은 시료에 화학양론적으로 반응하는 적당한 시약의 표준용액을 적정제로 가하고 반응이 끝날 때까지 소비된 부피를 측정하여 이 표준용액의 농도와 부피에서 미지물질의 양을 계산하는 방법이다.

이를테면 소금물의 농도를 측정할 때 일정한 부피의 소금물을 취하여 여기에 $AgNO_3$ 표준용액을 AgCl침전이 완결될 때가지 가하고 이 때 들어 간 $AgNO_3$ 표준용액의 부피와 농도로부터 소금의 양과 농도를 계산한다.

이 방법은 중량분석법과 같이 보다 기초적인 정량법으로 pipet, buret 등과 같은 간단한 기구로 신속하고 간단히 정량할 수 있고 정밀도도 높은 편이며 시료와 적정제의 반응에 따라 중화적정, 침전적정, 산화-환원적정 및 킬레이트 적정의 4가지로 크게 분류한다.

중량분석법(gravimetric analysis)은 시료용액에 적당한 침전제를 가하여 구하고자 하는 성분을 침전으로 만들고 여과, 건조한 후 그 중량을 단다. 최후에 얻은 물질의 화학식과 중량으로부터 구하고자 하는 성분의 양을 계산한다.

예를 들어 일정량의 소금물에 포함된 염소의 양을 측정하고자 하면 이 소금물에 $AgNO_3$용액을 가하여 생성된 AgCl침전을 여과, 세척하고 건조한 후 중량을 달아서 AgCl의 조성비를 이용하여 염소의 양을 계산한다.

기기분석법(instrumental analysis)은 주로 물질의 물리화학적 성질을 이용하는 방법으로 측정시 대개 복잡하고 값비싼 기계와 기구를 사용하므로 기기분석이라고 한다.

예를 들어 $KMnO_4$용액은 파장이 515 nm인 복사선을 잘 흡수하는데 이 광의 흡수정도를 측정하여 $KMnO_4$의 농도를 알아낼 수 있다.

이 기기분석법은 용량분석이나 중량분석 등의 고전적 화학분석법으로는 불가능한 물질도 분석할 수 있으며 많은 시료를 반복분석할 경우 분석시간이 짧고, 개인차가 적으며 감도가 큰 잇점 등이 있어 최근들어 유용한 분석법으로 각광받고 있다.

1-2 화학분석 일반사항

1. 일반규정

분석화학을 공부함에 있어서 자주 사용되는 용어의 규정을 알아 두자.

(1) 계량의 단위 및 기호

① 길이 : m, cm, mm, μm, nm, Å 등
② 무게 : kg, g, mg, μg, ng 등
③ 넓이 : m^2, cm^2, mm^2 등
④ 부피 : m^3, cm^3, mm^3 등
⑤ 용량 : kl, l, ml, μl 등
⑥ 압력 : atm, mmHg 등

(2) 시 약

물질의 시험에 사용되는 약품으로 따로 규정이 없는 한 특급 혹은 1급 이상의 시약을 사용한다.

(3) 용 액

2종 이상의 균일한 혼합물을 말한다. 용액의 앞에 몇 %(예 : 20% NaOH용액)라고 한 것은 수용액 농도를 뜻하며 분석에 많이 쓰인다.

(4) 농 도

① 백분율(parts per hundred)은 용액 100 ml 중의 성분무게(g), 또는 가스 100 ml 중의 성분무게(g)를 표시할 때는 *W/V*%, 용액 100 ml 중의 성분용량(ml), 또는 가스 100 ml중의 성분용량(ml)을 표시할 때는 *V/V*%, 용액 100 g중의 성분무게(g)를 표시할 때는 *W/W*%의 기호를 쓴다. 다만, 용액의 농도를 "%"

로만 표시할 때는 *W/V*%를 말한다.

② 천분율(parts per thousand)을 표시할 때는 g/kg 또는 ‰의 기호를 쓴다.

③ 백만분율(parts per million)을 표시할 때는 mg/*l* 또는 ppm의 기호를 쓴다.

④ 십억분율(parts per billion)을 표시할 때는 μg/*l* 또는 ppb의 기호를 쓰며 1 ppb는 0.001 ppm이다.

또, mg/*l* ≒ ppm, μg/*l* ≒ ppb이다.

⑤ 액의 농도

(가) 액의 농도를 (1→10)으로 표시하는 것은 고체성분에 있어서는 1g, 액체성분에 있어서는 1m*l*를 용매에 녹여 전체량을 10m*l*로 하는 비율을 표시한 것이다.

(나) 액체시약의 농도에 있어서 예를 들어 황산(1+2)라고 되어 있을 때에는 황산 1m*l*와 물 2m*l*를 혼합하여 조제한 것을 말한다.

⑥ 가스체의 농도는 표준상태(0℃, 1기압, 비교습도 0%)로 환산 표시한다.

(5) 온 도

표준온도는 0℃, 상온은 15~25℃, 실온은 1~35℃로 한다. "찬곳"은 따로 규정이 없는 한 0~15℃의 곳을 뜻한다. 온수는 60~70℃, 열수는 약 100℃, 냉수는 15℃ 이하로 한다.

냉각이란 상온 또는 실온으로 냉각하는 것이고, 수냉이란 수도수 등으로 냉각하는 것이며, 빙냉은 얼음으로 냉각하는 것이다. 방냉이란 자연 그대로 버려 두어 냉각되기를 기다린다는 말이다. 가온이란 온탕으로 데운다는 말이며, 가열은 열탕의 온도 또는 그 이상으로 열하는 것이고 강열은 직화로써 높은 온도를 가한다는 말이며 작열, 또는 열작이라고도 한다.

또, "수욕상(水浴上) 또는 수욕중에서 가열한다"라 함은 따로 규정이 없는 한 수온 100℃에서 가열함을 뜻하고 약 100℃의 증기욕을 쓸 수 있다.

(6) 액 성

용액이 산성, 알카리성 또는 중성인가를 나타내는 데 사용하며 액성을 구체적으로 표시할 때는 pH 값을 쓴다.

(7) 침 전

시약을 가할 때 용액에서 생성되는 고체를 말하며 결정성 침전과 비결정성 침전이 있다. 또 가해준 시약이나 용제에 의하여 용해하지 않고 잔존하는 고형성분을 잔사라고 한다.

(8) 여 과

여지 또는 그 외의 여과막으로써 액체로부터 고체를 분리하는 조작을 말하고 여과막을 통과하는 액체를 여액, 여과막을 통과하지 않고 남는 고체는 침전 또는 잔사이다.

여과시 여과용 기구 및 기기를 기재하지 않고 "여과한다"라고 하는 것은 KSM 7602 거름종이 5종 A 또는 이와 동등한 여지를 사용하여 여과함을 뜻한다. 한편 액체 중의 고체를 가라 앉히고 그대로 용기를 기울여서 상등액만을 흘려 보내 분리하는 조작을 경사(decantation)라고 한다.

(9) 방울수

방울수라 함은 20℃에서 정제수(精製水) 20방울을 적하할 때, 그 부피가 약 1 ml 되는 것을 뜻한다.

(10) 항 량

"항량으로 될 때가지 건조한다" 또는 "항량으로 될 때가지 강열한다"라함은 다시 계속하여 1시간 더 건조하거나 또는 강열할 때 전후 무게의 차가 g당 0.3 mg 이하를 말한다.

(11) 진 공

진공이라 함은 따로 규정이 없는 한 15mmHg 이하의 진공도를 말한다.

(12) 물

시험에 사용하는 물은 정제수 또는 탈염수를 말한다.

(13) "약"이라 함은 기재된 양에 대하여 ±10% 이상의 차가 있어서는 안 된다.

(14) "이상"과 "초과"와 "이하", "미만"이라고 기재하였을 때는 "이상"과 "이하"는 기산점 또는 기준점인 숫자를 포함하며, "초과"와 "미만"은 기산점 또는 기준점인 숫자를 포함하지 않는 것을 뜻한다.

(15) "정확히 단다" 함은 규정된 양의 검체를 취하여 분석용 저울로 0.1mg까지 다는 것을 말한다.

(16) "정확히 취하여"라 하는 것은 규정한 양의 검체 또는 시약을 호울 피펫으로 눈금까지 취하는 것을 말한다.

(17) "냄새가 없다"라고 기재한 것은 냄새가 없거나, 또는 거의 없는 것을 표시하는 것이다.

(18) 용 기

"용기"라 함은 시약 또는 시액을 넣어두는 것을 말한다.

① "밀폐용기"라 함은 취급 또는 저장하는 동안에 이물이 들어가거나 또는 내용물이 손실되지 않도록 보호하는 용기를 말한다.

② "기밀용기"라 함은 취급 또는 저장하는 동안에 밖으로부터의 공기 또는 다른 가스가 침입하지 않도록 내용물을 보호하는 용기를 말한다.

③ "밀봉용기"라 함은 취급 또는 저장하는 동안에 기체 또는 미생물이 침입하지 않도록 내용물을 보호하는 용기를 말한다.

④ "차광용기"라 함은 광선이 투과하지 않는 용기 또는 투과하지 않게 포장을 한 용기이며 취급 또는 저장하는 동안에 내용물이 광학적 변화를 일으키지 않도록 방지할 수 있는 용기를 말한다.

(19) 분석용 저울 및 분동

분석용 저울은 0.1mg까지 달 수 있는 것이어야 하며 분석용 저울 및 분동은 국가검정을 필한 것을 사용하여야 한다.

(20) "바탕시험을 하여 보정한다"라 함은 시료에 대한 처리 및 측정을 할 때에 시료를 사용하지 않고 같은 방법으로 조작한 측정치를 빼는 것을 뜻한다.

1-3 분석용기와 시약

1. 용기의 재료

(1) 유 리

유리에는 표 1-2에 나타낸 바와 같이 보통유리(보기 : 연질유리와 경질유리)와 저항유리(보기 : Pyrex와 Vycor)가 있으며, 이 밖에도 1100℃까지 가열할 때에 쓸 수 있는 용융석영유리가 있다. 표 1-3은 250 m*l* 3각 플라스크에 수용액 200 m*l*를 넣고, 6시간 끓였을 때에 250 m*l* 플라스크의 평균무게의 감소를 나타낸 것이다. 이 표에서 알 수 있는 바와 같이 불화수소산이나 인산 이외의 산에는 유리가 비교적 안정하나, 알칼리 용액에는 상당히 침식되며 물에도 제법 녹는다.

표 1-2 유리의 조성, 사용온도 및 열팽창 계수

	SiO_2	B_2O_3	Al_2O_3 (Fe_2O_3)	CaO	MgO	Na_2O	K_2O	As_2O_3	기타	사용온도(℃)	열팽창계수(1/℃)
Vycor (%)	96.3	2.9	0.4	무시할 수있다	–	<0.02	<0.02	0.005	0.3	900	8×10^{-7}
Pyrex (%)	81.0	13.0	2.2	0.3	–	3.6	0.2	0.002	–	450	3×10^{-6}
경질유리 (%)	76.0	–	0.3	6.0	0.2	17.5	17.5	–	–	그이하	9×10^{-6}
연질유리 (%)	68.7	–	3.9	7.4	–	17.0	3.8	–		그이하	

표 1-3 화학약품에 대한 저항성

수용액	물	1N H_2SO_4	6N HCl	5% NaCl $10^{-3}N$ HCl	$10^{-3}N$ HCl	0.05N NaOH	0.5N NaOH	100 ml NH_4OH 100g NH_4Cl	실온에서 8~28 일간 진한 암모니아수를 저장
Pyrex (mg)	2	4	22	7	무시	90	285	1.4	1.9
Vycor (mg)	1	1	4.5	–	–	40	–	–	–

(2) 자 기

자기제 기구는 보통 유리보다는 역학적으로 더 강하고 계수가 작으며 (3×10^{-6}), 알칼리 용액에 잘 침식되지 않으므로 가열기구로서는 유리보다 낫다. 카세롤은 시료를 400℃ 이하에서 증발, 농축할 때 쓴다.

(3) 백 금

백금은 값이 비싸나 열의 양도체이고, 녹는점이 1770℃ 정도로 높으며 공기 속에서 가열하여도 산화되지 않으므로 실험기구에 흔히 쓴다. 그러나 상당히 연하므로 견고하게 되도록 Ir이나 Rh과 합금을 만들어 쓴다. 다음 표에서 알 수 있듯이 백금기구는 1000℃ 이상으로 강열하면 유실된다.

표 1-4 백금의 손실량(mg/100cm^2 · hr)

온 도	백 금	1% Ir 합금	2.5% Ir 합금	8% Rh 합금
900℃ 이하	0	0	0	0
1000℃	0.08	0.30	0.57	0.07
1200℃	0.81	1.2	2.5	0.54

백금기구를 쓸 때에 주의해야 할 점은 다음과 같다.

① 백금은 녹는점이 낮은 PtC, PtC_2의 탄화물을 만들기 쉬우므로 버너의 환원염으로 가열하거나, 유기물질을 넣고 태워서는 안된다.

② 백금은 염산이나 질산에도 다소 침식되며, 왕수, $FeCl_2$, $Ba(OH)_2$, 수산화알칼리, 과산화알칼리, KCN, 질산염, 아질산염, 산화하여 Cl_2나 Br_2를 낼 수 있는 물질 등과 가열하면 침식된다.

③ P, S, Zn, Cu, Hg, Au, Ag, Sn, Pb, Sb, Bi, As 등과 가열하거나, 가열할 때 이들 원소를 낼 수 있는 물질과 접촉시켜 가열하면 PtP, PtS 등의 합금을 만들므로 높은 온도에서 녹게 된다.

④ 산으로 중화시켜 제거할 수 없는 알칼리성 물질이 붙어 있을 때에는 과황산칼륨, 피로황산칼륨으로써, 산성 물질이 붙어 있을 때에는 무수탄산나트륨을 넣어 용융하여 제거한다.

2. 분석 용기

(1) 메스 플라스크

부피를 측정하는 용기에는 표선이 용기내에 담겨진 용액의 체적을 표시하는 TC형(to contain 혹은 Einguss linie)과 용기에서 쏟아져 나온 용액의 체적을 표시하는 TD형(to deliver 혹은 Ausgus linie)의 두 가지가 있다. 일반적으로 pipet과 buret는 TD(혹은 A)로, 메스 플라스크는 TC(혹은 E)로 나타내어 많이 사용하고 있다.

표준용액을 만들 때나 어떤 용액을 원하는 농도로 묽힐 때에 메스 플라스크(measuring or volumetric flask)를 쓴다. 표준용액을 만들 때에는 일정한 양의

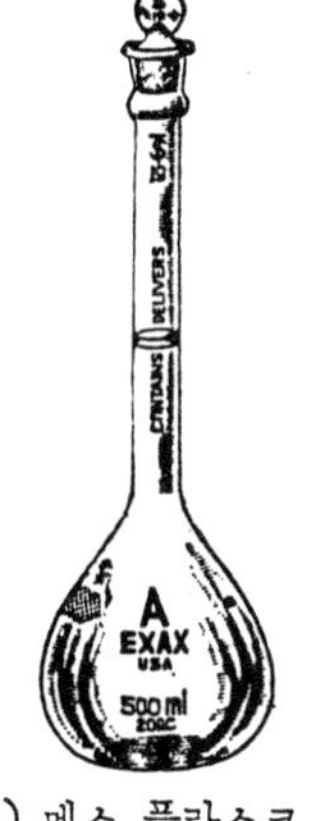

(a) 메스 플라스크

(b) 갈색 메스 플라스크

그림 1-1 메스 플라스크

용질을 천칭으로 정확하게 달아 깔때기를 써서 메스 플라스크에 옮긴 다음, 소량의 물로 녹이고 세척병을 써서 용매인 물을 표선까지 조심스럽게 채운다. 또 다른 방법은 용질 일정량을 칭량하여 비커에서 소량의 물로 녹인 다음 메스 플라스크에 용액을 옮기고, 비커를 물로 여러번 씻어 넣는다. 용질을 완전히 녹이고 물을 표선까지 채운다.

메스 플라스크에 용액을 넣고 가열하거나, 발열성 물질을 넣어 녹여서는 안된다. 그림 1-1에 이들 메스 플라스크를 나타내었다.

(2) 피 펫

피펫에는 일정량의 정확한 부피의 액체를 빨리 다른 용기로 옮기는 데에 쓰는 정량 피펫(volumetric or transfer pipet)과 용액의 부피를 정확하게 취할 수 있도록 만든 눈금이 들어 있는 메스 피펫(measuring or graduated pipet)이 있다. 표준용액이나 시료용액의 일정량을 취할 때에는 메스 피펫을 사용하여야 하며 보통형과 미량형이 있다.

용액을 입으로 뽑을 때에는 피펫의 아래 끝을 액체 속에 2~3cm 정도 넣고, 피펫의 윗 끝에서 액체를 빨아 올려 눈금선의 2~3cm 정도 위까지 오게 한 다음, 빨리 그림 1-3과 같이 오른 손의 두번째 손가락으로 막아 용액이 흘러 내리는 것을 막는다. 다음에는 손가락을 조금 떼어 액체를 조금씩 흘려 내리고 수직으로 세워 바깥 끝에 묻어 있는 용액을 닦아 버리고 눈금까지 흘려 내리면, 피펫에 새겨져 있는 부피와 같은 양의 용액이 된다. 또 피펫으로부터 액체를 다른 기구에 넣을 때에 윗 끝을 입으로 불어서는 안 되며, 손끝으로 윗 부분을 막고, 가운데를 손으로 쥐어주면 기벽을 따라 마지막 한 방울까지 떨어지게 된다.

그리고 유해기체가 발생하거나 맹독성 물질이 포함되어 pipetting시 주의를 요하는 경우는 pipet filler를 이용하면 편리하다.

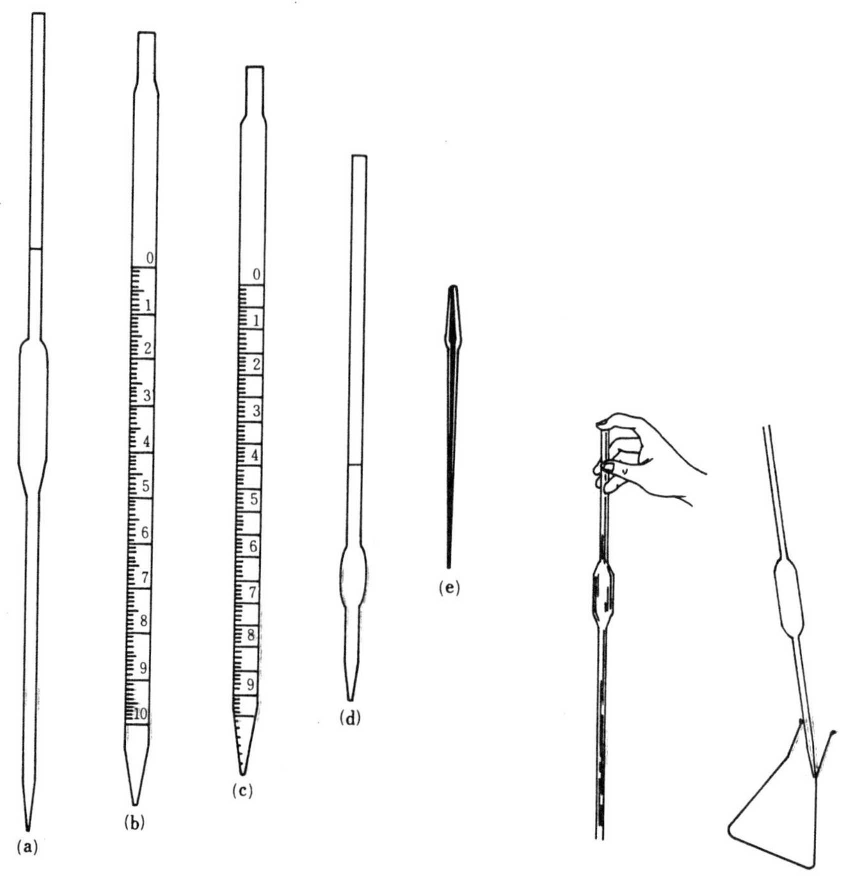

그림 1-2 피펫의 종류
(a) Volumetric, (b) Mohr, (c) Serological, (d) Ostwald-Folin, (e) Lambda.

그림 1-3 피펫 취급법

(3) 뷰렛과 그 검정

용액의 양을 정확히 적가하는데 사용되며 그림 1-4의 Mohr 뷰렛과 Geissler 뷰렛이 있다. 이 중 Mohr 뷰렛은 용액이 알카리성일 때 특히 유용하며 $KMnO_4$, $AgNO_3$용액과 같이 유기물을 부식하는 용액에는 사용하면 곤란하다.

뷰렛에 용액을 넣으면 유리의 부착력과 모세관현상으로 용액의 표면은 수평면

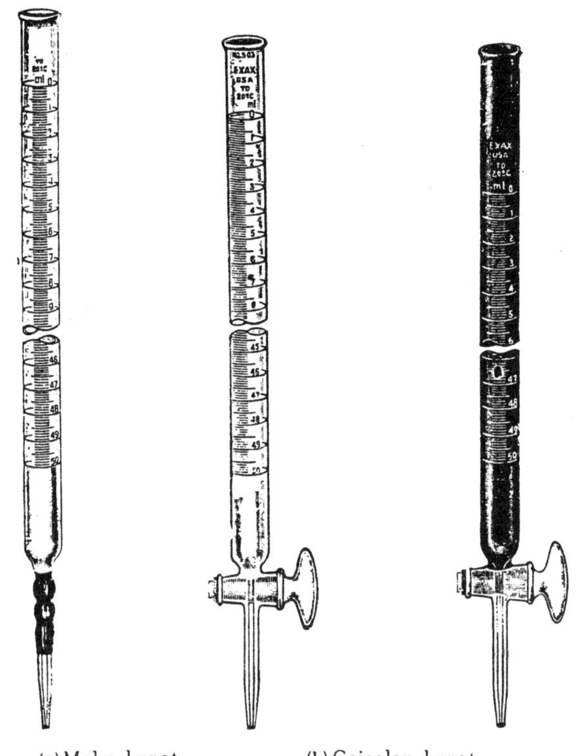

(a) Mohr buret (b) Geissler buret

그림 1-4 buret의 종류

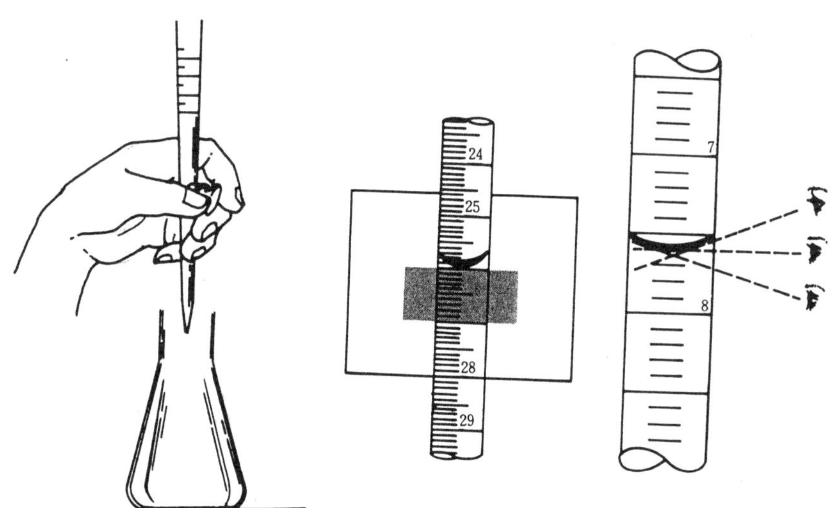

그림 1-5 뷰렛 취급법과 눈금측정법

이 되지않고 반월형부(meniscus)를 만들게 되므로 유색용액은 반월형부의 윗 부분을, 투명한 무색용액은 아랫 부분을 읽는다. 이때 반월형부와 눈금선이 일치하는 점을 찾을 때에는 그림 1-5와 같이 눈금을 측정할 때의 위치에 따라 시차가 생기므로 항상 수평면과 눈이 일치하도록 하여 부피를 재어야 한다. 보다 정확한 눈금을 읽을 수 있도록 검은 카드를 그림 1-5에서와 같이 뷰렛 뒷면에 끼우고 상하로 이동시켜 사용하거나 가운데에 푸른 선을 넣은 뷰렛을 쓴다.

3. 시 약

모든 시약(reagent or chemicals)은 불순물을 다소 포함하고 있다. 이 불순물은 분석결과에 큰 오차를 가져오므로, 정량분석용 시약은 원칙적으로 분석표가 붙어 있는 순도가 높은 것을 써야 한다. 그러나 실험목적에 따라서는 꼭 고급의 시약을 쓸 필요는 없고, 순도가 낮은 시약을 증류, 재결정 또는 승화시켜 정제하거나 물리적 및 화학적 방법으로 정제하여 써도 좋다. 또 순도가 의심스러운 시약은 바탕시험(blank test)을 해 보고 난 다음에 써야 한다.

각 나라에서 규정한 시약의 등급을 보면 다음과 같다. 영국이나 미국에서는 특급 시약(analyzed, guaranteed or reagent grade chemicals), C. P.(chemically pure)급 시약, 미약국방(USP, United States Pharmacopoeia)급 시약 등으로 나누고, 일본에서는 특급 시약, 1급 시약, 공업용 약품 등으로 가르는데, 정밀분석에서는 이들 중 특급 시약이나 독일 E. Merck회사의 zur Analyse라고 표시된 것을 쓴다.

또 실험실에서는 보통 증류한 물 곧 증류수(distilled water)를 쓰거나 이온교환수지로 정제한 탈염수를 쓴다. 이러한 물을 공기 속에 방치하면 대략 1.5×10^{-6} ***M***의 CO_2 이외에 N_2, O_2, NH_3, NO, HCl, H_2S, SO_2 등을 흡수하므로 pH가 대략 5.7 정도로 내려가나, 증류하여 CO_2를 제거하면 pH는 6.7~6.8 정도로 된다. 또 증류수를 다시 이온교환수지에 통과시켜 녹아있는 미량의 염들을 제거한 물은 아주 순수하므로 보통 정밀한 실험에 많이 이용되고 있다.

1-4 화학천칭

1. 천칭의 원리

천칭은 시료의 채취, 표준용액과 시료용액의 조제, 중량분석 등 정량분석에 있어서 없어서는 안 될 중요한 기기이다. 천칭에 의한 칭량조작이 부정확하다면 다른 분석과정이 아무리 정밀하게 행하여져도 그 결과는 정확성을 기대할 수 없으므로 천칭의 원리를 이해하고 칭량조작을 숙련시켜 두어야 한다.

우리가 어떤 물체의 무게를 논할 때 중량(weight) W와 질량(mass) M 사이에는 다음의 관계가 있다.

$$W = Mg \quad \cdots\cdots (1-1)$$

중력가속도 g는 지표의 고도에 따라서 그 값이 변하므로 어떤 물체의 중량은 이것을 측정하는 장소에 따라 변하지만 질량은 측정위치에 관계없이 항상 같은 값이다. 그러나 동일한 장소에서 중량을 측정한다면 중력가속도는 그 값이 같으므로 중량은 질량에 비례하게 되고 따라서 기지질량의 분동을 사용해서 미지 물체의 질량을 구할 수 있다. 그러므로 화학분석에서는 보통 질량과 중량을 같은 의미로 쓰고 있다.

2. 천칭의 종류

(1) 화학천칭

화학천칭(chemical balance)은 저울대 양편 팔(arm)의 길이가 같고, 100~200 g의 물체를 0.1mg까지 정밀하게 달 수 있는 저울로서 그 구조는 제작회사에 따라 다소 차이가 있으나, 기본적인 외형은 같으며 그 주요부분은 그림 1-6과 같다.

저울대 B의 중심과 양쪽 끝에는 받침날 K가 있고 이것이 받침판 A, St와 접하고 있다. 이들 사이의 거리가 양쪽 팔의 길이에 해당하며 이들 팔의 길이는 서로 같다.

지금 왼쪽 팔의 길이를 l_1, 오른쪽 팔의 길이를 l_2라 하자. 수평을 유지하고 있는 천칭에 질량 M_1인 물체를 왼쪽 접시 P_1에 얹고, 질량 M_2인 분동을 오른쪽 접시 P_2에 얹었을 때 다시 평형이 이루어지면 중심의 받침날 K에 양쪽의 모멘트는 같고 다음 관계가 성립한다.

$$l_1\ M_1\ g_1 = l_2\ M_2\ g_2 \quad \cdots\cdots (1-2)$$

여기서 $l_1 = l_2$, $g_1 = g_2$이므로 $M_1 = M_2$가 된다.

그러므로 분동의 전체 질량 M_2를 알면 물체의 질량 M_1을 구할 수 있으며 이와 같이 양팔의 길이가 동일한 천칭을 이용해서 분동의 질량과 물체의 질량을 비교함으로써 무게를 다는 방법을 비교법이라고도 한다. 화학천칭은 일반적으로 정확하고 안정하며, 민감하고 진동주기가 10초 이내로 짧아야 한다.

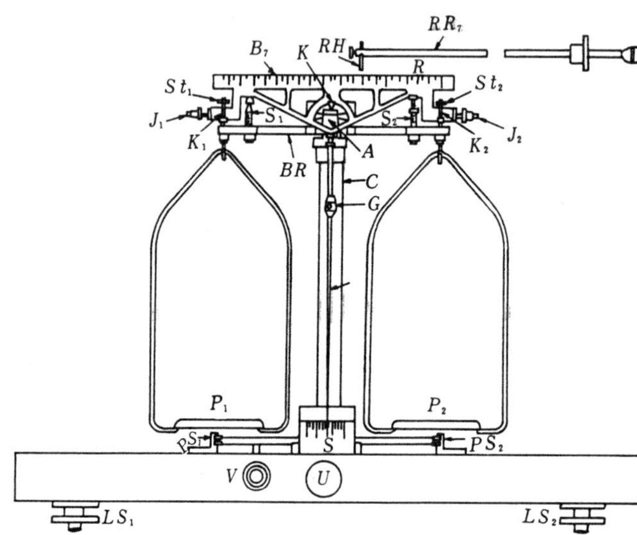

C : 중심주
B : 저울대
K, K_1, K_3 : : 받침날
A, St_1, St_2 : 받침판
P_1, P_2 : 접시
N : 지침
S : 눈금판
BR, S_1, S_2 : 저울대 잡이
PS_1, PS_2 : 접시 잡이
R : 라이더
J_1, J_2 : 조절 나사
U : 손잡이
V : 단추
RH : 라이더 고리
RR : 라이더 운반 막대
LS_1, LS_2 : 수평 조절 나사

그림 1-6 화학천칭의 주요부분

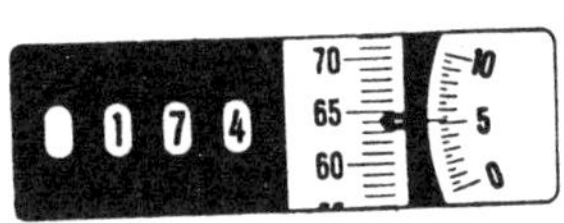

그림 1-7 홑접시 저울의 외형

1. 접시받침
2. 접시
3. 추
4. 끝받침날(청옥)
5. 등자
6. 감도 조절용 이동 추
7. 영점 조절용 이동 추
8. 주받침날(청옥)
9. 평형추
10. 공기 제동장치
11. 투명 눈금판
12. 승강장치
13. 받침대

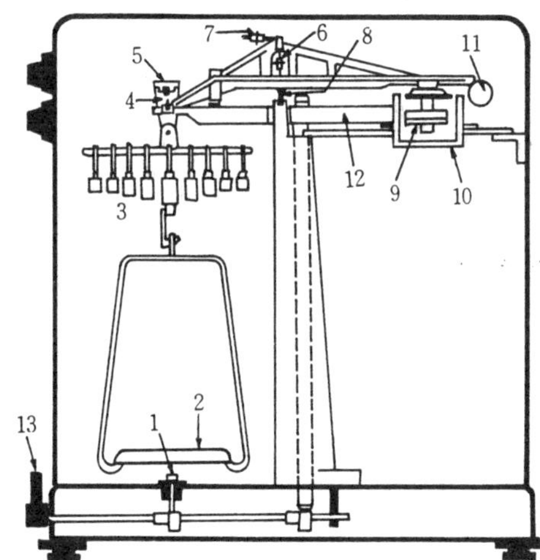

그림 1-8 Mettler 저울의 주요 부분

(2) 직시천칭

그림 1－7과 같은 외형을 가진 간편한 반자동식 홑접시천칭의 일종으로서 물체를 얹을 접시 하나만을 측정자가 볼 수 있다. 앞면의 위나 아래에는 슬라이드가 있고, 양편에는 4개의 다이알 (100～200g 단위, 10～90g 단위, 1～9g 단위, 0.1～0.9g 단위)을 돌리면 천칭 내부의 저울대에 분동이 내려 앉는다. 0.1g 단위 미만은 슬라이드에 비치는 mg 단위 눈금의 그림자와 오른편의 눈금이 일치하는 값을 0.01mg까지 읽게 만든 천칭이다. 만일 천칭의 숫자판과 슬라이드가 그림 1－2와 같다면 17.4645g이다. 추를 치환할 수 있는 홑접시천칭형 중 Mettler 천칭의 주요한 부분은 그림 1－8과 같다.

(3) 기 타

두 접시에 놓은 질량차에 의한 저울대의 경사도를 무게로 바로 읽을 수 있거나, 그 경사를 줄이는 데에 소요되는 힘을 무게로 계산하도록 만든 자동천칭(automatic balance), 저울대와 접시가 작아 칭량 25g, 감량 0.001mg 정도로 미량분석에 사용하는 미량천칭(microbalance) 소량의 귀금속을 다는 데 쓰는 감량 0.01mg의 시금천칭(assay balance), 물체를 얹는 접시가 900～1000℃의 전기회화로 속에 들어 있어서 온도에 따른 무게의 변화를 기록계로 그려서 물질의 분해온도, 전이반응온도, 건조온도 등을 조사하는 열천칭(thermal balance), 용량 플라스크 검정에 쓰는 평량 2kg, 감량 10mg인 용액천칭(solution balance), 대략적인 농도의 시약이나 용액을 만들 때 쓰는 칭량 2kg, 감량 100mg인 triple beam scale 등이 있다.

3. 감 도

그림 1－9와 같이 AO를 저울대의 원래의 평형위치라 하고, 오른편 접시에 미소질량 m을 더할 때의 평형위치를 $A'O$라 하며, 이 재평형에 의하여 저울대가 기울어진 각을 α라 한다. 천칭 팔의 길이를 l, 가운데의 칼날로부터 중력의 중심까지의 거리를 h, 저울대의 무게를 W, 접시의 무게를 P라 하자. 칼날이 일직선

위에 있고, 두 팔의 길이가 같고, 마찰이 없다면, 양 팔에 작용하는 회전능률은 같으므로

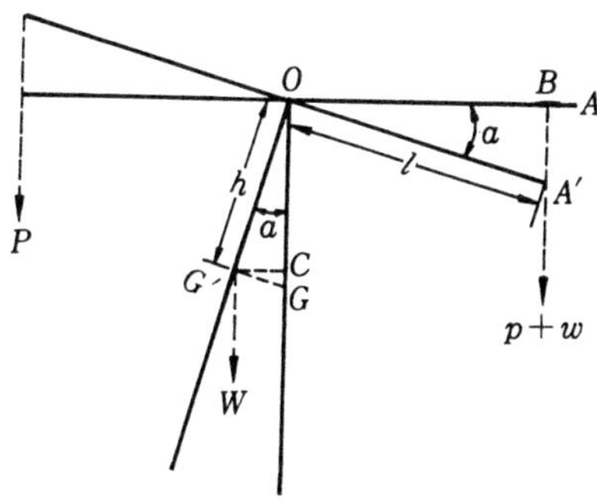

그림 1-9 감도곡선

$$(P+m)\times OB = (P\times OB)+(W\times CG')$$

$$\therefore\ m\times OB = W\times CG' \quad \cdots\cdots (1-3)$$

그런데 $\angle AOA = \angle COG'$ 이므로

$$OB = OA'\cos\alpha = l\cos\alpha \quad \cdots\cdots (1-4)$$

$$CG' = OG'\sin\alpha = h\sin\alpha \quad \cdots\cdots (1-5)$$

식(1-4), 식(1-5)와 식(1-3)에서

$$\frac{\sin\alpha}{\cos\alpha} = \tan\alpha = \frac{ml}{Wh} \quad \cdots\cdots (1-6)$$

α값이 작으면 $\tan\alpha \fallingdotseq \alpha$이므로

$$\alpha = \frac{ml}{Wh} \quad \cdots\cdots (1-7)$$

이다.

그런데 천칭의 감도(sensitivity)는 라이더 한편 팔이 1mg을 가감함으로써 일어나는 지침의 경사각이나, 실제에는 지침이 가리키는 눈금판의 변화눈금을 읽어서 측정한다. 따라서 감도는

$$\frac{\alpha}{m} = \frac{l}{Wh} \quad \cdots\cdots (1-8)$$

가 된다.

식(1−8)로부터 알 수 있는 바와 같이 감도는 저울대의 길이에 비례하며, 그 무게 및 중앙의 칼날로부터 중력의 중심까지의 거리에 반비례한다. 그러나 이 감

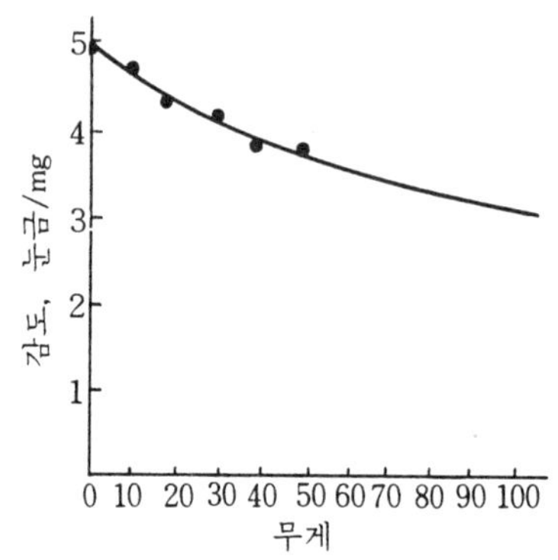

그림 1−10 저울의 감도곡선 보기

도를 높이기 위하여 이 조건들을 만족시키자면 다른 지장이 생기므로, 그 인자를 적당히 조절하여 감도가 눈금판의 3~5눈금 정도가 되면 정량분석용으로는 가장 적당하다고 한다. 실제에 있어서 칭량물의 무게가 커지면 감도는 줄어들므로 천칭을 쓸 때마다 일일이 측정해야 하나, 간이실험에서는 여러 가지 무게에 대한 감도표나 그림 1−10과 같은 감도곡선을 만들어 두면 편리하다.

4. 칭량법

다음의 3가지 칭량법 중 직접법을 가장 흔히 쓴다.

(1) 직접칭량법

달 물체를 왼편 접시에 얹고, 저울대가 원래의 평형위치로 되돌아 올때까지 분동을 오른편 접시에 얹어 칭량하여 회전능률의 원리로써 계산하는 방법을 직접칭량법(direct weighing method)이라 한다. 팔의 길이가 같고 공기 속에서 달 때에는 물체와 분동의 밀도가 같을 때에 본 법을 쓴다. 직접칭량법에는 진동법,

단진동법 및 일방편향법이 있다. 이 방법은 정확도가 낮으나, 연속분석에서 같은 천칭을 쓰고 같은 조건으로 달아서 정확성을 증가시킬 수 있다.

(2) 교환칭량법

좌우 양접시에 물체와 분동을 얹고 단 다음, 분동과 물체를 바꾸어 얹고 달아서 두 물체의 평균치를 취하는 방법이다. 이러한 방법을 교환칭량법(transposition weighing method, Gauss 법) 또는 이중칭량법(double weighing method)이라 부르는데, 양팔의 길이가 다를 때에도 물체를 보다 정확하게 달 수 있다.

(3) 치환칭량법

달려는 물체와 부분동(tare)을 평형되게 한 다음, 물체 대신에 분동을 얹어 같은 정지점에서 부분동과 다시 평형되게 하면, 물체의 질량은 분동의 질량과 같게 되는데, 이 방법을 치환칭량법(substitution weighing method 또는 Borda법)이라고 한다. 좌우 양팔의 길이가 다를 때에도 물체를 Gauss법의 반의 정밀도로 정확하게 달 수 있다.

가장 널리 쓰이는 화학천칭을 써서 직접법으로 물체의 질량을 구하는 데에 필요한 사항을 생각해 보자. 저울대가 평형에 있을 때 지침이 눈금판의 수치를 가리키는 점을 평형점이라 하고, 양편 접시가 비어 있을 때의 평형점을 영점(zero point) *ZP*라 하며, 양 접시에 칭량물, 분동 및 라이더 등이 얹혀 있을 때의 평형점을 정지점(rest point) *RP*라 한다. 저울대와 접시가 상하운동하도록 손잡이를 조절하면, 지침은 눈금판의 좌우로 진동한다. 이 진동의 회귀점을 한편은 3번, 다른편은 2번 연속측정하여 평형점을 계산하는 방법을 진동법(swing method)이라 부른다. 또 0.1mg 이하의 정밀도가 필요하지 않을 때에 눈금판 중앙점의 양편을 작은 눈금만 진동시켜 두 값을 평균하여 평형점을 구함으로써 빨리 달 수 있는 단진동법(short swing method), 눈금판 한쪽의 3～4 눈금에서만 지침이 진동할 때 평균치로 평형점을 구하여 빨리 물체를 달 수 있는 일방편향법(single-deflection or first swing method)도 있으나, 눈금판의 중앙점을 0으로 하여 왼편 및 오른편 눈금에 각각 － 및 ＋의 부호를 그림 1－11과 같이 붙여서 일반진동법에 의해 다는 순서는 다음과 같다.

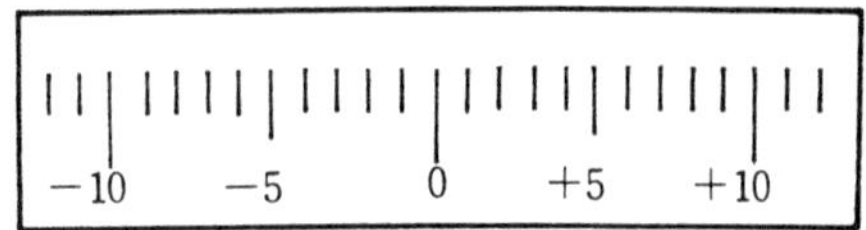

그림 1-11 화학천칭 눈금판

빈 천칭의 손잡이를 천천히 돌려 지침이 중앙점 좌우로 1~2번 진동시킨 다음, 3~6눈금 정도 움직였을 때 영점을 구한다. 지침의 진폭이 너무 작으면 천칭 상자의 문을 열고, 손을 흔들어 접시에 바람을 불어 준다. 이 영점은 ±1눈금 사이에 있어야 한다.

물체의 무게보다 조금 더 무거운 분동을 놓았다가 차차 물체의 질량과 거의 같은 분동을 놓는다. 10mg 이하는 라이더를 써서 정지점이 영점보다 오른편이면 1mg을 더하고, 왼편이면 빼서 두 정지점 사이에 영점이 오도록 한다.

두 정지점 사이의 눈금수 곧 감도로부터 영점 및 정지점과 표 1-5와 같이 구한 칭량물의 질량을 계산하는데 정밀도가 큰 측정값을 얻고자 할 때에는 위에서 설명한 세 점을 모두 측정할 때마다 구해야 한다.

표 1-5 영점과 정지점의 계산

	ZP		RP_1 10.824 g		RP_2 10.823 g	
	-4.2		-5.8		-0.8	
회 귀 점	-4.0	+4.5	-5.4	+1.5	-0.6	+3.5
	-3.8	+4.3	-5.0	+1.2	-0.3	-3.3
합 계	-12.0	+8.8	-16.2	+2.7	-1.7	+6.8
평 균 값	-12.0/3=-4.0		-16.2/3=-5.4		-1.7/3≒-0.6	
		+8.8/2=+4.4		+2.7/2≒+1.4		+6.8/2=+3.4
재평균값	$\frac{-4.0+4.4}{2}=+0.2$		$\frac{-5.4+1.4}{2}=-2.0$		$\frac{-0.6+3.4}{2}=+1.4$	

그러므로 감도는 1.4-(-2.0) = 3.4 눈금/mg이므로 한 눈금에 해당하는 질량은 1/3.4 = 0.29mg/눈금이고, 영점과 정지점 사이의 눈금수는 1.4-0.2 = +1.2이므로 칭량물의 실제 무게는

$$10.823+\frac{1.2}{3.4}\times\frac{1}{1000}=10.8234\text{g}$$
이 된다.

5. 칭량오차와 보정

칭량 도중에 일어나는 오차의 주요원인과 그 보정방법은 다음과 같다.

① 저울대 두 팔의 길이가 같지 않을 때에 생기는 오차는 Gauss법이나 Borda 법으로 단다.

② 분동이 부정확하므로 일어나는 오차는 분동을 검정하여 쓴다.

③ 영점이나 정지점을 구할 때, 지침의 진폭차가 클 때 생기는 오차는 진폭을 앞뒤 같게 함으로써 제거한다.

④ 칭량 중에 공기 속의 수분이나 탄산가스를 흡수하거나, 산소와 화합하는 물체는 뚜껑이 있는 칭량병을 써서 빨리 단다.

⑤ 유리용기를 마른헝겊으로 닦을 때에 정전기가 대전되어 천칭의 각 부분에 감응되므로 저울대의 진동이 불규칙하게 된다. 이 때는 고주파 방전기나 자외선 등을 쓰거나 접지하여 정전기를 제거한다. 간편한 방법으로서는 천칭상자 속에 칭량물을 잠시 두었다가 달면 된다.

⑥ 물체, 천칭 및 분동의 온도가 틀리면, 열전도로 저울대의 길이가 틀리거나 공기의 대류가 일어나서 자유진동이 방해되므로 칭량물의 온도는 실온과 같이 된 뒤에 단다.

⑦ 천칭은 일반적으로 공기 속에서 쓰므로 구한 무게는 Archimedes의 원리에 따라 공기의 부력의 영향을 받는다. 곧 물체는 배제한 공기의 무게에 해당하는 부력을 받으므로, 분동과 물체의 부피차가 클수록 오차는 커진다.

위의 원인들 중 특히 ①, ② 및 ⑦은 중요하며 여기서는 공기의 부력에 대한 보정방법을 설명한다.

(1) 공기의 부력에 대한 보정

건조한 공기 1 ml의 무게는 1기압, 20℃에서 약 0.0012 g이다. 보통의 정량분석에서는 이 오차를 무시해도 좋으나, 원자량의 측정, 비중측정 및 부피와 무게 측정 기구 등의 검정 등의 정밀한 실험에서는 진공 속에서의 값으로 환산해야 한다.

지금 물체의 진공 속에서의 무게를 Mg, 물체와 분동의 비중을 각각 d와 D, 공기의 밀도를 d_a라 하면 물체와 분동의 부피는 각각 m/d와 M/D이며, 이 부피에 작용하는 부력은 각각 $\frac{md_a}{d}$g과 $\frac{Md_a}{D}$g이므로

$$m - \frac{m}{d}d_a = M - \frac{M}{D}d_a \quad \cdots\cdots (1-9)$$

이항하여 정리하면

$$m = M + (\frac{m}{d} - \frac{M}{D})\, d_a \quad \cdots\cdots (1-10)$$

괄호 안의 값은 M에 비하여 대단히 작고 $m = M$ 이므로

$$m = M + M(\frac{1}{d} - \frac{1}{D})\, d_a \quad \cdots\cdots (1-11)$$

윗식에서 $M(1/d-1/D)d_a$는 보정항이며, $(1/d-1/D)d_a$는 보정계수인데 이것을 $K/1000$로 나타내면 K는 괄호 안 값의 1000배에 해당하며, mg 수로 나

표 1-6 보정계수 K(단, d_a=0.0012)

칭량물의 비중(d)	백금분동, 백금이리듐 합금 분동 (D=21.5)	놋쇠 분동 (D=8.4)	석영분동, 알루미늄 분동 (D=2.65)	칭량물의 비중(d)	백금분동, 백금이리듐 합금 분동 (D=21.5)	놋쇠 분동 (D=8.4)	석영분동, 알루미늄 분동 (D=2.65)
0.6	1.95	1.86	1.55	9.0	0.08	−0.01	−0.32
0.8	1.45	1.36	1.05	11.0	0.05	−0.03	−0.34
1.0	1.14	1.06	0.75	13.0	0.04	−0.05	−0.36
1.4	0.80	0.72	0.40	15.0	0.02	−0.06	−0.37
3.0	0.34	0.26	0.05	17.0	0.01	−0.07	−0.38
5.0	0.18	0.10	−0.21	19.0	0.01	−0.08	−0.39
7.0	0.12	0.03	−0.28	24.0	−0.01	−0.09	−0.40

타낸다. K는 각 종의 분동과 여러 가지 비중의 물체에 대하여 표 1-6과 같이 측정되어 있으므로 이러한 표를 찾아서 쓰면 편리하다.

1-5 시료와 전처리

1. 물 시료

(1) 채취방법

① 음용수

가. 시료는 2ℓ의 무색용기를 시험수로 여러 번 잘 세척한 후 시료를 채취한다. 이때 시료는 즉시 실험하여야 하나 부득이한 경우는 시료를 채취하여 실험을 할 때까지 암소에 보관하여 대략 12시간 이내에 하는 것이 좋다.

나. 우물물을 채수하는 경우는 채수기(두레박 등)를 수회 채수코자 하는 우물물로 세척한 후 채수한다. 펌프를 사용하는 경우에는 약 10분간 펌프를 양수시킨 후 채수한다.

다. 급수전에는 채수하는 경우은 급수관의 용량 이상을 방류한 후 채수한다.

라. 시료를 채수한 후 다음사항을 기입한다. 장소, 날짜, 시간, 기온, 수온, 채수자명, 기타사항

마. 미생물 분석용 시료는 멸균병을 이용하여 따로 채수한다.

② 하·폐수

가. 시료의 성상, 유량, 유속 등의 경시변화(폐수의 경우 조업사항 등)를 고려하여 현장물의 성질을 대표할 수 있도록 채취하며, 수질 또는 유량의 변화가 심하다고 판달될 때에는 오염상태를 잘 알 수 있도록 시료의 채취회수를 늘려야 한다. 다만 이때에는 채취시의 유량에 비례하여 시료를 서로 섞은 다음 단일 시료로 한다.

나. 시료는 목적시료의 성질을 대표할 수 있는 위치에서 시료채취용기 또는 채수기를 사용하여 채취하여야 하며, 채취용기는 시료를 채우기 전에 시료로 3회 이상 씻은 다음 사용한다.

다. 유류 또는 부유물질 등이 함유된 시료는 균질성이 유지될 수 있도록 채취하여야 하며, 침전물 등이 부상하여 혼입되어서는 안된다.

라. 용존 가스, 환원성 물질, 휘발성 유기물질, 유류 및 수소이온 농도 등을 측정하기 위한 시료는 운반중 공기와의 접촉이 없도록 가득 채워져야 한다.

마. 시료채취 용기에 시료를 채울 때에는 어떠한 경우에도 시료의 교란이 일어나서는 안되며, 가능한 한 공기와의 접촉하는 시간을 짧게하여 채취한다.

바. 채취된 시료는 즉시 실험하여야 하며, 그렇지 못한 경우에는 3) 시료의 보존방법에 따라 보존하여 규정된 시간 냉에 실험하여야 한다.

사. 시료채취량은 시험항목 및 시험회수에 따라 차이가 있으나 보통 3~5ℓ 정도이어야 한다. 다만 시료를 즉시 실험할 수 없어 보존하여야 할 경우 또는 시험항목에 따라 각각 다른 채취용기를 사용하여야 할 경우에는 시료채취량을 적의 증감하여야 한다.

(2) 채취 지점

① 폐 수

폐수의 성질을 대표할 수 있는 곳(그림 1-12)에서 채취한다.

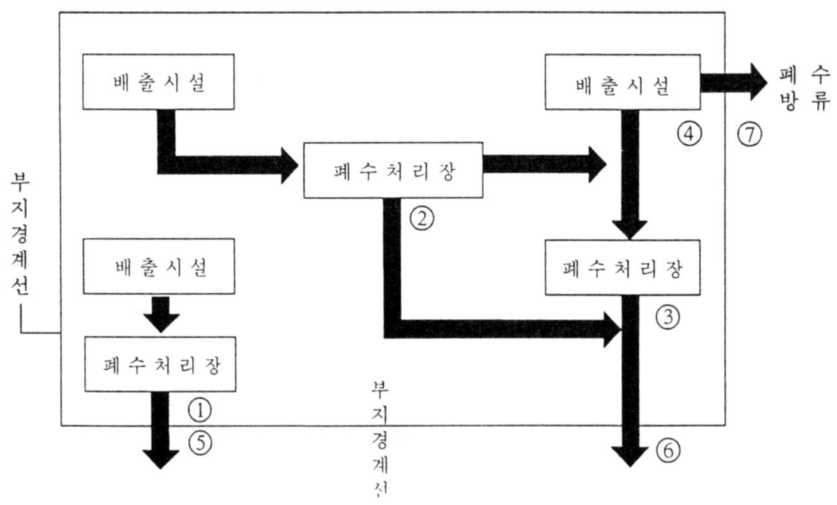

당연 채취지점 : ①, ②, ③, ④
필요시 채취지점 : ⑤, ⑥, ⑦
방지시설 최초방류 지점 : ①, ②, ③
방지시설 최초방류 지점(방지시설을 거치지 않을 경우) : ④
부지경계선 외부 배출수로 : ⑤, ⑥, ⑦

그림 1-12 공장폐수 시료채취 지점

폐수의 방류수로가 한 지점 이상일 때에는 각 수로별로 채취하여 별개의 시료로 하며 필요에 따라 부지 경계선 외부의 배출구 수로에서도 채취할 수 이다. 시료채취 시 우수나 조업목적 이외의 물은 포함되지 말아야 한다.

② 하천수

가. 하천수의 오염 및 용수의 목적에 따라 체수지점을 선정한다. 하천본류와 하천지류가 합류하는 경우에는 그림 1-13의 합류이전의 각 지점과 합류이후 충분히 혼합된 지점에서 각각 체수한다.

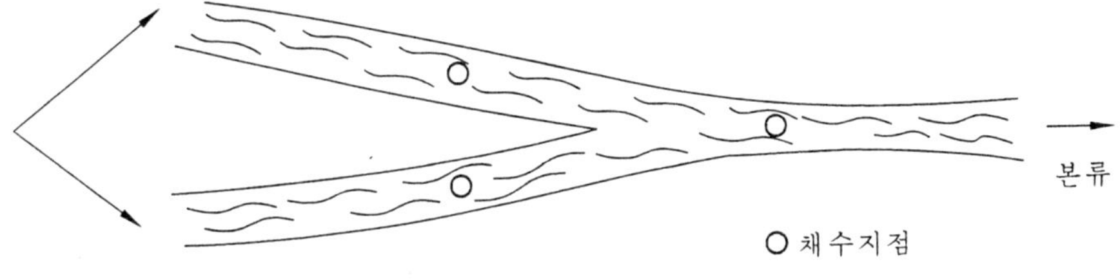

그림 1-13 하천수 채수 지점

나. 하천의 단면에서 수심이 가장 깊은 수면의 지점과 그 지점을 중심으로 하여 좌우로 수면폭을 2등분한 각각의 지점의 수면으로 부터 수심 2m 미만일 때에는 수심의 1/3에서, 수심이 2m 이상일 때에는 수심의 1/3 및 2/3에서 각각 채수한다.(그림 1-14)

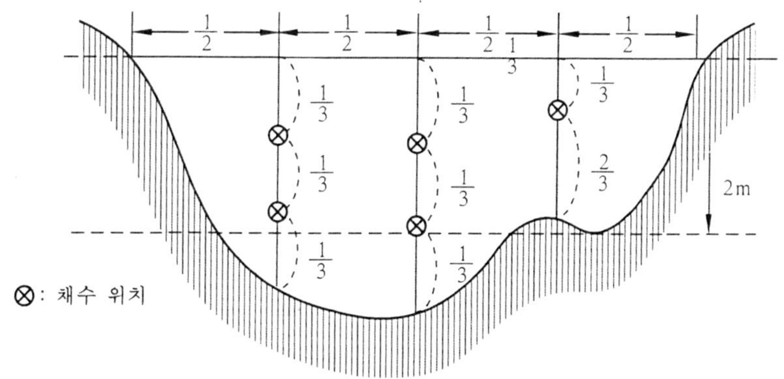

그림 1-14 하천수 채수 취치(단면)

다. 기타 가, 나항 이외의 경우에는 시료채취 목적에 따라 필요하다고 판단되는 지점 및 위치에서 채수한다.

(3) 보존방법

채취된 시료를 즉시 실험할 수 없을 때에는 따로 규정이 없는 한 표 1-7의 보존방법에 따라 보존하고 어떠한 경우에도 보존기간 이내에 실험을 끝내야 한다.

표 1-7 시료의 보존방법

측 정 항 목	시료 용기	보 존 방 법	최대보존기간 (권장보존기간)
온 도	P, G	–	즉시 측정
수소이온농도	P, G	–	즉시 측정
용존 산소			
전 극 법	BOD병	–	즉시 측정
윙클러법	BOD병	현장에서 용존 산소 고정 후 암소 보관	8시간
생물화학적 산소 요구량	P, G	4℃ 보관	48시간(6시간)
화학적 산소 요구량	P, G	4℃, H_2SO_4로 pH 2이하	28일(7일)
색 도	P, G	4℃ 보관	48시간
부유물질	P, G	4℃ 보관	7일
염소이온	P, G		28일
노말 헥산 추출물질	G	4℃ H_2SO_4 pH 2이하(채취한 시료전량을 취하여 실험)	
암모니아성질소	P, G	4℃ H_2SO_4 pH 2이하	28일(7일)
아질산성 질소	P, G	4℃ 보관	48시간(즉시)
질산성 질소	P, G	4℃ 보관	48시간
총 질 소	P, G	4℃ H_2SO_4 pH 2이하	28일(7일)
인산염인	P, G	즉시 여과한 후 4℃ 보관	48시간
총 인	P, G	4℃ H_2SO_4 pH 2이하	28일
페 놀 류	G	4℃ 보관, H_3PO_4 pH 4이하 조종한 후 $CuSO_4$ 1g/ℓ 첨가	28일
시 안	P, G	4℃ 보관, NaOH로 pH 12이상 (잔류염소가 공존할 경우 아스코르빈산 1g/ℓ 첨가)	14일(24시간)
불 소	P	–	28일

측 정 항 목	시료 용기	보 존 방 법	최대보존기간 (권장보존기간)
6가 크롬	P, G	4℃ 보관	24시간
크 롬	P, G	C-HNO_3 2㎖/ℓ	6개월
아 연	P, G	C-HNO_3 2㎖/ℓ	6개월
구 리	P, G	C-HNO_3 2㎖/ℓ	6개월
카 드 뮴	P, G	C-HNO_3 2㎖/ℓ	6개월
납	P, G	C-HNO_3 2㎖/ℓ	6개월
망 간	P, G	C-HNO_3 2㎖/ℓ	6개월
비 소	P, G	C-HNO_3 2㎖/ℓ	6개월
니 켈	P, G	C-HNO_3 2㎖/ℓ	6개월
니 켈	P, G	C-HNO_3 2㎖/ℓ	6개월
철	P, G	C-HNO_3 2㎖/ℓ	6개월
알킬 수은	P, G	C-HNO_3 2㎖/ℓ	1개월
유 기 인	G	4℃ 보관, HCl로 pH 5-9	7일(추출 후 40일)
폴리클로리네이티드비페닐(PC3)	G	4℃ 보관, HCl로 pH 5-9	7일(추출 후 40일)
음이온계면활성제	P, G	4℃ 보관	48시간
대장균군	P, G	4℃ 암소보관	6시간
클로로필 a	P, G	CF/C여과 후 -20℃ 보관	7일

※ P : Polyethylene, G : Glass

2. 고체 시료

일반적으로 고체는 원시료의 각 부분으로부터 일정량(25∼100g)씩의 굵은 덩이시료(gross sample)를 골고루 채취하여 분쇄(grinding)한 다음, 80∼100메쉬 정도의 체로 쳐서 시료 전체의 입도를 같게 하고 다음의 축소법을 이용하여 시료를 마련한다. 여기서 축소라 함은 시료의 평균성질을 유지하면서 그 양을 감소시켜 분석용 시료로 만드는 조작을 말한다.

① 구획법

가. 모아진 대시료를 네모꼴로 엷게 균일한 두께로 편다.

나. 이것을 가로 4등분, 세로 5등분하여 20개의 덩어리로 나눈다.

다. 20개의 각 구분에서 일정량씩 취하여 모은것을 시료로 한다.

② 교호삽법

가. 분쇄한 대시료를 단단하고 깨끗한 평면위에 원추형으로 쌓는다.

나. 가의 원추를 장소를 바꾸어 다시 쌓는다.

다. 원추에서 일정량을 취해 장방형으로 도포하고 계속해서 그위에 입체로 쌓는다.

라. 다의 육면체의 측면을 돌면서 일정량씩 취해 교대로 원추 두 개를 쌓는다.

마. 반으로 준 원추로 가~라의 조작을 반복하면서 적당한 크기까지 줄인다.

③ 원추 4분법

가. 분쇄한 대시료를 단단하고 깨끗한 평면위에 원추형으로 쌓아 올린다.

나. 가의 원추를 장소를 바꾸어 다시 쌓는다.

다. 원추의 꼭지를 수직으로 눌러서 평평하게 만들고 이것을 부채꼴로 사등분한다.

라. 마주보는 두 부분을 취하고 반은 버린다.

마. 반감한 시료로 가~라의 조작을 반복하여 적당한 크기까지 줄인다.

시료의 분쇄기구로는 마노제 막자사발(agatemortar)이나 자기제 막자사발 등을 쓰는데, 분쇄할 때 알루미늄이나 SiO_2의 미량이 섞여 들어가는 수가 있다. 이것을 막기 위하여 망간강, 철강, 니켈강 또는 크롬 도금강 막자사발이나 금강석 막자사발(plattner mortar)등을 쓸 때도 있다.

시료에 수분이 흡착되어 있거나, 시료자체가 조해성 또는 풍해성의 성질을 가질 때에는 분쇄하는 도중에 무게가 변하여 시료를 채취하는 조건에 따라 분석결과가 일정하지 않으므로 수분을 제거하기 위하여 시료를 100~110℃에서 2시간 정도 미리 말린 건조시료(dry sample)를 분석할 때가 많은데, 이 결과는 건조기준으로 보고하게 된다. 특수한 경우에는 그 이상의 온도로 가열하며, 더 이상 무게가 줄지 않을 때까지 건조조작을 되풀이하여 일정한 무게 곧 항량(constant weight)이 되게 한다. 항량조작은 앞뒤의 칭량값 차가 0.3mg 이하이면 충분하다. 그러나 정밀분석에서는 0.1mg 이하의 칭량값 차를 항량으로 본다. 시료가 열에 불안정하거나 저온에서 휘발될 때에는 실온에서 항온 전기건조기나 데시케이터에서 건조시킨다. 석고($CaSO_4 \cdot 2H_2O$)와 같이 결정수를 가진 시료나 방해석, 곡식류, 제일철화합물과 같은 시료는 분쇄하지 않고 받은 시료 즉 영수시료(received sample)를 그대로 분석하여 수분 등의 성분을 영수기준으로 보고해야 한다. 시약이나 광물분석(mineral analysis)과 같이 물질의 조성을 순수한 상태로 구해야 할 때에는 재결정하거나 다른 방법으로 정제하여 분석해야 한다.

3. 전처리

채취된 시료에는 보통 유기물 및 부유물질 등을 함유하고 있어 탁하거나 색상을 띠고 있는 경우가 있을 뿐만 아니라 목적성분들이 흡착되어 있거나 난분해성의 착화합물 또는 착이온 상태로 존재하는 경우가 있기 때문에 실험의 목적에 따라 적당한 방법으로 전처리를 한 다음 실험하여야 한다. 특히, 금속성분을 측정하기 위한 시료일 경우에는 유기물 등을 분해시킬 수 있는 전처리 조작이 필수적이며, 전처리에 사용되는 시약은 목적성분을 함유하지 않는 고순도의 것을 사용하여야 한다.

(1) 질산에 의한 분해

이 방법은 유기물 함량이 낮은 깨끗한 하천수나 호소수 등의 시료에 적용된다. 시료 적당량(100～500ml)을 취하여 비이커에 넣고 여기에 질산 5ml와 유리구 4～5개를 넣은 다음 서서히 가열하여 액량이 약 15ml가 될 때까지 증발농축하고 방냉한다. 필요하면 여과하여 여지를 물로 2～3회 씻어주고 여액과 씻은 액을 합하여 정확히 100ml로 한다. 이 용액의 산농도는 약 0.7N이다.

(2) 질산－염산에 의한 분해

이 방법은 유기물 함량이 비교적 높지 않고 금속의 수산화물, 산화물, 인산염 및 황화물을 함유하고 있는 시료에 적용된다. 시료 적당량(100～500ml)을 취하여 비이커에 넣고 여기에 질산 3ml와 유리구 4～5개를 넣은 다음 서서히 가열하여 액량이 약 5ml가 될 때까지 증발농축하고 방냉한다. 다시 질산 5ml를 넣고 시계접시로 비이커를 덮은 상태에서 서서히 가열하여 액이 거의 건고되는 부근까지 증발농축하고 방냉한다. 여기에 염산(1＋1) 10ml와 물 15ml를 넣고 약 15분간 가열하여 잔류물을 녹인 다음 시계접시와 비이커의 기벽을 물로 씻어서 합한다.

필요하면 여과하고 여지를 물로 2～3회 씻은 다음 여액과 씻은 액을 합하여 정확히 100ml로 한다. 이 용액의 산농도는 0.5N이다.

(3) 질산－황산에 의한 분해

이 방법은 유기물 등을 많이 함유하고 있는 대부분의 시료에 적용된다. 그러나 칼슘, 바륨, 납 등을 다량 함유한 시료는 난용성의 황산염을 생성하여 다른 금속성분을 흡착하므로 주의하여야 한다. 시료 적당량(100～500ml)을 취하여 비이커 또는 킬달플라스크에 넣고 여기에 질산 5ml와 유리구 4~5개를 넣은 다음 서서히 가열하여 액량이 약 15ml가 될 때까지 증발농축하고 방냉한다. 질산 5ml와 황산 5~10ml를 넣고 가열을 계속하여 백색의 황산가스가 발생하기 시작하면 가열을 중지한다. 이때 유기물의 분해가 완전히 끝나지 않아 액이 맑지 않을 때에는 다시 질산 5ml를 넣고 가열을 반복한다. 분해가 끝나면 방냉하고 물 50ml를 넣어 끓기 직전까지 서서히 가열하여 침전된 용해성염들을 녹인다. 방냉하여 필요하면 여과하고 여지를 물로 2~3회 씻어준 다음 여액과 씻은 액을 합하여 정확히 100ml로 한다. 이 용액의 산농도는 약 1.5~3N이다.

(4) 질산-과염소산에 의한 분해

이 방법은 유기물을 다량 함유하고 있으면서 산화분해가 어려운 시료들에 적용된다. 시료 적당량(100~ 500ml)을 취하여 비이커 또는 킬달 플라스크에 넣고 여기에 질산 15ml와 유리구 4~5개를 넣은 다음 서서히 가열하여 액량이 약 15ml가 될 때까지 증발농축하고 방냉한다. 질산 5ml와 과염소산 10ml를 넣고 가열을 계속하여 과염소산이 분해되어 백연이 발생하기 시작하면 가열을 중지한다. 이때 유기물의 분해가 완전히 끝나지 않아 액이 맑지 않을 때에는 다시 질산 5ml를 넣고 가열을 반복한다. 분해가 완전히 끝나면 방냉하고 물 50ml를 넣어 서서히 끓이면서 질소산화물 및 유리염소를 완전히 제거한다. 필요하면 여과하고 여지를 물로 2~3회 씻어준 다음 여액과 씻은 액을 합하여 정확히 100ml로 한다. 이 용액의 산애 농도는 약 0.8N이다.

주1) 과염소산을 넣을 경우 질산이 공존하지 않으면 폭발할 위험이 있으므로 반드시 질산을 먼저 넣어 주어야 한다. 어떠한 경우에도 유기물을 함유한 뜨거운 용액에 과염소산을 넣어서는 안된다.

주2) 납을 측정할 경우 시료 중에 황산이온(SO_4^{2-})이 다량 존재하면 불성의 황산납이 생성되어 측정치에 손실을 가져온다. 이때는 분해가 끝난 액에 물 대신 초산암모늄용액(5 → 6) 50ml를 넣고 가열하여 액이 끓기 시작하면 비이커 또는 킬달플라스크를 회전시켜 내벽을 액으로 충분히 씻어준 다음 약 5분 동안 가열을 계속하고 방냉하여 여과한다.

(5) 질산-과염소산-불화수소산에 의한 분해

이 방법은 다량의 점토질 또는 규산염을 함유한 시료에 적용된다. 시료 적당량(100~500ml)를 취하여 비이커에 넣고 여기에 유리구 4~5개를 넣은 다음 서서히 가열하여 액량이 약 15ml가 될 때까지 증발농축하고 방냉한다. 비이커에 있는 액을 테프론제 비이커 또는 백금도가니에 옮기고 비이커의 기벽에 붙어있는 부착물을 물로 깨끗히 씻어 합한 다음 질산 10ml를 넣어 거의 액이 건조할 때까지 가열하고 방냉한다. 과염소산 5ml와 불화수소산 1ml를 넣고 가열을 계속하여 과염소산의 백연이 발생하면 가열을 중지하고 방냉한다. 여기에 물 50ml를 넣고 이하 "(4) 질산-과염소산에 의한 분해"에 따라 시험한다. 이 용액의 산농도는 약 0.8N이다.

(6) 회화에 의한 분해

이 방법은 목적성분이 400℃이상에서 휘산되지 않고 쉽게 회화될 수 있는 시료에 적용된다. 시료 중에 염화암모늄, 염화마그네슘 등이 다량 함유된 경우에는 납, 철, 주석, 아연, 안티몬 등이 휘산되어 손실을 가져오므로 주의하여야 한다.

시료 적당량(100~500ml)을 취하여 백금, 실리카 또는 자기제 증발접시에 넣고 수욕 또는 열판에서 가열하여 증발건조한다. 용기를 회화로에 옮기고 400~500℃에서 가열하여 잔류물을 회화시킨 다음 방냉하고 염산(1+1) 10ml를 넣어 열판에서 가열한다. 잔류물이 녹으면 온수 0ml넣고 여과하여 여지를 온수로 3회 씻어 준 다음 여액과 씻은 액을 합하고 물을 넣어 정확히 100ml로 한다. 이 용액의 산농도는 약 0.5N이다.

(7) 원자흡광광도법(또는 중금속 측정)을 위한 용매 추출법

이 방법은 목적성분의 농도가 미량이거나 측정에 방해되는 성분이 공존할 경우 시료의 농축 또는 방해물질을 제거하기 위한 목적으로 사용되며, 이 방법으로 시료를 전처리 한 경우에는 따로 규정이 없는 한 검량선 작성용 표준액도 적당한 농도(저농도)로 조제하여 시료와 같은 방법으로 처리하여 시험한다.

① 디에틸 디티오 카르바민산 추출법(DDTC-MIBK, 아세트산부틸)

이 방법은 시료 중 구리, 아연, 납, 카드뮴 및 니켈의 측정에 적용된다. 산 분해한 시료를 비이커에 넣고 염산 10ml를 넣어 약 5분간 끓이고 방냉한 다음 분액깔대기에 옮긴다. 구연산이암모늄용액(10W/V%, 구리시험용) 10ml와 지시약으로 메타크레졸퍼플 에틸알코올 용액(0.1W/V%) 2~3방울을 넣고 암모니아수(1+1)를 용액이 자색을 나타낼 때까지 넣는다. 디에틸 디티오 카르바민산 나트륨용액(1W/V%) 5ml를 넣고 흔들어 섞은 다음 초산부틸 또는 메틸이소부틸케톤 10~20ml를 넣어 1분간 세게 흔들어 섞고 정치하여 유기용매층(윗층)을 분리한다. 수층에 다시 용매 5ml씩을 넣어 2~3회 반복추출하고 유기용매층을 합한다. 분리한 유기용매층을 100ml 비이커에 옮겨 열판 또는 수욕상에서 조용히 휘산시키고 여기에 질산 2ml와 과염소산 1ml를 넣어 가열분해시킨다. 맑은 색으로 분해가 끝나면 거의 건고시키고 방냉하여 잔유물을 질산(1+15) 20ml에 녹여 검액으로 한다. 단 즉시 원자흡광 광도법에 따라 측정이 가능할 경우에는 일정량의 용매를 넣어 추출한 다음 분리된 용매 자체를 검액으로 하여 직접 측정할 수 있다.

② 디티존 추출법 Ⅰ(디티존-MIBK)

이 방법은 시료 중 구리, 아연, 납, 카드뮴, 니켈 및 코발트 등의 측정에 적용된다. 산 분해한 시료를 비이커에 넣고 염산 5ml를 넣어 약 5분간 끓이고 방냉한 다음 주석산암모늄용액(10W/V%, 중금속 시험용) 10~20ml를 넣고 암모니아수 또는 염산(1+50)을 넣어 pH 약 8.5로 조절한다.

이 용액을 분액깔대기에 옮기고 물을 넣어 액량을 조절한 다음 디티존·메틸이소부틸케톤용액(0.2W/V%) 20~50ml를 정확히 넣어 약 2분간 세게 흔들어 섞고 정치하여 수층(아래층)을 버린다. 유기용매층을 건조여지에 여과하여 여액을 검액으로 하고 즉시 원자흡광광도법에 따라 측정한다. 즉시 측정이 불가능할 경우에는 (7) ①에 따라 시험하여 수용액 상태로 한다.

③ 디티존 추출법 Ⅱ(디티존-사염화 탄소)

이 방법은 시료 중 아연, 납, 카드뮴 등의 측정에 적용된다. 산 분해한 시료를 비이커에 넣고 염산 10ml를 넣어 약 5분간 끓이고 방냉한 다음 분액 깔대기에 옮긴다. 구연산이암모늄용액(10W/V%, 납시험용) 10ml와 염산·히드록실아민용액(10W/V%) 2ml 및 지시약으로 티몰불루우·에틸알코올용액(0.1W/V%) 2~3 방울 넣고 암모니아수(1+1)를 용액이 청색을 나타낼 때까지 넣는다. 다시 암모니아수(1+1) 5ml와 디티존·사염화탄소 용액(0.01W/V%) 10ml 2분간 세게 흔들어 섞고 정치하여 용매층(아래층)을 다른 분액깔대기에 옮긴다.

수층에 디티존·사염화탄소 용액(0.01W/V%) 5ml을 넣어 사염화탄소층이 변색되지 않을 때까지 추출을 반복하고 용매층을 앞의 분액깔대기에 합한다. 용매층에 암모니아수(1+100) 20ml를 넣고 흔들어 섞어서 씻어주고 용매층을 다른 분액깔대기에 옮긴다. 용매층에 염삼(1+50) 10ml를 넣고 같은 방법으로 2회 역추출하여 수층을 20ml 용량플라스크에 합한다. 물을 넣어 표선을 채우고 검액으로 한다. 이때 사염화탄소층을 분리하여 구리, 니켈 및 코발트 측정용 검액으로 사용할 수도 있다.

④ 피로리딘 디티오카르바민산 암모늄 추출법(APDC-MIBK)
이 방법은 시료 중 구리, 아연, 납, 카드뮴, 니켈, 망간, 6가 크롬, 코발트 및 은 등의 측정에 적용된다. 다만 망간은 착화합물 상태에서 매우 불안정하므로 추출 즉시 측정하여야 하며, 크롬은 6가 크롬 상태로 존재할 경우에만 추출된다. 또한 철의 농도가 높은 경우에는 다른 금속의 추출에 방해를 줄 수 있으므로 주의해야 한다.

시료 500ml(또는 산 분해한 시료 일정량)를 분액깔대기에 넣고 지시약으로 브롬페놀블루우 에틸알코올 용액(0.1W/V%) 2~3방울을 넣어 암모니아수(1+1) 또는 염산(2.5 → 100)을 청색이 보이지 않을 때까지 한 방울씩 넣고 추가로 2ml를 더 넣는다.(이때 pH는 2.3~2.5이며 지시약 대신 pH미터를 사용할 수도 있다.) 피로리딘 디티오 카르바민산 암모늄 용액(2W/V%) 5ml를 넣어 흔들어 섞고 메틸이소부틸케톤 10~20ml를 정확히 넣어 약 2분간 세게 흔들어 섞는다. 정치한 다음 메틸이소부틸케톤층을 분리하여 검액으로 하고 즉시 원자흡광광도법에 따라 측정한다.

4. 농 축

시료용액을 끓는점 이하의 온도에서 가열하여 농축시키는 조작을 증발(evaporation)이라 한다. 증발은 자기제 증발접시(porcelain dish)나 카세롤, 비커, 플라스크, 석영 또는 백금접시 등에 용액을 넣고, 물중탕, 수증기 중탕, 모래 중탕, 저온 열판(hot plate), 방열기(radiator) 등에 얹어서 온도를 적당히 조절함으로써 갑자기 끓지 않도록 해야 한다.

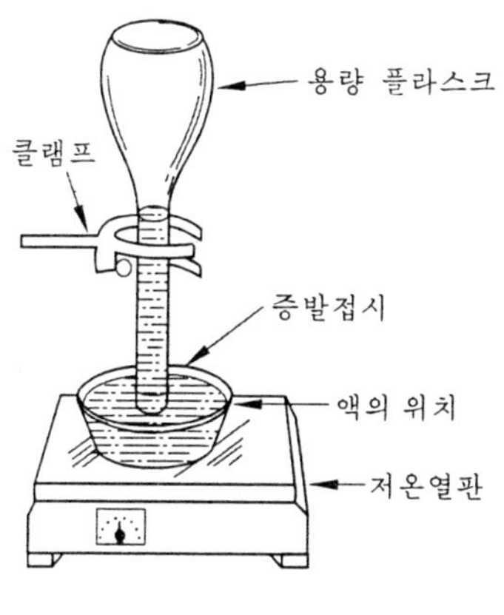

그림 1-15 연속증발법

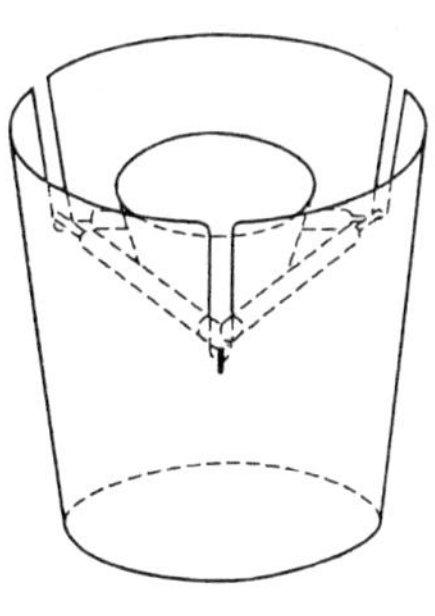
그림 1-16 방열기

그림 1－15는 다량의 용액을 증발시킬 때에 쓰며, 방열기는 버너로 바깥 도가니를 강열하여 니켈 도가니에 들어 있는 액체를 끓이지 않고 빨리 증발시키는 기구이다. 이 방열기는 황산을 휘발시킬 때 쓰면 매우 편리하다.

1－6 용액의 농도

1. 용 액

두 가지 이상의 순수한 물질이 혼합됐을 때 각 성분의 성질을 그대로 가지고 있고, 불균일한 상태로 있을 때 이것을 혼합물이라고 하며 우리의 시각이나 보통의 광학현미경으로 각 성분의 존재를 쉽게 구별할 수 있다.

이에 대하여 두 가지 이상의 물질이 섞여 있으면서도 그 조성이 균일하여 각 성분 입자가 분자 또는 원자의 크기로 작게 분산되어 있어서 한외현미경으로도 서로를 구별할 수 없을 때, 용체 또는 용액(solution)이라고 한다.

균일한 혼합물 중에서 그 성분입자가 10^{-5}～10^{-7}cm의 크기로 어느정도 커서 보통의 광학현미경으로는 구별이 되지 않으나 한외현미경으로써는 구별할 수 있을 때 특히 콜로이드 용액(colloidal solution)이라고 한다.

용액은 그것을 구성하는 물질의 상태에 따라서

기용체 … 기체에 어떤 물질이 녹아서 기체상태로 있는 것

고용체 … 고체에 다른 물질이 녹아서 고체상태로 있는 것

액용체 … 액체에 어떤 물질이 녹아서 액체상태로 있는 것으로 구분된다.

일반적으로 액용체를 간단히 줄여서 용액이라고 하며 이때 녹이는 액체가 물일 때를 특히 수용액이라 하고 분석화학에서는 주로 수용액이 많이 쓰인다.

용액을 이루고 있는 2가지 성분 중에서 다른 물질을 녹이는 성분을 용매(solvent), 녹는 성분을 용질(solute)이라고 하며 용질은 용액 중에서 화학적 활성이 더 큰 성분이고 용매는 활성이 작은 성분이다.

또 두 성분 중에서 양이 많은 쪽을 용매, 적은 쪽을 용질이라고도 하나 근본적인 뜻의 차이가 있는 것이 아니므로 편의상 바꾸어 말해도 상관없다. 예를 들

면 황산과 물로 된 묽은 황산 용액에서 물분자가 황산분자보다 적은 양이라도 보통 황산을 용질이라고 하고 물을 용매라고 한다.

2. 물질의 구조와 용해성

일반적으로 분자로 되어 있는 물질은 유기용매에 잘 녹으며 ion으로 되어 있는 것은 물에 잘 녹고 거대분자로 된 것은 어디에나 잘 녹지 않는 현상이 원칙이라고 할 수 있다. 이러한 경우 물질의 결합에는 전기음성도가, 용해도에는 유전상수가 크게 작용하며 또 이들의 용해도에 영향을 끼치는 중요 인자로는 용액의 구성성분, 온도 및 압력의 3가지가 있다.

(1) 전기음성도

원자들이 결합하여 화합물을 형성하는 데에는 두 가지의 형태, 즉 ion결합과 공유결합이 있는데 전형적인 것에 대하여는 양자의 구별이 용이하나 임의의 두 원소간의 결합이 ion결합인가 혹은 공유결합인가를 결정하는 것은 그렇게 용이하지 않다. 대개는 전기음성도의 차로써 정한다.

Mulliken은 어떤 원자의 이온화 전위와 전자친화력의 값을 반으로 나누어서 그 원자의 절대 전기음성도로 정의하였다. 그러나 Pauling은 어떤 2원자 분자가 완전히 공유결합한다고 생각하였을 때의 결합에너지와 그 분자가 실제로 가진 결합에너지의 차를 구하여 그 값의 제곱근에 0.208을 곱하여 *eV* 값으로 표시하면 두 원자의 전기음성도의 차가 된다고 하였다. 따라서 전기음성도(electronegativity) X는 원자가 전자를 끌어 당기려는 정도를 나타내기 위한 상대적인 양의 척도이다. 반지름이 r인 원자의 유효 원자핵전하를 Z_{eff} , 비례 정수를 k라고 하면 X는 다음과 같이 나타낼 수 있다.

$$X = kZ_{eff}/r^2 \quad \cdots\cdots (1-12)$$

그러므로 원자 반지름의 제곱 값이 Z_{eff}보다 크게 증가하면 X는 감소한다. 주기율 표의 알칼리 금속이나 할로겐 족에 속하는 원자들은 아래의 주기로 내려감에 따라 r^2이 Z_{eff}보다 더 커지므로 전기음성도는 감소하나, 같은 주기에서는 족

수가 커질수록 r^2값보다 Z_{eff}가 커지므로 전기음성도는 증가한다. 전기음성도 값의 보기를 들면 다음 표와 같다.

표 1-8 전기음성도의 값

원소	K	Na	Li	Mg	B	H	C, I	Br	N, Cl	O	F
값	0.8	0.9	1.0	1.2	2.0	2.1	2.5	2.8	3.0	3.5	4.0

만일 전기음성도가 다른 두 원자가 화학결합을 이루게 되면, 전기음성도가 큰 원자 쪽에 전하밀도가 높은 분포를 가지게 되어 전기적으로 음성의 성격을 띄게 되며, 이 전하 밀도 분포의 차가 클수록 이온성 결합을 이루게 된다. 그러나 이온성 결합이 아닌 분자를 이룰 때에는 분자는 공유결합의 성질을 나타내며 이온결합의 성격을 부분적으로 가지게 될 것이다. 이러한 분자가 가지는 이온결합의 성질을 백분률로 나타내어 공유결합의 이온성(degree of ionic character)이라는 양으로 나타낸다. 지금 $A-B$ 결합의 이온성은 두 원자 A, B의 전기음성도를 각각 X_A, X_B라고 두면 다음과 같은 식으로 나타낼 수 있다.

$$\text{이온성}(\%) = 16(X_A \sim X_B) + 3.5(X_A \sim X_B)^2 \cdots\cdots (1-13)$$

이 식에서 $X_A \sim X_B$가 2.1일 때에는 50%가 이온성이며, 0.5 이하일 때에는 이온성(%)은 $X_A \sim X_B$에 비례한다고 보아도 좋다.

【예제 1-1】 HCl 기체의 이온성(%)을 구하라. 단, H와 Cl의 전기음성도는 각각 2.1, 3.0이라고 한다.

(풀이) $\text{이온성}(\%) = 16(X_A \sim X_B) + 3.5(X_A \sim X_B)^2$
$= 16(3.0-2.1) + 3.5(3.0-2.1)^2 \fallingdotseq 17.2\%$

(2) 유전상수

NaCl과 같은 ion성 결합물질이 물에 녹는 것은 물의 유전상수가 큰 것에 기인되므로 유전상수에 대하여 알아보자.

자석에는 세기가 같은 두 극이 있으며, 자석의 세기는 두 극 사이의 거리와 극의 세기를 곱한 자기능률로써 나타낸다. 그러나 2가지 이상의 원자로 이루어져 있는 분자에서는 두 원자 중에 전기음성도가 큰 원자 쪽으로 전자가 치우쳐 지므로 음전하의 성격을 띄게 되며, 전기음성도가 작은 원자는 양전하의 성질을 띄게 된다. 중성인 분자에서 이 두 가지의 전하는 같은 양이나 (+)전하의 중심부와 (−) 전하의 중심부는 일치되지 않을 때가 많다. 분자 전체로 보면 이것은 마치 자석이 두 극을 가진 것과 같다고 하여 하나의 작은 전기쌍극자(electric dipole)를 이룬다고 한다. 분자가 이렇게 쌍극자를 이루는 현상을 분극(polarization)이라고 하며, 이러한 분극이 일어나는 분자를 극성 분자(polar molecule)라 하고, 분극 현상이 일어나지 않는 분자를 무극성 분자(nonpolar molecule)라고 한다. 이 분극의 세기는 쌍극자능률을 측정함으로써 결정된다.

지금 어떤 극성 분자의 (+), (−)하전의 중심 사이의 거리를 l, (+)전하의 성격을 띈 원자의 총 전기량을 δ^{n+}라고 하면 그 분자의 전기쌍극자능률(electric dipole moment) μ는 다음과 같다.

$$\mu = l \times \delta^{n+} \quad \cdots\cdots (1-14)$$

여기서 l을 Å 단위로, δ^{n+}를 stacoulomb 단위로 나타내어 μ의 단위는 $D.U.$ (Debye Unit, 1 $D.U.=10^{-10}$ Å·stacoulomb)로 쓴다. δ^{n-}는 전자의 전기량보다 작은 값으로 분자마다 다르며, 만일 δ^{-}가 전자와 같은 하전을 띄면 완전한 이온결합이 된다. 3원자 이상의 분자에서는 (+)전하는 (+)전하끼리, (−)전하는 (−)전하끼리 벡터적으로 합성하여 거리 l을 구한다.

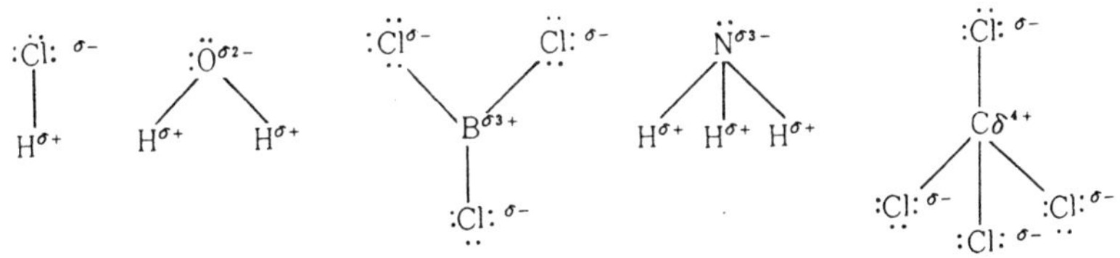

그림 1−17 전하 분포의 치우침

지금 두 금속판 M, 전지 V, 전류계 A, 스위치 S를 그림 1−18과 같이 연결하여 S를 닫으면 금속판이 대전되어 전류계는 움직인다. S를 닫으면 금속판 사이에 놓인 극성 분자는 회전운동하여 일정한 방향으로 다시 배열하므로 A에 보다 많은 전류가 흐르나, 무극성 분자는 아무런 영향이 없다. 이와 같이 두 금속판이 축전기를 이루고 있을 때에 이 금속판 사이에 어떤 물질을 넣어서 측정한 전기용량 C와 진공 속에서 측정한 전기용량 C_0와의 비를 유전상수(dielectric constant)라고 하여 D로 나타낸다.

$$D = C/C_0 \quad \cdots\cdots (1-15)$$

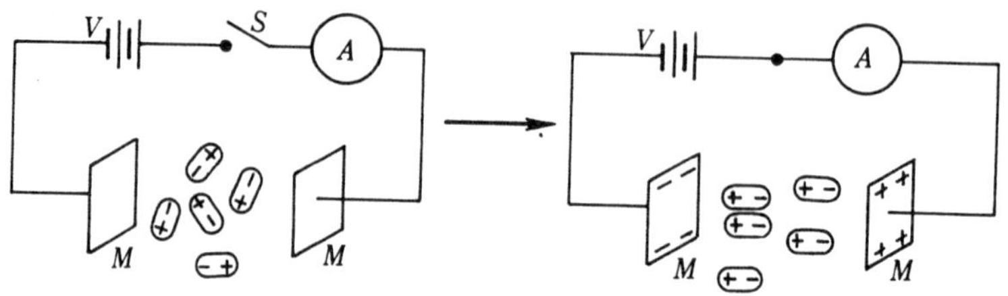

그림 1－18 유전상수의 측정

또 거리가 $r$cm 떨어져 있는 두 하전체의 전기량이 Q, Q'일 때 이 두 하전체 사이에 작용하는 정전기적인 coulomb의 힘 f는 다음과 같이 나타낸다.

$$f = QQ'/Dr^2 \quad \cdots\cdots (1-16)$$

그러므로 유전상수가 큰 물질은 유전상수가 작은 물질에 비하여 어떤 이온 결합화합물을 각 성분 이온으로 떼어 놓는데 coulomb의 힘 f가 더 작게 필요하게 된다. 예로서 NaCl은 이온결합물질로서 물 속에서 Na^+과 Cl^-이 잡아당기는 힘 f_1은 공기 중에서 잡아당기는 힘 f_2에 비하여 1/82이나 작으므로 각 이온들이 서로 떨어져서 유리되어 물에 녹게 된다. 이 식(1－16)으로부터 어떤 물질의 용해도 관계를 알아내는 데는 식(1－17)과 같이 f_D값을 계산하여 대조한다. f_D값이 0.2보다 크면 물에 녹지 않는 화합물이고 0.2보다 작으면 물에 녹는 화합물이다.

$$f_D = \frac{QQ'}{r_2} \quad \cdots\cdots (1-17)$$

【예제 1－2】 25℃에서 5% 소금물 속의 Na^+과 Cl^- 사이의 인력과 용매를 에틸알콜로 바꾸었을 때의 인력의 비를 구하라.

(풀이) 소금물 용액에서 이온 사이의 인력을 f_0라고 하고, 알콜 용액 속에서의 인력을 f라고 하여 그 비를 구하면 다음과 같다.

$$f/f_0 = (Q_{Na^+}Q_{Cl^-}/D_{C_2H_5OH}r^2_{Na-Cl})/(Q_{Na^+}Q_{Cl^-}/D_{H_2O}r^2_{Na-Cl})$$
$$= D_{H_2O}/D_{C_2H_5OH} = 78.54/24.30 \fallingdotseq 3.23$$

그러므로 알콜 속에서의 인력이 물 속에서의 인력의 3.23배가 된다.

표 1-9 쌍극자능률과 유전상수

물 질	쌍극자능률 (*D. U.*)	유전상수	물 질	쌍극자능률 (*D. U.*)	유전상수
진공, CS_2	0	1	NH_3	1.46	19.6
CCl_4	0	2.2	CH_3COCH_3	2.8	20.7
C_6H_6	0	2.275	C_2H_5OH	1.69	24.30
HCl	1.03	-	CH_3OH	1.67	32.63
$C_2H_5OC_2H_5$	1.15	4.23	$C_6H_5NO_2$	4.20	36
$CHCl_3$	1.15	5	H_2O (25℃)	1.82	78.54
CH_3COOH	1.74	10	(100℃)		55.3

(3) 용해성과 수화

HCl과 같은 원자결합물질은 앞의 예제에서와 같이 분자 중에 약간의 이온성이 포함되어 있으므로 이들 쌍극자가 물과 작용하므로서 쉽게 용해한다.

$$H^{+\delta}-Cl^{-\delta}+\begin{matrix}H^{+\delta}\\ \\ H\end{matrix}\!\!>\!O^{-\delta}\longrightarrow H_2O\cdot H^{+}+Cl^{-}\cdot H_2O$$

그러나 $BaSO_4$와 같이 양, 음이온의 전하가 크면 물 속에서도 역시 인력이 강하므로 이온의 집단이 분리되지 않고 물에 녹지 않는다.

한편 분자결합물질도 물에 녹을 수 있는 것이 있는데 예를 들면 C_2H_5OH, $C_3H_5(OH)_3$ 등과 같은 것은 분자내의 OH기가 물과 수소결합을 형성하므로서 용해하게 된다. 그러나 $Al(OH)_3$, $Fe(OH)_3$ 등은 OH기를 가졌으나 분자자체의 거대함 때문에 물분자 속으로 파고들 수가 없어 수소결합을 이루지 못하고 녹지 않는다.

또 앞에서 HCl은 H^+이나 Cl^-이 물분자의 쌍극자 중 서로 반대되는 극과 잡아당겨 그 이온의 주위에 물분자가 집합하므로서 녹게 되는데 이와 같은 물분자의 집합을 수화(hydration)라고 한다. H^+보다 더 큰 +의 힘을 가진 이온은 물분자를 더 세게 잡아 당겨서 결국 집합정도를 지나서 H_2O와 결합하게 되고 aqua착이온을 형성하게 된다. 예로서 Cr^{3+}은 전하가 +3, ion 반지름이 0.64 Å인데 그 힘은 $\frac{3}{0.64}=4.69$ 로서 상당히 크므로 물에서 $[Cr(H_2O)_6]^{3+}$이라는 aqua 착이온을 형성한다. 이때 aqua 착이온을 형성하고 있는 물분자를 배위수라고 하며 반면 명반 중의 K^+ 주위에 있는 물분자와 같이 물분자가 그대로 모여서 격자의 성분이 되어 있는 것을 격자수라 한다.

(4) 용해도

용해도(solubility)는 일정량의 용매에 녹아들어 갈 수 있는 용질의 양을 말하며 물질의 상태에 따라서 다음과 같이 설명한다.

① 고체의 용해도

고체의 경우 일반적으로 온도가 증가하면 용해도는 커진다. 그러나 NaCl과 같이 온도가 증가하여도 용해도가 거의 변하지 않는 것도 있고 반대로 $Ca(OH)_2$처럼 온도가 증가하면 도리어 용해도가 감소하는 것도 있다. 고체의 용해도는 보통 용매 100g에 용해하는 용질의 g수로써 표시하며 그 일부를 표 1-10에 나타내었다.

② 액체의 용해도

물과 알콜, 물과 글리세린, 벤젠과 글리세린 등은 서로 두 액체를 혼합하여도 그 용량과 비율에는 관계없이 항상 균일한 조성의 진용액(true sloution)을 얻을 수 있으며 이를 혼합(misible)이라 한다. 그러나 물과 벤젠, 물과 사염화탄소 등은 두 액체를 혼합하면 거의 용해하지 않고 두 층으로 분리되는데 이를 비혼합

표 1-10 고체의 용해도(물 100g에 녹는 용질의 g수)

물질 온도(℃)	0	10	20	40	60	80	100
설탕	179.2	190.5	203.9	238.1	287.3	362.1	487.2
염화나트륨	35.2	35.8	36.0	36.6	37.3	38.4	39.8
염화칼륨	27.6	31.0	34.0	40.0	45.5	51.1	56.7
질산나트륨	73	80	88	104	124	148	180
질산칼륨	13.3	20.9	31.6	63.9	110.0	169	246
황산암모늄	70.6	73.0	75.4	81.0	88.0	95.3	103.3
수산화칼슘	0.815	0.176	0.165	0.141	0.116	0.094	0.077
붕산	2.7	3.7	5.0	8.7	14.0	23.6	40.1
염화은	0.000070	–	0.000154	–	–	–	0.00217
황산바륨	0.000115	0.00022	0.00024	–	–	–	0.000413

(immisible)이라 한다. 또 물과 에테르는 어느 정도까지는 서로 용해하므로 부분 혼합이라고 한다.

이와 같이 서로 혼합하지 않는 두 액체 *A*, *B*에 *a*라는 용질을 녹이고 충분히 흔든 다음 정치하면 *A*용액 중에 녹은 *a*와 *B*용액 중에 녹은 *a*의 비는 일정한 값을 가지게 된다. 이 관계를 분배법칙(distribution law)이라 하고 이 값을 분배계수(distribution coefficient)라 한다. 즉

$$\frac{B\text{ 용액 중의 }a\text{용질의 g 수}}{A\text{ 용액 중의 }a\text{용질의 g 수}} = \frac{B\text{ 용액 농도}}{A\text{ 용액 농도}} = K \cdots\cdots\cdots\cdots (1-18)$$

예를 들면 보통 온도에서 브롬의 CCl_4에 대한 용해도는 물에 대한 용해도의 28배나 된다. 따라서 일정량의 브롬을 같은 부피의 이들 두 용매를 한 용기에 넣고 흔든 다음 정치하면 브롬 전체의 28/29이 CCl_4 층으로 옮아간다. 즉 브롬수에 같은 부피의 CCl_4를 넣고 흔들어 주면 대부분의 브롬은 CCl_4층으로 옮아가므로 이것을 몇 번 되풀이 하면 물에 녹아 있는 브롬은 거의 없어져 버린다.

③ 기체의 용해도

일반적으로 기체의 용해도는 Henry의 법칙에 따른다. 즉 온도가 증가하면 기체의 용해도는 감소하고 온도가 하강하면 증가하며 일정 온도에서는 기체의 분압에 비례하여 용해한다. 일정량의 용매에 용해하는 용질의 g수 (*S*)와 기체분압 (*P*)와의 비는 용질, 용매, 온도에 특유한 상수(*K*)가 된다. 이 관계를 식으로 표시하면

$$\frac{S}{P} = K \cdots\cdots\cdots\cdots\cdots\cdots (1-19)$$

식(1-19)는 $S = KP$이므로 *S*와 *P*를 도시하면 기울기가 *K*인 직선이 된다. 이 경우 용해도가 작은 CO_2, O_2, H_2 등은 식(1-19)를 만족하지만 용해도가 큰 NH_3, HCl, SO_2 등은 직선에서 벗어남을 알 수 있다.

3. 용액의 농도

농도(concentration)는 용액의 조성 곧 진하고 묽음을 나타내는 말로서 용매 또는 용액의 일정량에 대한 용질의 양으로써 표시한다. 용액의 농도를 나타내는

데에는 여러 가지 방법이 있으나 분석화학에서 많이 쓰고 있는 농도표시법은 다음과 같다.

(1) 중량백분율 농도(percent by weight)

용액 100g 중에 포함되어 있는 용질의 g수로써 *W/W%*로 표시한다. 예를 들어 5*W/W%* 식염수란 용액 100g에 NaCl 5g이 포함된 용액을 말한다.

(2) 용량백분율 농도(percent by volume)

용액 100m*l* 중에 포함된 용질의 m*l*로써 *V/V%*로 표시한다. 예를 들어 10V/V% 알콜 수용액이란 용액 100m*l* 속에 알콜 10m*l*가 포함된 용액을 말한다.

(3) 중량 대 용량백분율 농도(percent weight in volume)

용액 100m*l* 중에 포함된 용질의 g수로써 *W/V%*로 표시한다. 보기를 들면 10*W/V%* 염화암모늄 수용액이란 용액 100m*l* 속에 NH_4Cl이 10g 포함되어 있는 용액이다. 그러나 이 때에는 온도에 따라서 용액의 부피가 변하므로 반드시 온도를 나타내어야 한다.

(4) 몰 농도(molarity)와 화학식량 농도(formality)

g분자량은 분자량만큼의 g수 곧 분자량에 g을 붙인 것인데 줄여서 g 몰 또는 몰(mole)이라고도 한다. 그러나 KCl과 같이 이온결정을 이루고 있는 물질은 대개 분자식이 없으므로 분자량이 없다. 이러한 화합물의 조성을 나타낼 수 있는 한 묶음의 원소기호로써 그 화합물의 화학식(chemical formula)을 나타내고, 이 화학식에 포함되는 모든 원자의 원자량의 합을 화학식량(formula weight)이라고 한다. 또 화학식량만큼의 g수를 그램화학식량(gram-formula weight) 또는 formole이라고 한다. 분석화학에서는 흔히 이들 화학식량과 분자량을 구별하지 않고 쓴다.

몰 농도란 용액 1*l* 속에 녹아 있는 용질의 몰수로써 나타내는 농도이며 [ ] 또는 *M*이란 기호로써 나타낸다. 화학식량 농도는 용액 1*l* 속의 용질의 formole

수로써 나타내고 **F**란 기호로 표시한다. 우리는 앞으로 **M**과 **F**를 구별하지 않고 쓰기도 한다. 예로서 황산용액 1*l* 속에 H_2SO_4가 98.08g들어 있으면 1**M** 곧 1**F**가 된다.

(5) 몰 분률(mole fraction)

용액 중의 전 성분의 mole수의 합계에 대한 한 성분의 mole수의 비를 말하며 **X**로 나타낸다.

물질 *A*가 n_A몰, *B*가 n_B몰, *C*가 n_C몰로써 이루어진 용액의 몰분률을 각각 X_A, X_B, X_C라고 하면 다음 두 식이 성립된다.

$$X_A = \frac{n_A}{n_A+n_B+n_C}, \quad X_B = \frac{n_B}{n_A+n_B+n_C}, \quad X_C = \frac{n_C}{n_A+n_B+n_C} \qquad \cdots\cdots\cdots(1-20)$$

$$X_A + X_B + X_C = 1 \qquad \cdots\cdots\cdots(1-21)$$

예를 들어 물 126g에 염화수소 72.93g이 녹아 있으면 H_2O와 HCl의 몰 분률은 0.78 및 0.22이다.

(6) 몰랄 농도(molality)

용매 1kg 속에 녹아있는 용질의 몰수로 *m*으로써 표시한다. 곧 3*m*의 글루코스 수용액은 물 1000g 속에 글루코스 40.6g이 녹은 용액이다.

(7) 노르말 농도(normality)

용액 1*l*에 녹아있는 용질의 g당량수를 말하며 *N*이란 기호로써 표시한다. 예로서 황산용액 1*l* 중에 H_2SO_4가 49g(1g 당량) 포함되면 1*N*용액이 된다.

일반적으로 수소 1g 원자(1.008g) 또는 산소 1/2g 원자(8.000g)와 화합하는 원소의 g단위의 무게를 1g 당량(gram-equivalent weight)이라 하고, 이 때의 수치를 그 원소의 결합량(combining weight) 또는 당량(equuivalent weight)이라고 한다. 다음에 당량에 대한 일반적인 관계를 적어 둔다.

◎ 원소의 당량 = 원자량 / 원자가

◎ 원자단의 당량 = 원자단 속의 모든 원자의 원자량의 합 / 원자단의 원자가

◎ 산의 당량 = 산의 분자량 / 산의 염기도

◎ 염기의 당량 = 염기의 분자량/염기의 산도

◎ 염의 당량 = 염의 분자량/염 1몰이 생기는 데에 필요한 산 또는 염기의 당량수

◎ 산화제 및 환원제의 당량 = 산화제 및 환원제의 분자량/산화제 또는 환원제 1분자가 산화 환원할 때에 이동되는 전자의 총 수

당량을 계산하는 데에 필요한 식들을 위에 간단히 적어 두었으나, 실제 문제에 있어서는 이렇게 간단히 말할 수 없고 각각의 반응식을 보고 결정하여야 한다.

(8) 부피비 농도(volume ratio concentration)

액체상태로 시판되는 시약을 써서 용액을 만들 때에 사용하며 농도가 진한 시약과 용매의 부피비로써 표시하는 농도이다. 보기를 들면 HCl(1 : 3) 혹은 HCl (1+3) 수용액이라고 하면 진한 HCl 1부피와 물 3부피의 혼합용액을 말한다.

(9) ppm 농도(parts per million)

용액 1kg 중에 포함된 용질의 mg수를 말하며 용액의 농도가 대단히 묽을 경우에는 비중이 거의 1이므로 mg/l와 같이 사용한다.

농도와 비중과의 관계

비중은 4℃의 물의 밀도에 대한 어떤 물질의 밀도비를 말하는 무차원항으로서 Baume계와 Twaddell계를 사용하여 측정하고 이들의 상호관계는 표 1-11과 같다.

용액의 비중을 알면 농도는 비중과 농도관계표를 이용하여 쉽게 구할 수 있고 중요한 산, 염기의 비중과 농도관계를 부록 1에 나타내었다.

또 비중과 무게와 부피 사이에는 다음과 같은 관계식이 성립되어 있다.

$$\text{무게} = \text{부피} \times \text{비중} \qquad \text{부피} = \frac{\text{무게}}{\text{비중}}$$

그러므로 무게, 부피, 비중의 셋 중에서 2개를 알면 다른 하나를 알 수 있다.

표 1－11 비중, Baume, Twaddell 비교표

비중	Tw	Be′	비중	Tw	Be′	비중	Tw	Be′
1.000	0	0	1.190	38.0	23	1.468	93.6	46
1.007	1.4	1	1.200	40.0	24	1.483	69.8	47
1.014	2.8	2	1.210	42.0	25	1.498	99.6	48
1.022	4.4	3	1.220	44.0	26	1.515	103.0	49
1.029	5.8	4	1.231	46.2	27	1.530	106.0	50
1.037	7.4	5	1.241	48.2	28	1.546	109.2	51
1.045	9.0	6	1.250	50.4	29	1.563	112.6	52
1.052	10.2	7	1.263	52.6	30	1.580	116.0	53
1.060	12.0	8	1.274	54.8	31	1.597	119.4	54
1.067	13.4	9	1.285	57.0	32	1.615	123.0	55
1.075	15.0	10	1.297	59.4	33	1.635	127.0	56
1.083	16.6	11	1.308	61.6	34	1.652	130.4	57
1.097	18.2	12	1.320	64.0	35	1.671	134.4	58
1.100	20.0	13	1.332	66.4	36	1.691	138.2	59
1.108	21.6	14	1.345	69.0	37	1.710	142.0	60
1.116	23.2	15	1.357	71.4	38	1.732	146.4	61
1.125	25.0	16	1.370	74.0	39	1.753	150.6	62
1.134	26.8	17	1.383	76.6	40	1.775	155.0	63
1.142	28.4	18	1.397	79.4	41	1.795	159.0	64
1.152	30.4	19	1.410	82.0	42	1.820	164.0	65
1.162	32.4	20	1.424	84.8	43	1.842	168.4	66
1.171	34.2	21	1.438	87.6	44	1.865	173.9	67
1.180	36.0	22	1.453	90.6	45			

【예제 1－3】 비중 1.38, 48% 황산용액 1l가 있다. 이 용액에 대하여 황산의 (a) 중량 대 용량백분율 농도 (b) 몰 농도 (c) 몰분율 (d) 몰랄 농도 (e) 노르말 농도를 계산하라. 단, H_2SO_4의 분자량은 98.08이고 물의 분자량은 18.008이다

(풀이) (a) 용액 1l의 무게 $1.38 \times 1000 = 1380\,g$

순수한 황산의 무게 $1380 \times 48 / 100 = 662.4\,g$

중량 대 용량백분율 농도 $662.4 / 1000 \times 100 = 66.24$ $W/V\%$

(b) 몰 농도 $662.4 / 98.08 \doteqdot 6.75\,M$

(c) 물의 무게 $1380 - 662.4 = 717.6\,g$

물의 몰수 $717.6 / 18.008 \doteqdot 39.85\,M$

$$X_{H_2SO_4} = 6.75/(6.75+39.85) \fallingdotseq 0.14$$

(d) 몰랄 농도 $6.75 \times 1000/717.6 \fallingdotseq 9.40m$

(e) H_2SO_4는 2 당량 물질이므로 노르말 농도는 $6.75 \times 2 \fallingdotseq 13.50N$

【예제 1－4】 중화반응을 하는 NaOH과 HCl, 침전반응을 하는 $AgNO_3$, 착이온생성반응을 하는 $AgNO_3$, 산화환원반응($Fe^{3+}+e \rightarrow Fe^{2+}$)을 하는 $Fe(NO_3)_3$는 1몰이 1g당량이라고 할 때 다음 반응식에서 밑줄친 부분의 당량을 구하여라. 단, 괄호 안의 값은 밑줄 친 화합물의 분자량이다.

(a) $\underline{Na_2CO_3} + HCl = NaHCO_3 + NaCl$ (105,989)
(b) $\underline{Na_2CO_3} + 2HCl = H_2O + CO_2 + 2NaCl$ (105.989)
(c) $\underline{H_3PO_4} + NaOH = NaH_2PO_4 + H_2O$ (97.995)
(d) $\underline{H_3PO_4} + 2NaOH = Na_2HPO_4 + 2H_2O$ (97.995)
(e) $\underline{KI} + AgNO_3 = AgI + KNO_3$ (166.006)
(f) $\underline{BaCl_2} + H_2SO_4 = BaSO_4 + 2HCl$ (208.246)
(g) $\underline{2KCN + AgNO_3} = K[Ag(CN)_2] + KNO_3$ (65.120)
(h) $4KI + HgCl_2 = K_2[HgI_4] + 2KCl$ (166.006)
(i) $\underline{Na_2H_2Y \cdot 2H_2O} + CaCl_2 = 2H^+ + CaY^{2-} + 2NaCl + 2H_2O$ (372.242)
(j) $\underline{2KMnO_4}+10FeSO_4+8H_2SO_4 = 2MnSO_4+5Fe_2(SO_4)_3+8H_2O+K_2SO_4$ (158.038)

(풀이) (a)～(d)의 중화반응에서는 치환한 H^+ 또는 OH^- 수로써 분자량을 나누면 당량이 된다. 그러므로 답은 각각 105.989, 52.995, 97.995, 48.998이다. (e)와 (f)의 침전반응에서는 염의 분자량을 원자가로써 나누면 당량이 되므로 166.006과 104.123이 당량이다. g에서 i까지의 착이온생성반응에서는 +1가의 양이온과 반응하는 분자량이 당량과 같으므로 답은 각각 130.240, 332.012, 186.121이다. j의 산화－환원반응에서는 분자량을 이동하는 전자수로써 나누면 당량이 되므로 그 답은 31.608이다.

4. 용액의 농도변경

어떤 용액의 농도를 희석 혹은 혼합하거나 그 농도를 변경하여 조제하고자 할 때 그 방법은 위의 농도에 대한 정의를 잘 알고 있으면 쉽게 계산할 수 있다. 여기서는 분석화학에서 필요한 기본적인 계산방법을 설명한다.

(1) 노르말 농도의 변경

진한 용액의 부피를 V_1, 그 노르말 농도를 N_1, 또 이 용액에 물을 더 넣어 묽어진 용액의 부피를 V_2, 그 노르말 농도를 N_2라고 하면 다음 관계식이 성립한다.

$$N_1V_1 = N_2V_2 \cdots\cdots (1-22)$$

또 이 식은 서로 반응하는 물질의 양을 계산하는 데에도 쓰인다. 왜냐하면 모든 화학반응은 1당량과 1당량이 서로 반응하기 때문이다. 그러므로 혼합용액의 경우 당량관계는 식(1-23)이 적용된다.

$$N_1V_1 + N_2V_2 = N_3V_3 \quad (\text{단, } V_3 = V_1 + V_2) \cdots\cdots (1-23)$$

식(1-23)은 산 + 산, 염기 + 염기의 반응에 적용이 가능하며 만약 산 + 염기의 반응이면 식(1-24)로 변한다

$$N_1V_1 - N_2V_2 = N_3V_3 \quad (\text{단 } V_3 = V_1 + V_2) \cdots\cdots (1-24)$$

(2) % 농도의 변경

서로 농도가 다른 두 용액을 섞어서 그 중간농도의 용액을 만드는 데에 필요한 혼합률의 방법을 설명한다.

지금 a%의 용액 Ag과 b% 용액 Bg을 혼합하여 c% 용액을 만들 때에 용질 전체의 양은 일정하므로 다음 관계식이 이루어진다.

$$Aa + Bb = (A+B)c$$

$$\therefore A : B = (c-b) : (a-c) \quad \text{단, } a>c>b \cdots\cdots (1-25)$$

이 때 용액의 농도로 a, b를 같은 단위를 쓰면 무게나 부피(정확하게는 밀도를 곱한 값을 써야 한다) 어느 것이라도 좋으나 섞을 때 부피의 변화가 일어나면 무게단위를 사용하여야 한다. 농도가 큰 쪽의 농도(a)를 왼쪽 위, 낮은 편의 농도(b)를 왼편 아래에 쓰고, 가운데에 구하고자 하는 농도(c)를 쓴다. 그림 1-19를 보면 a% 용액($c-b$)무게와 b% 용액($a-c$)무게를 혼합하여 c%의 용액을 얻을 수 있음을 알 수 있다. 물 또는 다른 용매로 묽힐 때에는 b는 0로 두어 계산하면 된다.

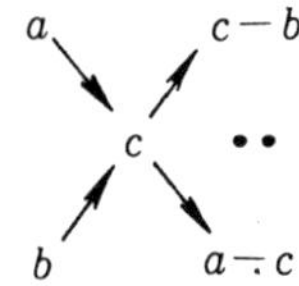

그림 1−19 용액혼합비

【예제 1−5】 12N의 진한 HCl용액을 사용하여 0.12N의 HCl 용액 250 ml를 만드는 방법을 설명하라.

(풀이) $12 \times V = 0.1 \times 250$ $\therefore V = 2.5\,\text{m}l$
곧 12N HCl 2.5 ml를 물로 묽혀서 전체를 250 ml로 하면 된다.

【예제 1−6】 430 ml의 0.4000M H_2SO_4용액을 중화시키는 데에 필요한 0.6380M KOH 용액의 부피를 구하라.

(풀이) H_2SO_4 1몰은 KOH 2몰과 중화한다. 또 H_2SO_4 1M 용액은 2N 용액이며 KOH은 1M 용액이 1N 용액이므로
$0.4 \times 2 \times 430 = 0.6380 \times V$ $\therefore V = 539.18\,\text{m}l$

【예제 1−7】 $N/5$ HCl 1l를 만들려고 한다. $N/2$ HCl과 $N/10$ HCl을 각각 얼마씩 혼합하면 되겠는가?

(풀이) 구하는 $N/2$ HCl의 부피를 $x\,l$라고 하면 $N/10$ HCl의 부피는 $(1-x)l$이다. 따라서 식(1−33)으로부터
$$x \times \frac{1}{2}N + (1-x) \times \frac{1}{10}N = 1\,l \times \frac{1}{5}N$$
$\therefore x = 0.25\,l$
즉 $N/2$ HCl 0.25l와 $N/10$ HCl 0.75l를 혼합하면 된다.

【예제 1−8】 진한 H_2SO_4(98%)용액을 물로 묽혀서 25%로 하는 데에는 진한 H_2SO_4과 물을 각각 몇 g씩 섞으면 되느냐?

(풀이)

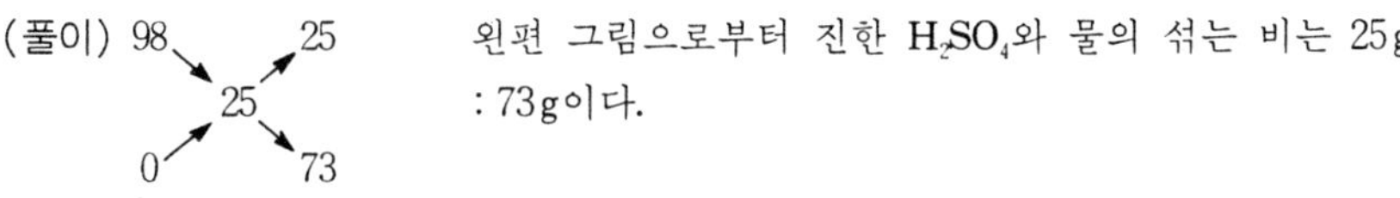

왼편 그림으로부터 진한 H_2SO_4와 물의 섞는 비는 25 g : 73 g이다.

【예제 1−9】 진한 HCl(35.39%)용액을 물로 묽혀서 20% HCl용액을 만들려고 한다. 진한 HCl과 물을 각각 몇 ml씩 혼합하면 되느냐?

(풀이) 35.39 ╲ ╱ 20
20
0 ╱ ╲ 15.39

왼편 그림으로부터 필요한 진한 HCl과 물의 양은 각각 20 g, 15.39 g이다. 부록 1에서 35.39% HCl의 비중은 1.18이고 물의 비중은 1이므로 필요한 HCl과 물의 부피는 20/1.18 : 15.39/1=16.95 ml : 15.39 ml이다.

【예제 1−10】 0.1 M H_2SO_4 30 ml에 0.1 M NaOH용액 15 ml를 섞었다. 0.1 M KOH용액 몇 ml를 더 가하면 이 용액의 pH가 7이 될까?

(풀이) H_2SO_4는 2당량 물질이므로 0.1 M H_2SO_4 = 0.2N H_2SO_4

$\therefore\ 0.1 \times 15 + 0.1 \times x = 0.2 \times 30$

$\therefore\ x = 45$ ml

1−7 표준용액과 화학양론적 계산

1. 표준용액

(1) 적정법

시료 속의 어떤 성분을 정량하고자 할 때는 용량분석 즉 시료를 용해하여 용액으로 만들고 여기에 목적성분과 반응하는 어떤 기지농도의 용액을 반응시켜 종말점까지 소비된 부피를 측정함으로써 당량관계를 이용해서 목적성분의 함량을 산출해 내는 것이 보통이다. 이때 사용된 기지농도의 용액 즉 농도가 정확히 알려져 있는 용액을 표준용액(standard solution)이라 하고 이 표준용액을 뷰렛에 넣고 시료용액에 떨어뜨려 종말점까지 소비된 부피를 측정하는 실험조작을 적정법(titration method)이라고 한다.

이 때 적정시의 표준온도는 15℃이며 적정기구는 항상 깨끗하여야 한다. 용량기구를 깨끗이 보존하기 위하여는 세척혼합액(cleaning mixture solution)을 사용하면 효과적인데 그 조제법은 $K_2Cr_2O_7$의 포화수용액에 진한 황산을 거의 같은 부피로 천천히 가하면서 냉각한다. 사용시는 상등액을 쓰고 흡습성이 있으므로 마개를 막아서 보관하여야 한다. 세척혼합액을 오래 사용하면 등갈색이 진한 녹색으로 변하는데 이는 중크롬산의 일부 또는 전부가 Cr^{6+}에서 Cr^{3+}으로 환원되어 산화력이 떨어진 것을 나타낸다. 즉

$$Cr_2O_7^{2-} + 14H^+ + 6e \longrightarrow 2Cr^{3+} + 7H_2O$$

또 세척혼합액의 재생은 $K_2Cr_2O_7$을 보충하거나 $K_2Cr_2O_7$과 황산을 같이 첨가해 주면 된다.

용량분석에 쓰일 수 있는 반응조건이나, 화학반응의 종류는 많으나 적정에 이용될 수 있는 반응은 비교적 적다. 적정에 이용될 수 있는 반응은 다음과 같은 조건을 갖추지 않으면 안 된다.

① 정량적으로 한쪽 방향으로만 진행하는 반응이어야 한다.

② 반응속도가 크고 완전히 완결하지 않으면 안 된다.

③ 공존하는 다른 성분이 반응하지 않아야 한다.

④ 반응의 완결점을 확인하기 좋은 반응이라야 한다.

(2) 표준용액

표준용액은 고순도의 표준시약을 화학천칭을 써서 정확히 일정량을 칭취하고 메스 플라스크(volumetric flask)를 써서 일정용량으로 묽게 하여 만든다. 이것을 일차표준용액(primary standard solution)이라고 한다.

따라서 1차표준물질(primary standard substance)은 다음의 조건을 구비해야 한다.

① 순수한 상태로 얻기 쉽고, 건조, 정제하기 쉬워야 하며, 100% 순수하지 않다면 순도를 정확하게 알 수 있고, 0.01~0.02% 이하의 불순물에 대한 시험을 간단히 할 수 있을 것.

② 건조기에서 쉽게 건조할 수 있도록 100~110℃에서 안정하고, 조해성이나 풍해성이 없으며, 대기 속에 노출시켜 둘 때 안정하여 CO_2나 O_2와 반응하지 않을 것.

③ 당량이 커서 칭량오차가 표정에 어느 정도까지 영향을 미치지 않을 것.

④ 용량분석에 이용할 수 있는 반응의 조건을 구비할 것.

위의 조건을 갖춘 일차표준물질의 보기는 다음과 같다. 곧 $(NH_4)_2SO_4$, $BaCl_2$, Cu선이나 조각, 철선, $H_2C_2O_4$, $KHC_8H_4O_4$, KCl, $K_2Cr_2O_7$, K_2SO_4, KSCN, KIO_3,

$KBrO_3$, $KHCO_3$, Ag선, $AgNO_3$, Na_2CO_3, NaCl, $Na_2C_2O_4$, Na_2SO_4, $Na_2S_2O_3 \cdot 5H_2O$, $Na_2B_4O_7 \cdot 10H_2O$, NH_2SO_3H, I_2, As_2O_3, C_6H_5COOH, Zn조각, EDTA 등이다.

용량분석용 표준시약은 KS에서 정한 바와 같고 이들은 특급 이상의 순도를 가지고 건조했을 때 99.95% 이상(건조온도 100℃이상에서는 99.90% 이상)의 함량을 소수 둘째 자리까지 나타내는 것으로 규정되어 있다.

그러나 주어진 시약이 휘발성, 흡습성 등으로 순수한 것을 얻을 수 없을 때에는 대략의 목적에 맞는 농도의 용액으로 만들고 다른 일차표준용액을 이용하여 그 용액의 정확한 농도를 측정하게 된다. 이와 같은 조작을 표정(standardization)이라 하고 표정으로 정확한 농도가 결정된 용액을 이차표준용액(secondary standard solution)이라 한다.

용액의 표정에서 주의할 점은 다음과 같다.

① 적정물질은 반드시 일차표준물질이고 가능한 한 직접 적정법을 쓴다.

② 일차표준물질은 칭량오차를 줄이기 위해 당량이 큰 것일수록 좋다.

③ 일차표준물질의 칭량무게는 대략 300mg 정도가 좋고 최소한 200mg 이상은 되어야 한다.

④ 표준용액의 적정되는 부피가 너무 작아서는 안된다.

⑤ 표정은 적어도 3회 측정하고 그 결과가 0.1~0.2% 이내에서 일치하여야 하며 평균값을 사용한다.

2. 표준용액의 조제 및 표정

정량분석에서 사용되는 표준용액의 농도는 주로 노르말 농도를 사용한다. 노르말 농도를 사용하는 이유는 두 물질이 서로 반응하여 다른 물질을 생성하였을 때 반응에 참여한 각 물질의 당량수는 생성된 물질의 당량수와 동일하기 때문이다. 여기서 당량이란 어떤 두 화합물이 정확히 서로 정량적으로 반응하는 데 필요한 물질의 양이므로 같은 노르말 농도의 두 용액은 동일한 부피에서는 서로 완전히 반응할 만큼의 물질이 들어 있게 된다.

지금 어떤 성분 A를 정량하려고 할 때 기지의 표준용액으로 꼭 당량이 되게 bml 가하였을 때 이 점을 당량점(equivalent point) 혹은 이론적인 종말점이라 한다. 그러나 당량점에 도달하여도 외관상 아무런 변화를 볼 수 없으므로 당량점을 알 수가 없다. 당량점을 찾기 위하여는 지시약이나 전기화학적 및 광학적 방법 등을 이용하게 되는데 이 경우에도 반응의 종류, 당량점의 판별법 등에 의하여 당량점이 일치하지 않으므로 실험상 관찰한 점이나 지시약의 색깔이 변화하는 점에서 표준용액의 적가를 중지하게 되는데 이 점을 종말점(end point)이라 한다.

따라서 이상적인 적정은 당량점과 종말점이 서로 일치하는 것이지만 실제로는 당량점과 종말점이 일치하지 않을 경우가 많으며 이 차이를 적정오차(titration error)라 한다.

적정에 사용되는 표준용액의 농도는 노르말 농도이며 그 정의는 용액 $1l$ 속에 녹아 있는 용질의 g 당량수이다. 이를 식으로 표시하면

$$N = \frac{\text{용질의 g 당량수}}{\text{용액의 } l \text{수}} = \frac{\text{용질의 mg 당량수(meq 수)}}{\text{용액의 m}l\text{ 수}} \quad \cdots\cdots (1-26)$$

또는 $$N = \frac{\text{용질의 g 수/용질의 g 당량}}{\text{용액의 } l \text{수}} = \frac{\text{용질의 mg 수/용질의 mg 당량}}{\text{용액의 m}l\text{ 수}} \quad \cdots\cdots (1-27)$$

그러므로 $$\text{meq 수} = N \times \text{m}l\text{ 수} \quad \cdots\cdots (1-28)$$

또 서로 정량적으로 반응하는 두 용액 사이에는 다음의 관계가 성립한다.

$$(\text{meq수})_1 = (\text{meq수})_2 \quad \cdots\cdots (1-29)$$

또는 $$(N \times \text{m}l\text{ 수})_1 = (N \times \text{m}l\text{ 수})_2$$

그러므로 $$N_1V_1 = N_2V_2 \quad \cdots\cdots (1-30)$$

여기서, N_1, N_2는 용액 1과 2의 규정농도이고 V_1과 V_2는 용액 1과 2의 ml수이다. 어떤 용액이 희석되면 용적은 증가하고 농도는 감소된다. 그러나 용질 전체의 양은 일정하다. 그러므로 농도는 다르나 같은 양의 용질을 포함하는 두 용액에 대하여서도 식(1−30)은 그대로 적용된다. 또 어떤 물질의 mg 당량수는 그 물질의 mg 수를 당량으로 나눈 것이다.

$$\text{meq수} = \frac{\text{물질의 mg 수}}{\text{당량}} \quad \cdots\cdots\cdots\cdots \quad (1-31)$$

식(1－28)과 식(1－31)로부터

$$N \times ml\ \text{수} = \frac{\text{물질의 mg 수}}{\text{당량}} \quad \cdots\cdots\cdots\cdots \quad (1-32)$$

식(1－32)를 바꾸어 쓰면 식(1－33)이 된다.

$$\text{물질의 mg수} = ml\text{수} \times N \times \text{당량} \quad \cdots\cdots\cdots\cdots \quad (1-33)$$

그러므로 고체시약을 이용하여 표준용액을 조제하고자 할 때 칭량하여야 할 시약의 무게(mg 수)는 조제할 표준용액의 농도(*N*)와 부피(*ml* 수)만 결정되면 해당 시약의 순도(%)와 당량을 조사하여 식(1－33)로부터 쉽게 계산해 낼 수 있다. 또 실제 표준용액의 조제시에는 앞의 계산량을 정확히 칭량할려면 시간이 많이 걸리는 등 번거러우므로 반대로 계산량 부근에서 무게를 0.1 mg 단위까지 정확히 칭량한 후 식(1－33)을 이용 *N*을 계산해서 사용하기도 한다. 한편 액체 시약의 경우에는 시약의 무게를 칭량하기가 곤란하므로 비중과 순도(%)를 고려하여 부피로 환산한 다음 피펫을 이용해서 필요량을 취하게 된다. 비중(*s.g*) $= \frac{\text{무게}(W)}{\text{부피}(V)}$ 의 관계가 있으므로 표준용액의 조제시 필요한 액체시약의 부피 (*V ml*)는 식(1－34)를 이용하여 구할 수 있다.

$$\text{N} \times ml\ \text{수} = \frac{V \times s.g \times 1000 \times \frac{\%}{100}}{\text{당량}} \quad \cdots\cdots\cdots\cdots \quad (1-34)$$

【예제 1－11】 37.0% HCl(*s,g* 1.1878)은 몇 규정농도인가? 단. HCl의 분자량은 36.47 이다.

(풀이) $\frac{\text{HCl의 mg 수}}{\text{HCl 당량}} = N \times ml\ \text{수}$

$$\frac{1000 \times 1.1878 \times 0.37}{36.47} = N \times 1.00$$

$$\therefore N = 12.05$$

【예제 1－12】 표준물질로 무수 프탈산칼륨($KHC_8H_4O_4$) 0.8300 g을 취해서 NaOH용액으로 적정하는 데 25.00 *ml*가 소비되었다면 NaOH용액의 규정농도는 얼마냐?

(풀이) NaOH의 meq 수 = $KHC_8H_4O_4$의 meq 수

$$N \times \text{ml수} = \frac{KHC_8H_4O_4\text{의 mg 수}}{\text{당 량}}$$

$$N \times 25.00 = \frac{830.0}{204.22}$$

$$\therefore N = 0.1626$$

【예제 1－13】 0.5N NaOH 500 ml를 만들기 위하여 NaOH 몇 g을 칭량하여야 하는가?

(풀이) $$\frac{\text{NaOH의 mg 수}}{\text{당량}} = N \times \text{ml수}$$

$$\frac{\text{NaOH의 mg 수}}{40} = 0.5 \times 500$$

NaOH의 mg 수 = 10,000

∴ NaOH의 g 수 = 10

【예제 1－14】 0.4966N HCl 24.00 ml와 반응하는 데 NaOH용액 42.15 ml가 소비되었다. 이 용액의 규정농도는 얼마인가?

(풀이) NaOH의 meq 수 = HCl의 meq 수

$$N_1 \times \text{ml 수} = N_2 \times \text{ml수}$$

$$N_1 \times 42.15 = 0.4966 \times 24.00$$

$$\therefore N_1 = 0.2827$$

【예제 1－15】 표준물질로 $AgNO_3$를 8.4273 g 취하여 물에 녹인 뒤 500 ml 용량 플라스크에서 눈금까지 희석시켰다. 이 용액의 규정농도를 계산하라.

(풀이) 취한 $AgNO_3$의 meq 수 = 용액 중의 $AgNO_3$의 meq 수

$$\frac{AgNO_3\text{의 mg 수}}{\text{당량}} = N \times \text{ml 수}$$

$$\frac{8427.3}{169.89} = N \times 500$$

$$N = 0.0992$$

【예제 1－16】 표준물질로 $Na_2C_2O_4$ 0.3450 g을 취해서 용해하고 H_2SO_4 산성으로 한 후, $KMnO_4$ 용액으로 적정하는 데 31.62 ml가 소비되었다. $KMnO_4$ 용액의 규정농도는 얼마인가?

$$N \times ml = \frac{Na_2C_2O_4\text{의 mg수}}{\text{당량}}$$

$$N \times 31.62 = \frac{345.5}{134.1/2} \qquad \therefore N = 0.1630$$

【예제 1－17】 0.1 *N* HCl 용액 500 m*l*를 조제하는 데 시약용 염산은(*s.g* 1.18, 35.39%) 몇 m*l* 이 필요한가?

(풀이) 식(1－34)로부터

$$0.1 \times 500 = \frac{V \times 1{,}180 \times 1000 \times \frac{35.39}{100}}{36.5}$$

$$V = \frac{0.1 \times 500 \times 36.5 \times 100}{1000 \times 35.39 \times 1.18} = 4.37ml$$

3. 농도계수와 역가

표준용액을 조제할 때 표준시약을 사용할지라도 칭량조작이 정확하지 못하거나 액체시약을 피펫으로 취할 경우에는 이론적으로 원하던 소정의 농도가 정확하게 만들어지지 않고 근사적인 농도가 얻어지게 된다. 이때 자기가 원했던 이론적인 농도(N_0)를 실제 조제하여 얻어진 실제농도(N)로 나누어 준 값을 조제된 표준용액의 농도계수(factor, *f*)라 한다.

$$f = \frac{N}{N_0} \quad \cdots\cdots (1-35)$$

식(1－35)에서 농도계수 *f*값이 1보다 크다면 표준용액이 목적하던 농도보다 진하게 만들어졌다는 뜻이고, 1보다 작다면 묽게 만들어 졌음을 뜻한다. 실험실에서 학생들의 정확도를 상대오차 ±5% 이내로 허용한다면 *f*값은 0.95~1.05 범위가 되어야 한다. 농도계수는 그 값이 1인 경우가 이상적이며 만약 조제한 표준용액을 *f*=1로 하고자 하면 표준용액의 *f*값에서 1을 뺀 다음 그 값만큼 물로 희석시켜 주면 된다. 역가(titer)는 표준용액 1m*l*에 대응하는 목적성분량을 말한다. 예를 들면 1*N* HCl 1m*l*는 정확하게 56.11mg의 KOH를 중화하므로, 산 농도는 KOH의 역가 56.11mg/m*l*으로 표시할 수 있다.

$$1N \text{ HCl } 1ml = 56.11\text{mg KOH}$$
$$0.1N \text{ HCl } 1ml = 5.611\text{mg KOH}$$

또 역가(T)는 규정 농도로 환산할 수 있다.

$$T=\frac{\text{mg}}{\text{m}l} \qquad N=\frac{\text{mg}}{\text{m}l\times \text{당량}}$$

$$\therefore T=N\times \text{당량}$$

【예제 1-18】 순수한 Na_2CO_3을 300℃로 1시간 가열, 냉각 후 5.3123 g 을 칭량하여 물에 녹이고 1l로 하였다. 이 용액의 N 농도와 f를 구하여라.

(풀이) Na_2CO_3 1당량 $=\frac{105.986}{2}=52.993$

$$NV=\frac{\text{g}}{\text{당량}}$$

$$N\times 1=\frac{5.3123}{52.993}$$

$$N=0.1002$$

$$f=\frac{N}{N_0}=\frac{0.1002}{0.1000}=1.002$$

또 이 용액을 f=1로 하려면

$$0.1002N\times 1000=0.1000\times V$$

$$V=\frac{0.1002\times 1000}{0.1000}=1002\,\text{m}l$$

따라서 0.1002N 용액에 물을 2ml 더 가하면 0.1000N 용액 즉 $f=1.000$이 된다.

4. 함량계산

어떤 시료를 용량분석법으로 분석하여 그 중에 A성분을 정량하였다면 A성분의 함량 %는 식(1－36)로 표시된다.

$$A(\%)=\frac{A\text{성분 무게}}{\text{시료 무게}}\times 100 \quad \cdots\cdots (1-36)$$

식(1－36)에서 A성분의 무게는 식(1－33)으로부터 구할 수 있으므로

$$A(\%)=\frac{\text{당량}\times N\times \text{m}l\text{수}}{\text{시료의mg 수}}\times 100 \quad \cdots\cdots (1-37)$$

이 된다.

【예제 1-19】 불순한 Na_2CO_3 0.7942 g을 취하여 물에 녹이고 0.5132*N* HCl용액으로 적정하는 데 25.26 m*l*가 소비되었다. Na_2CO_3의 순도는 몇 %인가?

(풀이) $\dfrac{Na_2CO_3\text{의 mg 수}}{\text{당량}} = N \times ml\text{ 수}$

$$\dfrac{Na_2CO_3\text{의 mg 수}}{53.00} = 0.5132 \times 25.26$$

$$Na_2CO_3\text{의 mg 수} = 0.5132 \times 25.26 \times 53.00$$

$$\text{그러므로 } Na_2CO_3\text{의 \%} = \dfrac{Na_2CO_3\text{의 mg 수}}{\text{시료의 mg 수}} \times 100$$

$$= \dfrac{0.5123 \times 25.26 \times 53.00}{794.2} \times 100$$

$$= 86.36\%$$

【예제 1-20】 물에 잘 녹는 Cl^-을 포함하는 시료 0.4273 g을 흡착지시약법으로 용량분석하였다. 이 때 0.1000*N* $AgNO_3$ 25.26 m*l*가 소비되었다면 시료 중의 Cl%는 얼마인가?

(풀이) Cl의 meq 수 = $AgNO_3$의 meq 수

$$\dfrac{Cl\text{의 mg 수}}{\text{당량}} = N \times ml\text{수}$$

$$\dfrac{Cl\text{의 mg 수}}{35.457} = 0.1000 \times 25.26$$

$$\text{그러므로 } Cl\text{의 \%} = \dfrac{Cl\text{의 mg 수} \times 100}{\text{시료의 mg 수}}$$

$$= \dfrac{0.1000 \times 25.26 \times 35.457 \times 100}{427.3}$$

$$= 20.96\%$$

【예제 1-21】 Cl^-을 포함하는 시료 0.4373 g을 Volhard법으로 정량하였다. 이 때 0.1068*N* $AgNO_3$용액 48.00 m*l*를 사용하였고, 역적정하는 데 0.1230*N* NH_4SCN용액 10.21 m*l*가 소비되었다. 시료 중의 Cl%는 얼마인가?

(풀이) Cl의 meq 수 + NH_4SCN의 meq 수 = $AgNO_3$의 meq 수

$$\dfrac{Cl\text{의 mg 수}}{\text{당량}} + N \times ml\text{ 수} = N \times ml\text{ 수}$$

$$\frac{\text{Cl의 mg 수}}{35.457} + 0.1230 \times 10.21 = 48.00 \times 0.1068$$

$$\text{Cl의 mg수} = (48.00 \times 0.1068 - 0.1230 \times 10.21) \times 35.457$$

$$\text{그러므로 Cl의 \%} = \frac{\text{Cl의 mg수} \times 100}{\text{시료의 mg수}}$$

$$= \frac{(48.00 \times 0.1068 \times 0.1230 \times 10.21) \times 35.457}{427.3} \times 100$$

$$= 32.11\%$$

【예제 1-22】 철광석 0.8964 g 중의 Fe을 분석하는 데 0.1134 N $KMnO_4$용액 40.76 ml가 소비되었다. 시료 중의 철의 함량 %는 얼마냐?

(풀이) 철광석 중의 Fe의 meq 수 = $KMnO_4$의 meq 수

$$\frac{\text{Fe의 mg 수}}{\text{당량}} = N \times \text{ml수}$$

$$\frac{\text{Fe의 mg 수}}{55.85} = 0.1134 \times 40.76$$

$$\text{그러므로 Fe의 \%} = \frac{\text{Fe의 mg 수} \times 100}{\text{시료의 mg 수}}$$

$$= \frac{0.1134 \times 40.76 \times 55.85 \times 100}{896.4}$$

$$= 28.80\%$$

【예제 1-23】 Ca을 포함하는 시료 0.6415 g을 $KMnO_4$를 쓰는 간접법으로 분석하였다. 0.1230 N $H_2C_2O_4$용액 41.73 ml를 가하고, 남아 있는 $H_2C_2O_4$용액을 적정하는 데 0.2935 N $KMnO_4$용액 4.76 ml가 소비되었다. 시료 중의 Ca의 함량 %를 구하라.

(풀이) 시료 중의 Ca의 meq 수 = $H_2C_2O_4$의 meq 수 − $KMnO_4$의 meq 수

$$\frac{\text{Ca의 mg수}}{\text{당량}} = N \times \text{ml수} - N \times \text{ml 수}$$

$$\frac{\text{Ca의 mg 수}}{40.08/2} = 0.1230 \times 41.73 - 0.2935 \times 4.76$$

$$\text{Ca의 \%} = \frac{\text{Ca의 mg 수} \times 100}{\text{시료의 mg 수}}$$

$$= \frac{(0.1230 \times 41.73 - 0.2935 \times 4.76)(40.08/2) \times 100}{641.6}$$

$$= 11.67\%$$

1−8 오차와 신뢰한계

1. 오 차

어떤 양을 측정할 때에 아무리 정밀한 기기를 쓰고, 세심한 주의를 기울이더라도 절대적으로 정확할 수는 없다. 참값이 T인 양을 측정하여 측정치 X를 얻었다고 하면 일반적으로 T와 X는 일치하지 않는다. 이 차이를 오차(error) E라고 하며 절대오차(absolute error) E_A라고도 한다.

$$E_A = X - T \quad \cdots\cdots (1-38)$$

이에 대하여 상대오차(relative error) E_R은 참값에 대한 절대오차의 비를 말하며 그 값에 100을 곱하여 백분율로 표시하는 것이 보통이다.

$$E_R(\%) = \frac{X-T}{T} \times 100 \quad \cdots\cdots (1-39)$$

실험으로 구한 측정값이 그 참값에 어느 정도 잘 맞는가를 표시하기 위하여 정확도(accuracy)란 말을 쓰며 일반적으로 상대오차로써 나타낸다. 한편 같은 실험을 되풀이하여 얻은 몇 개의 측정값이 어느 정도 서로 잘 일치하는가를 표시한 것을 정밀도(precision)라 하고 그 결과의 재현성과 신뢰도를 나타내는 데 측정값과 산술평균값 $\overline{X}$의 차 즉 편차(deviation) D가 작을수록 정밀도는 높다고 한다.

$$D = |X - \overline{X}| \quad \cdots\cdots (1-40)$$

이들 오차에는 그 원인을 발견하여 측정치를 적당한 방법으로 보정하여 줄일 수 있는 계통오차(systematic error, determinate error)와 원인을 잘 알 수 없고 측정에 반드시 따르는 우발오차(accidental error, indeterminate error)로 크게 나눈다.

우발오차는 통계적 방법으로 설명을 하여야 하므로 먼저 계통오차의 원인으로 생각할 수 있는 몇 가지를 살펴보면 다음과 같다.

① 기기 및 장치에 의한 오차

검정하지 않은 유리기구, 분동, 기기, 용량장치 및 저울대의 길이가 틀리거나 감도가 낮은 천칭을 썼을 때에 일어나는 오차

② 시약에 의한 오차

강열할 때 도가니가 손실되거나 화학약품에 유리기구와 자기제 기구 등이 침식되거나 시약자체에 불순물이 섞여 있을 때에 일어나는 오차

③ 조작오차

실험자의 미숙련, 부주의 및 적절하지 못한 기구를 쓸 때나 조작을 잘못하였을 때 및 반응을 정량적으로 완결시키지 못하였을 때에 생기는 오차

④ 실험방법 선택에 따른 오차

부적당한 방법을 쓸 때 곧 적정이 종말점과 당량점의 불일치, 공침과 후침현상, 유발반응 및 기타의 부반응이 따를 때에 일어나는 오차

⑤ 개인오차

측정자의 버릇이나 선입감 및 편견에 따르는 오차

⑥ 외계오차

측정시의 온도, 습도 및 압력의 변화를 무시하므로 생기는 오차

이와 같은 계통오차는 그 원인에 따라 제거할 수 있다. 곧 조작법에 숙달하거나 주의력을 배양하고, 기구를 검정하여 쓰거나 바탕시험 등을 함으로써 오차를 줄이거나 제거해야 한다.

2. 우발오차

우발오차는 측정회수를 될 수 있는 한 많게 하여 오차의 분포를 살펴서 가장 확실한 값을 측정할 수 있다. "같은 크기의 (+), (−)의 오차가 일어나는 회수 곧 도수(frequency)는 서로 같고, 오차의 절대값이 작을수록 일어날 확률은 크며, 오차가 클수록 확률은 작고, 확률 전체의 값은 1이다."라는 Gauss 법칙이 우발오차에는 적용된다. 이 법칙을 만족하는 정규분포함수를 Gauss의 오차함수(Gaussian error function)라고 하며, 이 함수가 그리는 그림 1−20과 같은 곡선을 Gauss의 정규분포곡선이라고 한다.

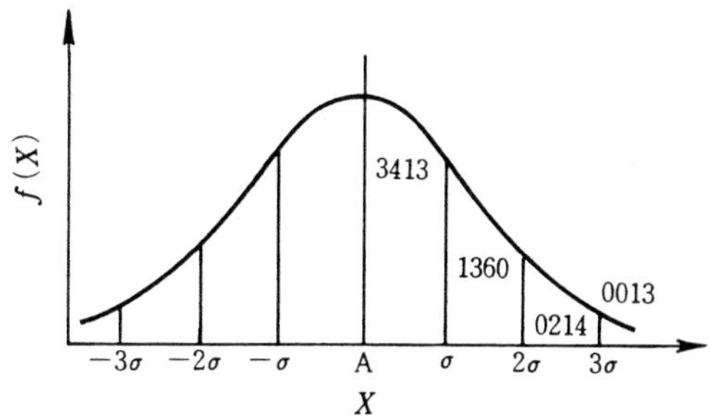

그림 1-20 Gauss의 정규분포곡선

$$f(X) = \frac{1}{\sigma\sqrt{2\pi}} \exp\{-\frac{1}{2}(\frac{X-X}{\sigma})^2\} \quad \cdots\cdots (1-41)$$

식(1-41)에서 $f(X)$는 측정값 X가 일어나는 도수이고, $\overline{X}$는 X의 평균값이며 σ는 식(1-43)의 표준편차이다.

측정값 X가 정규분포를 따르면 한 번 측정한 값이 측정값 전체의 50%가 $\overline{X} \pm 0.67\sigma$ 안의 값을, 95%가 $\overline{X} \pm 1.96\sigma$ 안의 값을, 99%가 $\overline{X} \pm 2.58\sigma$ 안의 값을, 99.73%가 $\overline{X} \pm 3\sigma$ 안의 값을 가지게 된다.

하나의 양을 n번 측정한 각 값 $X_1, X_2, \cdots, X_n$에 대응하는 편차를 $D_1, D_2, \cdots, D_n$이라 하면 평균편차(average deviation) $\overline{D}$는

$$\overline{D} = \frac{|D_1|+|D_2|+\cdots+|D_n|}{n} \quad \cdots\cdots (1-42)$$

이며, 산술평균값에 대한 평균편차는 $\overline{D}$를 $\sqrt{n}$으로 나눈 값이다. 평균제곱오차 또는 표준오차라고도 하는 표준편차(standard deviation) σ는

$$\sigma = \sqrt{\frac{D_1^2 + D_2^2 + \cdots + D_n^2}{n-1}} = \sqrt{\frac{\sum D_i^2}{n-1}} \quad \cdots\cdots (1-43)$$

이고, n개의 양을 측정 했을 때의 표준편차는 $n-1$ 대신에 n을 넣은 값이다.

【예제 1-24】 소금 중에 Cl을 분석하여 다음과 같은 결과를 얻었다. 상대평균오차, 평균편차 및 표준편차를 구하라.

60.42, 60.34, 60.23, 60.15, 60.07 (%)

(풀이) 평균값 : (60.42 + 60.34 + 60.23 + 60.15 + 60.07) ÷ 5 = 60.24(%)

$$\text{참값} = \frac{\text{Cl}}{\text{NaCl}} = \frac{35.45}{22.99 + 35.45} \times 100 = 60.66(\%)$$

$$\therefore E_R = \frac{60.24 - 60.66}{60.66} \times 100 = -6.9\%$$

측정값(X)	편 차(D)	(D^2)
60.42	0.18	0.032
60.34	0.10	0.01
60.23	0.01	0.0001
60.15	0.09	0.0081
60.07	0.17	0.029

$\Sigma X = 301.21$ $\Sigma D = 0.55$ $\Sigma D^2 = 0.079$

$\overline{X} = 60.24$ $\overline{D} = 0.11$

$$\sigma = \sqrt{\frac{\Sigma D^2}{n-1}} = \sqrt{\frac{0.079}{5-1}} = \pm 0.14$$

3. 최소자승법

측정값을 X_i, 최확치를 A, 편차를 D_i라 하고, 최확치가 적당하게 선택되었다고 하면, Gauss의 오차함수를 편차로써 나타내면

$$f(X_i) = \frac{1}{\sigma\sqrt{2\pi}} \exp\{-\frac{1}{2\sigma^2} \cdot D_i^2\} \quad \cdots\cdots (1-44)$$

따라서 이러한 편차를 동시에 얻을 수 있는 확률 F는

$$F = f(X_1) \cdot f(X_2) \cdots f(X_n) = (\frac{1}{\sigma\sqrt{2\pi}})^n \exp\{-\frac{1}{2\sigma^2}(D_1^2 + D_2^2 + \cdots + D_n^2)\} \quad \cdots\cdots (1-45)$$

이므로 최확치를 선택하는 데에는 이 확률이 최대가 되도록 하면 되므로

$$D_1^2 + D_2^2 + \cdots + D_n^2 = \sum_{i=1}^{n} D_i^2 = 0 \quad \cdots\cdots (1-46)$$

이 되도록 A를 선택해야 하는데, 이 방법을 최소자승법(method of least square)이라고 한다. 한 양을 n번 측정한 결과로부터 구할 때에는

$$\sum_{i=1}^{n} D_i^2 = (X_1 - A)^2 + (X_2 - A)^2 + \cdots + (X_n - A)^2 \cdots\cdots (1-47)$$

이므로 $\sum_{i=1}^{n} D_i^2$를 최소로 하려면

$$\frac{\partial\{\sum_{i=1}^{n} D_i^2\}}{\partial A} = -2\{(X_1 - A) + (X_2 - A) + \cdots + ((X_n - A)\} = 0$$

$$\therefore A = \frac{X_1 + X_2 + \cdots + X_n}{n} \cdots\cdots (1-48)$$

이 최확치 A는 바로 산술평균 $\overline{X}$와 같다.

(1) 일차함수의 실험식

지금 질산성질소 표준액을 사용하여 검량선을 작성하기 위하여 n개의 적당한 농도도 가지는 표준용액을 조제하고 각각의 흡광도를 측정한 후 그림으로 나타내면 거의 일직선 위에 놓이게 되는데 이 관계를 최소자승법으로 구하는 방법을 다음의 예제에서 살펴보자.

【예제 1-25】 질산성질소 표준액(0.02 mg N/ mℓ) 1, 3, 6, 10 mℓ를 단계적으로 취하여 100 mℓ 용량플라스크에 넣고 물을 넣어 표선까지 채운다. 이 액 25 mℓ를 취하여 각각 50 mℓ 용량플라스크에 넣고 염산(1+500) 5 mℓ를 넣은 다음 총질소를 자외선 흡광광도법으로 측정하기 위하여 시료의 시험방법에 따라 실험한 결과 다음 표를 얻었다.
① 회귀직선식과 그에 따른 상관계수(r)를 구하여라. (모든 계산값은 바탕시험을 보정한 값으로 한다.)
② 질산성질소의 양과 흡광도의 관계를 회귀직선식에 따라 검량선으로 작성하라.

검량 시료량(mℓ)	흡 광 도
1	0.088
3	0.185
6	0.314
10	0.476
바탕시험값	0.030

(풀이) ① 회귀직선식 $Y = a + bX$ ⋯⋯ (1-49)

$$a = \frac{\Sigma X^2 \Sigma Y - \Sigma X \Sigma XY}{n\Sigma X^2 - (\Sigma X)^2} \cdots\cdots (1-50)$$

$$b = \frac{n\Sigma XY - \Sigma X \Sigma Y}{n\Sigma X^2 - (\Sigma X)^2} \cdots\cdots (1-51)$$

$$r = \frac{n\Sigma XY - \Sigma X \Sigma Y}{\sqrt{[n\Sigma X^2 - (\Sigma X)^2][n\Sigma Y^2 - (\Sigma Y)^2]}} \quad \cdots\cdots\cdots (1-52)$$

n, ΣY, ΣX, ΣX^2, ΣXY, $(\Sigma X)^2$, ΣY^2, $(\Sigma Y)^2$의 값을 구하기 위하여 측정값을 표로 만들면,

mℓ	$X(mg)$	$Y(Abs)$	X^2	Y^2	XY
1	0.005	0.058	0.000025	0.003364	0.00029
3	0.015	0.155	0.000225	0.024025	0.002325
6	0.03	0.284	0.0009	0.080656	0.00852
10	0.05	0.446	0.0025	0.198916	0.0223
Σ	0.1	0.943	0.00365	0.306961	0.033435

그러므로,

$$a = \frac{\Sigma X^2 \Sigma Y - \Sigma X \Sigma XY}{n\Sigma X^2 - (\Sigma X)^2} = \frac{(0.00365 \times 0.943) - (0.1 \times 0.033435)}{(4 \times 0.00365) - (0.1)^2}$$

$$b = \frac{n\Sigma XY - \Sigma X \Sigma Y}{n\Sigma X^2 - (\Sigma X)^2} = \frac{(4 \times 0.033435) - (0.1 \times 0.943)}{(4 \times 0.00635) - (0.1)^2} = 8.5379$$

$$r = \frac{n\Sigma XY - \Sigma X \Sigma Y}{\sqrt{[n\Sigma X^2 - (\Sigma X)^2][n\Sigma Y^2 - (\Sigma Y)^2]}}$$

$$= \frac{(4 \times 0.0033435) - (0.1 \times 0.943)}{\sqrt{[(4 \times 0.00365) - (0.1)^2][4 \times 0.306961) - (0.943)^2]}}$$

$$= 0.9994$$

따라서

$$Y = 0.0214 + 8.5379X$$

② X축, 즉 질산성질소의 양을 산출하면(mℓ를 mg으로 계산하면)

㉠ $1mℓ \rightarrow 0.02mgN/mℓ \times 1mℓ \times \frac{25mℓ}{100mℓ} = 0.005mg$

㉡ $3mℓ \rightarrow 0.02mgN/mℓ \times 3mℓ \times \frac{25mℓ}{100mℓ} = 0.015mg$

㉢ $6mℓ \rightarrow 0.02mgN/mℓ \times 6mℓ \times \frac{25mℓ}{100mℓ} = 0.03mg$

㉣ $10mℓ \rightarrow 0.02mgN/mℓ \times 10mℓ \times \frac{25mℓ}{100mℓ} = 0.05mg$

그러므로 회귀직선식에 따라 검량선을 작성하면 그림과 같다.

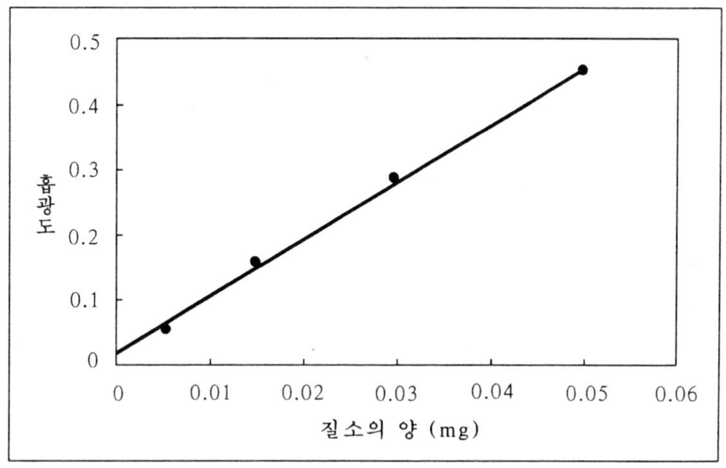

(2) 이차함수의 실험식

측정치 X와 Y를 그림으로 나타낼 경우 거의 포물선 위에 있을 때에는 이 포물선의 방정식을

$$Y = a + bX + cX^2 \quad \cdots\cdots (1-53)$$

이라 놓고, a, b, c의 값을 다음 세 연립방정식으로부터 구하면, 측정치와 이에 대응하는 포물선 위의 점좌표와의 차이의 제곱의 합이 최소로 됨을 위와 마찬가지로 증명할 수 있다.

$$\left.\begin{aligned} &na + b\sum X + c\sum X^2 = \sum Y \\ &a\sum X + b\sum X_A + c\sum^3 = \sum XY \\ &a\sum X^2 + b\sum X^3 + c\sum X^4 = \sum X^2Y \end{aligned}\right\} \quad \cdots\cdots (1-54)$$

(3) 지수함수의 실험식

측정치 X와 Y를 그림으로 나타낼 때의 거의 지수곡선 위에 있으면 최소자승선을 나타내는 식을

$$Y = ab^X \quad \cdots\cdots (1-55)$$

로 놓고, 양변의 대수를 취하면

$$\log Y = \log a + X \log b \quad \cdots\cdots (1-56)$$

여기서 $y = \log Y$, $A = \log a$, $B = \log b$로 두면 식(1−56)은 $y = A + BX$로 바뀌므로 A와 B를 다음 두 연립방정식으로부터 정하여 a와 b를 계산한 다음 식(1−55)에 대입한다.

$$\left.\begin{aligned} nA + B\sum X &= \sum y \\ A\sum X + B\sum X^2 &= \sum Xy \end{aligned}\right\} \quad \cdots\cdots (1-57)$$

4. 신뢰한계

화학분석은 어떠한 성분이나 성질의 참값을 구해야 하는데, 통계를 보면 측정치가 어떤 확률로써 참값의 범위 안에 들어 있을 가능성을 알 수 있다. 산술 평균과 표준편차로써 정해지는 이 범위를 신뢰한계(confidence limit)라 한다. 보기를 들어 철광석 시료를 분석할 때의 표준편차가 0.23이라 하고, 이 분석치가 Gauss의 정규분포곡선에 따른다고 하자. 한번 측정한 값이 47.2% Fe일 때 이 측정치가 95%의 확률을 가질 참값의 범위는 앞에서 설명한 바와 같다. 곧

$$\text{즉 } \overline{X} \pm 1.96\sigma = 47.2 \pm 1.96 \times 0.23 = 46.75 \sim 47.65(\%)$$

어떤 양을 n번 측정 했을 때의 신뢰한계는 일반적으로 c를 정수라 하면 $\overline{X} \pm c\sigma/\sqrt{n}$ 으로 나타낼 수 있으나, 이 식을 $\overline{X} \pm at\sigma$로 나타내어 표 1−12를 이용하여 계산하면 편리하다. n은 측정의 도수이고, $a_{95} \times t_{95}$와 $a_{99} \times t_{99}$는 95%와 99%의 확률에 대한 계수이다. 보기를 들면 소다회 속의 탄산나트륨을 4번 분석한 결과가 백분율로서 50.25, 50.05, 50.18, 50.12일 때 이들 결과에 대한 신뢰한계를 계산해 보자.

평균은 50.15, 표준편차는 0.085이므로 n이 4일 때의

95 % 신뢰성 ; $50.15 \pm 1.837 \times 0.72 \times 0.085 = 50.15 \pm 0.11$

99 % 신뢰성 ; $50.15 \pm 3.372 \times 1.32 \times 0.085 = 50.15 \pm 0.38$

표 1-12 신뢰한계계수

n	$a_{95} \times t_{95}$	$a_{99} \times t_{99}$
4	1.837 × 0.72	3.732 × 1.32
5	0.388 × 0.51	2.302 × 0.84
6	1.150 × 0.40	1.803 × 0.63
7	0.999 × 0.33	1.513 × 0.51
8	0.894 × 0.29	1.322 × 0.43
9	0.815 × 0.26	1.186 × 0.37
10	0.754 × 0.23	1.083 × 0.33

5. 측정치의 취사

어떠한 양을 여러번 측정한 결과 한 측정치가 평균치와 차이가 클 때 이 측정치를 버려야 할지 그 여부에 대한 기준은 여러 통계학자 사이에 의견이 일치하지 않는다. 만일 측정치가 계통오차나 과실오차에 의한 것이라면 평균값에서 매우 벗어난 값은 버려야 한다. 그러나 버려야 할 뚜렷한 이유가 없는 측정값은 통계적 방법에 기준을 둔다. 즉 단 한 번 측정하여 산술평균과의 편차가 표준 편차의 2배보다 크면 그 값은 버려야 하며, 3~4번 되풀이 한 실험에서 의심스러운 측정값의 편차가 평균편차의 4배가 넘으면 그 값은 버린다. 또 의심스러운 측정값을 버리는 방법으로 Q테스트가 있다. 이 방법은 통계학적으로 근거가 있고, 취급하기가 쉽고, 이 방법의 신뢰도는 90% 이상이다. 그러나 측정값의 수가 너무 적으면 역시 신뢰도는 낮다. 이 방법은 다음과 같다. ① 결과의 범위를 계산하고, ② 의심스러운 값과 이것과 가장 가까운 값과의 차를 내고, ③ ②의 차를 ①의 범위로써 나누어 비율 Q가 표 1-13의 $Q_{0.90}$값보다 크면 90% 자신을 가지고 이 측정값을 버려도 좋다.

표 1-13 측정도수와 Q값

측정도수	3	4	5	6	7	8	9	10
$Q_{0.90}$	0.90	0.76	0.64	0.56	0.51	0.47	0.44	0.41

【예제 1-26】 측정값 56.43, 56.28, 56.38, 56.41, 56.37, 56.61에서 버릴 수 있는 값이 있나를 검토하라.

(풀이) ① 의심스러운 값은 56.61이고

측정값	편 차
56.43	0.06
56.28	0.09
56.38	0.01
56.41	0.04
56.37	0.00
$\sum X = 281.87$	$\sum D = 0.20$
$\overline{X} = 56.37$	$\overline{D} = 0.04$

의심스러운 값의 편차 = 56.61 − 56.37 = 0.24

이 값은 $4\overline{D} = 0.04 \times 4 = 0.16$ 보다 크므로 56.61은 버릴 수 있다.

② Q 테스트법

$$Q = \frac{56.61 - 56.43}{56.61 - 56.28} = \frac{0.18}{0.33} = 0.54$$

$Q = 0.54 < 0.56 = Q_{0.90}$(표 1-13)

따라서 56.61은 버려서는 안 된다.

6. 유효숫자

측정값의 신뢰성에는 일정한 한계가 있으므로 측정결과를 정밀하게 나타내는 데 필요한 숫자를 유효숫자(significant figure)라 하고 그 숫자의 개수를 유효위수라 한다. 그러나 소수점의 위치를 나타내기 위해 유효숫자 앞에 쓴 0은 유효숫자가 아니다. 측정치의 끝자리 숫자는 불확실하므로 유효위수를 분명히 나타내기 위하여 측정치를 보통 지수의 형식으로 쓴다. 보기를 들어 0.01070을 1.070×10^{-2}으로 쓰면, 유효숫자는 1, 0, 7, 0이므로 유효위수는 4개, 믿을 수 있는 숫자는 1, 0, 7이다.

덧셈 · 뺄셈에서는 두 수의 소수점을 맞추어서 계산한 값의 유효위수를 절대 불확실성이 가장 크도록 나타낸다. TiO_2을 보기로 들어 그 분자량을 계산하면 아래와 같으므로 TiO_2의 분자량은 79.90이다.

Ti의 원자량	:	47.90××
O의 원자량의 2배	: +	31.9988
		79.89⑧⑧

또 곱셈 · 나눗셈에서는 아래의 보기와 같이 가장 큰 상대불확실성을 가지도록 유효숫자를 나타내어야 한다.

```
   3.141                    8.49③
×   21.3           3.65 ) 3.10××××
    9423                  2920
   3141×                   1800
  6282××                   1460
  66.90③③                   3400
                            3285
                             1150
                             1095
                               55
```

1-9 전리와 화학평형

1. 전해질과 전리

산, 염기 및 염 등은 그 수용액이 전기를 잘 통하고, 전류가 흐르면 전극에서 전기분해가 일어난다. Faraday는 이와 같은 물질을 전해질(electrolyte)이라 하고, 전해질이 용매에 녹은 용액을 전해질용액(electrolytic solution)이라 하였다. 이에 대하여 설탕이나 알콜 등과 같이 그 수용액이 물보다 전기를 잘 통하지 않는 물질을 비전해질(nonelectrolyte)이라고 하였다.

전해질의 수용액은 그 전해질의 구성성분이 + 또는 − ion으로 떨어져서 존재하므로 같은 농도의 비전해질의 수용액에 비하여 a)대단히 높은 삼투압을 가지며 b) 비점이 높아지고 c) 빙점이 내리고 d) 전기를 전도하며, 전극에서는 화학변화(전기분해 현상)가 일어난다. 일반적으로 비전해질은 수용액 속에서 분자상태로만 존재하나, 전해질은 수용액에서 전부 또는 일부분이 음양의 일정한 하전을 가진 원자 또는 원자단인 음이온과 양이온으로 나누어진다. 이러한 현상을 전리(electrolytic dissociation) 또는 이온화(ionization)라고 한다. 수용액 속에 있는 모든 양이온의 하전수와 음이온의 하전수는 항상 같으므로 용액 전체로서는 전기적으로 중성이다. 이러한 관계를 전기중성원리(electroneutrality principle)라고 한다. 또 보통 농도의 수용액에서 완전히 전리하는 물질을 강전해질(strong electrolyte)이라고 하며, 공유결합 또는 배위결합을 이루고 있는 분자 일부가 해리하는 것은 약전해질(weak electrolyte)이라고 한다. 강전해질의 수용액은 거의 완전히 전리하므로 같은 농도의 비전해질의 정수배에 가까운 삼투압, 빙점강하, 비점상승의 수치를 가진다. HCl, KOH, NaCl, $(NH_4)_2SO_4$ 등은 강전해질이고 HAc, H_2S, NH_4OH와 대부분의 유기산이나 유기염 등은 약전해질이다.

$AgNO_3$과 NaCl은 수용액에서는 각각 이온으로 해리하므로 이들을 서로 섞으면 Ag^+과 Cl^-이 결합하여 흰색 AgCl이 침전된다.

$$Ag^+ + NO_3^- + Na^+ + Cl^- \rightarrow NO_3^- + Na^+ + AgCl\downarrow$$

윗 식 가운데서 Na^+과 NO_3^-은 반응식의 양편에서 변화하지 않았으므로 바뀐 부분만을 간단히 표시하면 다음과 같이 된다.

$$Ag^+ + Cl^- \rightarrow AgCl\downarrow$$

이와 마찬가지로 전해질 수용액에서의 반응은 분자와 분자 사이의 반응이 아니고, 이온과 이온 사이의 반응이므로 반응에 관계된 부분만을 표시한 식은 이온식(ionic equation)이라 한다.

【예제 1−27】 다음 반응식을 이온반응식으로 표시하여라.

(a) $Ba(OH)_2 + 2HCl = BaCl_2 + 2H_2O$

(b) $K_4Fe(CN)_6 + 2CuSO_4 = Cu_2[Fe(CN)_6]\downarrow + 2K_2SO_4$

(c) $4KCN + Hg(NO_3)_2 = K_2[Hg(CN)_4] + 2KNO_3$

(d) $KIO_3 + 5KI + 6HCl = 6KCl + 3I_2 + 3H_2O$

(풀이) 반응식 양편 가운데서 변화하지 않는 강전해질 이온을 반응식에서 빼면 된다.

(a) $2OH^- + 2H^+ = 2H_2O$

(b) $Fe(CN)_6^{4-} + 2Cu^{2+} = Cu_2[Fe(CN)_6]\downarrow$

(c) $4CN^- + Hg^{2+} = Hg(CN)_4^{2-}$

(d) $IO_3^- + 5I^- + 6H^+ = 3I_2 + 3H_2O$

2. 전리도

전해질이 어떤 농도의 용액에서 얼마나 해리하고 있는가를 나타내기 위하여 전리도(degree of electrolytic dissociation), 또는 이온화도(degree of ionization)라는 용어를 쓴다. 전리도는 전해질의 종류, 농도 및 온도에 따라 다른데, 전 전해질의 양을 1이라 하였을 때의 전리한 부분의 비 또는 전 전해질의 양을 100으로 하고 그 가운데서 전리한 부분을 %로 나타낸다. 보기로서 $Ca(OH)_2$는 18℃에서 0.1 *N*이 되도록 물에 녹이면 75%가 전리하여 음양이온이 되고, 그 25%는 수용액에서 분자상태로 녹아 있게 되는데, 우리는 $Ca(OH)_2$의 전리도가 0.75 또는 75%라고 말한다. 전리도는 전도도, 삼투압, 비점상승도 및 빙점강하도를 측정하여 구할 수 있다.

표 1−14 전리도(0.1 *N*, 18℃)

전 해 질	전리도, %	전 해 질	전리도, %
1가−1가 염(KCl, NH_4Cl)	80∼85	$Ba(OH)_2$, $Ca(OH)_2$	75
1가−2가 염(K_2SO_4, $BaCl_2$	70∼75	$H_2SO_4(\rightarrow H^+ + HSO_4^-)$	61
1가−3가 염($AlCl_3$, $Na_3Fe(CN)_6$)	65	$H_2C_2O_4(\rightarrow H^+ + HC_2O_4^-)$	50
2가−2가 염($ZnSO_4$, $CuSO_4$)	35∼45	HAc, NH_4OH	1.34
HCl. HBr, HI, HNO_3	92	$H_2CO_3(\rightarrow H^+ + HCO_3^-)$	0.17
KOH, NaOH	90.5	HCN	0.01

다음에 전리도를 실험적으로 구하는 방법을 몇 가지 설명한다.

(1) 전도도법(conductance method)

전해질 용액이 전기를 잘 전도시키는 것은 전해질이 전리하여 생긴 이온이 이동하기 때문이므로 전도도는 전리도에 비례할 것이다. 지금 전해질 용액에 담근 $S\text{cm}^2$의 두 전극 면을 $l$cm 떼어 놓으면, 이 이온 전도체의 저항 R은 ohm의 법칙에 따라 전극의 면적 S에 반비례하고 극간의 거리 l에 비례한다.

$$R = \rho \cdot \frac{l}{S} \quad \cdots\cdots (1-58)$$

여기서 ρ는 비저항이라 하고 저항 R의 역수를 전도도 L이라면

$$L = \frac{1}{R} = \kappa \cdot \frac{S}{l} \quad \cdots\cdots (1-59)$$

여기서 $\kappa = \dfrac{1}{\rho}$ 로서 비전도도(specific conductance)이다.

당량전도도(equivalent conductance) Λ_n는 거리 1cm의 두 전극판 사이에 1g 당량의 전해질 용액을 채우고(규정농도가 N인 용액을 채우면 1g 당량이 차지하는 부피가 $1000/N$ ml이므로 전극의 넓이는 $1000/N\text{cm}^2$가 된다), 1볼트의 전압을 걸어 줄 때의 전기량이므로, 당량전도도 Λ_n는 κ와 다음 관계가 이루어진다.

$$\Lambda_n = \kappa \cdot \frac{1000}{N} \quad \cdots\cdots (1-60)$$

한편 식(1-58)을 바꾸면 식(1-61)과 같이 된다.

$$\kappa = \frac{1}{\rho} = \frac{l}{SR} = \frac{K}{R} = LK \quad \cdots\cdots (1-61)$$

이 때 S와 l은 측정기에 따라서 일정하므로 $\dfrac{l}{S}$ 는 일정한 값을 가지며 이를 용기상수(cell constant) K라고 한다. R은 wheatstone bridge회로를 써서 측정할 수 있으므로 식(1-61)로부터 K를 구한 다음 식(1-60)에서 농도가 N인 전해질 용액의 Λ_n를 계산할 수 있다.

또 Λ_n는 농도가 묽어지면 커져서 무한히 묽은 용액에서는 일정한 값이 되는데, 이 값을 무한희석에서의 당량전도도(equivlent conductance at infinite dilution)라고 하여 Λ_0로 나타낸다. Λ_0는 일정한 온도에서는 일정한 값이며, 전해질이 100% 전리하였을 때의 당량전도도이다. 어떤 용액이 임의의 농도에서 가

지는 당량전도도를 Λ_n라고 하면 이 용액의 전리도 α는 다음과 같이 구할 수 있다.

$$\alpha = \Lambda_n / \Lambda_0 \quad \cdots\cdots (1-62)$$

이 때 무한희석액에서의 전도도 Λ_0는 Kohlrausch의 법칙에 따라 Λ_0^+(양 ion의 극한전도도)와 Λ_0^-(음 ion의 극한전도도)를 합한 값이 된다.

$$\Lambda_0^+ + \Lambda_0^- = \Lambda_0 \quad \cdots\cdots (1-63)$$

또 식(1-59)에서 $l = 1\,\text{cm}$로 하고 극간에 $1\,M$의 용질을 포함하고 있는 용액의 전기전도도는 분자전도도(혹은 몰 전도도)라 하고 식(1-64)로 주어진다.

$$\Lambda_m = \kappa \cdot \frac{1000}{M} \quad \cdots\cdots (1-64)$$

표 1-15 당량 ion 전도도(25℃수 중, 무한희석액에서)

ion	Λ_0^+	ion	Λ_0^-
H^+	349.82	OH^-	198.60
Na^+	50.11	Cl^-	76.35
NH_4^+	73.50	ClO_4^-	67.3
1/2 Ca^{2+}	59.50	Br^-	78.14
1/2 Ba^{2+}	63.64	I^-	76.8
1/3 Al^{3+}	63.00	1/2 SO_4^{2-}	79.8
1/2 Mn^{2+}	53.50	SCN^-	66.5
1/2 Fe^{2+}	53.50	NO_3^-	71.42
1/3 Fe^{3+}	68.00	$H_2PO_4^{2-}$	33.00
1/2 Zn^{2+}	52.80	1/2 HPO_4^{2-}	57.00
1/2 Ni^{2+}	54.00	HCO_3^-	44.5
1/2 Cu^{2+}	56.00	1/2 CO_3^{2-}	76.35
Ag^+	61.90	MnO_4^-	62.8
1/2 Cd^{2+}	54.0	CH_3COO^-	41
1/2 Pb^{2+}	70.0	1/2 CrO_4^{2-}	85
K^+	73.4	1/2 SO_4^{2-}	79
Li^+	38.7	1/2 $C_2O_4^{2-}$	73

(2) 삼투압법(osmotic pressure method)

반투막을 사이에 두고 양편에 용액과 용매만을 접촉시키면 용매분자는 반투막을 지나서 용액쪽으로 스며들어 가므로 액면의 높이 차가 생긴다. 이것을 압력의 단위로 나타내어 삼투압(osmotic pressure)이라고 한다.

지금 어떤 전해질 분자 1개가 n개의 이온으로 전리한다고 하고, 전리하기 전의 용액의 몰 농도를 C, 전리도를 α라 하면 용액 속에 있는 전리하지 않은 분자의 농도는 $(1-\alpha)C$, 해리한 이온의 농도는 $n\alpha C$로 된다. 이온도 분자와 같은 비율로 용액의 삼투압 π에 관계하므로 묽은 전해질 용액이 가지는 삼투압은

$$\pi = \{(1-\alpha)C + n\alpha C\}RT = \{\alpha(n-1)+1\}CRT \cdots\cdots\cdots\cdots (1-65)$$

여기서 $\alpha(n-1)+1 = i$(단, $i \geq 1$)라고 두어 i를 van't Hoff의 계수라고 한다.

같은 몰 농도의 비전해질 용액에 대한 삼투압 $\pi_0 = CRT$와 식(1-65)을 비교하면 전해질의 삼투압이 비전해질의 i배가 된다. 따라서 비전해질 용액과 비교하여 측정하면 i가 구하여지고, 화합물의 분자식에서 n은 알 수 있는 값이므로 α는 계산된다.

$$즉\quad \frac{\pi}{\pi_0} = \alpha(n-1)+1 = i$$

$$\therefore \alpha = \frac{\pi - \pi_0}{\pi_0(n-1)} \cdots\cdots\cdots\cdots (1-66)$$

(3) 빙점강하법(depression of freezing point method)

일반적으로 휘발성 용매에 비휘발성 용질이 녹아 있으면 Rault의 법칙에 의하여 증기압은 낮아진다. 즉 증기압이 낮아지는 비율은 용질의 몰분률 농도와 같다. 따라서 용액은 용매만이 있을 때보다 끓는점이 올라가며, 같은 이유로 어는 온도가 내려간다.

지금 어떤 농도의 용액의 비점상승도 또는 빙점강하도를 ΔT, 용매의 몰랄 비점상승정수 또는 몰랄빙점강하정수를 K, 비전해질 용액의 몰랄 농도를 m이라 하면 다음 관계가 이루어진다.

$$\Delta T = K \cdot m \cdots\cdots\cdots\cdots (1-67)$$

여기서 K는 용액의 몰랄 농도가 $1m$일 때 용액의 비점상승도 또는 빙점강하도이다. 만일 용질이 전해질이면 m은 $\{\alpha(n-1)+1\}m$으로 바뀌어져야 한다. 따라서 어떤 전해질 용액의 어는점의 내림이나 끓는점의 오름을 실험적으로 측정하여 m과 n를 대입하면 α가 계산된다.

$$\text{즉 } \Delta T = K \times m\{\alpha(n-1)+1\} \qquad \cdots\cdots (1-68)$$

【예제 1-28】 0.01 M NaCl 용액의 비전도도를 측정하니 0.001028 mho · cm^{-1}이었다. 이 용액의 전리도를 구하라. 단, NaCl의 무한희석에서의 당량전도도는 109.0 mho 이다.

(풀이) (1-60)식에서 $\Lambda_n = 1000 \times 0.001028/0.01 = 102.8$ mho

그러므로 $\alpha = \dfrac{\Lambda_n}{\Lambda_0} = \dfrac{102.8}{109.0} = 0.943$

전리도는 0.943 또는 94.3%이다.

【예제 1-29】 소금 0.5 g을 물 50 g에 녹인 용액의 빙점강하도는 0.605 ℃이었다. 소금 용액의 전리도를 구하라. 단, 소금의 분자량은 58.5이고, 물의 몰랄빙점강하도는 1.85이다.

(풀이) 이 용액의 농도를 물 1000 g에 녹은 용질의 formole수로써 나타내면

$$0.5 \times \frac{1000}{50} \times \frac{1}{58.5} = 0.171\,m$$

소금이 비전해질이라면 용액의 빙점강하는 1.85 × 0.171 = 0.316 ℃일 것이다. 그러나 NaCl은 이원전해질이므로 그 전리도를 구하기 위하여 m 대신에 다음 식을 쓴다.

$$\{\alpha(n-1)+1\}m = \{\alpha(2-1)+1\}m = (\alpha+1)\,m$$

그러므로 NaCl의 전리도는 다음과 같다.

$$0.605 = 1.85 \times (\alpha+1) \times 0.171 = 0.915$$

전리도는 0.915 또는 91.5%이다.

3. 활동도

Arrhenius(1887)가 전리설을 발표함으로써 약전해질 용액의 성질은 잘 설명할 수 있게 되었으나 강전해질 용액의 특성은 정량적으로 취급할 수 없었다. 그러나 Debye와 Hückel(1923)은 강전해질 용액의 특이성을 만족스럽게 설명할 수 있는

이론을 제안하였다. 이 이론에 의하면 용액 속에서는 강전해질이 항상 완전히 이온화한다고 가정하였다. 예를 들면 KCl이나 $AgNO_3$와 같은 결정은 이온격자로 되어 있으므로 그 수용액은 완전히 이온화되어 있다고 생각할 수 있으며, 또 여러 가지 실험결과에 의하면 수용액 속에서는 용질분자의 존재를 확인할 수 없었다.

그러나 실제의 많은 분자에 있어서는 Arrhenius식으로부터 구한 전리도가 1보다 작으며, 특히 이러한 경향은 강전해질의 농도가 진할수록, 전해질의 하전이 클수록, 온도가 낮아질수록, 유전정수가 작은 용매에 녹을수록 뚜렷하게 나타난다. 이것은 강전해질용액에 존재하는 이온들이 묽은 용액에서는 단독으로 존재하나, 농도가 진해질수록 이온 사이의 거리가 가까워져서 반대 하전을 띈 이온들 사이에 정전기적인 힘이 작용하여 이온분위기(ionic atmosphere)가 이루어지므로 이상용액의 성질을 나타내지 못하며, 이온이 단독으로 있을 때와 같이 자유롭게 행동할 수 있는 능력이 줄어 들게 된다. 그러나 농도가 묽어지면 이온 사이에 coulomb인력이 작아져서 겉으로 보기에는 전리도가 증가하는 것처럼 보인다.

이러한 조건 아래에서 어떤 자유로운 전해질이온의 농도 즉 이온이 실제로 나타내는 유효농도(effective concentration)를 Lewis(1923)는 활동도(activity)라고 하여 농도와의 관계를 다음과 같이 나타내었다.

$$A = f \cdot C \quad \cdots\cdots (1-69)$$

여기서 C는 용액 전체의 몰 농도(엄밀하게 나타내면 몰랄 농도이나 묽은 용액에서는 이들이 서로 같으므로 몰 농도를 흔히 쓴다). f는 활동도계수(activity coefficient)라고 한다. 묽은 용액에서는 $C=A$이므로 $f=1$이다.

용액 속의 용질의 이온활동도를 알기 위하여 활동도계수를 계산하는 방법을 설명한다. 그러나 용액의 활동도를 알려면, 우선 이온 사이의 coulomb 힘이 각 이온의 활동도에 영향을 미치는 원인이 되는 이온강도(ionic strength)라는 새로운 양을 정의하지 않으면 안된다.

지금 하전이 Z_A인 양이온 A의 몰 농도가 C_A이고, 음이온 B의 하전이 Z_B이며 그 몰 농도가 C_B인 전해질을 포함하는 용액의 이온강도 μ는 농도에 비례하는 함수로써 다음과 같이 나타낼 수 있다.

$$\mu = \frac{1}{2}\{C_A Z_A^2 + C_B Z_B^2\} \quad \cdots\cdots (1-70)$$

보다 복합적인 용액의 경우에는 이온강도에 대한 복잡한 계산 대신에 비전도도나 총 용존염(*TDS*)의 상호관계로부터 유도된 이온강도 근사치를 이용하면 편리하다.

즉 $\mu = 2.5 \times 10^{-5} \times TDS(\mathrm{mg}/l)$ ······································ (1−71)

혹은 $\mu = 1.6 \times 10^{-5} \times$ 비전도도(μmho/cm) ·························· (1−72)

전해질용액의 이온강도가 0.01이하일 때에 그 용액 속에 존재하는 이온의 평균활동도계수 $f_{\pm}$는 Debye-Hückel의 극한법칙(Debye-Hückel limiting law, DHLL)에 의하여 다음과 같다.

$$\log f_{\pm} = -0.5Z_AZ_B\sqrt{\mu} \qquad \cdots\cdots (1-73)$$

이온강도가 0.01∼0.1이면 확장된 Debye−Hückel식(extended Debye Hückel equation, EDHE)에 의하여 다음과 같다.

$$\log f_{\pm} = \frac{-AZ_AZ_B\sqrt{\mu}}{1+Ba_Aa_B\sqrt{\mu}} \qquad \cdots\cdots (1-74)$$

여기서 *A*, *B*는 용매에 관한 상수로서 물의 경우 *A*는 0.488(0℃) 0.500(15℃), 0.509(25℃)이고 *B*는 0.324×10^8(0℃), 0.326×10^8(15℃), 0.328×10^8(25℃)이다.

a_Aa_B는 수화된 이온 *A*, *B*의 직경에 관한 상수로서 1가이온의 경우 그 값은 $3{\sim}4 \times 10^{-8}$(단, H^+은 예외)이다. 15℃에서 1가이온의 경우 식(1−74)는 다음과 같이 된다.

$$\log f_{\pm} = \frac{-0.5Z_AZ_B\sqrt{\mu}}{1+(0.326\times10^8)(3\times10^{-8})\sqrt{\mu}} = \frac{-0.5Z_AZ_B\sqrt{\mu}}{1+\sqrt{\mu}} \qquad \cdots\cdots (1-75)$$

이 식은 Debye-Hückel 이론의 Gütelberg 근사치라 부르며 15℃ 이외의 온도에 따른 다양한 전하의 이온들에 대한 *f*를 계산하는 데 사용한다. 그림 1−21에 여러 가지 이온들에 대한 이온강도와 활동도 계수값의 관계를 나타내었다.

용액의 이온강도가 더 커지면 식(1−75) 오른편에 또 다른 항이 더 첨가되어야 한다. 우리는 각 이온의 활동도는 실제 구할 수 없고, 측정치는 언제나 평균활동도이므로 평균활동도계수를 구하여 각 이온의 활동도계수를 계산하여야 한다. 윗 식의 평균활동도계수와 각 이온의 이온활동도계수 사이의 관계는 다음 식

을 쓴다. 즉 $(A^{Z_{A^+}})_m(B^{Z_{B^-}})_n$분자에 대하여

$$f_{\pm}^{(m+n)} = f_A^{\ m} \cdot f_B^{\ n} \quad \cdots\cdots (1-76)$$

이와 같이 전해질용액의 농도는 모두 활동도로 나타내어야 하지만 앞으로 엄밀한 계산을 해야 할 때를 제외하고는 활동도 대신에 몰 농도를 쓰기로 한다.

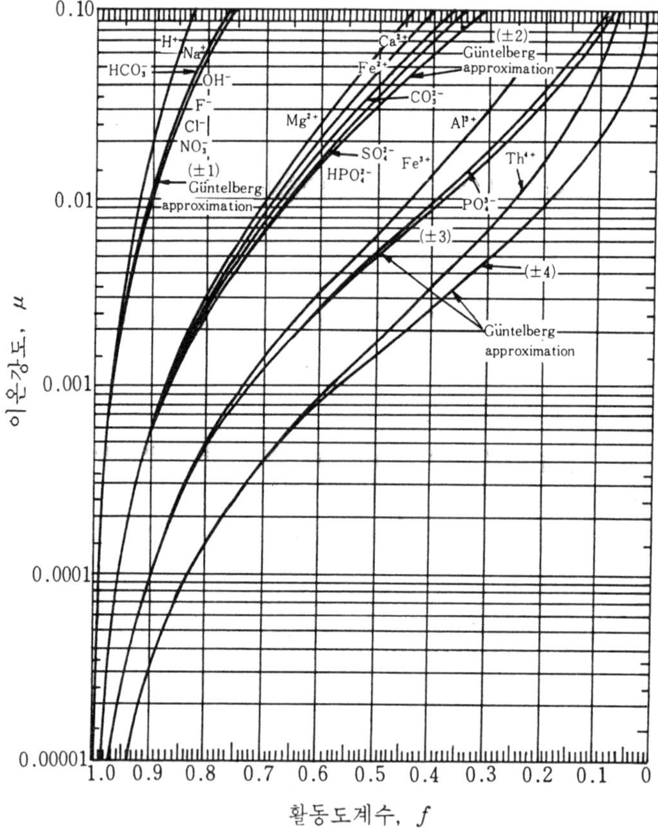

그림 1-21 Debye-Hückel 및 Gütelberg 근사식에 기준한 수용성 이온의 활동도계수

【예제 1-30】 용액 $1l$에 0.0004몰의 HCl이 포함되어 있는 용액의 몰 농도와 활동도를 구하라. 이 용액에 0.032몰의 고체 $BaCl_2$을 더 녹이면 용액의 몰 농도와 활동도는 어떻게 바뀌느냐?

(풀이) HCl은 강전해질이므로 몰 농도는 다음과 같이 구할 수 있다.

$$[H^+] = [Cl^-] = 0.0004\,몰/l = 0.0004\,M$$

강전해질 $BaCl_2$을 더 넣으면 $[H^+]$는 변하지 않으나 $[Cl^-]$는 다음과 같이 변한다.

$[Cl^-]_2 = 0.0004 + 2\times0.032 = 0.0644\,M$

활동도를 구하기 위하여 각각의 μ와 f_{H^+}, f_{Cl^-}를 차례로 구한다.

$$\mu = \frac{1}{2}(C_A Z_A^2 + C_B Z_B^2) = \frac{1}{2}(0.0004 \times 1^2 + 0.0004 \times 1^2) = 0.0004$$

$$\log f_{H^+} = \log f_{Cl^-} = -0.51 \times 1 \times 1 \times \sqrt{0.0004} = -0.0102 = 0.9898-1$$

또는 $f_{H^+} = f_{Cl^-} = \text{anti log } \bar{1}.9898 = 0.977$

따라서 $A_{H^+} = A_{Cl^-} = f_{H^+}C_{H^+} = 0.977 \times 0.0004 \doteqdot 0.00039$

또 $\mu_2 = 0.0004 + \dfrac{1}{2}(0.032 \times 2^2 + 2 \times 0.032 \times 1^2) = 0.0964$

$$\log f_{H^+_2} = \log f_{Cl^-_2} = -0.51\times\frac{1\times1\times\sqrt{0.0964}}{1+\sqrt{0.0964}} = -0.1208 = 0.8792-1$$

또는 $f_{H^+_2} = f_{Cl^-_2} = \text{anti log } \bar{1}.8792 = 0.757$

따라서 $A_{H^+_2} = f_{H^+_2}C_{H^+_2} = 0.757 \times 0.0004 = 0.00030$

$A_{Cl^-_2} = f_{Cl^-_2}C_{Cl^-_2} = 0.757 \times 0.0644 = 0.0245$

4. 화학평형

(1) 평형정수

일정한 온도 및 압력에서 물질 A와 B가 반응하여 다음과 같이 물질 C와 D가 생성되는 가역반응을 생각한다.

$$A + B \rightleftharpoons C + D$$

반응이 일어나기 전에는 물질 A와 B만이 존재한다. 반응이 시작되어 어느 정도 물질 C와 D가 생성되면 A와 B의 농도는 감소한다. 어느 순간에서 A와 B의 정반응속도 V_f는 그 순간의 A와 B의 농도에 비례한다.

$$V_f = \kappa_1[A][B] \quad \cdots\cdots (1-77)$$

여기서 $[A]$와 $[B]$는 A와 B의 각각의 몰 농도이며 속도정수 κ_1은 일정한 온도에서는 일정하다. C와 D의 농도가 증가되었을 때는 반대로 A와 B를 생성하게 된다. 그러므로 주어진 순간에서 이 역반응속도 V_r은 C와 D의 농도에 비례한다.

$$V_r = \kappa_2[C][D] \cdots\cdots (1-78)$$

동적인 화학평형에 도달하였을 때는 두 반응속도가 같다.

즉 $$V_f = V_r \cdots\cdots (1-79)$$

혹은 $$\kappa_1[A][B] = \kappa_2[C][D] \cdots\cdots (1-80)$$

그러므로 평형상태는 가역반응에서 정반응의 속도 V_f와 역반응의 속도 V_r이 같은 상태이므로 반응물질과 생성물질이 함께 존재하며 이 때 반응물질과 생성물질의 농도는 일정하게 유지된다. 이 관계는 그림 1－22와 같다.

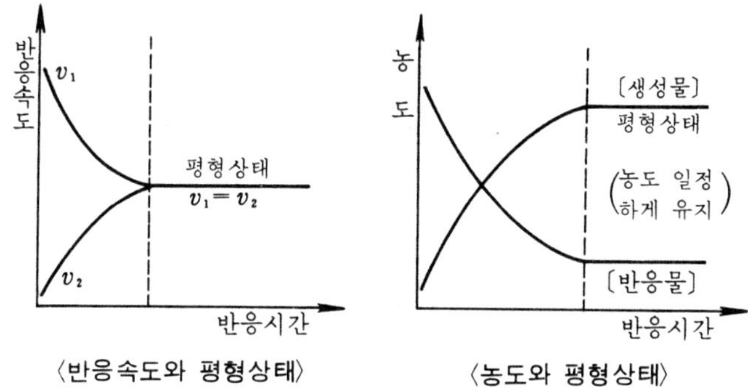

그림 1－22 평형상태에서 반응시간과 반응속도 혹은 농도와의 관계

또 식(1－80)을 변형하면

$$\frac{[C][D]}{[A][B]} = \frac{k_1}{k_2} = K \cdots\cdots (1-81)$$

이 식에 나타난 바와 같이 일정한 온도와 압력에서 반응물질의 농도 곱과 생성물질의 농도 곱의 비는 항상 일정하다. 이 관계를 질량작용의 법칙(law of mass action)이라 하며, 여기서 K를 평형정수(equilibrium constant)라 한다. 일반적으로 반응물질이 2종 이상일 때

$$aA + bB + \cdots \rightleftharpoons cC + dD + \cdots$$

와 같은 반응이 일정한 온도와 압력에서 평형에 도달하면

$$\frac{[C]^c\ [D]^d \cdots}{[A]^a\ [B]^b \cdots} = K \cdots\cdots (1-82)$$

가 된다.

그러므로 평형정수는 정반응의 속도상수와 역반응의 속도상수의 비를 나타내며 그 값이 크면 반응은 생성물질쪽으로 치우치므로 정반응이 우세하고 반대로 그 값이 작으면 역반응이 우세하게 된다.

(2) 평형이동의 법칙

어떤 반응계가 동적인 평형상태에 있을 때 농도, 압력 및 온도 중의 어느 한 조건을 변화시키면 그 변화 때문에 생긴 영향을 감소시키는 방향으로 평형이 이동된다. 이 관계를 Le Chatelier(1884)가 정성적으로 설명하였다. 이 법칙을 Le Chatelier의 법칙 혹은 평형이동의 법칙이라 한다. 즉 평형상태에 있는 어떤 계에서 농도는 반응물 농도를 높이거나 생성물을 제거하면 정반응쪽으로 평형이 이동하고, 반대로 반응물 농도를 낮추거나 생성물을 첨가하면 역반응쪽으로 반응이 진행한다. 또 온도는 반응계에 온도를 높여주면 흡열반응쪽으로, 온도를 낮추면 발열반응쪽으로 평형이 이동한다. 그리고 압력은 고체의 경우는 무관하지만 기체반응에서는 압력을 높이면 기체 몰수의 합이 작아지는 쪽으로, 압력을 낮추면 기체 몰수의 합이 커지는 쪽으로 반응은 진행하게 된다.

5. 화학평형의 열역학

(1) 엔트로피 변화

화학반응에서 "이 반응은 진행할 것인가?" 하는 문제에 대한 해답은 자유에너지에 대한 열역학적 표현을 사용하면 가능하다.

$$G = H - TS \quad \cdots\cdots (1-83)$$

여기서 $G =$ Gibbs의 자유에너지, kcal

$T =$ 절대온도, °K

$S =$ 엔트로피, kcal/℃

$H =$ 엔탈피, kcal

엔탈피는 하나의 원소나 화합물이 가지는 총에너지 함량이다. 엔트로피는 몇 가지 방법 예를 들면 어떤 계에서 질서의 정도와 체계의 정도를 나타내는 내부 에너지의 표현이며 생성물 TS는 총 에너지 중에서 유용한 일에 소용되지 않은 부분이다. 그러므로 자유에너지는 총 에너지 중에서 압력-부피의 일 이외에 유용한 일을 행할 수 있는 총 에너지의 일부분이 된다.

일정한 온도와 압력의 닫힌 계에서 화학평형의 기준은 총 자유에너지가 최소로 되는 때이며 화학반응에 따른 Gibbs 자유에너지의 변화는 그림 1-23과 같다.

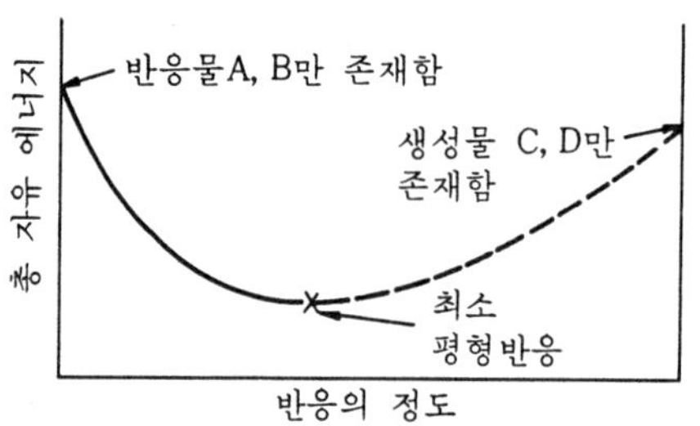

그림 1-23 $aA + bB \rightleftharpoons cC + dD$의 반응에 대한 Gibbs 자유에너지의 변화

어떠한 반응이 증가분만큼 진행될 때 Gibbs 자유에너지의 변화 ΔG는 식(1-84)로 표시된다.

$$\Delta G = (\sum_i \nu_i G_i)_{생성물} - (\sum_i \nu_i G_i)_{반응물} \quad \cdots\cdots (1-84)$$

여기서 v_i는 화학양론적 계수(예, 식(1-82)의 a, b, c 및 d)이고 $\overline{G}_i$는 화학종 i의 몰당 자유에너지이다.

그러므로 만일

① $\Delta G \langle O$이면 반응이 진행함에 따라 총 자유에너지는 감소하므로 정반응이 진행된다.

② $\Delta G = O$이면 총 자유에너지는 최소이므로 반응은 평형을 이룬다.

③ $\Delta G \rangle O$ 이면 반응이 진행함에 따라 총 자유에너지는 증가하므로 역반응이 진행된다.

이와 같이 ΔG는 반응의 진행여부를 해석하는 데 중요하며 ②와 같은 일반식의 경우 식(1-85)로 계산한다.

표 1-16 수화학에서 중요한 화학종에 대한 열역학적 상수

화 학 종	$\Delta \overline{H}_f^\circ$ (kcal/mole)	$\Delta \overline{G}_f^\circ$ (kcal/mole)
$Ca_{(aq)}^{2+}$	−129.77	−132.18
$CaCO_{3(s)}$, calcite	−288.45	−269.78
$CaO_{(s)}$	−151.9	−144.4
$C_{(s)}$, graphite	0	0
$CO_{2(g)}$	−94.05	−94.26
$CO_{2(aq)}$	−98.69	−92.31
$CH_{4(g)}$	−17.889	−12.140
$H_2CO_{3(aq)}$	−167.0	−149.00
$HCO_{3(aq)}^-$	−165.18	−140.31
$CO_{3(aq)}^{2}$	−161.63	−126.22
CH_3COO^-, acetate	−116.84	−89.0
$H_{(aq)}^+$	0	0
$H_{2(g)}$	0	0
$Fe_{(aq)}^{2+}$	−21.0	−20.30
$Fe_{(aq)}^{3+}$	−11.4	−2.52
$Fe(OH)_{3(s)}$	−197.0	−166.0
$Mn_{(aq)}^{2+}$	−53.3	−54.4
$MnO_{2(s)}$	−124.2	−111.1
$Mg_{(aq)}^{2+}$	−110.41	−108.99
$Mg(OH)_{2(s)}$	−221.00	−199.27
$NO_{3(aq)}^-$	−49.372	−26.43
$NH_{3(g)}$	−11.04	−3.976
$NH_{3(aq)}$	−19.32	−6.37
$NH_{4(aq)}^+$	−31.74	−19.00
$HNO_{3(aq)}$	−49.372	−26.41
$O_{2(aq)}$	−3.9	3.93
$O_{2(g)}$	0	0
$OH_{(aq)}^-$	−54.957	−37.595
$H_2O_{(g)}$	−57.7979	−54.6357
$H_2O_{(l)}$	−68.3174	−56.690
$SO_{4(aq)}^{2-}$	−216.90	−177.34
$HS_{(aq)}^-$	−4.22	3.01
$H_2S_{(g)}$	−4.815	−7.892
$H_2S_{(aq)}$	−9.4	−6.54

$$\Delta G = \Delta G^{o} + RT \ln \frac{a_C^c \, a_D^d}{a_A^a \, a_B^b} \cdots\cdots (1-85)$$

여기서

$$\Delta G^{o} = (\sum_i \nu_i \overline{G_i^o})_{생성물} - (\sum_i \nu_i \overline{G_i^o})_{반응물} \cdots\cdots (1-86)$$

이고, $\overline{G}_i^o$는 화학종 i의 몰당 표준자유에너지이다.

그러나 보통 전체의 표준자유에너지 변화는 $\overline{G}_i^o$ 대신에 생성자유에너지인 $\overline{G}_{f,i}^o$를 사용하여 식(1-87)로 구한다.

$$\Delta G^{o} = (\sum_i \nu_i \Delta\overline{G_{f,i}^o})_{생성물} - (\sum_i \nu_i \Delta\overline{G_{f,i}^o})_{반응물} \cdots\cdots (1-87)$$

또 식(1-96)에서 반응물에 대한 생성물의 활동도의 곱의 비를 반응지수(reaction quotient) Q라 하며 다음과 같다.

$$Q = \frac{a_C^c \, a_D^d}{a_A^a \, a_B^b} \cdots\cdots (1-88)$$

그러므로 식(1-96)은

$$\Delta G = \Delta G^{o} + RT \ln Q \cdots\cdots (1-89)$$

가 되고, 계가 평형상태이면 $\Delta G = O$이므로 식(1-91)이 된다

$$O = \Delta G^{o} + RT \ln K \cdots\cdots (1-90)$$

$$혹은\ \Delta G^{o} = -RT \ln K \cdots\cdots (1-91)$$

식(1-88)에 식(1-91)을 대입하면

$$\Delta G = -RT \ln K + RT \ln Q \cdots\cdots (1-92)$$

$$\therefore \Delta G = RT \ln \frac{Q}{K} \cdots\cdots (1-93)$$

여기서 만일

① $Q > K$이면 $\Delta G > O$이므로 역반응이 진행된다.

② $Q = K$이면 $\Delta G = O$이므로 그 계는 평형이다.

③ $Q < K$이면 $\Delta G < O$이므로 정반응이 진행된다.

【예제 1-31】 $H_2O \rightleftharpoons H^+ + OH^-$의 해리반응에서 25℃에서의 평형상수의 값을 구하여라.

(풀이) 표 1-16에서 각 화학종의 $\Delta\overline{G}_f^\circ$의 값을 구하면
$H_2O(l) = -56.69$, $H^+ = 0$, $OH^- = -37.60$ kcal/mole 이다.

식(1-87)로부터

$$\Delta G^\circ = (1)(0) + (1)(-37.60) - (1)(-56.69)$$
$$= +19.09\ \text{kcal}$$

그러므로 식(1-91)에서

$$\Delta G^\circ = 19.09 = -RT\ \ln K$$
$$\ln K = \frac{-19.09}{1.98 \times 10^{-3} \times 298} = -32.24$$
$$\therefore K = 9.96 \times 10^{-15}$$
$$\fallingdotseq 1 \times 10^{-14}$$

【예제 1-32】 $H_2O \rightleftharpoons H^+ + OH^-$의 반응에서 $[H^+]=10^{-6}M$이고 $[OH^-] = 3 \times 10^{-8}M$일 때 이 반응의 진행 여부를 결정하라?

(풀이) ① 식(1-89)로부터
$\Delta G = \Delta G^\circ + RT\ln[H^+][OH^-]$
$= 19.09 + 2.3 \times 1.98 \times 10^{-3} \times 298 \times \log[(10^{-6})\ (3 \times 10^{-8})]$
$\therefore \Delta G = 1.03$
$\Delta G > O$이므로 이 반응은 자연적으로 일어나지 못하고 오히려 H^+과 OH^-이 결합하여 H_2O를 만드는 역반응이 진행한다.

혹은 ② 식(1-93)으로부터
$\Delta G = RT\ln(\frac{Q}{K})$
$Q = [H^+][OH^-] = (10^{-6})(3\times10^{-8}) = 3\times10^{-14}$
$K = 10^{-14}$
$\therefore Q > K$이므로 $\Delta G > O$이고 역반응이 진행된다.

(2) 엔탈피 변화

화학반응에서 엔탈피 변화 ΔH는 반응과정에서 열이 방출되거나 흡입되는 양

이다. $\Delta H < O$이면 열은 방출되고 발열반응이라 부르며 $\Delta H > O$이면 열은 흡수되고 흡열반응이라 한다. 닫힌 계에서 가역반응의 경우 ΔH^o는 식(1－94)로 주어진다.

$$\Delta H^o = \Delta G^o + T\Delta S^o \quad \cdots\cdots (1-94)$$

ΔH^o는 ΔG^o와 같은 방법으로 다음과 같이 계산한다.

$$\Delta H^o = (\sum_i \nu_i \overline{H_i^o})_{생성물} - (\sum_i \nu_i \overline{H_i^o})_{반응물} \quad \cdots\cdots (1-95)$$

여기서 $\overline{H_i^o}$는 표준상태(25℃, 1atm)에서 화학종 i의 엔탈피, kcal/mole이다.

또 ΔH^o는 화학반응에서 평형에 대한 온도의 영향을 결정하는 데 매우 중요하며 다음의 van't Hoff 관계식을 이용한다.

$$\frac{d\ln K}{dT} = \frac{\Delta H^o}{RT^2} \quad \cdots\cdots (1-96)$$

주어진 온도범위내에서 ΔH^o가 온도의 함수가 아니라고 가정하고 식(1－96)을 적분하면

$$\ln\frac{K_2}{K_1} = \frac{\Delta H^o}{R}\left(\frac{1}{T_2} - \frac{1}{T_1}\right) \cdots\cdots (1-97)$$

가 된다.

【예제 1－33】 25℃에서 다음 반응의 엔탈피를 계산하라. 또 이 반응의 엔탈피를 이용하여 50℃에서의 K_w 값을 계산하라.

$$H_2O \rightleftharpoons H^+ + OH^-$$

(풀이) 식(1－95)와 표 1－16으로부터

$$\Delta H^o = \Delta\overline{H}^o_{f,H^+} + \Delta\overline{H}^o_{f,OH^-},\ \Delta\overline{H}^o_{f,H_2O}$$
$$= O + (-54.96) - (-68.32)$$
$$= 13.36\ \text{kcal}$$

또, van't Hoff 관계식을 이용하여 50℃에서의 K_w값을 구하면

$$\ln K_{w,50^\circ} = \ln K_{w,25^\circ} + \frac{\Delta H^o}{R}\left(\frac{1}{298} - \frac{1}{323}\right)$$
$$= \ln(1.0 \times 10^{-14}) + \frac{13.36}{1.987 \times 10^{-3}}\left(\frac{1}{298} - \frac{1}{323}\right)$$

$\therefore K_w,\ 50^\circ = 5.73 \times 10^{-14}$

문 제

1-1 화학분석

1. 분석화학과 화학분석을 구분하여 설명하라.
2. 용량분석법과 중량분석법을 비교하여 설명하라.
3. 기기분석법의 장점을 조사하라.

1-2 화학분석 일반사항

1. ppt, ppm, ppb를 설명하라.
2. % 농도의 3가지 표시법을 설명하라.
3. 항량이란 무엇인가?
4. 증류수와 탈염수를 비교하여 설명하라.
5. 공시험이란 무엇이며 실험시 공시험을 행하는 이유를 설명하라.

1-3 분석용기와 시약

1. 경질유리와 연질유리의 조성을 조사하고 차이점을 설명하라.
2. TC형과 TD형이란 무엇인가?
3. 메스 플라스크의 종류와 용도에 대하여 조사하라.
4. 피펫의 종류와 용도에 대하여 조사하라.
5. 뷰렛의 종류와 용도에 대하여 조사하라.
6. 실험에 사용하는 시약의 출처와 등급을 조사하여 보라.
7. 정확한 1*l*들이 메스 플라스크가 25℃에서 담는 물의 무게는 얼마인가?
8. 50m*l* 피펫이 26℃에서 49.82g의 물을 쏟아낸다. 이것을 검정하라.

1-4 화학천칭

1. 여러 가지 천칭의 구조와 사용법, 칭량 및 감량을 기기안내서를 이용하여 조사하라.
2. 치환칭량법으로 물체를 달 때 양편 팔의 길이 차이가 있어도 좋음을 식으로 밝혀라.
3. 진동법으로 지침의 회귀점을 다음과 같이 구했을 때 물체의 무게는?

ZP		RP_1 24.358 g		RP_2 24.357 g	
	+4.6		+2.5		+5.2
−3.5		−4.7		−0.4	
	+4.1		+2.3		+4.7
−3.0		−4.2		0.0	
	+3.6		+2.1		+4.2

4. 놋쇠분동을 써서 공기 속에서 단 백금도가니의 무게가 30.7532 g일 때 진공 속에서는 몇 g이 되겠느냐?

1－5 시료와 전처리

1. 배출허용기준과 환경기준이란 무엇인가를 조사하라.
2. 하천수의 채수지점과 채수위치에 대하여 조사하라.
3. 고체시료의 채취법 중 원추4분법을 설명하라.
4. 시료의 전처리법에 대하여 조사하라.

1－6 용액의 농도

1. 다음 여러 분자의 이온성(%)을 구하고, 어느 원자가 더 음전하의 성격을 띄겠는가를 말해 보라. 또 2가지 이상의 원자로 이루어져 있는 기체분자에서는 전기음성도의 차가 클수록 안정하다고 하면 이들 분자를 안정한 순서로 써라.

H_2, I_2, BN, CO, LiCl, MgO, NaF

2. HCl 기체분자의 원자간 거리는 1.28 Å이다. 이 분자는 17%의 이온성격을 가지고 있다고 한다면 이 분자의 전기쌍극자능률은 얼마로 측정 되겠는가?
3. 0.1 *M* 50 m*l* 속에는 K_2SO_4가 몇 g 포함되어 있느냐? 또 몇 밀리몰이냐?
4. 13% H_2SO_4(*s. g.* 1.09) 용액의 *M*, *N*를 구하라. 1.5 *N* 용액을 만들기 위하여 이 산 100 m*l*에 물을 얼마 가하면 되느냐?
5. 1.24 *N* HCl 30 m*l*와 반응하는 $Ba(OH)_2$의 무게를 구하라.
6. 다음 반응식에서 밑줄친 부분의 당량을 구하라.

$$\underline{SO_3} + 2NaOH = Na_2SO_4 + H_2O$$
$$\underline{K_4Fe(CN)_6} + 2\,ZnSO_4 = Zn_2Fe(CN)_6 \downarrow + 2K_2SO_4$$
$$\underline{K_2Cr_2O_7} + 14H^+ + 6e = 2Cr^{3+} + 7H_2O + 2K^+$$

7. 90% H_2SO_4 (*s. g.* 1.81) 10 m*l*에 물을 가하여 15% H_2SO_4(*s. g.* 1.10)를 만들려고 하면 가하여야 할 물의 부피는 얼마냐?
8. 98% 황산(*s. g* 1.84)로써 1 *N* 용액 황산 1 *l*를 만들려고 한다. 필요한 부피를 계산하라.
9. 0.5 *N* NaOH용액 1 *l*를 만드는 데 12%의 수분을 포함한 습한 NaOH가 얼마나 필요한가?
10. *N*/5 HCl 1 *l*를 만들려고 한다. *N*/2 HCl과 *N*/10 HCl을 각각 얼마씩 혼합하면 되겠는가?

1－7 표준용액과 화학양론적 계산

1. 표준용액과 표정을 설명하라.
2. 당량점과 종말점을 비교하여 설명하라.
3. 다음 표준시약으로 *N*/100 (*F*=1.000) 일차표준용액 1000.00 m*l*를 조제하는 데 몇 g이 필요한가? 단, ( )는 시약의 순도이다. [ ]는 분자량

㉮ $Na_2C_2O_4$(99.90%) [134.004]
㉯ $K_2Cr_2O_7$(99.85%) [294.19]
㉰ EDTA · 2Na · $2H_2O$(99.85%) [372.3]
㉱ $Na_2S_2O_3$(99.65%) [158.11]

4. $N/10$ Na_2CO_3용액을 만들기 위해서 Na_2CO_3(99.85%) 5.4765 g을 물에 녹여 정확히 1 *l*로 하였다. 이 용액의 농도를 $N/10 \times F$로 표시하여라.
5. 어떤 농도의 요드용액 25.00 m*l*를 전분지시약으로 $N/10$ $Na_2S_2O_3$(f=1.133) 용액을 적정했을 때 24.85m*l* 가 요하였다. 이 요드용액 500 m*l* 중에 포함된 요드의 양을 구하여라(I = 126.9044).
6. 순철 0.2532 g을 dil. HCl에 녹여 Fe^{2+}으로 하고 여기에 $K_2Cr_2O_7$용액으로 적정하여 42.25 m*l*가 소모되었다. $K_2Cr_2O_7$의 N 농도는 얼마나 되나(Fe=55.85) ?
7. $Na_2S_2O_3 \cdot 5H_2O$ 0.4050g을 0.1000N－I_2용액으로 적정했더니 16.21 m*l*를 요하였다. 시료의 순도는 몇 %인가 ? $Na_2S_2O_3 \cdot 5H_2O$=248.2

1－8 오차와 분석값의 처리

1. 두 개의 시료 *A*, *B*를 분석하니 시료 *A*는 30.15%, *B*는 10.15%의 철을 실제로 포함한다면, 이 실험의 절대오차 및 상대오차는 얼마냐 ?
2. 다음 값은 어떤 물질의 농도 ***M***의 함수로써 포화감홍전극에 대해 측정한 전극전위 ***E***의 값을 적은 것이다. 이들 값에 대한 최소자승선의 절편과 기울기 및 신뢰한계를 구하라.

$-\log M$	1.00	1.10	1.20	1.50	1.70	1.90	2.10	2.20	2.40	2.70
E, mv	106	115	121	139	153	158	174	182	187	211

3. 다음 측정치에 있어서 X에 대한 Y의 실험식을 $Y = a + bX + cX^2$로 나타내어라.

X	－5	－3	－1	1	3	5
Y	0	3	6	12	19	27

제 2 장

산—염기 용액과 중화 적정법

2-1 산-염기 및 물의 전리

1. 산-염기 이론

최근 산-염기의 개념은 주로 두 가지 설로 설명하고 있다. Lewis설이 더 보편화되었으나 산-염기 현상과 중화반응을 논하는 데는 Arrhenius 설을 수정한 Brönsted-Lowry 설이 많이 사용된다.

(1) Brönsted-Lowry 설

Brönsted와 Lowry(1923)는 독자적으로 산은 다른 분자나 이온에 proton(H^+)을 줄 수 있는 물질이고, 염기는 H^+을 받을 수 있는 분자나 이온이라 하였다.

$$\text{산} \rightleftharpoons \text{염기} + H^+$$

이 이론은 물에 녹아서 H^+를 낼 수 있는 물질을 산이라 하고 OH^-를 낼 수 있는 물질을 염기라고 제안한 Arrhenius(1884)의 전리설이 수용액에만 국한되는 결점을 보완한 것으로 수용액뿐만 아니라 비수용매에도 적용할 수 있는 잇점이 있다.

그러나 Brönsted-Lowry설로 산-염기 반응을 고려할 때 H^+을 공급할 수 있는 산은 H^+을 받을 수 있는 염기가 존재하지 않으면 산의 역할을 하지 못한다.

즉 산－염기는 독자적으로 존재할 수 없다. 예를 들면 HCl이나 NH_4^+이 H^+을 받을 수 있는 염기가 없을 때는 산으로서의 기능이 없으나, HCl이나 NH_4^+을 물에 녹였을 때에 강산 혹은 약산으로 되는 것은 물이 H^+을 받을 수 있는 염기로 되기 때문이다.

$$\underset{\text{산}}{HCl(g)} + \underset{\text{염기}}{H_2O(l)} \rightleftharpoons \underset{\text{산}}{H_3O^+(aq)} + \underset{\text{염기}}{Cl^-(aq)}$$

$$\underset{\text{산}}{NH_4^+(aq)} + \underset{\text{염기}}{H_2O(l)} \rightleftharpoons \underset{\text{산}}{H_3O^+(aq)} + \underset{\text{염기}}{NH_3(g)}$$

또 NH_3 기체나 CN^-을 물에 녹였을 때 염기가 되는 것은 물이 산이 되기 때문이다.

$$\underset{\text{염기}}{NH_3(g)} + \underset{\text{산}}{H_2O(l)} \rightleftharpoons \underset{\text{산}}{NH_4^+(aq)} + \underset{\text{염기}}{OH^-(aq)}$$

$$\underset{\text{염기}}{CN^-(aq)} + \underset{\text{산}}{H_2O(l)} \rightleftharpoons \underset{\text{산}}{HCN(g)} + \underset{\text{염기}}{OH^-(aq)}$$

그러므로 모든 산-염기 반응은 두 개의 반 반응의 합이라고 생각할 수 있다.

즉,
$$\text{산}_1 \longrightarrow \text{염기}_1 + H^+$$
$$\text{염기}_2 + H^+ \longrightarrow \text{산}_2$$

그러므로
$$\text{산}_1 + \text{염기}_2 \longrightarrow \text{염기}_1 + \text{산}_2$$

또 여기서 산_1, 염기_1과 같이 서로 짝을 이룬 한 쌍의 산-염기를 짝쌍(공액쌍 : conjugate pair)이라 부르고 이 때의 산과 염기를 서로 짝산(공액산 : conjugated acid pair), 짝염기(공액염기 : conjugated base pair)라고 한다. 표 2－1에 여러 가지 짝쌍을 표시하였다.

표 2－1에서 보면 산이 강하면 그 짝염기는 약하고 염기가 강하면 그 짝산은 약하게 된다. 강산과 약산의 경계선인 분할선은 요오드산(pK_a=0.8) 부근이고 강염기와 약염기의 분할선은 이수소실리카(pK_b=1.4) 부근이다. 그러므로 강산과 약산, 강염기와 약염기의 구분은 각각 이들의 분할선을 경계로 하여 구분할 수 있다.

산, 염기의 강도는 용매의 성질에 의하여 결정된다. 예를 들면 CH_3COOH을 물에 녹이면 약산이 되나

표 2-1 산-염기의 짝쌍 표

	이름	짝산	짝염기	
산 강도 감소 ↓	과염소산	$HClO_4$	ClO_4^-	염기 강도 증가 ↓
	황산	H_2SO_4	HSO_4^-	
	염산	HCl	Cl^-	
	질산	HNO_3	NO_3^-	
	요오드산	HIO_3	IO_3^-	
	인산	H_3PO_4	$H_2PO_4^-$	
	초산	CH_3COOH	CH_3COO^-	
	탄산	H_2CO_3	HCO_3^-	
	암모늄이온	NH_4^+	NH_3	
	시안화수소산	HCN	CN^-	
	중탄산이온	HCO_3^-	CO_3^{2-}	
	페놀	C_6H_5OH	$C_6H_5O^-$	
	삼수소실리카	H_3SiO_4	$H_2SiO_4^{2-}$	
	물	H_2O	OH^-	
	암모니아	NH_3	NH_2^-	
	메틸아민	CH_3NH_2	CH_3NH^-	

$$CH_3COOH + H_2O \rightleftharpoons H_3O^+ + CH_3COO^-$$

액체 불화수소에 녹이면 염기가 된다.

$$CH_3COOH + HF \rightleftharpoons CH_3COOH_2^+ + F^-$$

이와 같이 염기성인 용매와 산성인 용매의 선택에 CH_3COOH는 산으로 혹은 염기로 작용한다.

또 강산은 완전 해리하나 약산은 완전하게 해리하지 아니한다. 분할선 근처의 산·염기는 그 농도가 높으면 완전 해리되지 않으나 저농도에서는 용매인 물의 영향으로 완전하게 해리하게 되는데 이 현상을 평준화 효과(levelling effect)라고 한다.

Brönsted-Lowry 설에 의한 물에서의 중화반응은 산이 물과 반응하여 생긴 H_3O^+(oxonium ion)과 염기가 물과 반응하여 생긴 OH^-과의 사이에 두 분자의 물이 생성되는 반응이다.

$$H_3O^+ + OH^- \rightleftharpoons 2H_2O$$

그러므로 산-염기의 중화반응은 물의 자동분해(autoprotolysis)의 반대이다.

또, H_2O나 HCO_3^- 같은 것은 H^+을 방출할 수도 있고 H^+을 받아서 결합할 수도 있으므로 양성물질이다.

$$HCO_3^- \rightleftharpoons H^+ + CO_3^{2-}$$

$$HCO_3^- + H^+ \rightleftharpoons H_2CO_3$$

그러나 Brönsted-Lowry 설은 H^+을 제공할 수 없는 물질에는 적용할 수 없는 결점이 있다.

(2) Lewis 설

Lewis(1923)는 분자 구성에 관한 팔우설(octed rule)을 도입함으로써 Brönsted-Lowry설로 설명할 수 없는 물질에도 적용할 수 있는 더 보편적인 산-염기설을 발표하였다. 즉 산은 다른 분자나 이온의 원자로부터 전자쌍(electron pair)을 받을 수 있는 것이다. H^+나 SO^3은 다른 원자로부터 전자쌍을 받을 수 있으므로 산이다.

염기는 다른 분자나 이온의 원자에 전자쌍을 주는 것이다. OH^-, O^{2-} 및 NH_3는 다른 원자에 전자쌍을 줄 수 있다. 그러므로 Lewis 설에 의한 중화반응은 산과 염기 사이에 배위공유결합(coordinate covalent bond)이 이루어지는 것이다.

산 염기

$$H^+ + :\ddot{\underset{..}{O}}:H^- \longrightarrow H:\ddot{\underset{..}{O}}:H$$

$$:\ddot{\underset{..}{O}}:\overset{:\ddot{O}:}{\underset{:\underset{..}{O}:}{\ddot{S}}} + :\ddot{\underset{..}{O}}:^{2-} \longrightarrow :\ddot{\underset{..}{O}}:\overset{:\ddot{O}:}{\underset{:\underset{..}{O}:}{\ddot{S}}}:\ddot{\underset{..}{O}}:^{2-}$$

$$H^+ + :\overset{H}{\underset{H}{\ddot{\underset{..}{N}}}}:H \longrightarrow H:\overset{H}{\underset{H}{\ddot{\underset{..}{N}}}}:H^+$$

2. 물의 이온적

물 그 자체는 매우 약한 전해질이므로 순수할 때나 용액상태에서 극히 적은 일부가 전리하여 다음과 같이 평형상태를 이룬다.

$$H_2O \rightleftharpoons H^+ + OH^-$$

이 반응의 평형정수는

$$\frac{a_{H^+} \times a_{OH^-}}{a_{H_2O}} = K \cdots\cdots (2-1)$$

묽은 용액에서는 $a=c$이므로

$$\frac{[H^+][OH^-]}{[H_2O]} = K \cdots\cdots (2-2)$$

이고, 물 $1l$의 농도는

$$[H_2O] = \frac{1000\,g/l}{18g/mole} \fallingdotseq 55.5\,M$$

식(2−2)를 간단히 표시하면 25℃에서는

$$[H^+][OH^-] = K \times [H_2O] = 1.8 \times 10^{-16} \times 55.5 \fallingdotseq 1 \times 10^{-14} = K_w \cdots\cdots (2-3)$$

가 된다.

여기서 K_w를 물의 이온적(ion product) 혹은 물의 자동분해정수(autoprotolysis constant)라 하고 이 값은 표 2−2와 같이 온도에 따라 다르며 25℃에서는 1×10^{-14}이다.

표 2−2 물의 이온적

온도(℃)	0	10	20	25	30	40	60	80	100
$K_w \times 10^{-14}$	0.115	0.293	0.681	1.01	1.47	2.92	9.61	23.4	51.3
pK_w	14.94	14.53	14.17	14.00	13.83	13.54	13.02	12.65	12.29

순수한 물일 때에는 $[H^+]$와 $[OH^-]$가 같으므로 중성용액이 되고, 식(2−3)으로부터

$$[H^+] = [OH^-] = \sqrt{K_w} = 1.0 \times 10^{-7}\,M$$

이 된다. 그러므로 $[H^+]$가 1.0×10^{-7} M 보다 클 때에는 산성이라 하고 1.0×10^{-7} M 보다 작을 때에는 염기성이라 한다.

또 수용액에서는 항상 식(2-3)이 성립하므로 $[H^+]$나 $[OH^-]$ 중에 어느 하나가 정하여지면 다른 것은 자연히 결정된다.

예를 들어 0.01 M NaOH의 $[OH^-]$는 약 10^{-2}이므로 이것을 $[H^+]$로 표시하면 다음의 계산에 의하여 10^{-12}이 된다.

$$[H^+] = \frac{K_w}{[OH^-]} = \frac{10^{-14}}{10^{-2}} = 10^{-12}$$

3. 수소이온농도

어떤 물질의 농도를 표시할 때 보통 때와 같이 몰 농도를 사용해서 그 농도의 크기를 비교하면 그 차가 너무 크므로 대단히 불편하다. 그러므로 농도나 평형정수를 표시하는 데에 있어서 그 값의 역수의 상용 대수로 표시하면 정수로써 간단히 나타낼 수 있다.

$$pX = -\log X \quad \cdots\cdots (2-4)$$

이 개념은 Sörensen(1909)이 처음 $[H^+]$를 표시하는 데에 $[H^+]$의 역수의 상용대수를 pH로 표시한 데서 유래되었다.

즉 $pH = -\log[H^+]$

$pOH = -\log[OH^-]$

또 식(2-3)으로부터 $-\log[H^+] - \log[OH^-] = -\log K_w$

즉

$$pH + pOH = pK_w = 14\ (25\ ℃) \quad \cdots\cdots (2-5)$$

그러므로 중성용액은 $pH = pOH = 7$

산성용액은 $pH < pOH$

염기성 용액은 $pH > pOH$가 된다.

【예제 2-1】 $[H^+] = 3.0\times10^{-4}$ M인 용액의 pH, pOH 및 $[OH^-]$를 계산하라. 단, 온도는 25 ℃로 한다.

(풀이) $pH = -\log(3.0\times10^{-4}) = -\log 3.0 - \log 10^{-4}$

$= -0.48+4 = 3.52$

$pOH = 14-3.52 = 10.48$

$$[OH^-] = \frac{1.0\times10^{-14}}{3.0\times10^{-4}} = 3.3\times10^{-11}\ M$$

【예제 2-2】 pH = 10.7인 용액의 $[H^+]$을 계산하라.

(풀이) $\log[H^+] = -pH = -10.70 = -11.0+0.30$

$[H^+] = \text{anti}\ \log(-11.00) + \text{anti}\ \log 0.30 = 2.0\times10^{-11}\ M$

2-2 평형농도계산

1. 강산-강염기의 계산

강산과 강염기는 수용액에서 거의 완전히 전리하는 산과 염기이므로 H^+과 OH^- 농도는 녹이는 용질의 농도와 같다고 볼 수 있다. 예를 들면 10^{-3} M HCl 용액의 pH는 3이다. 그러나 10^{-7} M HCl의 용액은 물의 전리에서 생성된 H^+이 H_2O의 전리를 Le Chatelier 원리에 의하여 조금 억제하므로 HCl로부터 생성된 H^+과 물의 전리에 의한 H^+의 합보다 다소 적어진다.

또 강전해질은 수용액에서 그 농도가 커지면 전리한 양이온과 음이온이 서로의 인력에 의하여 일정량의 이온쌍을 이루게 되므로 실제 이들 이온은 활동에 제한을 받게 된다. 그러므로 강산과 강염기의 평형은 이온의 활동도로써 표시한다.

$$HCl \rightleftharpoons H^+ + Cl^-$$

$$\frac{a_{H^+}\cdot a_{Cl^-}}{a_{HCl}} = K^\circ_{HCl} = K^\circ_a \quad\cdots\cdots (2-6)$$

여기서 a_{HCl}, a_{H^+}, a_{Cl^-}는 각각 HCl, H^+, Cl^-의 활동도이다. 이와 같이 활동도로써 나타낸 평형정수 K°를 열역학 평형정수(thermodynamic equilibrium constant)라

부르며 이에 대하여 보통 M 농도로서 표시한 K를 고전적 평형정수(classical equilibrium constant) 혹은 단순히 평형정수라 한다. 그러므로 K는 이온강도에 따라 변하지만 $K°$는 이온강도의 영향을 받지 않고 온도 일정시 항상 일정한 값을 가지는 상수이다.

물에 HCl을 녹이면 H^+, OH^- 및 Cl^- 3가지 물질이 존재한다. 이들 3가지 물질의 농도를 어떻게 계산할 수 있는가 생각하여 보자.

평형상태에서 이들 3가지 물질의 농도를 계산하려면 3가지 방정식이 필요하다. 이 3가지 방정식은 다음과 같은 방법으로 얻을 수 있다.

1. 수용액에서는 물의 평형(equilibrium)이 이루어지므로 항상 물의 이온적은 일정하다.

$$[H^+][OH^-] = K_w$$

2. HCl은 강산이므로 완전히 전리하여 생성된 Cl^-의 농도는 물질수지 방정식(material-balance equation)에 의하여 HCl 농도 C_a과 같다.

$$[Cl^-] = C_a \quad \cdots\cdots (2-7)$$

3. 전하수지 방정식(charge-balance equation)에서 양이온의 농도의 합과 음이온의 농도 합은 같아야 한다.

그러므로 $$[H^+] = [OH^-] + [Cl^-] \quad \cdots\cdots (2-8)$$

위의 세 가지 방정식에서 H^+ 농도를 구할 수 있도록 정리한다.

식(2−7)을 식(2−8)에 대입하면

$$[H^+] = [OH^-] + C_a \quad \cdots\cdots (2-9)$$

식(2−3)을 $[OH^-]$에 대해서 풀어 식(2−9)에 대입하면

$$[H^+] = C_a + \frac{K_w}{[H^+]} \quad \cdots\cdots (2-10)$$

여기서 HCl의 농도가 10^{-5} M 보다 클 경우 식(2−10)의 오른쪽 둘째 항은 C_a에 비하여 매우 적으므로 무시할 수 있다.

즉

$$[H^+] = C_a \quad \cdots\cdots (2-11)$$

그러나 HCl의 농도가 감소되어 C_a에 비해서 $K_w/[H^+]$항을 무시할 수 없을 경우는 식(2-10)에서 유도된 2차방정식을 풀어야 한다.

$$[H^+]^2 - C_a[H^+] - K_w = 0 \qquad \cdots\cdots (2-12)$$

【예제 2-3】 10^{-2} M HCl 용액의 $[H^+]$, $[OH^-]$ 및 $[Cl^-]$의 농도를 계산하라.

(풀이) HCl은 거의 완전히 전리하므로 [HCl]은 무시한다.
주어진 HCl 농도 $10^{-2} \gg 10^{-5}$ M이므로 식(2-11)로부터
$[H^+] = [Cl^-] = 10^{-2}$ M
또 식(2-3)에서
$$[OH^-] = \frac{K_w}{[H^+]} = \frac{10^{-14}}{10^{-2}} = 10^{-12}$$
[HCl]의 농도를 구하여 가정을 검토하면
$$K_a = 10^3 = \frac{[H^+][Cl^-]}{[HCl]} = \frac{[10^{-2}][10^{-2}]}{[HCl]}$$
$[HCl] = 10^{-7}$

$[Cl^-] = 10^{-2} \gg HCl = 10^{-7}$이므로 이 가정은 타당하다.

【예제 2-4】 10^{-7} M HNO_3 용액의 pH는 얼마냐?

(풀이) 식(2-12)에서 $[H^+]^2 - 10^{-7}[H^+] - 10^{-14} = 0$
$$[H^+] = \frac{+10^{-7} \pm \sqrt{10^{-14} + 4\times10^{-14}}}{2} = \frac{10^{-7} \pm 2.24\times10^{-7}}{2}$$
$[H^+]$의 −수치는 의미가 없으므로 버린다.
$$[H^+] = \frac{3.24\times10^{-7}}{2} = 1.62\times10^{-7}\ M$$
$pH = -\log(1.62\times10^{-7}) = 6.79$

NaOH와 같은 강염기에 대한 평형에서도 물질들의 농도계산과정은 위의 HCl의 경우와 동일하다.

2. 약산−약염기의 계산

(1) 일염기성 약산

일염기성 약산(weak monoprotic acid)은 하나의 H^+을 줄 수 있는 산으로 수

용액에서 대부분 분자상태로 있으며, 소량이 전리하여 평형 상태가 이루어진다. 이 평형을 전리평형(ionization equilibrium)이라 한다. 예를 들면 CH_3COOH의 전리평형은 다음과 같다.

$$CH_3COOH \rightleftharpoons CH_3COO^- + H^+$$

질량작용의 법칙에 따라

$$\frac{[H^+][CH_3COO^-]}{[CH_3COOH]} = K_{CH_3COOH} = K_a \quad \cdots\cdots\cdots\cdots (2-13)$$

여기서 K는 평형정수이나, 이와 같은 전리평형에서는 전리정수(ionization constant)라 하며, K_a를 특히 산의 전리정수라 한다.

지금 CH_3COOH의 초기농도를 C_a라 하고 그 때 전리도를 α라고 하면

$$[CH_3COOH] = C_a - C_a\alpha = C_a(1-\alpha)$$
$$[H^+] = [CH_3COO^-] = C_a\alpha$$

이므로 식(2-13)에 대입하면

$$\frac{(C_a\alpha)^2}{C_a(1-\alpha)} = K_a$$

혹은

$$\frac{C_a\alpha^2}{1-\alpha} = K_a \quad \cdots\cdots\cdots\cdots (2-14)$$

가 된다.

식(2-14)는 다시 용액의 부피 V로 바꿀 수 있다. 이때 V는 용질 1 mole을 포함하는 용액의 l수로서 희석도(degree of dilution)이며 농도의 역수이다. 따라서 식(2-14)는

$$\frac{\alpha^2}{1-\alpha} \cdot \frac{1}{V} = K_a \quad \cdots\cdots\cdots\cdots (2-15)$$

식(2-15)에서 K_a는 항상 일정한 값이므로 희석도 V가 크면 전리도도 크게 된다. 이것을 Ostwald의 희석율(dilution law)이라 한다.

또 식(2-14), (2-15)에서 전리도 α는 1에 비해 매우 작으므로 $1-\alpha \fallingdotseq 1$이라고 둘 수 있다. 그러면 이들 식은 각각

$$C_a\alpha^2 = K_a$$

혹은
$$\frac{\alpha^2}{V} = K_a$$

가 되고 따라서 전리도 α는 식(2−16)으로 주어진다.

$$\alpha = \sqrt{\frac{K_a}{C_a}} = \sqrt{K_a V} \quad \cdots\cdots (2-16)$$

약산을 물에 녹여 평형 상태가 되었을 때 용액 속에 들어 있는 모든 이온이나 분자의 농도를 계산하는 것은 대단히 중요하다. 지금 약산 HA의 경우에 평형 상태에서 물 속에는 4가지 물질 H^+, OH^-, A^- 및 전리하지 않은 분자 HA가 존재한다. 그러므로 이 4가지 물질의 농도를 구하기 위해서는 4가지 방정식이 필요하다.

1. 평형 : 물의 평형과 전리하지 않는 HA와 그들 이온들 사이에 평형이 이루어지므로

$$[H^+][OH^-] = K_w$$

또
$$\frac{[H^+][A^-]}{[HA]} = K_a \quad \cdots\cdots (2-17)$$

2. 물질수지 : 용질이 부분적으로 전리하므로 A^-과 전리하지 않은 HA가 존재한다. 그러므로 이들 농도의 합은 약산 HA 농도 C_a와 같다.

$$C_a = [HA] + [A^-] \quad \cdots\cdots (2-18)$$

3. 전하수지 : $[H^+] = [A^-] + [OH^-]$ $\cdots\cdots$ (2−19)

이들 4개의 관계식을 이용하면 용액 중에 존재하는 4가지 화학종의 농도를 구할 수 있다. 그러나 일반적으로 물이 이온화하여 나오는 H^+와 OH^-의 농도는 HA에서 나오는 $[H^+]$나 $[A^-]$보다 훨씬 작으므로 물의 이온화 현상은 무시하는 것이 보통이다. 그러면 식(2−19)는

$$[H^+] = [A^-]$$

가 되고 식(2−17)은

$$\frac{[H^+]^2}{C_a-[H^+]} = K_a$$

$$[H^+]^2 + K_a[H^+] - K_aC_a = 0$$

$$[H^+] = \frac{-K_a \pm \sqrt{K_a^2+4K_aC_a}}{2} \quad \cdots\cdots (2-20)$$

또 여기서 취급하는 산은 약산이므로 $[H^+]$는 C_a에 비하여 대단히 작기 때문에 $C_a-[H^+] \doteqdot C_a$라고 하면

$$\frac{[H^+]^2}{C_a} = K_a$$

$$[H^+] = \sqrt{K_aC_a} \quad \cdots\cdots (2-21)$$

일반적으로 $[H^+]$가 C_a 값의 5% 이하일 때는 식(2-21)로, 5% 이상일 때는 식(2-20)으로 평형농도를 계산한다.

한편 산이 매우 약산일 때에는 약산으로부터 생성된 $[H^+]$가 물의 전리로 생긴 $[H^+]$와 별 차이가 없을 때가 있다. 이런 경우는 약산의 농도가 매우 묽을 때 발생하며 물의 전리에서 나오는 $[OH^-]$가 $[H^+]$와 큰 차이가 없어 무시할 수 없으므로 식(2-19)의 전하 수지식을 고려해서 $[H^+]$를 계산하여야 한다.

$$K_a = \frac{[H^+]([H^+]-[OH^-])}{C_a}$$

혹은

$$K_a = \frac{[H^+]\{[H^+]-(K_w/[H^+])\}}{C_a}$$

$$[H^+] = \sqrt{K_aC_a+K_w} \quad \cdots\cdots (2-22)$$

【예제 2-5】 0.1 M CH_3COOH 용액의 전리도는 1.34%이다. 전리상수는 얼마인가?

(풀이) 식(2-14)으로부터

$$K_a = \frac{C_a \cdot \alpha^2}{1-\alpha} = \frac{0.1\times 0.0134^2}{(1-0.0134)} = 1.82\times 10^{-5}$$

【예제 2-6】 0.1 M CH_3COOH 용액의 $[H^+]$를 계산하라. 단, $K_a = 1.75\times 10^{-5}$이다.

(풀이) $[H^+]$가 0.1 M의 5%이하라고 하면 $[CH_3COOH] \doteqdot 0.1$, 그러므로 (2-21)식에서

$$[H^+] = \sqrt{K_aC_a} = \sqrt{1.75\times 10^{-5}\times 10^{-1}} = 1.32 \times 10^{-3}\ M$$

【예제 2-7】 0.01 M $CH_2Cl \cdot COOH$ 용액의 pH는 얼마냐? 단, $K_a = 1.4\times10^{-3}$이다.

(풀이) 식(2-21)을 사용하면

$$[H^+] = \sqrt{1.4\times10^{-3}\times10^{-2}} = 3.74\times10^{-3}\ M$$

$[H^+] < 0.05\cdot C_a$가 되는지 조사하여 보면

$$\frac{[H^+]}{C_a} = \frac{3.74\times10^{-3}}{10^{-2}} = 0.34$$ 가 되어 0.05보다 크다.

그러므로 식(2-20)을 사용하여 $[H^+]$를 계산하여야 한다.

$$[H^+] = \frac{-1.4\times10^{-3}\pm\sqrt{(1.4\times10^{-3})^2+4\times1.4\times10^{-5}}}{2} = 3.1\times10^{-3}\ M$$

여기서 $[OH^-] \ll [H^+]$이므로 식(2-22)는 고려할 필요가 없다.

$$\therefore\ pH = -\log(3.1\times10^{-3}) = 2.51$$

【예제 2-8】 10^{-4} M HA 용액의 H^+ 농도는 얼마인가? 단, $K_a = 1\times10^{-9}$이다.

(풀이) 식(2-21)에서 $[H^+] = \sqrt{K_aC_a} = \sqrt{10^{-9}\times10^{-4}} = 3.16\times10^{-7}\ M$

$[H^+] < 0.05\cdot C_a$가 되는지 조사하여 보면

$$\frac{[H^+]}{C_a} = \frac{3\times10^{-7}}{10^{-4}} = 0.003$$ 이 되어 0.05보다 작다.

그러나 $[H^+]$가 너무 적으므로 식(2-3)에서 $[OH^-]$를 구하면

$$[OH^-] = \frac{K_w}{[H^+]} = \frac{10\times10^{-15}}{3.16\times10^{-7}} = 3.16\times10^{-8}\ M$$

$[H^+]$에 대한 $[OH^-]$의 비는

$$\frac{[OH^-]}{[H^+]} = \frac{3.16\times10^{-8}}{3.16\times10^{-7}} = 0.10$$

그러므로 $[OH^-]$를 $[H^+]$에 대해서 무시할 수 없다. 식(2-22)를 사용하여 풀면

$$[H^+] = \sqrt{1\times10^{-9}\cdot10^{-4}+10^{-14}} = 3.32\times10^{-7}\ M$$

(2) 일산 약염기

일산 약염기(weak monoacidic base)에 속하는 물질들은 다음과 같이 한 개의 H^+을 얻을 수 있는 염기들로서 암모니아와 아민 등이 대표적이다.

$$NH_3 + H_2O \rightleftharpoons NH_4^+ + OH^-$$

이러한 염기들의 전리정수와 전리도는 앞의 일염기성 약산과 똑같다. 즉 암모니아 수용액의 경우를 예로 들면

$$NH_3 + H_2O \rightleftharpoons NH_4^+ + OH^-$$

$$\frac{[NH_4^+][OH^-]}{[NH_3]} = K_b \quad \cdots\cdots (2-23)$$

여기서 K_b는 염기의 전리상수이다.

이 염기의 전리도를 α, 초기농도를 C_b라고 하면

$$[NH_3] = C_b(1-\alpha)$$
$$[NH_4^+] = [OH^-] = C_b\alpha$$

이므로 식(2-23)에 대입하면

$$\frac{C_b\alpha^2}{1-\alpha} = K_b \quad \cdots\cdots (2-24)$$

또 $C_b = \frac{1}{V}$로 고쳐 쓰면

$$\frac{\alpha^2}{1-\alpha} \cdot \frac{1}{V} = K_b \quad \cdots\cdots (2-25)$$

$1-\alpha \fallingdotseq 1$이라 두고 전리도 α를 구하면

$$\alpha = \sqrt{\frac{K_b}{C_b}} = \sqrt{K_b V} \quad \cdots\cdots (2-26)$$

평형상태에서 용액 속에 존재하는 이온들이나 전리하지 않은 분자의 농도 또한 일염기성 약산에서와 같은 방법으로 구할 수 있다. 일산염기 B가 용액에서 C_b M 존재할 때의 평형을 고려해 보자.

$$B + H_2O \rightleftharpoons BH^+ + OH^-$$

평형상태에서는 B, BH^+, OH^- 및 H^+의 4가지 물질이 존재하므로 이들 농도에 관련된 3가지 분류의 방정식들은 다음과 같다.

1. 평　　형 : $K_b = \dfrac{[OH^-][BH^+]}{[B]}$ $\cdots\cdots$ (2-27)

$$K_w = [H^+][OH^-]$$

2. 물질수지 : $C_b = [B] + [BH^+]$ ………………………………………… (2-28)

3. 전하수지 : $[OH^-] = [H^+] + [BH^+]$ ………………………………… (2-29)

앞의 경우와 같은 가정하에서 식(2-29)는

$$[OH^-] = [BH^+]$$

이고 식(2-27)은

$$\frac{[OH^-]^2}{C_b - [OH^-]} = K_b$$

$$[OH^-] = \frac{-K_b \pm \sqrt{K_b^2 + 4K_b \cdot C_b}}{2} \quad \cdots\cdots\cdots (2-30)$$

만약 $[OH^-]$가 C_b의 5% 이하이면

$$[OH^-] = \sqrt{K_b \cdot C_b} \quad \cdots\cdots\cdots (2-31)$$

한편 약염기의 농도가 매우 묽을 때는

$$[OH^-] = \sqrt{K_b \cdot C_b + K_w} \quad \cdots\cdots\cdots (2-32)$$

【예제 2-9】 0.1 M NH_4OH 용액의 전리정수는 1.79×10^{-5}이다. 이 용액의 전리도는 얼마인가?

(풀이) $[OH^-]$가 C_b의 5% 이하라면 $1-\alpha \fallingdotseq 1$, 따라서 식(2-26)으로부터

$$\alpha = \sqrt{\frac{K_b}{C_b}} = \sqrt{\frac{1.79 \times 10^{-5}}{10^{-1}}} = 1.34 \times 10^{-2} \qquad \therefore \ \alpha = 1.34\%$$

【예제 2-10】 0.01 M CH_3NH_2 용액에서 각 이온들의 농도와 전리하지 않은 분자의 농도를 계산하라. 단, $K_b = 4.2 \times 10^{-4}$이다.

(풀이) $CH_3NH_2 + H_2O \rightleftharpoons CH_3NH_3^+ + OH^-$

용액 내에 존재하는 화학종은 $CH_3NH_3^+$, OH^-, H^+ 및 CH_3NH_2이다.

식(2-31)에서 $[OH^-] = \sqrt{K_bC_b} = \sqrt{4.2 \times 10^{-4} \times 10^{-2}} = 2.1 \times 10^{-3}$ M

$[OH^-] < 0.05 \cdot C_b$가 되는지 조사하여 보면

$\frac{[OH^-]}{C_b} = \frac{2.1\times10^{-3}}{10^{-2}} = 0.21$이 되어 0.05보다 크다.

그러므로 식(2-30)을 사용하여 $[OH^-]$를 계산하여야 한다.

$$[OH^-] = \frac{-4.2\times10^{-4}\pm\sqrt{17.6\times10^{-8}+16.8\times10^{-6}}}{2} = 1.9\times10^{-3}\ M$$

식(2-3)에서 $[OH^-] = \frac{K_w}{[OH^-]} = \frac{10^{-14}}{1.9\times10^{-3}} = 5.3\times10^{-12}\ M$

$[H^+]<[OH^-]$이므로 식(2-29)는

$[CH_3NH_3^+] = [OH^-] = 1.9\times10^{-3}\ M$

전리하지 않은 분자 CH_3NH_2의 농도는 식(2-28)에서 구할 수 있다.

$[CH_3NH_2] = C_b-[CH_3NH_3^+] = 10^{-2}-1.9\times10^{-3} = 8.1\times10^{-3}\ M$

(3) 다염기산

산-염기 반응에서 두 개 이상의 H^+을 줄 수 있는 물질을 다염기산(polyprotic acid)이라 한다. 이들 산은 주기율표의 제 3, 4, 5 및 6족에 있는 원소들이다.

3족 : H_3BO_3
4족 : H_2CO_3, $H_2C_2O_4$, $H_2C_4H_4O_6$, H_4SiO_4등
5족 : H_3PO_4, $H_2(HPO_3)$, H_3AsO_4등
6족 : H_2SO_4, H_2SO_3, H_2S, H_2SeO_4등

이들 산은 H^+ 하나를 잃었을 때 생긴 짝염기가 역시 산으로 작용하므로 전부의 H^+을 주기 위해서는 몇 단계로 전리가 일어난다. 예를 들어 H_3A를 약산의 다염기산이라고 하면, 다음과 같이 3단계로 전리한다.

$$H_3A \rightleftharpoons H^+ + H_2A^- \qquad \frac{[H^+][H_2A^-]}{[H_3A]} = K_{a1} \quad \cdots\cdots\cdots\cdots (2-33)$$

$$H_2A^- \rightleftharpoons H^+ + HA^{2-} \qquad \frac{[H^+][HA^{2-}]}{[H_2A^-]} = K_{a2} \quad \cdots\cdots\cdots\cdots (2-34)$$

$$HA^{2-} \rightleftharpoons H^+ + A^{3-} \qquad \frac{[H^+][A^{3-}]}{[HA^{2-}]} = K_{a3} \quad \cdots\cdots\cdots\cdots\cdots (2-35)$$

여기서 제 1 전리상수에 비하여 제 2 전리상수는 대단히 작고 제 3 전리상수는 제 2 전리상수에 비하여 더욱 작다. Pauling에 의하면 $K_{a1}:K_{a2}:K_{a3} = 1:10^{-5}:10^{-10}$ 이므

로 실제 문제로서 다염기산의 전리는 제1단계만이 이루어진다고 생각하여도 상관없다.

일반적으로 이염기산을 H_2A이라고 하면 다음과 같이 전리한다.

$$H_2A \rightleftharpoons H^+ + HA^-$$
$$HA^- \rightleftharpoons H^+ + A^{2-}$$

약산인 H_2A는 첫단계의 전리가 완전히 일어나지 않으므로 용액 속에는 H_2A, HA^-, A^{2-} 및 물의 전리평형으로 생긴 H^+과 OH^-이 존재한다. 용액 속에 5가지 종류의 물질이 존재하므로 그들의 방정식은 다음과 같다.

1. 평　　형 : $[H^+][OH^-] = K_w$

$$\frac{[H^+][HA^-]}{[H_2A]} = K_{a1} \quad \cdots\cdots (2-36)$$

$$\frac{[H^+][A^{2-}]}{[HA^-]} = K_{a2} \quad \cdots\cdots (2-37)$$

2. 물질수지 : 약산 H_2A의 농도를 C_a라 하면

$$C_a = [H_2A] + [HA^-] + [A^{2-}] \quad \cdots\cdots (2-38)$$

3. 전하수지 : $[H^+] = [OH^-] + [HA^-] + 2[A^{2-}] \quad \cdots\cdots (2-39)$

1몰의 A^{2-}을 중화하기 위해서 2몰의 H^+이 필요하므로 $[A^{2-}]$ 앞에 계수 2를 붙였다.

식(2-39)를 $[HA^-]$에 대하여 풀어 식(2-36), (2-37)에 대입하면

$$\frac{[H^+]([H^+]-[OH^-]-2[A^{2-}])}{[H_2A]} = K_{a1} \quad \cdots\cdots (2-40)$$

$$\frac{[H^+][A^{2-}]}{[H^+]-[OH^-]-2[A^{2-}]} = K_{a2} \quad \cdots\cdots (2-41)$$

식(2-38)을 $[H_2A]$에 대하여 풀어 식(2-40)에 대입하면

$$\frac{[H^+]([H^+]-[OH^-]-2[A^{2-}])}{C_a-[HA^-]-[A^{2-}]} = K_{a1} \quad \cdots\cdots (2-42)$$

식(2-39)를 $[HA^-]$에 대해서 풀어 식(2-42)에 대입하면

$$\frac{[H^+]([H^+]-[OH^-]-2[A^{2-}])}{C_a-([H^+]-[OH^-]-[A^{2-}])}=K_{a1} \quad \cdots\cdots\cdots\cdots (2-43)$$

식(2-41)을 $[A^{2-}]$에 대하여 푼다.

$$[A^{2-}]=\frac{K_{a2}([H^+]-[OH^-])}{[H^+]+2K_{a2}} \quad \cdots\cdots\cdots\cdots (2-44)$$

식(2-44)를 식(2-43)에 대입해서 $[H^+]$나 $[OH^-]$에 대한 방정식을 얻을 수 있다.

$$K_{a1}=\frac{[H^+]\left([H^+]-[OH^-]-\dfrac{2K_{a2}\{[H^+]-[OH^-]\}}{[H^+]+2K_{a2}}\right)}{C_a-\left([H^+]-[OH^-]-\dfrac{K_{a2}\{[H^+]-[OH^-]\}}{[H^+]+2K_{a2}}\right)} \quad \cdots\cdots\cdots\cdots (2-45)$$

그런데 이염기산 용액에서는 $[OH^-]$가 $[H^+]$에 비하여 매우 적으므로

$$K_{a1}=\frac{[H^+]\left([H^+]-\dfrac{2K_{a2}[H^+]}{[H^+]+2K_{a2}}\right)}{C_a-\left([H^+]-\dfrac{K_{a2}[H^+]}{[H^+]+2K_{a2}}\right)} \quad \cdots\cdots\cdots\cdots (2-46)$$

많은 이염기산의 제 2 전리정수 K_{a2}는 매우 적으므로 $2K_{a2} \ll [H^+]$가 된다.

$$K_{a1}=\frac{[H^+]^2}{C_a-[H^+]} \quad \cdots\cdots\cdots\cdots (2-47)$$

또 C_a에 비해서 $[H^+]$가 매우 적으면

$$[H^+]=\sqrt{K_{a1}C_a} \quad \cdots\cdots\cdots\cdots (2-48)$$

위에서 유도한 식(2-46), (2-47), (2-48)은 비교치가 5% 이내에서 성립한다. 비교치가 5% 이내이면 다염기성 약산의 pH는 1단계의 전리정수로부터 구할 수 있다. 이것은 1단계전리로 생성된 H^+이 Le Chatelier의 원리에 의해서 2단계의 전리를 억제하기 때문이다.

【예제 2−11】 0.1 M $H_2C_2O_4$ 용액에 들어 있는 모든 이온들과 전리하지 않은 분자의 농도를 계산하라. 단, $K_{a1} = 5.4 \times 10^{-2}$, $K_{a2} = 5.4 \times 10^{-5}$이다.

(풀이) K_{a1}이 비교적 크므로 식(2−48)을 사용할 수 없다.

그러므로 식(2−47)에서

$$[H^+] = \frac{5.4 \times 10^{-2} \pm \sqrt{(5.4 \times 10^{-2})^2 + 4 \times 5.4 \times 10^{-3}}}{2}$$

$$= 5.12 \times 10^{-2}\ M$$

$K_{a2} < 0.05[H^+]$가 되는지 조사하여 보면

$$\frac{K_{a2}}{[H^+]} = \frac{5.4 \times 10^{-5}}{5.15 \times 10^{-2}} \doteqdot 0.001 < 0.05$$

그러므로 $[H^+] = 5.12 \times 10^{-2}\ M$으로 되어 용액에서 $[OH^-]$는 무시할 수 있다.

또 $[OH^-] \ll [H^+]$이므로 식(2−39)에서

$[HC_2O_4^-] = [H^+] - 2[C_2O_4^{2-}]$

이것을 식(2−44)에 대입하여 $[C_2O_4^{2-}]$에 대하여 풀면

$$[C_2O_4^{2-}] = \frac{K_{a2}[H^+]}{2K_{a2} + [H^+]}$$

$$\therefore\ [C_2O_4^{2-}] = \frac{5.4 \times 10^{-5} \times 5.12 \times 10^{-2}}{1.08 \times 10^{-4} + 5.12 \times 10^{-2}} = 5.4 \times 10^{-5}\ M$$

그리고 $[HC_2O_4^-]$는

$$[HC_2O_4^-] = [H^+] - 2[C_2O_4^{2-}]$$
$$= 5.12 \times 10^{-2} - 1.08 \times 10^{-4} = 5.11 \times 10^{-2}\ M$$

마지막으로 식(2−38)에서 $[H_2C_2O_4]$를 계산할 수 있다.

$$[H_2C_2O_4] = C_a - [HC_2O_4^-] - [C_2O_4^{2-}]$$
$$= 10^{-1} - 5.11 \times 10^{-2} - 5.4 \times 10^{-5} = 4.89 \times 10^{-2}\ M$$

이 문제에서 $[C_2O_4^{2-}]$식을 관찰하여 보면 $2K_{a2} \ll [H^+]$이면 A^{2-} 농도는 제 2 의 전리정수 K_{a2}와 같게 된다. 또 K_{a2}가 아주 작을 경우에는 1단계의 진리에 의해서 생성된 H^+에 의하여 2단계 전리가 억제되기 때문에 $[HA^-]$는 $[H^+]$와 같게 되므로 일염기성 약산과 같이 취급할 수 있다.

【예제 2−12】 물에 H_2S 기체를 포화한 용액의 pH와 S^{2-}의 농도를 계산하라.

단, 25 ℃에서 H_2S가 포화된 용액의 농도는 0.1 M이고, 이 때 $K_{a1} = 1.1 \times 10^{-7}$, $K_{a2} = 1.0 \times 10^{-14}$ 이다.

(풀이) 1단계의 전리는 다음과 같다.

$H_2S \rightleftharpoons H^+ + HS^-$

식(2－48)에서 $[H^+]$를 계산하면

$[H^+] = \sqrt{K_{a1}C_a} = \sqrt{1.1\times10^{-7}\times10^{-1}} = 1.05\times10^{-4}\ M \therefore pH = 3.98$

또 $[H^+] = [HS^-] = 10^{-4}\ M$

$2K_{a2} \ll [H^+]$가 되는지 조사하여 보면

$2(1.0\times10^{-14}) = 2.0\times10^{-14} \ll 10^{-4}$이다.

그러므로 $[S^{2-}] = 10^{-14}\ M$

이염기성 약산의 1단계전리와 2단계전리를 합하여 전체 평형방정식을 얻을 수 있다. H_2S에 대해서는

$$\begin{array}{l} H_2S \rightleftharpoons H^+ + HS^- \\ HS^- \rightleftharpoons H^+ + S^{2-} \\ \hline H_2S \rightleftharpoons 2H^+ + S^{2-} \end{array}$$

질량작용의 법칙에 의해서

$$\frac{[H^+]^2[S^{2-}]}{[H_2S]} = K_{a1}K_{a2} = K = 1.1\times10^{-21} \quad \cdots\cdots (2-49)$$

식(2－49)에서 3가지 성분농도 중 2가지 농도만 알면 나머지 성분의 농도는 계산하여 알 수 있다.

일반적으로 다염기 산에서의 H^+ 농도는 1단계 전리를 일염기산과 같이 생각하여 식(2－48)이나 식(2－47)을 사용하여 구한다. 2단계 전리나 2단계 이상의 전리는 H^+를 공통 이온으로 가진 평형으로 취급하면 된다.

다음과 같이 전리하는 삼염기성 약산 H_3A의 경우를 생각하면

$$\begin{array}{ll} H_3A \rightleftharpoons H_2A^- + H^+ & K_{a1} \\ H_2A^- \rightleftharpoons HA^{2-} + H^+ & K_{a2} \\ HA^{2-} \rightleftharpoons A^{3-} + H^+ & K_{a3} \end{array}$$

이 용액에서 $[H^+]$는 식(2－48)과 식(2－47)을 사용하여 1단계 전리로부터 구한다. 이 때 $[H^+]$와 $[H_2A^-]$는 같다. 또 K_{a2}가 $[H^+]$에 비해서 아주 작을 경우는 $[HA^{2-}]$가 K_{a2}와 같다. 그리고 $[A^{3-}]$는 위에서 구한 $[H^+]$나 $[HA^{2-}]$를 사용하여 3단계전리 정수로부터 구할 수 있다.

$$[A^{3-}] = K_{a3}\cdot\frac{[HA^{2-}]}{[H^+]} \quad \cdots\cdots (2-50)$$

3. 도해법에 의한 해석

최근에 용액에 대한 평형관계를 설명하는 데에 도해법(graphic method)을 많이 쓰고 있다.

0.1 M HA($K_a=1.0\times10^{-5}$) 용액과 같은 단순한 계에 도해법을 적용하여 몇 가지 문제를 생각해 보자. 평형상태에서 용액 속에 있는 물질들은 H^+, OH^-, HA 및 A^-이다. 이들 물질들의 농도는 pH에 따라 변하므로 pH를 주변수(master variable)로 하여 pH 변화에 따른 $-\log[H^+]$, $-\log[OH^-]$, $-\log[HA]$ 및 $-\log[A^-]$를 작도하여 그림 2-1에 나타내었다. 그림 2-1의 각 선들은 다음과 같은 방법으로 작도하였다.

pH 변화에 따른 $-\log[H^+]$는 다음 식에서 작도할 수 있다.

$$-\log[H^+] = pH$$

예를 들면 pH가 3이면 $-\log[H^+]=3$이고 pH가 9이면 $-\log[H^+]=9$이므로 기울기와 절편으로 부터 직선 ①을 얻을 수 있다. 또 pH 변화에 따른 $-\log[OH^-]$는 물의 이온적 K_w를 이용하여 작도한다.

$$[H^+][OH^-] = K_w = 10^{-14}$$
$$-\log[OH^-] = 14+\log[H^+] = 14-pH$$

예를 들면 pH가 4이면 $-\log[OH^-]=10$이 되고 pH가 11이면 $-\log[OH^-]=3$이 되므로 기울기와 절편으로 부터 직선 ②를 얻을 수 있다.

또 $-\log[HA]$와 $-\log[A^-]$는 약산의 전리 정수 K_{a1}을 사용하여 작도할 수 있다.

$$\frac{[H^+][A^-]}{[HA]} = K_a = 10^{-5} \quad \cdots\cdots (2-51)$$

이 용액의 물질 수지식은

$$[HA] + [A^-] = C_a = 0.1 \quad \cdots\cdots (2-52)$$

$[H^+]$의 함수로서 [HA]에 대해서 식(2-51)과 식(2-52)를 풀 수 있으며 또 $[H^+]$의 함수로서 $[A^-]$에 대해서 식(2-51)을 풀 수 있다.

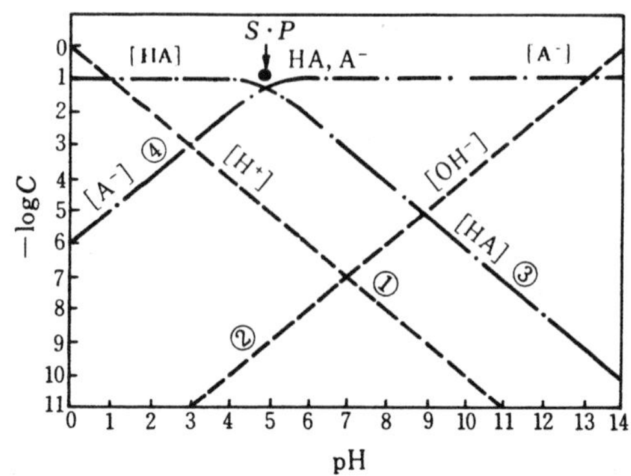

그림 2-1 HA-A^-계($K_a = 1.0 \times 10^{-5}$, $C_a = 0.1$ M)에 대한 pC-pH 다이어그램

식(2-51)에서

$$[A^-] = \frac{K_a[HA]}{[H^+]} \quad \cdots\cdots (2-53)$$

식(2-53)을 식(2-52)에 대입하면

$$[HA]\left[1+\frac{K_a}{[H^+]}\right] = C_a$$

혹은

$$[HA] = \frac{[H^+]C_a}{[H^+]+K_a} \quad \cdots\cdots (2-54)$$

식(2-54)는 직선이라기보다 곡선을 나타낸다. 이 곡선을 작도해 보자.
첫째, $[H^+] \gg K_a$ 즉 pH < pK_a 영역에서 식(2-54)는

$$[HA] = C_a$$

혹은

$$-\log[HA] = -\log C_a = 1 \quad \cdots\cdots (2-55)$$

그러므로 pH가 pK_a이하인 pH 영역에서는 $-\log[HA]=1$에서 수평선이 된다.
둘째, $[H^+] \ll K_a$ 즉 pH>pK_a인 pH영역에서 식(2-54)는

$$[HA] = \frac{[H^+] \cdot C_a}{K_a}$$

혹은

$$-\log[HA] = -\log[H^+] - \log C_a + \log K_a = pH - 4 \quad \cdots\cdots (2-56)$$

그러므로 pH가 pK_a 이상인 pH영역에서는 $-\log[HA] = pH - 4$인 기울기 1의 직선이 된다.

또 식(2-55), (2-56)에서 얻은 두 직선을 연장하면 이 영역에서 주목할 만한 점으로 계의 중심점(system point) *SP*가 있다. 이 *SP*는 $-\log C = -\log C_a$가 되고 $pH = -\log K_a$가 되어 두 직선이 상호 교차되는 점으로 그 교점은 ($pH = pK_a$, $pC = pC_a$)이다.

마지막으로, $[H^+] = pK_a$ 즉 $pH = pK_a$일 때 식(2-54)는

$$[HA] = \frac{C_a}{2}$$

혹은

$$-\log[HA] = -\log C_a + \log 2 = 1 + 0.3 = 1.3 \quad \cdots\cdots\cdots\cdots\cdots (2-57)$$

그러므로 pH가 pK_a인 점에서의 $-\log[HA] = 1.3$이 된다.

위의 3가지 경우 각 값들을 연결하면 곡선 ③이 된다.

이 때 식(2-57)과 식(2-55), (2-56)의 연결은 $pH = pK_a$인 pH 값보다 ±1인 pH 값에서 시작하는 유연한 곡선으로 그리고 이 경우는 점선으로 그려야만 한다.

같은 방법으로 $[A^-]$에 대해서 식(2-51)을 풀면

$$[HA] = \frac{[H^+][A^-]}{K_a} \quad \cdots\cdots\cdots\cdots\cdots\cdots\cdots\cdots\cdots (2-58)$$

식(2-58)을 식(2-52)식에 대입하면

$$[A^-]\left[1 + \frac{[H^+]}{K_a}\right] = C_a$$

혹은

$$[A^-] = \frac{K_a C_a}{[H^+] + K_a} \quad \cdots\cdots\cdots\cdots\cdots\cdots\cdots\cdots\cdots\cdots (2-59)$$

위의 곡선 ③과 같은 방법으로 pH 변화에 따른 $-\log[A^-]$를 작도하여 곡선 ④로 나타내었다.

다음에는 위에서 작도한 pC-pH 다이어그램의 해석과 보다 복잡한 다른 문제들을 취급하기 위해서 양자조건(proton condition)이라는 개념을 도입한다. 양자조건은 양자에 대한 특정형태의 물질수지식을 말하며 양자에 대한 0 수준(zero level) 혹은 기준수준(reference level)을 기준으로 하여 양자기준수준(PRL : Proton Reference Level)을 세우는 것이다. 이 때 PRL보다 더 많은 양자를 가

지는 화학종의 총합은 PRL보다 더 작은 양자를 가지는 화학종의 총합과 같아야 하며 PRL은 용액을 구성하는 화학종으로써 성립된다.

【예제 2-13】 약산 HA가 물에 녹을 경우 양자조건을 결정하라.

(풀이) 용액 속에 존재하는 화학종은 H^+, H_2O, HA, A^- 및 OH^-이다.
proton의 0 수준 즉 PRL = H_2O, HA이므로
PRL보다 큰 양자의 화학종 = H^+
PRL보다 작은 양자의 화학종 = A^-, OH^-이다.
∴ 양자조건은 $[H^+] = [A^-] + [OH^-]$

【예제 2-14】 0.1 *M* HA용액에서 $[H^+]$, $[OH^-]$, [HA] 및 $[A^-]$를 계산하라.

(풀이) proton의 0 수준은 H_2O, HA이다.
양자조건은 $[H^+] = [A^-] + [OH^-]$
그림 2-1에서 H^+선(선①)을 따라가 보면 A^-선(선④)이 OH^-선(선②)보다 위에 있으므로 $[A^-] \gg [OH^-]$이다. 그러므로 $[OH^-]$를 무시할 수 있다.
즉 $-\log[H^+] = -\log[A^-]$
이 식이 만족하는 것은 선 ①과 선 ④의 교차점이므로 교점에서 각 화학종의 농도를 구한다.
$-\log[A^-]=3$ $[A^-]=10^{-3}$ *M* $-\log[OH^-]=11$ $[OH^-]=10^{-11}$ *M*
pH=3.0 $[H^+]=10^{-3}$ *M* $-\log[HA]=-1$ $[HA]=10^{-1}$ *M*

【예제 2-15】 0.1 *M* NaA 용액에서 $[H^+]$, $[OH^-]$, [HA] 및 $[A^-]$를 계산하라.

(풀이) 이 문제에서 proton의 0 수준은 A^-과 H_2O이다. 0 수준보다 더 많은 proton을 가지는 물질은 HA와 H^+이고 proton을 적게 가지는 물질은 OH^-이다. 그러므로 양자조건은
$[H^+] + [HA] = [OH^-]$
그림 2-1에서 보면 HA선이 H^+선보다 위에 있으므로 $[HA] \gg [H^+]$이다.
그러므로
$-\log[HA] = -\log[OH^-]$
선 ②와 선 ③의 교점에서
$-\log[HA] = 5$ $[HA] = 10^{-5}$ *M* pH=9.0 $2[H^+] = 10^{-9}$ *M*
$-\log[OH^-] = 5$ $[OH^-] = 10^{-5}$ *M* $-\log[A^-] = 1$ $[A^-] = 10^{-1}$ *M*

다염기 산은 근본적으로 산들의 혼합물과 같다. 그러므로 이들에 해당되는 그래프도 위와 같은 방법으로 작도할 수 있다.

지금 0.1 M H_2A 용액을 생각한다. 이 때 $K_{a1}=10^{-3}$이고, $K_{a2}=10^{-7}$이다.

이 용액내에 존재하는 화학종은 $[H_2A]$, $[HA^-]$, $[A^{2-}][H^+]$ 및 $[OH^-]$이므로 A를 함유하는 화학종 $[H_2A]$, $[HA^-]$ 및 $[A^{2-}]$에 대하여 평형 관계식과 물질수지식을 이용하여 $[H^+]$의 함수로써 풀면 각각 다음과 같다.

$$[H_2A] = C_a\left(\frac{1}{1+(K_{a1}/[H^+])+(K_{a1}K_{a2}/[H^+]^2)}\right) \quad \cdots\cdots\cdots\cdots\cdots (2-60)$$

$$[HA^-] = C_a\left(\frac{1}{([H^+]/K_{a1})+1+(K_{a2}/[H^+])}\right) \quad \cdots\cdots\cdots\cdots\cdots (2-61)$$

$$[A^{2-}] = C_a\left(\frac{1}{([H^+]^2/K_{a1}K_{a2})+([H^+]/K_{a2})+1}\right) \quad \cdots\cdots\cdots\cdots\cdots (2-62)$$

이들 식을 앞의 HA와 같은 방법으로 풀어 pC−pH다이어그램을 그리면 그림 2−2와 같다.

또 이 그림은 앞의 단양자산 HA에 대한 것과 비교하면 다음의 2가지 점에서 다르다.

① 계의 중심점이 2개 즉 pH=3이고 $-\log C_a = 1$인 a점과, pH=7이고 $-\log C_a=1$인 점이 있다.

② $[H_2A]$와 $[A^{2-}]$에 대한 선은 pH>pK_{a2}와 pH<p K_{a1}인 영역에서는 그 기울기가 각각 +2와 −2이다.

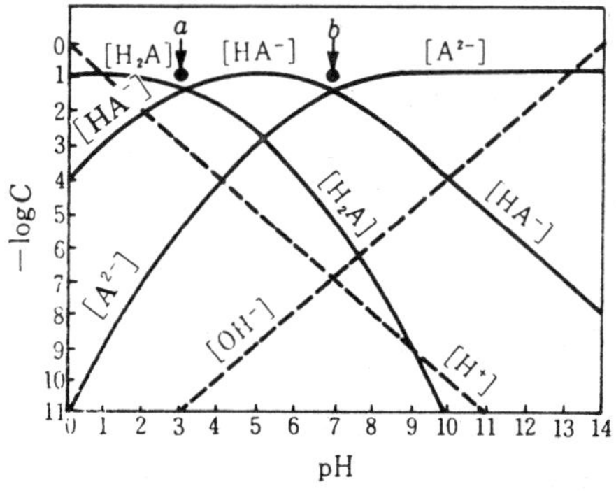

그림 2−2 $H_2A-HA^--A^{2-}$계($K_1=1.0\times10^{-3}$, $K_2=1.0\times10^{-7}$, $C_a=0.1$ M)에 대한 pC−pH 다이어그램

마찬가지로 H_3A에 대해서도

$$[H_3A] = C_a\left(\frac{1}{(1+K_{a1}/[H^+])+(K_{a1}K_{a2}/[H^+]^2)+(K_{a1}K_{a2}K_{a3}/[H^+]^3)}\right) \quad (2-63)$$

$$[H_2A^-] = C_a\left(\frac{1}{([H^+]/K_{a1})+1+(K_{a2}/[H^+])+(K_{a2}K_{a3}/[H^+]^2)}\right) \cdots\cdots (2-64)$$

$$[HA^{2-}] = C_a\left(\frac{1}{([H^+]^2/K_{a1}K_{a2})+([H^+]K_{a2})+1+(K_{a3}/[H^+])}\right) \cdots\cdots\cdots (2-65)$$

$$[A^{3-}] = C_a\left(\frac{1}{([H^+]^3/K_{a1}K_{a2}K_{a3}+([H^+]^2/K_{a2}K_{a3})+([H^+]/K_{a3})+1}\right) \cdots (2-66)$$

의 식을 구할 수 있고 pC－pH 다이어그램을 작도하면 계의 중심점은(pK_{a1}, pC_a), (pK_{a2}, pC_a) 및 (pK_{a3}, pC_a)의 3개이고 $[H_3A]$와 $[A^{3-}]$에 대한 선은 $pH > pK_{a3}$와 $pH < pK_{a1}$인 영역에서는 그 기울기가 각각 +3과 －3이다.

【예제 2－16】 0.1 *M* H_2X 용액의 pH는 얼마냐? 또 이 용액에서 $[X^{2-}]$는 얼마냐?

(풀이) 양자의 0 수준은 H_2X과 H_2O이고 양자조건은

$[H^+] = [HX^-] + 2[X^{2-}] + [OH^-]$

$[X^{2-}]$항 앞에 2를 곱한 것은 X^{2-}이 0 수준보다 proton이 두 개 적기 때문이다.

$[H^+]$선과 $[HX^-]$선이 교차되는 점에서 $[X^{2-}]$선과 $[OH^-]$선은 $[HX^-]$선보다 훨씬 아래에 있으므로 $[HX^-] \gg [X^{2-}] + [OH^-]$이다. 그러므로 양자조건은

$-\log[H^+] = -\log[HX^-]$이다.

∴ $[H^+]$선과 $[HX^-]$선의 교차점에서 pH는 2이다.

또 이 pH에서 $-\log[X^{2-}] = 7.0$

∴ $[X^{2-}] = 1.0\times10^{-7}$ *M*

【예제 2－17】 0.1 *M* NaHX 용액의 pH를 계산하라.

(풀이) 양자의 0 수준은 HX^-과 H_2O이고 양자조건은

$[H^+] + [H_2X] = [X^{2-}] + [OH^-]$

그림 2－2에서 $[H_2X] \gg [H^+]$이고, 또 $[X^{2-}] \gg [OH^-]$이므로 이 문제에서의 교차점은

$-\log[H_2X] = -\log[X^{2-}]$

∴ pH = 5.0

【예제 2−18】 0.1 *M* Na_2X 용액의 pH를 계산하라.

(풀이) 양자의 0 수준은 X^{2-}과 H_2O이고 양자조건은
$[H^+] + [HX^-] + 2[H_2X] = [OH^-]$
그림 2−2에서 $[HX^-] \gg [H_2X] + [H^+]$이므로
$-\log[HX^-] = -\log[OH^-]$
$\therefore \ pH = 10.0$

4. 이온화 분율

앞의 평형계산에서 산에 포함된 양자의 수가 증가해가면 평형 계산식이 매우 복잡해짐을 알았다. 이 문제를 간단하게 해결하기 위하여 이온화 분율 α의 개념을 도입한다.

산의 총 농도에 대한 각 성분 화학종의 분율로써 표시되는 이온화 분율은 산의 총 농도와 무관하기 때문에 어떤 pH에서의 이온화 분율에 산의 총 농도를 곱하여 그 pH에서의 각 화학종의 농도를 쉽게 산출해 낼 수 있다. 또 산에 알칼리를 적정해 가면 용액의 pH가 변함에 따라 산은 차례로 여러 가지 형태의 성분 화학종으로 변하게 된다. 이 때 생성되는 각 화학종도 용액의 수소이온농도와 전리정수의 함수로써 표시할 수 있으므로 이온화 분율을 사용해서 농도를 간단히 구할 수 있다.

지금 일염기산인 CH_3COOH의 pH에 따른 CH_3COOH와 CH_3COO^-의 분포 상태를 생각해 보자.

산의 전체농도를 C_a라 하면 물질수지 방정식에서

$$C_a = [CH_3COOH] + [CH_3COO^-] \quad \cdots\cdots\cdots\cdots\cdots (2-67)$$

전리 정수식에서

$$[CH_3COO^-] = \frac{[CH_3COOH]K_a}{[H^+]} \quad \cdots\cdots\cdots\cdots\cdots\cdots (2-68)$$

그러므로 식(2−68)을 식(2−67)에 대입하면

$$C_a = [CH_3COOH] + \frac{[CH_3COOH]K_a}{[H^+]}$$

$$= [CH_3COOH]\left\{1+\frac{K_a}{[H^+]}\right\}$$

$$\frac{[CH_3COOH]}{C_a}=\frac{1}{1+K_a/[H^+]}$$

$$=\frac{[H^+]}{[H^+]+K_a}=\alpha_0 \quad \cdots\cdots (2-69)$$

여기서 α_0는 $[CH_3COOH]/C_a$로 전리하지 않고 남아 있는 CH_3COOH의 분율이다. 같은 방법으로 계산하면 이온화된 CH_3COO^-의 분율은 다음과 같다.

$$\frac{[CH_3COO^-]}{C_a}=\frac{K_a}{[H^+]+K_a}=\alpha_1 \quad \cdots\cdots (2-70)$$

또 식(2－69), (2－70)에서

$$[CH_3COOH]=\alpha_0\cdot C_a \quad \cdots\cdots (2-71)$$

$$[CH_3COO^-]=\alpha_1\cdot C_a \quad \cdots\cdots (2-72)$$

$$\alpha_0+\alpha_1=1$$

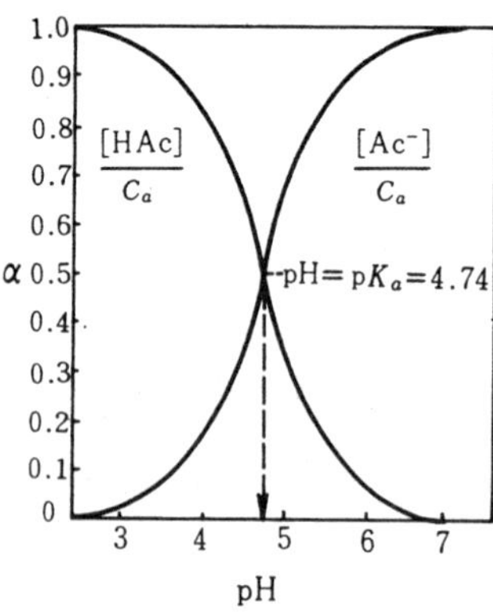

그림 2-3 pH에 따른 HAc와 Ac^-의 분포 다이어그램

pH에 따른 이들 분율을 그림 2－3에 나타내었다. 여기서 pH가 pK_a의 대략 2 단위 아래서는 산이 99%가 전리하지 않은 분자 상태로 되고, pH가 pK_a+2일 때는 거의 완전히 전리하는 것을 볼 수 있다. 두 곡선의 교차점은 $[CH_3COO^-]/C_a=[CH_3COOH]/C_a=0.5$이고 이 때 pH는 pK_a가 된다. 따라서 일염기성 산

표 2-3 일염기성 산의 이온화 분율

$pH=pK_a \pm \Delta pH$	$\alpha_0=[HA]/C_a$	$\alpha_1=[A^-]/C_a$
pK_a-5	1.0000	0.0000
pK_a-4	0.9999	0.0001
pK_a-3	0.9990	0.0010
pK_a-2	0.9901	0.0099
$pK_a-1.6$	0.9755	0.0245
$pK_a-1.5$	0.9694	0.0306
$pK_a-1.3$	0.9523	0.0477
$pK_a-1.2$	0.9407	0.0593
$pK_a-1.0$	0.9091	0.0909
$pK_a-0.8$	0.8633	0.1367
$pK_a-0.7$	0.8337	0.1663
$pK_a-0.6$	0.7993	0.2007
$pK_a-0.5$	0.7599	0.2401
$pK_a-0.4$	0.7153	0.2847
$pK_a-0.3$	0.6663	0.3337
$pK_a-0.2$	0.6131	0.3869
$pK_a-0.1$	0.5573	0.4427
pK_a	0.5000	0.5000
$pK_a+0.1$	0.4427	0.5573
$pK_a+0.2$	0.3869	0.6131
$pK_a+0.3$	0.3337	0.6663
$pK_a+0.4$	0.2847	0.7153
$pK_a+0.5$	0.2401	0.7599
$pK_a+0.6$	0.2007	0.7993
$pK_a+0.7$	0.1663	0.8337
$pK_a+0.8$	0.1367	0.8633
$pK_a+1.0$	0.0909	0.9091
$pK_a+1.2$	0.0593	0.9407
$pK_a+1.3$	0.0477	0.9523
$pK_a+1.5$	0.0306	0.9694
$pK_a+1.6$	0.0245	0.9755
$pK_a+2.0$	0.0099	0.9901
$pK_a+3.0$	0.0010	0.9990
$pK_a+4.0$	0.0001	0.9999
$pK_a+5.0$	0.0000	1.0000

의 경우 여러 가지 pH값에서의 α_0, α_1은 식(2-69), (2-70)을 이용하거나 표 2-3을 사용하여 구할 수 있고, 이들 pH에서의 각 화학종의 농도는 식(2-71), (2-72)를 이용하거나 그림 2-3과 같은 분포 다이어그램을 사용함으로써 구할 수 있다.

한편 이염기성 약산인 수산의 경우 pH에 따른 각 화학종의 분포 상태는 다음과 같이 구할 수 있다.

수산 $H_2C_2O_4(H_2X)$의 전체 농도를 C_a라 하면

$$C_a = [H_2X] + [HX^-] + [X^{2-}] \quad \cdots\cdots (2-73)$$

두 전리 정수식에서

$$[HX^-] = \frac{[H_2X]K_{a1}}{[H^+]} \quad \cdots\cdots (2-74)$$

$$[X^{2-}] - \frac{[HX^-]K_{a2}}{[H^+]} = \frac{[H_2X]K_{a1} \cdot K_{a2}}{[H^+]^2} \quad \cdots\cdots (2-75)$$

그러므로 식(2-74), (2-75)를 식(2-73)에 대입하면

$$C_a = [H_2X] + \frac{[H_2X]K_{a1}}{[H^+]} + \frac{[H_2X]K_{a1}K_{a2}}{[H^+]^2}$$

$$= [H_2X]\left(1 + \frac{K_{a1}}{[H^+]} + \frac{K_{a1}K_{a2}}{[H^+]^2}\right)$$

$$\frac{[H_2X]}{C_a} = \frac{1}{1 + \frac{K_{a1}}{[H^+]} + \frac{K_{a1}K_{a2}}{[H^+]^2}}$$

$$\frac{[H_2X]}{C_a} = \frac{[H^+]^2}{[H^+]^2 + K_{a1}[H^+] + K_{a1}K_{a2}} = \alpha_0 \quad \cdots\cdots (2-76)$$

같은 방법으로 계산하면

$$\frac{[HX^-]}{C_a} = \frac{[H^+]K_{a1}}{[H^+]^2 + [H^+]K_{a1} + K_{a1}K_{a2}} = \alpha_1 \quad \cdots\cdots (2-77)$$

$$\frac{[X^{2-}]}{C_a} = \frac{K_{a1}K_{a2}}{[H^+]^2 + [H^+]K_{a1} + K_{a1}K_{a2}} = \alpha_2 \quad \cdots\cdots (2-78)$$

pH 값에 따른 이들 세 화학종의 이온화 분율을 그림 2-4에 나타내었다.

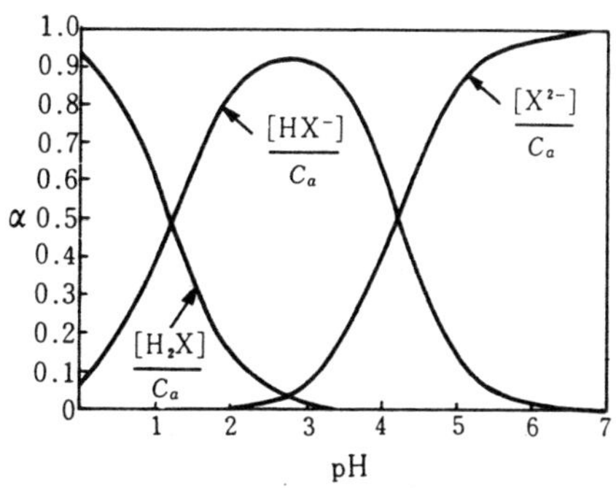

그림 2-4 pH에 따른 H_2X, HX^- 및 X^{2-}의 분포 다이어그램

2-3 완충용액

1. 공통이온의 영향

화학평형을 이루고 있는 용액의 농도를 변화시키면 평형은 일시적으로 파괴되나 곧 새로운 평형을 이룬다.

지금 약산 HA에 공통 이온을 가지는 염 NaA를 가하면 어떠한 변화가 일어나는가를 알아보자.

HA가 단독으로 있을 경우는

$$HA \rightleftharpoons H^+ + A^-$$

$$\frac{[H^+][A^-]}{[HA]} = K_a$$

이다. 여기에 NaA를 가하면 NaA는 강전해질로 완전 전리하여

$$NaA \rightleftharpoons Na^+ + A^-$$

가 되므로 결국 $[A^-]$가 대단히 커진다.

즉 NaA 첨가에 의하여 $[A^-]$가 x만큼 증가하고 다른 이온의 농도는 변하지 않는다면 식(2−17)은 다음과 같이 된다.

$$\frac{[H^+]\{[A^-]\times x\}}{[HA]} > K_a \quad \cdots\cdots (2-79)$$

식(2 −17), (2−79)에서 K_a는 일정한 값이므로 두 식이 같게 되려면 즉 새로운 평형을 이룰려면 $[H^+]$가 감소되고 $[HA]$는 증가되어야 한다.

이와 같이 약전해질 용액에 이 전해질과 공통되는 이온을 포함하는 강전해질 용액을 가하면 약전해질의 전리가 현저하게 감소되는 경향을 공통이온의 효과 또는 공통이온의 영향(effect of common ion)이라 한다.

예로서 CH_3COOH 용액에 CH_3COONa를 가하면 CH_3COOH의 전리가 억제되어 산성이 약해지는데 이는 Sr^{2+}, Ca^{2+}, Ba^{2+}의 공존액에서 Ba^{2+}만을 CrO_4^{2-}로 침전시킬 경우 자주 이용되고 있다.

또 CH_3COOH뿐만 아니라 NH_4OH 용액에 NH_4Cl을 가하여도 NH_4^+의 공통이온 영향으로 NH_4OH의 전리가 현저하게 감소되어 OH^-의 농도가 줄어든다.

한편, Mg^{2+}를 검출할 때 Mg^{2+}용액에 NH_4OH를 충분히 가한 후 NH_4Cl을 가한 경우는(NH_4Cl을 가하지 않으면 $Mg(OH)_2$의 불완전한 침전이 생성됨) $Mg(OH)_2$는 침전되지 않으나 여기에 공통이온이 없는 Na_2HPO_4를 가하면 Mg^{2+}는 $MgNH_4PO_4 \cdot 6H_2O$의 백색 결정성 침전이 생성된다. 즉 약전해질 용액에 공통이온이 없는 염을 첨가할 경우는 오히려 약전해질의 전리가 증가하게 되는데 이것을 염류효과(salt effect)라고 한다.

2. 완충용액

약산과 그 산의 염(약산과 그 짝염기) 또는 약염기와 그 염기의 염(약염기와 그 짝산) 혼합용액은 물로 묽히거나 소량의 강산 혹은 강염기를 가하여도 수소이온 농도가 거의 변하지 않고 용액 본래의 액성을 유지하게 된다. 이와 같이 액성을 변화시키려는 조건에 저항하는 성질을 완충성이라 하고 이러한 성질의 용액을 완충용액(buffer solution)이라 한다. 예를 들면 CH_3COOH와 CH_3COONa의 혼합 용액이나 NH_4OH와 NH_4Cl의 혼합용액은 대표적인 완충용액으로 이들의 pH는 각각 4.76과 9.56 정도이다.

지금 약산 HA와 염 NaA을 혼합한 용액에서 산의 농도를 C_a라 하고 염의 농도를 C_S라 하자. 이 때 용액에는 산으로부터 H^+과 A^-이, 또 염으로 부터 Na^+과 A^-이, 그리고 물의 전리로부터 H^+과 OH^-이 생성되므로 평형상태에서는 5가지 물질이 존재한다. 이들 물질들의 농도를 5개의 방정식으로 나타내면 다음과 같다.

1. 평형 : $[H^+][OH^-] = K_w$.

$$\frac{[H^+][A^-]}{[HA]} = K_a$$

2. 물질수지 : 평형상태에서 산의 농도와 짝염기의 농도의 합은 처음에 넣어준 농도와 같아야 된다.

$$[HA] + [A^-] = C_a + C_S \quad \cdots\cdots (2-80)$$

또 NaA염은 완전히 전리하므로

$$[Na^+] = C_S \quad \cdots\cdots (2-81)$$

3. 전하수지 : $[Na^+] + [H^+] = [OH^-] + [A^-]$ $\cdots\cdots$ (2-82)

식(2-82)에 식(2-81)을 대입하면

$$[A^-] = C_S + [H^+] - [OH^-] \quad \cdots\cdots (2-83)$$

식(2-83)을 식(2-80)에 대입하면

$$[HA] = C_a - \{[H^+] - [OH^-]\} \quad \cdots\cdots (2-84)$$

식(2-17)에 식(2-83)과 식(2-80)을 대입하면

$$K_a = \frac{[H^+]\{C_S + [H^+] - [OH^-]\}}{C_a - \{[H^+] - [OH^-]\}} \quad \cdots\cdots (2-85)$$

식(2-85)는 3차방정식이므로 간단히 하기 위해서

$[OH^-] \ll [H^+]$라면

$$K_a = \frac{[H^+]\{C_S + [H^+]\}}{C_a - [H^+]} \quad \cdots\cdots (2-86)$$

또 $[H^+] < 0.05\ C_a$이고, $[H^+] < 0.05\ C_S$라면

$$[H^+] = K_a \frac{C_a}{C_S} \quad \cdots\cdots (2-87)$$

따라서

$$pH = pK_a + \log \frac{C_S}{C_a} \quad \cdots\cdots (2-88)$$

혹은

$$\mathrm{pH} = \mathrm{p}K_a + \log \frac{[염]}{[산]} \qquad \cdots\cdots (2-89)$$

이것을 Henderson-Hasselbach 식이라고 하며 완충용액의 조제, 완충용액의 pH 및 완충용액에서의 $\mathrm{p}K_a$값을 산출하는 데 많이 이용되고 있다.

【예제 2-19】 0.1 M CH_3COOH 용액이 있다. 여기에 0.1 M CH_3COONa 용액을 1 : 1로 혼합할 경우 $[H^+]$는 어떻게 변하는지 계산하라.

(풀이) 0.1 M CH_3COOH 용액의 $[H^+]$는 식(2-21)에서 구할 수 있다.

$$[H^+] = \sqrt{K_a \cdot C_a} = (1.74 \times 10^{-5} \times 10^{-1})^{1/2} = 1.32 \times 10^{-3}\ M$$

$[H^+] < 0.05 \cdot C_a$가 성립되는지 조사하며 보면

$$\frac{[H^+]}{C_a} = \frac{1.32 \times 10^{-3}}{10^{-1}} = 0.013 < 0.05$$

그러므로 $[H^+] = 1.32 \times 10^{-3}\ M$이다.

또 0.1M CH_3COONa 용액을 1 : 1로 혼합할 경우 $[H^+]$는 식(2-87)을 사용하여 구할 수 있다.

$$[H^+] = K_a \cdot C_a / C_s = 1.74 \times 10^{-5} \times 0.1 / 0.1 = 1.74 \times 10^{-5}\ M$$

$[H^+] < 0.05 \cdot C_s$가 성립되는지 조사해 보면

$$\frac{[H^+]}{C_s} = \frac{1.74 \times 10^{-5}}{10^{-1}} = 1.74 \times 10^{-4} < 0.05$$

그러므로 $[H^+] = 1.74 \times 10^{-5}\ M$이다.

따라서 $[H^+]$의 변화는 $1.74 \times 10^{-5} / 1.32 \times 10^{-3} = 1.32 \times 10^{-2}\ M$

즉 $[H^+]$는 $\frac{1}{76}$ 로 감소하였다.

【예제 2-20】 pH 5를 유지하고 최대의 완충능력을 갖는 어떤 완충용액을 만들려고 한다. A($K_a = 1.8 \times 10^{-5}$), B($K_b = 1.8 \times 10^{-4}$) 및 C($K_C = 6.4 \times 10^{-6}$)의 3가지 산 중, 어느 산을 선택하여 어떻게 조제하면 되는지를 설명하라.

(풀이) $\mathrm{p}K_a$로 환산하면 A = 4.74, B = 3.74 및 C = 5.20이다. 최대의 완충강도는 첨가하는 산의 $\mathrm{p}K_a$가 조제할려는 완충용액의 pH 값과 일치할 때이므로 pH 5에 가장 가까운 산은 C이다. 그러므로 식(2-89)로부터

$$5 = 5.20 + \log \frac{[염]}{[산]}$$

$$\log \frac{[염]}{[산]} = -0.20$$

$$\therefore \ \frac{[산]}{[염]} = \frac{1.6}{1}$$

즉 산 C를 이용하여 산과 그 염을 1.6 : 1로 혼합하면 된다.

【예제 2-21】 다음을 계산하라.

단, $K_w = 1\times10^{-14}$, $K_{CH_3COOH} = 1.8\times10^{-5}$, 완충 용액의 부피는 1*l*로 한다.

(a) 순수한 물의 pH

(b) 물 1*l*에 *N* HCl 0.1 m*l* 가할 때의 pH

(c) 물 1*l*에 *N* NaOH 0.1 m*l* 가할 때의 pH

(d) 0.1 *N* CH_3COOH와 0.1 *N* CH_3COONa를 같은 부피로 혼합한 용액의 pH

(e) (d)의 용액에 물을 10배 가할 때의 pH

(f) (d)의 용액에 *N* HCl 0.1 m*l* 가할 때의 pH

(g) (d)의 용액에 *N* NaOH 0.1 m*l* 가할 때의 pH

(풀이) (a) $[H^+][OH^-] = K_w = 1\times10^{-14}$

순수의 경우 $[H^+] = [OH^-]$이므로 $[H^+]^2 = [OH^-]^2 = 1\times10^{-14}$

$\therefore\ [H^+] = 10^{-7}$ $\qquad\therefore\ pH = 7$

(b) $[H^+] = 1\times\dfrac{0.1\ ml}{1000\ ml} = 1\times10^{-4}$ $\qquad\therefore\ pH = 4$

(c) $[OH^-] = 1\times\dfrac{0.1\ ml}{1000\ ml} = 1\times10^{-4}$

$[H^+] = \dfrac{K_w}{[OH^-]} = \dfrac{1\times10^{-14}}{1\times10^{-4}} = 1\times10^{-10}$ $\qquad\therefore\ pH = 10$

(d) $[H^+] = K_a\times\dfrac{[산]}{[염]} = 1.8\times10^{-5}\times\dfrac{0.1}{0.1} = 1.8\times10^{-5}$ $\qquad\therefore\ pH = 4.74$

(e) $[H^+] = K_a\times\dfrac{[산]}{[염]} = 1.8\times10^{-5}\times\dfrac{0.1/10}{0.1/10} = 1.8\times10^{-5}$ $\qquad\therefore\ pH = 4.74$

(f) $CH_3COONa + HCl \longrightarrow CH_3COOH + NaCl$이므로 CH_3COONa는 감소하고 CH_3COOH는 증가한다.

즉 $[CH_3COONa] = \dfrac{1000\times0.1-0.1\times1}{1000+0.1} = \dfrac{99.9}{1000.1}$

$[CH_3COOH] = \dfrac{1000\times0.1+0.1\times1}{1000+0.1} = \dfrac{100.1}{1000.1}$

$\therefore\ [H^+] = K_a\times\dfrac{[산]}{[염]} = 1.8\times10^{-5}\times\dfrac{\frac{100.1}{1000.1}}{\frac{99.9}{1000.1}} = 1.8\times10^{-5}$

$\therefore\ pH = -\log[1.8\times10^{-5}] = 4.74$

(g) $CH_3COOH + NaOH \longrightarrow CH_3COONa + H_2O$이므로 CH_3COOH는 감소하고 CH_3COONa는 증가한다. 즉

$[CH_3COOH] = \dfrac{1000\times0.1-0.1\times1}{1000+0.1} = \dfrac{99.9}{1000.1}$

$[CH_3COONa] = \dfrac{1000\times0.1+0.1\times1}{1000+0.1} = \dfrac{100.1}{1000.1}$

$$\therefore\ [H^+] = K_a \times \frac{[산]}{[염]} = 1.8\times10^{-5}\times\frac{\frac{99.9}{1000.1}}{\frac{100.1}{1000.1}} = 1.8\times10^{-5}$$

$$\therefore\ pH = -\log[1.8\times10^{-5}] = 4.74$$

【예제 2-22】 약산 0.001몰과 그 Na염 0.005몰을 포함한 용액의 pH를 측정하니 3.6이었다. 이 미지 약산의 K_a를 구하라.

(풀이) pH 3.6을 $[H^+]$로 고치면 $[H^+] = 10^{pH} = 10^{-3.60} = 2.52\times10^{-4}\ M$

$[H^+] < 0.05 \cdot C_a = 2.52\times10^{-4}/10^{-3} = 0.25$

0.05보다 매우 크므로 식(2-74)를 사용하여야 한다.

$$K_a = \frac{2.52\times10^{-4}(5\times10^{-3}+2.52\times10^{-4})}{10^{-3}-2.52\times10^{-4}} = 1.77\times10^{-3}$$

H^+이나 OH^-을 받아들이는 완충능력은 약산과 그 짝염기의 농도에 의존하고, C_a/C_s의 비가 1/10~10/1인 경우를 완충범위(buffer range)라 한다. 이 농도의 범위를 pH로 나타내면 $pK_a\pm1$이 된다. 완충범위가 이 이상일 때는 완충능력이 감소한다.

약염기와 그 염기의 염으로 이루어진 완충용액도 앞의 약산과 그 약산염의 완충용액과 똑같은 성질을 가지고 있다. 이 용액에서도 위의 식(2-85)를 유도할 때와 같은 방법으로 식(2-90)을 유도할 수 있다.

$$K_b = \frac{[OH^-]\{C_S+[OH^-]-[H^+]\}}{C_b-\{[OH^-]-[H^+]\}} \quad\cdots\cdots (2-90)$$

이때 $[H^+] \ll [OH^-]$이면

$$K_b = \frac{[OH^-]\{C_S+[OH^-]\}}{C_b-\{[OH^-]\}} \quad\cdots\cdots (2-91)$$

또 $[OH]^- \ll C_b$이고, $[OH^-] \ll C_S$이면

$$[OH^-] = K_bC_b/C_a \quad\cdots\cdots (2-92)$$

따라서

$$pOH = pK_b + \log\frac{C_S}{C_b} \quad\cdots\cdots (2-93)$$

혹은

$$pOH = pK_b + \log\frac{[염]}{[염기]} \quad\cdots\cdots (2-94)$$

또한 다염기산과 그 염의 혼합용액 혹은 다염기산의 2개 염을 혼합한 용액도 완충성을 가진다.

즉, H_2A와 NaH가 혼합된 완충용액의 pH는 K_{a1}만을 고려하여 계산하고

$$[H^+] = K_{a1} \times \frac{[H_2A]}{[HA^-]} \quad \cdots\cdots (2-95)$$

혹은

$$pH = pK_{a1} + \log \frac{[HA^-]}{[H_2A]} \quad \cdots\cdots (2-96)$$

NaHA와 Na_2A의 2개 염이 혼합된 완충용액의 pH는 K_{a2}만을 생각하여 계산한다.

$$[H^+] = K_{a2} \times \frac{[HA^-]}{[A^{2-}]} \quad \cdots\cdots (2-97)$$

혹은

$$pH = pK_{a2} + \log \frac{[A^{2-}]}{[HA^-]} \quad \cdots\cdots (2-98)$$

한편 사람의 혈액도 완충용액의 하나로서 pH 7.40~7.45 정도의 일정한 값을 갖는다. 이것은 혈액성분 중에 HCO_3^- / CO_2 비가 가장 중요한 요소로서

$$pH = pK_{a1} + \log \frac{[HCO_3^-]}{[H_2CO_3]} \quad \cdots\cdots (2-99)$$

로 주어지며 $pK_{a1} = 6.1$, $[HCO_3^-] = 2.6 \times 10^{-2}$ M, $CO_2 = 1.3 \times 10^{-3}$ M 녹아 있기 때문이다.

【예제 2-23】 0.1 M NH_4OH와 0.5 M NH_4Cl 용액을 같은 부피로 혼합했을 때의 $[H^+]$ 및 pH를 계산하라.

(풀이) 식(2-92)에서

$$[OH^-] = 1.8 \times 10^{-5} \times \frac{[NH_4OH]}{[NH_4^+]}$$

$$= 1.8 \times 10^{-5} \times \frac{0.1}{0.5}$$

$$= 3.6 \times 10^{-6}\ M$$

$$[H^+] = \frac{1 \times 10^{-14}}{3.6 \times 10^{-6}} = 2.8 \times 10^{-9}\ M$$

$$pH = -\log 2.8 \times 10^{-9}$$

$$= 9 - 0.45$$

$$= 8.6$$

3. 완충강도

완충강도 β(완충능력 혹은 완충용량)는 완충제의 효과를 표시하는 척도이며 $1l$의 완충용액의 pH 값을 한 단위 변화시키는 데 필요한 강염기 C_B 혹은 강산 C_A의 몰수로써 정의한다.

$$\beta = \frac{dC_B}{\mathrm{dpH}} = \frac{-\mathrm{d}C_A}{\mathrm{dpH}} \quad \cdots\cdots (2-100)$$

여기서 －부호는 산을 가함으로써 pH 값이 줄어든다는 뜻이다. 일반적으로 완충강도는 산(혹은 염기)과 그 염의 비가 1 : 1일 때 최대의 값을 나타내며 이 때 용액의 pH는 $\mathrm{p}K_a$와 같은 값이 된다.

이 완충강도는 중화적정곡선의 기울기의 역수를 뜻하므로 실험으로 구할 수 있고 또 개별적인 pH값의 계산으로부터도 구할 수 있다. 실험에 의한 측정은 완충용액을 강산 혹은 강염기로 적정할 때 그 적정 몰 수에 따른 pH 변화를 그린 적정곡선을 이용한다. 이 때 적정곡선의 기울기는 $\mathrm{dpH}/\mathrm{d}V$이고 여기서 C'인자를 곱하면 $1/\beta$로 전환시킬 수 있다.

즉

$$C' \times (\mathrm{dpH}/\mathrm{d}V) = \mathrm{dpH}/\mathrm{d}C_B = 1/\beta \quad \cdots\cdots (2-101)$$

여기서 $C' = \{($시료의 부피, $l)/($적정제의 N 농도$)\}(10^3 \mathrm{m}l/l)$

$V = N$ 농도의 적정제인 산 혹은 염기의 ml 수

계산법에 의한 β값의 결정은 어떤 조건에서 완충능력을 설계하는 데 유용하게 이용할 수 있다.

지금 강산 HCl을 강염기 NaOH으로 적정하는 경우를 생각해 보자. 이 때 전하수지 방정식은 다음과 같으므로

$$[\mathrm{Na^+}] + [\mathrm{H^+}] = [\mathrm{OH^-}] + [\mathrm{Cl^-}]$$

$$C_B + [\mathrm{H^+}] = [\mathrm{OH^-}] + C_A$$

여기서 C_A와 C_B는 HCl과 NaOH 농도이다.

$$C_B = \frac{K_w}{[\mathrm{H^+}]} - [\mathrm{H^+}] + C_A$$

위의 방정식을 $[H^+]$에 대해서 미분하면

$$\frac{dC_B}{d[H^+]} = \frac{-K_w}{[H^+]^2} - 1$$

또

$$dpH = -\frac{1}{2.3}d\ln[H^+] = -\frac{d[H^+]}{2.3[H^+]} \quad \cdots\cdots\cdots\cdots\cdots\cdots (2-102)$$

그러므로 $$\beta = \frac{dC_B}{dpH} = -2.3[H^+]\frac{dC_B}{d[H^+]} = 2.3[H^+]\left\{\frac{K_w}{[H^+]^2} + 1\right\}$$

$$= \frac{2.3(K_w + [H^+]^2)}{[H^+]}$$

즉

$$\beta = 2.3([OH^-] + [H^+]) \quad \cdots\cdots\cdots\cdots\cdots\cdots\cdots\cdots\cdots\cdots\cdots (2-103)$$

식(2－103)으로부터 강산을 강염기로 적정할 때 용액의 완충효과는 강산 혹은 강염기의 농도에 비례한다는 것을 알 수 있고 최소의 완충강도값은 $[H^+] = [OH^-]$때 얻어진다.

같은 방법으로 약산 용액에 해당되는 완충강도식을 얻을 수 있다. 일염기성 약산 HA와 강염기 NaOH 혼합용액에서는 다음과 같은 전하수지 방정식이 성립한다.

$$[Na^+] + [H^+] = [OH^-] + [A^-]$$

혹은 $$C_B = \frac{K_w}{[H^+]} - [H^+] + \frac{C_A K_1}{K_a + [H^+]}$$

여기서 C_A와 K_a는 HA의 전 농도와 전리정수이다.
미분하면

$$\frac{dC_B}{d[H^+]} = \frac{-K_w}{[H^+]^2} - 1 - \frac{C_A K_a}{(K_a + [H^+])^2}$$

그러므로

$$\beta = \frac{dC_B}{dpH} = 2.3\left\{\frac{K_w}{[H^+]} + [H^+] + \frac{C_A K_a[H^+]}{(K_a + [H^+])^2}\right\}$$

$$= 2.3\left\{[H^+] + [OH^-] + \frac{C_A K_a [H^+]}{(K_a + [H^+])^2}\right\} \cdots\cdots\cdots\cdots (2-104)$$

식(2－104)를 그림 2－5에 나타내었다. β의 최대값은 pH=pK_a때 얻어진다. 이 점에서 $\beta \doteqdot \frac{2.3}{4} \cdot C_A$가 된다. NaOH을 과량 가한 매우 높은 pH 값에서는 완충지수는 $[OH^-]$에 비례하여 크게 된다. 낮은 pH값에서 곡선부분은 HA와 NaOH 혼합용액에서 얻을 수 없는 pH 값이므로 점선으로 나타내었다. 이 부분의 곡선은 용액에 강산을 가함으로써 얻을 수 있다.

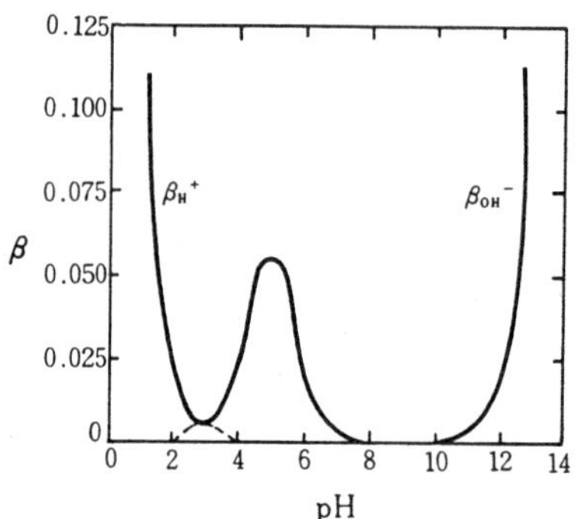

그림 2－5 강산과 일염기성 약산의 혼합 용액을 강염기로 적정하는 경우에 완충강도의 변화

또 C_A, K_a 관계에서 [HA], $[A^-]$를 구하여 (2－104)식에 대입하면

$$\beta = 2.3\left([H^+] + [OH^-] + \frac{[HA][A^-]}{[HA] + [A^-]}\right) \cdots\cdots\cdots\cdots (2-105)$$

또한 식(2－69), (2－70)에서 $\alpha_0 = [HA]/C_A$이고 $\alpha_1 = [A^-]/C_A$이므로 식(2－105)는

$$\beta = 2.3([H^+] + [OH^-] + \alpha_0\alpha_1 C_A) \cdots\cdots\cdots\cdots (2-106)$$

같은 방법으로 물로 인한 완충강도를 구하면 식(2－107)이 얻어진다.

$$\beta_{H_2O} = 2.3([H^+] + [OH^-]) \cdots\cdots\cdots\cdots (2-107)$$

따라서 식(2－106)은 다음과 같이 쓸 수 있다.

$$\beta = \beta_{H_2O} + \beta_{HA} \cdots\cdots\cdots\cdots (2-108)$$

완충강도의 특이한 성질은 산-염기 혼합용액에서 각각의 β 값을 합한 것이 전체의 β 값이 되는 것이다. 그러므로 일반적인 경우에는

$$\beta = \beta_{H_2O} + \beta_{HA} + \beta_{HB} + \cdots\cdots \quad (2-109)$$

혹은

$$\beta = 2.3([H^+] + [OH^-] + \alpha_{0A}\alpha_{1A}C_A + \alpha_{0B}\alpha_{1B}C_B + \cdots\cdots) \quad \cdots\cdots (2-110)$$

여기서 HA와 HB는 HA의 총농도 C_A와 HB의 총농도 C_B이고 α_{0A}와 α_{1A}는 HA와 A^-에 대한 α 값들이다.

이 완충강도의 특성을 이용하여 어떤 pH에서 필요한 β 값을 가지는 적당한 완충제나 완충혼합제를 만들 수 있다.

여러 가지 대표적인 β 값을 표 2-4에 나타내었다.

표 2-4 대표적인 물질의 β값

용 액	pH	β
0.10 *M* HCl	1.00	0.23
0.10 *M* HAC ☆	2.85	0.006
0.05 *M* HAc + 0.05 *M* NaAc ☆	4.70	0.058
H_2O	7.00	4.6×10^{-7}
0.10 *M* NaOH	13.00	0.23

☆ C_A=0.10

【예제 2-24】 H_2O와 10^{-3} *M* CH_3COOH 용액의 완충강도를 여러 가지의 pH값에 대하여 계산하고 이들로 부터 총 완충강도를 구하라. 또 pH에 따른 이들의 변화를 도시하고 β_{H_2O}의 최소값과 β_{CH_3COOH}의 최대값을 구하여 pH에 따른 완충능력을 평가하라. 단, $pK_{CH_3COOH}=4.7$이다.

(풀이) 임의로 선정한 pH 값들에 대하여 표 2-3으로 부터 α_0와 α_1을 구한다. 식 (2-109)로부터

$$\beta = \beta_{H_2O} + \beta_{CH_3COOH}$$
$$= 2.3([H^+] + [OH^-]) + 2.3\alpha_0\alpha_1 C_{CH_3COOH}$$

pH 4.7에서 구하여 보면 표 2-3으로부터 $pH=pK_a$이므로 $\alpha_0=\alpha_1=0.5$이다.

그러므로

$$\beta_{H_2O} = 2.3(10^{-4.7} + 10^{-9.3}) = 4.58\times10^{-5}\ M/l$$
$$\beta_{CH_3COOH} = 2.3(0.5\times0.5\times10^{-3}) = 5.75\times10^{-4}\ M/l$$
$$\beta = 0.46 + 10^{-4} + 5.75\times10^{-4} = 6.21\times10^{-4}\ M/l$$

이와 같은 방법으로 선정한 pH에 대하여 β 값들을 계산한 결과는 다음 표와 같다.

pH	α_0	α_1	β_{H_2O}	β_{HAc}	β
4.7	0.50	0.50	4.58×10^{-5}	5.75×10^{-4}	6.2×10^{-4}
4.4	0.66	0.33	0.1×10^{-5}	5.0×10^{-4}	5.9×10^{-4}
4.1	0.80	0.20	1.8×10^{-4}	3.7×10^{-4}	5.5×10^{-4}
3.7	0.91	0.09	4.6×10^{-4}	1.9×10^{-4}	6.5×10^{-4}
2.7	0.99	0.01	4.6×10^{-3}	2.3×10^{-5}	4.6×10^{-3}
2.0	1.00	0.00	2.3×10^{-2}	0	2.3×10^{-2}
5.0	0.33	0.66	2.3×10^{-5}	5.1×10^{-4}	5.3×10^{-4}
5.3	0.20	0.80	1.1×10^{-5}	3.7×10^{-4}	3.8×10^{-4}
5.7	0.09	0.91	4.6×10^{-6}	1.9×10^{-4}	1.9×10^{-4}
7.7	0.01	0.99	4.61×10^{-6}	2.3×10^{-5}	2.8×10^{-5}
9.0	0.00	1.00	2.3×10^{-5}	0	2.3×10^{-5}
11.0	0.00	1.00	2.3×10^{-3}	0	2.3×10^{-3}

또 pH에 따른 완충강도의 변화를 그림으로 그리면 아래와 같다.

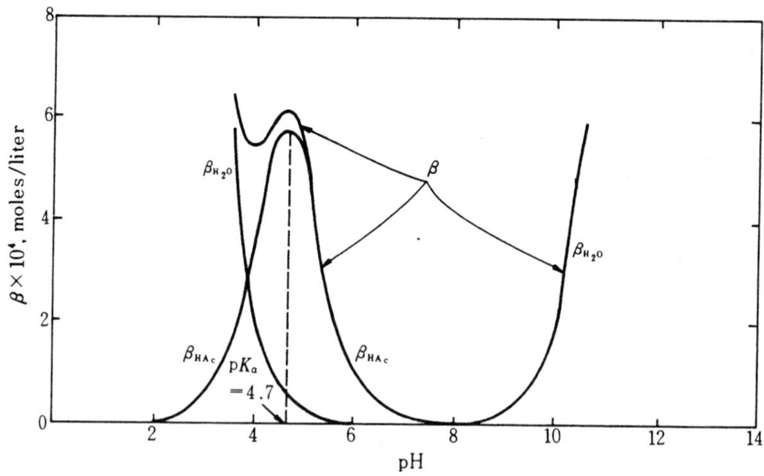

여기서 보면 β_{H_2O}는 pH=pK_w/2에서 최소값을 가지며 이 pH에서 대칭적이고 β_{CH_3COOH}는 pH=pK_a에서 최대값을 가지며 이 pH에서 대칭적이다.

총 완충강도 β는 β_{H_2O}와 β_{CH_3COOH}의 합이므로 pH 7~9 영역에서는 매우 약하며 β_{H_2O}는 강산－강염기 시스템의 완충강도임을 알 수 있다.

2-4 염의 가수분해

1. 염의 가수분해

산과 염기는 중화반응하여 염과 물을 생성한다. 따라서 염은 산의 수소 원자가 금속 혹은 금속성기로서 치환된 형태이다. 이 때 산의 수소 원자가 일부만 치환된 것을 수소염(또는 산성염), 전부가 치환된 것을 정염(또는 중성염)이라 하고 OH^-를 포함하고 있는 염을 hydroxy염(또는 염기성염)이라고 한다.

반대로 염이 물에 녹을 경우 이 반응은 가수분해이며 이 때 액성은 염의 종류에 따라 산성, 중성 혹은 염기성이 된다. 즉 염의 가수분해로 생성된 산과 염기의 세기 차이에 의하여 산의 세기가 염기보다 크면 산성, 같으면 중성, 작으면 염기성이 된다. 여기서 산과 염기의 세기는 앞에서 공부한 전리도 또는 전리정수의 대소에 따라서 결정된다.

(1) 강산과 강염기로 된 염

강산과 강염기의 반응에 의하여 생성된 염은 결과적으로 가수분해가 일어나지 않고 이온화만 된다. 이 때의 액성은 염의 종류에 따라 다음의 3가지 경우로 설명할 수 있다. 예를 들면

$$NaCl + H_2O \rightleftharpoons Na^+ + Cl^- + H_2O \text{(중성)}$$
$$KHSO_4 + H_2O \rightleftharpoons K^+ + H^+ + SO_4^{2-} + H_2O \text{(산성)}$$
$$Ca(OH)Cl + H_2O \rightleftharpoons Ca^{2+} + OH^- + Cl^- + H_2O \text{(염기성)}$$

즉 정염은 중성, 산성염은 산성, 염기성염은 염기성을 띤다.

(2) 약산과 강염기로 된 염

약산과 강염기에 의하여 생성된 염은 가수분해가 일어나고 그 수용액은 염기성을 나타낸다.

CH_3COONa, KCN, Na_2CO_3, $NaHCO_3$ 등이 그 예이며 CH_3COONa가 가수분

해할 경우를 보자.

$$CH_3COONa \rightleftharpoons CH_3COO^- + Na^+$$
$$H_2O \rightleftharpoons H^+ + OH^-$$
$$\overline{CH_3COONa + H_2O \rightleftharpoons CH_3COOH + NaOH}$$

여기서 $K_{NaOH} > K_{CH_3COOH}$ 즉 $[OH^-] > [H^+]$이므로 액성은 염기성이다. 결과적으로 CH_3COO^-가 H^+와 결합하여 CH_3COOH가 되므로 $[H^+]$는 감소하여 물의 전리도는 커지고 $[OH^-]$이 증가하여 염기성이 된다.

(3) 강산과 약염기로 된 염

강산과 약염기에 의하여 생성된 염은 NH_4Cl, $AlCl_3$, $CaSO_4$, $ZnSO_4$ 등이며 이들은 가수분해하여 수용액이 산성을 나타낸다.

$$NH_4Cl \rightleftharpoons NH_4^+ + Cl^-$$
$$H_2O \rightleftharpoons OH^- + H^+$$
$$\overline{NH_4Cl + H_2O \rightleftharpoons NH_4OH + HCl}$$

여기서 $K_{HCl} > K_{NH_4OH}$이므로 즉 $[H^+] > [OH^-]$이므로 액성은 산성이 된다.

(4) 약산과 약염기로 된 염

약산과 약염기에 의하여 생성된 염은 가수분해되지만 그 액성은 일정하지 않고 생성되는 산과 염기의 각 전리상수에 따라 산성, 중성 혹은 염기성이 된다.

① $K_a > K_b$인 경우

액성은 산성이다. 예로서 $HCOONH_4$를 보면

$$HCOONH_4 \rightleftharpoons HCOO^- + NH_4^+$$
$$H_2O \rightleftharpoons H^+ + OH^-$$
$$\overline{HCOONH_4 + H_2O \rightleftharpoons HCOOH + NH_4OH}$$

여기서 $K_{HCOOH} > K_{NH_4OH}$ 즉 $[H^+] > [OH^-]$이므로 액성은 산성이다.

② $K_a = K_b$인 경우

가수분해하여 생성되는 산과 염기의 세기가 같으므로 용액의 $[H^+]=[OH^-]$이고 액성은 중성이다. CH_3COONH_4를 예로 들면

$$CH_4COONH_4 \rightleftharpoons CH_3COO^- + NH_4^+$$
$$H_2O \rightleftharpoons H^+ + OH^-$$

$$CH_3COONH_4 + H_2O \rightleftharpoons CH_3COOH + NH_4OH$$

즉 $K_{CH_3COOH} = K_{NH_4OH}$이다.

③ $K_a < K_b$인 경우

액성은 알칼리성이다. 예로서 NH_4CN을 보면

$$NH_4CN \rightleftharpoons NH_4^+ + CN^-$$
$$H_2O \rightleftharpoons OH^- + H^+$$

$$NH_4CN + H_2O \rightleftharpoons NH_4OH + HCN$$

여기서 $K_{NH_4OH} > K_{HCN}$ 즉 $[OH^-] > [H^+]$이므로 액성은 알칼리성이다.

(5) 안티몬과 창연의 염

$SbCl_3$, $BiCl_3$ 등은 가수 분해되어 불용성의 옥시염(oxy salt)을 침전시키고 용액은 강한 산성이 된다.

$$SbCl_3 + H_2O \rightleftharpoons SbOCl + 2HCl$$
$$BiCl_3 + H_2O \rightleftharpoons BiOCl + 2HCl$$

이와 같이 산기와 금속과 결합된 산소 원자를 가지는 염기성염을 옥시염이라 하며 BiOCl의 경우 옥시염화비스무쓰라 부른다. 그러므로 안티몬과 창연의 염 등을 녹일 때는 생성되는 산 즉 HCl과 같이 용해시켜야 한다.

2. 가수분해 정수

(1) 약산과 강염기로 된 염

CH_3COONa와 같은 염은 물 속에서 해리한 음이온이 물 분자와 반응하여 OH^-를 형성한다.

$$CH_3COONa \rightleftharpoons Na^+ + CH_3COO^-$$

$$CH_3COO^- + H_2O \rightleftharpoons CH_3COOH + OH^- \quad \cdots\cdots\cdots\cdots (2-111)$$

$$\frac{[CH_3COOH][OH^-]}{[CH_3COO^-]} = K_h \quad \cdots\cdots\cdots\cdots (2-112)$$

여기서 K_h는 가수분해 정수(hydrolysis constant)이다. 식(2-112)의 분모 분자에 $[H^+]$를 곱하고 정리하면

$$\frac{[CH_3COOH][OH^-][H^+]}{[CH_3COO^-][H^+]} = \frac{[OH^-][H^+]}{K_{CH_3COOH}} = \frac{K_w}{K_a} = K_h \quad \cdots\cdots (2-113)$$

그러므로 약산과 강염기로 된 염의 가수분해 정수는 물의 이온적과 그 약산의 전리정수의 비와 같다. 이 때 염의 초기농도를 C라고 하고 가수분해도(degree of hydrolysis)를 X라 하면 식(2-111)에서

$$[CH_3COO^-] = C(1-X) \quad \cdots\cdots\cdots\cdots (2-114)$$

$$[CH_3COOOH] = [OH^-] = CX \quad \cdots\cdots\cdots\cdots (2-115)$$

이므로 식(2-113)으로부터

$$K_h = \frac{K_w}{K_a} = \frac{(CX)^2}{C(1-X)} = \frac{CX^2}{1-X} \quad \cdots\cdots\cdots\cdots (2-116)$$

만약 X가 C의 5% 이하라면 $1-X \doteqdot 1$이므로 식(2-116)은

$$\frac{K_w}{K_a} = CX^2$$

혹은

$$X = \sqrt{\frac{K_w}{K_a \cdot C}} \quad \cdots\cdots\cdots\cdots (2-117)$$

또 가수분해할 때 생성되는 $[H^+]$ 혹은 pH를 구하면 식(2-115)로부터

$$[H^+] = \frac{K_w}{[OH^-]} = \frac{K_w}{CX}$$

$$\therefore \quad [H^+] = \sqrt{\frac{K_a \cdot K_w}{C}} \quad \cdots\cdots (2-118)$$

혹은

$$pH = 7 + \frac{1}{2} pK_a + \frac{1}{2} \log C \quad \cdots\cdots (2-119)$$

(2) 강산과 약염기로 된 염

NH_4Cl과 같은 염은 물 속에서 해리한 NH_4^+가 물 분자와 반응하여 H^+를 생성한다.

$$NH_4Cl \rightleftharpoons NH_4^+ + Cl^-$$

$$NH_4^+ + H_2O \rightleftharpoons NH_4OH + H^+ \quad \cdots\cdots (2-120)$$

$$\frac{[NH_4OH][H^+]}{[NH_4^+]} = K_h \quad \cdots\cdots (2-121)$$

식(2-121)의 분모 · 분자에 $[OH^-]$를 곱하고 앞의 경우와 같이 계산하면

$$\frac{[NH_4OH][H^+][OH^-]}{[NH_4^+][OH^-]} = \frac{K_w}{K_b} = K_h \quad \cdots\cdots (2-122)$$

그러므로 강산과 약염기로 된 염의 가수분해 정수는 물의 이온적과 그 염기의 전리정수의 비와 같다.

마찬가지로 염의 초기농도를 C, 가수분해도를 X라 하면 식(2-120)에서

$$[NH_4^+] = C(1-X) \quad \cdots\cdots (2-123)$$

$$[NH_4OH] = [H^+] = CX \quad \cdots\cdots (2-124)$$

이므로 식(2-122)로부터

$$K_h = \frac{K_w}{K_b} = \frac{(CX)^2}{C(1-X)} = \frac{CX^2}{1-X} \quad \cdots\cdots (2-125)$$

만약 X가 C의 5% 이하이면 $1-X \fallingdotseq 1$이므로 식(2-125)는

$$\frac{K_w}{K_b} = CX^2$$

혹은 $X = \sqrt{\frac{K_w}{K_b \cdot C}}$ ·· (2－126)

또 가수분해할 때 생성되는 $[H^+]$ 혹은 pH를 구하면 식(1－124)에서

$$[H^+] = CX = C \cdot \sqrt{\frac{K_w}{K_b \cdot C}}$$

$$\therefore \quad [H^+] = \sqrt{\frac{K_w \cdot C}{K_b}} \qquad \cdots\cdots (2-127)$$

혹은

$$pH = 7 - \frac{1}{2}\,pK_b - \frac{1}{2}\log C \qquad \cdots\cdots (2-128)$$

(3) 약산과 약염기로 된 염

NH_4Ac와 같은 염은 물 속에서 해리하여 NH_4^+, Ac^-가 생성되고 각각 가수분해되어 H^+, OH^-를 생성한다.

$$NH_4Ac \rightleftharpoons NH_4^+ + Ac^-$$

NH_4^+가 가수분해되면

$$NH_4^+ + H_2O \rightleftharpoons NH_4OH + H^+$$

$$\frac{[NH_4OH][H^+]}{[NH_4^+]} = \frac{[NH_4OH][H^+][OH^-]}{[NH_4^+][OH^-]} = \frac{K_w}{K_b} \qquad \cdots\cdots (2-129)$$

Ac^-가 가수분해되면

$$Ac^- + HAc + OH^-$$

$$\frac{[HAc][OH^-]}{[Ac^-]} = \frac{[HAc][OH^-][H^+]}{[Ac^-][H^+]} = \frac{K_w}{K_a} \qquad \cdots\cdots (2-130)$$

전체적으로는

$$\frac{[HAc][OH^-]}{[Ac^-]} \times \frac{[NH_4OH][H^+]}{[NH_4^+]} = \frac{K_w^2}{K_a \cdot K_b} = K_h$$

$$\frac{[Ac^-][NH_4OH]}{[Ac^-][NH_4^+]} = \frac{K_w}{K_a \cdot K_b} = K_h \qquad \cdots\cdots (2-131)$$

그러므로 약산과 약염기로 된 염의 가수분해 정수는 물의 이온적과 해당하는 산, 염기의 전리정수의 곱과의 비와 같다.

또 염의 초기농도를 C, 가수분해도를 X라 하면 앞에서와 동일한 방법으로

$$[NH_4^+] = [Ac^-] = C(1-X) \quad \cdots\cdots (2-132)$$

$$[NH_4OH] = [HAc] = CX \quad \cdots\cdots (2-133)$$

$$\therefore \quad K_h = \frac{(C \cdot X)^2}{[C(1-X)]^2} = \frac{X^2}{(1-X^2)} \quad \cdots\cdots (2-134)$$

$1-X \fallingdotseq 1$이라고 하면,

$$X^2 = K_h$$

$$X = \sqrt{K_h} = \sqrt{\frac{K_w}{K_a \cdot K_b}} \quad \cdots\cdots (2-135)$$

식(2-132), (2-133)을 식(2-129)에 대입하여 $[H^+]$를 구하면 $1-X \fallingdotseq 1$일 때

$$[H^+] = \frac{K_w}{K_b} \times \frac{C}{C \cdot X}$$

$$= \sqrt{\frac{K_a \cdot K_w}{K_b}} \quad \cdots\cdots (2-136)$$

혹은

$$pH = 7 + \frac{1}{2}\, pK_a - \frac{1}{2}\, pK_b \quad \cdots\cdots (2-137)$$

(4) 약산의 산성염

약산의 산성염 MHA가 가수분해할 경우 그 액성은 모체산 H_2A와 염 MHA의 전리식으로 부터 구할 수 있다.

즉

$$MHA \rightleftharpoons M^+ + HA^-$$

$$HA^- \rightleftharpoons H^+ + A^{2-}$$

$$HA^- + H^+ \rightleftharpoons H_2A$$

$$\therefore \quad [A^{2-}] = [H^+] + [H_2A] \quad \cdots\cdots (2-138)$$

모체산 H_2A의 전리 평형식 식(2-138), (2-139)로부터 $[A^{2-}]$, $[H_2A]$를

구하여 식(2-138)에 대입하고 $[H^+]$에 대하여 풀면 염의 농도가 C일 때

$$[H^+] = \sqrt{\frac{K_{a1} \cdot K_{a2} \cdot C}{K_{a1} + C}} \quad \cdots\cdots (2-139)$$

또 K_{a1} 은 C보다 매우 작으므로 무시하면

$$[H^+] = \sqrt{K_{a1} \cdot K_{a2}} \quad \cdots\cdots (2-140)$$

혹은

$$pH = \frac{1}{2}(pK_{a1} + pK_{a2}) \quad \cdots\cdots (2-141)$$

(5) 염의 가수분해에서 $[H^+]$에 대한 산, 염기의 영향

강산과 약염기로 된 염 MA의 경우를 보자. MA는 가수분해하면 MOH와 H^+가 같은 양이 생성된다. 지금 염의 농도가 C이고 용액 중의 MOH, H^+의 농도를 x, 가해준 산의 농도를 a라고 하면 H^+의 전체 농도는 $a+x$가 된다. 따라서

$$MA \rightleftharpoons M^+ + A^-$$

$$M^+ + H_2O \rightleftharpoons MOH + H^+$$

$$\frac{[MOH][H^+]}{[M^+]} = K_h = \frac{K_w}{K_b} \quad \cdots\cdots (2-142)$$

$$\frac{x \cdot [a + x]}{C} = \frac{K_w}{K_b}$$

$$\therefore \quad x = \frac{-a \pm \sqrt{a^2 + 4K_w/K_b \cdot C}}{2} \quad \cdots\cdots (2-143)$$

또 식(2-127)과 식(2-143)을 비교하여 보면 염의 가수분해시 소량의 산을 첨가하면 그 염의 가수분해는 억제됨을 알 수 있다.

한편, 소량의 염기 b를 가하면 MOH의 전체 농도는 $b+x$, H^+의 농도는 x이므로 같은 방법에 의하여 다음과 같이 된다.

$$x = \frac{-b \pm \sqrt{b^2 + 4K_w/K_b \cdot C}}{2} \quad \cdots\cdots (2-144)$$

【예제 2−25】 0.1 M NH_4Cl 용액의 가수분해 정수, 가수분해도 및 pH를 계산하라. 단, $K_b=1.8\times10^{-5}$

(풀이) $NH_4Cl \rightleftharpoons NH_4^+ + Cl^-$

$$NH_4^+ + H_2O \rightleftharpoons NH_4OH + H^+$$

$$\frac{[NH_4OH][H^+]}{[NH_4^+]} = K_h = \frac{K_w}{K_b}$$

$$K_h = \frac{K_w}{K_b} = \frac{10^{-14}}{1.8\times10^{-5}}$$

$$= 5.5\times10^{-5}$$

$$[NH_4OH] = [H^+] = 0.1 \cdot X$$

$$[NH_4^+] = 0.1(1-X)$$

$$\therefore \quad \frac{(0.1X)^2}{0.1(1-X)} = \frac{10^{-14}}{1.8\times10^{-5}}$$

$$X^2 = \frac{10^{-14}}{1.8\times10^{-5}} \times \frac{1}{10^{-1}} \qquad (1-X \fallingdotseq 1\text{라고 하면})$$

$$X = \sqrt{\frac{1}{1.8} \times 10^{-8}}$$

$$=7.4\times10^{-5}$$

$$[H^+] = 0.1X = 0.1 \times 7.4 \times10^{-5}$$

$$= 7.4 \times 10^{-6}$$

$$pH = 6 - 0.8692 = 5.13$$

【예제 2−26】 0.1 M NaCN 용액의 $[H^+]=2\times10^{-11}$일 때 HCN의 전리정수 K_a 값을 구하라.

(풀이) NaCN은 약산과 강염기로 이루어진 염이므로 $[H^+] = \sqrt{\dfrac{K_a \cdot K_w}{C}}$

$$\therefore \quad K_a = \frac{C \cdot [H^+]^2}{K_w} = \frac{10^{-1} \cdot (2 \times 10^{-11})^2}{10^{-14}} = 4 \times 10^{-9}$$

【예제 2−27】 NH_4Cl 용액의 pH를 5.5로 만들고자 한다. 필요한 NH_4Cl의 농도는 얼마인가? 단, $K_b=1.8\times10^{-5}$

(풀이) pH = 5.5의 $[H^+] = 3.1 \times 10^{-6}$

NH_4Cl은 강산과 약염기로 이루어진 염이므로 $[H^+] = \sqrt{\dfrac{K_w \cdot C}{K_b}}$

$$\therefore \quad C = \frac{[H^+]^2 \cdot K_b}{K_w} = \frac{(3.1\times10^{-6})^2 \cdot 1.8\times10^{-5}}{10^{-14}} = 1.73 \times 10^{-2}$$

2-5 중화적정법

산과 염기의 중화반응에 의한 적정법을 중화 적정법(neutralimetry)이라 한다. 여기에는 알칼리 표준용액을 적가하여 산성물질의 양을 결정하는 산 적정법(acidimetry)과 이와 반대로 산 표준용액으로 염기성 물질의 양을 결정하는 알칼리 적정법(alkalimetry)이 있다. 이들은 어느 것이나 시료용액의 부피와, 그것을 중화시킬 때까지 적가된 표준용액의 부피를 이용하여 시료 중의 성분 양을 계산해 낼 수 있다.

1. 중화적정법의 종류

중화적정법은 반응하는 산, 염기의 강약에 따라 다음과 같이 몇 가지로 나눌 수 있다.

① 강산, 강염기간의 적정

$H^+ + OH^- \rightleftharpoons H_2O$(당량점 ; 중성)

② 강산에 의한 약염기의 적정

$B + H^+ \rightleftharpoons BH^+$(당량점 ; 산성)

③ 강염기에 의한 약산의 적정

$HA + OH^- \rightleftharpoons A^- + H_2O$(당량점 ; 알칼리성)

④ 약산, 약염기 간의 적정

$HA + B \rightleftharpoons A^- + BH^+$($K_a = K_b$일 때 당량점 ; 중성)

⑤ 강염기에 의한 다염기성 약산의 적정

$H_nA + nOH^- \rightleftharpoons A^{n-} + nH_2O$

특수한 경우

$H_nA + OH^- \rightleftharpoons H_{n-1}A^- + H_2O$(제 1당량점)

$H_{n-1}A^- + OH^- \rightleftharpoons H_{n-2}A^{2-} + H_2O$(제 2당량점)

⑥ 가수분해성 염의 적정

$$A^- + H^+ \rightleftharpoons HA$$

또는 $$BH^+ + OH^- \rightleftharpoons B + H_2O$$

2. 산-염기 지시약

산-염기 적정에 있어서 당량점을 알기 위하여 반응계에 가할 때 색깔 변화로써 종말점을 알려 주는 시약을 지시약(indicator)이라 한다. 이들은 대개가 수용액에서 약산성 또는 염기성을 띠는 유기색소로서 용액의 pH 변화에 따라 색깔이 변하게 된다.

(1) 지시약의 변색 이론

① Wilheim Ostwald의 전리설

지시약은 유기약산 또는 약염기로서 전리하지 않은 분자상태의 색과 전리하였을 때의 이온의 색이 다르기 때문에 변색이 일어난다는 이론이다.

산형 지시약을 HIn으로 표시하면 산성 용액에서는 분자 HIn색을, 알칼리성 용액에서는 이온 In^-색을 나타낸다.

$$\underset{(\text{산성색})}{HIn} \underset{H^+}{\overset{OH^-}{\rightleftharpoons}} H^+ + \underset{(\text{염기성색})}{In^-} \quad \cdots\cdots (2-145)$$

염기형 지시약을 In으로 표시하면 알칼리성 용액에서는 분자 In색을, 산성 용액에서는 이온 InH^+색을 나타낸다.

$$\underset{(\text{염기성색})}{In} \underset{OH^+}{\overset{H^+}{\rightleftharpoons}} \underset{(\text{산성색})}{InH^+} \quad \cdots\cdots (2-146)$$

예를 들면 phenolphthalein은 산형 지시약이고 methyl orange는 염기형 지시약으로 다음에 이들 지시약의 변색을 구조변화로써 나타내었다.

phenolphthalein

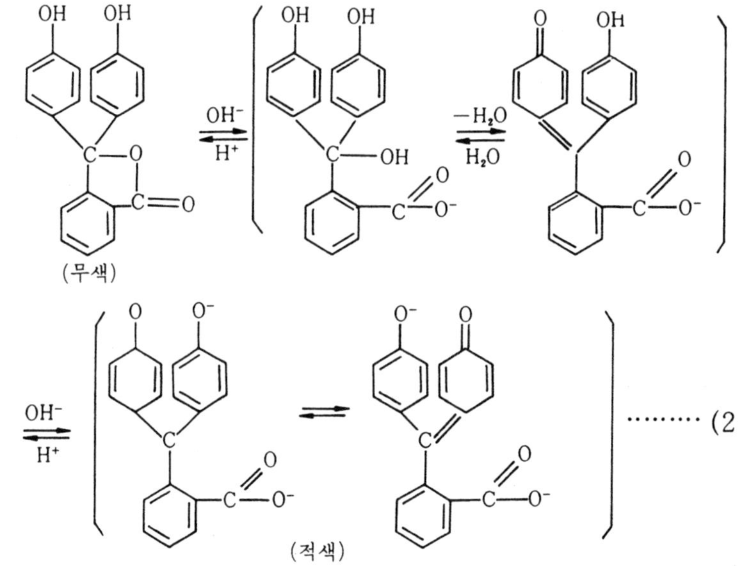
OH
OH
C
O
C
O
(무색)
OH⁻
H⁺
OH
OH
OH
C
O
O⁻
−H₂O
H₂O
O
OH
C
O
O⁻
OH⁻
H⁺
O
O⁻
C
C
O
O⁻
O⁻
O
C
C
O
O⁻
(적색)

········· (2−147)

methyl orange

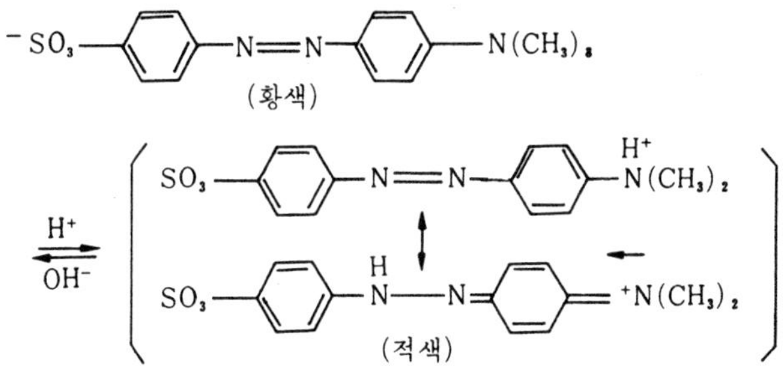
⁻SO₃
N═N
N(CH₃)₂
(황색)
H⁺
OH⁻
SO₃
N═N
H⁺
N(CH₃)₂
SO₃
H
N
N
⁺N(CH₃)₂
(적색)

··· (2−148)

② Hantzsch의 발색단설

지시약의 발색은 그 분자가 특수한 구조, 즉 발색단(Chromophore group)을 가지고 있기 때문이며 이들이 염기성 혹은 산성일 때는 조색단과 결합함으로써 색깔 변화를 보인다는 이론이다.

• 발색단

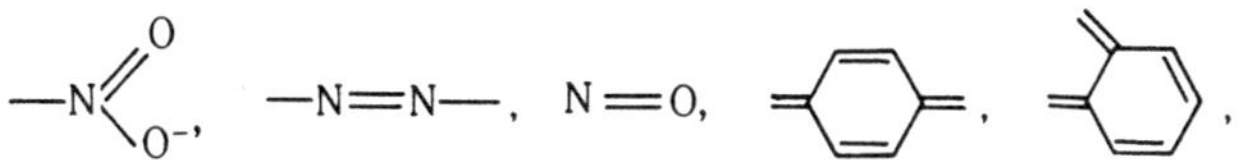

$-N{\overset{O}{\underset{O^-}{\lessgtr}}}$, $-N=N-$, $N=O$, quinoid ring structures,

$>C=O$, $>C=S$, $>C=N-$

• 조색단

$-COOH$, $-SO_3H$, $-OH$, $-NH_2$, $-NR_2$

phenolphthalein을 예를 들면 lactone형 구조에서 quinone형 구조로 변함으로써 무색에서 붉은 색으로 된다.

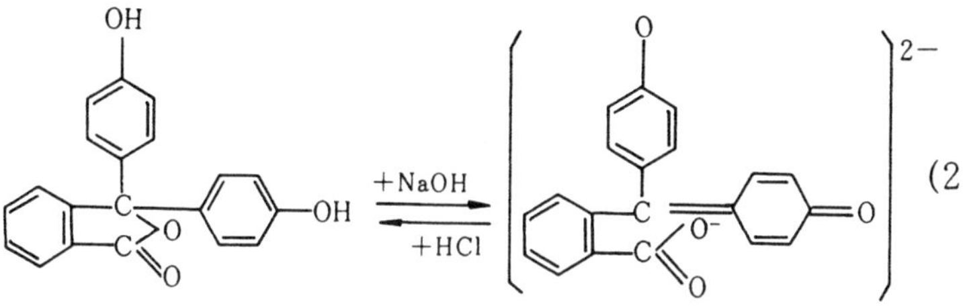

lactone형 무색(산성) $\underset{+HCl}{\overset{+NaOH}{\rightleftharpoons}}$ quinone형 붉은색(알칼리성) $\cdots$ (2–149)

methyl orange에 있어서는 azo형에서 황색이던 것이 chinoid형으로 되어 적색이 된다.

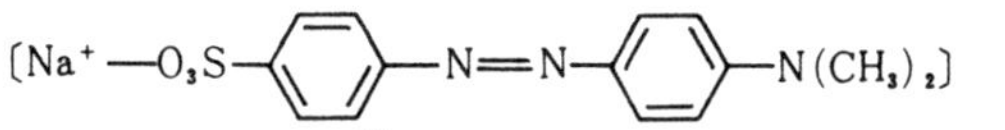

$[Na^+\ {}^-O_3S-C_6H_4-N=N-C_6H_4-N(CH_3)_2]$

azo형
황색(알카리성)

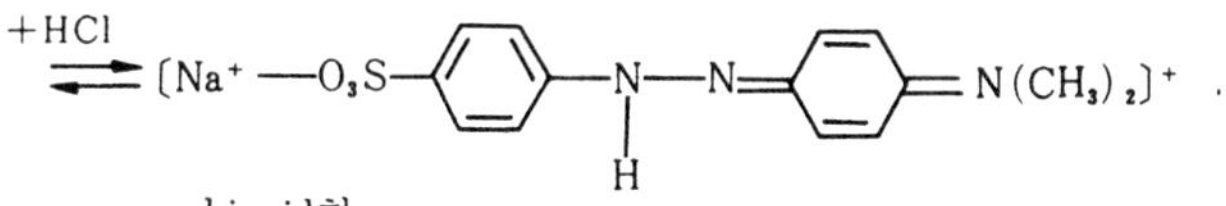

$\overset{+HCl}{\rightleftharpoons} [Na^+\ {}^-O_3S-C_6H_4-NH-N=C_6H_4=N(CH_3)_2]^+ \cdots$ (2–150)

chinoid형
적색(산성)

(2) 지시약의 변색 범위

산형 지시약 HIn을 생각해 보자

$$\underset{(\text{A색})}{\mathrm{HIn}} \rightleftharpoons \mathrm{H^+} + \underset{(\text{B색})}{\mathrm{In^-}}$$

$$\frac{[\mathrm{H^+}][\mathrm{In^-}]}{[\mathrm{HIn}]} = K_{\mathrm{HIn}} \quad \cdots\cdots (2-151)$$

여기서 $-\log K_{\mathrm{HIn}} = \mathrm{p}K_{\mathrm{HIn}}$을 지시약 정수라 한다.

식(2－151)을 변형하면

$$\frac{\text{A색의 세기}}{\text{B색의 세기}} = \frac{[\text{분자색}]}{[\text{이온색}]} = \frac{[\text{산형}]}{[\text{염기형}]} = \frac{[\mathrm{HIn}]}{[\mathrm{In^-}]} = \frac{[\mathrm{H^+}]}{K_{\mathrm{HIn}}} \quad \cdots\cdots (2-152)$$

일반적으로 사람의 눈에는 용액 중에 A 화학종의 수가 B의 수보다 10배 정도 많으면 A색으로 보이고 반대로 B 화학종의 수가 A의 수보다 10배 정도 많으면 B색으로 보이게 된다.

그러므로 A색으로 보일 경우

$$[\mathrm{H^+}] = K_{\mathrm{HIn}} \cdot \frac{[\mathrm{HIn}]}{[\mathrm{In^-}]} = K_{\mathrm{HIn}} \cdot \frac{10}{1} = 10K_{\mathrm{HIn}} \quad \cdots\cdots (2-153)$$

혹은

$$\mathrm{pH} = \mathrm{p}K_{\mathrm{HIn}} - 1 \quad \cdots\cdots (2-154)$$

B색으로 보일 경우

$$[\mathrm{H^+}] = K_{\mathrm{HIn}} \cdot \frac{[\mathrm{HIn}]}{[\mathrm{In^-}]} = K_{\mathrm{HIn}} \cdot \frac{1}{10} = \frac{1}{10}K_{\mathrm{HIn}} \quad \cdots\cdots (2-155)$$

혹은

$$\mathrm{pH} = \mathrm{p}K_{\mathrm{HIn}} + 1 \quad \cdots\cdots (2-156)$$

식(2－154)와 식(2－156)을 조합하면

$$\mathrm{pH} = \mathrm{p}K_{\mathrm{HIn}} \pm 1 \quad \cdots\cdots (2-157)$$

따라서 지시약은 용액의 pH가 $\mathrm{p}K_{\mathrm{HIn}}$을 중심으로 ±1의 범위에서 변색됨을 알 수 있고 이것을 지시약의 변색범위(color change interval)라 하며 대부분의 지시약은 변색범위가 약 2이다.

표 2－5에 중화적정에서 많이 사용하는 지시약을 표시하였다.

표 2-5 중화 적정 지시약

지시약명	용 매	성질	산성색	염기색	변색범위(pH)	pK_{HIn}
Thymolblue(T. B)	물	산	빨강	노랑	1.2− 2.8	1.65
Methyl yellow(M. Y)	90% 알콜	염기	〃	〃	2.9− 4.0	3.2
Methyl orange(M. O)	물	〃	〃	노랑-오렌지	3.1− 4.4	3.4
Bromphenol blue(B. P. B)	〃	산	노랑	자주	3.0− 4.6	4.1
Bromcresol green(B. C. G)	〃	〃	〃	파랑	3.8− 5.4	4.9
Methyl red(M. R)	〃	염기	빨강	노랑	4.2− 6.2	5.0
Chlorophenol red(C. P. R)	〃	산	노랑	빨강	4.8− 6.4	6.25
Bromothymol blue(B. T. B)	〃	〃	〃	파랑	6.0− 7.6	7.30
Phenol red(P. R)	〃	〃	〃	빨강	6.4− 8.0	8.0
Neutrol red(N. R)	70% 알콜	염기	빨강	노랑-갈색	6.8− 8.0	7.4
Cresol purple(C. P)	물	산	노랑	자주	7.4− 9.0	−
Thymol blue(T. B)	〃	〃	〃	파랑	8.0− 9.6	−
Phenolphthalein(P. P)	70% 알콜	〃	무색	빨강-보라	8.0− 9.8	−
Thymolphthalein(T. P)	90% 알콜	〃	〃	파랑	9.3−10.5	−
Alizarine yellow(A. Y)	물	〃	노랑	보라	10.1−12.0	−

(3) 지시약의 종류

① 단색 지시약

무색에서 유색으로 변색하는 지시약을 말한다. 예를 들면 페놀프탈레인은 산성에서 무색, 알칼리성에서 적색을 나타낸다.

② 복색 지시약

두 가지의 색깔로 변하는 지시약이다. 예를 들면 메틸오렌지는 산성에서 적색, 알칼리성에서 황색을 나타낸다.

③ 배합 지시약

㉠ 만능 지시약(universal indicator)

두 가지 이상의 지시약을 혼합하여 만든 것으로 광범위한 pH 값에서 각각 다른 색을 나타낸다. 예를 들면 methyl orange 0.03g, methyl red 0.15g, bromthymol blue 0.3g 및 phenolphthalein 0.35g을 60% 에틸알콜 1l에 용해하면 각 pH에서 다음과 같은 색을 나타낸다.

pH	3	4	5	6	7	8	9	10
색	적	적등	등	황	황록	록청	청	자

㉡ 혼합 지시약(mixed indicator)

두 가지 이상의 지시약 또는 불활성 염료로 된 지시약으로 어떤 특정한 pH에서 예민하게 변색한다. 변색범위가 없고 변색점만 있는 것이 특징이며 몇 가지 혼합 지시약을 표 2-6에 나타내었다.

표 2-6 혼합 지시약

혼합 지시약명	비	pH	산성색	알칼리성색	비 고
methyl orange(0.1%) 용액 indigo carmine(0.1%) 용액	1 1	4.1	보라	녹색	어두운곳 보관
bromocresol green(0.1%) alc. soln. methyl red(0.2%) alc. soln.	3 1	5.1	붉은색	녹색	
bromocresol green(0.1%) alc. soln. chromphenol red(0.1%) alc. soln.	1 1	6.1	황녹	청자	pH 5.4 청녹색 pH 6.1 청자색
neutral red(0.1%) alco. soln. bromothymol blue(0.1%) alc. soln.	1 1	7.2	분홍	녹색	pH 7.0 분홍 pH 7.2 연한분홍 pH 7.2 회적색
cresol red(0.1%) alc. soln. thymol blue(0.1%) alc. soln.	1 3	8.3	황색	녹색	pH 8.2 분홍 pH 8.4 보라색
phenolphthalein(0.1%) alco. soln. naphtholphthalein(0.1%) alc. soln.	2 1	9.6	연한 분홍	자색	
thymol phthalein(0.1%) alc. soln. alizarin yellow(0.1%) alc. soln.	2 1	10.2	황색	녹색	

(4) 지시약의 선정

중화적정에 사용되는 지시약은 그 변색범위가 약 2단위의 pH 값을 가지므로 당량점에서 생기는 pH jump의 범위내에서 변색되는 지시약을 선정하여 적정에 이용하면 된다.

강산과 강염기의 적정에는 당량점에서의 pH jump가 약 3.5~10.5 사이이므로

M. O, B. T. B, P. P 등을 사용할 수 있다. M. O는 용액 중에 녹아 있는 CO_2의 영향을 제거할 수 있으므로 광범위하게 사용되며 처음 시약의 농도가 묽으면 대략 중성에서 변색하는 B. T. B를 사용하면 좋다.

약산을 강염기로 적정할 때는 pH 7~11에서 변색하는 지시약인 P. P, T. P 등을 쓸 수 있고, 약염기를 강산으로 적정할 경우는 pH 3~7에서 변색하는 M. O, M. R 등이 이상적이다.

또 약산과 약염기의 중화에는 pH 6~8에서 변색되는 중성 지시약을 쓸 수 있고 B. T. B, P. R, N. R 등이 있다.

한편 일반적인 지시약의 선정법은 다음과 같은 조건에 의하여 결정할 수 있다.

① 적정곡선을 알고 있을 때는 종말점(end point)이 당량점(equivalent point)에 일치하는 지시약을 선택한다.

② 적정하려고 하는 산 또는 염기의 전리정수가 적정해 본 적이 있는 산 또는 염기의 전리정수와 거의 같다면 기지 적정에 사용했던 지시약을 쓰면 된다.

③ 전연 적정한 적이 없는 물질을 적정할 때는 당량점의 pH를 계산해서 그 pH 값을 지시약 선정의 기준으로 한다.

3. 중화 적정 곡선

중화적정에서 표준용액의 적가량(ml)에 따른 용액의 pH 변화를 도시한 곡선을 중화적정곡선이라 한다. 이 곡선은 적정시 pH 값의 실측에 의하여, 또는 기지농도의 용액간 적정에서 계산에 의해서도 구할 수 있다. 적정곡선에서 당량점 전후의 갑작스러운 pH 값의 변화를 pH jump라 하며 이 pH jump는 반응의 종말점과 적정 지시약의 선정에 도움이 된다. 또한 적정곡선의 모양을 조사함으로써 용액의 완충능력을 이해할 수도 있다.

(1) 강산과 강염기간의 적정

일반적으로 농도 N인 강산 Vml를 N'의 농도를 갖는 강염기로 V' ml 적정할 경우 각 적정점에서의 용액의 수소이온농도는 다음과 같이 계산한다.

적정 전 ; $[H^+] = N$ ·· (2－158)

당량점 이전 ; $[H^+] = \dfrac{NV - N'V'}{V + V'}$ ·························· (2－159)

당량점 ; $[H^+] = [OH^-]$ ·· (2－160)

당량점 이후 ; $[OH^-] = \dfrac{N'V' - NV}{V + V'}$ ······················· (2－161)

【예제 2－28】 0.1 N HCl 용액 25,00 ml는 0.1 N KOH 용액으로 적정할 때, 0.1 N KOH 용액을 각각 ① 0.00 ml, ② 10.00 ml, ③ 20.00 ml, ④ 24.00 ml, ⑤ 24.90 ml, ⑥ 25.00 ml, ⑦ 25.10 ml, ⑧ 30 ml 가할 때의 $[H^+]$, pH를 구하고 적정곡선을 작성하라.

(풀이) ① 0.00 ml를 가할 때

$[H^+] = 0.1 = 10^{-1}$

$pH = -\log[H^+] = -\log 10^{-1} = 1$

② 10.00 ml를 가할 때

$[H^+] = \dfrac{NV - N'V'}{V + V'} = \dfrac{(V - V')}{V + V'} \times N = \dfrac{(25-10) \times 0.1}{25+10} = 4.3 \times 10^{-2}$

$pH = -\log[H^+] = -\log(4.3 \times 10^{-2}) = 2 - \log 4.3 = 2 - 0.63 = 1.37$

③ 20.00 ml를 가할 때

$[H^+] = \dfrac{(25-20) \times 0.1}{25+20} = 1 \times 10^{-2}$

$pH = -\log 10^{-2} = 2$

④ 24,000 ml를 가할 때

$[H^+] = \dfrac{(25-24) \times 0.1}{25+24} = 2 \times 10^{-3}$

$pH = -\log(2 \times 10^{-3}) = 3 - \log 2 = 3 - 0.3 = 2.7$

⑤ 24.90 ml를 가할 때

$[H^+] = \dfrac{(25.00-24.90) \times 0.1}{25.00+24.90} = 2 \times 10^{-4}$

$pH = -\log(2 \times 10^{-4}) = 4 - 0.3 = 3.7$

⑥ 25.00 ml를 가할 때(당량점)

$[H^+] = [OH^-]$

$pH = 7$

⑦ 25.10 ml를 가할 때

$[OH^-] = \dfrac{(25.10-25.00) \times 0.1}{25.00+25.10} = 1.996 \times 10^{-4}$

$pOH = -\log(1.996 \times 10^{-4}) = 4 - \log 1.996 = 4 - 0.3 = 3.7$

$pH = pK_w - pOH = 14 - 3.7 = 10.3$

⑧ 30.00 ml를 가할 때

$$[OH^-] = \frac{(30.00-25.00)\times 0.1}{25.00+30.00} = 9.091 \times 10^{-3}$$

$$pOH = -\log(9.091 \times 10^{-3}) = 2.0$$

$$pH = 14 - 2.0 = 12.0$$

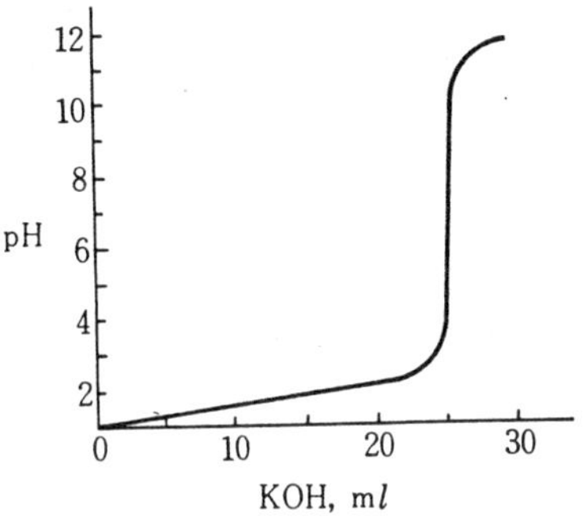

그림 2-6 0.1 N KOH 용액에 의한 0.1 N HCl 용액 25 ml의 적정곡선

위의 예제에서 보면 이론적인 당량점은 pH 7이므로 지시약은 가능하면 pH 7 근처에서 변색되는 B.T.B 등을 택하면 좋다. 그러나 반응물의 농도가 0.1 N일 때 pH jump는 pH 4~10이므로 이 pH 범위 내에서 변색되는 M.O, P.P 등을 사용하여도 실제로 오차가 생기지 않음을 알 수 있다. 또 용액의 pH는 대부분의 중화반응에서 크게 변하지 않는다. 즉 80% 이상 중화될 때까지 pH는 한 단위 이상 변하지 않으므로 강산은 이 영역에서 상당한 완충능력을 나타냄을 볼 수 있고 당량점이 조금 지난 후 pH가 증가하는 비율은 다시 작게 된다. 또한 적정반응에 사용한 산·염기의 농도가 더 진하면 pH jump는 더 크게 되고 농도가 묽어지면 pH jump가 줄어들어 지시약의 허용범위도 다소 변하게 됨을 알 수 있다.

(2) 강산에 의한 약염기의 적정

농도가 N인 NH_4OH 용액 V ml에 N′의 농도를 가지는 HCl 용액을 V′ ml 적정 할 경우를 생각해 보자.

HCl을 적가하기 전에는 N농도의 NH_4OH 용액만 존재하므로 $[OH^-]$는 식 (2-162)로 구할 수 있고, HCl을 적가하면 당량점 이전에서는 반응물 NH_4OH와 생성물 NH_4Cl이 혼합된 완충용액조성을 가지므로 $[OH^-]$는 식(2-163)에서, 또 당량점에서는 생성물 NH_4Cl이 가수분해하므로 약산성이 되고 이 때의 $[H^+]$

는 식(2-164)에서, 그리고 당량점 이후에는 생성물 NH_4Cl과 적정제인 HCl 용액의 혼합 상태이므로 $[H^+]$는 식(2-165)로 계산해 낼 수 있다.

$$\text{적정 전}: [OH^-] = \sqrt{K_bC} \quad \cdots\cdots (2-162)$$

$$\text{당량점 이전}: [OH^-] = K_b \cdot \frac{[\text{염기}]}{[\text{염}]} = K_b \cdot \frac{\frac{NV - N'V'}{V+V'}}{\frac{N'V'}{V+V'}} \quad \cdots (2-163)$$

$$\text{당량점}: [H^+] = \sqrt{\frac{K_w}{K_b}C_s} = \sqrt{\frac{K_w}{K_b} \cdot \frac{N'V'}{V+V'}} \quad \cdots\cdots (2-164)$$

$$\text{당량점 이후}: [H^+] = \frac{N'V' - NV}{V+V'} \quad \cdots\cdots (2-165)$$

강산에 의한 여러가지 약염기의 적정곡선을 그림 2-7에 나타내었다. NH_4OH-HCl 적정곡선에서는 완충영역이 pH 8.2~10.2 사이로 S형의 곡선이 되고 pH jump는 pH 4~7 사이에 나타나며 당량점에서의 pH는 약 5.2이다. 그러므로 지시약은 M.R, C.P.R 등이 적당하다. 또 그림 2-7은 적정곡선의 모양이 염기의 강도차이에 따른 영향도 나타내고 있다. 여기서 pyridine의 경우는 pK_a가 6 정도이므로 염기성이 매우 약해서 정색 지시약으로 종말점을 찾을 수 없다.

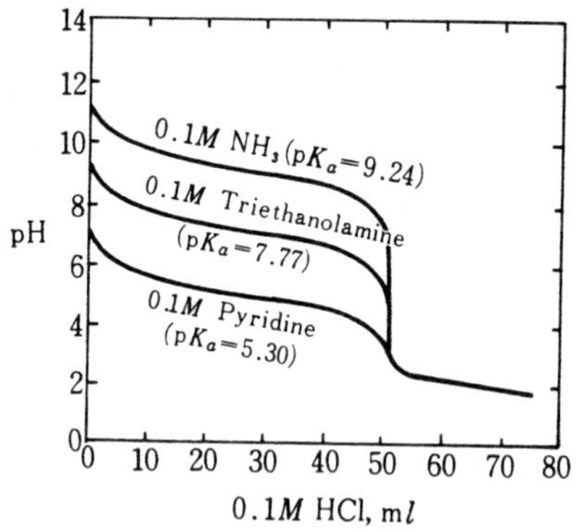

그림 2-7 강산에 의한 여러 가지 약염기의 적정곡선

(3) 강염기에 의한 약산의 적정

이 경우는 앞의 강산에 의한 약염기의 적정 때와 비슷하다. 그러므로 적정제의 주입량에 따른 각 반응점에서의 수소이온농도는 다음과 같이 계산할 수 있다.

즉 적정 전 ; $[H^+] = \sqrt{K_a \cdot C}$ ……………………………………………… (2－166)

당량점 이전 ; $[H^+] = K_a \cdot \dfrac{\dfrac{NV - N'V'}{V+V'}}{\dfrac{N'V'}{V+V'}}$ ……………………………… (2－167)

당량점 ; $[OH^-] = \sqrt{\dfrac{K_w}{K_a} C_s \cdot \dfrac{N'V'}{V+V'}}$ ………………………………… (2－168)

당량점 이후 ; $[OH^-] = \dfrac{N'V' - NV}{V+V'}$ ………………………………… (2－169)

강염기로 약산을 적정하는 경우에 약산의 pK_a 값에 따라 적정곡선의 모양이 변하는 것은 흥미있는 문제이다. 그림 2－8에 여러 가지 값을 가진 약산을 강염기로 적정할 때의 적정곡선을 나타내었다. 만약 용액이 0.01M이라면 실제의 pK_a 값이 8보다 큰 산은 당량점 부근에서 pH jump가 매우 적으므로 정색 지시약을 사용하여 정확한 적정을 하기란 곤란하다. 또 그림 2－8은 pK_a 값이 매우 다른 두 산의 혼합용액을 분리 정량할 수 있는 가능성을 나타내고 있다. HSO_4^-과 HClO 혼합용액에서 HSO_4^-은 4보다 조금 큰 pH에서 적정이 완결되나, 이때에 HClO은 적정이 시작하려 하므로 지시약이나 pH미터를 사용하면 두 혼산 중의 각 성분을 정량할 수 있다.

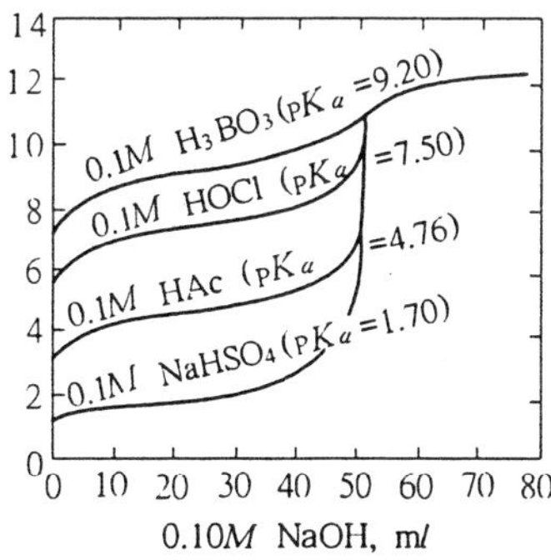

그림 2－8 강염기에 의한 여러 가지 약산의 적정곡선

(4) 약산과 약염기의 적정

약산으로 약염기를 적정할 때나 혹은 그 반대의 경우는 당량점 부근에서 pH

변화가 매우 적으므로 정색 지시약을 선택하여 정확히 종말점을 찾을 수 없으므로 실제 적정에 사용되지 않는다. 그러므로 시료가 약산일 때는 강염기 표준용액으로, 또 시료가 약염기일 때는 강산 표준용액으로 적정하게 된다.

참고로 0.1 N CH_3COOH 용액을 0.1 N NH_4OH로 적정할 경우 적정곡선을 도시해 보면 다음과 같다.

즉 적정전 ; $[H^+] = \sqrt{K_a \cdot C}$ ············ (2-170)

당량점 이전 ; $[H^+] = K_a \cdot \dfrac{[CH_3COOH]}{[CH_3COO^-]}$ ············ (2-171)

당량점 ; $[H^+] = \sqrt{\dfrac{K_a}{K_b} \cdot K_w}$ ············ (2-172)

당량점 이후 ; $[OH^-] = K_b \cdot \dfrac{[NH_4OH^-]}{[NH_4^+]}$ ············ (2-173)

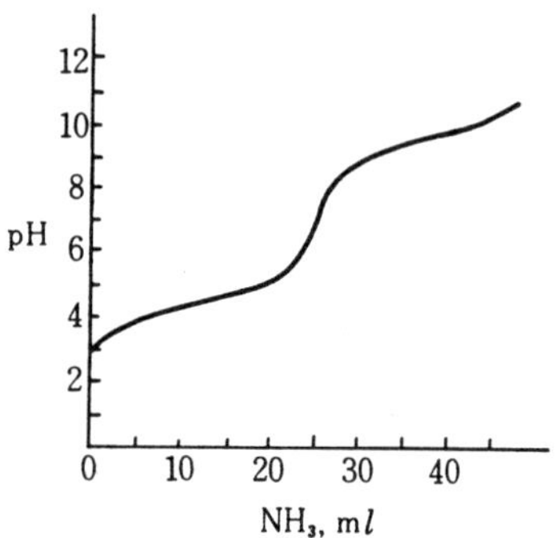

그림 2-9 0.1 N NH_4OH 용액에 의한 0.1 N CH_3COOH 용액 25 ml의 적정곡선

(5) 다염기산의 적정

강염기로서 다염기산(polyprotic acid)의 적정은 다염기산의 단계전리정수의 차가 매우 크므로 강도가 다른 1염기성 산의 혼합용액을 적정하는 것과 같다. 그러므로 다염기산의 적정은 위에 설명한 1염기산과 같은 방법으로 계산하나 당량점 부근만은 다르다.

지금 어떤 0.1 M 2염기약산 H_2A 50 ml를 0.1 M NaOH으로 적정하는 경우를 생각한다.

$$H_2A \rightleftharpoons H^+ + HA^- \quad K_{a1} = 1\times10^{-3}$$
$$HA^- \rightleftharpoons H^+ + A^{2-} \quad K_{a2} = 1\times10^{-7}$$

NaOH를 가하기 전에는 K_{a1}과 K_{a2} 차이가 크므로 K_{a1}만을 고려하여 일염기성 약산과 같이 식(2−21)로부터 $[H^+]$를 계산한다.

제1 당량점 전까지는 K_{a1}이 매우 크므로 첫 단계의 중화가 일어난다. 이 때 $[H^+]$는 일염기성 약산과 같이 첫 단계 전리만 고려하여 식(2−108)로부터 계산한다.

여기서 둘째 단계의 전리를 무시하므로 생기는 오차를 구해 보면, 이 때 전하수지 방정식과 물질수지 방정식을 합한 식은 다음과 같다.

$$[H_2A] + [H^+] = [A^{2-}] + [OH^-] \quad \cdots\cdots (2-174)$$

용액이 산성이므로 $[H^+] > [OH^-]$가 되어, $[OH^-]$를 무시하면

$$[H_2A] + [H^+] = [A^{2-}] \quad \cdots\cdots (2-175)$$

$[HA^-]$는 대략 0.1*M*가 된다. 이것을 1단계 전리정수식에 대입하면 다음과 같다.

$$[H^+] = 0.01\,[H_2A] \quad \cdots\cdots (2-176)$$

식(2−176)을 식(2−175)에 대입하면

$$1.01\ [H_2A] = [A^{2-}]$$

그러므로 오차는 1% 정도가 된다.

제1 당량점에서는 주로 HA^- 형태로 존재하므로 다음과 같은 3가지 반응이 일어난다.

$$HA^- + HA^- \rightleftharpoons H_2A + A^{2-} \qquad K = \frac{K_{a2}}{K_{a1}} = 1.0\times10^{-4}$$

염기로서 전리는

$$HA^- + H_2O \rightleftharpoons H_2A + OH^- \qquad K_{b2} = \frac{K_w}{K_{a2}} = 1.0\times10^{-7}$$

산으로서 전리는

세 평형방정식에서 정수의 크기를 비교해 보면 처음 반응이 주로 일어남을 알 수 있으므로 둘째 반응에서 생성된 H_2A와 셋째 반응에서 생기는 A^{2-}는 처음 반응의 생성물질의 양에 비해 무시할 수 있다. 그러므로 $[H_2A] = [A^{2-}]$가 되고 전리정수의 곱은

$$K_{a1} \cdot K_{a2} = \frac{[H^+]^2[A^{2-}]}{[H_2A]}$$

$$[H^+] = (K_{a1} \cdot K_{a2})^{1/2} \quad \cdots\cdots (2-177)$$

식(2-177)을 사용하여 제 1 당량점에서 $[H^+]$를 계산할 수 있다.

제 1 당량점이 지난 후 제 2 당량점 전까지는 둘째 단계의 중화가 일어나므로 이 때 $[H^+]$는 1염기성 약산과 같이 둘째 단계 전리정수를 이용하여 식(2-168)에서 구한다.

제 2 당량점에서는 Na_2A염이 되어 이 염이 가수분해하므로 K_{a2}를 사용하여 식(2-31)로부터 $[H^+]$를 계산하라.

$$[H^+] = \left(\frac{K_w K_{a2}}{C_b}\right)^{1/2}$$

제 2 당량점 이후는 강염기가 과량 들어가므로 식(2-3)을 사용하여 $[H^+]$를 구한다.

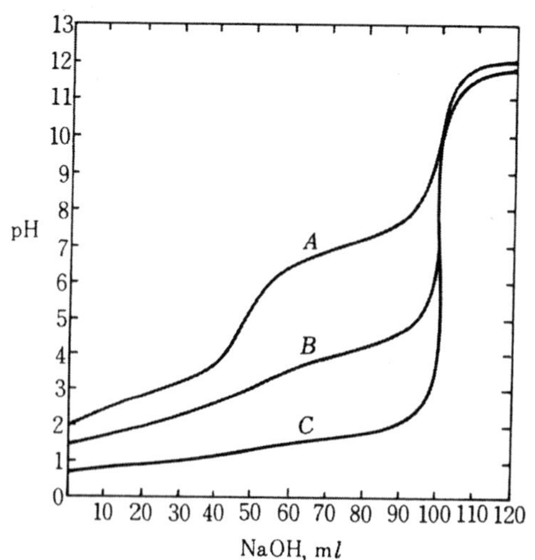

$A : K_{a1}/K = 10^4$, $B : K_{a1}/K_{a2} = 10^2$, $C : H_2SO_4$

그림 2-10 다염기성산의 적정곡선

이와 같은 방법으로 계산하여 적정곡선을 만들고 그림 2-10의 곡선 *A*로 나타내었다. 여기서는 두 개의 명확한 pH jump를 인식할 수 있다. 그러나 K_{a1}과 K_{a2} 차가 10^2인 어떤 2 염기산의 경우를 이와 같은 방법으로 계산하여 그 결과를 나타내면 곡선 *B*와 같다. 이 경우는 제 1 당량점에서 pH jump가 거의 없다.

일반적으로 다염기산은 전리정수가 2개 이상이므로 당량점도 2 개 이상이 된다.

이 때 두 전리정수의 p*K*값 차 즉 Δp*K*가 4 이상이면 적정곡선에서 pH jump가 일어나므로 분별 적정이 가능하지만 Δp*K*가 이보다 작으면 변곡점을 볼 수 없으므로 단계 적정이 곤란하다. 예를 들어 H_2CO_3은 pK_{a1}이 6.5이고 pK_{a2}가 10.2이므로 3.7 단위의 pK_a값의 차이가 있으므로 분리적정이 가능하다. 그러나 H_2SO_4의 경우는 $H_2SO_4(K_{a1} \fallingdotseq 1)$와 $HSO_4^-(K_{a2} \fallingdotseq 10^{-2})$이 거의 완전히 전리하므로 HCl과 같은 형태로 pH jump가 한 개 생기고 분리적정이 곤란하게 된다. 한편 인산은 3염기성 산이고 다음과 같이 전리한다.

$$H_3PO_4 \rightleftharpoons H^+ + H_2PO_4^- \qquad K_1 = 7.11\times10^{-3} \qquad pK_1 = 2.15$$
$$H_2PO_4^- \rightleftharpoons H^+ + HPO_4^{2-} \qquad K_2 = 6.34\times10^{-8} \qquad pK_2 = 7.20$$
$$HPO_4^- \rightleftharpoons H^+ + PO_4^{3-} \qquad K_3 = 4.2\times10^{-13} \qquad pK_3 = 12.32$$

pK_1과 pK_2의 차 및 pK_2와 pK_3의 차가 각각 5 정도이므로 제 1, 제 2 당량점에서 pH jump가 뚜렷하게 나타난다. 이 때의 $[H^+]$ 및 pH는

제 1 당량점에서

$$[H^+] \fallingdotseq \sqrt{K_1 K_2} = \sqrt{7.11\times10^{-3}\cdot 6.34\times10^{-8}} = 2.12\times10^5$$
$$pH = \frac{1}{2}(pK_1 + pK_2) = \frac{1}{2}(2.12+7.21) = 4.57$$

제 2 당량점에서

$$[H^+] \fallingdotseq \sqrt{K_2 K_3} = \sqrt{6.34\times10^{-8}\cdot 4.2\times10^{-13}} = 1.63\times10^{10}$$
$$pH \fallingdotseq \frac{1}{2}(pK_2 + pK_3) = \frac{1}{2}(7.21+12.32) = 9.77$$

로서 M. O를 제 1 당량점, P. P를 제 2 당량점의 지시약으로 사용하여 적정할 수 있다. 제 3 당량점에서는 K_3 값이 너무 작고 PO_4^{3-}이 센 염기이기 때문에 pH jump가 거의 나타나지 않는다. 따라서 인산의 제 3 당량점은 바로 적정으로 구하기는 어렵고 여기에 염화칼슘을 충분히 넣어 PO_4^{3-}를 칼슘염으로 침전시킨 후

생성된 염산을 알칼리 표준용액으로 적정하여 구한다.

$$2HPO_4^{2-} + 3CaCl_2 \rightleftharpoons Ca_3(PO_4)_2 + 4Cl^- + 2HCl$$

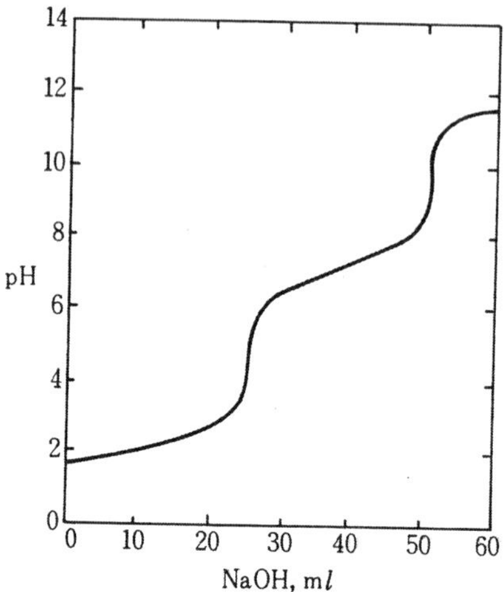

그림 2－11 0.1 M H_3PO_4 25.00 ml를 0.1 N NaOH 용액으로 적정할 때의 적정곡선

또 반대로 Na_2CO_3을 HCl으로 적정할 경우는 그림 2－6과 같이 두 개의 pH jump가 생긴다.

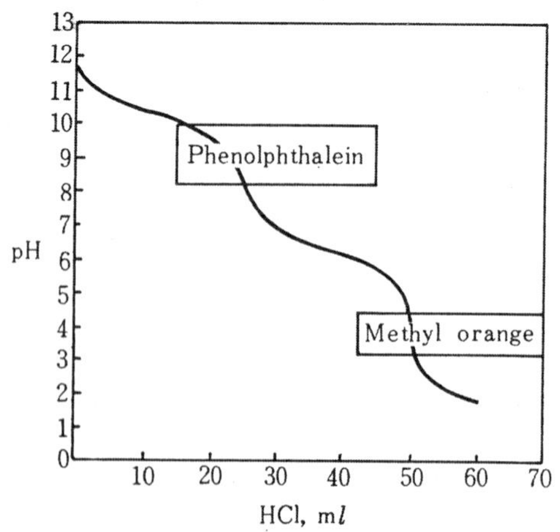

그림 2－12 2.5 밀리몰 Na_2CO_3를 0.1 M HCl으로 적정할 때의 적정곡선

$$CO_3^{2-} + H^+ \rightleftharpoons HCO_3^- + H_2O$$
$$HCO_3^- + H^+ \rightleftharpoons H_2CO_3 + H_2O$$

phenolphthalein을 지시약으로 하면 $NaHCO_3$까지 중화되는 점을 알 수 있고 methyl orange를 지시약으로 하면 완전히 중화되는 점을 찾을 수 있다.

(6) 혼합산의 적정

혼합산은 두 가지 종류가 있다. 첫째는 p*K* 값의 차이가 별로 없는 산들의 혼합용액이다. 이 경우는 염기로 적정할 때 동시에 적정되므로 각 성분을 정량할 수 없다. 예를 들면 HCl과 HNO_3 혼합산, CH_3COOH과 HCOOH의 혼합산 및 NH_4Cl과 phenol의 혼합산이 여기에 속한다. 둘째는 p*K* 값의 차이가 매우 큰 산들의 혼합용액이다. 이 경우는 다염기산에서와 같은 방법으로 계산하여 적정곡선을 만들면 pH jump가 여러 개 생긴다. 염기를 가하면 강한 산이 먼저 중화되고 다음에 p*K* 값이 큰 순서로 중화된다. 그러므로 적당한 지시약을 선택하면 분리적정할 수 있다. 이와 같은 혼합산의 대표적인 예를 그림 2-13에 나타내었다.

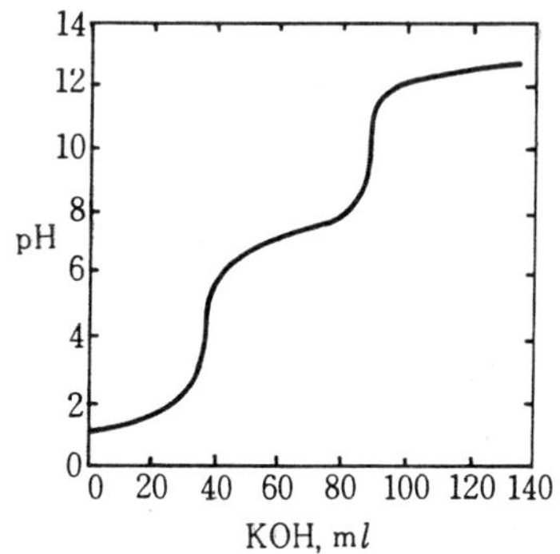

그림 2-13 0.075*M* HCl과 0.10*M* HClO 혼합 용액 100m*l*를 0.2*M* KOH으로 적정할 때의 적정곡선

4. 적정오차와 예민도 지수

(1) 적정오차

적정오차란 정색 지시약의 변색이 당량점 이전이나 이후에 일어날 때 생기는 오차를 뜻한다. 여기서는 buret을 읽을 때 생기는 불확실성으로 인한 오차는 고려하지 않는다.

강산을 강염기로 적정하는 경우 적정오차의 백분율은 반응하지 않고 남아 있는 산의 mg 당량수나, 과량으로 가한 염기의 mg 당량수를 계산하여 이것을 적정할려는 물질의 mg 당량수로 나누어 100을 곱하면 된다.

즉 강산-강염기 적정의 오차를 나타내는 일반식은 다음과 같다.

$$\text{적정 오차}(\%) = \frac{XV_t}{nV_1} \times 100 \quad \cdots\cdots (2-178)$$

여기서 X=종말점에서 미반응한 $[H^+]$ 혹은 과량으로 가한 $[OH^-]$

n=적정제의 농도

V_1=적정제의 부피

V_t=종말점에서 용액 전체의 부피

식(2−178)은 적정될 용액이 희석되면 C_a가 감소하고 전체적 V_t는 증가하므로 적정 오차는 크게 된다.

약산을 강염기로 적정할 경우 적정오차는 종말점에서 중화되지 않고 남아 있는 산의 백분율로 나타낸다.

즉 $$\text{적정오차}(\%) = -\frac{[HA]\times 100}{[HA]+[A^-]}$$

이 식에서 [HA]를 산의 전리 정수식으로 치환하면 다음과 같다.

$$\text{적정 오차}(\%) = -\frac{[H^+]\times 100}{[H^+]+K_a} \quad \cdots\cdots (2-179)$$

식(2−179)은 종말점이 당량점 이전에 나타나는 적정에 사용되는 식이므로 염의 가수분해로 생성되는 [HA]의 영향을 무시할 수 있다. 그러므로 대부분의 경우 식(2−179)로 적정오차를 명확히 계산할 수 있다.

약산의 경우는 강산의 경우와는 달릴 적정오차가 시료농도에 영향이 없으나 많이 희석되면 가수분해가 크게 되므로 계산에 고려해야 한다. 예를 들면 CH_3COOH을 적정하는 경우 농도가 0.001M보다 클 때에는 적정오차는 농도에 영향이 없으나 이보다 묽어지면 가수분해 영향을 고려해야 한다.

또 식(2-179)를 이용하면 약산을 어떤 지시약을 사용하여 허용된 오차범위 내에서 적정하려 할 때 그 약산이 필요로 하는 전리정수를 계산할 수 있다.

예를 들어 phenolphthalein을 사용했다면 종말점은 pH 9에서 찾을 수 있다. 이 때에 0.1% 오차범위 내에서 적정할 수 있는 약산의 최소전리정수는 식(2-179)에 의해서

$$0.1 = \frac{10^{-9} \times 100}{10^{-9} + K_a}$$

그러므로 $K_a = 10^{-6}$

1% 오차 내에서 적정하려면 K_a는 10^{-7}이다.

약산을 강염기로 적정할 때 당량점 이후에서는 적정곡선이 강산과 강염기 경우와 같으므로 식(2-178)을 사용하여 적정오차를 구한다.

【예제 2-29】 0.1N HCl 50ml를 0.1N NaOH로 적정할 때 ① M.O ② P.P를 지시약으로 사용할 경우 각각의 적정오차는 얼마인가? 단, M.O는 pH 4에서 P.P는 pH 9에서 변색한다.

(풀이) ① M.O를 사용할 때

$[H^+]$가 10^{-4}이 될 때까지 적정되므로

$$\text{적정오차}(\%) = \frac{10^{-4} \times 100}{0.1 \times 50} \times 100 = 0.2\%$$

여기서 종말점 ($[H^+] = 10^{-4}$)은 당량점($[H^+] = 10^{-7}$) 이전에 도달하므로 적정오차는 음수가 된다. 그러므로 적정오차(%)=−0.2%

② P.P를 사용할 때

$[OH^-]$가 10^{-5}이 될 때까지 적정되므로

$$\text{적정오차}(\%) = \frac{10^{-5} \times 100}{0.1 \times 50} \times 100 = 0.02\%$$

그런데 종말점($[H^+] = 10^{-9}$)은 당량점($[H^+] = 10^{-7}$) 이후에 일어나므로 적정오차가 양수가 된다. 따라서 적정오차(%) = +0.02%

(2) 예민도 지수

중화적정에서 종말점의 예민도를 나타내는 데 사용하는 예민도 지수(sharpness

index) η는 적정되는 산의 분율에 대한 pH 변화의 비율로 나타낸다. 만약 미분 적정곡선을 작도한다면 종말점은 η의 극대 값이 되는 점이다. 예민도 지수 η는 다음 식으로 알 수 있는 바와 같이 완충지수와 밀접한 관계가 있다.

$$\eta = \frac{dpH}{dT}$$

T는 적정된 산의 분율이며 $\frac{C_B}{C_A}$ 와 같다. 여기서 C_B는 용액에 적정제를 가한 강염기의 몰 농도이고 C_A는 적정되는 산의 전 농도이다. 그러므로

$$\eta = \frac{dpH}{dC_B} \times C_A = \frac{C_A}{\beta} \quad \cdots\cdots (2-180)$$

여러 가지 산-염기 적정에서 η 극대값은 대응하는 β의 극소치로부터 구할 수 있다. 이것은 식(2-104)를 미분하든가 혹은 그림 2-5의 β값과 pH관계 곡선을 조사하여 알 수 있다. 예를 들어 1염기성 약산을 강염기로 적정할 때 β의 극소값은 β_{OH^-}와 β_{HA} 곡선의 교점에서 얻어진다.

$$\beta_{min} = \beta_{HA} + \beta_{OH^-} = 2\beta_{HA} \quad 혹은 \quad 2\beta_{OH^-} = 2\times2.3[OH^-]$$

1염기성 약산과 강염기 적정에서 당량점의 $[OH^-]$는 다음 식으로 나타낼 수 있다.

$$[H^+] = (\frac{K_w \cdot K_a}{C_A})^{1/2} = \frac{K_w}{[OH^-]}$$

그 결과

$$\beta_{min} = 4.6(\frac{C_A \cdot K_w}{K_a})^{1/2}$$

그러므로

$$\eta_{max} = \frac{C_A}{\beta_{min}} = 0.22(\frac{C_A K_a}{K_w})^{1/2}$$

이와 비슷한 방법으로 계산하여 다른 중요한 여러 가지 산-염기 적정의 경우도 η_{max} 값을 구할 수 있다.

2-6 중화적정실험

[실험 2-1] 산 표준용액의 조제 및 표정

1. 개 요

산 표준용액으로서 약산은 적당치 못하므로 일반적으로 강산을 사용한다. 강산 중에서도 주로 HCl을 사용하며, H_2SO_4은 용액의 산성도 조절이나 또는 용액을 장시간 가열할 필요가 있을 때 사용한다. 그러나 H_2SO_4는 몇 가지 양이온들과 불용성 화합물을 만든다. HNO_3는 빛과 열에 불안정하고, 산으로서 사용했을 때 어떤 물질과는 산화-환원 반응을 일으킨다. HCl은 휘발성이 있으나 실온에서 묽은 용액은 무시할 수 있으므로 표준용액으로 적당하다.

표정시 사용하는 일차표준물질로는 주로 Na_2CO_3과 $KHCO_3$을 사용하며, 또 농도를 아는 염기성 표준용액을 2차표준물질로 사용한다.

2. 조 작

① 0.1 *N* HCl 용액의 조제

0.1 *N* HCl은 1000 ml중에 순 HCl(*M. W.* ; 36.46) 3.646 g을 포함한 용액이다. 지금 30% HCl(*s. g.* ; 1.152)을 사용하여 0.1 *N* HCl 용액을 만들고자 한다.

$$\frac{\text{HCl의 mg 수}}{\text{HCl의 당량}} = N \times ml \text{ 수에서}$$

$$\frac{1000 \times 1.152 \times 0.30}{36.46} = N \times 1$$

$$N = 9.48$$

이 염산은 9.48 *N*이므로 0.1 *N* HCl을 만들고자 한다.

$$9.48 : 1000 = 0.1 : x$$

$$x = 10.55(ml)$$

즉 30% HCl(*s. g.* ; 1.152) 10.55 m*l*를 취하여 1*l* 용량 플라스크에 옮겨 물로 희석하면 된다.

다른 방법으로 계산하면 30% HCl이란 이 HCl 100g을 취하면 그 중에 순수한 HCl이 30g 포함한다는 뜻이므로 0.1*N* HCl 용액을 만들려면 물 1*l* 속에 순수한 염산 3.646g을 녹이면 된다. 그러므로

$$100 : 30 = x : 3{,}646$$
$$x = 12.15(\mathrm{g})$$

용적으로 취하기 위해서

$$\frac{12.15}{1.152} = 10.55(\mathrm{m}l)$$

그러므로 30% HCl 10.55 m*l*를 취하여 물로 희석하여 1*l*를 만들면 된다.

또 비중계를 사용하여 염산의 비중을 측정하고 염산의 비중과 농도표를 이용하여 필요한 농도의 표준용액을 조제할 수 있다.

예를 들면 비중을 알 수 없는 염산으로 0.1*N* HCl을 조제하려고 한다. 비중계를 사용하여 측정한 비중이 1.180이라면 부록 1에서 이 염산의 농도는 11.45*N*이다. 즉 이 염산 1,000 m*l*를 취하면 11.45*N*이 된다. 그러므로 0.1*N* HCl을 조제하려면

$$1000 : 11.45 = x : 0.1$$
$$x = \frac{100}{11.45} \doteqdot 8.73(\mathrm{m}l)$$

비중 1.180인 염산 8.73 m*l*를 취하여 물로 희석하여 1*l*로 만들면 된다.

② 0.1*N* HCl 용액의 표정

Na_2CO_3(*M. W.* : 105.986)는 흡수성이 있으므로 표준품(99.97% 이상) 약 1g을 도가니에 넣어서 전기오븐에서 약 270℃로 1시간 가열하고, 데시케이터(desicator) 중에서 식힌 다음 일정량 *a* g(약 0.2g)을 정확히 칭량하여 50 m*l*에 용해시켜 "메틸오렌지" 2방울을 가하고 HCl 용액으로 적정하여 조금이라도 등색이 나타나면 2~3분간 끓여 CO_2 가스를 날려 보내고, 식힌 다음 황색이 되면 다시 한 방울씩 가할 때 등색이 되면 종말점으로 한다. 이 조작을 되풀이하여 규정농도를 계산하여 평균치를 구한다.

$$2HCl + Na_2CO_3 = 2NaCl + H_2O + CO_2$$

3. 계 산

정확한 규정농도는 다음 식으로 계산이 된다.

$$\frac{Na_2CO_3\ mg\ 수}{당\quad 량} = N \times ml\ 수$$

[실험 2-2] 염기 표준용액의 조제 및 표정

1. 개 요

염기 표준용액으로는 일반적으로 강염기인 NaOH 용액을 사용한다. 약염기는 많은 물질의 적정에서 명확한 종말점을 찾기가 곤란하므로 사용하지 않는다. KOH는 NaOH보다 좋으나 고가이므로 알콜의 염기 표준용액으로 사용하는 것 외에는 별로 이용하지 않는다. 또 $Ba(OH)_2$ 용액은 공기 중에서 쉽게 혼탁되므로 취급이 곤란하다. 표정시 사용하는 1차 표준물질로서는 중프탈산칼륨, 안식향산, 수산 등을 사용하고, 2차 표준물질로는 HCl 표준용액을 사용한다.

2. 조 작

① 0.1 *N* NaOH 용액의 조제

시판 NaOH 약 5g을 윗접시 저울로 칭취하여 비커에 넣고, 또 가열하여 CO_2를 제거시키고, 냉각한 증류수로 표면의 Na_2CO_3를 재빠르게 씻어 버리고, 물에 용해하여 1*l*용량 플라스크에 옮긴 후 물로 희석하여 1*l*로 한다.

② 0.1 *N* NaOH 용액의 표정

(i) 중프탈산칼륨으로 표정하는 법

$C_6H_4(COOK)COOH$ (*M. W.* ; 204.217)의 특급품을 100℃에서 3시간 건조시켜 2g을 정칭하여 새로 끓여서 식힌 물 약 70*ml*에 용해시켜 페놀프탈레인 2방울을 가하고, NaOH 용액으로 적정한다. 종말점은 담홍색이 되는 점이다.

$$KHC_8H_4O_4 + NaOH = KNaC_8H_4O_4 + H_2O$$

(ii) 0.1 *N* HCl 표준용액으로 표정하는 법

0.1 *N* HCl 표준용액 20 m*l*를 300 m*l* 3각 플라스크에 정확히 취하여 새로 끓여 식힌 물 50 m*l*로 희석시키고, M. O 2방울을 가한 다음 표정하려는 NaOH 용액으로 적정하여 황색이 되면 종말점으로 한다.

3. 계 산

① 중프탈산칼륨에 의한 표정시 계산

$$\frac{\text{중프탈산칼륨 mg 수}}{\text{당 량}} = N \times ml \text{ 수(실험치)}$$

② 0.1 *N* HCl 표준용액에 의한 표정시 계산

$$NV = N'V'$$

[실험 2-3] 수산화나트륨과 탄산나트륨 혼합물의 정량

1. 개 요

① Warder법

Na_2CO_3이 0.1 *N* HCl 표준용액으로 적정되는 반응은 다음과 같이 2단계로 일어난다.

$$Na_2CO_3 + HCl \longrightarrow NaHCO_3 + NaCl \text{ (pH 8.36)}$$
$$NaHCO_3 + HCl \longrightarrow H_2O + CO_2 + NaCl \text{ (pH 3.8)}$$

지시약 페놀프탈레인의 변색범위는 pH 10.0~8.3이고 메틸오렌지의 변색범위는 pH 4.4~3.1이므로, 처음에 페놀프탈레인을 지시약으로 하여 HCl으로서 적정할 때는 1 단계 반응의 종말점을 나타낸다.

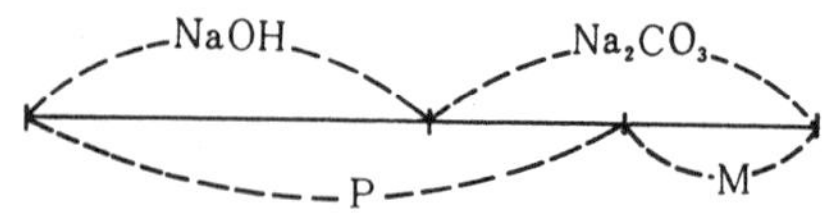

다시 여기에 메틸오렌지를 첨가하여 적정을 완결하면 2단계 반응의 종말점을 나타낸다. 지금 NaOH과 Na_2CO_3의 혼합용액을 페놀프탈레인 지시약으로 0.1 *N* HCl으로서 적정하면, NaOH의 전량과 Na_2CO_3의 반량이 중화될 때, 즉 NaOH는 NaCl로 되고, Na_2CO_3은 $NaHCO_3$로 될 때이므로 무색이 된다. 이 때 HCl의 소비된 *ml*수를 *Pml*로 한다.

다음에 계속하여 메틸오렌지를 가하고, 적정을 완결하면 남아 있는 $NaHCO_3$ (Na_2CO_3의 반량에 해당한다)가 전부 중화되어 적색으로 변한다. 이 때의 HCl의 소비 *ml* 수를 *Mml*로 한다.

또 NaOH에 당량인 HCl의 용량 : *x* ml

Na_2CO_3에 당량인 HCl의 용량 : *y* ml이라 하면

$$P = x + y/2$$

$$M = y/2$$

따라서 $x = P - M$, $y = 2M$이 된다.

② Winkler법

시료용액을 메틸오렌지 지시약으로 하여 HCl 표준용액으로 적정해서 NaOH와 Na_2CO_3의 전 알칼리를 정량한다(*M*ml). 별도로 시료용액을 취하고, 과량의 $BaCl_2$ 용액을 가하여 Na_2CO_3을 $BaCO_3$로 침전시킨다.

$$Na_2CO_3 + BaCl_2 \longrightarrow 2NaCl + BaCO_3$$

이 때 NaOH은 $Ba(OH)_2$가 되어 공존한다. 여기에 페놀프탈레인을 지시약으로 가하고, 잘 흔들면서 HCl 표준용액으로 적정하면 NaOH이 정량된다(*Pml*). 따라서 Na_2CO_3를 중화시키는 데 HCl 표준용액은 $(M-P)$ *ml*가 소비된다.

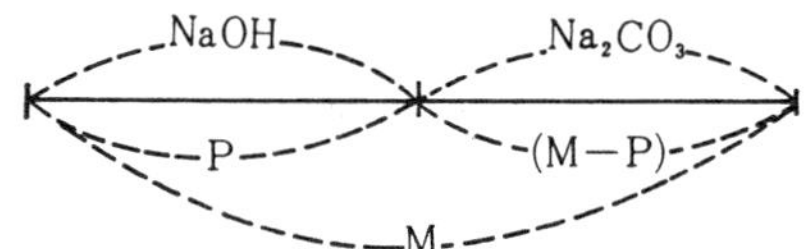

2. 조 작

① Warder 법

시료 약 2.5 g을 정확히 칭량하여 CO_2를 포함하지 않는 물에 용해시켜 용량 플

라스크로 전량이 500 ml로 하고 그 중에서 25 ml를 정확하게 취하여 페놀프탈레인 2방울을 가하고, 무색이 될 때까지 HCl 표준용액으로 적하한다(*P* ml). 다음에 계속하여 메틸오렌지 한 방울을 넣고 0.1 *N* HCl으로 적색이 될 때까지 적정한다(*M* ml).

② Winkler 법

①에서 조재한 시료용액 25 ml를 정확히 취하여 메틸오렌지 한 방울을 가하고 HCl 표준용액으로 적정한다(*P* ml). 다시 시료 25 ml를 취하여 잘 흔들면서 10% $BaCl_2$ 용액을 $BaCO_3$의 백색침전이 생기지 않을 때까지 가하여 가온한다. 식힌 다음 페놀프탈레인 2방울을 가하고, HCl 표준용액으로 홍색이 없어질 때까지 적정한다(*M* ml).

3. 계 산

① Warder 법

$$NaOH(\%) = \frac{(P-M) \times N \times \text{당량} \times 100}{S}$$

$$Na_2CO_3(\%) = \frac{2M \times N \times \text{당량} \times 100}{S}$$

② Winkler 법

$$NaOH(\%) = \frac{P \times N \times \text{당량} \times 100}{S}$$

$$Na_2CO_3(\%) = \frac{(M-P) \times N \times \text{당량} \times 100}{S}$$

[실험 2－4] 인산과 황산 혼합물의 정량

1. 개 요

H_3PO_4과 H_2SO_4 혼합용액에 메틸오렌지를 가하고, NaOH 표준용액으로 적정하면 H_2SO_4 전량과 H_3PO_4의 1/3량, 즉 H_3PO_4이 NaH_2PO_4까지 중화된다. 이 때 NaOH 표준용액의 소비된 ml수를 *M*이라 한다.

$$H_2SO_4 + 2NaOH = Na_2SO_4 + 2H_2O$$
$$H_3PO_4 + NaOH = NaH_2PO_4 + H_2O$$

다음 새로운 시료용액에 NaCl을 가하고, 페놀프탈레인을 지시약으로 하여 NaOH 표준용액으로 적정하면 H_2SO_4의 전량과 H_3PO_4의 2/3량, 즉 H_3PO_4가 $NaHPO_4$까지 중화된다. 이 때 NaOH 표준용액의 소비 ml수를 *P*라 한다.

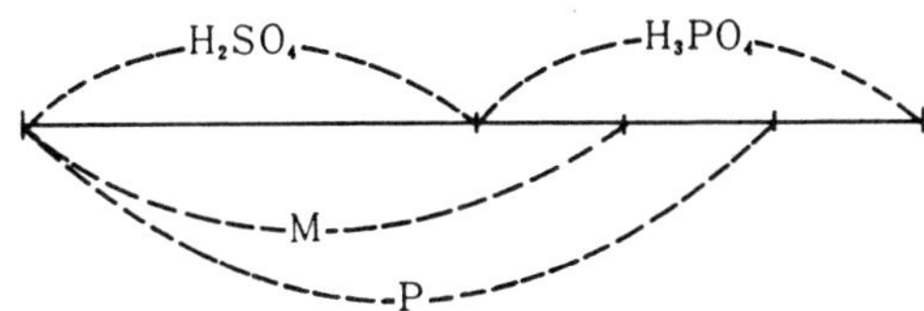

$$H_2SO_4 + 2NaOH = Na_2SO_4 + 2H_2O$$
$$H_3PO_4 + 2NaOH = Na_2HPO_4 + 2H_2O$$

2. 조 작

시료 0.5~1.0g을 정확히 칭량하고, 100ml 용량 플라스크를 사용하여 정확히 희석시킨다. 이 용액 25ml를 취하여 메틸오렌지 2방울을 가하고, NaOH 표준용액으로 황색이 될 때까지 적정한다(*M*ml).

다음 새로 용액 25ml를 취하여 NaCl 5g과 페놀프탈레인 1방울을 가하고, NaOH 표준용액으로 담홍색이 될 때까지 적정한다(*P*ml).

3. 계 산

$$H_3PO_4(\%) = \frac{3(P-M) \times N \times \text{당량} \times 100}{S}$$
$$H_2SO_4(\%) = \frac{(2M-P) \times N \times \text{당량} \times 100}{S}$$

[실험 2-5] 붕산의 정량

1. 개 요

붕산은 H_3BO_3 또는 $B(OH)_3$라는 분자식을 가지고 있어 형식상 3염기산과 같이 보이나 실제 수용액내에서는 다음과 같이 1염기 약산인 metaboric acid로서만 작용하고 따라서 그 중화 당량점도 하나뿐이다.

$$H_3BO_3 - H_2O \rightleftharpoons HBO_2 \rightleftharpoons H^+ + BO_2^-$$

그 전리정수는 5.5×10^{-10}이며 극히 약한 산이므로 중화 당량점에서의 pH jump는 거의 일어나지 않는다. 동시에 $NaBO_2$는 대부분 가수분해되어 강알칼리성을 나타내므로 P. P을 사용하여 직접 적정할 수 없다. 다만 tropeolin나 nitramine과 같이 pH 11~13에서 변색되는 지시약을 사용하여 겨우 적정할 수 있으나 오차가 크다. 그러나 글리세린, 만니톨, 포도당, 전화당 등 다가 alcohol을 H_3BO_3에 작용시키면 다음과 같이 반응하여 HBO_2보다도 약 100배 강한 1염기산 즉 착붕산을 형성하므로 이것을 P. P을 사용하여 알칼리 표준액으로 적정할 수 있다.

```
·C-OH          HO                  ·C-O
 |       +        \B-OH  ⇌          |      \BOH + 2H2O
·C-OH          HO/                 ·C-O/

·C-O                               ·C-O
 |     \B-OH + NaOH =               |     \B-O-Na + H2O
·C-O/                              ·C-O/
```

2. 조 작

시료를 데시케이터(H_2SO_4)속에서 5시간 건조시키고 약 2g을 정칭하여 물 및 글리세린의 동량 혼합액 100ml에 용해시키고 P. P 2~3방울을 가한 다음 NaOH

표준액으로 홍색이 될 때까지 적정한다. 다음 P.P에 대하여 중성으로 한 글리세린 50ml를 가하여 탈색하지 않으면 종말점이 된 것이다. 탈색되면 다시 홍색이 될 때까지 적정한다.(Aml)

3. 계 산

$$H_3BO_3(\%) = \frac{A \times N \times 당량 \times 100}{S}$$

[실험 2-6] 역적정에 의한 ZnO의 정량

1. 개 요

ZnO를 일정 과량의 H_2SO_4 표준액(Aml)에 용해시키고 남아 있는 H_2SO_4를 NaOH 표준액으로 적정한다(Bml).

2. 조 작

시료를 항량이 될 때까지 작열한 다음 약 1g을 정칭하여 NH_4Cl 약 1.7g과 H_2SO_4 표준액(1N H_2SO_4) 50ml를 가한 다음 가열 용해시키고 냉각시킨 후 M.O 두 방울을 가하고 남아 있는 H_2SO_4를 NaOH 표준액으로 역적정한다.

3. 계 산

$$ZnO(\%) = \frac{(A-B) \times N \times 당량 \times 100}{S}$$

[실험 2-7] 황산암모늄 중의 암모니아 정량

1. 개 요

$(NH_4)_2SO_4$에 NaOH 용액을 가하여 가열하면 NH_3 가스가 발생한다.

$$(NH_4)_2SO_4 + 2NaOH = Na_2SO_4 + 2H_2O + 2NH_3 \uparrow$$

이 반응을 이용하여 시료의 일정량에 NaOH 표준액 일정 과량을 가하고 가열하여 NH_3 가스를 날려 보낸 다음 남아 있는 NaOH를 HCl 표준액으로 적정하여 NH_3를 정량한다.

2. 조 작

시료 a g을 정칭하여 밑둥근 플라스크에 넣고 물 약 10 ml를 가하여 녹인다. 여기에 NaOH 표준용액 일정과량을 가하고(Aml) 플라스크를 약 45℃ 경사시켜 천천히 가열하여 NH_3 가스를 완전히 날려 보낸다.

이 때 용액이 갑자기 끓는 것을 방지하기 위하여 몇 개의 유리 모세관을 넣어 둔다.

NH_3 가스가 완전히 제거되었는가 확인한 후 냉각시킨다. 다음 M.O. 2~3방울을 가하고 HCl 표준용액으로 적정한다(Bml).

3. 계 산

$$NH_3(\%) = \frac{(A-B)\times N\times \text{당량}\times 100}{S}$$

문 제

2-1 산-염기 및 물의 전리

1. 여러 가지 용액에 대한 다음 표를 완성하라. 단, 용액의 온도는 10℃이며 이 때 $K_w=2.93\times10^{-15}$이다.

	A	B	C	D
$[H^+]$	0.015			
$[OH^-]$		3.6×10^{-4}		
pH			5.32	
pOH				8.76

2. 25℃에서 물의 이온적 $K_w = 1\times10^{-14}$이다. 중성에서의 pH를 계산하라. 또 온도가 증가하면 중성에서의 pH값은 어떻게 될까?
3. Arrhenius의 전리설을 설명하라.

2-2 평형농도 계산

1. 어떤 1염기산 0.1 M 용액이 40% 전리한다. 이 산의 pK_a를 구하라.
2. 0.05 M HNO_2 용액에서 H^+, OH^-, NO_2^- 및 HNO_2 농도를 계산하라. 단, HNO_2의

$K_a = 5.1 \times 10^{-4}$이다.

3. 0.01 M H_2CO_3 용액의 $[H^+]$를 계산하라. 단, K_{a1}은 4.5×10^{-7}이고 K_{a2}은 4.7×10^{-11}이다.
4. 0.1 M Na_2CO_3 용액의 pH는 얼마냐?
5. 0.1 M H_3PO_4 용액에 들어 있는 모든 이온들과 전리하지 않은 분자의 농도를 계산하라. 단 $K_{a1} = 5.9 \times 10^{-3}$, $K_{a2} = 6.2 \times 1^{-8}$, $K_{a3} = 4.8 \times 10^{-13}$이다.
6. 다음 산-염기계에 대해서 log C에 대한 pH 다이어그램을 작도하라.
   ① 0.10 M HNO_2　　② 0.10 M H_2CO_3
   ③ 0.10 M H_3PO_4　　④ 0.20 M NH_4Cl
7. 6.에서 작도한 다이어그램을 이용하여 다음과 같은 용액에서 pH와 이온들의 농도 및 전리하지 않은 분자상태의 농도를 구하라.
   ① 0.10 M KNO_2　　② 0.10 M $NaHCO_3$
   ③ 0.10 M NaHCO, 0.2 M NH_4Cl　　④ 0.10 M $(NH_4)_2HPO_4$

2-3 완충용액

1. 0.1 M NH_4OH 용액과 NH_4Cl의 혼합용액의 $[OH^-]$는 10^{-3} M이다. NH_4Cl의 농도는 얼마인가? 단, $K_b = 1.8 \times 10^{-5}$
2. 0.08 M HCl 용액과 NaCN의 혼합용액의 pH는 7이다. 이 용액에 녹아 있는 NaCN의 g수는 얼마인가? 단, $K_{HCN} = 7.2 \times 10^{-10}$
3. 0.1 M CH_3COOH 100 ml에 0.1 M CH_3COONa 10 ml를 가한 용액의 $[H^+]$ 및 pH를 계산하라. 단, $K_{CH_3COOH} = 1.86 \times 10^{-5}$
4. 다음과 같은 용액의 완충강도를 계산하라.
   ① 0.05 M HCl 용액　　② 0.05 M NaOH 용액
   ③ 0.05 M NH_3 용액

2-4 염의 가수분해

1. 0.01 M NH_4NO_3 용액의 $[H^+]$와 가수분해도를 계산하라. 단, $K_b = 1.8 \times 10^{-6}$
2. 0.1 M KCN의 가수분해도와 pH를 계산하라. 단, $K_a = 7 \times 10^{-10}$
3. 0.1 M $NaHCO_3$-용액의 가수분해도를 계산하라. 단, $K_1 = 3.3 \times 10^{-7}$
4. 0.1 M NH_4CN의 용액의 pH를 계산하라. 단, $K_a = 7.2 \times 10^{-10}$, $K_b = 1.8 \times 10^{-5}$이다.

2-5 중화적정법

1. 종말점이 pH 3.5, 7.0 및 9.0에서 확인되었다면 다음 적정에서 적정오차를 계산하라.
   ① 0.10 M HCl을 0.5 M NaOH으로 적정할 때
   ② 0.03 M HAc를 0.02 M KOH으로 적정할 때
   ③ 0.25 M NH_3를 0.20 M HCl으로 적정할 때
2. 다음 두 용액을 합했을 때 pH를 구하라.
   ① 0.01 M NaOH 40 ml와 0.01 M HNO_3 60 ml
   ② 0.01 M HCl 20 ml와 0.01 M HCl 30 ml
   ③ 0.01 M HAc 30 ml와 0.01 M KOH 15 ml

3. 0.1 *N* CH_3COOH 용액 25.00 ml에 0.1 *N* NaOH 용액을 0.00, 10.00, 20.00, 24.00, 24.90, 25.00, 25.10 및 30.00 ml 적정하였을 경우 이 용액의 $[H^+]$, pH를 계산하고 적정곡선을 작성하라. 또 적정에 적당한 지시약을 선정하라.

2-6 중화 적정 실험

1. 0.1 *N* HCl 100 ml을 조제하자면 비중 1.170인 33.46 % HCl(*M. W.* ; 36.465) 몇 ml를 취하면 되나?
2. 순수한 Na_2CO_3 0.1250 g을 완전히 중화시키려면 0.1 *N* H_2SO_4 용액 몇 ml가 필요한가?
3. 다음 용액의 규정농도를 계산하라.
   ① acetic acid ($HC_2H_3O_2$) 50 %, *s. g.* 1.058
   ② sulfuric acid (H_2SO_4) 51 %, *s. g* 1.4051
   ③ ammonium hydroxide (NH_4OH) 12.72 %, *s. g.* 0.95
   ④ potassium hydroxide (KOH) 25 %, *s. g.* 1.239
4. 순수한 Na_2CO_3 1.9578 g을 완전히 중화시키는 데 H_2SO_4 용액 25.50 ml가 소비되었다. 이 H_2SO_4는 몇 규정농도인가?
5. NaOH 용액의 규정농도는 0.116 *N*이다. 0.1 *N* 용액으로 만들려면 얼마만한 양의 물을 넣어 1 *l*로 하면 되느냐?
6. NaOH, Na_2CO_3, 불순물 등이 혼합된 시료 1.1050 g을 칭량하여 물에 용해시킨 다음 P. P을 지시약으로 하여 적정하는 데 0.485 *N* HCl 용액 29.05 ml가 소비되었다. 다음에 M. O를 지시약으로 하여 적정할 때 0.485 *N* HCl 용액 11.00 ml가 소비되었다. NaOH와 Na_2CO_3의 %는 각각 얼마냐?
7. H_2SO_4와 H_3PO_4 혼합시료 1.0356 g을 정확히 칭량하여 100 ml로 한 뒤 이 용액 25 ml을 취하여 M. O를 가하고 0.170 *N* NaOH 31.05 ml가 소비되었다. 새로 용액 25 ml를 취하여 NaCl 포화용액 및 P. P를 가하고 적정하여 0.107 *N* NaOH 3.500 ml가 소비되었다. 다음 물음에 답하라.
   ① M. O를 사용했을 때 반응식
   ② P. P을 사용했을 때 반응식
   ③ NaCl을 가하는 이유
   ④ H_2SO_4의 함량 %

제 3 장

침전과 그 적정법

3-1 용해도적

1. 용해도적

용해도가 아무리 작은 물질이라도 아주 소량은 물에 녹는다. 일반적으로 난용성 전해질이라고 하면 0.01 M보다 적게 녹는 것을 말한다. 그러므로 난용성 전해질인 AgCl 침전을 물에 넣으면 거의 용해하지 않으나 소량의 AgCl이 용해하여 Ag^+과 Cl^-을 생성한다.

$$AgCl(\text{고체}) \rightleftharpoons AgCl(\text{액체}) \rightleftharpoons Ag^+ + Cl^- \quad \cdots\cdots (3-1)$$

이 때 AgCl침전이 용해하여 Ag^+과 Cl^-을 생성하나 Ag^+과 Cl^-은 다시 역반응을 일으켜 AgCl 침전을 만드므로 용해하는 속도와 침전하는 속도가 같아져서 열역학적인 평형에 도달한다. 이것을 질량작용의 법칙에 적용하면

$$\frac{[Ag^+][Cl^-]}{[AgCl(\text{고체})]} = K \quad \cdots\cdots (3-2)$$

그러나 일정한 온도에서 AgCl(고체)의 용해도는 일정하므로

$$[Ag^+][Cl^-] = K[AgCl(\text{고체})] = K_{sp} \quad \cdots\cdots (3-3)$$

AgCl 침전의 포화용액에서 생성된 Ag^+ 농도와 Cl^- 농도의 곱은 일정한 온도에서는 항상 일정함을 알 수 있다. 이것을 용해도적(solubility product) 혹은 용

해도적 상수 라고 한다.

여기서 $[Ag^+][Cl^-] > K_{sp}$이면 AgCl 침전이 생성되고
$[Ag^+][Cl^-] < K_{sp}$이면 AgCl 침전이 용해되나
$[Ag^+][Cl^-] = K_{sp}$이면 AgCl 침전이 생성도 용해도 일어나지 않는 포화용액이 되므로 이 경우 이온적(ionic product)은 용해도적과 같다.

일반적으로 난용성 전해질 염 M_mN_n이 물에 포화되면

$$M_mX_n(\text{고체}) \rightleftharpoons mM^{n+} + nX^{m-} \quad \cdots\cdots (3-4)$$

여기서 용해도적 K_{sp}는 다음과 같이 나타낸다.

$$[M^{n+}]^m\ [X^{m-}]^n = K_{sp} \quad \cdots\cdots (3-5)$$

이 때 난용성 전해질의 침전과 용해도적 사이의 정량적인 관계는

$[M^{n+}]^m[X^{m-}]^n > K_{sp}$이면 M_mX_n의 침전이 생성되고
$[M^{n+}]^m[X^{m-}]^n = K_{sp}$이면 M_mX_n의 포화용액 상태이고
$[M^{n+}]^m[X^{m-}]^n < K_{sp}$이면 M_mX_n의 침전이 용해된다.

【예제 3－1】 0.001 *M* SO_4^{2-}용액에 Ba^{2+}을 가하여 $BaSO_4$ 침전을 만들려고 한다. $BaSO_4$ 침전이 시작할 때의 $[Ba^{2+}]$는 얼마냐? 단, $K_{sp,\ BaSO_4} = 1.0\times10^{-10}$이다.

(풀이) $[Ba^{2+}][SO_4^{2-}] = K_{sp}$
이온적이 용해도적보다 커야 침전하므로

$$[Ba^{2+}] \geq \frac{1.0\times10^{-12}}{0.001} = 1.0\times10^{-7}\ M$$

$[Ba^{2+}]$가 1.0×10^{-7} *M* 이상이면 $BaSO_4$ 침전이 시작하는 농도는 1.0×10^{-7} *M*이다.

한편 침전물의 이온이 착물화나 가수분해 등의 반응으로 용액의 성분과 상호작용할 경우 이 침전물의 용해도를 구할 때는, 이른바 조건부 용해도적을 사용한다. 조건부 용해도적은 유리된 이온의 농도보다 화학종의 총농도를 측정하여 다음과 같이 표시한다.

$$P_s = (C_{T,M})\ (C_{T,X}) \quad \cdots\cdots (3-6)$$

여기서 P_s는 조건부 용해도적, $C_{T.M}$은 착물에서 금속이온 M의 총농도이며 $C_{T.X}$는 음이온 X의 총농도이다.

어떤 조건에서 유리금속 이온 M^+로 존재하는 $C_{T,M}$의 분율을 α_M, 유리음이온 X^-로 존재하는 $C_{T,X}$의 분율을 α_X라 하면

$$\alpha_M = \frac{[M^+]}{C_{T,M}}$$

$$\alpha_X = \frac{[X^-]}{C_{T,X}}$$

그러므로 조건부 용해도적을 용해도적으로 표시하면 다음과 같다.

$$K_{sp} = [M^+][X^-]$$

$$= \alpha_M \ \alpha_X(C_{T,M})(C_{T,X})$$

$$\therefore K_{sp} = \alpha_M \ \alpha_X P_s \quad \cdots\cdots (3-7)$$

2. 용해도적으로부터 용해도 계산

난용성 전해질 염을 물에 녹여 포화용액을 만들었을 때 이 용액에 대한 염의 용해도와 이온의 농도는 용해도적 K_{sp}를 사용하여 구할 수 있다.

【예제 3-2】 $CaCO_3$ 침전을 물에 녹여 포화용액을 만들었다. $CaCO_3$의 용해도를 계산하라. 단, $K_{sp,\,CaCO_3} = 8.7 \times 10^{-9}$ 이다.

(풀이) 포화용액에서 $CaCO_3$은 다음과 같이 전리한다.

$CaCO_3$(고체) $\rightleftharpoons Ca^{2+} + CO_3^{2-}$ $[Ca^{2+}][CO_3^{2-}] = K_{sp} = 8.7\times10^{-9}$

$CaCO_3$의 용해도를 X라 하면 $X = [Ca^{2+}] = [CO_3^{2-}]$이므로

$X^2 = K_{sp} = 8.7\times10^{-9}$ $\therefore X = \sqrt{87\times10^{-10}} = 9.3\times10^{-5}$ M/l

그러므로 $[Ca^{2+}]$와 $[CO_3^{2-}]$의 농도는 9.3×10^{-5} M/l이고 $CaCO_3$의 용해도는 $9.3\times10^{-5}\times100.1 = 9.3\times10^{-3}$ g/l

일반적으로 난용성 염의 용해도는 용액 1l 속에 용해된 용질의 g수로 나타낸다. 이 g/l로 나타낸 염의 용해도를 분자량으로 나누면 몰 농도가 되는데 이 때의 용해도를 분자 용해도(molecular solubility)라 하고 L_m으로 표시한다. 그러므로 이원 전해질 MX의 포화용액에서 분자 용해도 L_m과 용해도적 K_{sp}와의 상호 관계를 위의 예제에서 살펴보면 다음과 같다. 즉

$$nMX \rightleftharpoons nM^{+} + nX^{-}$$

$[M^{n+}] = [X^{n-}] = L_m$ 이므로

$$[M^{n+}][X^{n-}] = [M^{n+}]^2 = [X^{n-}]^2 = L_m^2 = K_{sp}$$

$$\therefore [M^{n+}] = [X^{n-}] = L_m = \sqrt{K_{sp}} \cdots\cdots (3-8)$$

M_2X형의 난용성 침전일 때 분자용해도 L_m의 계산은 다음과 같이 구할 수 있다.

$$M_2X \rightleftharpoons 2M^{+} + X^{2-}$$

M^{+}은 X^{2-}에 비해 2배 생성되므로

$$[M^{+}]^2 [X^{2-}] = (2[X^{2-}])^2[X^{2-}] = 4[X^{2-}]^3 = K_{sp}$$

$$\therefore [X^{2-}] = L_m = \sqrt[3]{\frac{K_{sp}}{4}} \cdots\cdots (3-9)$$

즉 $[M^{+}] = 2L_m$, $[X^{2-}] = L_m$이 된다.

또 M_3X_2형의 난용성 침전일 때는

$$M_3X_2 \rightleftharpoons 3M^{2+} + 2X^{3-}$$

X^{3-}의 농도를 X라 하면 2개의 음이온에 대하여 3개의 양이온이 생성되므로 M^{2+}의 농도를 3/2X가 된다. 따라서

$$[M^{2+}]^3[X^{3-}]^2 = (\frac{3}{2}X)^3(X)^2 = \frac{27}{8}X^5 = K_{sp}$$

$$\therefore L_m = \sqrt[5]{\frac{K_{sp}}{108}} \cdots\cdots (3-10)$$

즉 $[M^{2+}] = 3L_m$, $[X^{3-}] = 2L_m$이 된다.

【예제 3-3】 10g의 Ag_2CrO_4을 포함하는 250 ml의 용액에서 Ag_2CrO_4의 용해도 (mg/l)와 $[Ag^{+}]$ 및 $[CrO_4^{2-}]$를 구하라. 단 $K_{sp,\, Ag_2CrO_4} = 1.9 \times 10^{-12}$이다.

(풀이) Ag_2CrO_4(고체) $\rightleftharpoons 2Ag^{+} + CrO_4^{2-}$

$[Ag^{+}]$은 $[CrO_4^{2-}]$에 비하여 2배이므로

$$[Ag^{+}]^2 [CrO_4^{2-}] = 4[CrO_4^{2-}]^2 [CrO_4^{2-}] = 4[CrO_4^{2-}]^3 = K_{sp} = 1.9 \times 10^{-12}$$

$$\therefore [CrO_4^{2-}] = L_m = \sqrt{\frac{1.9 \times 10^{-12}}{4}} = 7.8 \times 10^{-5}\ M$$

$$[Ag^{+}] = 2[CrO_4^{2-}] = 2L_m = 1.56 \times 10^{-4}\ M$$

Ag_2CrO_4의 용해도 $= 7.8 \times 10^{-5}\ M \times 332\,g/M = 0.0258\,g/l = 25.8\,mg/l$

3. 공통이온의 효과

난용성 전해질 염이 포화된 용액에서 양이온이나 음이온의 농도는 이 중의 어느 한쪽 성분과 같은 이온을 가하면 공통이온의 영향을 받아 침전이 생성되어 이온적이 용해도적과 같게 될 때까지 남아 있는 다른 이온의 농도가 감소된다.

이것을 공통이온의 효과(effect of common ion)라 한다. 다음 예제에서 그 영향을 알아 보자.

【예제 3－4】 Ag_2CrO_4의 물에 대한 용해도는 25.8 mg/l이다. 0.1 M Na_2CrO_4 용액에서의 용해도는 얼마인가? 단, Ag_2CrO_4의 분자량은 332이다.

(풀이) 먼저 물에 대한 용해도로 부터 Ag_2CrO_4의 K_{sp}를 구해 보자.

Ag_2CrO_4(고체) $\rightleftharpoons 2Ag^+ + CrO_4^{2-}$

$K_{sp} = [Ag^+]^2[CrO_4^{2-}]$

Ag_2CrO_4의 분자량이 332이므로 분자 용해도 L_m은

$L_m = 25.8 \times 10^{-3} g/l \times 1M/332\,g/l = 7.8 \times 10^{-5}\ M/l$

그러므로 $K_{sp} = [Ag^+]^2[CrO_4^{2-}] = (2L_m)^2\ (L_m) = 4L_m^3 = 4 \times (7.8 \times 10^{-5})^3 = 1.9 \times 10^{-12}$

이제 0.1 M Na_2CrO_4용액 중에서의 Ag_2CrO_4 분자용해도를 L_m'라 두면

$[CrO_4^{2-}] = L_m' + 0.1 = \frac{1}{2}[Ag^+] + 0.1$

그런데 $[Ag^+] \ll 0.1\,M$이므로 $[CrO_4^{2-}] \simeq 0.1\,M$

$K_{sp} = [Ag^+]^2\ [CrO_4^{2-}] = (2L_m')^2(L_m' + 0.1) = 1.9 \times 10^{-12}$

$\therefore L_m' = 2.18 \times 10^{-6}\ M/l$

그러므로 Ag_2CrO_4의 용해도는 공통 이온 CrO_4^{2-}가 0.1 M 존재하므로 인하여 $7.8 \times 10^{-5} M/l$에서 $2.18 \times 10^{-6}\ M/l$로 감소되었다.

4. 도해법에 의한 용해도적 해석

도해법을 용해평형에 적용하여 침전생성과 용해에 관한 모든 문제를 계산할 수 있다.

$Mg(OH)_2 - Mg^{2+} - OH^-$계에 대하여 그래프를 작성하자.

$$[Mg^{2+}][OH^-]^2 = 1 \times 10^{-11} = K_{sp} \quad \cdots\cdots (3-11)$$

여기서 주 변수를 pH 혹은 pOH로 선정하여 $\log[Mg^{2+}]$와 $\log[OH^-]$를 pH 함수로 계산할 수 있다. 또 물의 이온적 K_w를 사용하여 $\log[OH^-]$를 pH함수로

나타낼 수 있다.

$$즉\ -\log[OH^-] = 14 - pH \qquad (3-12)$$

$-\log[Mg^{2+}]$를 계산하기 위하여 식(3−11)에 상용대수를 취하면

$$\log[Mg^{2+}] + 2\log[OH^-] = -11.0$$
$$\log[Mg^{2+}] = -11.0 - 2\log[OH^-] = -11 + 28.0 - 2pH$$
$$\therefore -\log[Mg^{2+}] = -17.0 + 2pH \qquad (3-13)$$

식(3−13)을 만족하는 어느 두 점을 계산하여 pH에 대한 $-\log[Mg^{2+}]$를 작도하면 Mg^{2+}에 대한 도해를 그릴 수 있다. 또 식(3−12)에서 같은 방법으로 pH에 대한 $-\log[OH^-]$도 그릴 수 있다.

$Mg(OH)_2-Mg^{2+}-OH^-$계의 pC−pH 다이어그램을 그림 3−1에 나타내었다.

【예제 3−5】 0.1 M Mg^{2+}을 포함하는 용액이 있다.

① 이 용액이 pH를 10으로 하였을 때 침전하지 않고 남아 있는 $[Mg^{2+}]$는 얼마인가?

② 또 침전한 Mg^{2+}의 분율을 구하라.

(풀이) ① 그림 3−1의 Mg^{2+}선에서 pH 10에 대한 $-\log[Mg^{2+}]$는 3.0이다.

그러므로 $[Mg^{2+}] = 1 \times 10^{-3}$ M

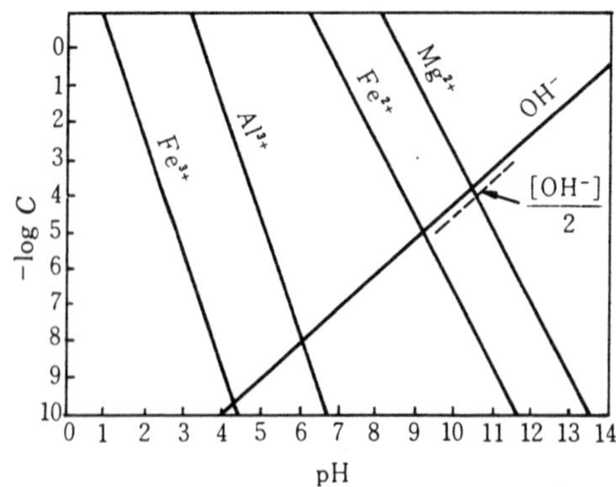

그림 3−1 몇 가지 금속 수산화물의 pC−pH 다이어그램

② 침전하지 않고 남아 있는 Mg^{2+}의 분율을

$$\frac{1.0 \times 10^{-3}}{0.1} = 0.01$$

그러므로 침전한 분률은 $1.00-0.01 = 0.99$이다.

【예제 3−6】 $Mg(OH)_2$ 침전을 과량 포함한 수용액에 존재하는 Mg^{2+}과 OH^- 농도를 구하라.

(풀이) 이 용액에서 전하수지 방정식은 $[Mg^{2+}] = \frac{1}{2}[OH^-]$

$$-\log[Mg^{2+}] = -\log[OH^-] + -\log 2 = -\log[OH^-] + 0.3$$

이 조건을 만족하는 도해를 그림 3−1의 점선으로 표시하였다.

점선과 Mg^{2+}선이 만나는 점이 구하는 농도이다.

그러므로 $[Mg^{2+}] = 1.3 \times 10^{-4}\,\boldsymbol{M}$

$[OH^-] = 2.6 \times 10^{-4}\,\boldsymbol{M}$

그림 3−1에 $Fe(OH)_2$, $Fe(OH)_3$ 및 $Al(OH)_3$의 용해도적 정수를 나타내는 선을 $Mg(OH)_2-Mg^{2+}-OH^-$계와 같은 방법으로 계산하여 작도하였다. 이들 도해를 사용하면 몇 가지 금속 이온이 포함된 용액에서 한 가지 이온만을 선택적으로 분리할 수 있고, 또 정량적으로 분리할 수 있는 조건을 계산할 수 있다.

【예제 3−7】 $0.01\,\boldsymbol{M}$ Fe^{3+}과 $0.01\,\boldsymbol{M}$ Al^{3+}을 포함하는 용액에서

ⓐ $Fe(OH)_3$만을 거의 완전히 침전시킬 수 있는 pH를 구하라.

ⓑ 또 이 pH에서 침전하지 않고 남아 있는 Fe^{3+}의 농도는 얼마인가?

(풀이) 그림 3−1에서 보면 pH 1.5 이하에서는 어느 금속도 침전되지 않고, 약 pH 1.8에서 Fe^{3+}은 $Fe(OH)_3$로 $10^{-2}\,\boldsymbol{M}$ 용액에서 침전이 시작된다. 그러나 Al^{3+}은 같은 농도에서 약 pH 4가 될 때까지 침전이 되지 않는다. 만약 pH를 4로 고정하면 Al^{3+}은 침전되지 않고, Fe^{3+}은 농도가 $2.5 \times 10^{-9}\,\boldsymbol{M}$으로 감소될 때까지 계속 침전이 생성된다. 그러므로 pH를 4로 조절하면 완전히 Fe^{3+}을 Al^{3+}으로 부터 분리할 수 있다.

도해법을 CaF_2와 같은 침전에도 적용할 수 있다.

$$[Ca^{2+}][F^-]^2 = 4 \times 10^{-11} = K_{sp} \quad \cdots\cdots (3-14)$$

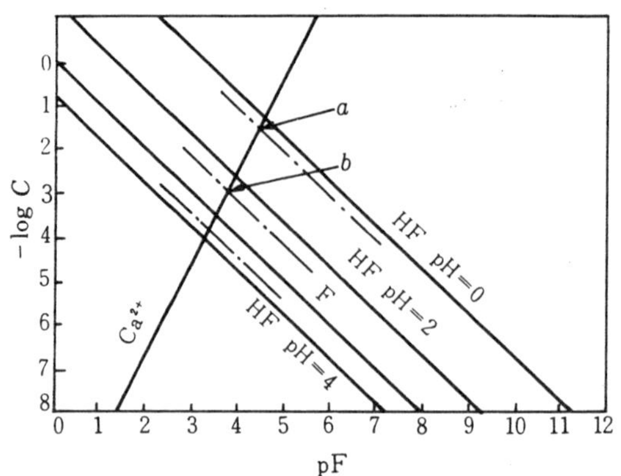

그림 3−2 CaF_2(고체)$-Ca^{2+}-F^{-}-$HF계의 pC−pF 다이어그램

이 계의 그래프를 작성하기 위하여 주변수를 선정하여야 한다. 여기서 pCa이나 pF가 주변수로 선택될 수 있으나 pF를 택하였다.

식(3−14)에서 $\log[Ca^{2+}] + 2\log[F^{-}] = -10.4$

$$-\log[Ca^{2+}] + 2pF = 10.4$$

이 계의 그래프를 작성하기 위하여 주 변수를 선정하여야 한다. 여기서 pCa이나 pF가 주 변수로 선택될 수 있으나 pF를 택하였다.

이 계의 pF에 대한 −log C의 도해를 그림 3−2에 나타내었다.

(풀이) CaF_2는 물에서 다음과 같이 용해한다.

$$CaF_2(\text{고체}) \rightleftharpoons Ca^{2+} + 2F^{-}$$

이 용액에서 전하수지 방정식은

$$[Ca^{2+}] = \frac{1}{2}[F^{-}]$$

$$\log[Ca^{2+}] = \log[F^{-}] - 0.3$$

$$-\log[Ca^{2+}] = +3.7$$

$$\therefore [Ca^{2-}] = 2 \times 10^{-4} M$$

또 과량의 F^{-}을 포함하는 용액에서 Ca^{2+}의 농도는 미리 pF를 계산하여 그래프에서 $[Ca^{2+}]$와 일치하는 점을 읽으면 된다.

도해법을 사용하면 F^{-}과 같은 음이온 염기를 포함하는 산성용액에서 침전의 용해도에 관한 문제도 계산할 수 있다.

【예제 3−9】 pH = 0(1 *M* HCl)인 용액에서 CaF_2침전의 용해도를 계산하라.

(풀이) 산성에서 CaF_2이 녹아서 생긴 F^-과 H^+이 반응하여 약전해질인 HF를 생성하므로 CaF_2의 용해도는 커진다. HF의 전리 정수를 K_a라 하면

$$\frac{[H^+][F^-]}{[HF]} = K_a = 6 \times 10^{-3}$$

양 대수를 취하면 $\log[H^+] + \log[F^-] - \log[HF] = -3.22$

$$-\log[HF] = -3.22 + pF + pH$$

이 문제에서는 pH = 0이므로

$$-\log[HF] = -3.22 + pF$$

pF에 대한 $-\log[HF]$선을 그림 3-2에 나타내었다.

물질수지 방정식은 CaF_2침전으로부터 Ca^{2+}과 F^-의 모든 형태가 생성되고, 또한 한 개의 Ca^{2+}에 대하여 2개의 F^-이 생성되므로

$$[Ca^{2+}] = \frac{1}{2}([F^-] + [HF])$$

$$\log[Ca^{2+}] = \log([F^-] + [HF]) \neg 0.3$$

그림 3-2에서 pH = 0에서의 HF선이 F^-선보다 훨씬 위에 있으므로

$$[HF] > [F^-]\text{로 되어 } [HF] + [F^-] \approx [HF]$$

그러므로 $-\log[Ca^{2+}] = -\log[HF] + 0.3$

이들의 교차점을 그림 3-2에 a로 표시하였다. 이 점에서 $-\log[Ca^{2+}] = 1.55$이다.

$$\text{용해도} = [Ca^{2+}] = 3 \times 10^{-2} M$$

【예제 3-10】 pH 2(0.01 M HCl)인 용액에서 CaF_2의 용해도를 계산하라.

(풀이) [예제 3-9]에서와 같이 pH 2에서의 $-\log[HF]$선은 다음의 방정식으로 표시할 수 있다.

$$-\log[HF] = -1.22 + pF$$

이선을 작도하여 그림 3-2에 나타내었으며 [예제 3-19]와 같이 pH 2에서 $[F^-]$를 무시하고 문제를 풀 수 있다. 이 결과를 교차점 b로 표시하였다.

$$-\log[Ca^{2+}] = 2.9$$

$$\text{용해도} = [Ca^{2+}] = 1.3 \times 10^{-3} M$$

【예제 3-11】 pH 4인 용액에서 CaF_2의 용해도를 계산하라.

(풀이) 위의 예제와 같은 방법으로 pH 4에서 $-\log[HF]$선을 작성할 수 있다. 그러나 이 때에는 $[F^-] > [HF]$이므로

$$\log([HF] + [F^-]) \fallingdotseq \log[F^-]\text{가 된다.}$$

이 결과는 예제 3-8과 같다.

3-2 침전의 생성

1. 황화물 침전

금속의 황화물들은 용해도적의 차이가 매우 크다. H_2S가 포화된 수용액의 H^+ 농도를 조절하면 S^{2-}농도를 임의로 변경할 수 있으므로 금속 이온들을 그들의 황화물로서 선택적으로 침전시켜 분리할 수 있다.

그러면 어떻게 하여 S^{2-}의 농도를 원하는 농도로 조절할 수 있겠는가 알아 보자.

H_2S는 약산이므로 다음과 같이 전리한다.

$$H_2S \rightleftharpoons 2H^+ + S^{2-} \quad \cdots\cdots (3-15)$$

H_2S 기체를 물에 녹이면 포화용액이 되고, 또 식(3-15)의 전리정수는 H_2S의 1, 2 단계 전리정수 K_1, K_2를 곱하여 계산할 수 있다.

$$\frac{[H^+]^2[S^{2-}]}{[H_2S]} = K_1K_2 = 1.1 \times 10^{-21} \quad \cdots\cdots (3-16)$$

25 ℃에서 H_2S 포화용액의 농도는 약 0.1 M이므로

$$[H^+]^2[S^{2-}] = 1.1 \times 10^{-22} \quad \cdots\cdots (3-17)$$

따라서

$$[S^{2-}] = \frac{1.1 \times 10^{-22}}{[H^+]^2} \quad \cdots\cdots (3-18)$$

이와 같이 H_2S 포화용액에서 S^{2-}의 농도는 $[H^+]$에 의하여 결정된다. 일반적으로 Noyes-swift의 계통분석법에서 양이온 제 2 족은 H_2S를 0.3 N 염산 산성에서 포화시키므로 $[S^{-2}]$는 10^{-21} M이 된다. 양이온 제 3 족은 약알칼리성($[H^+] < 10^{-7}$)에서 포화시키므로 $[S^{-2}]$는 10^{-8}보다 커지게 된다. 또 정성분석에서 검출할 수 있는 금속 이온의 농도는 5～10 mg/l 이고 이들 금속들의 원자량은 대체로 50～100이므로 금속 이온의 몰 농도는 10^{-4} M이 된다.

어떤 금속 이온 M^{2+}가 S^{2-}와 반응하여 MS의 침전을 생성하려면 이들의 이온적이 $K_{sp,MS}$ 보다 커야 하므로 양이온 제 2 족이 0.3 N 산성용액에서 황화물 MS로 침전하기 위해서는 H_2S 포화용액에서 이들의 용해도적 상수가 $[M^{2+}][S^{2-}]$의 값보다 작아야 한다. 즉

$$M^{2+} + S^{2-} \rightleftharpoons 2MS \quad \cdots\cdots (3-19)$$

MS의 침전이 일어나려면 $[M^{2+}][S^{2-}] > K_{sp,\ MS}$이어야 하므로

$$(10^{-4}) \left\{\frac{1.1 \times 10^{-22}}{(3 \times 10^{-1})^2}\right\} = 10^{-25} > K_{sp,\ MS} \quad \cdots\cdots (3-20)$$

따라서 K_{sp}가 10^{-12}보다 작은 금속들은 침전하게 되고 이들을 양이온 제 2 족으로 분류한다. 한편 양이온 제 3 족의 경우는

$$(10^{-4}) \left\{\frac{(1.1 \times 10^{-12})}{(1 \times 10^{-7})^2}\right\} = 10^{-12} > K_{sp,\ MS} \cdots\cdots (3-21)$$

따라서 K_{sp}가 10^{-12}보다 작은 금속들이 침전하게 되고 이들은 양이온 제 3 족으로 분류한다.

그러므로 양이온 제 2 족과 제 3 족의 분리는 용액의 $[H^+]$를 조절하여 H_2S를 포화시킴으로서 가능하다.

【예제 3-12】 0.001 M Cd^{2+}과 0.001 M Zn^{2+}을 포함하는 용액에서 Cd^{2+}을 정량적으로 (99.99% 이상)CdS로 침전시키려고 한다. 이 용액이 H_2S로 포화되었다면 어떤 $[H^+]$ 범위에서 분리가 가능하겠는가? 단, $K_{sp,\ CdS} = 1.1 \times 10^{-28}$, $K_{sp,\ ZnS} = 1.6 \times 10^{-23}$이다.

(풀이) $[Cd^{2+}]$를 $1.0 \times 10^{-7} M$ 이하로 감소했을 때 Cd^{2+}이 99.99% 이상 CdS로 침전되고 Zn^{2+}은 용액 속에 남게 된다. 그러므로 이 때의 $[S^{2-}]$는

$$[S^{2-}] = \frac{1.1 \times 10^{-28}}{1.0 \times 10^{-7}} = 1.1 \times 10^{-21}\ M$$

Zn침전을 방지하기 위한 $[S^{2-}]$는

$$[S^{2-}] \le \frac{1.6 \times 10^{-23}}{1.0 \times 10^{-3}} = 1.6 \times 10^{-20}\ M$$

그러므로 원하는 $[S^{2-}]$범위를 계산하면

$$1.1 \times 10^{-21}\ M \le S^{-2} \le 1.6 \times 10^{-20}\ M$$

$[S^{2-}]$를 1.1×10^{-21} M보다 더 크게 하기 위한 $[H^+]$는 식(3-17)로부터

$$[H^+] \le \sqrt{\frac{1.1 \times 10^{-22}}{1.0 \times 10^{-21}}} = 0.32\ M$$

또 $[S^{2-}]$를 1.6×10^{-20} M보다 더 작게 유지하려면

$$[H^+] \le \sqrt{\frac{1.1 \times 10^{-22}}{1.6 \times 10^{-20}}} = 0.083\ M$$

그러므로 정량적으로 분리하기 위한 $[H^+]$의 범위는

$$0.32\ M > [H^+] > 0.08\ M$$

2. 수산화물 침전

금속 이온들은 대부분의 액성을 알칼리성으로 조절하면 수산화물로 침전한다. 그러나 극히 난용성인 수산화물은 약산성 용액에서부터 침전이 일어난다. 수산화물 침전이 일어나는 용액의 액성을 2가 금속을 예로 들어 생각해 보자.

$$M^{2+} + 2OH^- \rightarrow M(OH)_2 \quad \cdots\cdots (3-22)$$

$$[M^{2+}][OH^-]^2 = K_{sp} \quad \cdots\cdots (3-23)$$

이므로 침전이 일어나기 시작하는 $[H^+]$를 구하면

$$[OH^-] = \sqrt{\frac{K_{sp}}{[M^{2+}]}}$$

$$\therefore\ [H^+] = \frac{K_w}{[OH^-]} = K_w\sqrt{\frac{[M^{2+}]}{K_{sp}}} \quad \cdots\cdots (3-24)$$

여기서 K_w, K_{sp}는 상수이므로 $[M^{2+}]$만 결정되면 수산화물 침전이 일어날 수 있는 pH는 $pH = -\log[H^+]$에 의하여 계산할 수 있다.

이와 같은 방법으로 금속이온의 농도를 10^{-4} M을 하였을 때 수산화물 침전이 생성되기 시작하는 pH를 계산할 결과는 표 3-1와 같다.

표 3-1 여러 가지 금속들에 대한 수산화물 침전의 생성 pH

pH	금 속	pH	금 속
11	Mg^{2+}	6	Zn^{2+}, Be^{2+}, Cu^{2+}, Cr^{2+}
9	Ag^{+}, Mn^{2+}, La^{3+}, Hg^{2+}	5	Al^{3+}
8	Ce^{3+}, Co^{2+}, Ni^{2+}, Cd^{2+}, Pr^{3+}, Nd^{3+}, Y^{3+}	4	U^{6+}, Th^{4+}
7	Sn^{3+}, Fe^{2+}	3	Sn^{2+}, Fe^{3+}, Zr^{4+}
		2	Ti^{2+}

이 때 용액의 pH는 NaOH와 같은 강염기를 사용할 때도 있지만 이 경우 Al, Zn, Pb 등과 같은 양성원소들은 생성된 침전이 다시 착화합물 형태로 녹기 때문에 NH_4OH를 침전제로 사용한다.

【예제 3-13】 $0.1M$ Mg^{2+} 용액에 침전제로 $0.1M$ NH_4OH와 암모늄염을 가하여 $Mg(OH)_2$ 침전을 얻으려고 한다. 필요한 용액의 pH와 암모늄염의 농도를 계산하라. 단, $K_{sp,\ Mg(OH)_2} = 3.4 \times 10^{-11}$이고 $K_b = 1.8 \times 10^{-5}$이다.

(풀이) $[OH^-] = \sqrt{\dfrac{K_{SP}}{[Mg^{2+}]}} = \sqrt{\dfrac{3.4 \times 10^{-11}}{1 \times 10^{-1}}} = 1.8 \times 10^{-5}\ M/l$

이때 $[OH^-]$는 공존하는 암모늄염의 영향을 받으므로 $[OH^-]$를 이 값에서 유지하기 위한 암모늄염의 농도 $[NH_4^+]$는

$$[NH_4^+] = K_b \cdot \frac{[NH_4OH]}{[OH^-]} = 1.8 \times 10^{-5} \times \frac{0.1}{1.8 \times 10^{-5}} = 0.1\ M/l$$

그러므로 $[OH^-]$는 $1.8 \times 10^{-5}\ M/l$ 이상이고 $[NH_4^+]$는 $0.1\ M/l$ 이하이어야 한다.

3. 탄산염 침전

탄산염 침전도 앞의 수산화물 침전과 마찬가지로 생각할 수 있다. 보통$(NH_4)_2CO_3$를 침전제로 사용하며 필요한 $[CO_3^{2-}]$는 식(3-27)로 주어진다.

$$M^{2+} + CO_3^{2-} \rightarrow MCO_3 \quad \cdots\cdots (3-25)$$

$$[M^{2+}][CO_3^{2-}] = K_{sp} \quad \cdots\cdots (3-26)$$

$$\therefore [CO_3^{2-}] = \frac{K_{sp}}{[M^{2+}]} \quad \cdots\cdots (3-27)$$

한편 침전조작에서 암모늄염을 공존시키면 침전 생성에 영향을 끼치게 된다. 다음의 예제를 보자.

【예제 3-14】 $0.1M$ Mg^{2+} 용액을 $0.1M$ NH_4OH 공존하에서 $(NH_4)_2CO_3$를 사용하여 $MgCO_3$로 침전시키려고 한다. 필요한 $[CO_3^{2-}]$와 $[NH_4^+]$를 구하라. 단, $K_{sp,\ MgCO_3} = 4 \times 10^{-5}$ 이고 $K_b = 1.8 \times 10^{-5}$이다.

(풀이) 식(3-27)에서 $[CO_3^{2-}]$를 구하면

$$[CO_3^{2-}] = \frac{K_{sp}}{[Mg^{2+}]} = \frac{4 \times 10^{-5}}{1 \times 10^{-1}} = 4 \times 10^{-4}\ M/l$$

이 때 침전제 $[CO_3^{2-}]$는 ①식과 같이 가수분해가 일어나고 공존물질인 NH_4OH는 ②식과 같이 전리하므로, 즉

$$CO_3^{2-} + H_2O \rightleftharpoons HCO_3^- + OH^- \quad ①$$

$$K_h = \frac{K_w}{K_a} = \frac{10^{-14}}{6.4 \times 10^{-11}} = 1.6 \times 10^{-4}$$

$$NH_3 + H_2O \rightleftharpoons OH_4^+ + OH^- \quad ②$$

$$K_b = 1.8 \times 10^{-5}$$

①식에서 ②식을 빼면

$$NH_4^+ + CO_3^{2-} \rightleftharpoons NH_3 + HCO_3^- \quad ③$$

$$K = \frac{[NH_3][HCO_3^-]}{[NH_4^+][CO_3^{2-}]}$$

$$= \frac{K_h}{K_b} = \frac{1.6 \times 10^{-4}}{1.8 \times 10^{-5}} = 8.9$$

그러므로 $[NH_4^+]$를 구하면

$$[NH_4^+] = \frac{1}{K} \cdot \frac{[NH_3][HCO_3^-]}{[CO_3^{2-}]}$$

$$= \frac{1}{8.9} \cdot \frac{10^{-1} \times 10^{-1}}{4 \times 10^{-4}} = 2.1\ M/l$$

따라서 필요한 $[CO_3^{2-}]$는 4×10^{-4} M/l 이상이고 $[NH_4^+]$는 2.1 M/l 이하이어야 한다.

또 위의 예제는 H_2S 분석법에서 제 4 족과 제 5 족 이온들을 분리할 때 분족시약으로 암모늄염 공존하에서 $(NH_4)_2CO_3$를 사용하는 이유를 설명해 주고 있다.

4. 분별침전

두 가지 이상의 이온들이 포함된 용액에서 한 이온을 선택적으로 분리하는 데에는 한 이온을 난용성 침전으로 만들어 다른 이온들로부터 분리하는 방법이 많이 사용되고 있다.

이 방법은 용액에 포함된 이온들과 침전하는 각 이온들의 용해도 차이를 이용한다. 같은 양이온(음이온)에 의하여 침전되는 두 이온 중 먼저 침전하는 한 이온을 분리한 후에 남아 있는 두 이온의 농도비가 대략 10^4배 이상이 되면 정량적(99.99%)으로 침전시켜 분리할 수 있다.

이와 같은 조작을 분별침전(fractional precipitation)이라고 하며 H_2S를 사용하는 양이온 계통분석에서 분별침전의 예를 많이 볼 수 있다.

【예제 3-15】 0.1 *M* I^-과 0.1 *M* Cl^-을 포함하는 용액에 $AgNO_3$ 용액을 가하였다. 이 때 분별침전이 가능하겠느냐? 단, $K_{sp,\ AgCl} = 10^{-10}$, $K_{sp,\ AgI} = 8.3 \times 10^{-17}$이다.

(풀이) AgI 침전이 생성되기 시작할 때의 $[Ag^+]$는

$$[Ag^+] = \frac{K_{sp,\,AgI}}{[I^-]} = \frac{8.3 \times 10^{-17}}{10^{-1}} = 8.3 \times 10^{-16}\ M$$

AgCl침전이 생성되기 시작할 때의 $[Ag^+]$는

$$[Ag^+] = \frac{K_{sp,\,AgCl}}{[Cl^-]} = \frac{10^{-10}}{10^{-1}} = 10^{-9}\ M$$

여기서 AgI 침전이 생성될 경우의 $[Ag^+]$가 적으므로 AgI가 선침, AgCl이 후침임을 알 수 있다. 따라서 분별침전이 되려면 I^-농도가 10^4배 감소되어야 하므로 이 때의 $[Ag^+]$를 구하면

$$[Ag^+] = \frac{K_{sp,\,AgI}}{[I^-]} = \frac{8.3 \times 10^{-17}}{10^{-5}} = 8.3 \times 10^{-12}\ M$$

이 Ag^+ 농도에서 AgCl 침전이 일어나는지를 조사해 보면

$[Ag^+][Cl^-] = 8.3 \times 10^{-12} \times 0.1 = 8.3 \times 10^{-13} < 10^{-10} = K_{sp,\ AgCl}$

즉 $[Ag^+][Cl^-] < K_{sp,\ AgCl}$이 되어 AgCl침전이 일어나지 않으므로 분별침전이 가능해진다.

또, $[Ag^+][Cl^-]$는 $K_{sp,\ AgCl}$ 보다 약 10^4배 작으므로 AgI는 $[Ag^+]$가 10^{-9} *M*이 될 때까지 계속 침전하게 된다. 이 때의 $[I^-]$를 구하면

$$[I^-] = \frac{K_{sp,\,AgI}}{[Ag^+]} = \frac{8.3 \times 10^{-17}}{10^{-9}} = 10^{-8}\ M$$

그러므로 $[I^-]$는 10^3배 보다 훨씬 더 감소되었다. 실제로 $[I^-]$는 $\frac{0.1}{8.3 \times 10^{-8}} = 1.2 \times 10^6$배감소되었다.

한편 AgI와 AgCl 침전이 동시에 생성할 때 $[Ag^+]$는 같으므로 $[Cl^-]/[I^-]$를 구해보면

$$\frac{[Cl^-]}{[I^-]} = \frac{K_{sp,\,AgCl}}{K_{sp,\,AgI}} = \frac{10^{-10}}{8.3 \times 10^{-17}} = 1.2 \times 10^6$$

$[Cl^-]$가 $[I^-]$보다 약 백만배나 된다.

$[Cl^-] = 0.1\ M$일 때 I^-의 농도를 구하여 보면

$$[I^-] = \frac{[Cl^-]}{1.2 \times 10^6} = \frac{0.1}{1.2 \times 10^6} = 8.3 \times 10^{-8}\ M$$

【예제 3-16】 0.01 *M* Ba^{2+}와 0.01 *M* Ca^{2+}를 포함하는 용액에 SO_4^{2-}를 가하여 Ba^{2+}를 정량적으로 분리 침전시키고자 한다. 필요한 SO_4^{2-}의 농도를 계산하라. 단, $K_{sp,\,BaSO_4} = 1.0 \times 10^{-10}$, $K_{sp,\,CaSO_4} = 1.0 \times 10^{-5}$이다.

(풀이) $BaSO_4$가 침전하기 시작할 때의 $[SO_4^{2-}]$는

$$[SO_4^{2-}] = \frac{K_{sp,\,BaSO_4}}{[Ba^{2+}]} = \frac{1 \times 10^{-10}}{1 \times 10^{-2}} = 1 \times 10^{-8}\ M$$

$CaSO_4$가 침전하기 시작할 때의 $[SO_4^{2-}]$는

$$[SO_4^{2-}] = \frac{K_{sp,\,CaSO_4}}{[Ca^{2+}]} = \frac{1 \times 10^{-5}}{1 \times 10^{-2}} = 1 \times 10^{-3}\ M$$

그러므로 $[SO_4^{2-}]$를 가하면 $BaSO_4$가 먼저 침전하게 된다. $BaSO_4$가 침전한 후 $CaSO_4$침전이 생성되기 시작할 때 $[Ba^{2+}]$를 구하면

$$[Ba^{2+}] = \frac{K_{sp,\,BaSO_4}}{[SO_4^{2-}]} = \frac{1 \times 10^{-10}}{1 \times 10^{-3}} = 1 \times 10^{-7}\ M$$

그런데 Ba^{2+}를 정량적으로 침전시키기 위해서는 용액 속의 $[Ba^{2+}]$는 0.01%이하이어야 하며 이 때 Ca^{2+}는 침전되지 않아야 한다. 그러므로 $[Ba^{2+}] = 10^{-4} \times 0.01 = 1 \times 10^{-6} M$ 보다 작아야 한다.

이 $[Ba^{2+}]$에서 필요한 $[SO_4^{2-}]$로 구하면

$$[SO_4^{2-}] \geq \frac{1 \times 10^{-10}}{1 \times 10^{-6}} = 1 \times 10^{-4}\ M$$

이고 이 때에 99.99% 이상의 Ba^{2+}이 침전된다.

또, 위에서 $CaSO_4$ 침전생성을 방지하기 위해서는 $[SO_4^{2-}]$가 1×10^{-3} *M* 보다 작아야 하므로 정량적인 분리에 필요한 $[SO_4^{2-}]$범위는

$$1 \times 10^{-4}\ M \leq [SO_4^{2-}] \leq 1 \times 10^{-3}\ M$$

지금까지 계산한 Ba^{2+}과 Ca^{2+}농도에 대한 SO_4^{2-}농도의 상호관계를 그림 3-3에 표시하였다.

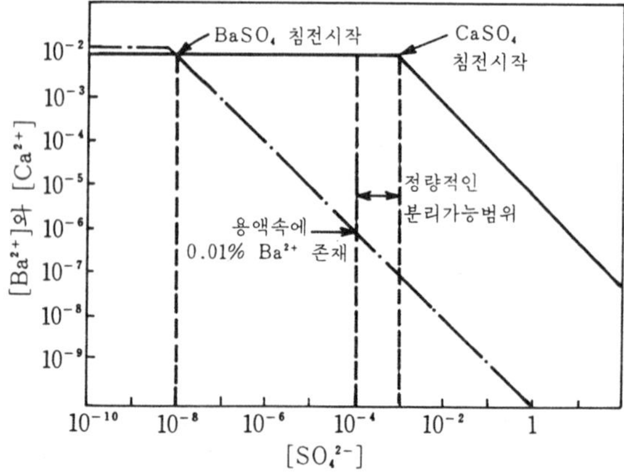

그림 3-3 0.01 *M* Ba^{2+}과 0.01 *M* Ca^{2+}을 포함하는 용액으로부터 $BaSO_4$의 분별침전

【예제 3－17】 0.01 M Pb^{2+}과 0.01 M Mn^{2+}을 포함한 용액에서

① Pb^{2+}을 PbS 침전으로 만들어 Pb^{2+}의 농도를 $1.0 \times 10^{-5} M$으로 감소시켰다. 이때의 $[S^{2-}]$는 얼마냐?

② 또 같은 조건에서 MnS은 침전하겠느냐?

단, $K_{sp,\ PbS} = 7 \times 10^{-29}$, $K_{sp,\ MnS} = 7 \times 10^{-16}$이다.

(풀이) ① $[Pb^{2+}]$가 1.0×10^{-5} M으로 감소되었으므로 PbS의 용해도적으로부터 $[S^{2-}]$를 구하면

$$[S^{2-}] = \frac{K_{sp,\ PbS}}{[Pb^{2+}]} = \frac{7 \times 10^{-29}}{1.0 \times 10^{-5}} = 7 \times 10^{-24}\ M$$

② ①에서 $[S^{2-}] = 7 \times 10^{-24}$ M이므로 이 조건에서 MnS의 이온적과 용해도적을 비교해 보면

$$(1 \times 10^{-2})(7 \times 10^{-24}) \ll 7 \times 10^{-16}$$

즉 $[Mn^{2+}][S^{2-}] \ll K_{sp,\ MnS}$이므로 MnS 침전은 일어나지 않는다. 따라서 이 용액은 $[S^{2-}]$를 7×10^{-24} M로 유지하면 Pb^{2+}과 Mn^{2+}을 분리할 수 있다. 그러나 이 $[S^{2-}]$에서 $[Mn^{2+}]/[Pb^{2+}]$를 구해 보면

$$\frac{[Mn^{2+}]}{[Pb^{2+}]} = \frac{1 \times 10^{-2}}{1 \times 10^{-5}} = 10^{3} < 10^{4}$$

그러므로 두 이온을 정량적으로 분리하기는 곤란하다.

5. 공 침

분별침전조작으로 이온들을 분리하면 앞의 예제와 같이 정량적으로 완전히 분리가 되지 않고 가용성 성분이 침전 생성물에 혼입되어 가끔 불순물로 침전하게 되는데 이러한 현상을 공침(co-precipitation)이라고 한다. 따라서 공침은 주결정이 생성할 때에 정상적으로는 이온으로 용액에 존재해야 할 물질이 주결정과 함께 침전하여 불순화되는 현상이다. 공침에 대해서는 여러 가지 분류법이 있으나 여기서는 Buckley의 방법에 따라 설명한다.

(1) 불순물이 주결정과 동형이거나 섞일 수 있을 때

화학식과 결정구조의 형이 같은 두 화합물은 동형(isomorphic)이라고 하는데, 결정격자 간격이 10～15% 이내의 차이로 거의 같을 때에 그림 3－4의 (a)와 같이 주결정이 혼란되지 않고 불순물이 섞여서 혼정(mixed crystal)을 만들거나,

모든 비율로 섞여 고용체(solid soution)를 만든다. 보기를 들면 입방 정계인 NaCl, KCl, KBr, KI은 등형이고, 원자 사이의 간격은 각각 5.63, 6.26, 6.59, 7.10Å이므로 KCl과 KBr은 혼정을 잘 만드나, NaCl과 KI, 원자 간격이 5.97Å인 PbS과 KCl은 혼정을 만들지 않는다. 다른 보기로서는 $BaSO_4$에 $PbSO_4$이 무질서하게 들어 있을 때이다. 이 때에는 보통 불순물을 제거하기 곤란하므로 침전시키기 전에 제거해야 한다.

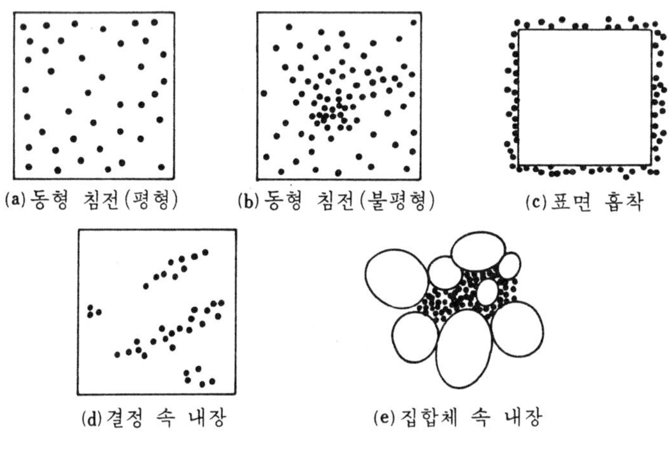

그림 3-4 공침된 불순물의 분배

(2) 불순물이 주침전 표면에 녹을 때

이것은 주결정과 불순물이 모든 비율로 섞일 정도로 비슷하지 않으니 서로가 어느 정도로 섞일 때이다. 보기를 들면 결정형은 같으나 격자 간격이 틀리는 KH_2PO_4과 $NH_4H_2PO_4$는 단사 정계의 결정이다. 또 결정계가 틀릴 때라도 혼란이 심하지 않을 때, 보기를 들면 $BaSO_4$ 침전에 불순물 $Ba(NO_3)_2$, KNO_3 및 다른 알칼리염이 공침되는 것이 있다.

(3) 불순물이 주침전 표면에 흡착할 때

서로 섞이지 않는 두 상의 경계면에서 용질의 농도나 밀도가 두 상 안의 그것과 달라지는 물리적인 현상을 흡착(adsorption)이라고 하며, 흡착 당하는 물질을 흡착물(adsorbent)이라 하고, 그 표면에 흡착이 일어나는 물질은 흡착제(adsorbent)라 한다. 흡착에 있어서 흡착제에 흡착물이 흡인되어 화합하거나 혼합되는 현상은 흡수(absorption)라 하는데, 탈수시킨 $CuSO_4$에 수분이 흡인되는 것은 흡수 현상이다. 실제에 있어서는 흡착과 흡수를 구별하기란 어렵고, 흡착이 일어난 뒤에 흡수가 수반되므로 이러한 현상을 통틀어 수착(sorption)이라고 한다.

흡착제 1g이 가지는 표면적(cm^2)을 비표면적(specific surface)이라고 하는데, 이 값이 클수록 흡착제가 흡착물을 흡착하는 양은 많아진다. 이러한 관계는 Gibbs나 Langmuir의 이론식으로 나타낼 수 있으나, 식 (3-28)의 Freundlich 경험식에 따르면 어떤 농도의 범위에서 흡착량(X)은 용액 속의 흡착물의 평형에서의 농도 C의 n제곱근에 비례한다. 여기서 K와 n은 주어진 계에 독특한 정수이며, n은 보통 1~5의 값을 가진다.

$$X = kC^{1/n} \quad \cdots\cdots (3-28)$$

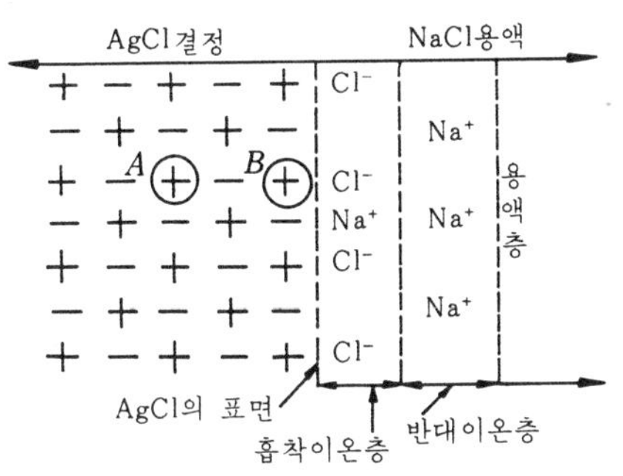

그림 3-5 흡착과정

다음에는 흡착제에 흡착물이 수착되는 과정을 이온 결정에 전해질 이온이 흡착되는 보기로서 살펴 보자. 그림 3-5는 이온 격자로 이루어진 이온성 교질 입자 AgCl의 NaCl 용액에서의 격자 표면과 용액 사이의 단면 구조를 나타낸 것이다. +는 Ag^+, -는 Cl^-을 나타낸다. 결정 내부의 한 Ag^+A는 6개의 Cl^-으로 포위되어 있으므로 안정하나, 결정과 용액 접촉면이 Ag^+B는 상하전후좌의 5개 Cl^-이 배위하여 잔여 원자가(residual valence)를 하나 가지므로 정전 인력이 용액에 작용한다. 모든 침전은 그 자신이 내놓을 수 있는 이온을 가장 잘 흡착하는 경향이 있으므로 용액 속의 반대 하전을 띤 격자 음이온(lattice anion) Cl^-에 선택적인 인력이 작용하여 흡착 이온층(adsorbed-ion layer)을 만든다. 이러한 정전 인력에 의하여 Na^+도 흡착되나, 격자 양이온이 아니므로 흡착 이온층에는

Cl^-의 수가 많아져서 AgCl 졸은 음성을 띄게 된다. 이 Cl^-은 인력과 반발력이 같아지는 양까지만 흡착되며, 흡착된 Cl^-과 용액 속의 Cl^-은 동적 평형상태에 있게 된다. 결정과 용액 사이에 작용하는 힘은 van der Waals 힘이거나 화학결합력일 때도 있다.

흡착 이온층과 용액 속의 Na^+ 사이에도 정전력이 작용하므로 반대이온층(counter-ion layer, 또는 확산층)이 약하게 형성되며, 이 층 바깥에는 정전력이 작용하지 않는 용액층이 존재한다. 두 층의 이온 중 반대 이온층 속의 Na^+은 분리하기 쉬우나, 흡착 이온층의 Cl^-은 씻어서 분리하기 곤란하다. 이러한 두 층을 합하여 Helmholtz(1879)는 전기 이중층(electric double layer)이라 하였으나, 적당한 모형이 아니므로 Stern(1924)은 훨씬 합리적으로 설명할 수 있는 확산 이중층(diffuse double layer) 모형을 제안하였다.

표 3-2 $CaSO_4$에 방사성 Pb^{2+}의 흡착

침 전 제	$CaSO_4$에 흡착된 방사성 Pb^{2+}의 %
10배의 H_2SO_4 과량	98.4
10%의 H_2SO_4 과량	92.2
5%의 H_2SO_4 과량	88.0
10%의 $CaCl_2$ 과량	5.2
7배의 $CaCl_2$ 과량	1.7

Paneth-Fajans-Hahn은 격자와 반대 하전을 띤 이온과 화합하는 격자 이온은 보다 난용성 염을 이루는 화합물이 이온 격자에 잘 흡착된다는 흡착 규칙(adsorption rule)을 제안하였다. 보기를 들면 AgCl 격자에 $AgNO_3$보다 용해도가 작은 AgAc이 더 잘 흡수되며, H_2S가 금속 황화물에 잘 흡착되는 것은 이 때문이다. 또 흡착률은 흡착물의 변형률 또는 분극률이 큰 이온이나 분자일수록 큰데, 이 성질을 이용한 것이 흡착 지시약이다. 이 법칙에 따르는 보기로는 표 3-2와 같이 $CaSO_4$고체에 방사성인 Pb이 흡착되어 $PbSO_4$으로 되는 것을 들 수 있다.

그림 3-4의 (c)와 같이 이온성 결정 격자 침전의 입자 표면에 불순물이 흡착 오염되어 분포하는 것은 앞에서 설명했다. 아교 모양의 침전과 같이 비표면적이 크면, 흡착이 잘 일어나나 씻으면 제거된다. 이러한 흡착은 용매분자를 흡착할 때와 고체 표면에서 교환흡착(exchange adsorption)이 일어날 때 및 반대이온층에서의 교환흡착이 일어나는 세 가지로 가를 수 있다. 보기를 들면 $Pb(ClO_4)_2$

용액에서 $BaSO_4$침전을 흔들 때에는 양이온 교환흡착이, $CaC_2O_4 \cdot H_2O$과 KOH, KIO_3 또는 K_2SO_4용액을 흔들 때에는 음이온 교환흡착이 침전 표면에서 일어나는데 그 기구는 다음과 같다.

$$BaSO_4+Pb^{2+}+2ClO_4^- \rightleftharpoons PbSO_4+Ba^{2+}+2ClO_4^-$$
$$CaC_2O_4 \cdot H_2O+SO_4^{2-}+K^+ \rightleftharpoons CaSO_4+C_2O_4^{2-}+2K^++H_2O$$

(4) 불순물이 주결정에 흡장할 때

침전 생성 과정에서 결정이 정상적으로 성장하면 주결정 흡착제 표면에 흡착된 불순물은 표면으로 밀려 나가지만 너무 빨리 결정이 성장하여 탈착되지 못하고, 그 위에 결정이 성장하여 내부에 흡착물이 수착되어 있거나 흡착제 내부로 흡착물이 수착되어 있는 현상을 내장(inclusion) 이라 하며, 수착제의 표면에 흡착물이 수착되어 수착제의 내부로 이동하며 흡착하여 있는 현상을 특히 흡장(occlusion)이라 한다. 백금 촉매에 수소가 수착되는 것은 이 흡장현상이다.

그림 3-4의 (d)나 (e)와 같이 주결정에 불순물이 흡장한 것이 동형으로 흡착된 것과 다른 점은 흡착량이 흡착법칙에 따르지 않으므로 결정에 흠이 생기고 불완전하다. 이러한 불순물은 온침법, 재침전법을 써서 제거한다.

이에 대하여 침전 생성 후 용액을 방치할 때 다른 종류의 침전물이 혼입해 들어가는 경우를 후침(post precipitation)이라 한다.

보기로서 0.175 N H_2SO_4 산성에서 0.025 M $HgCl_2$과 0.025 M $ZnSO_4$ 용액 50 ml에 황화수소를 통과시켜 HgS에 ZnS이 침전되는 표 3-3을 들 수 있다. 후침된 불순물의 양을 줄이는 방법에는 침전을 완결시킬 때에 필요 이상으로 모액과 접촉시켜 두지 말거나, 소량의 불순물을 재침전시켜 제거하는 등의 방법이 있다.

표 3-3 HgS에 대한 ZnS의 후침

황화수소 통과 시간(분)	3	4	3	3	3
여과 전에 흔든 시간(분)	0	10	20	60	30
침전 속의 전체 Zn의 %	37.3	89.2	91.5	94.5	0.1($HgCl_2$가 없을 때)

이와 같이 공침과 후침은 타종의 침전에 의해 유발되어 일어나므로 유발침전(induced precipitation)이라고도 한다. 유발침전의 원인은 침전 속에 가용성 성

분이 교환흡착으로 불순화되는 흡장(occlusion), 침전표면에서 전기적 인력에 의한 이온의 흡착(adsorption) 및 이온이 결정격자의 한 성분으로 불순물이 되는 화합물 형성 등이 있다. 여러 가지 성분이 포함된 용액에서 어떤 물질을 분리하고자 할 경우에는 생성되는 침전이 순수하여야 하므로 가능한 한 공침작용을 방지하여야 한다. 그 방법으로는 다음과 같은 것이 있다.

① 피공침 물질의 농도를 줄인다.
② 침전제는 묽게, 소량씩 교반하면서 가한다.
③ 재침전법을 반복한다.
④ 생성된 침전을 가온하면서 교반시켜 준다.

3-3 침전의 용해

난용성 침전이 용매에 미량 녹아서 포화되어 있으면 이온적이 용해도적과 같게 되어 동적 평형이 이루어지나 이온적이 용해도적보다 작으면 평형이 될 때까지 침전이 용해한다. 일반적으로 침전을 용해시키려면 외부에서 적당한 시약을 가하여 용액 속에 존재하는 한 성분의 농도를 감소시켜 계속해서 이온적이 용해도적보다 작게 해 주면 된다.

1. 산에 의한 용해

ZnS는 용해도적이 3.5×10^{-12}인 매우 난용성인 물질이다. ZnS에 HCl이나 H_2SO_4와 같은 강산을 가하면 ZnS로부터 생성된 미량의 S^{2-}과 산으로부터 생긴 H^+이 결합하여 전리도가 매우 작은 H_2S를 만들고 이 때 H_2S는 포화용액 이상이 되면 공기 중으로 날아가게 된다. 그러므로 용액 속에서는 $[S^{2-}]$이 감소되므로 $[Zn^{2+}]$와 $[S^{2-}]$의 이온적이 계속해서 용해도적보다 작아지게 되고 ZnS은 용해하게 된다.

$$ZnS(고체) \rightleftharpoons ZnS(액체) \rightleftharpoons Zn^{2+} + S^{2-}$$

$$2HCl \rightleftharpoons 2Cl^- + 2H^+$$

$$\|$$

$$H_2S(용액) \rightleftharpoons H_2S\uparrow$$

그러나 CuS는 용해도적이 8.5×10^{-45}로서 ZnS보다 훨씬 난용성인 화합물이므로 HCl이나 H_2SO_4에 일부 녹아서 H_2S를 생성하나 H_2S가 기체로 되어 공기 중으로 날아가기 전에 Cu^{2+}과 반응하여 다시 CuS침전을 만든다. 그러므로 CuS 침전을 용해할려면 산화제를 가하여 S^{2-}을 S으로 산화시켜 제거하면 $[Cu^{2+}]$와 $[S^{2-}]$의 이온적이 용해도적보다 작게 되어 용해한다.

$$3CuS + 2NO_3^- + 8H^+ \rightarrow Cu^{2+} + 2NO + 4H_2O + 3S$$

CuS보다 더 용해도적이 작은 HgS는 HNO_3에도 거의 녹지 않으나 왕수 혹은 $KClO_3$나 Br_2와 같은 산화제를 첨가한 HCl에 녹는다.

HgS도 물 또는 산에서 소량이나마 전리한다.

$$HgS \rightleftharpoons Hg^{+2} + S^{2-}$$

HgS이 전리하여 생성된 S^{2-}이 HNO_3에 의하여 산화되어 S^{2-}이 제거되나 이때 Hg^{2+}의 농도가 증가하게 된다. 그러므로 증가된 Hg^{2+} 농도 때문에 용해도가 매우 작은 HgS의 전리가 억제되므로 HgS는 HNO_3에 용해되지 않는다. 그러나 왕수를 가하면 HNO_3에 의하여 S^{2-}이 산화되고 또 동시에 HCl의 Cl^-이 Hg^{2+}과 착이온 $HgCl_3^-$을 생성하므로 HgS의 전리가 촉진되어 용해한다.

$$Hg^{2+} + 3Cl^- \rightarrow HgCl_3^-$$

$$S^{2-} + 2NO_3^- + 4H^+ \rightarrow 2NO_2 + 2H_2O + 2S$$

그러므로 $HgS + 2HNO_3 + 3HCl = H[HgCl_3] + 2NO_2 + 2H_2O + 2S$

2. 양성 수산화물의 용해

금속의 수산화물 중에 물에는 난용이나, 산이나 강염기에 용해하는 수산화물을 양성 수산화물(amphoteric hydroxide)이라 한다. 양성 수산화물이 강염기에 용해하는 것은 수산화물 자체가 보통 염기의 성질 이외에 산성인 특성을 가졌기 때문이다. 다시 말하면 수산화물은 수용액에서 다음과 같이 두 가지로 전리할 수 있다.

$$Zn\begin{matrix} O-H \\ O-H \end{matrix} \rightleftharpoons Zn^{2+} + 2OH^-$$

$$Zn\begin{matrix} O-H \\ O-H \end{matrix} \rightleftharpoons H^+ + Zn\begin{matrix} O^- \\ O-H \end{matrix}$$

그러므로 고체 $Zn(OH)_2$과 이들 이온들 간의 평형이 성립될 때에는 4가지 이온들이 용액 속에 존재한다고 볼 수 있다.

$$H^+ + ZnO_2^- \rightleftharpoons \underset{H_2ZnO_2}{Zn(OH)_2} \rightleftharpoons Zn^{2+} + 2OH^-$$

만일 산을 이 용액에 가하면 산의 H^+과 OH^-가 반응하여 물을 형성하게 되어 OH^- 농도가 감소되므로 윗식의 평형은 오른쪽으로 진행하여 $Zn(OH)_2$가 녹게 된다. 반대로 NaOH와 같은 강염기를 가하면 OH^-과 H^+이 반응하여 물이 생성되므로 H^+ 농도가 감소되어 평형은 왼쪽으로 진행되어 H_2ZnO_2가 녹게 된다.

이와 같이 양성 수산화물을 만드는 금속들은 Zn, Al, Sn, Pb, Cr, As, Sb 등이 있다.

3. 착이온 생성에 의한 용해

침전을 용해하는 데나 침전 생성을 방지하는 데에는 착이온을 만들 때가 많다. AgCl 침전이 NH_3나 KCN 용액에 용해하는 것은 Ag^+가 암민 착이온이나 시안 착이온을 만들기 때문이다.

$$AgCl + 2NH_3 \rightarrow [Ag(NH_3)_2]^+ + Cl^-$$

착이온 생성 반응을 이용하여 Pb^{2+}과 Ag^+이 혼합된 용액에 NH_3 용액을 가하면 Ag^+가 암민 착이온을 만들어 용액 속에 녹아 있으나, Pb^{2+}는 착이온을 생성하지 않고 $Pb(OH)_2$로 침전되므로 두 이온을 분리할 수 있다. 또 As_2S_5가 Na_2S 용액에 녹는 것은 티오 착이온을 만들기 때문이다.

$$As_2S_5 + 3Na_2S \rightarrow 2Na_3AsS_4$$

4. 침전의 용해도와 pH

침전을 만드는 음이온들은 종종 용액에서 다른 평형에 관여한다. 예를 들면 CN^-, CrO_4^{2-}, OH^- 및 S^{2-} 등과 같은 음이온 염기를 포함하는 산성용액에서는 H^+과 경쟁하여 약전해질인 약산을 만든다. 그러므로 산성용액에서는 이들 음이온 농도가 감소되므로 이들의 음이온을 성분으로 한 침전은 물에서 보다 산성용액에서 더 잘 용해한다.

【예제 3-18】 Ag_2CrO_4침전을 과량 포함한 용액의 $[H^+]$는 0.01 M이다. 이 용액에서 $[Ag^+]$와 $[CrO_4^{2-}]$ 및 Ag_2CrO_4의 용해도를 계산하라.

(풀이) $[Ag^+]^2[CrO_4^{2-}] = K_{sp,\ Ag_2CrO_4} = 1.9\times10^{-12}$ ①

용액이 산성이므로 CrO_4^{2-}과 H^+ 간의 반응을 고려하여야 한다.

$$HCrO_4^- \rightleftharpoons H^+ + CrO_4^{2-}$$

$$\frac{[H^+][CrO_4^{2-}]}{[HCrO_4^{2-}]} = 3.2\times10^{-7} \quad ②$$

H_2CrO_4의 생성은 $HCrO_4^-$이 매우 약한 염기이므로 중요하지 않다. Ag_2CrO_4 침전으로부터 Ag^+과 CrO_4^{2-} 및 $HCrO_4^-$이 생성되므로 이 때의 물질수지 방정식은

$$[Ag^+] = 2\{[CrO_4^{2-}]+[HCrO_4^-]\} \quad ③$$

또 $[H^+] = 0.01\,M$이다.

②식에 $[H^+]$를 대입하면

$$[HCrO_4^-] = \frac{[H^+][CrO_4^{2-}]}{3.2\times10^{-7}} = \frac{(0.01)[CrO_4^{-2}]}{3.2\times10^{-7}} \quad ④$$

③식에 ④ 식을 대입하면

$$[Ag^+] = 2[CrO_4^{2-}]\{1+(3.2\times10^4)\}$$

$$[CrO_4^{2-}] = 1.6\times10^{-5}\,[Ag^+] \quad ⑤$$

①식과 ⑤식으로부터

$$[Ag^+]^3 = \frac{1.9 \times 10^{-12}}{1.6 \times 10^{-5}} = 120 \times 10^{-9}$$

$$[Ag^+] = 4.9 \times 10^{-3} M$$

$$[CrO_4^{2-}] = 7.8 \times 10^{-8} M$$

$$[HCrO_4^-] = 2.4 \times 10^{-2} M$$

Ag_2CrO_4 1몰로부터 2몰의 Ag^+이 생성하므로 Ag_2CrO_4의 용해도는 $[Ag^+]$의 반이다.

즉 $2.4 \times 10^{-3} M$

그러므로 $[H^+]$가 $0.01 M$인 용액에서 Ag_2CrO_4는 순수 중에서 ($7.8 \times 10^{-5} M$: 예제 3-3 참고)보다 약 60배 더 많이 용해 한다.

5. 콜로이드 용액

용액에 침전제를 가할 때 침전반응이 아주 급격하면 생성되는 입자의 수는 많으나 상대적으로 입자의 크기가 작아진다. 이 미세한 입자들이 포함된 용액에 빛을 조사하면 회절현상이 일어나 빛의 진로를 볼 수 있는데 이 현상을 틴달효과(Tyndall effect)라 하고 이 틴달현상을 일으키는 용액을 콜로이드 용액이라 한다.

콜로이드 용액이 갖는 특성은 다음과 같다.

① 입자의 크기가 1~500 nm이다.

② 용액 중에 부유한다

③ 보통 여과로는 분리가 안 되고 한외여과로 분리가 가능하다.

④ 보통의 광학현미경으로는 구별이 안 되나 한외현미경으로 식별이 가능하다.

⑤ 브라운 운동을 한다.

⑥ ＋또는 －전하를 띠고 있다.

콜로이드의 특성 중 전하를 띠고 있다는 것은 대단히 중요하다. 즉 콜로이드 용액은 이들 전하에 기인하여 전기적 이중층을 형성하고 있으며 이 때문에 콜로이드 용액은 대단히 안정하다 그러나 여기에 전해질을 가하여 전기적 이중층을 파괴시키면 콜로이드 입자는 서로 충돌하여 입자가 엉키게 되고 따라서 중력에 의하여 침전이 일어나게 된다. 이것을 응집(coagulation)이라고 하며 물 처리 공정에서 많이 이용되고 있다.

응집법에는 이외에도 온침법, 온도 변화, 교반, 빛의 조사, 투석법에 의한 보호교질의 제거, 또는 전장이나 자장 등에 두는 방법 등이 있다. 또 졸 입자를 응집시키는 데에 필요한 전해질의 최소량을 응집가라 하며, 응집가는 졸의 본성이나 전해질의 원자가와 특성 등에 의해 결정되는데 보기를 들면 표 3-4와 같다.

표 3-4 음성 졸 As_2S_3와 양성졸 Fe_2O_3의 응집

As_2S_3	전해질	NaCl	KNO_3	$CaCl_2$	$MgSO_4$	$FeCl_3$	$Ce_2(SO_4)_3$
	응집가(meq/l)	103	105	1.31	2.10	0.136	0.074
Fe_4O_3	전해질	Cl^-	NO_3^-	SO_4^{2-}	CrO_4^{2-}	$Fe(CN)_6^{3-}$	$Fe(CN)_6^{4-}$
	응집가(meq/l)	103	131	0.219	0.325	0.096	0.067

콜로이드계는 그 구성에 있어서 미립자를 분산시키는 분산매와 분산된 미립자인 분산질로 이루어지며 이들에 따른 콜로이드의 분류는 표 3-5와 같다.

표 3-5 콜로이드의 분류

분산매	분산상	예
기체	액체	구름, 안개, 에어로졸
기체	고체	연기, 여후, 에어로졸
액체	기체	거품, 공기를 불어 넣은 물(폭포수)
액체	액체	우유, 유제, 유탁액
액체	고체	황토물, 콜로이드 용액, 먹물, 현촉액
고체	기체	유리중의 기포, 경석, 빵, 우유빛 유리
고체	액체	규산겔, 응고 젤라틴, 과자
고체	고체	루비, 유리, 색유리, 고체 sol

3-4 침전 적정법

산-염기 반응과는 달리 침전 생성을 일으키는 반응은 속도가 다소 느리고, 또 공존하는 다른 성분이 공침하는 경우가 있으므로 분석에 이용되는 반응은 많

지 않으나 여러 가지 음이온 특히 할로겐 화합물의 정량에 널리 이용되는 용량 분석법이다.

1. 지시약에 따른 침전 적정법의 종류

침전 적정에 사용되는 지시약은 다음과 같은 2가지 종류가 있다.

(1) 지시약이 적정제의 과량과 반응하는 경우

지시약이 과량의 적정액과 반응하여 명확한 착색을 나타내는 침전 혹은 착색한 가용성 화합물을 만든다. 이 때는 정량하려는 이온이 완전히 반응할 때까지는 지시약은 적정제와 반응하여서는 안 된다. 이와 같은 예로서는 Mohr법과 Volhard법이 있다.

(2) 지시약이 침전 자체와 작용하는 경우

어떤 색소를 지시약으로 사용하면 당량점에서 침전 표면의 전하가 급변함과 동시에 반대로 하전한 색소를 흡착하여 색의 변화를 일으키게 된다. 예를 들면 Fajans법(흡착 지시약법)이 여기에 속한다. 이 때 사용되는 지시약으로는 eosin과 fluorescein 등이 있다.

① Mohr 법

이 방법은 Cl^-, Br^- 및 CN^- 등을 Ag^+으로 적정할 때 K_2CrO_4를 지시약으로 사용한다. 이 때 백색 침전인 AgCl, AgBr 및 AgCN가 적갈색 침전인 Ag_2CrO_4보다 더 난용성이므로 적갈색 침전이 확인될 때는 Cl^-, Br^- 및 CN^-이 정량적으로 침전되므로 종말점을 찾을 수 있다. Mohr 법의 특징은 용액의 pH가 약 6.5~10.5 사이에서 적정하여야 한다. 이 이유는 더 염기성에서는 적정제인 Ag^+가 갈색 침전인 Ag_2O이 되고, 더 산성 쪽에서는 지시약으로 가한 CrO_4^{2-}이 $Cr_2O_7^{2-}$ 으로 되어 CrO_4^{2-} 농도가 감소되기 때문에 Ag_2CrO_4 침전을 만드는 데는 과량의 Ag^+을 가하여야 하므로 큰 오차가 생기기 때문이다.

$$2Ag^+ + 2OH^- \rightarrow Ag_2O + H_2O$$
$$CrO_4^{2-} + H^+ \rightleftharpoons HCrO_4^{2-} \rightleftharpoons 1/2(Cr_2O_7^{2-} + H_2O)$$

그러므로 적정액이 염기성이면 HNO_3로, 산성이면 $NaHCO_3$로 중화해야 한다.

또 NaCl 용액을 $AgNO_3$ 표준용액으로 적정할 때 당량점에서 적갈색 침전 Ag_2CrO_4를 생성시키는 데 필요한 지시약 K_2CrO_4의 농도를 계산해 보자. 단, Ag_2CrO_4의 $K_{sp} = 2 \times 10^{-12}$이다.

$$NaCl + AgNO_3 \rightarrow AgCl + NaNO_3$$
$$K_2CrO_4 + 2AgNO_3 = Ag_2CrO_4 + 2KNO_3$$

동일한 용액에서 AgCl과 Ag_2CrO_4가 존재하여 평형에 도달하면 다음 두 식이 동시에 성립한다.

$$[Ag^+][Cl^-] = K_{sp,\ AgCl} = 1 \times 10^{-10}$$
$$Ag_2CrO_4 \rightleftharpoons 2Ag^+ + CrO_4^{2-}$$
$$[Ag^+]^2[CrO_4^{2-}] = K_{sp,\ Ag_2CrO_4} = 2 \times 10^{-12}$$

이 때 $[Ag^+]$는

$$[Ag^+] = \frac{K_{sp,\ AgCl}}{[Cl^-]} = \left(\frac{K_{sp,\ Ag_2CrO_4}}{[CrO_4^{2-}]} \right)^{1/2}$$

그러므로

$$\frac{[Cl^-]}{([CrO_4^{2-}])^{1/2}} = \frac{K_{sp,\ AgCl}}{(\ K_{sp,\ Ag_2CrO_4}\ )^{1/2}} = \frac{10^{-10}}{(2 \times 10^{-12})^{1/2}}$$
$$= 7 \times 10^{-5}$$

당량점에서 $[Cl^-] = 10^{-5}$이고, 이 Cl^- 농도에서 Ag_2CrO_4이 침전되자면

$$[CrO_4^{2-}] = \left(\frac{[Cl^-]}{7 \times 10^{-5}} \right)^2 = \frac{10^{-10}}{49 \times 10^{-10}} \doteqdot 0.02(M)$$

따라서 당량점에서 Ag_2CrO_4 침전에 필요한 지시약의 농도는 0.02M이다. 그러나 실제는 CrO_4^{2-}의 황색 때문에 착색 침전의 형성을 인식할 수 없어서 이와 같은 진한 농도는 사용하지 않고, 보통 0.005~0.01M을 사용하고 있다.

Mohr법은 Cl^-, Br^- 및 CN^-의 적정에 적당하며 I^-, SCN^-을 적정할 때는

AgI, AgSCN의 흡착력이 강하므로 CrO_4^{2-}을 흡착하고 당량점 이전에서 변색하므로 적당하지 않다.

② Volhard 법

이 방법은 HNO_3 산성에서 Ag^+을 SCN^-이 지시약 Fe^{3+}과 반응하여 가용성인 적색 착이온을 생성하는 반응을 이용한 것이다.

$$Ag^+ + SCN^- \rightleftharpoons AgSCN$$
$$Fe^{3+} + SCN^- \rightleftharpoons FeSCN^{2+}$$

Volhard법은 SCN^- 표준용액으로 Ag^+이나 Hg^{2+}을 적정하는 직접 적정법과 Cl^-, Br^- 및 I^- 등의 시료용액에 과량의 $AgNO_3$ 표준액을 가하여 반응시키고 남아 있는 $AgNO_3$ 표준액을 SCN^- 표준용액으로 역적정하는 간접 적정법이 있다.

직접 적정법은 흡착 지시약법과 Mohr법으로 정량이 거의 불가능한 산성에서 Ag^+이나 Cl^-을 정량할 수 있으므로 널리 이용되고 있다. 산성에서 적정하는 이유는 Fe^{3+}의 가수분해를 방지하기 위함이고, 산성으로 하는 데는 HNO_3가 가장 이상적이다.

Ag^+을 SCN^- 표준 용액으로 직접 적정할 때 생기는 오차는 2가지 원인이 있다. 첫째는 AgSCN 침전이 그 표면 주위에 있는 Ag^+을 흡착하므로 종말점이 당량점 전에 일어나게 되는 것이다. 이 경우는 용액을 맹렬히 흔들어 줌으로써 오차를 거의 제거할 수 있다. 둘째는 당량점을 지난 후 변색이 일어나므로 SCN^- 표준액이 조금 과잉으로 들어 감으로써 생기는 오차이다.

간접 적정의 경우에는 정량의 대상이 되는 음이온의 Ag 염이 AgSCN보다 가용성이라고 하면 오차가 생긴다. 예를 들면 AgCl은 AgSCN에 비하여 보다 가용성이므로 AgCl은 다음 식과 같이 SCN^-에 의하여 다시 용해하게 된다.

$$AgCl + SCN^- \rightleftharpoons AgSCN + Cl^-$$

이 반응의 평형 정수는 AgCl과 AgSCN의 용해도적에 비례한다. 용해도적은 AgCl이 크기 때문에 반응은 왼쪽에서 오른쪽으로 진행하게 된다. 따라서 SCN^-은 과량의 Ag^+에 의하여 소비되는 것 이외에 AgCl 침전 자체에 의하여서도 소비되므로 Cl^- 정량치는 실제보다 적은 값을 나타낸다. 이 난점을 피하기 위하여는 생성된 AgCl 침전을 여과하거나 혹은 SCN^- 용액으로 적정하기 전에 nitrobezene을 가하여 Ag의 침전 표면에 기름 모양의 엷은 막을 입혀서 SCN과의 반응을 사전에 방지한다.

③ Fajans법(흡착지시약법)

어떤 유색의 유기화합물이 침전 표면에 흡착되면 그 유기 화합물의 구조에 변화가 일어나서 색깔이 변하고 정색이 강하게 되는 것이 있다. 이와 같은 현상을 나타내는 유기 화합물을 지시약으로 사용하는 경우 이것을 흡착지시약(adsorption indicator)이라고 한다. Fajans는 fluorescein 및 그 유도체가 Ag 적정에서 지시약이 될 수 있는 것을 처음 발견하였는데, 그 메커니즘을 다음과 같이 설명하였다. $AgNO_3$를 NaCl 용액에 가하면 미세하게 분산된 AgCl 입자 표면에 용액 중의 과량의 Cl^-를 흡착된다. 이들 Cl^-에 의하여 형성된 층을 제1흡착층이라 하며, 이 때 AgCl의 colloid 입자는 －전하를 띠게 된다. 이들 －전하로 된 입자는 용액 중의 양 ion을 끌어 당겨 약한 결합상태의 제2흡착층을 형성한다.

$(AgCl) \cdot Cl^-$	Na^+ 과량의 Cl^-
제1흡착층	제2흡착층

여기에 Ag^+이 과량이 될 때까지 $AgNO_3$를 가하면 과량의 Ag^+은 제1흡착층의 Cl^-은 치환하게 된다. 그러므로 AgCl 입자는 ＋전하가 되고, 용액 중의 음 ion이 제2흡착층을 형성하여 끌리게 된다.

$(AgCl) \cdot Ag^+$	NO_3^- 과량의 Ag^+
제1흡착층	제2흡착층

황록색 형광을 내는 fluorescein은 약 유기산이며 HFl로 표시한다. fluoescein을 적정 용액에 가하면, Fl^-(분홍색)는 Cl^-이 과량 존재하면 AgCl의 colloid 침전에 의하여 흡착이 되지 않는다. 그러나 Ag^+이 과량이면 Fl^-은 ＋전하로 된 입자의 표면에 끌리게 되어 침전의 색은 분홍색으로 변한다. 이 색깔이 강하므로 지시약으로 사용할 수 있다.

$$\text{즉 } \underset{\text{형광성 황록색}}{(AgCl) \cdot Ag^+ + Fl^-} \rightarrow \underset{\text{분홍색}}{(AgCl) \cdot Ag^+Fl^-} \quad \cdots\cdots (3-29)$$

보통 사용하는 흡착 지시약은 약산성이므로 적정액의 산성이 강하면 지시약의 전리가 감소되어 흡착력이 약해지고 강 알칼리성에서는 Ag_2O가 침전하므로 대략 중성에서 적정한다. 필요에 따라 dextrin같은 보호교질(protective colloid)을 첨가한다. 흡착지시약을 분류하면 표 3-6과 같다.

표 3-6 흡착지시약

형	지 시 약	적 정	응 용	pH	변 색
음	Fluorescein($C_{20}H_{12}O_5$)	Ag^+	Cl^-, $Fe(CN)_6^{4-}$	7~8	황→적
	Dichlorofluorescein	Ag^+	$Fe(CN)_6^{4-}$, Cl^-	4~8	황→적
		Pb^{2+}	$Cr_2O_7^{2-}$		
	Eosin	Ag^+	Br^-, I^-, SCN^-	2~8	pink→적
		SO_4^{2-}	Pb^{2+}		
	Rose bengale	Ag^+	I^-	중성	적→자
	Tartrazine	Ag^+	I^-, SCN^-	산성	황→녹
		Cl^-, Br^-	Ag^+	산성	
성	Tetrahydroxyanthraquinone	Ag^+	Cl^-	산성	오렌지→적
(−)	Bromphenol blue	Ag^+	Cl^-, SCN^-, I^-	3~8	황→청
		Tl^+	I^-	4~8	황→녹
		Cl^-, Br^-	Hg^{2+}	산성	자→황
	Bromcresol green	Ag^+	SCN^-	4~5	황→청
양성 (+)	Congo red	Ag^+	Cl^-, Br^-, I^-	3~5	청→pink
		Br^-	Ag^+	3~5	pink→녹
양 성 (+, −)	p-Ethoxychrysoidin	Ag^+	I^-, SCN^-	5	적→오렌지
	Diphenylamine blue	Cl^-	Ag^+	산성	자→녹
	Methyl violet	Cl^-, I^-	Ag^+	산성	적→자
	Rhodamine 6G	Br^-, Cl^-	Ag^+	산성	오렌지→자

2. 침전적정곡선

0.1 N NaCl 용액 50.00 ml을 0.1 N $AgNO_3$ 용액으로 적정하는 경우를 생각한다. 적정곡선은 가하는 $AgNO_3$ 표준용액의 ml수를 x축에 취하고 pCl을 y축으로 하여 작도하면 된다.

적정 전 용액 중의 pCl은 Cl^-만이 존재하므로 직접 구할 수 있다. 당량점 이전의 영역에서 pCl은 용액 중의 미반응의 Cl^-과 용액의 용적으로부터 계산되고, 당량점에서는 Ag^+ 농도와 Cl^-농도가 같으므로 pCl은 AgCl의 용해도적으로 부터 구할 수 있다. 당량점 이후의 pCl은 과량으로 가한 Ag^+과 전체 용액의 용적, 그리고 AgCl의 용해도적으로부터 계산한다.

① 0.00 ml 가할 때

$[Cl^-] = 0.1$

$pCl = 1.00$

② 10.00 ml 가할 때

$$[Cl^-] = \frac{0.1 \times 50 - 0.1 \times 10}{50 + 10} = 6.7 \times 10^{-2}$$

$pCl = 1.16$

③ 49.90 ml 가할 때

$$[Cl^-] = \frac{0.1 \times 50 - 0.1 \times 49.9}{50 + 49.9} = 1.0 \times 10^{-4}$$

$pCl = 4.00$

④ 50.00 ml 가할 때

당량점이 되고 $[Ag^+] = [Cl^-]$이므로 용해도적을 이용한다.

$$[Ag^+][Cl^-] = [Ag^+]^2 = [Cl^-]^2 K_{sp} = 1 \times 10^{-10}$$

$$[Cl^-] = \sqrt{1 \times 10^{-10}} = 1 \times 10^{-5}$$

$pCl = 5.00$

⑤ 50.10 ml 가할 때

$[Ag^+] > [Cl^-]$ 이므로

$$[Ag^+] = \frac{0.1 \times 50.1 - 0.1 \times 50}{50 + 50.1}$$

$$= 1.0 \times 10^{-4}$$

$$[Cl^-] = \frac{K_{sp,\,AgCl}}{[Ag^+]} = \frac{1 \times 10^{-10}}{1 \times 10^{-5}}$$

$$= 1 \times 10^{-5}$$

$pCl = 5$

⑥ 60.00 ml 가할 때

$$[Ag^+] = \frac{0.1 \times 60 - 0.1 \times 50}{50 + 60}$$

$$= 9.1 \times 10^{-3}$$

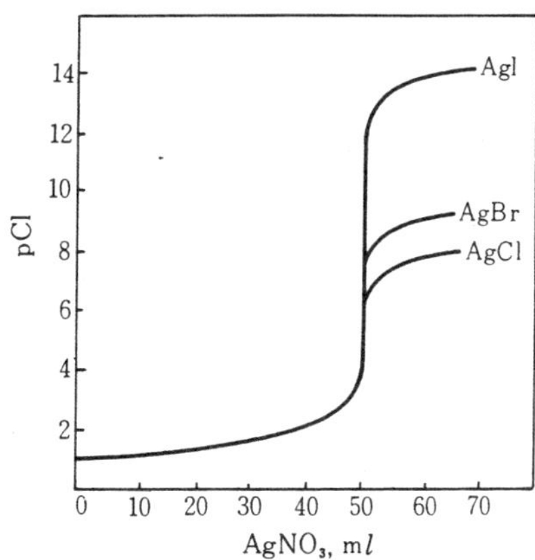

그림 3-6 0.1 *N* NaCl, NaBr 및 NaI 각 50 ml을 0.1 *N* $AgNO_3$으로 적정할 때의 적정곡선

$$[Cl^-] = \frac{K_{sp,AgCl}}{[Ag^+]} = \frac{1\times10^{-10}}{9.1\times10^{-3}} = 1.1\times10^{-8}$$

$$pCl = 7.96$$

위의 결과로써 적정곡선을 그리면 그림 3−6과 같다.

그림 3−6에서 I^-과 Br^-을 $AgNO_3$로 적정하는 경우도 Cl^-을 $AgNO_3$로 적정할 때와 같은 방법으로 계산하여 나타내었다. AgI는 AgBr과 AgCl보다 더 난용성 침전이므로 당량점 부근에서 pI의 jump가 크다.

3. 할로겐 화합물의 혼합물 정량

공침이 일어나지 않을 경우 염화물, 보롬화물 및 요드화물을 함유하는 할로겐 화합물의 혼합용액을 Ag^+ 표준용액으로 적정하면 처음에는 요오드화 이온이 그림 3−7과 같이 적정곡선 *A* 점에서 *B* 점까지 I^-만이 존재할 때와 똑같이 적정되며, *B*점에서 *C*점까지의 적정곡선은 Br^-만이 적정되고, *C*점부터는 Cl^-만이 존재한 것과 같은 적정곡선이 된다.

그러므로 AgBr과 AgCl 침전이 시작하는 점의 pAg 값은 Br^-만이 Cl^-단독으로 존재하는 경우의 pAg 값과 꼭 일치한다는 것을 알 수 있다. 그림 3−7의 *A*, *B* 및 *C*점에서 pAg 값은 다음 식으로부터 구할 수 있다.

$$[Ag^+] = \frac{K_{sp}}{[X^-]} \quad \cdots\cdots (3-30)$$

여기서 $[X^-]$는 각각의 할로겐 이온 농도이다. 그러므로 할로겐 이온 상호간에 공침이 일어나지 않아 방해하지 않을 경우 각 할로겐 화합물이 침전되는 범위는 다만 평형상태에서 Ag^+ 농도에 의존한다는 것을 알 수 있다.

혼합된 할로겐 화합물의 적정에서 큰 차이점은 곡선의 종말점 혹은 변곡점(*B*점과 *C*점)이 당량점 이전에 일어나는 것이다. 이 이유를 다음의 계산으로 알 수 있다. I^-, Br^- 및 Cl^-의 농도를 각각 C_{I^-}, C_{Br^-} 및 C_{Cl^-}로 표시하면 AgBr 침전은 *B*점에서 시작되므로 이 때 Ag^+ 농도는

$$[Ag^+] = \frac{K_{sp,AgBr}}{C_{Br^-}}$$

이 점에서

$$[I^-] = \frac{K_{sp,\ AgI}}{[Ag^+]} = \frac{K_{sp,\ AgI}}{K_{sp,\ AgBr}} \times C_{Br^-} \quad \cdots\cdots (3-31)$$

일반적으로 정량할려는 C_{Br^-} 농도는 $10^{-5}M$ 이상이므로 식(3-31)에서 $[I^-]$는 Ag^+로 I^-를 적정할 경우 당량점에서의 $[I^-]$ 값인 $\sqrt{K_{sp,\ AgI}}$ 보다 크다. 예를 들어 $C_{I^-} = 10^{-2}$, $C_{Br^-} = 0.05M$, $K_{sp,\ AgI} = 10^{-16}$, $K_{sp,\ AgBr} = 10^{-13}$ 이라면 B점에서 $[I^-]$는 식(3-31)로부터

$$[I^-] = \frac{10^{-16}}{10^{-13}} \times 0.05 = 5 \times 10^{-5}M$$

이고 이 값은 $\sqrt{K_{sp,\ AgI}} = 10^{-8}M$보다 크다. 그러므로 할로겐 혼합물 중의 I^- 적정에서는 − 오차가 생기며 이를 상대오차(%)로 나타내면 다음과 같다.

$$I^- \text{ 적정시 오차}(\%) = -\frac{[I^-]}{C_{I^-}} \times 100 = -\frac{K_{sp,\ AgI}}{K_{sp,\ AgI}} \times \frac{C_{Br^-}}{C_{I^-}} \times 100 \cdots (3-32)$$

$$= -\frac{10^{-16}}{10^{-13}} \cdot \frac{0.05}{10^{-2}} \times 100 = -0.5\%$$

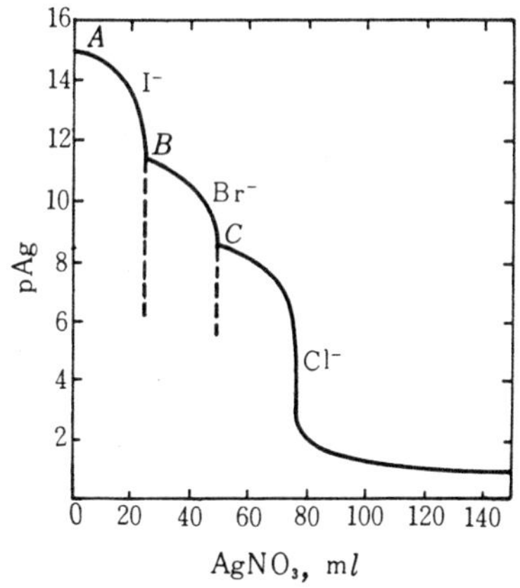

그림 3-7 0.1M 할로겐 화합물의 혼합용액을 0.2M $AgNO_3$로 적정할 때의 적정곡선

식(3-30)을 이용하여 일반적인 경우를 고찰해 보면 적정하려는 혼합물 중의 I^-과 Br^-의 농도비가 크면 오차가 크게 되는 것을 알 수 있고 또 두 K_{sp} 차가 크면 역시 오차가 크게 되는 것을 알 수 있다.

I^- 적정에서 −오차가 생기므로 Br^- 적정의 경우는 종말점 B에서 적정되지 않고 남아 있는 I^-과 Br^-이 함께 적정이 되어 +오차가 생기게 된다. 그러나

Br^-적정의 종말점인 C 점이 당량점 전에 일어나므로 역시 −오차가 생기게 된다. 그러므로 Br^-적정에서의 상대오차는 다음과 같다.

$$Br^-\ \text{적정시 오차}(\%) = \frac{B\text{점에서의}\,[I^-] - C\,\text{점에서의}\,[Br^-]}{C_{Br^-}} \times 100 \quad (3-33)$$

이때 B점에서의 $[I^-]$는 식 (3−31)로 주어지므로 같은 방법에 의하여 C 점에서의 $[Br^-]$는

$$[Br^-] = \frac{K_{sp,\ AgBr}}{K_{sp,\ AgCl}} \times C_{Cl^-} \cdots\cdots (3-34)$$

$[I^-]$와 $[Br^-]$를 식 (3−33)에 대입하면

$$Br^-\ \text{적정시 오차}(\%) = \left(\frac{K_{sp,\ AgI}}{K_{sp,\ AgBr}} - \frac{K_{sp,\ AgBr}}{K_{sp,\ AgCl}} \times \frac{C_{Cl^-}}{C_{Br^-}}\right) \times 100 \quad \cdots\cdots (3-35)$$

이 된다.

예를 들어 $C_{Cl^-} = 0.05\ M$, $K_{sp,\ AgCl} = 10^{-10}$이고 다른 조건은 위의 예와 같다면 Br^-의 적정에서 상대 오차는 식 (3−35)로부터

$$\left(\frac{10^{-16}}{10^{-13}} - \frac{10^{-13}}{10^{-10}} \times \frac{0.05}{0.05}\right) \times 100 = 0\,\%$$

실제에는 여기서 계산한 적정오차 값보다 공침현상 때문에 다소 크게 된다.

4. 착이온 생성을 이용한 적정

1좌 배위자(monodentate)에 금속이온을 가하면 전리도가 작은 착이온을 만든다. 이 성질을 이용한 적정법은 침전반응과 밀접한 관계가 있으므로 침전적정법에 포함시켜 설명한다.

일반적으로 금속이온과 1좌 배위자 사이의 착이온 생성반응은 단계적으로 일어나므로 단계 착이온 생성정수 값이 작고 또 이들 정수 값들의 차이가 작아서 분석에 이용되는 반응은 매우 적다. 여기서는 CN^-을 Ag^+으로 적정하는 경우만을 설명한다.

CN^-이 포함된 용액에 Ag^+을 가하면 매우 안정도가 큰 착이온을 만든다.

$$Ag^+ + 2CN^- \rightleftharpoons Ag(CN)_2^- \quad \cdots\cdots (3-36)$$

$$K_c = \frac{[Ag^+][CN^-]^2}{[Ag(CN)_2^-]} = 10^{-21} \quad \cdots\cdots (3-37)$$

위 반응이 완전히 일어난 후 Ag^+을 더 가하면 백색 침전인 $Ag[Ag(CN_2)]$가 생성된다.

$$Ag^+ + Ag(CN)_2^- \rightarrow Ag[Ag(CN)_2]$$

그러므로 종말점은 백탁이 되는 점이다. 지금 종말점에서 $Ag(CN)_2^-$ 농도를 0.05 M라 하면 식(3-36)에 의하여

$$[Ag^+] = \frac{1}{2}[CN^-] \qquad \text{혹은 } [CN^-] = 2[Ag^+]$$

식 (3-37)에서 $\dfrac{4[Ag^+]^3}{0.05} = 10^{-21}$

$$\therefore [Ag^+] = \sqrt[3]{\frac{5 \times 10^{-23}}{4}} = 2.3 \times 10^{-8}$$

$Ag[Ag(CN)_2]$의 용해도적은

$$[Ag^+][Ag(CN)_2^-] = 2 \times 10^{-12}$$

그러므로 $Ag[Ag(CN)_2^-]$침전이 생기기 시작할 때의 $[Ag^+]$를 구하면

$$[Ag^+] \geqq \frac{2 \times 10^{-12}}{[Ag(CN)_2^-]} \geqq \frac{2 \times 10^{-12}}{5 \times 10^{-2}} \geqq 4 \times 10^{-11}$$

이 결과로써 종말점인 백탁은 당량점 바로 전에 일어나고 있다는 것을 알 수 있다. 이 방법은 Liebig가 처음 사용하였으며 종말점 부근에서 조심히 실험하면 좋은 결과를 얻을 수 있다. 그러나 이 때 $Ag[Ag(CN)_2]$ 침전은 암모니아에 용해한다. 이 현상을 이용하여 Deniges는 암모니아 알카리성에서 KI를 지시약으로 사용하여 종말점을 찾은 결과 당량점이 지난 후 난용성 AgI 황색이 생기므로 종말점 찾기가 좋았다. 이 방법을 Liebig-Deniges법이라 한다.

【예제 3-19】 Liebig법에 의해서 KCN을 정량할 때 0.1 N $AgNO_3$ 1 ml는 KCN 몇 mg에 해당하는지를 계산하라. 단, KCN은 65.11이다.

(풀이) $2KCN + AgNO_3 \rightleftharpoons K[Ag(CN)_2] + KNO_3$

당량점에서 $Ag[Ag(CN)_2]$의 백탁이 생성될 때를 종말점으로 한다.

$Ag(CN)_2^- + Ag^+ \rightarrow Ag[Ag(CN)_2]$

$$\therefore 2KCN = AgNO_3$$

$$0.1\,N\,AgNO_3\ 1\,ml = \frac{2KCN \times 0.1}{1}$$

$$= \frac{2 \times 65.11 \times 0.1}{1} = 13.02\,mg(KCN)$$

3-5 침전적정실험

[실험 3-1] Mohr법에 의한 염화물의 정량

1. 개 요

지시약으로 CrO_4^{2-}를 사용하는 방법이며 시료 용액에 K_2CrO_4를 넣고 Ag^+로 적정하면 다음의 반응이 일어난다.

종말점 이전 : $Cl^- + Ag^+ \longrightarrow AgCl$(백색 침전)
종말점 이후 : $CrO_4^{2-} + 2Ag^+ \longrightarrow Ag_2CrO_4$(적갈색 침전)

분별 침전의 원리에 의하여 AgCl이 선침, Ag_2CrO_4가 후침이므로 적정 종말점은 백색에서 적갈색으로 변하는 점이다.

2. 조 작

(1) 0.1 *N* $AgNO_3$ 용액의 조제 및 표정

① 0.1 *N* $AgNO_3$ 용액의 조제 : $AgNO_3$의 당량은 169.88이므로 0.1 *N* $AgNO_3$ 용액을 조제하려면, 약 17 g을 소량의 물에 용해시키고 물로 1 *l*로 회석시킨 다음 갈색병에 보존한다.

② 0.1 *N* $AgNO_3$의 표정 : 특급품 NaCl(*M. W.* ; 58.454) 분말을 110 ℃에서 약 1시간 건조시킨 뒤, 약 0.2 g을 정칭하여 300 m*l* 삼각 플라스크에 옮겨 50 m*l*의 물로 녹인다. 여기에 2% K_2CrO_4용액을 2m*l* 가하고 0.1 *N* $AgNO_3$ 용액으로 적정한다. Ag_2CrO_4 적갈색 침전이 나타나면 잘 흔들어서 탈색하는 것을 기다려 한 방울씩 가하고 흔든다. 종말점은 15초 동안 흔들어서 탈색되지 않는 엷은 갈색이

나타나는 점으로 한다. 같은 실험을 3번 하여 노르말 농도를 구하고 그 평균치를 사용한다.

(2) 염화물의 정량

① 시료 약 0.4 g을 정확히 칭량하여 100 ml의 물에 녹이고(혹은 시료수 100 ml를 정확히 취하여) 상기 $AgNO_3$ 용액의 표정때와 같은 조작으로 실험하고 이 때 소비된 $AgNO_3$ 소비 ml수를 t_1이라 한다.

② 시료 대신 물 100 ml를 삼각 플라스크에 넣고 특급 $CaCO_3$ 분말을 0.5 g 정도 가한 후 표정시와 똑같은 방법으로 실험하여 그 값을 t_0라 한다(공시험).

③ ①, ②의 실험조작을 각각 세 번 행하고 평균값을 사용한다.

3. 계 산

① 0.1 *N* $AgNO_3$의 표정

$$\frac{\text{NaCl mg수}}{\text{당량}} = N \times \text{ml수(실험치)}$$

② 염화물의 순도

$$Cl^-(\%) = \frac{\text{당량} \times N \times (t_1 - t_0)}{\text{시료의 mg수}} \times 100$$

$$Cl^-(mg/l) = \frac{\text{당량} \times N \times (t_1 - t_0) \times 1{,}000}{\text{시료의 ml수}}$$

[실험 3-2] Volhard법에 의한 NaCl 정량

1. 개 요

지시약으로 Fe^{3+}를 사용하는 방법이며 시료 용액에 기지 농도의 $AgNO_3$ 용액을 일정 과량 가하여 AgCl을 침전시키고 nitrobenzene을 가한다. 과잉의 Ag^+를 지시약으로 철명반을 사용하여 NH_4SCN표준용액으로 역적정하고 $Fe(SCN)^{2+}$의 혈적색이 생기는 점을 종말점으로 한다.

2. 조 작

(1) 0.1 *N* NH_4SCN 용액의 조제 및 표정

① 0.1 *N* NH_4SCN의 조제 : NH_4SCN(*M. W.* : 76.12)는 조해성이 있으며, 순품

이 없으므로 약 18 g을 칭량하여 물에 용해시켜 1l로 한다.

② 0.1 N NH_4SCN의 표정 : 300 ml 삼각 플라스크에 2차 표준용액인 0.1 N $AgNO_3$ 용액 25 ml를 가하고 물로 100 ml로 희석한 후 2 ml의 $FeNH_4(SO_4)_2$ 용액을 가하고 혈적색이 나타날 때까지 0.1 N NH_4SCN 용액으로 적정한 뒤, 심하게 흔들어 적갈색이 없어지는 것을 기다려 다시 한 방울씩 가하고 흔들어 엷은 적등색이 없어지지 않는 점을 종말점으로 한다.

(2) NaCl의 정량

시료를 110 ℃에서 1 시간 건조시킨 뒤 정확히 약 0.3 g을 300 ml 삼각 플라스크에 취하고 100 ml 물을 가하여 녹인다. 여기에 진한 HNO_3 1 ml와 $FeNH_4(SO_4)_2$ 2 ml 및 과량의 $AgNO_3$ 표준액을 가하고 (A ml) nitrobenzene 15 ml를 가하여 침전이 완전히 nitrobenzene피막이 될 때까지 흔든다. 과잉의 $AgNO_3$ 표준액을 혈적색이 지속될 때까지 NH_4SCN 표준용액으로 역적정한다(B ml).

3. 계 산

① 0.1 $N-NH_4SCN$의 표정

$$NV = N'V'$$

② NaCl의 순도(%)

$$\text{NaCl}(\%) = \frac{\text{당량} \times (N \times A - N' \times B)}{\text{시료의 mg수}} \times 100$$

[실험 3-3] Fajans법에 의한 NaCl 정량

1. 개 요

지시약으로 흡착지시약(fluorescein)을 사용하는 방법이며 시료 중의 Cl^-은 Ag^+와 반응해서 AgCl 침전을 생성하나 Ag^+가 조금이라도 과잉이면 AgCl 침전은 Ag^+를 흡착하여 + 전하를 띤다. 이때 − 전하를 띤 fluorescein이 + 전하를 띤 입자표면에 흡착되면서 연한 분홍색으로 변하고 이 점을 종말점으로 한다.

2. 조 작

시료를 110 ℃에서 약 1시간 건조시킨 뒤, 정확하게 약 0.2g을 칭량하여 300 ml 삼각 플라스크에 옮겨 50 ml 물에 녹이고 fluorescein 용액을 0.4 ml 가한다.

$AgNO_3$ 표준용액으로 적정하여 생성된 AgCl 침전이 연한 황록색에서 분홍색으로 변하는 점을 종말점으로 한다.

3. 계 산

$$\text{NaCl}(\%) = \frac{\text{당량} \times N \times \text{소비 ml 수}}{\text{시료의 mg 수}} \times 100$$

[실험 3-4] 브롬화칼륨과 염화칼륨 혼합물의 정량

1. 개 요

시료가 두 종류의 혼합물로 되어 있을 때에는 Mohr법, Volhard법 등으로 분석한 다음 과부족 계산법에 따라 각각의 함량(%)을 계산한다.

2. 조 작

시료를 110℃에서 4시간 건조시킨 것을 약 0.4g 정칭하여 물 50ml에 용해시키고 0.1 N $AgNO_3$ 50ml, $FeNH_4(SO_4)_2$용액 2ml 및 진한 HNO_3 2ml을 가하여 잘 흔들면서 0.1 N NH_4SCN으로 적갈색이 될 때까지 역적정한다.

3. 계 산

$$0.1\,N\ AgNO_3\ 1\,ml = 0.01190\,g\ \text{KBr} = 0.007456\,g\ \text{KCl}$$

$$\text{KBr}(100\,\%)0.4\,g\text{과 당량인 } 0.1\,N\ AgNO_3\ ml\ \text{수} = \frac{0.4}{0.01190} = 33.61\ ml$$

$$\text{KCl}(100\,\%)0.4\,g\text{과 당량인 } 0.1\,N\ AgNO_3\ ml\ \text{수} = \frac{0.4}{0.007456} = 53.65\ ml$$

따라서 시료 0.4g 전부가 KCl이라면 전부 KBr일 때보다 53.65 − 33.61 = 20.04ml 만큼 0.1 N $AgNO_3$가 더 많이 소비된다. 적정결과 0.1 N $AgNO_3$의 소비량을 v ml라 하면 $(v-33.61)$ml는 KCl이 공존함으로써 0.1 N $AgNO_3$가 더 들어간 양이다.

그러므로 KCl의 함량을 x%, KBr의 함량을 y%라 하면 다음 비례식에 의하여 각각의 함량을 구할 수 있다.

$$x + y = 100 \qquad 20.04 : 100 = (v-33.61) : x$$

$$x = \frac{(v-33.61)\times 100}{20.04}$$

$$y = 100 - \frac{(v-33.61)\times 100}{20.04}$$

[실험 3-5] 할로겐 혼합물 중의 요오드 정량

1. 개 요

할로겐 이온 혼합물에 $AgNO_3$ 표준액을 적가하면 용해도적이 제일 적은 AgI이 먼저 침전한다. 이 때 H_2SO_4 산성에서 용액 중에 1~2 방울의 $KMnO_4$ 용액을 가하여 미량의 I_2를 석출시킨 다음 전분 지시약을 가하면 청남색이 나타난다.

$$2KMnO_4 + 10KI + 8H_2SO_4 = 5I_2 + 6K_2SO_4 + 8H_2O$$

한편 I_2는 수용액 내에서 다음과 같이 일부 전리된다.

$$3I_2 + 3H_2O \rightleftharpoons IO_3^- + 5I^- + 6H^+$$

따라서 $AgNO_3$로 적정하여 I^-이 전부 소실되는 순간 용액 중 I_2도 없어지므로 요드 전분색도 없어진다. 이 점을 적정 종말점으로 한다. 이 법은 시료 중에 Cl^-, Br^-이 존재하더라도 AgI이 전부 침전하기 전에는 반응하지 않으므로 이들 혼합물 중에서 I^-만을 정량할 수 있다.

2. 조 작

KI 약 0.3g을 정칭하여 물 30m*l*에 용해시키고 0.05*M* KIO_3 또는 0.1*N* $KMnO_4$ 1 방울 및 묽은 H_2SO_4 몇 방울을 가하여 I_2를 유리시키고 여기에 전분용액 2m*l*를 가한다. 청남색이 된 용액을 흔들면서 0.1N $AgNO_3$로 적정하면 종말점 가까이에서 AgI가 응고하면서 요오드 전분을 흡착하여 녹색이 되므로 이것이 무색으로 변하는 점을 종말점으로 한다.

3. 계 산

$$0.1\,N\ AgNO_3\ 1\,ml = 0.01660\,g\ KI = 0.0126\,g\ I_2$$

$$I_2(\%) = \frac{I_2\,mg수}{시료\,mg수} \times 100$$

[실험 3-6] KCN 중의 CN^- 정량

1. 개 요

CN^-을 포함하는 암모니아 용액에 I^-를 공존시켜 Ag^+로 적하하면

$$2CN^- + Ag^+ \rightleftharpoons [Ag(CN)_2]^-$$

종말점은 AgI가 생성되는 담황색이 지속되는 점이다.

2. 조 작

시료 0.5 g을 정칭하여 물 50 ml에 용해시키고 10% NH_4OH 용액 5 ml 및 10 % KI용액 2 ml를 가한다. 용액을 잘 흔들면서 0.1 *N* $AgNO_3$ 표준용액으로 적정하여 AgI의 담황색이 지속되는 점을 종말점으로 한다.

3. 계 산

$$0.1\,N\ AgNO_3\ 1\,ml = 0.0130\,g\ KCN = 0.0052\,g\ CN^-$$

$$CN^-(\%) = \frac{CN^-\ mg\ 수}{시료\ mg\ 수} \times 100$$

문 제

3-1 용해도적

1. 다음에 주어질 수치를 사용하여 용해도적 K_{sp}를 구하라.

ⓐ MX_2형인 침전의 용해도는 0.002 *M*이다.

ⓑ M_2X_3형인 침전의 분자량은 150이고 100 ml에 대한 용해도는 0.045 mg이다.

ⓒ MX_2형인 침전을 물에 용해하여 포화용액을 만들었다. 이 때 X^{2-}의 농도는 2.0×10^{-5} *M*이다.

2. 다음 용액에서 이온 농도와 용해도를 계산하라.
   ⓐ 0.1 *M* NaBr 용액에 존재하는 AgBr
   ⓑ 0.5 *M* $AgNO_3$ 용액에 존재하는 AgBr
   ⓒ 0.01 *M* NaF 용액에 존재하는 BaF_2
3. 다음과 같은 용액을 혼합하여 침전이 생긴 후 평형에 도달하였을 때 용액에 존재하는 이온 농도를 구하라.
   ⓐ 0.1 *M* KI 용액 200 m*l*와 0.05 *M* $AgNO_3$ 용액 300 m*l*
   ⓑ 0.2 *M* $CaCl_2$용액 100 m*l*와 0.05 *M* NaF용액 100 m*l*
   ⓒ 0.1 *M* $AgNO_3$용액 100 m*l*와 1.0 *M* K_2SO_4 300 m*l*

3-2 침전의 생성

1. 0.01 *M* Ba^{2+}과 0.01 *M* Ca^{2+}를 포함한 용액이 있다. NaF을 조금씩 가하였다.
   ⓐ BaF_2 침전이 시작할 때에 필요한 F^-의 농도를 구하라.
   ⓑ CaF_2 침전이 시작할 때에 필요한 F^-의 농도를 구하라.
   ⓒ BaF_2와 CaF_2 중 어느 것이 먼저 침전하겠느냐?
2. H_2S로 포화된 용액에서 다음 금속들을 정량적(99.99%)으로 분리시킬 수 있는 pH범위를 구하라.
   ⓐ 0.01 *M* Sn^{2+}과 0.01 *M* Mn^{2+} 용액
   ⓑ 0.01 *M* Zn^{2+}과 0.1 *M* Ni^{2+} 용액
   ⓒ 0.1 *M* Pb^{2+}과 0.1 *M* Fe^{2+} 용액
3. H_2S($[H_2S]=0.1$ *M*)로 포화된 용액에서 H_2S의 K_1, K_2와 Bi_2S_3, FeS, NiS, CdS, PbS, ZnS, CoS, MnS의 용해도적 K_{sp}를 사용하여 다음 물음에 답하라.
   ⓐ H_2S로 포화된 용액에서 위 금속들에 대한 pH 범위가 −1에서 9까지의 log C에 대한 pH 다이어그램을 작성하라.
   ⓑ 이 다이어그램을 사용하여 Mn^{2+}과 Fe^{2+}의 농도가 0.01 *M*인 용액에서 Mn^{2+}으로부터 Fe^{3+}을 분리할 수 있는 pH의 범위를 구하라.
   ⓒ 양이온 계통분석에서 양이온 3족과 2족을 분리할 때 0.3 *M* HCl 용액에서 행한다. 만약 금속 이온의 처음 농도가 0.01 *M*이라면, 0.3 *M* HCl 산성에서 H_2S를 포화시킨 용액에 아직 침전하지 않고 남아 있는 금속은 어떤 것인가?

3-3 침전의 용해

1. pH 4에서 Ag_2CrO_4의 용해도를 구하라. 단, $K_{sp,\ Ag_2CrO_4}=1.9\times10^{-12}$
2. 콜로이드의 특성 중 산업적 응용에 관하여 조사하라.
3. 전해질의 응집가(coagulation value)에 대하여 조사하라.

3-4 침전적정법

1. Ag_2CrO_4에서 $pCrO_4$에 대한 logC의 다이어그램을 작성하라.
   ⓐ 물에 포화된 Ag_2CrO_4의 용해도를 계산하라. 단, CrO_4^{2-}의 염기성은 무시한다.
   ⓑ pH 1.0, 2.0, 4.0 과 7.0에서 $HCrO_4^-$에 대한 다이어그램을 그리고 각 용액에서의 Ag_2CrO_4의 용해도를 구하라.
2. 0.10 *M* $AgNO_3$ 용액 25.00 ml를 다음 용액에 가하였다. 이 때 녹아 있는 I^-, IO_2^-, SCN^- 및 $C_2O_4^{2-}$의 농도를 계산하라.
   ⓐ 0.01 *M* KI 용액 25.00 ml
   ⓑ 0.10 *M* KIO_3 용액 24.49 ml
   ⓒ 0.10 *M* KSCN 용액 25.52 ml
   ⓓ 0.10*M* KI 용액 30.00 ml
   ⓔ 0.10 *M* KSCN 용액 23.00 ml
   ⓕ 0.05*M* $Na_2C_2O_4$ 용액 25.00 ml
   ⓖ 0.10 *M* $Na_2C_2O_4$ 50.00 ml
3. 다음을 계산하라
   ⓐ 0.10 *M* KIO_3 용액 50 ml을 0.1 *M* $AgNO_3$ 용액으로서 Mohr법으로 적정한다. Ag_2CrO_4이 당량점에서 침전이 시작될 수 있는 $[CrO_4^{2-}]$를 계산하라.
   ⓑ 만약 종말점에서 $[CrO_4^{2-}]$가 2.0×10^{-4}이라면 종말점에서 IO_3^-의 농도를 계산하라.
   ⓒ ⓑ에서 적정 오차를 계산하라.
4. 다음 각 용액에서 pBr을 구하라.
   ① 0.2 *M* NaBr 40 ml
   ② 0.2 *M* NaBr 40 ml에 0.4 *M* $AgNO_3$ 20 ml를 가했을 때
   ③ 0.2 *M* NaBr 40 ml에 0.4 *M* $AgNO_3$ 20 ml를 가했을 때
   ④ 0.2 *M* NaBr 40 ml에 0.5 *M* $AgNO_3$ 20 ml를 가했을 때

3-5 침전적정실험

1. Cl^-을 Mohr법으로 정량하려 한다. 당량점에서 Ag_2CrO_4이 침전하는 데 필요한 $[CrO_4^{2-}]$를 구하고 적정시의 유의할 사항을 써라.
2. 순수한 NaCl 0.1752 g을 적정하는 데 $AgNO_3$ 표준용액 32.10 ml를 소비하였다. 이 용액은 몇 규정 농도인가?
3. 시료 0.7273 g 중의 Cl^-을 Volhard법에 의하여 정량하였다. 이 때 0.1068 *N* $AgNO_3$ 용액 40.00 ml를 가하였으며, 역적정에서 0.1240 N NH_4SCN 용액 10.2 ml를 소비하였다면 시료 중의 Cl %는 얼마인가?
4. NaOH과 NaC의 습기를 포함한 시료 6.7000 g을 250 ml 메스 플라스크에 녹였다. 이 용액 25 ml를 정확히 취하여 페놀프탈레인을 지시약으로 하여 0.4776 *N* HCl 용액으로 적정하여 22.22 ml가 소비되었다. 또 새로 25 ml를 취하여 0.117 N $AgNO_3$ 35.00 ml를 가하고 남아 있는 $AgNo_3$ 용액을 0.0962 *N* NH_4SCN 용액으로 역적정하여 4.63 ml가 소비되었다. 시료의 각 성분과 습기의 %를 구하라.

제 4 장

산화―환원 및 그 적정법

4―1 산화와 환원

1. 산화와 환원

어떤 원자, 이온 또는 분자가 전자를 잃어 버리고 그 전자수만큼 양원자가 증가하거나 음원자가 감소하는 반응을 산화(oxidation)라고 하며, 전자를 받아들여 양원자가 감소하는 반응을 환원(reduction)이라 한다. 또 자기 자신은 환원되나 다른 물질을 산화시키는 물질은 산화제(oxidizing agent)라 한다. 따라서 산화제는 전자받게(electron acceptor)이다. 자기 자신은 산화되고 딴 물질을 환원시키는 물질은 환원제(reducing agent)라고 한다. 어떤 환원제가 잃은 전자는 산화제와 반응하게 되므로 산화와 환원은 언제나 동시에 일어나는 반응이다. 다음 보기에서 원자가를 조사하여 보면 HNO_3는 환원되었으므로 산화제이고 Cu는 산화되었으므로 환원제로 작용한다.

$$\overset{0}{Cu} + 4H\overset{+5}{N}O_3 \rightarrow \overset{+2}{Cu}(NO_3)_2 + 2\overset{+4}{N}O_2 + 2H_2O$$

어떤 물질의 산화된 Ox형과 환원된 형 Red가 다음과 같이 가역적일 때에 산화-환원 짝쌍(redox conjugate pair)이라 하고, 화학식으로 나타내면 완전한 한 반응의 반에 해당되므로 반반응(half reaction, 또는 반쪽전지반응 half-cell reaction, 단극반응 single electrode reaction)이라고 한다. 여기서 ne는 반응에 관여하는 전자수이다.

$$Ox + ne \rightleftharpoons Red \qquad \text{보기 : } Cu^{2+} + 2e \rightleftharpoons Cu \quad \cdots\cdots\cdots\cdots\cdots (4-1)$$

제 1 수은염의 Hg는 용액 속이나 고체 속에서 불안정하여 분해하기 쉽다. 이처럼 어떤 물질이 자기 스스로 산화와 환원을 동시에 일으키면 자동산화－환원반응(autodismutation 또는 dispropotionation)이라 한다.

$$Hg_2O \rightleftharpoons Hg + HgO, \quad 3Au(OH)_2^- \rightleftharpoons 2Au + Au(OH)_4^- + 2OH^-$$
$$2Cu^+ \rightleftharpoons Cu + Cu^{2+}, \quad 2HSnO_2^- \rightleftharpoons Sn + SnO_3^{2-} + H_2O$$

한편 공기 속의 산소 분자에 의하여 환원제가 저절로 산화되는 반응을 특히 자동산화(autoxidation)라고 한다.

$$2H_2S + O_2 \rightarrow 2H_2O + 2S$$
$$4FeSo_4 + O_2 + 2H_2SO_4 \rightarrow 2Fe_2(SO_4)_3 + 2H_2O$$

2. 산화－환원 반응식

산화－환원반응을 완결하는 데에는 몇 가지 방법이 있으나, 반쪽전지 반응식을 써서 나타내는 방법에 의하면 각 반응의 기구를 잘 알 수 있으며 산화제와 환원제의 당량을 계산하는 데에 편리하므로 그 완결법을 설명하기로 한다.

산성용액 속에서 MnO_4^-과 Fe^{2+}의 다음 반응에 대하여 조사하여 보기로 하자.

$$MnO_4^- + Fe^{2+} \rightleftharpoons Mn^{2+} + Fe^{3+}$$

(1) 반쪽전지 반응의 반응물과 생성물을 따로 쓴다.

$$MnO_4^- \rightleftharpoons Mn^{2+}, \quad Fe^{2+} \rightleftharpoons Fe^{3+}$$

(2) 원자수를 맞출 때에, 반응이 산성용액 속에서 일어나면 H^+과 H_2O로써, 알칼리성 용액 속에서 일어나는 반응은 OH^-과 H_2O로써 그 계수를 맞춘다.

양편의 전하수가 같도록 전자를 넣어 준다. 즉 식(4－2)의 오른편의 전하수는 +2이고, 왼편 이온의 전하 총수는 +8+(－1) = +7이므로 왼편의 +7－(+2)

＝＋5의 하전이 중화되도록 전자 5개를 넣어 준다.

$$MnO_4^- + 8H^+ + 5e \rightleftharpoons Mn^{2+} + 4H_2O \cdots\cdots\cdots\cdots (4-2)$$

같은 방법으로

$$Fe^{2+} \rightleftharpoons Fe^{3+} + e \cdots\cdots\cdots\cdots (4-3)$$

(3) 이들 두 반쪽 전지식의 전자수를 맞추기 위하여 (4－3)식에 최소공배수 5를 곱한 다음 두 식을 합한다. 이 때 양편에 같은 수의 전자는 상쇄한다.

$$MnO_4^- + 8H^+ + 5Fe^{2+} \rightleftharpoons Mn^{2+} + 4H_2O + 5Fe^{3+}$$

이와 같이 반쪽전지 반응식을 써서 산화－환원 반응식을 완결한 다른 보기를 들면

$$2Fe^{2+} + Cl_2 \rightleftharpoons 2Fe^{3+} + 2Cl^-$$
$$5H_2SO_3 + 2MnO_4^- \rightleftharpoons 5SO_4^{2-} + 4H^+ + 3H_2O + 2Mn^{2+}$$
$$6Fe^{2+} + Cr_2O_7^{2-} + 14H^+ \rightleftharpoons 6Fe^{3+} + 2Cr^{3+} + 7H_2O$$

등이 있다.

3. 산화제와 환원제

분석 화학에서 흔히 쓰는 산화제와 환원제의 대표적인 예는 다음과 같다.

(1) 산화제(아래 줄친 물질은 흔히 쓰는 환원제임)

① $KMnO_4$: 0.1 N 이상의 산성용액에서 산화력의 기준인 E^0는 1.51 V이다. 그러나 그보다 약한 산이나 알칼리성(pH 2～10)에서는 그 산화력(E^0=1.695 V)이 세다.

$$MnO_4^- + 8H^+ + 5e \rightleftharpoons Mn^{2+} + 4H_2O(1.51\,V)$$
$$MnO_4^- + 4H^+ + 3e \rightleftharpoons MnO_2 + 2H_2O(1.695\,V)$$
$$2MnO_2^- + 5\underline{C_2O_4^{2-}} + 16H^+ \rightleftharpoons 2Mn^{2-} + 10CO_2 + 8H_2O$$

② $K_2Cr_2O_7$과 K_2CrO_4은 같은 산화력(E^0=1.33 V)을 가진다.

$Cr_2O_7^{2-} + H_2O \rightleftharpoons 2HCrO_4^-$

$Cr_2O_7^{2-} + \underline{3Sn^{2+}} + 14H^+ \rightleftharpoons 2Cr^{3+} + 3Sn^{4+} + 7H_2O$

③ $Ce(SO_4)_2$ (E^0=1.61 V, 1.70 V[1 M $HClO_4$], 1.61 V[0.5~2 M HNO_3], 1.44 V [1 M H_2SO_4], 1.28 V[1 M HCl]

$Ce(SO_4)_2 + 2FeSO_4 \rightleftharpoons Ce_2(SO_4)_3 + Fe_2(SO_4)_3$

④ 할로겐 : Cl_2, Br_2, I_2의 E^0는 각각 1.3592 V, 1.0652 V, 0.5355 V이다.

$Cl_2 + 2FeCl_2 \rightleftharpoons 2FeCl_3$

$Br_2 + \underline{H_2SO_3} + H_2O \rightleftharpoons 2HBr + H_2SO_4$

$I_2 + \underline{2S_2O_3^{2-}} \rightleftharpoons 2I^- + S_4O_6^{2-}$

⑤ $KBrO_3$과 KIO_3의 E^0는 각각 1.45 V, 1.195 V이며, OCl^-과 OBr^-은 강력한 산화제이다.

$KClO_3 + \underline{6FeSO_4} + 3H_2SO_4 \rightleftharpoons KCl + 3Fe_2(SO_4)_3 + 3H_2O$

$BrO_3^- + \underline{3HAsO_2} + 3H_2O \rightleftharpoons Br^- + 3H_3AsO_4$

$IO_3^- + 5I^- + 6H^+ \rightleftharpoons 3I_2 + 3H_2O$

$4OCl^- + \underline{S^{2-}} \rightleftharpoons SO_4^{2-} + 4Cl^-$

$3OBr^- + 2NH_3 \rightleftharpoons 3Br^- + N_2 + 3H_2O$

⑥ $K_3Fe(CN)_6$ (HCl 산성에서 E^0=0.36 V)

$2Fe(CN)_6^{3-} + 3I^- + 4Zn^{2+} \rightleftharpoons Zn_4[Fe(CN)_6]_2 + I_2$

⑦ 과산화물 : $NaBiO_3$, PbO_2, Na_2O_2 등은 여기에 속한다.

$5NaBiO_3 + 2Mn^{2+} + 14H^+ \rightleftharpoons 2MnO_4^- + 5Bi^{3+} + 5Na^+$
$+ 7H_2O$ (E^0=1.7 V)

$5PbO_2 + 2Mn^{2+} \rightleftharpoons 5Pb^{2+} + 2MnO_4^- + 2H_2O$

⑧ HNO_3 : $3CuS + 8HNO_3 \rightleftharpoons 3Cu(NO_3)_2 + 3S + 2NO + 4H_2O$ (2 N)

$CuS + 8HNO_3 \rightleftharpoons CuSO_4 + 8NO_2 + 4H_2O$

⑨ 왕수 : $Pt + 4HNO_3 + 6HCl \rightleftharpoons H_2PtCl_6 + 4NO_2 + 4H_2O$

$HgS + 2HNO_3 + 4HCl \rightleftharpoons H_2HgCl_4 + S + 2NO_2 + 2H_2O$

(2) 환원제(아래 줄친 물질은 흔히 쓰는 산화제임)

① $TiCl_3$: 산성에서 E^0=0.1 V이므로 KIO_4(E^0=1.6 V)를 환원시킨다.

$2Ti^{3+} + \underline{H_5IO_6^-} + 3OH^- \rightleftharpoons 2TiO_2 + IO_3^- + 4H_2O$

② $CrSO_4$: 산성에서 $E^0 = -0.41\ V$이므로 $K_2S_2O_8(E^0 = 2.01\ V)$를 환원시킨다.

$$2Cr^{2+} + S_2O_8^{2-} \rightleftharpoons 2Cr^{3+} + 2SO_4^{2-}$$

③ VSO_4 : 알칼리성에서 $E^0 = 0.05\ V$이므로 $Na_2H_3IO_6(E^0 = 0.7\ V)$를 환원시킨다.

$$V^{2+} + H_3IO_6^{2-} \rightleftharpoons VO^{2+} + IO_3^- + OH^- + H_2O$$

④ 발생기 수소 : NO_3^-를 NaOH 알칼리성에서 Zn으로 환원시킨다.

$$NO_3^- + 4Zn + 7OH^- \rightleftharpoons ZnO_2^{2-} + NH_3 + 2H_2O$$

⑤ HI는 $HClO_4$에 의하여 산화된다.

(3) 산화와 환원 두 작용을 하는 물질

① H_2O_2 : 산성에서는 $KMnO_4$을 환원시키고, 알칼리성에서는 $Cr(OH)_3$을 산화시킨다.

$$2KMnO_4 + 5H_2O_2 + 3H_2SO_4 \rightleftharpoons 2MnSO_4 + K_2SO_4 + 8H_2O + 5O_2$$

$$2Cr(OH)_3 + 3H_2O_2 + 4NaOH \rightleftharpoons 2Na_2CrO_4 + 8H_2O$$

② HNO_2 : 산성에서 $SnCl_2$를 산화시키기도 하며, $K_2Cr_2O_7$을 환원시키기도 한다.

$$SnCl_2 + 2HNO_2 + 2HCl \rightleftharpoons SnCl_4 + 2NO + 2H_2O$$

$$K_2Cr_2O_7 + 3HNO_2 + 8HCl \rightleftharpoons 2CrCl_3 + 3HNO_3 + 2KCl + 4H_2O$$

③ As_2O_3 : 산성에서 Cu를 산화시키며, 알칼리성에서는 I_2를 환원시킨다.

$$6Cu + As_2O_3 + 6HCl \rightleftharpoons 6CuCl + 2As + 3H_2O$$

$$2I_2 + As_2O_3 + 2H_2O \rightleftharpoons 2As_2O_5 + 4HI$$

4-2 전극전위와 Nernst식

1. 전기화학전지

전기화학전지(electrochemical cell)는 같거나 다른 두 가지 전해질의 용액속에 같거나 다른 종류의 두 가지 금속(metal)이 담겨 있으며, 두 용액이 서로 섞이는 것을 막기 위하여 다공성 반투막으로 분리하여 연결한다. 이 때 전해질 용액 속에 담겨진 금속 막대를 극(pole)이라고 하며 극과 전해질 용액이 접촉해서 이루어진 계를 전극(electrode) 또는 반전지(half cell)라고 한다. 그러므로 전기화학전지는 두 개의 반전지로써 이루어진다.

또 전기화학전지는 전해용기와 볼타전지로 나눈다. 외부에서 전기 에너지를 가하기 때문에 화학반응이 일어나는 전기화학전지는 전해용기(electrolytic cell)이며, 화학반응이 저절로 일어나서 전기 에너지를 발생할 때에는 볼타전지(voltaic cell 또는 갈바니 용기 galvanic cell)라고 한다. 전해용기는 물리화학적 분석법 항으로 미루고, 여기서는 볼타전지에 대하여 설명한다. 그림 4-1은 볼타전지의 대표적인 보기이다.

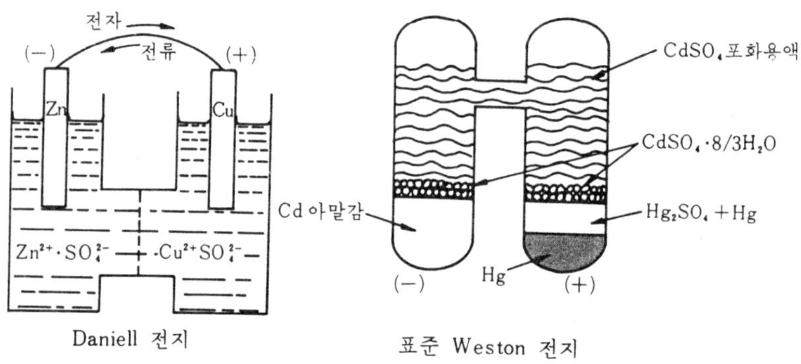

그림 4-1 볼타 전지

Daniell 전지는 식(4-4)와 같이 나타낼 수 있다.

$$Zn \mid Zn^{2+} \parallel Cu^{2+} \mid Cu \quad \cdots\cdots (4-4)$$

여기서 |은 금속극 부분과 전해질 용액의 두 상 경계면을 나타내는데 이 수직선 양편의 물질은 하나의 단극을 이룬다. 이 단극의 전극 표면에서는 전자를 주고 받는 산화-환원반응이 일어나고 이 반응이 평형에 도달할 경우 금속극은 전해질 용액에 대하여 어떤 일정한 전위를 가지게 되는데 이 값을 반반응의 기전력(electromotive force of half reaction) 또는 전극전위(electrode potential 또는 단극전위:single electrode potential)라고 하고 E로 표시한다.

또 ‖은 두 반전지 사이의 용액이 분리되어 연결되고 있음을 나타내는 경계면으로 이 때 두 전극의 용액을 접촉시키는 방법에는 다공성 반투막을 쓰는 방법도 있으나 대부분은 염교(salt bridge)를 쓴다. 염교는 KCl 포화용액(25 ℃에서 약 3.5 *M*)에 4% 정도의 젤라틴이나 우무가사리를 넣어 가열 용해한 후 수 mm의 역 U자 관에 채운 것이다. 두 극을 도선으로 연결하고 두 용액을 염교로 이으면 이 염교를 통하여 염의 양이온은 왼편에서 오른편으로, 음이온은 왼편에서 오른편으로 이동하게 된다. 이와 같이 두 전극의 용액을 이동속도가 비슷한 KCl, KNO_3, NH_4NO_3 등으로 연결하면 액간 접촉전위를 최소로 줄일 수 있다.

액간 접촉전위는 조성이 다른 두 용액이 서로 접촉할 때에 그 경계면에 생기는 전위로서 실제로는 이 전위를 일일이 측정하기는 어렵고 그 값이 수 mV 정도로 작기 때문에 보통 무시한다.

전류가 전극과 전해질 용액 사이를 흐를 때에 전극에서 전자를 주고 받음으로써 일어나는 산화-환원반응을 전극반응(electrode reaction)이라고 하는데, 이 전지의 전극반응은

$$\text{Zn 극 ; Zn} \rightarrow Zn^{2+} + 2e \text{ (산화)}$$
$$\text{Cu 극 ; } Cu^{2+} + 2e \rightarrow \text{Cu (환원)}$$

전체의 전지반응은

$$Zn + Cu^{2+} \rightarrow Zn^{2+} + Cu \quad \cdots\cdots (4-5)$$

외부에서 두 극을 도선으로 연결하면, 전자는 Zn극에서 Cu극으로 흐르고, 전류는 Cu극에서 Zn극으로 흐르므로 Cu극은 (+)극, Zn극은 (-)극이 된다. 이와 같이 방전현상이 일어나는 볼타전지에서 (+)극은 (-)극보다 전위가 높다고 하며 이 때의 (+)극을 양(성)극(positive electrode) 또는 cathode(전해 용기에서는 음(성)극 또는 (-)극), (-)극을 음(성)극(negative electrode) 또는 anode (전해 용기에서는 양(성)극 또는 (+)극)라고 한다. Daniell 전지에서 (+), (-)극 사이의 전위의 차를 볼트단위로 나타내고, 이것을 그 전지의 기전력(e.m.f. of cell)이라 한다.

표준 Weston 전지는 가장 재현성이 좋고, 오랜 시일에 걸쳐 기전력이 일정하며, 온도계수가 작으므로 기전력의 측정에 일차표준전지로 흔히 사용하는데 다음과 같이 나타낼 수 있다.

$$\text{Cd, 10} \sim \text{12.5\% Cd 아말감} \mid CdSO_4 \cdot \frac{8}{3} H_2O \mid CdSO_4 \text{ 포화용액,}$$
$$Hg_2SO_4 \text{ 포화용액} \mid Hg_2SO_4 \mid Hg(Pt) \quad \cdots\cdots (4-6)$$

전극반응은 Cd(－)극 : $Cd + SO_4^{2-} + \frac{8}{3}H_2O \rightarrow CdSO_4 \cdot \frac{8}{3}H_2O + 2e$

Hg(＋)극 : $Hg_2SO_4 + 2e \rightarrow 2Hg + SO_4^{2-}$

전체의 전지반응은 $Cd + Hg_2SO_4 + \frac{8}{3}H_2O \rightarrow CdSO_4 \cdot \frac{8}{3}H_2O + 2Hg$

전위는 $$-E_t = 1.01864 - 4.06 \times 10^{-5}(t-20) - 9.5 \times 10^{-7}(t-20)^2 + 10^{-8}(t-20)^3 \quad \cdots\cdots (4-7)$$

2. Nernst식

$ZnSO_4$ 수용액에 Zn 금속 막대를 그림 4－2와 같이 넣으면, Zn^{2+} 용액과 Zn 금속이 접촉된 경계점에서 Zn 원자는 금속으로부터 떨어져 나가 이온으로 녹으려는 경향에 의하여 전자를 잃고 산화되며, 전자는 금속 표면에서 달아난다. 이러한 경향은 금속의 종류에 따라 다르나 이 경향을 나타내는 힘은 압력으로 나타낼 수 있으므로 전해용압(electrolytic solution pressure)이라 한다.

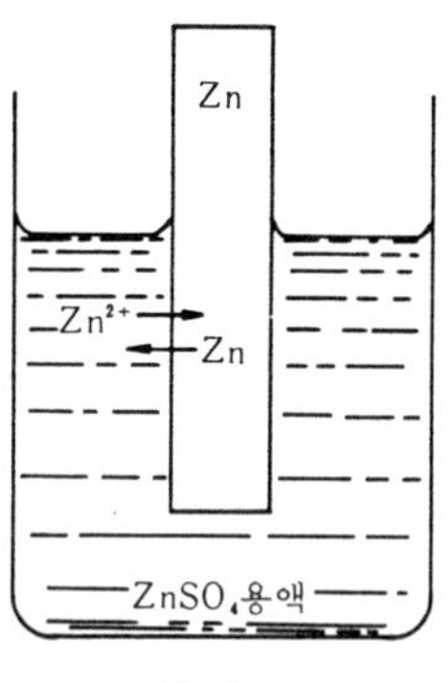

그림 4－2

한편 Zn^{2+}는 전자를 받아서 금속으로 석출하려는 경향이 있는데 이것을 압력으로 나타내어 삼투압이라고 한다.

위의 두 가지는 다음과 같은 산화－환원반응식으로 표시되는 평형관계를 유지하고 있다. 따라서 Zn은 (－)로 대전되고 용액은 (＋)로 대전된다.

$$Zn^{2+} + 2e \rightleftharpoons Zn$$

이와 같이 금속을 그 이온 용액에 담글 때에 금속의 전해용압 P와 용액의 삼투압 π가 같지 않으면 전극전위 E가 생기는데 E는 Nernst식(Nernst equation)에 의하여 다음과 같다.

$$E = \frac{RT}{nF} \ln \frac{\pi}{P} \quad \cdots\cdots (4-8)$$

여기서 R : 기체정수(8.317 joule/mole°K), T : 절대온도(t ℃+273 °K), n:반응에 관여한 전자수(금속의 원자가), F : Faraday상수(96493 coulomb)

식(4-8)에서 P가 π보다 크면 금속이 이온으로 산화되어 녹으므로 용액은 (+)로, 금속은 (-)로 대전되며, 이 때의 전극전위를 산화전위로 나타내면 (+), 환원전위로 나타내면(-)의 값을 가진다.

일정한 온도에서 금속의 전해용압 P는 각 금속에 대하여 일정하므로 $(RT/nF) \ln P$는 정수로 된다. 용액 속의 이온의 삼투압 π는 강전해질에 대하여는 금속 이온 전체의 활동도 a_{M}^{n+}에 비례하므로 $\pi = RTa_{M}^{n+}$로 된다. 그러므로 식(4-8)은

$$E = \frac{RT}{nF} \ln \frac{RTa_{M}^{n+}}{P} = \frac{RT}{nF} \ln \frac{RT}{P} + \frac{RT}{nF} \ln a_{M}^{n+} = E^0 + \frac{RT}{nF} \ln a_{M}^{n+} \quad \cdots\cdots (4-9)$$

여기서 E^0는 25 ℃, 1atm에서 $a_{M}^{n+}=1$ 일 때의 E값(즉 $RT/nF)\ln(RT/P)$으로서 표준전극전위(standard electrode potential)라고 하며 부록 8에 나타내었다. 부록 8에 주어진 E^0값들은 표준수소전극의 전위($E^0_{H_2}=0.000\ V$; 모든 온도에서)를 기준으로 한 상대적인 값들로서 이들 표준전위는 1953년 IUPAC에서 환원전위로 표시할 것을 제안하였으므로 이 책에서는 환원전위로 나타내기로 한다. 또 25℃에서 식(4-9)는 자연대수를 상용대수로 고치고 모든 정수 값을 대입하면

$$E = E^0 + \frac{0.0591}{n} \log a_{M}^{n+} \quad \cdots\cdots (4-10)$$

매우 묽은 용액의 경우 a=c이므로 식(4-10)은

$$E = E^0 + \frac{0.0591}{n} \log [M^{n+}] \quad \cdots\cdots (4-11)$$

그런데 산화-환원반응에서 취급하는 용액은 대부분이 그 농도가 묽은 편이므로 지금부터는 편의상 a = c로 취급하기로 하자. 만약에 용액의 농도가 진하면

$a \neq c$이므로 이 때는 활동도 계수 f값을 구하여 계산하거나 식(4-15)의 형식전위를 실험적으로 구하여 쓴다.

한편 산화-환원 짝쌍만이 포함되어 있는 용액에 Pt, Au, Pd, Ir과 같이 전극반응에 관여하지 않는 불활성 귀금속의 금속 극을 담그면 금속 극과 용액 사이에 전위차가 생긴다. 식(4-1)로 표시되는 산화-환원 짝쌍의 평형에 대하여 Nernst식을 쓰면 25 ℃에서

$$E = E^0 + \frac{0.0591}{n} \log \frac{[\mathrm{Ox}]}{[\mathrm{Red}]} \qquad \cdots\cdots (4-12)$$

표 4-1은 여러 가지 형태의 전기 화학평형에 대하여 전극전위를 Nernst식으로 나타낸 것이다. 표에서 금속이나 고체의 활동도는 1이라고 하였다.

부록 8의 표준전극전위로서 다음과 같은 사실을 말할 수 있다. 곧 이 표에서는 전위를 환원 기전력으로 나타내었기 때문에 볼타 전지에서는 표준전극전위가 큰 반쪽 전지가 (+)극이 되며, 그 값이 클수록 자기 자신은 환원되고 딴 물질을 산화시키기 쉬우므로 강력한 산화제가 된다. 전위 값이 작을수록 금속 자신의 전극반응은 산화가 저절로 일어나기 쉬우므로 강력한 환원제가 된다. 보기를 들면 $KMnO_4$의 산성용액에 $FeSO_4$을 넣으면 식(4-13)과 같은 반응이 일어나지만, $MnSO_4$ 알칼리성 용액에 $Fe_2(SO_4)_3$를 넣어도 식(4-14)의 반응은 거의 일어나지 않는다.

$$MnO_4^- + 5Fe^{2+} + 8H^+ \rightarrow Mn^{2+} + 5Fe^{3+} + 4H_2O \qquad \cdots\cdots (4-13)$$

$$Mn^{2+} + 5Fe^{3+} + 4H_2O \rightarrow MnO_4^- + 5Fe^{2+} + 8H^+ \qquad \cdots\cdots (4-14)$$

또 Cu염 용액에 Zn 조각을 담그면 Zn이 용액 속에 녹아 들어감에 따라 Zn조각 위에 금속 Cu가 석출하나, Zn염의 용액 속에 Cu조각을 넣으면 금속 Zn은 석출되지 않는다. 이러한 실험을 여러번 반복하거나, 금속-금속 이온의 반쪽 전지 반응의 산화 기전력의 대소 순으로 나열하면, 환원력이 가장 큰 금속의 표의 제일 윗 자리에 오게 되는데, 이 금속은 다른 모든 금속의 이온을 환원할 수 있다. 이렇게 하여 얻은 금속의 계열을 이온화 서열(ionization series) 또는 전위서열이라고 한다.

금속의 이온화 서열의 순서는 다음과 같다.

K, Na, Ba, Sr, Ca, Mg, Al, Mn, Zn, Fe, Co, Ni, Sn, Pb, $[H^+]$, Sb, Bi, As, Cu, Hg, Ag, Pt, Au

표 4-1 전극 반응과 Nernst식 (25 ℃)

평 형	전 위
$M^{n+} + ne = M$	$E = E^0 + \frac{0.0591}{n}\log[M^{n+}]$
$M^{p+} + ne = M^{(p-n)+}$	$E = E^0 + \frac{0.0591}{n}\log([M^{p+}]/[M^{(p-n)+}])$
$M(OH)_n + nH^+ + ne = M + nH_2O$	$E = E^0_{h1} + 0.0591\ \log[H^+]$
$M(OH)_p + pH^+ + ne = M^{(p-n)+} + H_2O$	$E = E_0 + \frac{0.0591}{n}p\log[H^+] - \frac{0.0591}{n}\log[M^{(p-n)+}]$
$M(OH)_p{}^{(n-p)+} + pH^+ + ne = M + pH_2O$	$E = E_0 + \frac{0.0591}{n}p\log[H^+] + \frac{0.0591}{n}\log[M(OH)_p{}^{(n-p)+}]$
$MX_p{}^{(n-p)+} + ne = M + pX^-$	$E = E_x^0 + \frac{0.0591}{n}\log([MX_p{}^{(n-p)+}]/[X^-]^p)$
$MX_p{}^{(n-p)+} + ne = MX_p{}^{(m-p-n)+}$	$E = E_c^0 + \frac{0.0591}{n}\log([MX_p{}^{(m-p)+}]/[MX_p{}^{(m-p-n)+}])$
$M^{n+} + Hg + ne = M(Hg)$(아말감)	$E = E_a{}^0 + \frac{0.0591}{n}\log[M^{n+}]$

위에서 본 바와 같이 E^0값은 산화력과 환원력의 기준이 된다. 그러나 그 농도가 진한 용액에서는 금속 이온이 대개 가수분해하거나 착이온을 만들므로 수용액에서 1 M의 전해질 용액은 활동도가 1인 단순이온으로 존재하지 않는다. 그러므로 Swift는 활동도 대신에 농도를 사용함으로써 E^0 대신에 형식전위 E^f(formal potential)를 구하고 이를 Nernst식으로 표시하고 있다. 즉 식(4-10)과 $a = fc$ 관계로부터

$$E = E^0 + \frac{0.0591}{n}\log f_M{}^{n+} + \frac{0.0591}{n}\log[M^{n+}]$$

$$= E^f + \frac{0.0591}{n}\log[M^{n+}] \quad \cdots\cdots(4-15)$$

여기서 E^f는 형식전위로서 $E^0 + 0.0591/n\ \log f_M{}^{n+}$의 뜻을 나타내고 있으며 실제 E^f는 E^0보다 더 유용한 상수임을 알 수 있다. 따라서 농도가 진한 용액의 경우에는 활동도가 1인 E^0를 쓰지 않고 그 대신에 1 F 용액의 형식적 기전력 값인 형식전위(formal potential)를 실험적으로 구하여 쓴다. 보기를 들면 0.1 M $Cr_2O_7^{2-}$과 0.01 M Cr^{3+}의 반쪽전지의 E^0는 1.33 V이다. 따라서 1 M HCl 산성용액에서

전극반응과 E값은 25 ℃에서

$$Cr_2O_7^{2-} + 14H^+ + 6e \rightleftharpoons 2Cr^{3+} + 7H_2O \quad \cdots\cdots (4-16)$$

$$E = E^0 + \frac{0.0591}{n} \log \frac{[Cr_2O_7^{2-}][H^+]^{14}}{[Cr^{3+}]^2}$$

$$= 1.33 + \frac{0.0591}{6} \log \frac{0.1 \times 1^{14}}{(0.01)^2} = 1.36(V)$$

이러한 Nernst식으로만 보면 E^0가 1.36 V인 Cl^-은 $Cr_2O_7^{2-}$ 용액의 산성을 조절하면 산화될 것 같으나 실제로 Cl_2로 산화되지 않는다. 그 이유는 $Cr_2O_7^{2-}$이 1 M HCl 용액에서는 그 형식전위가 1.09(V)이기 때문이다.

산화력이나 환원력은 그 용액의 농도와 액성에 따라 다르다. 같은 산화제, 환원제라도 용액의 수소이온농도에 따라 그 산화 환원력이 다르므로 산화제와 환원제를 논할 때에는 반드시 액성을 밝혀야 한다. 일반적으로 산화제는 산성에서 산화력이 강하고 알칼리성에서 약하다. 환원제는 이와 반대로 알칼리성에서 그 힘이 세고 산성에서는 약하다. 그러나 할로겐은 예외이다. 즉 어떤 액성에서 어떤 금속이온이 가장 안정하다면, 그 액성에서는 산화제나 환원제의 작용을 받지 않는다. 다음에 몇 가지 금속이온의 실례를 들어둔다.

산성에서 안정한 금속이온 ; Ag^+, Co^{2+}, Cr^{3+}, Mn^{2+}, Pb^{2+}

알칼리성에서 안정한 이온 ; Ag^+, Co^{3+}, CrO_4^{2-}, MnO_2, Pb^{4+}

양 액성에서 안정한 이온 ; Cu^{2+}, Fe^{3+}, Ni^{2+}, Sn^{4+}

【예제 4－1】 25 ℃에서 0.1 M $ZnSO_4$ 용액에 담근 Zn 조각에 생긴 전위는 얼마냐?

(풀이) $Zn^{2+} + 2e \rightleftharpoons Zn$ 평형에서 $n = 2$이며 Zn^{2+}의 몰 농도는 0.1 M 이므로 Nernst식에 의하여 생기는 전위 E는

$$E = E^0_{zn} + \frac{0.0591}{2} \log[Zn^{2+}] \doteqdot -0.763 - 0.030 = -0.793(V)$$

【예제 4－2】 0.01 M 제 1 철염 용액의 25 %가 제 2 철염으로 산화되었다면 이 용액속에 담근 금 선의 25 ℃에서의 전위를 구하라.

(풀이) Fe^{2+}과 Fe^{3+}의 몰 농도와 그 비는 각각 다음과 같다.

$$[Fe^{2+}] = 0.01 \times \frac{75}{100} = 0.0075\,M$$

$$[Fe^{3+}] = 0.01 \times \frac{25}{100} = 0.0025\,M$$

$$\therefore \frac{[Fe^{3+}]}{[Fe^{2+}]} = \frac{0.0025}{0.0075} = \frac{1}{3}$$

따라서 $E = E^0_{Fe} + \frac{0.0591}{1}\log\frac{[Fe^{3+}]}{[Fe^{2+}]} = 0.771 + 0.0591\log\frac{1}{3}$

$$= 0.77 + 0.0591 \times (-0.477) = 0.741(V)$$

3. 전위－pH 도표

산화－환원반응에 H^+이나 OH^-이 관여하면, pH가 달라짐에 따라서 전극전위는 변하게 된다. 그 반 반응식이 다음과 같다면

$$Ox + mH^+ + ne \rightleftharpoons Red \cdots\cdots (4-17)$$

Nernst식은 25 ℃에서

$$E = E^0 + \frac{RT}{nF}\ln\frac{a_{Ox}}{a_{Red}}a_{H^{+m}} = E^0 + \frac{0.0591}{n}\log\frac{a_{Ox}}{a_{Red}} + \frac{m}{n}0.0591\log a_{H^+}$$

$$= E^0 + \frac{0.0591}{n}\log\frac{A_{Ox}}{A_{Red}} - \frac{m}{n}0.0591\ \text{pH} \cdots\cdots (4-18)$$

로써 주어진다. 윗식에서 전위 E는 pH의 함수로써 나타낼 수 있고, pH에 따른 전위의 변화를 그림으로 나타내면 전위－pH 도표(potential pH diagram)가 된다.

보기를 들어 Fe－Fe(Ⅱ)－Fe(Ⅲ)계에 대하여 pH가 변할 때에 전위가 어떻게 변하는가를 그림으로 나타내면 그림 4－3과 같다. 그림에서 선 위의 점은 해당하는 pH에서 그 양편에 있는 물질의 활동도가 1인 상태에서의 전위이다. 곧

선 1에서는 $Fe^{2+} + 2e \rightleftharpoons Fe$, $E^0 = -0.44\,V$로 pH에 관계없다.

선 2에서는 $Fe^{3+} + e \rightleftharpoons Fe^{2+}$, $E^0 = 0.77\,V$로 pH에 관계없다.

선 3에서는 $Fe(OH)_2 \rightleftharpoons Fe^{2+} + 2OH^-$, $Fe(OH)_2$의 $pK_{sp} = 14.8$이므로 $a_{Fe^{2+}} = 1$에서는 pOH=7.4이니 pH=14－7.4=6.6이고 E에 관계없다.

선 4에서는 $Fe(OH)_3 \rightleftharpoons Fe^{3+} + 3OH^-$, $Fe(OH)_3$의 $pK_{sp}=37.4$이므로

$a_{Fe^{2+}}=1$에서는 pOH=12.5이니 pH = 1.5이고 E에 관계없다.

선 5에서는 $Fe(OH)_3 + 3H^+ + e \rightleftharpoons Fe^{2+} + 3H_2O$, $a_{Fe^{2+}} = 1$이면 1.5 < pH < 6.6에서는 $E = 0.77 - 3 \times 0.0591(pH-1.5)$ V이다.

선 6에서는 $Fe(OH)_2 + 2H^+ + 2e \rightleftharpoons Fe + 2H_2O$, pH > 6.6에서는 $E = -0.44 - 0.0591(pH-6.6)V$이다.

선 7에서는 $Fe(OH)_3 + H^+ + e \rightleftharpoons Fe(OH)_2 + H_2O$, pH > 6.6에서는 $E = -0.134 - 0.0591(pH - 6.6)$ V이다.

이 보기에서 철 이온이 가수분해하여 생긴 Fe_3O_4, FeO_4^{2-}을 고려하면, 1, 2선은 오른편으로 갈수록 약간 아래로 쳐지는 기울기로 될 것이나, 여기서는 매우 간단하게 그렸으므로 정확하지 못하다.

이러한 도표는 산화-환원반응과 원소의 산-염기작용을 나타내는 우수한 그림으로서 그 반응의 방향과 반응기구를 예측하는 데에 도움을 주므로 전위-pH 도표를 사용하면 매우 편리할 때가 많다. 산화-환원반응을 하는 두 물질계의 그림을 한 도표에 같이 그려 놓으면, 어떤 pH에서 전위가 높은 계가 산화제로 작용하고 낮은 계가 환원제로 작용하게 됨을 알 수 있다. 만일 두 선이 교차하면 pH를 바꿈으로써 반응의 방향을 바꾸어 줄 수 있다. 보기로서 I_2-I^-, $AsO_4^{3-}-AsO_3^{3-}$계의 I_2는 높은 pH에서 산화제로 작용하고, AsO_4^{3-}는 낮은 pH에서 산화제로 작용한다.

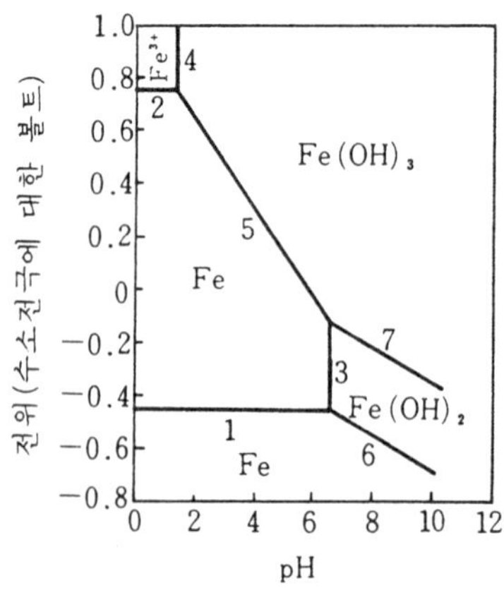

그림 4-3 철의 전위-pH 도표

4-3 산화-환원 적정법

1. 산화-환원 적정법의 종류

산화-환원 적정법은 산화-환원반응, 표준용액의 종류에 따라 $KMnO_4$법, $K_2Cr_2O_7$법, $Ce(SO_4)_2$법, I_2법, 차아요오드산염법 및 $KBrO_7$법 등으로 분류할 수 있다. 이들 적정법 중에서 $KMnO_4$법과 I_2법은 특히 많이 이용되고 있는 방법이므로 여기서는 주로 이들 2가지 방법에 대해서 설명하기로 한다.

(1) 과망간산법 적정

$KMnO_4$은 대단히 산화력이 강하므로 그 표준용액을 사용하여 환원성 물질을 정량할 수 있다. 과망간산 이온(MnO_4^-)의 가장 중요한 산화-환원 반응은 다음과 같다.

$$MnO_4^- + 8H^+ + 5e \rightleftharpoons Mn^{2+} + 4H_2O \qquad E^0 = 1.51(V)$$

이 반응은 0.1 N 이상의 산성 용액에서 진행한다. 1 g 당량은 1 g 분자의 $\frac{1}{5}$에 상당한다.

$$\text{즉} \quad KMnO_4 \ 1\,g \text{ 당량} = \frac{158.03g}{5} = 31.606\ g$$

산성용액으로 하는 데는 주로 H_2SO_4을 사용하며, 때로는 H_3PO_4도 사용한다. HNO_3은 산화성 산이므로 사용할 수 없고, 또 진한 HCl은 $KMnO_4$과 반응하여 Cl_2가 발생한다.

$$2KMnO_4 + 16HCl = 2KCl + 2MnCl_2 + 8H_2O + 5Cl_2$$

그러나 묽은 HCl 용액에서는 Cl_2가 발생하지 않는다.

알칼리성에서 일어나는 산화-환원반응은 다음과 같다.

$$MnO_4^- + 4H^+ + 3e \rightleftharpoons MnO_2 + 2H_2O \qquad E^0 = 1.595V$$

이 경우 1 g 당량은 1 g 분자의 $\frac{1}{3}$이다.

$$\text{즉} \quad KMnO_4 \ 1\,g \ \text{당량} = \frac{158.03\,g}{3} = 52.68\,g$$

그러나 이 반응은 MnO_2의 흑갈색 침전이 생기므로 많이 이용되지는 않는다.

$KMnO_4$법의 종말점은 $KMnO_4$ 용액 자신이 적자색을 나타내므로, 적정시에는 당량점을 지나 한 방울의 $KMnO_4$ 표준용액이 과량으로 들어가 용액이 착색되는 점으로 한다. $KMnO_4$ 용액이 0.1 *N* 보다 더 진한 표준용액을 사용할 때는 종말점의 확인에 있어서 그 오차는 무시할 수 있으나 0.05 *N* 이하의 경우에는 착색에 요하는 $KMnO_4$ 표준용액의 양이 많아지므로 무시할 수 없게 된다. 이와 같은 경우에는 ferrous-1, 10-phenanthroline 지시약을 사용하는 것이 좋다. 일반적으로 $KMnO_4$ 적정에 있어서는 반응이 느리므로 온도를 60～70 ℃로 가온하여 반응을 촉진시켜야 한다. 온도가 80 ℃ 이상이면 $KMnO_4$이 자동 분해하여 O_2 기체를 발생하며 MnO_2의 침전이 생긴다.

$KMnO_4$ 적정법에 의해 산성에서 정량되는 물질은 많으나 중성이나 알칼리성에서 정량되는 물질은 별로 없다.

이들을 표 4－2에 나타내었다.

표 4－2 $KMnO_4$ 법으로 정량되는 물질

산성 용액에서 직접 적정		산성 용액에서 간접 적정
Fe(Ⅱ)	SO_3^{2-}	CaC_2O_4으로서 Ca
$C_2O_4^{2-}$, $H_2C_2O_4$	Ti(Ⅲ)	CuSCN으로서 Cu
AsO^-(As(Ⅲ)),	Mo(Ⅲ)	$K_2NaCo(No_2)_6$으로서 K
SbO_3^{3-}(Sb(Ⅲ))	V(Ⅱ), V(Ⅲ), V(Ⅳ)	$NaZn(UO_2)_3(C_2H_3O_2)_9 \cdot$
$Fe(CN)_6^{4-}$	Sn(Ⅱ)	$6H_2O$로서 Na
H_2O_2	Te(Ⅳ)	환원 후 V(Ⅴ)
BaO_2	Tl(Ⅰ)	환원 후 Fe(Ⅲ)
NO_2^-	U(Ⅳ)	환원 후 $Fe(CN)_6^{3-}$
BO^-		환원 후 U(Ⅵ)

산성 용액에서 역적정

$Cr_2O_7^{2-}$, Ce^{4+}, $S_2O_8^{2-}$, MnO_4^- 등은 Fe^{2+}을 과량 가한 후

NO_3^-, ClO^-, CeO_3^- 등은 V^{2+}을 과량 가한 후

PbO_2, MnO_2 등은 $H_2C_2O_4$를 과량 가한 후

중성 및 알칼리용액에서

Se(Ⅳ) → Se(Ⅵ), 유기 물질은 CO_2와 H_2O 산화됨

$Mn^{2+} \rightarrow MnO_4^-$

(2) 중크롬산법 적정

$K_2Cr_2O_7$은 산화력이 매우 강하며 시약 자체로 순품을 얻을 수 있고 또 재결정법으로도 정제가 가능하므로 1차 표준물질로서 사용이 가능하다.

H_2SO_4 산성 용액에서 적정을 행하며 이 때 산화반응은 다음과 같이 진행된다.

$$Cr_2O_7^{2-} + 14H^+ + 6e \rightleftharpoons 2Cr^{3+} + 7H_2O$$

여기서 $K_2Cr_2O_7$ 1분자는 6당량에 해당한다. 따라서 1 N $K_2Cr_2O_7$은 $K_2Cr_2O_7$의 g-분자량/6을 달아서 1 l의 물에 녹이면 된다.

정량물질로는 주로 Fe^{2+}, Sn^{2+}, Cu^+, Cr^{3+}, Pb^{2+}, K^+ 등이 있다.

(3) 요오드법 적정

I_2-I^-계의 산화-환원반응은 다음 식으로 표시되며, 그 표준산화-환원전위는 $+0.54(V)$이다.

$$I_2 + 2e \rightleftharpoons 2I^-$$

이것은 $KMnO_4$의 표준산화-환원전위보다 작으나, 환원력이 아주 작은 환원성 물질과 정량적으로 반응하여 산화시킨다. 반대로 I^-는 산화력이 강한 산화성 물질과 정량적으로 반응하여 I_2를 유리한다. 이 때 유리된 I_2는 $Na_2S_2O_3$ 표준액으로 적정할 수 있다.

$$S_4O_6^{2-} + 2e \rightleftharpoons 2S_2O_3^{2-} \qquad E^0 = 0.17(V)$$

I_2 표준액을 산화제로 사용한 적정법을 직접법 혹은 iodimetry라 하고, I^-를

환원제로 사용한 적정법을 간접법 혹은 iodometry라 한다. 양자를 총칭하여 I_2법이라 하는데 iodimetry의 적정 예는 적으나 iodometry는 적용 범위가 넓다.

① Iodimetry

I_2의 표준산화-환원전위는 +0.54 *V*이므로 이보다 전위가 아주 낮은 환원성 물질 H_2S, Sn^{2+}, H_2SO_3 등을 I_2 표준액으로 적정하여 정량적으로 산화시킬 수 있다. 즉

$$I_2 + H_2S \rightarrow 2H^+ + 2I^- + S \qquad E^0 = 0.14(V)$$
$$I_2 + Sn^{2+} \rightarrow 2I^- + Sn^{4+} \qquad E^0 = 0.15(V)$$
$$I_2 + H_2SO_3 + H_2O \rightarrow SO_4^{2-} + I^- + 4H^+ \qquad E^0 = 0.17(V)$$

AsO_3^{3-}도 적당한 조건 하에서 I_2 표준액으로 정량할 수 있다.

$$AsO_3^{3-} + I_2 + H_2O \rightarrow AsO_4^{3-} + 2I^- + 2H^+$$

$AsO_3^{3-} - AsO_4^{3-}$계의 표준전위는 +0.56(*V*)이나, 이 반응에는 수소이온이 반응물로 관여한다.

$$AsO_4^{3-} + 2H^+ + 2e \rightleftharpoons AsO_3^{3-} + H_2O$$

Nernst식으로 표시하면

$$E = 0.59 + \frac{0.0591}{2}\log\frac{[AsO_4^{3-}][H^+]^2}{[AsO_3^{3-}]}$$

지금 $[H^+]$가 1 *M*보다 작으면 전극전위는 낮아진다. 그러나 pH 7에서 $AsO_3^{3-} - AsO_4^{3-}$의 농도가 같다면 전극전위는 다음과 같다.

$$E = 0.56 + \frac{0.0591}{2}\log\frac{[AsO_4^{3-}][10^{-7}]^2}{[AsO_3^{3-}]} = 0.15$$

그러므로 이 반응은 $NaHCO_3$ 알칼리성 용액에서는 정량적으로 오른쪽으로 진행되지만 강산성에서는 왼쪽으로 진행된다.

② Iodometry

MnO_4^-, $Cr_2O_7^{2-}$, BrO_3^- 및 Cu^{2+} 등과 같은 강산화제는 I^-와 반응하여 정량적으로 I_2를 유리한다.

$$10I^- + 2MnO_4^- + 16H^+ \rightarrow 2Mn^{2+} + 5I_2 + 8H_2O \qquad E^0 = 1.51(V)$$
$$6I^- + Cr_2O_7^{2-} + 14H^+ \rightarrow 2Cr^{3+} + 3I_2 + 7H_2O \qquad E^0 = 1.30(V)$$
$$6I^- + BrO_3^- + 6H^+ \rightarrow Br^- + 3I_2 + 3_2O \qquad E^0 = 1.45(V)$$
$$4I^- + 2Cu^{2+} \rightarrow 2CuI + I_2 \qquad E^0 = 0.17(V)$$

Cu^{2+}와 I^- 사이의 반응은 CuI 침전이 생성되어 제거되기 때문에 완전히 진행된다. I^- 존재하에서 $Cu^{2+}-Cu^+$계의 실제 전위는 표준전위와 CuI의 용해도적으로부터 계산할 수 있다.

$$Cu^{2+} + e \rightarrow Cu^+ \quad \text{그리고} \quad Cu^+ + I^- \rightleftharpoons CuI$$

$$E = 0.17 + \frac{0.0591}{1} \log \frac{[Cu^{2+}]}{[Cu^+]}$$

그러나 $[Cu^+][I^-] = K_{sp} = 5.06 \times 10^{-12}$

$$[Cu^+] = \frac{10^{-11.30}}{[I^-]}$$

그러므로 $E = 0.17 + 0.0591 \log \dfrac{[Cu^{2+}][I^-]}{10^{-11.30}}$

$$= 0.17 + 0.0591 \log([Cu^{2+}][I^-][10^{11.30}])$$
$$= 0.17 + 0.67 + 0.0591 \log[Cu^{2+}][I^-]$$
$$= 0.84 + 0.0591 \log[Cu^{2+}][I^-]$$

유리된 I_2는 $Na_2S_2O_3$ 표준용액으로 적정하여 정량한다.

$$I_2 + 2S_2O_3^{2-} \rightleftharpoons S_4O_6^{2-} + 2I^-$$

요오드 적정법에서 지시약은 I_2가 물과 혼합되지 않는 CCl_4나 chloroform 같은 유기용매 중에서 자색을 나타내므로 이들 유기용매를 사용하여 종말점을 찾을 수 있다. 그러나 일반적으로는 전분용액을 사용한다. 이 때 I_2는 전분(β-amylose) 혹은 일명 가용성 전분의 표면에 흡착되어 남청색이 나타난다.

그러므로 iodometry에서는 종말점 가까이에 이르러 전분용액을 적가하고 남청색이 없어지는 점을 종말점으로 하며, iodimetry에서는 처음부터 전분용액을 가하여 남청색이 나타나는 점을 종말점으로 한다.

또 요오드 적정시 pH의 영향은 염기성에서는 I_2가 반응하여 IO_3^-이나 I^-이 되므로 산화전위가 높아져서 반응의 종류가 달라진다.

$$I_2 + 2OH^- \rightleftharpoons I^- + IO^- + H_2O$$
$$3IO^- \rightleftharpoons 2I^- + IO_3^-$$

한편 pH 0.5 이하의 강산성에서는 $S_2O_3^{2-}$가 $HS_2O_3^-$을 거쳐 HSO_3^-으로 되고

$$H^+ + S_2O_3^{2-} \rightleftharpoons HS_2O_3^- \rightleftharpoons HSO_3^- + S$$

더욱이 강염기성에서는 $S_2O_3^{2-}$이 SO_4^{2-}까지 산화된다.

$$SO_3^{2-} + 4I_2 + 10OH^- \rightleftharpoons SO_4^{2-} + 8I^- + 5H_2O$$

I^-은 공기 중에서 산화되어 I_2로 석출한다.

$$4H^+ + 4I^- + O_2 \rightarrow 2I_2 + H_2O$$

그러므로 요오드 적정은 pH 0.5～7.5 사이에서 적정하여야 한다.

또한 I_2는 물에 거의 녹지 않으나, 과잉의 I^-이 존재하면 착화합물(I_3^-)을 만들어 녹는다. 이 때 I^- 농도가 4% 이상이면 I_2는 거의 휘발하지 않는다.

$$I_2 + I^- \rightleftharpoons I_3^-$$

(4) 차아요오드산염법

알칼리성에서 I_2 표준액을 사용하여 환원성 물질을 정량하는 법을 말한다. I_2 용액을 알칼리성으로 하면 다음과 같이 차아요오드산염을 거쳐 요오드산염으로 된다.

$$I_2 + 2OH^- \rightleftharpoons I^- + IO^- + H_2O$$
$$3IO_3^- \rightleftharpoons 2I^- + IO_3^-$$
$$I_2 + 2NaOH \rightleftharpoons NaI + NaIO + H_2O$$
$$3NaIO \rightleftharpoons 2NaI + NaIO_3$$

이 때 IO_3^-의 산화전위는 산성 또는 중성에서의 I_2 산화전위보다 높으므로 aldehyde, methylketon 또는 환원성 당류를 정량할 수 있다. 실제로 적정할 때는 알칼리성에서 과량의 I_2 표준액을 가하여 반응시킨 다음 남아 있는 산화제를 산

성으로 하면 당량의 I_2를 유리하므로 이것을 $Na_2S_2O_3$표준액으로 역적정한다.

$$NaIO_3 + 5NaI + 6HCl = 6NaCl + 4I_2 + 3H_2O$$
$$NaIO + NaI + 2HCl = 2NaCl + I_2 + H_2O$$

본 적정에서 종말점의 확인은 종말점 가까이에 이르러 전분용액 몇 방울을 가하고 남청색이 없어지는 점으로 한다. 이 적정의 실례로 포르말린 HCHO(*M.W.* 30.03)을 들어 설명한다.

KOH 알칼리성에서 시료에 I_2를 가하고 산화시켜 HCOOH로 한 다음 남아 있는 I_2를 0.1 *N* $Na_2S_2O_3$으로 역적정한다.

이 때 CH_3OH는 반응에 영향이 없으나 CH_3CHO 및 C_2H_5OH는 영향이 있다.

$$6KOH + 3I_2 = 6KIO + 3H_2O$$
$$3KIO = 2KI + KIO_3$$
$$KIO + HCHO + KOH = HCOOK + KI + H_2O$$
$$KIO + KI + H_2SO_4 = K_2SO_4 + I_2 + H_2O$$
$$KIO_3 + 5KI + 3H_2SO_4 = 3I_2 + 3K_2SO_4 + 3H_2O$$
$$0.1\ N\ I_2\ 1\ ml = 0.0015015\ g\ HCHO$$

2. 당량점에서의 전위 및 평형정수

(1) 당량점 전위

산화-환원 반응에서 반응이 평형상태에 도달하면 당량점이 된다.

다음과 같은 일반적인 경우를 생각해 보자.

$$a\mathrm{Ox}_1 + b\mathrm{Red}_2 \rightleftharpoons a\mathrm{Red}_1 + b\mathrm{Ox}_2 \quad \cdots\cdots (4-19)$$

위의 균일가역반응은 다음 두 식의 차이이므로 그 전극전위는 각각 25 ℃에서

$$a\mathrm{Ox}_1 + ne \rightleftharpoons a\mathrm{Red}_1 : E_1 = E_1^0 + \frac{0.0591}{n} \log \frac{[\mathrm{Ox}_1]^a}{[\mathrm{Red}_1]^a} \quad \cdots (4-20)$$

$$bOx_2 + ne \rightleftharpoons bRed_2 : E_2 = E_2^0 + \frac{0.0591}{n} \log \frac{[Ox_2]^b}{[Red_2]^b} \quad \cdots (4-21)$$

여기서 $E_1 > E_2$이면 오른쪽으로, $E_1 < E_2$이면 왼쪽으로 반응이 진행된다. 반응이 평형에 도달하면 $E_1 = E_2$이므로 $(4-20) \times b + (4-21) \times a$

$$bE_1 = bE_1^0 + \frac{0.0591}{n} b \log \frac{[Ox_1]^a}{[Red_1]^a}$$

$$aE_2 = aE_2^0 + \frac{0.0591}{n} a \log \frac{[Ox_2]^b}{[Red_2]^b}$$

$$(a + b)E = bE_1^0 + aE_2^0 + \frac{0.0591}{n} ab \log \frac{[Ox_1]^a [Ox_2]^b}{[Red_1]^a [Red_2]^b} \quad \cdots (4-22)$$

당량점에서 $[Ox_1]^a = [Red_2]^b$, $[Ox_2]^b = [Red_1]^a$이고

$$\frac{[Ox_1]^a [Ox_2]^b}{[Red_1]^a [Red_2]^b} = 1$$이므로

$$(a + b)E = bE_1^0 + aE_2^0$$

$$\therefore E = \frac{bE_1^0 + aE_2^0}{a + b} \quad \cdots\cdots (4-23)$$

【예제 4－3】 $K_2Cr_2O_7 + 6KI + 7H_2SO_4 \rightleftharpoons 4K_2SO_4 + Cr_2(SO_4)_3 + 3I_2 + 7H_2O$ 에서 당량점에서의 전위를 계산하라. 단, $E_{Cr}^0 = 1.33$, $E_{I_2}^0 = 0.54(V)$이다.

(풀이) 식(4－23)으로부터

$$E = \frac{bE_1^0 + aE_2^0}{a + b} = \frac{1.33 \times 6 + 1 \times 0.54}{1+6} = 1.22(V)$$

(2) 평형정수

산화－환원 적정에 있어서 어떤 산화제로 시료 속의 환원성 물질을 산화시킬 경우 혹은 그 반대로 어떤 환원제로 시료 속의 산화성 물질을 환원시키고자 할 때 이들 산화제나 환원제가 과연 시료성분을 산화 혹은 환원시킬 수 있을까?, 또 있다면 어느 정도까지 산화 혹은 환원을 시킬 것인가? 하는 문제에 부닫치

게 된다. 이 문제는 이들 반응계의 평형정수를 계산해 봄으로써 해석할 수 있다. 즉 평형정수의 값을 구하면 그 값의 크기로부터 반응의 진행 방향과 진행 여부를 알 수 있고, 평형정수값으로부터 당량점에서 미반응한 시료성분의 농도를 계산할 수 있으므로 반응의 진행 정도를 추정할 수 있다.

일반적인 산화-환원 반응식(4-19)식이 평형상태에 도달하면 평형정수 K는 질량작용의 법칙에 의해

$$\frac{[\mathrm{Red}_1]^a[\mathrm{Ox}_2]^b}{[\mathrm{Ox}_1]^a[\mathrm{Red}_2]^b} = K \quad \cdots\cdots (4-24)$$

평형상태에서 $E_1 = E_2$ 이므로 식(4-20), (4-21)에서

$$E_1^0 + \frac{0.0591}{n}\log\frac{[\mathrm{Ox}_1]^a}{[\mathrm{Red}_1]^a} = E_2^0 + \frac{0.0591}{n}\log\frac{[\mathrm{Ox}_2]^b}{[\mathrm{Red}_2]^b}$$

$$E_1^0 - E_2^0 = \frac{0.0591}{n}\left(\log\frac{[\mathrm{Ox}_2]^b}{[\mathrm{Red}_2]^b} + \log\frac{[\mathrm{Red}_1]^a}{[\mathrm{Ox}_1]^a}\right)$$

$$= \frac{0.0591}{n}\log\frac{[\mathrm{Red}_1]^a[\mathrm{Ox}_2]^b}{[\mathrm{Ox}_1]^a[\mathrm{Red}_2]^b}$$

$$= \frac{0.0591}{n}\log K$$

$$\therefore \log K = \log\frac{[\mathrm{Red}_1]^a[\mathrm{Ox}_2]^b}{[\mathrm{Ox}_1]^a[\mathrm{Red}_2]^b} = \frac{n(E_1^0 - E_2^0)}{0.0591} \quad \cdots\cdots (4-25)$$

혹은 $K = 10^{\frac{n(E_1^0 - E_2^0)}{0.0591}}$ ……(4-26)

식(4-25)에서 표준전위값의 차이가 크면 클수록 K값은 크게 되며, 당량점에서 반응하지 않고 남아 있는 Ox_1과 Red_2의 값이 작으면 작을수록 K값은 커지게 된다.

또 어떤 반응이 다음과 같은 균일가역변화를 일으킬 때에

$$aA + bB \rightleftharpoons cC + dD$$

볼타전지의 기전력이 E볼트이고, 전지반응에 의하여 n 파라데이 곧 96,493쿠우롱의 전기량이 통하면 전지가 할 수 있는 일은 nFE joule이다. 이 일은 가역 전

지에서의 최대 일이며, 전기적 일에는 부피 변화에 따르는 기계적 일을 포함하지 않으므로 전지반응에 따른 자유에너지(free energy)변화 값(ΔG)과 최대의 일 nFE는 같게 되므로

$$\Delta G = nFE \quad \cdots\cdots (4-27)$$

평형에서는 $\Delta G = 0$ 곧 $E = 0$이므로 식(1－82)에서

$$\Delta G^0 = -RT \ln \frac{a_C^c\, a_D^d}{a_A^a\, a_B^b} = -RT \ln K \quad \cdots\cdots (4-28)$$

$$nFE = \Delta G^0 + RT \ln \frac{a_C^c\, a_D^d}{a_A^a\, a_B^b} \quad \cdots\cdots (4-29)$$

성분 A, B, C, D의 활동도가 1인 표준상태에서는 전지의 기전력은 E^0이다. 즉

$$\Delta G_0 = nFE^0 \quad \cdots\cdots (4-30)$$

$$\therefore\ nFE = nFE^0 + RT \ln \frac{a_C^c\, a_D^d}{a_A^a\, a_B^b} \quad \cdots\cdots (4-31)$$

$$\therefore\ E - E^0 = \frac{RT}{nF} \ln \frac{a_C^c\, a_D^d}{a_A^a\, a_B^b} \quad \cdots\cdots (4-32)$$

이 식은 Nernst 일반식과 일치한다.

만일 평형이 아닌 상태에서 A, B, C, D의 실제의 활동도가 각각 a_A, a_B, a_C, a_D라고 하면 실제로 반응물에 대한 생성물의 활동도의 곱의 비 곧 반응비(reaction quotient) Q는 식(4－33)과 같으므로

$$Q = \frac{a_C^c\, a_D^d}{a_A^a\, a_B^b} \quad \cdots\cdots (4-33)$$

여기서 만일

$Q > K$이면 $\log \frac{K}{Q} < 0$이므로 반응은 왼편으로 진행되며

$Q < K$이면 $\log \frac{K}{Q} > 0$이므로 반응은 오른편으로 진행되고

$Q = K$이면 $\log \frac{K}{Q} = 0$이므로 평형상태이다.

또한 이미 기술한 바와 같이 적정에 이용될 수 있는 화학반응은 당량점에서 반응이 완결되어야 한다. 물론 절대적으로 반응이 완결되어야 하는 것이 아니고 분석에 이용하려면 정량하려는 물질이 당량점에서 0.1% 이상 남아서는 안 된다.

반응의 완결 정도를 계산하기 위해서는 그 반응의 평형정수를 이용한다. 일반적인 산화−환원 반응식(4−19)에서 보면 당량점에서는 a mole의 Ox_1과 b mole의 Red_2가 평형을 이루게 되므로 식(4−19)에서

$$\frac{[Red_2]}{[Ox_1]} = \frac{b}{a}$$

$$\frac{[Ox_2]}{[Red_1]} = \frac{b}{a}$$

$$\therefore \frac{[Red_1]}{[Ox_1]} = \frac{[Ox_2]}{[Red_2]}$$

식 (4−24)에서 평형정수 K는

$$K = \left(\frac{[Red_1]}{[Ox_1]}\right)^a \left(\frac{[Ox_2]}{[Red_2]}\right)^b = \left(\frac{[Red_1]}{[Ox_1]}\right)^{a+b} = \left(\frac{[Ox_2]}{[Red_2]}\right)^{a+b}$$

$$\therefore \frac{[Red_1]}{[Ox_1]} = \frac{[Ox_2]}{[Red_2]} = \sqrt[a+b]{K} \qquad \cdots\cdots (4-34)$$

【예제 4−6】 Red_2를 Ox_1으로 적정할 때 당량점에서 Red_2가 0.1% 산화되지 않고 남아 있다면 n=1일 경우 당량점에서의 표준전위 값을 계산하라. 또 평형정수 K 값을 계산하라.

(풀이) 식(4−25)에서

$$n(E_1^0 - E_2^0) = 0.0591 \log K = 0.0591 \log \frac{[Red_1][Ox_2]}{[Ox_1][Red_2]}$$

당량점에서 $Ox_1 = Red_2$이므로

$$\frac{[Red_1]}{[Ox_1]} = \frac{1000}{1}, \quad \frac{[Ox_2]}{[Red_2]} = \frac{1000}{1}$$

그러므로 $E_1^0 - E_2^0 = 0.0591 \log \dfrac{[1000][1000]}{[1]\ [1]} = 0.35(V)$

$$K = \frac{[1000][1000]}{[1]\ [1]} = 10^6$$

【예제 4−7】 $Ce^{4+} + Fe^{2+} = Ce_{3+} + Fe^{3+}$에서 평형정수를 계산하고 반응의 진행 여부를 설명하라. 단, $E^0_{Ce} = 1.61$, $E^0_{Fe} = 0.771\ (V)$이다.

(풀이) 평형정수 K는 $[Ce^{3+}][Fe^{3+}]/[Ce^{4+}][Fe^{2+}]$이므로

$$\log K = \log \frac{[Ce^{3+}][Fe^{3+}]}{[Ce^{4+}][Fe^{2+}]} = \frac{n}{0.0591}(E^0_{Ce} - E^0_{Fe})$$

$$= \frac{1}{0.0591}(1.61 - 0.771) \fallingdotseq 14.30$$

$$\therefore K = 10^{14.3}$$

K값이 크므로 반응은 잘 일어나며 진행을 정반응이다.

【예제 4－8】 어떤 시료 속의 철분을 과망간산법으로 정량하고자 한다. 적정시 당량점에서 미반응한 철분의 농도를 구하고 이 방법으로 정량이 가능한지를 밝혀라. 단, $E^0_{Fe} = 0.78$, $E^0_{MnO_2} = 1.52(V)$이다.

(풀이) $5Fe^{2+} + MnO_4^- + 8H^+ \rightleftharpoons Mn^{2+} + 5Fe^{3+} + 4H_2O$에서

$$K = \frac{[Mn^{2+}][Fe^{3+}]^5}{[MnO_4^-][Fe^{2+}]^5}$$

$$\log K = \frac{(E^0_{MnO_4^-} - E^0_{Fe^{3+}}) \times n}{0.0591}$$

$$= \frac{5 \times (1.52 - 0.78)}{0.0591} = 62.61$$

$$K = 4.1 \times 10^{62}$$

$$\therefore \frac{[Ox_2]}{[Red_2]} = \frac{[Red_1]}{[Ox_1]} = \sqrt[a+b]{K} = \sqrt[6]{4.1 \times 10^{62}} = 2.7 \times 10^{10}$$

따라서 당량점에서 미반응한 $[Fe^{2+}]$는 처음 양의 $\frac{1}{2.7\times10^{10}}$ 이며 이 값은 매우 적으므로 이 방법으로 정량적인 조작이 가능하다.

3. 산화－환원 적정 지시약

산화－환원 적정에 사용되는 지시약은 여러 가지가 있다.

① 유색인 적정 용액은 그 자신이 지시약 역할을 한다. 예를 들어 $KMnO_4$용액으로 환원성 물질을 적정할 때 반응이 끝난 후 조금 과량의 $KMnO_4$ 용액을 가하면 적정제 자신의 색인 적자색이 되므로 종말점을 찾을 수 있다.

② 적정되는 물질이나, 적정 용액 어느 하나와 반응하여 특이한 색깔을 나타내는 물질을 지시약으로 사용하는 것이 있다. 예를 들어 전분은 I_2와 반응하여

심청색을 나타내고 SCN^-은 Fe^{3+}과 반응하여 적자색이 되므로 전분과 SCN 는 지시약이 된다.

③ 내부 지시약을 사용할 수 없는 경우는 외부 지시약을 사용한다. 예를 들어 산화제로 Fe^{2+} 용액을 산화시킬 때 Fe^{2+}을 확인하기 위해서 적정용기 밖인 점적판 위에서 $Fe(CN)_6^{3-}$을 사용하면 $Fe_3[Fe(CN)_6]$ 청색 침전(turnbull's blue)이 된다.

④ 산화-환원 적정의 종말점을 기기적인 방법으로 찾을 수 있다. 이 방법을 전위차 적정법이라 하는데 제 9 장에서 다룬다.

⑤ 지시약 자신이 산화-환원반응을 일으키는 것이 있다. 이 경우를 상세히 설명한다. 이 때 사용하는 지시약은 물론 그 자신이 산화-환원반응을 할 수 있고, 산화형과 환원형의 색깔이 달라야 하며 또 가역적인 반응이어야 한다. 다음과 같은 전극반응을 생각해 본다.

$$\underset{(\text{색깔 A})}{In_{Ox}} + ne^- \rightleftharpoons \underset{(\text{색깔 B})}{In_{Red}}$$

전위로 나타내면

$$E = E_{In}^0 + \frac{0.0591}{n} \log \frac{[In_{Ox}]}{[In_{Red}]} \quad \cdots\cdots (4-35)$$

식(4-35)에서 지시약의 변색은 산화형과 환원형의 농도비 $[In_{Ox}]/[In_{Red}]$에 의해서 결정된다. 2색 산-염기 지시약의 중간 색깔이 $pH=pK_{HIn}$일 때 나타난 것과 같이 산화-환원 지시약도 $E=E_{In}^0$일 때 중간 색깔을 나타내며 E가 커지면 산화형이 증가하여 색 A로 되고 E가 작아지면 환원형이 증가하여 색 B로 된다.

그런데 색의 변화는 $[In_{Ox}]/[In_{Red}]$가 $\frac{10}{1} \sim \frac{1}{10}$ 사이일 때 느낄 수 있으므로 이 값을 식(4-26)에 대입하면

$$E = E_{In}^0 \pm \frac{0.0591}{n} \quad \cdots\cdots (4-36)$$

가 되고 여기서 구해지는 E값이 지시약의 변색 범위이다.

그러므로 어떤 산화-환원 적정에서 적당한 지시약은 지시약의 E_{In}^0이 당량점에서의 E값과 가능한 한 가까운 지시약을 선정하면 된다.

여러 가지 지시약의 E_{In}^0 값을 표 4-3에 나타내었다.

표 4－3 산화－환원 지시약

지 시 약	환 원 색	산 화 색	$E^0_{In}(V)$
m-bromphenolindophenol	무 색	적 색	0.25
methylene blue	청 색	무 색	0.53
diphenylamine	무 색	자 색	0.76
diphenylbenzidine	무 색	자 색	0.76
2.2′-bipyridylferrous sulfate	적 색	청 색	0.97
1.10-phenanthrolineferrous sulfate(ferroin)	적 색	청 색	1.06
N-phenanthranilic acid	무 색	분홍색	1.08
rutheniumtripyridyl nitrate	황 색	무 색	1.25

【예제 4－9】 Fe^{3+}를 Sn^{2+}로 적정할 때 지시약은 어느 것을 사용하면 되는지 결정하라. 단, $E^0_{Fe} = 0.78$, $E^0_{Sn} = 0.15(V)$이다.

(풀이) $2Fe^{3+} + Sn^{2+} \rightleftharpoons 2Fe^{2+} + Sn^{4+}$에서 당량점에서의 전위를 구하면 식(4－23)으로부터

$$E = \frac{bE^0_1 + aE^0_2}{a+b} = \frac{1\times 0.78 + 2\times 0.15}{2} = 0.36(V)$$

표 4－3에서 이 값과 비슷한 E^0_{In}을 가지는 지시약을 찾으면 되므로 적당한 지시약은 *m*-bromphenolindophenol이다.

4. 산화－환원 적정곡선

가하는 표준용액의 부피에 대한 전극전위값을 구하여 그래프를 그리면 산화－환원 적정곡선(redox titration curve)을 만들 수 있다. 적정 도중의 전위 값은 Nernst식으로부터 구할 수 있다. 즉

당량점 이전 : $E = E^0 + \dfrac{0.0591}{n}\log\dfrac{[Ox]}{[Red]}$

당량점 : $E = \dfrac{bE^0_1 + bE^0_2}{a+b}$

당량점 이후 : $E = E^0 + \dfrac{0.0591}{n}\log\dfrac{[Ox]}{[Red]}$

(1) Fe^{2+}와 Ce^{4+}의 적정곡선

다음의 예제를 풀어서 적정곡선을 작도해 보자.

【예제 4-10】 0.1 N Fe^{2+} 용액 25.00 ml에 0.1 N Ce^{4+} 용액을 적정할 경우 적정제를 ① 0.00 ml ② 10.00 ml ③ 20.00 ml ④ 24.90 ml ⑤ 25.00 ml ⑥ 25.10 ml ⑦ 30.00 ml 가하였을 때의 전위값을 구하고 적정 곡선을 작성하라. 단, $E^0_{Fe} = 0.77$, $E^0_{Ce} = 1.61(V)$이다.

(풀이) ① 0.00ml 가할 때 이 때의 전위는 Fe^{2+}과 Fe^{3+}의 농도비에 의해서 결정된다.

$$E = 0.77 + 0.059 \log \frac{[Fe^{3+}]}{[Fe^{2+}]}$$

그러나 이 때 Fe^{3+} 농도는 모르나 Fe^{2+} 용액을 어떻게 만드느냐에 따라 공기에 의해서 조금 산화되므로 Fe^{3+}가 존재한다.

여기서는 0.1 %가 Fe^{3+}로 되었다 하면 $Fe^{3+} : Fe^{2+}$의 농도비는 1 : 1000 이 된다. 이 때 전위는

$$E = 0.77 - 0.0591 \log 1000 = 0.59(V)$$

② 10.00 ml 가할 때

$$E = E^0 + 0.0591 \log \frac{[Fe^{3+}]}{[Fe^{2+}]}$$

$$= 0.77 + 0.0591 \log \frac{0.1 \times 10}{0.1 \times 25 - 0.1 \times 10}$$

$$= 0.76(V)$$

③ 20.00 ml 가할 때

$$E = 0.77 + 0.0591 \log \frac{0.1 \times 20}{0.1 \times 25 - 0.1 \times 20}$$

$$= 0.81(V)$$

④ 24.90 ml 가할 때

$$E = 0.77 + 0.0591 \log \frac{0.1 \times 24.9}{0.1 \times 25 - 0.1 \times 24.9}$$

$$= 0.91(V)$$

⑤ 25.00 ml 가할 때(당량점)

$$E = \frac{E^0_1 + E^0_2}{2}$$

$$= \frac{0.77 + 1.61}{2} = 1.19(V)$$

⑥ 25.10 ml 가할 때

$[Fe^{2+}]$는 평형 정수에서 구하지 않으면 안 되므로 $[Ce^{4+}]/[Ce^{3+}]$에서 구하면 편리하다.

$$E = E^0 + 0.0591 \log \frac{[Ce^{4+}]}{[Ce^{3+}]}$$
$$= 1.61 + 0.0591 \log \frac{0.1 \times 0.1}{0.1 \times 25}$$
$$= 1.55(V)$$

⑦ 30.00ml 가할 때

$$E = 1.61 + 0.0591 \log \frac{0.1 \times 5}{0.1 \times 25} = 1.57(V)$$

이상의 계산 결과를 정리하여 그림 4-4에 적정곡선을 만들었다. 당량점 부근에 전위가 크게 변하는 것을 볼 수 있다.

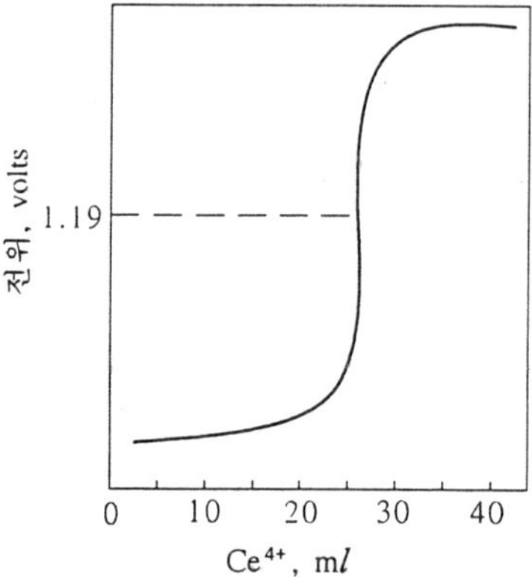

그림 4-4 0.1 N Fe^{2+} 용액 25.00ml를 0.1 N Ce^{4+} 용액으로 적정할 때의 적정곡선

(2) 다른 산화-환원 적정곡선

그림 4-5에 여러 산화-환원쌍에 대한 산화 상태를 농도 백분률에 따른 전위의 변화로 나타내었다. 여기서 표준전극전위가 1V 이상인 산화-환원쌍에 대해서는 그림 4-5의 오른쪽에 표시하였고 표준전극전위값이 1V이하인 것은 왼쪽에 나타내었다. 각각의 곡선들을 결합시키면 그 물질들에 해당되는 산화-환원 적정곡선을 만들 수 있다. 그러면 다음과 같은 몇 가지 점을 생각해 본다.

① Fe^{2+}을 적정할 때 당량점에서 전위의 변화는 사용되는 적정제인 산화제에 달려 있다. 그러므로 Br_3^-을 사용하는 것보다 Ce^{4+}을 적정제로 사용하면 당량점에서 전위가 크게 변한다.

② 곡선의 모양은 산화제 혹은 환원제에 의하여 얻거나 잃는 전자수에 의해서 결정된다. $Fe^{2+}-Fe^{3+}$계의 곡선은 n이 1이므로 n가 2인 $Sn^{2+}-Sn^{4+}$계의 곡선보다 경사가 크다. 특히 $MnO_4^- - Mn^{2+}$계와 $Cr_2O_7^{2-}-Cr^{3+}$계는 반응에 관여하는 전자수가 5와 6이므로 곡선은 거의 평탄하다. 그러므로 산화-환원 반응이 결정되면 그 반응에 해당되는 적정곡선의 모양도 예측할 수 있다.

③ 곡선의 모양은 적정의 출발점과 100% 산화되는 점에서 y축에 대해서 점근성이 된다. 그리고 50% 산화되는 가운데 점에서 가장 평탄하게 된다. 이 점에서 전위값은 산화-환원쌍의 표준전위값과 같다.

④ 그림 4-5에 $O_2 + 4H^+ + 4e \rightleftharpoons 2H_2O$로 되는 반응의 전위값을 pH 0와 2 때의 경우를 표시하였다. 이 값들보다 더 큰 표준전위를 갖는 산화-환원 쌍들은 pH 0와 2일 때 물에서 안정하지 못하다. 그러나 이들 산화-환원 쌍들이 물과 반응하여 산소를 발생하는 속도가 느리므로 물에서 반응시킬 경우도 별 문제가 되지 않는다.

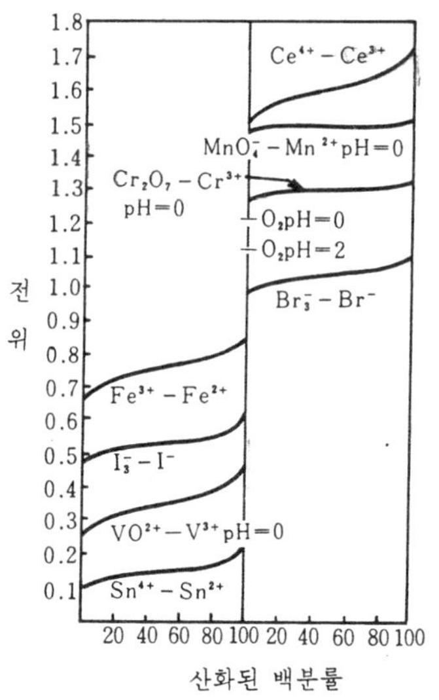

그림 4-5 산화된 백분률에 따른 전위변화

4-4 산화－환원 적정실험

[실험 4-1] 용존산소(DO)의 측정

1. 개 요

DO(Dissolved Oxygen)는 물속에 녹아있는 산소를 말하며 오염된 물속의 유기물은 산화시 용존산소를 소비하므로 수중의 용존산소 농도는 물 오염의 지표가 된다.

① 윙클러－아지드화나트륨 변법

시료에 황산망간과 수산화나트륨을 가하면 수산화제일망간의 백색침전이 생긴다.

$$Mn^{2+} + 2OH^- \rightarrow Mn(OH)_2$$

이 침전은 시료중의 용존산소에 의해 산화되어 갈색의 수산화제이망간이 된다. 만약 용존산소가 불충분하면 Mn^{4+}로 산화된다.

$$Mn(OH)_2 + \frac{1}{2}O_2 + H_2O \rightarrow 2Mn(OH)_3$$

혹은

$$Mn(OH)_2 + \frac{1}{2}O_2 + MnO(OH)_2$$

산화된 망간의 수산화물침전은 요드이온 존재하에서 산을 가하면 용해하고 요드를 유리시킨다.

$$2Mn(OH)_3 + 2I^- + 6H^+ \rightarrow 2Mn^{2+} + I_2 + 6H_2O$$

혹은

$$MnO(OH)_2 + 2I^- + 4H^+ \rightarrow Mn^{2+} + I_2 + 3H_2O$$

이 때 시료에 NO_2^-가 존재하면 유리된 I_2를 I^-로 환원시키므로 NaN_3로 제거하며 이를 아지드화나트륨 변법이라 한다.

$$I_2 + 2NO_2^- \rightarrow 2I^- + 2NO_2$$

$$2NO_2^- + 2NaN_3 + H_2SO_4 \rightarrow 2N_2O + 2N_2 + 2OH^- + Na_2SO_4$$

최종 유리된 요드는 전분을 지시약으로 하여 티오황산나트륨용액으로 적정하고 용존산소를 정량한다.

$$I_2 + 2S_2O_3^{2-} \rightarrow 2I^- + S_4O_6^{2-}$$

② 용존산소 메타법

용존산소 메타는 수은음극과 금속양극(주로 금)으로 구성되어 있으며 두 극은 KCl용액으로 접속되어 있다. 양극은 테프론제의 박막으로 피복되어 있고 이 격막은 용존산소는 투과시키지만 그 외 물질들의 분자는 투과할 수 없도록 되어 있다. 시료중의 용존산소가 격막을 통과하면 전극표면에서 다음의 산화-환원반응이 일어나 전류가 생성된다.

즉 산성용액에서

$$O_2 + 2H^+ + 2e^- \rightarrow H_2O_2$$
$$H_2O_2 + H^+ + 2e^- \rightarrow 2H_2O$$

알카리성 용액에서

$$O_2 + H_2O + 2e^- \rightarrow HO_2^- + OH^-$$
$$HO_2^- + H_2O + 2e^- \rightarrow 3OH^-$$

이 때 금속전극에 흐르는 전류는 용존산소의 농도에 비례하므로 이 전류량을 측정하므로서 용존산소의 양을 구할 수 있다. 이 방법은 산화성 물질이 함유된 시료나 착색된 시료에 적합하며 특히 윙클러-아지드화나트륨 변법이 사용하기 곤란한 하·폐수의 용존산소 측정에 유용하다.

2. 조 작

① 시료의 전처리

시료가 현저히 착색되어 있거나 현탁되어 있을 때에는 용존산소의 정량이 곤란하며, 시료에 활성오니로 미생물 플록(floc)이 형성되었을 때에는 정량에 방해를 준다. 또한 시료중에 잔류염소와 같은 산화성물질이 공존할 경우에도 방해를 받게 되는데 이러한 경우에는 다음과 같이 시료를 전처리하여야 한다.

가. 시료가 착색, 현탁된 경우(칼륨명반 응집침전법)

시료를 마개있는 1*l* 유리병(마개는 접촉부분이 45°로 전달되어 있는 것)에 기울여서 기포가 생기지 않도록 조심하면서 가득 채우고, 칼륨명반용액 10 ml와 암모니아수 1~2 ml를 유리병의 위로부터 넣고 공기(피펫의 공기)가 들어가지 않도록 주의하면서 마개를 닫고 조용히 위 아래를 바꾸어 가면서 1분간 흔들어 섞고 10분간 정치하여 현탁물을 침강시킨다.

상등액을 고무관 또는 폴리에틸렌관을 이용하여 사이펀작용으로 300m 용존산소측정병(또는 BOD병)의 아래로부터 침강된 응집물이 들어가지 않도록 주의하면서 조용히 가득 채운다.

나. 활성오니로 미생물의 플록(floc)이 형성된 경우(황산구리－술퍼민산법)

시료를 마개있는 1l 유리병(마개는 접촉부분이 45°로 절단되어 있는 것)에 기울여서 기포가 생기지 않도록 조심하면서 가득 채우고 황산구리－술퍼민산용액 10 ml를 유리병의 위로부터 넣고 공기가 들어가지 않도록 주의하면서 마개를 닫고 조용히 위아래를 바꾸어 가면서 1분간 흔들어 섞고 10분간 정치하여 현탁물을 침강시킨다. 깨끗한 상등액을 고무관 또는 폴리에틸렌관을 이용하여 사이펀작용으로 30 ml 용존산소측정병(또는 BOD병)의 아래로부터 침강된 응집물이 들어가지 않도록 주의하면서 조용히 가득 채운다.

다. 산화성 물질을 함유한 경우

시료중에 잔류염소 등이 함유되어 있을 때에는 공시험으로 별도의 용존산소 측정병에 시료를 가득 채운다음 알칼리성 요드화칼륨－아지드화나트륨 용액 1 ml와 황산 1 ml를 넣어 마개를 닫고 조용히 위 아래를 바꾸어 가면서 약 1분간 흔들어 섞는다. 여기에 황산망간용액 1 ml를 넣고 다시 위 아래를 바꾸어 가면서 흔들어 섞은 다음 이 용액 200 ml를 취하여 삼각플라스크에 옮기고 전분용액을 지시약으로 하여 0.025 *N* 티오황산나트륨액으로 적정하고 그 측정값을 용존산소량의 측정값에 보정한다.

② 윙클리－아지드화나트륨 변법

시료를 가득 채운 300 ml 용존산소측정병(또는 BOD병)에 황산망간용액 1 ml와 알칼리성 요오드화 칼륨－아지드화나트륨 용액 1 ml를 넣고 기포가 남지 않게 조심하여 마개를 닫고 수회 병을 회전시키면서 섞는다. 시료가 해수이거나 알칼리성에서 산화되기 쉬운 유기물을 함유하는 폐수의 경우에는 2분간 병을 회전하여 섞는다. 2분간 이상 정지시키고 위의 맑은 액에 미세한 침전이 남아 있으면 다시 회전시켜 혼합한 다음 정치하여 완전히 침전시킨다.

100 ml 이상의 맑은층이 생기면 마개를 열고 황산 2.0 ml를 병목으로 부터 넣

는다. 마개를 다시닫고 갈색의 침전물이 완전히 용호할 때까지 병을 회전시킨다. 용존산소 측정병의 용액 200 ml를 정확히 취하여 황색이 될 때까지 0.025*N*-티오황산나트륨액으로 적정한 다음, 전분용 액 1 ml를 넣고 액의 청색이 무색이 될 때까지 적정한다.

③ 용존산소 메타법

시료와 같은 온도의 5% 아황산나트륨용액을 가득 채운 측정용기에 전극을 담그고 밀봉한 다음 일정한 속도로 교반하면서 기기가 안정되면 계기판의 지시값을 영점에 맞춘다. 별도로 용존산소 포화수를 측정용기에 조용히 가득 채우고 같은 조작을 하여 계기판의 지시값을 그 온도에서의 용존산소 포화농도표에 맞춘다. 시료를 기포가 들어가지 않도록 조심하여 측정용기에 가득 채우고 같은 조작을 하여 계기판의 지시값이 안정되면 용존산소 값을 직접 읽는다.

표 4-4 수중의 용존산소 포화농도표

온도 (℃)	수중의 염소 이온량(mg Cl/*l*)					염소이온 100mgCl/*l*에 대 한 용존산소 차감량 (mg 0/*l*)
	0	5000	10000	15000	200000	
	수중 용존산소 포화량(mg 0/*l*)					
0	14.16	13.40	12.63	11.87	11.10	0.0153
1	13.77	13.03	12.29	11.55	10.80	0.0148
2	13.40	12.68	11.97	11.25	10.52	0.0144
3	13.01	12.45	11.65	10.95	10.25	0.0440
4	12.70	12.03	11.35	10.67	9.99	0.0135
5	12.37	11.72	11.00	10.40	9.71	0.0131
6	12.00	11.42	10.79	10.15	9.51	0.0128
7	11.78	11.15	10.52	9.90	9.28	0.0124
8	11.47	10.87	10.27	9.67	9.06	0.0120
9	11.19	10.61	10.03	9.44	8.85	0.0117
10	10.92	10.36	9.79	9.23	8.66	0.0113
11	10.67	10.12	9.57	9.02	8.47	0.0110
12	10.43	9.90	9.36	8.82	8.29	0.0107
13	10.20	9.68	9.16	8.64	8.11	0.0104
14	9.97	9.47	8.97	8.40	7.95	0.0101
15	9.70	9.27	8.78	8.29	7.79	0.0099
16	9.56	9.06	8.60	8.12	7.63	0.0096
17	9.37	8.90	8.44	7.97	7.49	0.0094

18	9.18	8.73	8.27	7.82	7.36	0.0091
19	9.01	8.57	8.12	7.67	7.22	0.0089
20	8.84	8.41	7.97	7.54	7.10	0.0087
21	8.68	8.26	7.83	7.40	6.97	0.0086
22	8.53	8.11	7.70	7.26	6.85	0.0084
23	8.39	7.98	7.57	7.06	6.74	0.0082
24	8.25	7.85	7.44	7.14	6.65	0.0081
25	8.14	7.72	7.32	6.95	6.52	0.0079
26	7.99	7.60	7.21	6.82	6.42	0.0078
27	7.87	7.48	7.10	6.71	6.32	0.0077
28	7.75	7.37	6.99	6.61	6.22	0.0076
29	7.64	7.26	6.88	6.51	6.12	0.0076
30	7.53	7.16	6.78	6.41	6.03	0.0075
31	7.43	7.06	6.66	6.31	5.93	0.0075
32	7.32	6.96	6.59	6.21	5.84	0.0074
33	7.23	6.86	6.49	6.12	5.75	0.0074
34	7.13	6.77	6.40	6.03	5.65	0.0074
35	7.04	6.67	6.30	5.93	5.56	0.0074

3. 계 산

$$DO(mg/l) = a \times f \times \frac{V_1}{V_2} \times \frac{1000}{V_1 - R} \times 0.2$$

a : 적정에 소비된 0.025 N 티오황산나트륨액(ml)

f : 0.025 N 티오황산나트륨용액의 역가(factor)

V_1 : 전체의 시료량(ml)

V_2 : 적정에 사용한 시료량(ml)

R : 전체의 시료량에 넣은 용액량(ml)

$$0.2 : Na_2S_2O_3 \equiv \frac{1}{2} I_2 \equiv 1/4\, O_2$$

1 N, 1 ml $\quad$ $1/4 \times 32 = 8$ mg O_2

0.025 N, 1 ml $\quad$ $8 \times 0.025 = 0.2$ mg O_2

[실험 4-2] 생물화학적 산소요구량(BOD)의 측정

1. 개 요

BOD(Biochemical Oxygen Demand)는 수중의 유기물이 호기성 미생물에 의하여 생물화학적으로 분해될 때 소비되는 용존산소의 양을 말하며 수중에 존재하는 유기물량을 간접적으로 나타내므로 오염의 지표로써 매우 중요하다.

측정원리는 시료를 중화, 독성물질제거 혹은 희석 등의 적당한 전처리조작으로 호기성 미생물의 대사에 필요한 조건을 만들고 20℃에서 5일간 부란하였을 때 소비되는 산소량을 측정하며 이 값을 BOD_5 혹은 그냥 BOD라고 한다.

2. 조 작

① 시료의 전처리

시료가 산성 또는 알칼리성을 나타내거나 잔류염소 등 산화성 물질을 함유하였거나 용존산소가 과포하되어 있을 때에는 다음과 같이 전처리를 행한다.

가. 산성 또는 알칼리성 시료

pH의 6.5~8.5의 범위를 벗어나는 시료는 염산(1+11) 또는 4% 수산화나트륨용액으로 시료를 중화하여 pH 7로 한다. 다만 이때 넣어주는 산 또는 알칼리의 양이 시료량의 0.5%가 넘지 않도록 하여야 한다.

나. 잔류염소가 함유된 시료

시료 100 ml에 아지드화나트륨 0.1 g과 요오드화칼륨 1 g을 넣고 흔들어 섞은 다음 염산을 넣어 산성으로 한다.(pH 약 1) 유리된 요오드를 전분지시약을 사용하여 아황산나트륨용액(0.025N)으로 액의 청색이 무색으로 될 때까지 적정하여 얻은 아황산나트륨액(0.025N)의 소비 ml를 남아 있는 시료의 양에 대응하여 넣어 준다. 일반적으로 잔류염소가 함유된 시료는 BOD용 식종희석수로 희석하여 사용한다.

다. 용존산소가 과포화된 시료

수온이 20℃ 이하이거나 20℃일 때의 용존산소 함유량이 포화량 이상으로 과포화되어 있을 때에는 수온을 23~25℃로 하여 15분간 통기하고 방냉하여 수온을 20℃로 한다.

라. 시료는 시험하기 바로 전에 온도를 20±1℃로 조정한다.

② 시험방법

시료(또는 전처리한 시료)의 예상 BOD치로부터 단계적으로 희석배율을 정하여 수 종의 희석검액을 3개를 한 조로 하여 조제한다.

예상 BOD치에 대한 사전경험이 없을 때에는 다음과 같이 희석하여 검액을 조제한다. 강한 공장폐수는 0.1~1.0%, 처리하지 않은 공장폐수와 침전된 하수는 1~5%, 처리하여 방류된 공장폐수는 5~25%, 오염된 하천수는 25~100%의 시료가 함유되도록 희석조제한다.

BOD용 희석수 또는 BOD용 식종희석수를 사용하여 검액을 희석할 때에는 2l 메스실린더에 공기가 갇히지 않게 조심하면서 1/2 용량만큼 채우고, 시료(또는 전처리한 시료) 적당량을 넣은 다음 BOD용 희석수 또는 식종 희석수로 희석배율에 맞는 눈금의 높이까지 채운다. 공기가 갇히지 않게 젖은 막대로 조심하면서 섞고 3개의 300 mlBOD병에 완전히 채운 다음, 두 병은 마개를 꼭 닫아 물로 마개주위를 밀봉하여 BOD용 배양기에 넣고 20℃ 어두운 곳에서 5일간 배양한다. 나머지 한병은 15분간 방치후에 희석된 시료자체의 처음 용존산소를 측정하는데 사용한다. 같은 방법으로 미리 정하여진 희석배율에 따라 몇 조(租)의 희석검액을 조제하여 3개의 300 ml BOD병에 완전히 채운다음 위와 같이 실험한다. 처음의 희석 시료 자체의 용존산소량과 20℃에서 5일간 배양할 때 소비된 용존산소의 양을 [실험 4-1]의 용존산소 측정법에 따라 측정하여 두개의 평균치를 구한다. 5일간 저장한 다음 산소의 소비량이 40~70% 범위안의 희석검액을 선택하여 처음의 용존산소량과 5일간 배양한 다음 남아 있는 용존산소량의 평균치의 차로부터 BOD를 계산한다. 다만 시료를 식종하여 BOD를 측정할 때는 실험에 사용한 식종액을 희석수로 단계적으로 희석하여 이하 위의 실험방법에 따라 실험하고 배양후의 산소 소비량이 40~70% 범위안에 있는 식종 희석수를 선택하여 배양 전후의 용존산소량과 식종액 함유율을 구하고 시료의 BOD값을 보정한다.

③ BOD용 희석수 및 BOD용 식종희석수의 검토

시료(또는 전처리한 시료)를 BOD용 희석수(또는 BOD용 식종희석수)를 사용하여 희석할 때에 이들 중에 독성물질이 함유되어 있거나 구리, 납 및 아연 등의 금속이온이 함유된 시료(또는 전처리한 시료)는 호기성 미생물의 증식에 영향을 주어 정상적인 BOD값을 나타내지 않게 된다. 이러한 경우에 다음의 시험을 행하여 적정여부를 검토한다. 글루코오스 및 글루타민산 각 150mg씩을 취하여 물에 녹여 1,000ml로 한 액 5~10ml를 3개의 300ml BOD병에 넣고 BOD용 희석수(또는 BOD용 식종희석수)로 완전히 채운다음 이하 BOD 시험방법에 따라 시험할 때에 측정하여 얻은 BOD값은 220±20mg/l의 범위안에 있어야 한다. 얻은 BOD값의 편차가 클 때에는 BOD용 희석수(또는 BOD용 식종희석수) 및 시료에 문제점이 있으므로 시험전반에 대한 검토가 필요하다.

3. 계 산

① 식종하지 않은 시료의 BOD

$$\mathrm{BOD(mg/}l) = (D_1 - D_2) \times P$$

② 식종희석수를 사용한 시료의 BOD

$$\mathrm{BOD(mg/}l) = [(D_1 - D_2) - (B_1 - B_2) \times f] \times P$$

D_1 : 희석(조제)한 검액(시료)의 15분간 방치한 후의 DO(mg/l)
D_2 : 5일간 배양한 다음의 희석(조제)한 검액(시료)의 DO평균치(mg/l)
B_1 : 식종액의 BOD를 측정할 때 희석된 식종액의 배양전의 DO(mg/l)
B_2 : 식종액의 BOD를 측정할 때 희석된 식종액의 배양후의 DO(mg/l)
f : 시료의 BOD를 측정할 때 희석시료 중의 식종액 함유율(x%)에 대한 식종액의 BOD를 측정할 때 희석한 식종액 중의 식종액 함유율(y%)의 비(x/y)
P : 희석시료 중 시료의 희석배수(희석시료량/시료량)

[실험 4-3] 과망간산법에 의한 화학적 산소요구량(COD_{Mn})의 측정

1. 개 요

COD(Chemical Oxygen Demand)는 수중의 피산화물 특히 유기물이 산화제에 의하여 산화될 때 소비되는 산소의 양을 mg/l로 표시한 것이며 우리나라 환경오염 공정시험법에서는 산성 100℃에서 과망간산칼륨에 의한 화학적 산소요구량과, 알카리성 100℃에서 과망간산칼륨에 의한 화학적 산소요구량 측정법을 채용하고 있다.

① 산성 100℃에서 과망간산칼륨에 의한 화학적 산소요구량

황산산성으로 한 시료용액에 일정량의 $KMnO_4$ 표준용액을 가하고 30분간 수욕상에서 가열반응시켜 시료중의 피산화물을 산화시킨다.

$$MnO_4^- + 8H^+ + 5e \rightarrow Mn^{2+} + 4H_2O$$

그 후 일정과잉량의 $Na_2C_2O_4$ 용액을 가하여 미반응한 $KMnO_4$를 환원시킨다.

$$2MnO_4^- + 5C_2O_4^{2-} + 16H^+ \rightarrow 2Mn^{2+} + 10CO_2 + 8H_2O$$

다음에 과잉으로 존재하는 $Na_2C_2O_4$를 다시 $KMnO_4$ 표준용액으로 역적정하여 종말점을 구하고 계산에 의하여 이에 상응하는 산소의 양을 구한다.

② 알카리성 100℃에서 과망간산칼륨에 의한 화학적 산소요구량

시료에 NaOH를 넣고 알카리성으로 한 후 일정과량의 $KMnO_4$ 표준용액을 가하고 20분간 수욕상에서 가열반응시킨다.

$$MnO_4^- + 4H^+ + 3e \rightarrow MnO_2 + 2H_2O$$

미반응한 $KMnO_4^-$에 KI 및 H_2SO_4를 가하여 I_2를 유리시킨다.

$$2MnO_4^- + 16H^+ + 10I^- \rightarrow 2Mn^{2+} + 5I_2 + 8H_2O$$

유리된 I_2는 전분용액을 지시약으로 하여 $Na_2S_2O_3$ 표준용액으로 적정하고 종말점으로부터 소비된 산소의 양을 구한다.

$$I_2 + 2Na_2S_2O_3 \rightarrow 2NaI + Na_4S_4O_6$$

2. 조 작

(1) 0.1 *N* $KMnO_4$ 용액의 조제 및 표정

① 0.1 *N* $KMnO_4$ 용액의 조제

$KMnO_4$ 결정 약 3.2 g을 칭량하여 물 1000 m*l*에 용해시키고 약 10 분간 서서히 끓여서 물속에 존재하는 미량의 환원성 물질을 분해한 뒤, 냉각하여 유리 여과기(G3) 또는 석면을 사용하여 분해시에 생긴 MnO_2을 제거한다. 여과할 때 용액이 거름 종이나 고무 등의 유기물에 접촉하지 않아야 한다. 여액은 갈색 시약병에

넣어 암소에 보존한다. 정밀한 실험에 사용할 경우에는 사용하기 전에 꼭 표정해야 한다.

② 0.1 *N* $KMNO_4$ 용액의 표정

$Na_2C_2O_4$(*M.W* ; 134.014) 표준 시약을 110 ℃에서 항량이 될 때까지 건조시키고, 그 약 0.2 g을 정칭하여 물 약 250 m*l*에 용해시킨 다음, 진한 H_2SO_4 7 m*l*를 가하고 물중탕에서 약 70 ℃로 가온하면서 $KMnO_4$ 용액으로 적정한다. 이 때 종말점은 15 초 동안 담홍색이 지속하는 점으로 한다.

$$2KMnO_4 + 5Na_2C_2O_4 + 8H_2SO_4 \rightleftharpoons K_2SO_4 + 2MnSO_4 + 5Na_2SO_4 + 10CO_2 + 8H_2O$$

(2) 산성 100℃에서 과망간산칼륨에 의한 화학적 산소요구량

300 m*l* 둥근바닥 플라스크에 시료 적당량(주 1)을 취하여 물을 넣어 전량을 100 m*l*로 하고, 황산(1+2) 10 m*l*를 넣고 황산은 분말 약 1 g(주 2)을 넣어 세게 흔들어 준 다음 수 분간 방치하고, 0.025 *N* 과망간산칼륨액 10 m*l*를 정확히 넣고 둥근바닥플라스크에 냉각관을 붙이고 수욕의 수면이 시료의 수면보다 높게 하여 끓는 수욕중에서 30 분간 가열한다. 냉각관의 끝을 통하여 물 소량을 사용하여 씻어준 다음 냉각관을 떼어 내고, 수산나트륨용액(0.025 *N*) 10 m*l*를 정확하게 넣고 60~80℃를 유지하면서 0.025 *N* 과망간산칼륨용액을 사용하여 액의 색이 엷은 홍색을 나타낼 때까지 적정한다. 따로 물 100 m*l*를 사용하여 같은 조건으로 바탕시험을 행한다.

(주 1) 시료의 양은 가열반응하고 남은 0.025 *N* 과망간산칼륨액이 처음 첨가한 양의 1/2이상이 남도록 채취한다.

(주 2) 염소이온 200 mg에 대한 황산은의 당량은 0.9 g이다. 보통의 폐하수에서는 1 g의 황산은을 넣으면 되나 염소이온이 다량 함유한 폐수에서는 첨가량을 증가하여야 한다. 첨가되는 황산은은 염소이온과 반응하여 표면이 염화은에 의하여 피복되어 염소이온과 반응이 어려우므로 충분히 흔들어 섞어야 한다. 일반적으로 염소이온과 당량이상의 황산은이 있어도 산소소비량에는 영향이 없다.

(3) 알카리성 100℃에서 과망간산칼륨에 의한 화학적 산소요구량

300 m*l* 둥근바닥플라스크에 시료 25~50 m*l*를 취하여 20% 수산화나트륨용액 1 m*l*를 넣어 알칼리성으로 한다. 여기에 0.025 *N* 과망간산칼륨용액 10 m*l*를 정확

히 넣은 다음 둥근바닥플라스크에 냉각관을 붙이고 수욕의 수면이 시료의 수면보다 높게 하여 끓는 수욕중에서 60분간 가열한다. 냉각관의 끝을 통하여 물 소량을 사용하여 씻어준 다음 냉각관을 떼어 내고 10% 요오드화칼륨용액 1ml를 넣고 방냉하고 10% 황산용액 5ml를 넣어 유리된 요오드를 지시약으로 전분용액 2ml를 넣고 0.025 *N* 티오황산나트륨액으로 무색이 될 때까지 적정한다. 따로 시료량과 같은 양의 물을 사용하여 같은 조건으로 바탕시험을 행한다.

3. 계 산

① 산성 100℃에서 과망간산칼륨에 의한 화학적 산소요구량

$$\mathrm{COD}(\mathrm{mg}/l) = (b-a) \times f \times \frac{1{,}000}{V} \times 0.2$$

a : 바탕시험 적정에 소비된 0.025 *N* 과망간산칼륨용액(ml)
b : 본시험 적정에 소비된 총 0.025 *N* 과망간산칼륨용액(ml)
f : 0.025 *N* 과망간산칼륨용액 역가(factor)
V : 시료의 양(ml)

② 알카리성

$$\mathrm{COD}(\mathrm{mg}/l) = (a-b) \times f \times \frac{1{,}000}{V} \times 0.2$$

a : 바탕시험 적정에 소비된 0.025 *N* 티오황산나트륨용액(ml)
b : 본시험 적정에 소비된 0.025 *N* 티오황산나트륨용액(ml)
f : 0.025 *N* 티오황산나트륨용액의 역가(factor)
V : 시료의 양(ml)

[실험 4－4] 중크롬산법에 의한 화학적 산소요구량(COD_{Cr})의 측정

1. 개 요

황산 산성으로 한 시료에 일정과량의 $K_2Cr_2O_7$ 용액을 가하고 환류시키면서 2시간 동안 가열하여 시료중의 피산화물을 산화시킨다.

$$Cr_2O_7^{2-} + 16H^+ + 6e \rightarrow 2Cr^{3+} + 7H_2O$$

그 후 미반응한 $K_2Cr_2O_7$을 ferrion 지시약하에서 황산제일철암모늄용액으로 적정하여 종말점을 구하고 산소소비량을 계산한다.

$$Cr_2O_7^{2-} + 6Fe^{2+} + 14H^+ \rightarrow 2Cr^{3+} + 7H_2O$$

2. 조 작

300 ml들이 가지달린 둥근 플라스크에 황산제이수은 0.4 g(주 1)을 넣고 시료 적당량(주 2)을 취한 후 잘 혼합하고 0.25*N* 중크롬산칼륨용액 10 ml를 정확히 가한다.

플라스크를 흔들면서 황산-황산은(주 3) 시약 30 ml를 서서히 가하고 비등석을 넣은 뒤 환류냉각기를 장치하고 2시간 가열한다. 실온까지 냉각하여 증류수 10 ml로 응축액을 씻고 환류냉각기를 떼어낸 다음 증류수로 전체부피가 150 ml되게 희석한다. 여기에 페로인 지시약을 2~3방울 가하고 0.25*N* 황산제일철암모늄 용액으로 적정하여 청록색에서 적갈색으로 변하는 점을 종말점으로 한다. 따로 시료대신에 증류수 200 ml를 취하고 공시험을 행한다.

(주 1) 시료중에 Cl^-가 존재하면 $K_2Cr_2O_7$과 반응하여 COD값에 오차를 가져오므로 $HgSO_4$를 가하여 Cl^-의 산화를 방지한다.

$$Cr_2O_7^{2-} + 6Cl^- + 14H^+ \rightarrow 2Cr^{3+} + 3Cl_2 + 7H_2O$$

(주 2) 시료는 10~50 ml 사이에서 취하고 2시간 가열 후 $K_2Cr_2O_7$용액의 색이 청록색으로 변하지 않으면 된다.

(주 3) 유기물 분해를 촉진하기 위한 촉매로서 Ag_2SO_4를 가한다. Ag_2SO_4를 가하면 식초산, 쇄상유기산, 쇄상알코올 등은 충분히 산화되나 방향족 탄화수소, 피리딘 드으이 환상질소화합물은 산화가 어렵다.

3. 계 산

$$COD_{Cr}(mg/l) = (a-b) \times f \times \frac{1000}{V} \times 2$$

a : 공시험에 소비된 0.25*N* 황산제일철암모늄용액(ml)

b : 본시험에 소비된 0.25N 황산제일철암모늄용액(ml)

f : 0.25N 황산제일철암모늄용액의 역가

V : 시료의 양(ml)

2 : 1N $FeSO_4(NH_4)_2SO_4$ 1ml ≡ 1N $K_2Cr_2O_7$ 1ml ≡ 8mg O_2

0.25N $FeSO_4(NH4)_2SO_4$ 1ml ≡ 0.25N 1ml ≡ 0.25 × 8 = 2mg O_2

[실험 4–5] 과망간산법에 의한 철광석 중의 Fe 정량

1. 개 요

철광석을 HCl에 녹이면 Fe 성분은 $FeCl_2$와 $FeCl_3$의 혼합조성이 된다. 여기에 환원제로 Sn^{2+}을 과량 가하면

$$2FeCl_3 + SnCl_2 \rightarrow 2FeCl_2 + SnCl_4$$

와 같이 Fe^{3+}는 Fe^{2+}로 변한다. 이 때 과잉의 Sn^{2+}는 Hg^{2+}로 산화시킨 후

$$SnCl_2 + 2HgCl_2 \rightarrow SnCl_4 + Hg_2Cl_2$$

R. Z 시약을 넣고 시료 중에 Fe^{2+}를 $KMnO_4$로 적정한다.

$$2KMnO_4 + 10FeCl_2 + 16HCl \rightarrow 10FeCl_3 + 2MnCl_2 + 2KCl + H_2O$$

2. 조 작

미세한 분말로 된 시료 약 0.3 g을 정확히 취하여 500 ml 비커에 옮기고 여기에 진한 HCl 20 ml를 비커의 벽을 따라 내려가게 하면서 가한 뒤, 서서히 가열 분해시켜 용액이 약 5 ml가 될 때까지 증발시킨다. 다음 소량의 온수로 비커의 내벽에 부착한 염화철을 씻어 내리고, 냉각하기 전에 염화제 1 주석 용액을 메스피펫을 사용하여 주의하면서 적가해서 제 2 철이온을 환원하여 용액 중에 황색이 없어지면, 한 방울을 더 가한 뒤 물로 냉각한다.

냉각 후 여기에 염화제 2 수은의 포화 용액 5 ml를 단번에 가하여 잘 흔들어서 과량으로 가한 염화제 1 주석을 산화한다. 이 때 염화제 1 수은의 백색 침전이 생

성된다.

이 때 $HgCl_2$용액이 부족하든지 또는 일시에 가하지 않으면, $HgCl_2$가 Hg로 환원된다. 이와 같이 수은이 유리되어 회색 침전이 생기면 HCl 공존하에서 $KMnO_4$와 반응하여 $HgCl_2$로 되므로 실험은 다시 하여야 한다. 다음에 Reinhard-Zimmermann 용액 30 ml를 가하고 전 용액을 물로 약 400 ml가 되게 희석하고, 흔들면서 $KMnO_4$ 표준용액으로 적정한다.

3. 계 산

① 0.1 *N* $KMnO_4$ 용액의 조제 및 표정

$$2KMnO_4 = 5Na_2C_2O_4 = 10\text{당량}$$

$$\therefore\ 0.1\,N\ KMnO_4\ 1\,ml = 6.7007\,mg\ Na_2C_2O_4$$

② 철광석 중의 Fe 정량

$$2KMnO_4 = 10\,Fe$$

$$\therefore\ 0.1\,N\ KMnO_4\ 1\,ml = 5.585\,mg\ Fe$$

[실험 4-6] 과망간산법에 의한 생석회의 정량

1. 개 요

생석회를 HCl에 녹여서 $CaCl_2$로 만들고 과량의 $H_2C_2O_4$를 반응시킨다.

$$CaO + 2HCl \rightarrow CaCl_2 + H_2O$$

$$CaCl_2 + H_2C_2O_4 \rightarrow CaC_2O_4 + 2HCl$$

CaC_2O_4를 여과·분리한 후 과잉의 $H_2C_2O_4$로 0.1 *N* $KMnO_4$로 역적정한다.

$$2KMnO_4 + 5H_2C_2O_4 + 6HCl \rightarrow 2KCl + 2MnCl_2 + 10CO_2 + 8H_2O$$

2. 조 작

시료를 항량이 될 때까지 강열하고, 그 약 1 g을 정확히 칭량하여 메스 플라스크에서 물 50 ml 및 묽은 HCl 20 ml로써 용해시켜 식힌 다음 물을 가하여 100

ml로 한다. 그 중 20 ml를 200 ml 용량 플라스크에 취하여 0.1 *N* $H_2C_2O_4$ 용액 100 ml를 가하고, 암모니아 시약을 다시 가하여 알칼리성으로 하고, 60~70℃에서 1시간 가온한 다음 식힌다. 여기에 물을 가해서 200 ml로 채우고 여과지로 여과하여 처음 여액 20 ml는 버리고 다음 100 ml 여액을 취하여 H_2SO_4로 산성으로 하고 다시 묽은 H_2SO_4 25 ml를 가하여 80 ℃로 가온하면서 남아 있는 $H_2C_2O_4$를 0.1 *N* $KMnO_4$로 역적정한다.

3. 계 산

$$2KMnO_4 = 5H_2C_2O_4 = 10\text{당량}$$
$$\therefore\ 0.1\,N\ KMnO_4\ 1\,ml = 0.1\,N\ H_2C_2O_4\ 1\,ml$$

또 $2\,N\ H_2C_2O_4\ 1000\ ml = CaO\ 1g\ \text{당량} = 56.08\,g$

$\therefore\ 0.1N\ H_2C_2O_4\ 1\,ml = 2.804\,mg\ CaO = 0.1\,N\ KMnO_4\ 1\,ml$

[실험 4-7] 과망간산법에 의한 과산화수소의 정량

1. 개 요

H_2O_2는 그 자신 산화제이지만 $KMnO_4$보다 산화력이 약하므로 환원제로 작용하고 따라서 황산 산성에서 $KMnO_4$로 적정하여 정량한다.

$$2KMnO_4 + H_2O_2 + 3H_2SO_4 \rightarrow K_2SO_4 + 2MnSO_4 + 8H_2O + 5O_2$$

2. 조 작

시료 약 1 ml를 취하여 정확히 무게를 단 후 상온에서 흔들면서 0.1 *N* $KMnO_4$ 용액으로 적정하여 담홍색이 되는 점을 종말점으로 한다.

3. 계 산

$$2KMnO_4 = 5H_2O_2 = 10\text{당량}$$
$$\therefore\ 0.1\,N\ KMnO_4\ 1\,ml = 0.0017\,g\ H_2O_2$$

또 H_2O_2의 농도는 중량백분율 이외에 시료 1 ml에서 발생하는 O_2가스의 표준상태에서의 용량(ml)으로 표시할 때가 있다. p% 시료 1 ml 중에는 H_2O_2가 $\frac{p}{100}$ g 들어 있으므로

$$2H_2O_2 = O_2 + H_2O$$
$$2H_2O_2 = O_2 = 22400 \text{ ml } O_2$$
$$\therefore 2 \times 34.02 \text{ g} : \frac{p}{100} \text{ g} = 22400 \text{ ml} : V$$
$$V = p \times 3.292 \text{ ml}$$

따라서 p % H_2O_2는 p×3.292 용량(ml)이다.

[실험 4－8] 요오드법에 의한 표백분 중의 유효염소 정량

1. 개 요

표백분을 물에 녹여 산성으로 하면 유리 Cl_2가 발생한다.

$$CaCl(ClO) + 2H^+ \rightarrow Ca^{2+} + Cl_2 + H_2O$$

이 Cl_2는 표백력과 살균력이 있다. 표백력의 정도는 유효 Cl_2의 백분율로 표시한다. 유리 Cl_2는 I^-와 반응하면

$Cl_2 + 2I^- \rightarrow 2Cl^- + I_2$가 된다.

여기서 Cl_2 량 만큼 I_2가 유리되므로 유리된 I_2를 $Na_2S_2O_3$ 표준용액으로 적정하고 환산하면 유리염소가 정량된다.

$$I_2 + 2Na_2S_2O_3 \rightarrow 2NaI + Na_2S_4O_6$$

2. 조 작

(1) 0.1 *N* I_2 용액의 조제 및 표정

① 0.1 *N* I_2 용액의 조제

I_2(*A.W.*, 126.92) 약 14 g과 KI 36 g을 물 100 ml에 용해한 다음 KIO_3를 I_2로 변화시키기 위하여 HCl 3 방울과 물을 가하여 1000 ml로 한다.

② 0.1 *N* I_2 용액의 표정

As_2O_3(*M.W.*, 197.82)의 결정 분말을 100 ℃에서 항량이 될 때까지 건조시켜, 그 약 0.15 g을 정확히 칭량하여 *N* NaOH 20 m*l*를 가하고 마개 있는 삼각 플라스크에 가온 용해시킨다.

여기에 물 40 m*l* 및 메틸오렌지 2 방울을 가한 다음, 홍색을 나타낼 때까지 묽은 H_2SO_4로 중화하고, $NaHCO_3$ 2 g을 가하여 다시 물 50 m*l*로 희석시키고 전분용액 3 m*l*를 가한 다음 I_2 용액으로 적정하여 청남색이 나타나는 점을 종말점으로 한다.

$$As_2O_3 + 6NaOH = 2Na_3AsO_3 + 3H_2O$$
$$2Na_3AsO_3 + 3H_2SO_4 = 2H_2AsO_3 + 3Na_2SO_4$$
$$2H_3AsO_3 + 2I_2 + 10NaHCO_3 = 2Na_3AsO_4 + 4NaI + 10CO_2 + 8H_2O$$

③ 0.1 *N* $Na_2S_2O_3$ 용액의 표정

0.1 *N* I_2 표준용액(2차 표준용액) 25 m*l*를 정확히 취하여 300 m*l* 마개 있는 삼각 플라스크에 넣고 물을 가하여 200 m*l*로 희석시킨 뒤, 표정하려는 $Na_2S_2O_3$ 용액으로 적정하여 용액의 빛이 담황색으로 되었을 때, 전분용액 2 m*l*를 가하고 무색이 될 때까지 적정한다.

(2) 표백분 중의 유효염소정량

시료 약 5 g을 정확히 칭량하여 물 약 50 m*l*와 막자 사발에서 잘 혼합하여 500 m*l* 용량 플라스크에 옮기고, 물을 가하여 500 m*l*로 한다. 잘 저으면서 용액 50 m*l*를 취하여 KI 1 g 및 진한 HCl 2.5 m*l*를 가하고, 유리된 I_2를 전분용액을 지시약으로 하여 0.1 *N* $Na_2S_2O_3$ 용액으로 적정한다.

3. 계 산

(1) 0.1 *N* I_2 용액의 조제 및 표정

① 0.1 *N* I_2 용액의 표정

$$2I_2 = 2H_3AsO_3 = As_2O_3 = 4\text{당량}$$
$$\therefore\ 0.1\,N\ I_2\ 1\,ml = 4.9455\,mg\ As_2O_3$$

② 0.1 *N* $Na_2S_2O_3$ 용액의 표정

$$NV = N'V'$$

(2) 표백분 중의 유효염소 정량

$$0.1\,N\ Na_2S_2O_3\ 1\,ml = 35.5\,mg\ Cl_2$$

[실험 4-9] 요오드법에 의한 황산구리의 정량

1. 개 요

HAc 산성에서 $CuSO_4$ 용액에 KI을 가하여 유리되는 I_2를 $Na_2S_2O_3$ 표준용액으로 적정한다. 이 때 $CuSO_4$는 KI을 산화시켜 I_2로 하고 자기 자신은 환원되는 회백색 난용성 침전인 Cu_2I_2로 된다.

유리된 I_2를 $Na_2S_2O_3$ 표준용액으로 적정하여 황산구리의 함량을 환산해 낸다.

$$2CuSO_4 + 4KI \rightarrow I_2 + Cu_2I_2 + 2K_2SO_4$$
$$I_2 + 2Na_2S_2O_3 \rightarrow 2NaI + Na_2S_4O_6$$

2. 조 작

시료 약 1g을 정칭하여 물 50 ml에 용액시키고 HAc 4 ml 및 KI 3 g을 가하여 유리되는 I_2를 전분 시약을 지시약으로 하여 0.1 *N* $Na_2S_2O_3$ 표준액으로 적정한다.

3. 계 산

$$0.1\,N\ Na_2S_2O_3\ 1\,ml = 0.024969\,g\ CuSo_4 \cdot 5H_2O$$
$$= 0.015961\,g\ CuSO_4$$

문 제

4-1 산화와 환원

1. 다음 반응식을 완결하고 산화제와 환원제를 밝혀라.

① $Cr_2O_7^{2-} + I^- + H^+ \rightleftharpoons I_2 + Cr^{3+} + H_2O$

② $MnO-4 + C2O2-4 + H^+ \rightleftharpoons Mn^{2+} + CO_2 + H_2O$

③ $Ag^+ + Zn + H^+ \rightleftharpoons Zn^{2+} + Ag + H^+$

④ $Fe^{2+} + H_2O_2 + 2H^+ \rightleftharpoons Fe^{3+} + H_2O$

2. 다음 반응식을 완결하고, 반응이 어느 쪽으로 기울어질 것인가를 밝혀라. 또 산화제와 환원제는 어느 것이냐?
   (a) $MnO_4^- + S_4O_6^{2-} \rightleftharpoons Mn^{2+} + SO_4^{2-}$(산성)
   (b) $H_2AuCl_4 \rightleftharpoons Au + Cl_2$(산성)
   (c) $Cl^- + H_2AsO_4^- + SO_4^{2-} \rightleftharpoons ClO_3^- + As_2S_3$(산성)
   (d) $CH_3COOH + Cr^{3+} \rightleftharpoons CH_3CHO + Cr_2O_7^{2-}$(산성)
   (e) $S + HSO-4 \rightleftharpoons HS_2O_3^-$(산성)
   (f) $Bi + SnO_3^{2-} \rightleftharpoons Bi(OH)_3 + SnO_2^{2-}$(알칼리성)
   (g) $Fe(OH)_3 \rightleftharpoons Fe(OH)_2 + O_2$(알칼리성)
   (h) $HO_2^- + Cr(OH)_3 \rightleftharpoons CrO_4^{2-} + OH^-$(알칼리성)
   (i) $Cl^- + FeO_4^{2-} \rightleftharpoons ClO- + Fe(OH)_2$(알칼리성)
   (j) $Al + NO_3^- \rightleftharpoons Al(OH)-4 + NH_3$(알칼리성)

4－2 전극 전위와 Nernst 식

1. 다음 전지의 25 ℃에서의 기전력을 계산하고, 각 전극의 극성을 밝혀라. 또 전지 반응은 어떻게 되겠느냐? 단, 액간 접촉 전위는 무시한다.
   (a) $(Pt)H_2(0.2\ atm)\ |\ 0.1\ M\ KCl,\ Hg_2Cl_2\ |\ Hg$
   (b) $Ag\ |\ AgCl,\ 0.3\ M\ KCl\ \|\ 0.1\ M\ FeCl_2,\ 1\ M\ FeCl_3\ |\ Pt$
   (c) $Zn\ |\ 0.5\ M\ ZnSO_4\ \|\ 1\ M\ CuSO_4\ |\ Zn$
   (d) $Zn\ |\ 0.1\ M\ ZnSO_4\ \|\ 1\ M\ CuSO_4\ |\ Cu$
   (e) $(Pt)\ O_2(1\ atm)\ |\ 0.2\ M\ H_2SO_4\ \|\ 0.1\ M\ H_2SO_3\ |\ H_2(1\ atm)(Pt)$
   (f) $Pt\ |\ 0.3\ M\ FeCl_2,\ 0.1\ M\ FeCl_3\ \|\ 0.1\ M\ FeCl_2,\ 0.2\ M\ FeCl_3\ |\ Pt$
   (g) $Pt\ |\ 0.2M\ UO_2SO_4,\ 0.1\ M\ U(SO_4)_2,\ 0.1\ M\ H_2SO_4\ \|\ 0.1\ M\ CuSO_4\ |\ Cu$
2. 다음 반응이 전기에너지를 공급할 때에 이 반응이 일어나는 볼타전지를 나타내라.
   (a) $Pb + Ag^+ \rightarrow Pb^{2+} + Ag$
   (b) $Pb + PbO_2 + H^+ + SO_4^{2-} + H_2O$
   (c) $Cr_2O_7^{2-} + H^+ + Fe^{2+} \rightarrow Cr^{3+} + Fe^{3+} + H_2O$
   (d) $Fe^{2+} + MnO_4^- + H^+ \rightarrow Fe^{3+} + Mn^{2+} + H_2O$
   (e) $IO_3^- + I^- + H^+ \rightarrow I_2 + H_2O$
3. M^{2+}의 60 %가 M^{4+}으로 산화되었을 때의 전극 전위가 0.52 *V*이다. 이 반응계의 표준전위를 구하라.
4. $[Cl^-]$가 0.01 *M* 되도록 KCl을 $AgNO_3$ 용액에 가하고, 은선에 AgCl 피막을 입힌 전극을 담그어 감홍 전극과 짝지어 기전력을 측정하니 0.05 *V*이었다. 이 값으로부터 $[Ag^+]$를 계산하여 AgCl의 용해도적을 구하라.
5. 어떤 산화－환원계의 표준환원전위는 1 *V*이다. 만일 산화된 형과 환원된 형의 농도비가 1000일 때 산화전위가 1.09 *V*라면 이 반응에 관여한 전자수는 얼마인가?

4-3 산화-환원 적정법

1. 다음 반응의 평형정수에 대한 표현을 쓰고 그 값을 구하라.
   (a) $Cr^{3+} + Fe \rightleftharpoons Cr^{2+} + Fe^{2+}$
   (b) $H_2O + H_3AsO_4 \rightleftharpoons O_2 + H_3AsO_3$
   (c) $Fe^{2+} + Br_2 \rightleftharpoons Fe^{3+} + Br^-$
   (d) $Cu^+ \rightleftharpoons Cu + Cu^{2+}$
   (e) $AgBr + H_2So_4 \rightleftharpoons Ag + Br^- + SO_4^{2-}$
   (f) $Fe(CN)_6^{3-} + Sn^{4+} \rightleftharpoons Fe(CN)_6^{4-} + Sn^{2+}$
   (g) $Fe^{2+} + UO_2^{2+} \rightleftharpoons Fe^{3+} + U^{4+}$
2. 다음 적정을 산성에서 할 때 당량점에서 용액의 각 이온들의 농도와 전위를 계산하라.
   ⓐ 0.02 *M* Fe^{3+} 용액 25.0 m*l*를 0.10 *M* Sn^{2+} 용액으로 적정할 때
   ⓑ 0.10 *M* H_3AsO_3 용액 50.0 m*l*를 0.01 *M* Ce^{4+} 용액으로 적정할 때
   ⓒ 0.05 *M* $Cr_2O_7^{2-}$ 용액 30 m*l*를 0.10 *M* Sn^{2+} 용액으로 적정할 때
   ⓓ 0.10 *M* Fe^{2+} 용액 25.0 m*l*를 0.10 *M* Ce^{4+} 용액으로 적정할 때
   ⓔ 0.01 *M* $Fe(CN)_6^{4-}$ 용액 50.0 m*l*을 0.01 *M* Ce^{4+} 용액으로 적정할 때
3. ⓐ 문제 1의 적정에서 지시약을 diphenylamine sulfonate(E^0_{In} = 0.34 *V*)을 사용할 때 이론적인 적정오차를 구하여라.
   ⓑ 각 산화-환원반응에 더 좋은 지시약을 선정하라.

4-4 산화-환원 적정실험

1. 정제한 $Na_2C_2O_4$ 0.3455 g을 산화시키는데 $KMnO_4$ 용액 31.62 m*l*가 소비되었다. $KMnO_4$ 용액의 규정 농도는 얼마인가?
2. 불순한 $H_2C_2O_4 \cdot 2H_2O$ 시료 0.4003 g을 칭량하여 $KMnO_4$ 용액($KMnO_4$ 1 m*l*=5.98 mg $KMnO_4$)으로 적정하는데 29.30 m*l*가 소비되었다. $H_2C_2O_4 \cdot 2H_2O$의 순도를 구하라.
3. $Cr_2O_7^{2-} + 14H^+ + 63 \rightleftharpoons 2Cr^{3+} + 7H_2O$의 산화-환원 반응에서 $[Cr_2O_7^{2-}] = [Cr^{3+}] = 0.0100$이고 표준수소전극에 대한 상대적인 전위가 +1.02*V*이다. 이 용액의 pH를 구하라.
4. 철광석 1.000 g을 정확히 칭량하여 HCl으로 녹인 다음 $SnCl_2$ 용액으로 환원하였다. 남아 있는 $SnCl_2$를 $HgCl_2$로 환원하고 0.1100 *N* $KMnO_4$로 적정하여 28.20 m*l*가 소비되었다. 다음 물음에 답하라.
   ① $SnCl_2$를 가하는 이유와 이 때의 반응식을 써라.
   ② $HgCl_2$를 가하는 이유와 이 때의 반응식을 써라.
   ③ 시료 중의 철의 %를 구하라.
5. 표준시약 As_2O_3 0.50000 g을 산화하는데, I_2용액 3.37 m*l*가 소비되었다. 이 용액의 규정농도를 구하라.

6. 불순한 $Na_2S_2O_3 \cdot 5H_2O$ 20.430 g을 물에 용해하고 용량 플라스크를 사용하여 500 m*l*로 희석하였다. 이 용액 25 m*l*를 취하여 0.050 *N* I_2 용액으로 적정하였을 때 용액 33 m*l*가 소비되었다. 시료 중의 $Na_2S_2O_3 \cdot 5H_2O$의 함량(%)을 구하라.
7. 철광석(5.000 g)으로부터 황을 H_2S로 발생시켜 I_2 표준용액(1.00 m*l*는 0.004945 g의 As_2O_3와 당량이다)으로 적정하였을 때 10.10 m*l*가 소비되었다. 철광석 중에 황의 %를 구하라.
8. 표백분 0.6750 g을 iodometry로 분석하였다. 유리된 I_2를 0.2000 *N* $Na_2S_2O_3$ 용액으로 적정하여 용액 33.60 m*l*가 소비되었다. 시료 중의 유효염소의 %를 구하라.

제 5 장

착화합물과 킬레이트 적정법

5-1 착화합물

1. 착화합물과 배위설

H_2SO_4나 NH_3와 같이 두 종류 이상의 원자로 이루어져 있는 보통의 화합물은 그 성분 원자가 고유의 원자가를 서로 만족하고 있으므로 일차 화합물(first order compound) 또는 단순염(simple salt)이라고 한다. 그러나 $K_2Ni(CN)_4$와 같이 성분원자가 가지는 원자가를 전자의 개념으로서 합리적으로 설명할 수 없는 화합물은 고차 화합물(higher order compound) 또는 배위화합물(coordination compound)이라고 하고, 넓은 의미의 착염(complex salt), 착물(complex) 또는 착화합물(complex compound)이라 한다. 황산구리($CuSO_4 \cdot 5H_2O$)와 같이 결정수를 포함하는 수화물, 명반($K_2Al_2(SO_4)_4 \cdot 24H_2O$)과 같이 물에 녹아서 각각의 성분 이온으로 해리하는 복염, 황혈염($K_4Fe(CN)_6 \cdot 3H_2O$)과 같이 물에 녹아서 각 성분의 이온으로 완전히 해리하지 않고 보통의 단순 이온과 다른 새 이온 즉 착이온(complex ion) $[Fe(CN)_6]^{4-}$으로 해리하는 착염, 퀸히드론(퀴논과 히드로퀴논이 같은 비율로 포함된 분자 화합물)과 같은 유기분자화합물, 일반적인 고분자화합물, 무기 축합산 등은 고차 화합물의 한 보기이다.

이상과 같은 고차 화합물은 원자가로서 설명하기 곤란한 경우가 많으므로 A.

Werner(1893)는 배위설(coordination theory)을 제창하였다.

Werner에 의하면 각 원자는 주원자가(principal valency) 외에 부원자가(auxiliary valency) 또는 이차 원자가(secondary valency)를 가지고 있는데, 일차 화합물은 주원자가의 포화에 의하여 만들어진 화합물이며, 이미 주원자가가 포화된 화합물이 다시 결합하여 고차 화합물을 만드는 것은 그 화합물 속의 어떤 원자가 가지고 있는 부원자가를 만족함으로써 일어나는 것이라고 하였다.

이 때 주, 부원자가의 결합을 표현할 때 주원자가 결합은 실선으로, 부원자가 결합은 점선으로 나타내고 있으나 이들의 결합력 우열은 말할 수 없다. 이와 같은 방법으로 착이온을 [ ]로써 나타내면 $[Zn(NH_3)_4]^{2+}$나 $[Cu(CN)_4]^{2-}$ 등은 다음과 같다.

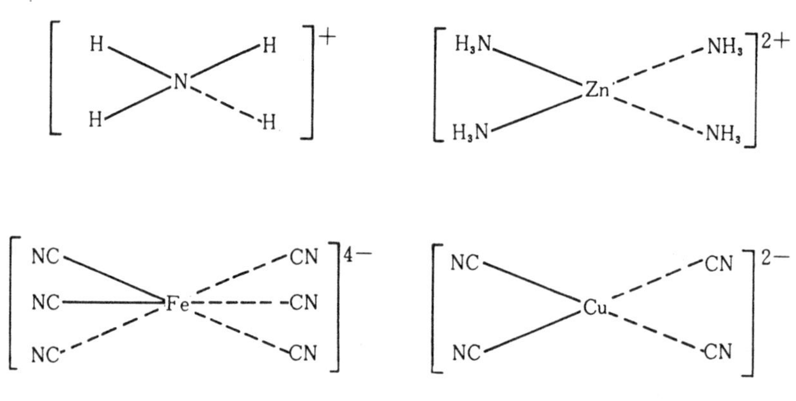

그림 5-1 Werner의 착이온 설명도

Werner의 배위설은 그 후에 전자론과 양자론에 의하여 수정되었으나 오늘날도 인정을 받고 있다. N은 주기율표의 5족에 속하므로 NH_3의 N 주위에는 H와 공유결합을 하고 있는 3개의 전자쌍 이외에 N에만 부속되어 있는 비공유 전자쌍(unshared eletron pair) 또는 고립 전자쌍(lone pair of electron)이 한 쌍 있다. NH_3와 같이 비공유 전자쌍을 가진 원자는 전자가 부족한 다른 원자, 분자 또는 이온과 결합할 수 있다. 이와 같이 비공유 전자쌍이나 음이온으로부터 전자쌍을 받는 원자, 분자 또는 이온을 중심원자(central atom)라고 하며 중심원자와 직접 결합하는 원자는 주원자가 또는 부원자가에 관계없이 [ ] 속에 묶고 나머지 간접으로 결합하는 원자들은 [ ] 밖에 표시한다. 또 [ ] 속에서 중심원자와 결합한 분자나 기(이온단)를 배위자(혹은 리간드 : ligand)라 하고 그 수를 배위수라 한다.

배위자는 더 이상 전리가 일어나지 않으며 배위수는 표 5－1에서 보는 바와 같이 2, 4, 6, 8 등과 같이 중심금속이온의 정수배를 가지고 있다.

표 5－1 몇 가지 금속이온의 배위수와 기하학적 배치

이 온	배위수	보 기	배치의평	이 온	배위수	보 기	배치의형
H^+	2	HF_2^-	선 형	Au^{3+}	4	$AuCl_4^-$	정4각형
Cu^+	2	$CuCl_2^-$	〃		6	$AuCl_6^{3-}$	8 면 체
Ag^+	2	$Ag(NH_3)_2^+$	〃	Al^{3+}	6	AlF_6^{3-}	〃
Au^+	2	$Au(NH_3)_2^+$	〃	Fe^{3+}	6	$Fe(SCN)_6^{3-}$	〃
B^{3+}	4	BF_4^-	4 면 체	Bi^{3+}	6	$BiCl_6^{3-}$	〃
Zn^{2+}	4	$Zn(NH_3)_4^{2+}$	〃	Cr^{3+}	6	$Cr(H_2O)_6^{3+}$	〃
Cu^{2+}	4	$Cu(pyridine)_4^{2+}$	정4각형	Co^{3+}	6	$Co(NH_3)_6^{3+}$	〃
Cd^{2+}	4	$Cd(CN)_4^{2-}$	4 면 체	La^{3+}	6	$La(H_2O)_6^{3+}$	〃
Hg^{2+}	4	HgI_4^{2-}	〃	Si^{4+}	6	SiF_6^{2-}	〃
Pt^{2+}	4	$Pt(NH_3)_4^{2+}$	정4각형	Sn^{4+}	6	$SnCl_6^{2-}$	〃
Fe^{2+}	6	$Fe(CN))_6^{4-}$	8 면 체	Pb^{4+}	6	$Pb(OH)_6^{2-}$	〃
Co^{2+}	6	$CoCl_6^{4-}$	〃	Pt^{4+}	8	$Pt(NH_3)_6^{4+}$	〃
Ni^{2+}	4 6	$Ni(CN)_4^{2-}$ $Ni(NH_3)_6^{2+}$	정4각형 8 면 체	M_0^{4+}	8	$M_0(CN)_8^{4-}$	12 면 체
				W^{4+}	8	$W(CN)_8^{4-}$	12 면 체
Sb^{3+}	6	$SbCl_6^{3-}$	〃	As^{5+}		$AsCl_8^{3-}$	〃

일반적으로 배위자가 될 수 있는 것을 보면 모든 이온이나, 분자 속에 N, O, P 등을 포함하는 화합물이나, 이중결합을 가진 유기화합물이다. 따라서 고차 화합물은 전자쌍 주게인 배위자와 전자쌍 받게인 중심원자 사이의 전자쌍의 주고받음 즉 배위결합(coordination bond)에 의하여 생긴 화합물이다.

이러한 배위화합물이 양이온인 경우에는 중심원자와 배위자 속의 배위결합에 관계하는 원소의 전기 음성도의 차가 클수록 쉽게 이루어진다. 이 밖에 중심원자가 베푸는 전기장, 중심원자의 전자구조와 그 성질, 즉 분극의 가능성이나 분자의 전기 쌍극자 능률 및 이온의 크기가 배위결합의 세기를 결정하는 중요한 인자이나, 이외에도 현재까지 잘 알려져 있지 않은 요인이 있다.

배위자는 한 개의 배위자 속에 들어 있는 전자쌍 주게의 수에 따라 한 자리 배위자(monodentate, “one-toothed” ligand), 두 자리 배위자(bidentate), 세 자리 배위자(tridentate) 등으로 나눈다. 두 자리 배위자 이상을 여러 자리 배위자(polydentate)라고 하는데, 여러 자리 배위자와 중심금속이 결합하여 고리(ring)를 이루고 있는 화합물을 킬레이트화합물(chelate, “claw” compound)이라 하며 이 때의 배위자를 킬레이트제(chelating agent)라 하고, 한 자리 배위자와 결합하여 생긴 염을 착염이라고도 한다.

2. 착화합물의 명명법

착화합물의 중심원자의 수가 1개일 때는 단핵착물(mononuclear complex)이라 하고, 그 수가 2개 이상일 때에는 다핵착물(polynuclear complex)이라고 한다. 다핵착물의 경우에 중심원자가 한 가지 종류일 때에는 등다핵 착물(homonuclear complex), 중심원자가 다른 종류일 때에는 이다핵 착물(heteronuclear complex)이라고 한다. 중심원자의 개수가 무한개인 착이온을 거대 착이온(macro-complex ion)이라 한다.

다음에 IUPAC에서 정한 착화합물에 대한 명명법의 일반원칙과 대한화학회에서 정한 명명법을 써서 착화합물의 몇 가지 보기를 나타낸다.

(1) 화학식으로 나타낼 때에는 양이온, 착이온, 음이온의 순서로 쓴다. 영어명은 순서대로 부르나 국어명은 반대의 순서로 부른다.

(2) 착이온 또는 착분자는 중심원자, 음이온성, 중성, 양이온성 배위자의 순으로 쓰고 [ ] 안에 넣는다. 영어명으로 쓸 때에는 착음이온에 대하여서만 중심원자의 어미에 −ate를 붙인다. 배위자 뒤에 중심원자의 이름을 쓰고, 그 원자의 산화수는 로마 숫자로 나타내어 이것을 원소 이름 다음에 ( ) 안에 넣어 표시한다. 국어명으로 부를 때에는 한 중심원자에 여러 가지의 배위자가 배위하고 있으면 음이온성, 중성, 양이온성 배위자의 순으로 부르고, 음이온성 배위자는 그 이름 끝에 "산"을 붙인다.

(3) 음이온성 배위자는 H^-, O^{2-}, OH^-, S^{2-}, I^-, Br^-, Cl^-, F^-, 다른 단순한 무기 음이온, 다하전 무기 음이온, 유기 음이온의 순서로 쓰고 그 수가 2개 이상일 때에는 ( ) 안에 넣는다. 음이온성 배위자명은 −o로 그치고, 그 어미가 −ide, −ate, −ite로 끝나면 −ido, −ato, −ito로 바꾸어 중심원자의 이름 앞에 붙인다. 국어명으로는 음이온성 배위자의 이름 끝을 −이도, −아토, −이토로 바꾼다.

(4) 중성 배위자와 양이온성 배위자는 H_2O, NH_3, 다른 무기 배위자, 유기 배위자의 순으로 쓰고 ( ) 안에 넣는다. 영어명은 그 순서대로 부르는데, 음이온성 배위자와 중성 배위자에 대한 이름 몇 가지를 표 5−2에 나타낸다. 중성 또는

양이온성 배위자는 배위하는 양이온 또는 분자명을 바꾸지 않고 쓰는 것이 원칙이다. 국어명에서는 중성분자의 이름을 그대로 부르며 양이온성 배위자는 끝을 "윰"으로 바꾼다.

(5) 배위수는 보통 희랍어 수사(數詞) di−, tri−, tetra−, penta−,… 등을 배위자 이름 앞에 붙이며 배위자가 복잡할 때에는 bis−, tris−, tetrakis,… 등으로 쓰고, 배위자명은 ( ) 안에 넣는다. 국어명에서는 배위자의 이름을 중심원자 이름 앞에 쓰고, 그의 수를 이, 삼,…으로 표시하여 그 이름에 앞세운다. 배위자가 크고 복잡한 경우는 비스, 트리스, 테트라키스,…를 쓰고 그 이름을 ( ) 안에 넣는다. 또 시스, 트란스 이성체가 있으면 이름 앞에 시스 또는 트란스를 붙인다.

(6) 다핵착물의 가교결합은 구조식으로 나타낸다. 명명법에서는 중심원자를 연결하는 이름 앞에 -μ-를 넣어서 부른다.

표 5-2 배위자의 이름

배위자	영어명	국어명	배위자	영어명	국어명
Cl^-	cholro	클로로	NO_2^-	nitro	니트로
H^-	hydr(id)o	히드(리도)로	^-SH	thiolo	티올로
O^{2-}	oxo	옥소	NCS^-	isocyanato	이소시아나토
OH^-	hydro(xo)	히드로(옥소)	SCN^-	thiocyan(at)o	티오시아(나토)노
S^{2-}	thio	티오			
CN^-	cyan(id)o	시아(니도)노	NO^-	nitroso	니트로소
OCN^-	cyanato	시아나토	$C_2O_4^{2-}$	oxal(at)o	옥살(라토)로
CO_3^{2-}	carbonato	카르보나토	H_2O	aquo	아쿠오
NH_2^-	amido	아미도	NH_3	ammine	암민
N_3^-	azido	아지도	CO	carbonyl	카르보닐
$NHOH^-$	hydroxylamido	히드록실아미도	NO	nitrosyl	니트로실
NH^{2-}	imido	이미도	CS	thiocarbonyl	티오카르보닐
SO_3^{2-}	sulfito	설피토	C_5H_5N	pyridine(Py)	피리딘
O_2^{2-}	peroxo	퍼옥소	$C_2H_4(NH_2)_2$	ethylenediamine (en)	에틸렌디아민
ONO^-	nitrito	니트리토			

$K_3[Fe(CN)_6]$ Potassium hexacyanidoferrate(Ⅲ), 육시아니도철(Ⅲ)산칼륨, 육시아니도제이철칼륨

$NH_4[Cr(SCN)_4(NH_3)_2]$ Ammonium terathiocyanatodiamminechromate(Ⅲ), 사티오시아나토이암민크롬(Ⅲ) 산암모늄

$Na[PtCl_3(C_2H_4)]$ Sodium trichloromonoethyleneplatinate(Ⅱ), 삼클로로에틸렌백금(Ⅱ) 산나트륨

$[Al(OH)(H_2O)_5]^{2+}$ Hydroxopentaaquoaluminum(Ⅲ) ion, 히드록소오아쿠오알미늄(Ⅲ)이온

$[Co(N_3)(NH_3)_6]SO_4$ Azidopentaamminecobalt(Ⅲ) sulfate, 황산아지도오암민코발트(Ⅲ)

$[CoCO_3(NH_3)_4]NO_3 \cdot \frac{1}{2}H_2O$ Carbonatotetraminecobalt(Ⅲ) nitrate-half water, 질산카르보나토사암민코발트(Ⅲ)$-\frac{1}{2}$ 물

$Fe(C_5H_5)_2$ Bis(cyclopentadienyl)iron(Ⅱ) (fenocene), 비스(씨클로펜타디에닐) 철(Ⅱ), 페로센

Cu_2HgI_4 Cuprous tetraiodomercurate(Ⅱ), 사요오도수은(Ⅱ) 산구리(Ⅰ)

$[Pt(Py)_4][PtCl_4]$ Tetrapyridineplatinum(Ⅱ) tetrachloroplatinate(Ⅱ), 사염화백금(Ⅱ)산 사피리딘백금(Ⅱ)

$[CoCl_3(NH_3)_2\{(CH_3)_2NH\}]$ Trichlorodiammine(dimethylamine) cobalt(Ⅲ), 삼클로로이암민(디메틸아민)코발트(Ⅲ)

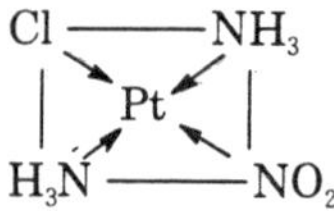

Trans-chloronitrodiammineplatinum(Ⅱ)
트란스-클로로니트로이암민백금(Ⅱ)

$[Co(<^{OH}_{NH_2}>Co(NH_3)_4)_3]^{6+}$ Tris($-\mu$-hydroxo-μ-amido-tetraamminecobalt(Ⅲ) cobalt(Ⅲ) ion, 트리스($-\mu$-히드록소$-\mu$-아미도-사암민코발트(Ⅲ)코발트(Ⅲ)이온

$[(C_5H_5)(CO)Fe<^{CO}_{CO}>Fe(CO)(C_5H_5)]$ Di-μ-carbonyl-bis(carbonylcyclopentadienyliron(Ⅲ), 이-μ-카르보닐-비스(카르보닐씨클로펜타디에닐철(Ⅲ)

3. 착이온의 전자구조

Sidgwick는 중심원자와 배위자의 전자쌍이 배위결합을 이루어 안정화 되는 이유를 다음과 같이 설명하였다. 즉 어떤 중심원자가 그 주기 끝의 불활성 기체와 같은 전자수의 유효원자번호(effective atomic number, EAN)를 가지므로 안정한 배위결합을 이룬다. 보기를 들면 $[BF_4]^-$은 원자번호 5번 B^{3+}의 2개 전자와

$4F^-$의 8개 전자가 합쳐져서 10개의 전자를 가지므로 Ne 구조와 같으며, $[Zn(NH_3)_4]^{2+}$은 30번의 Zn^{2+}과 $4NH_3$가 합쳐져서 EAN은 36이므로 Kr 구조와 같게 된다. 때에 따라서는 EAN이 불활성 기체의 전자구조를 가지지 않기도 한다. 보기를 들면 $[SiF_6]^{2-}$는 22개의 전자가 있고, $[Ni(CN)_4]^{2-}$의 Ni에는 34개의 전자가 있으므로 이들은 각각 Kr이나 Ar의 구조와 틀린다.

Pauling은 이러한 배위결합이 형성되는 것을 배위자와 중심원자 사이에 어떤 새로운 혼성궤도가 일어나기 때문이라고 풀이하였다. 보기를 들면 배위수가 4인 $[Cu(pyridine)_4]^{2+}$과 같은 것은 dsp^2, $[Zn(OH)_4]^{2-}$은 sp^3와 같은 4개의 새로운 혼성결합이 일어나므로 정사각형 또는 4면체의 기하학적인 배치를 가지며, 또 배위수가 6인 $[AlF_6]^{3-}$은 sp^3d^2, $[Fe(SCN)_6]^{3-}$은 d^2sp^3 혼성결합을 형성하므로 8면체의 구조를 가진다고 하였다.

그림 5-2와 같이 전자배치를 나타내면 다음과 같은 사실도 아울러 알 수 있다. 즉 착이온이 만들어질 때 $[CuCl_2]^-$이나 $[Zn(OH)_4]^{2-}$과 같이 주양자수가 작은 d 궤도를 쓰지 않고 sp 혼성결합을 이루거나, $[AlF_6]^{3-}$과 같이 주양자수가 큰 d 궤도를 써서 결합을 이룬 것을 바깥궤도 착이온(outer orbital complex ion), 또는 이온 착이온이라고 한다. 이와는 달리 주양자수가 작은 d 궤도를 써서 dsp 혼성결합을 이룬 것을 속궤도 착이온(inner orbital complex ion) 또는 공유착이온이라고 하는데, 착이온을 이룬 뒤에도 빈 p, d 궤도가 있으면 여러 가지 화학반응이 빨리 잘 일어날 수 있으므로 불안정(labile)하다고 한다. 보기를 들면 $[CuCl_2]^-$, $[AlF_6]^{3-}$, $[SiF_6]^{2-}$ 등은 여기에 속한다. 그러나 $[Zn(OH)_4]^{2-}$, $[Cu(pyridine)_2]^{2+}$, $[Fe(CN)_6]^{4-}$, $[Fe(SCN)_6]^{3-}$, $[Cr(NH_3)_6]^{3+}$ 등은 p, d 궤도가 전자로 꽉 차 있으므로 반응이 느리게 일어나는데 이것은 안정(inert)하다고 한다.

분자나 원자 속에 쌍을 이루지 않은 전자가 있는 화합물은 자석에 끌려가므로 자기능률을 가지게 되는데 이러한 화합물은 정자기성(paramagnetism)으로 되며, 전자의 스핀이 모두 쌍을 이루고 있으면 자석에 의해 끌려가지 않으므로 반자기성(diamagnetism)으로 된다.

이러한 경우에 자기성의 정도를 자기능률 μ라 하며 $\mu=\sqrt{n(n+2)}$이므로 계산이 가능하다. 여기서 n은 부대전자의 수이며 μ의 단위는 Bohr Magneton의 약자 B. M이다.

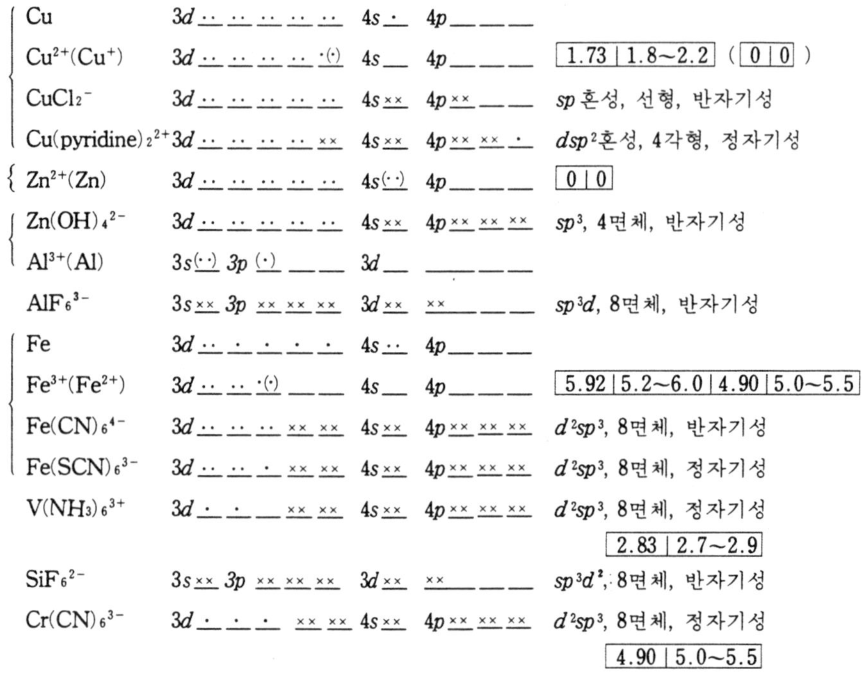

이온				
Cu	3d ·· ·· ·· ·· ··	4s ·	4p ___ ___ ___	
$Cu^{2+}(Cu^{+})$	3d ·· ·· ·· ·· ·(·)	4s ___	4p ___ ___ ___	1.73 | 1.8~2.2 (0 | 0)
$CuCl_2^-$	3d ·· ·· ·· ·· ··	4s ××	4p ×× ___ ___	sp 혼성, 선형, 반자기성
$Cu(pyridine)_2^{2+}$	3d ·· ·· ·· ·· ××	4s ××	4p ×× ×× ·	dsp^2혼성, 4각형, 정자기성
$Zn^{2+}(Zn)$	3d ·· ·· ·· ·· ··	4s(··)	4p ___ ___ ___	0 | 0
$Zn(OH)_4^{2-}$	3d ·· ·· ·· ·· ··	4s ××	4p ×× ×× ××	sp^3, 4면체, 반자기성
$Al^{3+}(Al)$	3s(··) 3p (·) ___ ___	3d ___	___ ___ ___	
AlF_6^{3-}	3s ×× 3p ×× ×× ××	3d ××	×× ___ ___ ___	sp^3d, 8면체, 반자기성
Fe	3d ·· · · · ·	4s ··	4p ___ ___ ___	
$Fe^{3+}(Fe^{2+})$	3d ·· ·· ·(·) ___ ___	4s ___	4p ___ ___ ___	5.92 | 5.2~6.0 | 4.90 | 5.0~5.5
$Fe(CN)_6^{4-}$	3d ·· ·· ·· ×× ××	4s ××	4p ×× ×× ××	d^2sp^3, 8면체, 반자기성
$Fe(SCN)_6^{3-}$	3d ·· ·· · ×× ××	4s ××	4p ×× ×× ××	d^2sp^3, 8면체, 정자기성
$V(NH_3)_6^{3+}$	3d · · ___ ×× ××	4s ××	4p ×× ×× ××	d^2sp^3, 8면체, 정자기성 2.83 | 2.7~2.9
SiF_6^{2-}	3s ×× 3p ×× ×× ××	3d ××	×× ___ ___ ___	sp^3d^2, 8면체, 반자기성
$Cr(CN)_6^{3-}$	3d · · · ×× ××	4s ××	4p ×× ×× ××	d^2sp^3, 8면체, 정자기성 4.90 | 5.0~5.5

□ 안은 자기 능률의 계산치와 실측치(단위는 B. M이며 계산치는 spin만에 의함)

· : 중심원자가 갖고 있는 전자

× : 중심원자에 배위된 전자

그림 5-2 착이온의 전자배치

4. 착화합물의 이용

(1) 무기 착화합물의 이용

배위자가 무기 화합물인 착이온의 종류는 매우 많으나, 여기서는 이들 무기 배위자와 중심금속이온이 결합하는 성질을 이용하여 어떤 혼합물에서 분석하고자 하는 금속이온만을 정성 또는 정량하는 방법에 대하여 몇 가지만 설명한다.

첫째는 가용성 착이온을 만들어 이온을 분리하는 방법이다. 보기로서 AgCl과 Hg_2Cl_2의 혼합물 침전에 NH_3 용액을 과량으로 가하면 Ag^+은 NH_3와 반응을 하여 안정한 착이온 $[Ag(NH_3)_2]^+$으로 되어 녹으나, Hg_2Cl_2는 Hg_2NH_2Cl을 거쳐

$HgNH_2Cl$과 Hg로 변하여 녹지 않는다. 다른 보기를 들면 Al^{3+}과 Fe^{3+}의 혼합용액에 NaOH를 가하면 처음에는 수산화물의 혼합침전이 생기나, NaOH를 과량으로 가하면 $Al(OH)_3$는 양성 화합물이므로 착이온 $Al(OH)_6^{3-}$으로 되어 녹으나 $Fe(OH)_3$는 녹기 어렵다.

둘째로 물에 녹기 어려운 착체의 생성을 이용하여 이온을 분리할 수 있다. 보기를 들면 Na^+과 K^+이 혼합되어 있는 용액에 $H_2[PtCl_6]$나 $Na_3[Co(NO_2)_6]$용액을 넣으면 K^+은 $K_2[PtCl_6]$이나 $K_2Na[Co(NO)_2]_6$로 침전되므로 Na^+으로부터 K^+을 분리 확인할 수도 있고, 침전된 양을 달아서 정량할 수도 있다.

셋째는 착이온의 안정도 차이를 이용하여 두 가지 이상의 금속 이온 혼합 용액으로부터 어떤 이온을 분리 확인 또는 정량하는 방법이다. 예를 들면 Cu^{2+}과 Cd^{2+}의 혼합용액에 H_2S 기체를 통하면 CuS와 CdS로 동시에 침전한다. 그러나 미리 용액에 CN^-을 충분히 넣어 두면 $[Cu(CN)_4]^{2-}$과 $[Cd(CN)_4]^{2-}$으로 되므로 여기에 H_2S 기체를 통하여도 안정도 정수가 큰 $[Cu(CN)_4]^{2-}$ ($K_{st} = 10^{25}$)은 반응하지 않으나, 그 값이 작은 $[Cd(CN)_4]^{2-}$ ($K_{st} = 1.29 \times 10^{17}$)은 H_2S와 작용하여 황색 CdS 침전이 생기는 것을 이용하여 Cd를 확인할 수 있다.

이온반응을 하는 물질에 어떤 시약을 넣어 안정한 착이온을 만들면 그 착화합물은 금속이온으로서의 활성을 잃게 된다. 이러한 목적으로 사용하는 시약을 은폐제(혹은 가리움제 : masking agent)라고 하며, 이 작용을 은폐(혹은 가리움 : masking)라고 한다. 위의 예에서는 CN^-이 은폐제이다. 은폐제에는 위와 같은 무기 착체를 만드는 무기물질에 한정되지 않고 유기물에도 가리움 작용을 나타내는 킬레이트제(chelating agent)가 많이 있다. 보기를 들면 디메틸글리옥심으로 Ni^{2+}을 확인 또는 정량할 때에 NH_3 알칼리성으로 하면 Fe^{3+}은 $Fe(OH)_3$로 침전되어 방해한다. 그러나 미리 주석산을 은폐제로 넣어두면 $Fe(OH)_3$의 침전생성을 방지할 수 있다.

또 이와 같은 은폐작용을 분해 제거하면 중심금속원소는 다시 반응성을 가지게 되는데 이것을 벗김(demasking)이라고 한다. 벗김은 2가지 방법에 의하여 행해지는데 첫째는 용액의 pH를 변화시켜 착물을 분해하는 것으로 $[Ag(NH_3)_2]^+$가 H^+에 의해 분해되는 것이 그 예이다. 둘째는 은폐제와 반응할 수 있는 다른 물질을 가해 주는 방법이다. 보기를 들면 $[Cd(CN)_4]^{2-}$은 OH^-에 대하여 안정하므로 $Cd(OH)_2$로 침전되지 않으나, HCHO를 넣어 주면 시아노히드린($-OCH_2CN$)을 만들므로 CN^-가 감소하여 $[Cd(CN)_4^{2-}]$이 분해되고 Cd^{2+}가 유리되어서 $Cd(OH)_2$가 침전된다.

(2) 유기 착화합물의 이용

일반적으로 킬레이트 화합물은 유기 화합물 배위자 속에 포함되어 있는 특정 원자군이 어떤 금속이온에 대하여 선택적으로 여러 자리 배위자로 작용하여 고리를 이룬다. 이러한 킬레이트 화합물이 고리를 이루는 결합은 3종류가 있다.

① 주원자가 즉 산화상태로서만 이루어지는 결합의 보기는 그림 5-3의 (I)과 같다. 이 결합에 쓰일 수 있는 기는 다음과 같은 것들이다.

$-COOH$, $-SO_3H$, $-SO_2H$, $-AsO_3H_2$, 페놀성 수산기, $=C=\underset{|}{C}-OH$, $=N-OH$, $-CO-NH-C\equiv$, $-SH$, $=C=\underset{|}{C}-$, $-SH$, $-SO_2NH_2$

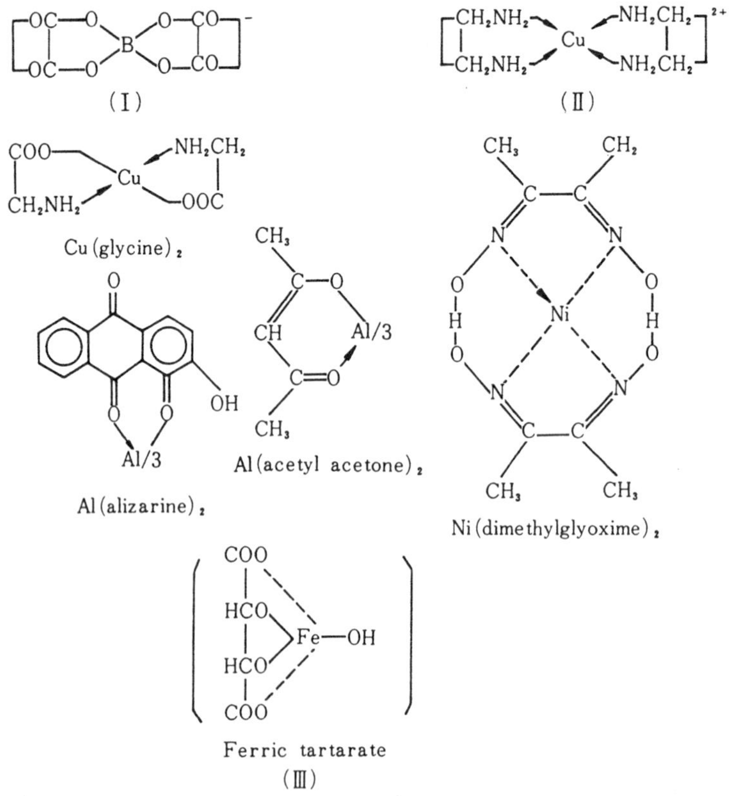

(I)

(II)

Cu(glycine)$_2$

Al(alizarine)$_3$

Al(acetyl acetone)$_3$

Ni(dimethylglyoxime)$_2$

Ferric tartarate

(III)

그림 5-3 여러 가지 금속 킬레이트의 결합상태

② 부원자가 즉 배위 결합으로서만 이루어지는 결합의 보기는 (Ⅱ)와 같다.

③ 주원자가와 부원자가를 동시에 만족하여 결합을 이룬 화합물은 특히 속착염(inner complex salt)이라고 하는데 보기는 (Ⅲ)과 같은 것들이 있다. 속착염을 이루는 배위자를 유기침전제(organic precipitant)라 한다. 이 속착염은 일반적으로 분자량이 크며 안정도 정수가 매우 크고, 수용액에서는 잘 녹지 않으나 무극성 유기용매에 녹으며, 보통의 금속염과는 다른 특이한 색을 가진다. 속착염이 색을 가지는 것은 배위자에 기인한다.

어떠한 킬레이트제가 적당한 pH 범위 안에서 중심원자와 반응하여 선명한 색을 가진 킬레이트 화합물을 만들 때에 확인 또는 정량하기 위하여 직접 사용하는 유기배위자를 특히 유기시약(organic reagent)이라고 한다.

다음에 몇 가지 유기시약의 보기를 들어 둔다.

① o-Phenanthroline

Fe^{2+}과 반응하여 짙은 붉은색의 착이온을 만들며, 예민하고 안정하므로 철의 비색정량에 이용되고 있다. Fe(Ⅱ)-o-phenanthroline $[Fe(C_{12}H_8N_2)_3]^{2+}$을 ferroin이라고 하며 산화－환원의 지시약으로 쓰고 있다. $[Fe(III)(C_{12}H_8N_2)_3]^{3+}$으로 산화되면 담청색으로 변하며 그 산화전위는 1.06 V이다.

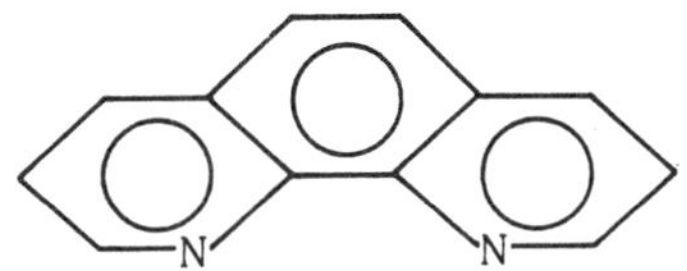

② Dithizone

diphenylthiocarbazone의 일반명으로 다음과 같은 keto 형과 enol 형의 호변 이성화가 일어나는데 CCl_4 용액에서 녹색을 나타내고, Pb^{2+}, Cu^{2+}, Zn^{2+}, Cd^{2+}, Ag^+과 반응하여 (Ⅰ), (Ⅱ) 또는 (Ⅲ)의 구조를 가진다.

C_6H_5NHNH \ C=S / $C_6H_5N{=}N$ $\longleftrightarrow$ C_6H_5NHN ∥ C—SH / $C_6H_5N{=}N$ $+ \dfrac{M^{2+}}{2} \longrightarrow$

S=C(NHN(C$_6$H$_5$))(N=N(C$_6$H$_5$))→M/2 (Ⅰ)

C(NHNC$_6$H$_5$)=S→M/2, N=NC$_6$H$_5$ (Ⅱ)

C(NNHC$_6$H$_5$)—S—M/2, N=NC$_6$H$_5$ (Ⅲ)

③ 1, 2－Diaminoanthraquinone－3－sulfon 산

$Cu(OH)_2$의 표면에 흡착되어 푸른 색의 레이크를 만들며, Ni^{2+}, Co^{2+} 등은 확인에 방해한다. 레이크(lake)란 어떤 유기물감이 금속수산화물 침전과 굳게 결합하거나 흡착되어 생긴 유색침전이다.

O, NH_2, NH_2, SO_3H, O

5－2 안정도 정수

1. 안정도 정수

n개의 배위자 A가 중심 원자 M에 다음과 같이 차례로 배위한다고 볼 때 각 단계에 질량작용의 법칙을 적용하면 일정한 온도에서 평형정수 K는 다음과 같이 얻어진다.

$$M + A \rightleftharpoons MA : K_1 = [MA]/[M][A] \quad \cdots\cdots (5-1)$$

$$MA + A \rightleftharpoons MA_2 : K_2 = [MA_2]/[MA][A] \quad \cdots\cdots (5-2)$$

$$MA_{n-1} + A \rightleftharpoons MA_n : K_n = [MA_n]/[MA_{n-1}][A] \quad \cdots\cdots (5-3)$$

$$M + nA \rightleftharpoons MA_n : K = [MA_n]/[M][A]^n \quad \cdots\cdots (5-4)$$

여기서 $K=K_1 \cdots K_n$이며 이 K값이 클수록 착물의 안정성은 커지므로 K를 착물 생성정수(complex formation constant) 또는 총 안정도정수(over-all stability constant)라 하고, K_1, K_2, $\cdots K_n$을 연속(또는 단계) 안정도정수(consecutive 또는 stepwise stability constant)라고 한다. 또 $1/K$을 착물 해리정수(complex dissociation constant) 또는 불안정도정수(instability constant)라 한다.

일반적으로 착물의 안정도는 다음과 같은 관계가 성립한다.

① $K_1 > K_2 > K_3 \cdots > K_n$: 그러나 총 안정도정수를 쓰면 대소 관계는 서로 바뀐다. $[Co(NH_3)_6]^{3+}$의 연속 안정도정수와 총 안정도정수는 다음과 같다.

$\log K_1 = 7.3$, $\log K_2 = 6.7$, $\log K_3 = 6.1$, $\log K_4 = 5.6$, $\log K_5 = 5.1$, $\log K_6 = 4.4$, $\log K_2' = 14.0$, $\log K_3' = 20.1$, $\log K_4' = 25.7$, $\log K_5' = 30.8$, $\log K_6' = 35.2$

② 중심 원자에 의한 일반적인 차이

Pd > Hg > UO_2 > Be > Cu > Ni > Co > Pb > In > Cd > Fe > Mn > Mg > Ca > Sr > Ba

③ 배위자에 의한 차이 : 일반적으로 산 해리정수가 작은 배위자는 중심금속에 강하게 결합하므로 안정도가 크다. 또 치환기의 입체장해가 클수록 착물의 안정도는 작아진다.

④ 킬레이트 효과 : 킬레이트 고리가 생성되면 착물은 안정하여 진다.

표 5-3 EDTA와 비슷한 구조를 가진 화합물의 안정도 정수의 log K

$$(HOOC)_2 > N-(CH_2)_n-N < (COOH)_2$$

n	Mg^{2+}	Ca^{2+}	Sr^{2+}	Ba^{2+}
2	8.7	10.5	8.6	7.0
3	6.0	7.1	5.2	4.0
4		5.0		
5		4.6		

킬레이트는 5원 고리(five membered ring)가 6원 고리보다 일반적으로 안정하나 다른 고리로서는 배위하기 어려워진다.

【예제 5-1】 2.4 M의 KCN과 0.1 M의 $Cd(NO_3)_2$이 포함되어 있는 용액의 평형에서 여러 가지 화합물의 농도를 계산하라. 단, $[Cd(CN)_4]^{2-}$의 안정도 정수는 7.1×10^{18}이다.

(풀이) 수용액 속의 평형은 다음과 같으므로 질량작용의 법칙을 적용하면

$Cd^{2+} + 4CN^- \rightleftharpoons Cd(CN)_4^{2-}$: $K_{st} = [Cd(CN)_4^{2-}]/[Cd^{2+}][CN^-]^4$

Cd^{2+}과 CN^-에 대하여 물질 수지 방정식을 쓰면

$[Cd^{2+}] + [Cd(CN)_4^{2-}] = 0.1\,M$ ……………………①

$[CN^-] + 4[Cd(CN)_4^{2-}] = 2.40\,M$ ……………………②

K_{st}가 매우 크므로 Cd의 대부분이 $[Cd(CN)_4]^{2-}$로 있다고 생각하여 근사식을 쓰면

$[Cd(CN)_4^{2-}] \gg [Cd^{2+}]$이므로

$[Cd(CN)_4^{2-}] \fallingdotseq 0.1\,M$, $[CN^-] \fallingdotseq 2/4 - 4\times0.1 = 2\,M$

$K_{st} = 7.1\times10^{18} = [Cd(CN)_4^{2-}]/[Cd^{2+}][CN^-]^4 = 0.1/[Cd^{2+}]2^4$

$\therefore\ [Cd^{2+}] = 8.8\times10^{-22}\,M$

①, ②식 대신에 다음과 같은 전하수지 방정식과 물질수지 방정식을 쓸 수도 있으며, 아래의 식을 ②식에 대입하면 ③식을 얻을 수도 있다.

$[K^+] + 2[Cd^{2+}] = [CN^-] + [NO_3^-] + 2[Cd(CN)_4^{2-}]$ ……………………③

$[K^+] = 2.40\ M$, $[NO_3^-] = 0.20\ M$

또 이 문제에서는 최대 배위수의 화합물인 $[Cd(CN)_4]^{2-}$만을 썼으나 수용액 속에는 다음과 같은 화합물도 실제로 있다는 것을 잊어서는 안 된다.

$[Cd(CN)_3(H_2O)]^-$, $[Cd(CN)_2(H_2O)_2]$, $[Cd(CN)(H_2O)_3]^+$

Cd^{2+}도 실제에는 Cd^{2+}뿐만 아니라 $[Cd(H_2O)]^{2+}$, $[Cd(H_2O)_2]^{2+}$, $[Cd(H_2O)_3]^{2+}$, $[Cd(H_2O)_4]^{2+}$등으로 존재한다.

【예제 5-2】 1 M NH_3에 녹는 AgBr의 용해도를 계산하라. 단, $[Ag(NH_3)_2]^+$의 $K_{st}=1.7\times10^7$, AgBr의 $K_{st}=5\times10^{-13}$이다.

(풀이) AgBr 한 분자가 녹으면 Ag^+과 Br^-이 각각 1개씩 생기므로, Ag^+과 NH_3에 대하여 물질수지 방정식을 쓰면

$[Ag^+] + [Ag(NH_3)_2^+] = [Br^-]$ ……①

$[NH_3] + 2[Ag(NH_3)_2^+] = 1\,M$ ……②

AgBr의 용해도는 상당히 작으므로 근사식을 쓰면 ②식에서

$[NH_3] \gg 2[Ag(NH_3)_2^+] \quad \therefore\ [NH_3] \doteqdot 1\,M$ ……③

안정도 정수와 용해도적 정수에 대한 표현식을 ①식에 대입하면

$$[Ag^+] + 1.7 \times 10^7 \times [NH_3]^2 [Ag^+] = [Ag^+](1 + 1.7 \times 10^7)$$
$$= 5 \times 10^{-13}/[Ag^+]$$

$\therefore\ [Ag^+] \doteqdot 5.0 \times 10^{-13}/1.7 \times 10^7 = 2.9 \times 10^{-20}\,M$

$\therefore\ [Ag(NH_2)_2^+] = 1.7 \times 10^7 \times 1^2 \times 1.7 \times 10^{-10} = 2.9 \times 10^{-3}\,M$

AgBr의 용해도는 $[Br^-]$와 같으므로 그 용해도는

$[Br^-] = 5.0 \times 10^{-13}/1.7 \times 10^{-13} = 2.9 \times 10^{-3}\,M$

【예제 5−3】 pH 9로 조절되어 있는 용액에 KCN을 2.4 *M*, $Cd(NO_3)_2$을 0.1 *M* 되게 넣은 용액 속에 있는 $[Cd^{2+}]$를 계산하라.

(풀이) CN^-이 H^+과 반응하여 산을 만들므로 용액의 pH를 조절함으로써 용액 속의 금속 이온의 농도를 조절할 수 있다.

용액에 넣어 준 KCN의 전체 몰 수를 C_T라 하면 물질 수지 방정식은

$$C_T = [CN^-] + [HCN] = [CN^-] + \frac{[H^+][CN^-]}{K_a} = [CN^-]\{K_a + [H^+]\}/K_a$$

전체의 KCN에 대하여 CN^-형으로 용액에 존재하는 분율을 α_1이라 하면

$\alpha_1 = [CN^-] / C_T = K_a/\{K_a + [H^+]\} = 7.2\times10^{-10}/(7.2\times10^{-10} + 10^{-9}) = 0.42$

그러므로 pH 9인 2.4 *M* KCN 용액 속에 존재하는 $[CN^-]$는 다음과 같다.

$[CN^-] = \alpha_1 C_T = 0.42 \times 2.4 = 1.008\,M$

우선 pH를 생각하지 않으면 용액 속에는 Cd^{2+}이 거의 다 CN^-과 반응하여 $Cd(CN)_4^{2-}$으로 존재하므로 다음과 같은 근사식을 얻을 수 있다.

$[Cd(CN)_4^{2-}] \doteqdot 0.1\,M, \quad C_T = 2.4 - 4 \times 0.1 = 2\,M$

pH 9에서는 α_1이 0.42이므로

$[CN^-] = 0.42 \times 2 = 0.84\,M$

이 결과를 $[Cd(CN)_4]^{2-}$의 안정도 정수의 표현식에 대입하면 $[Cd^{2+}]$는

$[Cd^{2+}] = [Cd(CN)_4^{2-}] / K_{st/Cd(CN)_4{}^{2-}/} \times [CN^-]^4 = 0.1/7.1 \times 10^{18} \times (0.84)^2$

$= 2.8\times10^{-20}\,M$

【예제 5-4】 NH_3의 평형 농도가 10^{-5}, 10^{-4}, 10^{-3}, 10^{-2}, 10^{-1} M일 때에 $Cu^{2+}-NH_3$ 혼합 용액 속에 포함되어 있는 착물의 농도를 계산하라. 단, 어느 경우에도 전체의 $[Cu^{2+}]$는 10^{-2} M이며, 구리-암민 착물의 연속 안정도정수는 $\log K_1=4.31$, $\log K_2=3.67$, $\log K_3=3.04$, $\log K_4=2.30$이다.

(풀이) 금속의 전체 농도 C_M에 대하여 여러 가지 이온의 형태로 용액 속에 포함되어 있는 금속의 농도비를 나타내는 분률(X)을 다음과 같이 정의한다.

$X_o=[M]/C_M$, $X_1=[MA]/C_M$, $X_2=[MA_2]/C_M$, $\cdots$, $X_n = [MA_n]/C_M$

식(5-1), (5-2), (5-3)에 위의 식을 대입하여 풀면

$K_1 = [MA]/[M][A] = X_1C_M/X_oC_M[A] = X_1/X_o[A] \quad \therefore X_1 = X_oK_1[A]$

$K_2 = [MA_2]/[MA][A] = X_2C_M/X_1C_M[A] = X_2/X_oK_1[A]_2$

$\therefore X_2 = X_oK_1K_2[A]^2$

$K_n = [MA_n]/[MA_{n-1}][A] = X_1C_M/X_{n-1}C_M[A] = X_n/X_oK_1K_2\cdots K_{n-1}[A]_n$

$\therefore X_n = X_oK_1K_2\cdots K_n[A]^n$

또 물질 수지 방정식을 쓰면

$C_M = [M] + [MA] + [MA_2] + \cdots + [MA_n]$

이므로 $1 = X_o + X_1 + X_2 + \cdots + X_n$

$$\therefore X_0 = \frac{1}{1+K_1[A]+K_1K_2[A]^2+\cdots K_1K_2\cdots K_n[A]^n}$$

$$X_1 = \frac{K_1[A]}{1+K_1[A]+K_1K_2[A]^2+\cdots\cdots+K_1K_2\cdots\cdots K_n[A]^n}$$

$$X_2 = \frac{K_1K_2[A]^2}{1+K_1[A]+K_1K_2[A]^2+\cdots\cdots+K_1K_2\cdots\cdots K_n[A]^n}$$

$$X_n = \frac{K_1K_2\cdots\cdots K_n[A]^n}{1+K_1[A]+K_1K_2[A]^2+\cdots\cdots+K_1K_2\cdots\cdots K_n[A]^n}$$

$[NH_3]=10^{-3}$ M일 때 X_2에 대한 표현식에서 $[Cu(NH_3)^{2+}]$를 구하면

$$X_2 = \frac{10^{4.31}\times10^{3.67}\times(10^{-3})^2}{1+10^{4.31}\times10^{-3}+10^{7.98}\times10^{-6}+10^{11.02}\times10^{-9}+10^{13.31}\times10^{-12}} = 0.39$$

$\therefore [Cu(NH_3)_2^{2+}] = X_2C_M = 0.39 \times 0.01 = 3.9 \times 10^{-3}$ M

나머지의 X 값도 같은 방법으로 구하면

$[NH_3]$	X_0	X_1	X_2	X_3	X_4
10^{-5} M	0.82	0.17	8.0×10^{-3}	8.7×10^{-5}	1.7×10^{-7}
10^{-4} M	0.24	0.50	0.23	2.6×10^{-2}	5.1×10^{-4}
10^{-3} M	4.1×10^{-3}	8.4×10^{-2}	0.39	0.43	8.6×10^{-2}
10^{-2} M	3.1×10^{-6}	6.3×10^{-4}	2.9×10^{-2}	0.32	0.65
10^{-1} M	4.6×10^{-10}	9.3×10^{-7}	4.3×10^{-4}	4.8×10^{-2}	0.95

2. 안정도 정수의 결정방법

금속 킬레이트의 안정도 정수를 측정하는 방법은 여러 가지가 있으나 그 중에서 pH 측정법이 가장 정확하고 믿을 수 있으며 물 또는 물을 포함하는 혼합 용매 속에 녹아 있는 금속 킬레이트에 대하여서는 모두 이용될 수 있으므로 Bjerrum의 방법에 따라 설명하기로 한다. 보기를 들어 Cu^{2+}과 5-salicylaldehydesulfon산나트륨은 다음과 같이 반응한다.

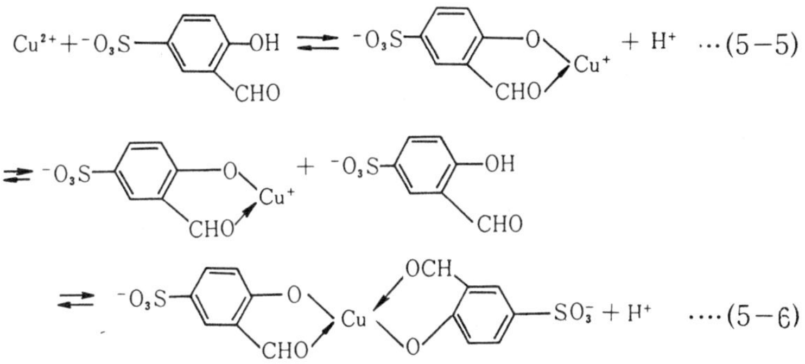

$Cu^{2+} + {}^{-}O_3S$–(C₆H₃)(OH)(CHO) ⇌ ${}^{-}O_3S$–(C₆H₃)(O)(CHO)→Cu^{+} + H^{+} ···(5-5)

⇌ ${}^{-}O_3S$–(C₆H₃)(O)(CHO)→Cu^{+} + ${}^{-}O_3S$–(C₆H₃)(OH)(CHO)

⇌ ${}^{-}O_3S$–(C₆H₃)(O)(CHO)→Cu←(OCH)(O)–(C₆H₃)–SO_3^{-} + H^{+} ····(5-6)

지금 Cu^{2+}을 M, 5-salicyladehydesulfon산 이온을 A로 간단히 나타내면 식(5-5)는 식(5-1), 식(5-6)은 식(5-2)와 같은 식으로 된다. 용액 속에 있는 모든 형태의 금속이온 1개에 대하여 결합한 배위자의 평균수를 $\overline{n}$으로 정의하면

$$\overline{n} = \frac{[MA] + 2[MA_2]}{[M] + [MA] + [MA_2]} \quad \cdots\cdots(5-7)$$

식(5-1)과 식(5-2)의 [MA]와 $[MA_2]$에 대한 표현을 식(5-7)에 대입하여 [M]를 약분하면

$$\overline{n} = \frac{K_1[A] + 2K_1K_2[A]^2}{1 + K_1[A] + K_1K_2[A]^2} \quad \cdots\cdots(5-8)$$

착화합물 MA_n이 한 개의 배위자를 버리려는 경향은 n에 비례하고, 한 개를

더 가지려는 경향은 남아 있는 배위위치의 수 $N-n$에 비례하므로 두 연속 안정도정수의 비는

$$\frac{K_n}{K_{n+1}} = \left(\frac{(n+1)}{n}\right)\left(\frac{N-n+1}{N-n}\right)X^2 \quad \cdots\cdots(5-9)$$

여기서 X는 전개인자(spreading factor)이다. 간단한 보기로서 $N=2$일 때에는

$$\frac{K_1}{K_2} = \left(\frac{1+1}{1}\right)\left(\frac{2-1+1}{2-1}\right)X^2 = 4X^2 \quad \cdots\cdots(5-10)$$

$K=K_1K_2$이므로 이 관계를 식(5−10)에 대입하면 식(5−11)를 얻고, 이 식을 식(5−8)에 대입하면 식(5−12)가 얻어진다.

$$K_1 = 2X\sqrt{K}, \quad K_2 = \sqrt{K}/2K \quad \cdots\cdots(5-11)$$

$$\bar{n} = \frac{2X\sqrt{K}[A] + 2K[A]^2}{1 + 2X\sqrt{K}[A] + K[A]^2} \quad \cdots\cdots(5-12)$$

$\bar{n}=1$이라고 두면 $K[A]^2 = 1$이므로 상용대수 값을 취하면

$$\log K = -2\log[A] = 2pA \quad \cdots\cdots(5-13)$$

$\bar{n} = \frac{1}{2}$이라고 두면 식(5−11)과 식(5−12)에서

$$K_1[A] + 3(K_1[A])^2/4X^2 = 1 \quad \cdots\cdots(5-14)$$

X가 $K_1[A]$에 비하여 매우 크면 제 2 항은 무시할 수 있으므로

$$K_1 = 1/[A] \qquad \therefore \log K_1 = p[A] \quad \cdots\cdots(5-15)$$

같은 방법으로 $n = 3/2$라고 두면

$$K_2 = 1/[A] \qquad \therefore \log K_2 = p[A] \quad \cdots\cdots(5-16)$$

따라서 K_1, K_2, [A]의 관계는 X값에 의하여 변하고, X가 매우 클 때에만 이 관계가 성립한다.

식(5−5)와 식(5−6)의 반응이 이루어지면서 용액 속에는 차차 $[H^+]$가 증가

하므로 pH가 낮아질 것이다. 이러한 관계를 나타내기 위하여 NaOH로 적정한 곡선을 보면 그림 5-4와 같다.

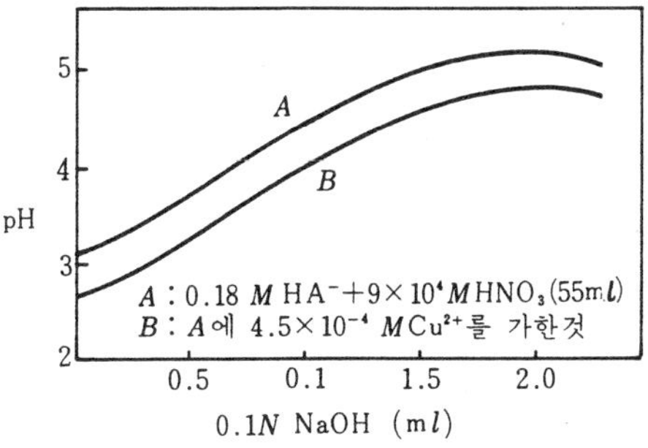

그림 5-4 5-sulfosalicyladehyde의 적정곡선

$[A^{2-}]$ 값은 어떤 pH에서 이미 아는 [HA]와 그 산해리 정수(4.3×10^{-8})에서 계산한다. 그러므로 금속의 전체농도를 C_M, 배위자의 전체농도를 C_A로 두면 $\bar{n}$ 값은 다음 식에 의하여 결정된다.

$$\bar{n} = \frac{C_A - [A^2]}{C_A} \qquad \cdots\cdots(5-17)$$

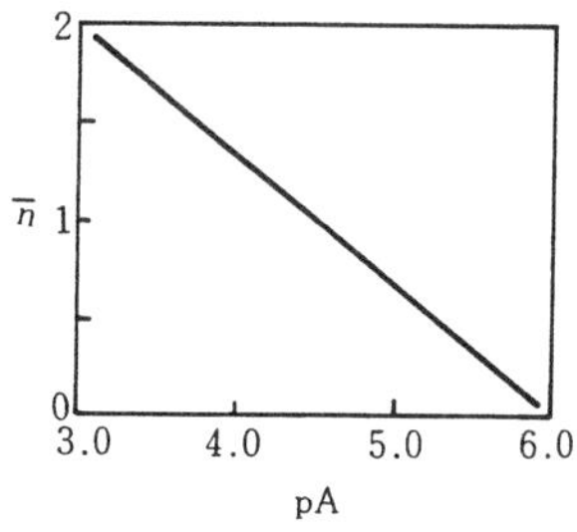

그림 5-5 [A]의 함수로 나타낸 MA_2의 생성도

실제로 $\bar{n}$ 값은 그림 5-4의 *A*와 *B*의 수평 거리에서 구한다. 배위자는 금속 이온에 비교하면 매우 과량이므로 HA^-의 전리를 무시하면, 이 거리는 식(5-6), 식(5-7)의 반응에 의하여 생긴 H^+과 반응하는 데에 소비된 NaOH의 양이 된다. 더욱이 이 수평거리는 결합에 관여한 A^{2-}의 전체 몰 수이므로 이것을 $[Cu^{2+}]$로 나누면 $\bar{n}$ 이 얻어진다. 그림 5-5는 $\bar{n}$을 $-\log\ [A^{2-}]$에 대하여

그린 대표적인 보기이다. 이 그림에서 $\overline{n}=1$, $\frac{1}{2}$, 3/2에 대한 pA값을 읽으면 log K, log K_1, log K_2로 되는데 그 값은 9.20, 5.35, 3.92이다.

3. 조건 안정도 정수 및 그 계산

일반적으로 금속과 배위자가 1 : 1로 결합되는 금속 착체 생성을 편의상 하전을 제거하고 표시하면 다음과 같다.

$$M + L \rightleftharpoons ML$$

여기서 M은 금속 이온, L은 배위자이다.

질량작용의 법칙에 의하면

$$\frac{[ML]}{[M][L]} = K_{ML} \cdots\cdots (5-18)$$

와 같이 되고 K_{ML}은 안정도 정수(stability constant)이다. 용액에서 M과 L이 부반응을 일으킬 때는 평형에 크게 영향을 미친다. 보통 부반응은 H^+, OH^-, 완충제, 은폐제 또는 방해 금속 이온에 의해서 일어난다.

M과 L 사이의 반응에 부반응의 영향을 고려한 평형방정식은 새로운 정수로 간단히 나타낼 수 있다.

$$K' = K_{M'L'} = \frac{[ML]}{[M'][L']} \cdots\cdots (5-19)$$

여기서 [M′]는 유리금속이온뿐만 아니라 배위자 L과 반응하지 않고 다른 배위자와 반응한 금속의 농도이고 [L′]는 유리 배위자뿐만 아니라 금속 M과 결합하지 않고 다른 형태로 존재하는 배위자의 총 농도이다.

K'는 조건 안정도정수(conditional stability constant)인데 $K_{ML'}$는 금속은 부반응을 일으키지 않고 배위자만 부반응을 일으키는 것을 가리키며 $K_{M'L'}$는 금속과 배위자 모두가 부반응을 일으키는 것을 나타낸다. 따라서 조건 안정도 정수는 실제 사용되는 용액에서의 안정도 정수가 된다. 예를 들어 ammonia 완충용액 중에서 Zn을 EDTA(=H_4Y)로 적정하는 경우를 생각한다. 이 때 NH_3나 OH가

Zn에 부반응을, H가 Y의 부반응을 일으키므로 [Zn′]와 [Y′]는 다음과 같이 표시한다.

$$[Zn'] = [Zn] + [Zn(NH_3)] + \cdots + [ZN(NH_3)_4]$$
$$+ [ZN(OH)] + \cdots + [ZN(OH_4)]$$
$$[Y'] = [Y] + [HY] + [H_2Y] + [H_3Y] + [H_4Y]$$

위와 같이 조건 안정도정수는 용액 내에 존재하는 물질의 농도에 따라 즉 실험조건에 의하여 결정된다.

조건 안정도정수를 계산하는 데는 Schwarzenbach가 제안한 α 계수(α coefficient)를 사용하며 α 계수는 다음과 같이 정의된다.

$$\alpha_M = \frac{[M']}{[M]}$$

그리고

$$\alpha_L = \frac{[L']}{[L]}$$

α 계수로부터 부반응의 정도를 측정할 수 있으므로 부반응계수(side reaction coefficient)라고도 부른다.

분석조작에 기초가 되는 반응식에 따라 M이 부반응 없이 L과 반응할 경우 α_M은 1이 된다. 그러나 M이 부반응을 일으킬 수 있는 공존물질과 반응할 때 $\alpha_M > 1$이 된다. 똑같은 방법으로 α_L가 1보다 작으면 배위자 L이 주반응과 동시에 부반응이 일어나고 있는 것을 가리킨다.

조건 안정도정수는 다음과 같은 간단한 관계식으로부터 계산할 수 있다.

$$K' = K_{M'L'} = \frac{[ML]}{[M'][L']} = \frac{K_{ML}}{\alpha_M \times \alpha_L} \quad \cdots\cdots (5-20)$$

두 개 이상의 조성으로 된 착체의 경우도 유사한 방법으로 표시할 수 있다.

$$K_{Mm'Ln'} = \frac{K_{MmLn}}{\alpha_M^m \cdot \alpha_L^n} \quad \cdots\cdots (5-21)$$

여기서 금속이온 M과 여러 가지 착체를 만드는 방해 배위자를 A라 하면

$$\alpha_{M(A)} = \frac{[M']}{[M]} = \frac{[M] + [MA] + \cdots + [MA_n]}{[M]}$$

$$= 1 + [A]\beta_1 + [A]^2\beta_2 + \cdots + [A]^n\beta_n \quad \cdots\cdots\cdots\cdots(5-22)$$

$\beta_1 = K_1, \quad \beta_2 = K_1K_2,$

$\beta_n = \beta_{ML} = K_1K_2 \cdots\cdots\cdots\cdots K_n$이다.

따라서 $\alpha_{M(A)}$는 주반응 M과 L 사이의 반응에 M과 A의 부반응 영향을 나타내는 계수이고 식(5-22)에서 방해 배위자 A의 농도를 알면 $\alpha_{M(A)}$값을 계산할 수 있다.

마찬가지로 배위자 L과 여러 가지 착체를 만드는 방해 양이온을 B라 하면

$$\alpha_{L(B)} = 1 + [B]\beta_1 + [B]^2\beta_2 + \cdots + [B]^m\beta_m \quad \cdots\cdots\cdots\cdots(5-23)$$

이 되고 B는 일반적으로 H^+이며 β_m은 proton-배위자 착체의 안정도정수로써 산의 전리정수의 역수이다. 즉

$$\beta_m = \frac{1}{k_1^{diss} \cdot k_2^{diss} \cdots\cdots k_n^{diss}}$$

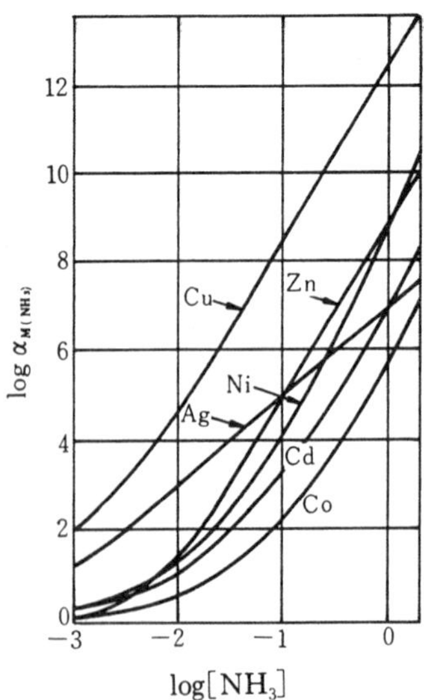

그림 5-6 Ag^+, Co^{2+}, Cu^{2+}, Cd^{2+}, Ni^{2+} 및 Zn^{2+}의 log $\alpha_{M(NH_3)}$과 log $[NH_3]$의 관계

그러므로 식(5-23)에서 $[H^+]$가 결정되면 $\alpha_{L(B)}$값을 계산할 수 있다.

이와 같은 방법으로 식(5-22)와 식(5-23)을 이용하여 α 계수를 계산하면 조건 안정도정수는 식(5-20)이나 식(5-21)로부터 쉽게 구할 수 있다. 또 이때 α 계수는 식(5-22), (5-23)으로 계산하면 다소 복잡하므로 그 대신 표나 그림으로 나타내어 편리하게 이용하기도 한다.

그림 5-6은 여러 가지 금속에 대하여 배위자 NH_3의 농도변화에 따른 $\alpha_{M(NH_3)}$ 값을 계산하여 작도한 것이다. 또 그림 5-7은 여러 가지 음이온들을 $[H^+]$ 변화 즉 pH 변화에 따라서 $\alpha_{L(H)}$ 값을 계산하고 그 결과를 나타내었다.

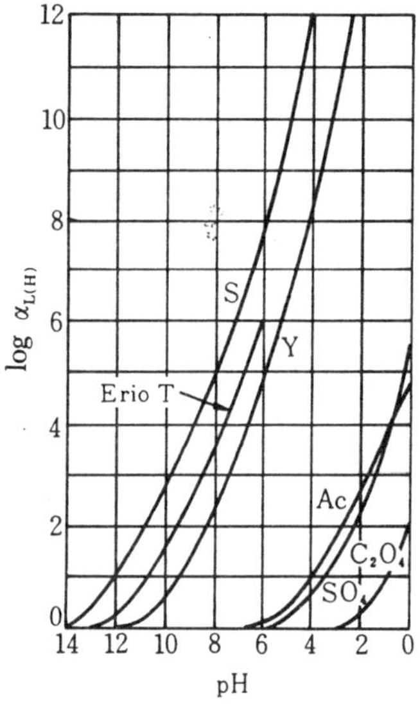

그림 5-7 SO_4^{2-}, Ac^-, $C_2O_4^{2-}$, EDTA(Y), S^{2-} 및 EBT의 log $\alpha_{L(H)}$과 pH의 관계

다음, EDTA 경우에 $\alpha_{L(H)}$ 계수 값을 구하는 방법을 예를 들어 설명한다.

유기산인 EDTA(ethylene diamine tetra acetic acid)는 6좌 배위자이며 그 구조는 다음과 같다.

$$\begin{matrix} HOOC-H_2C \\ HOOC-H_2C \end{matrix} \!\!>\! N-CH_2-CH_2-N \!<\!\! \begin{matrix} CH_2-COOH \\ CH_2-COOH \end{matrix}$$

이 분자식을 약하여 H_4Y로 표시한다.

이 때 산인 H_4Y는 다음과 같이 4단계로 전리한다.

$$H_4Y \rightleftharpoons H^+ + H_3Y^-$$

$$K_{a1} = \frac{[H^+][H_3Y^-]}{[H_4Y]} = 1.02 \times 10^{-2} \ (pK_{a1} = 1.99) \cdots\cdots (5-24)$$

$$H_3Y^- \rightleftharpoons H^+ + H_2Y^{2-}$$

$$K_{a2} = \frac{[H^+][H_2Y^{2-}]}{[H_3Y^-]} = 2.14 \times 10^{-3} \ (pK_{a1} = 2.67) \cdots\cdots (5-25)$$

$$H_2Y^{2-} \rightleftharpoons H^+ + HY^{3-}$$

$$K_{a3} = \frac{[H^+][HY^{3-}]}{[H_2Y^{2-}]} = 6.92 \times 10^{-7} \ (pK_{a3} = 6.16) \cdots\cdots (5-26)$$

$$HY^{3-} \rightleftharpoons H^+ + Y^{4-}$$

$$K_{a4} = \frac{[H^+][Y^{4-}]}{[HY^{3-}]} = 5.50 \times 10^{-11} \ (pK_{a4} = 10.26) \cdots\cdots (5-27)$$

EDTA의 5가지 성분들의 pH에 따른 농도 분포 상태를 그림 5-8에 나타내었다.

pH 10 이상인 영역에서 EDTA가 Y^{4-} 형태로 존재하여 M^{2+}인 금속과 반응할 때 매우 안전한 금속 킬레이트가 생성되나 pH 8 부근에서는 HY^{3-}형태가 주로 존재한다. 그러므로 낮은 pH 영역에서는 H^+이 금속 이온과 EDTA 반응에 경쟁하게 된다. 즉 부반응을 일으킨다.

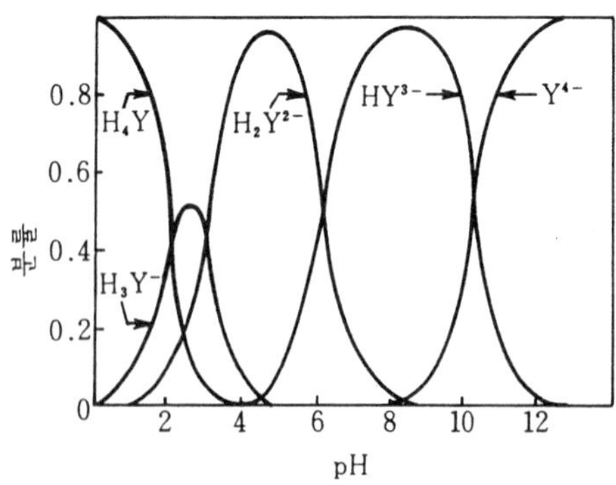

그림 5-8 pH에 따른 EDTA 성분들의 분포 상태

위에 표시한 네 가지 EDTA의 K_a 값을 분모로 하여 proton 착체를 풀면

$$[HY^{3-}] = \frac{[H^+][Y^{4-}]}{K_{a4}} \quad \cdots\cdots (5-28)$$

$$[H_2Y^{2-}] = \frac{[H^+][HY^{3-}]}{K_{a3}} = \frac{[H^+]^2[Y^{4-}]}{K_{a3} \cdot K_{a4}} \quad \cdots\cdots (5-29)$$

$$[H_3Y^-] = \frac{[H^+][H_2Y^{2-}]}{K_{a2}} = \frac{[H^+]^3[Y^{4-}]}{K_{a2} \cdot K_{a3} \cdot K_{a4}} \quad \cdots\cdots (5-30)$$

$$[H_4Y] = \frac{[H^+][H_3Y^{3-}]}{K_{a1}} = \frac{[H^+]^4[Y^{-4}]}{K_{a1} \cdot K_{a2} \cdot K_{a3} \cdot K_{a4}} \quad \cdots\cdots (5-31)$$

금속이온과 결합하지 않은 유리 EDTA의 전 농도를 $[Y']$로 나타내면

$$[Y'] = [Y^{4-}] + [HY^{3-}] + [H_2Y^{2-}] + [H_3Y^-] + [H_4Y]$$

$$= [Y^{4-}] + \left\{ 1 + \frac{[H^+]}{K_{a4}} + \frac{[H^+]^2}{K_{a2} \cdot K_{a4}} + \cdots + \frac{[H^+]^4}{K_{a1} \cdot K_{a2} \cdot K_{a3} \cdot K_{a4}} \right\} \quad (5-32)$$

{ } 안의 값은 K_a를 알고 있으므로 $[H^+]$ 혹은 pH만 결정되면 구할 수 있고 이 { } 안의 값이 구하는 EDTA의 $\alpha_{L(H)}$가 된다. 그러므로 { } 값을 $\alpha_{L(H)}$로 나타내면

$$[Y'] = [Y^{4-}] \cdot \alpha_{L(H)}$$

$$\therefore [Y^{4-}] = \frac{[Y']}{\alpha_{L(H)}} \quad \cdots\cdots (5-33)$$

그림 5-7의 Y곡선이 pH 변화에 따른 EDTA의 log $\alpha_{L(H)}$의 값을 작도한 것이다.

【예제 5-5】 0.1 M NH_3와 0.1 M NH_4Cl을 포함하는 pH 9.4인 암모니아 완충용액 중에서 Ni-EDTA 착체의 조건 안정도정수를 계산하라. 단, $\log K_{NiY} = 18.6$이다.

(풀이) 그림 5-6에서 $\log \alpha_{Ni(NH_3)} = 4.2$이고 그림 5-7에서 pH 9.4일 때 $\log \alpha_{L(H)} = 1.0$이다.

그러므로

$\log K' = \log K_{Ni'Y'} = \log K_{NiY} - \log \alpha_{Ni(NH_3)} - \log\alpha_{L(H)} = 18.6 - 4.2 - 1.0 = 13.4$

5-3 킬레이트 적정법

G. Schwarzenbach 등은 1945년 이래 polyaminocarboxylic acid류와 polyamine류에 대한 광범위한 연구를 통하여 이들이 많은 금속과 안정도가 큰 금속 킬레이드 화합물(metal chelate compound)을 생성하므로 우수한 적정제가 될 수 있다는 것을 발견하였다. 한편 여러 가지 지시약에 대한 연구도 병행하여 많은 금속과 비금속의 정량이 가능하게 되었고 특히 미량성분의 정량법으로 널리 응용되고 있다. 이와 같이 킬레이트 화합물을 생성하는 반응을 이용한 적정법을 킬레이트 적정법(chelatometry) 혹은 착화합물 적정(complexometry)이라 한다.

1. 킬레이트 적정법의 종류

(1) 직접 적정법

용액 중의 금속 이온(M)을 킬레이트 시약(EDTA)으로 직접 적정하는 방법이다. 일반적으로 정량하려는 금속의 가수분해나 침전생성을 억제하기 위하여 보조 킬레이트 시약을 가하고 또 완충용액 존재하에서 적정한다.

적정 종말점은 금속-지시약의 킬레이트색(M-In)에서 지시약 자신의 색(In)으로 변색될 때이며 반응식으로 나타내면

$$M + In \rightleftharpoons M-In$$

$$M-In + EDTA \rightleftharpoons M-EDTA + In$$

따라서 종말점은 M-In → In으로 변색될 때이다.

(2) 역적정법

적정하려는 금속이온이 착체생성에 필요한 pH에서도 생성반응이 느리거나, 혹은 지시약과 정량하려는 금속이온이 매우 안정한 착체를 만들어 적정제를 가하여도 변색이 일어나지 않는 경우, 또한 직접 적정으로 적당한 지시약이 없는 경

우에는 역적정법을 이용한다. 이 시료용액에 일정과량의 킬레이트 시약을 가하고 pH를 조절한 후 남아 있는 EDTA 표준시약을 $ZnSO_4$, $Th(NO_3)_4$, $MgSO_4$ 등의 금속표준용액으로 역정정하여 종말점을 찾는다.

이 때 정량할 때는 금속과 킬레이트 시약과의 안정도가 금속표준용액과 킬레이트 시약과의 안정도보다 충분히 커야 하며 만약 작으면 치환반응이 일어나게 된다.

M + EDTA(과량) → M−EDTA + EDTA(잉여)
EDTA(잉여) + M′ → M′ − EDTA

(3) 치환 적정법

분석하려는 금속이온용액에 금속 − 킬레이트 화합물의 표준용액을 가하면

$$M + M' - EDTA \rightleftharpoons M - EDTA + M'$$

가 되고, M−EDTA의 안정도가 M′−EDTA 안정도 보다 크면 반응은 오른쪽으로 진행하여 M′가 유리된다. 이 유리된 M′를 킬레이트 시약으로 적정하여 M의 양을 정량하는 방법이 치환적정법이다.

(4) 알칼리 적정

EDTA · 2Na는 금속이온과 반응하면 수소이온을 내어 놓는다.

$$pH\ 4\sim5 \quad M^{2+} + H_2Y^{2-} \rightarrow MY^{2-} + 2H^+$$
$$pH\ 7\sim9 \quad M^{2+} + HY^{3-} \rightarrow MY^{3-} + H^+$$

수소이온을 정량적으로 방출하므로 알칼리 표준용액으로 적정할 수 있다. 이 방법의 난점은 적정전에 엄밀히 정량하려는 용액을 중성으로 할 필요가 있으므로 많은 금속이 가수분해하게 된다.

(5) 혼합금속이온의 킬레이트 적정

시료용액 속에 여러 가지의 금속이온이 공존하고 있을 때 EDTA를 사용하여 어떤 특정 금속이온을 정량하고자 할 경우 EDTA는 여러 금속과 안정한 금속 − 킬레이트 화합물을 만들므로 다음과 같은 몇 가지 방법 중에서 적당히 선택

하여야 한다. 즉

① 목적금속이온을 이온교환수지나 침전, 추출조작 등에 의하여 분리한 후 분석한다.

② 적당한 은폐제를 가하여 목적금속 이외의 금속들을 은폐시킴으로써 킬레이트제와의 반응을 방지한다.

③ 여러 금속이온들의 조건 안정도상수가 pH에 따라서 변하므로 pH를 조정하여 목적 성분만을 적정한다.

이상의 적정법에서 보면 킬레이트 시약은 주로 EDTA를 사용하고 있으며 EDTA 시약을 이용하여 킬레이트 적정법으로 정량할 수 있는 원소를 주기율표상에 표시하면 표 5-4와 같다.

표 5-4 EDTA 시약으로 chelate 적정이 되는 원소(수소와 불활성 가스는 제외)

1A	2A	3A	4A	5A	6A	7A	8			1B	2B	3B	4B	5B	6B	7B
Li	Be											B	C	N	O	F
Na	Mg											Al	Si	P	S	Cl
K	Ca	Sc	Ti	V	Cr	Mn	Fe	Co	Ni	Cu	Zn	Ga	Ge	As	Se	Br
Rb	Sr	Y	Zr	Nb	Mo	Te	Ru	Rh	Pd	Ag	Cd	In	Sn	Sb	Te	I
Cs	Be	*	Hf	Ta	W	Re	Os	Ir	Pt	Au	Hg	Tl	Pb	Bi	Po	At
Fr	Ra	†														
* Lanthanides		La	Ce	Pr	Nd	Pm	Sm	Eu	Gd	Tb	Dy	Ho	Er	Tm	Yb	Lu
† Actinides		Ac	Th	Pa	U	Np	Pu	Am	Cm	Bk	Cf	Es	Ct	Md	No	103

(점무늬) 직접 적정 또는 역정적으로 정량되는 원소
(빗금) 간접 적정법으로 정량되는 원소
(빈칸) chelate 적정이 되지 않거나 연구되지 않은 원소

2. 킬레이트 적정법의 원리

(1) 킬레이트 시약의 종류

① EDTA

원명과 구조는 앞의 조건 안정도정수에서 설명하였으며 유리산은 물, 알콜 등에 난용성이므로 2Na염으로 많이 사용한다.

$$\begin{matrix} NaOOCH_2C \\ HOOCH_2C \end{matrix} > N \cdot H_2C \cdot CH_2 \cdot N < \begin{matrix} CH_2COONa \\ CH_2COOH \end{matrix} \quad (Na_2H_2Y)$$

금속이온과 킬레이트는 생성할 때는 조건에 따라 4~6좌 배위자로 작용하며 특히 금속이온의 원자가와 관계없이 금속과 1 : 1의 식량비로 반응하는 것이 중요하다.

② N. T. A

nitrilo tri acetic acid의 약자로서 구조삭은 다음과 같다.

$$N \begin{matrix} \diagup CH_2COOH \\ - CH_2COOH \\ \diagdown CH_2COOH \end{matrix} \qquad (H_3X)$$

물에 난용성이므로 2Na염을 많이 사용하며 EDTA보다 적정되는 금속의 종류는 적으나 특히 알카리 적정의 경우에는 더 유리하다. NTA는 4좌 배위자로 작용하며 금속과는 1 : 1 식량비로 반응한다.

③ CyDTA

1.2-cyclohexane diamine tetra acetic acid의 약자이고 EDTA와 성질은 비슷하지만 금속-EDTA 킬레이트보다 더 안정한 킬레이트 화합물을 형성한다. 역시 4~6좌 배위자로 작용하고 금속과는 1 : 1 식량비로 킬레이트를 만든다.

CyDTA의 구조식은 다음과 같다.

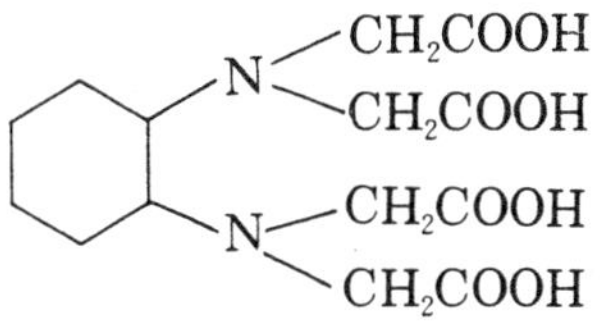

N(CH₂COOH)₂ / N(CH₂COOH)₂ (cyclohexane ring, 1,2-positions)

위의 3가지 킬레이트 시약에서 안정도 정수의 크기는 일반적으로 $K_{CyDTA} > K_{EDTA} > K_{NTA}$순이고 적정에 있어서는 1차적으로 EDTA를 사용하고 있으며 EDTA로 적정이 곤란한 금속이온의 경우 선택적으로 CyDTA나 NTA를 사용하고 있다.

(2) 킬레이트 적정법의 원리

앞의 안정도정수에서 수용액 중의 금속 이온 M에 킬레이트 시약 Z를 가하면 이들은 서로 반응하여 금속－킬레이트 화합물 MZ_n가 생성됨을 알았다.

$$M + nZ \rightleftharpoons MZ_n \quad \cdots\cdots (5-34)$$

이 반응에서 킬레이트 생성반응이 일반용량분석시의 적정조건과 같다면 즉 반응속도가 빠르고 부반응이 없으며, 정량적으로 정방향으로만 진행하여 MZ_n의 생성반응이 완결된다면 식(5－34)로부터 M에 대응하는 적정제 Z의 양을 측정함으로써 상대적으로 M의 양을 계산해 낼 수 있다.

이러한 조건은 식(5－34)의 평형정수 곧 착물의 생성정수 값이 충분히 커야 한다는 뜻이며 보통 용량분석에서 실용될 수 있는 정밀도는 종말점에서 MZ가 0.1 % 이상 해리하지 않아야 하므로 MZ_n의 안정도 정수는 통상 10^8 혹은 그 이상의 값이 되어야 적정이 가능하다. 한편, 안정도 정수가 10^8 정도일지라도 적정이 불가능한 경우가 있다. 다음의 NH_3와 Zn과의 반응에서 그 예를 설명한다.

염기인 NH_3는 수용액에서 H^+이나 Zn^{2+}과 중화 반응을 할 수 있다.

$$H^+ + NH_3 \rightleftharpoons NH_4^+ \qquad K = 10^{9.3}$$

$$Zn^{2+} + 4NH_3 \rightleftharpoons Zn(NH_3)_4^{2+} \qquad K = K_1K_2K_3K_4 = 10^{9.1}$$

위의 두 반응은 대체로 비슷한 총 안정도정수 혹은 총 생성정수를 가지고 있지만 그림 5－9에 표시된 적정곡선을 보면 H^+만이 NH_3로 적정이 가능한 것을 알 수 있다. 그 이유는 NH_3를 가할 때 pZn의 변화가 이에 대한 pH 변화에 비하여 극히 완만하기 때문이며 이는 Zn^{2+}의 경우 표 5－4에서 보는 바와 같이 계단생성정수 K_n 값들의 차이가 적은 중간 착체들이 생성되기 때문이다.

또 하나의 차이점은 Zn^{2+}의 경우는 평형상태에서 $[H^+]$보다 $[NH_3]$가 4 배이므로 희석의 영향을 크게 받고 있다는 것이다. 그러므로 당량점을 훨씬 지난 점에서 $[NH_3]$를 10 배 감소하면, $[H^+]/[NH^+_4]$의 비가 10 배 증가하게 되어 $[H^+]$는 10 배 증가되지만, $[Zn^{2+}]/[Zn(NH_3)_4^{2+}]$의 비는 10,000 배나 증가하게 된다.

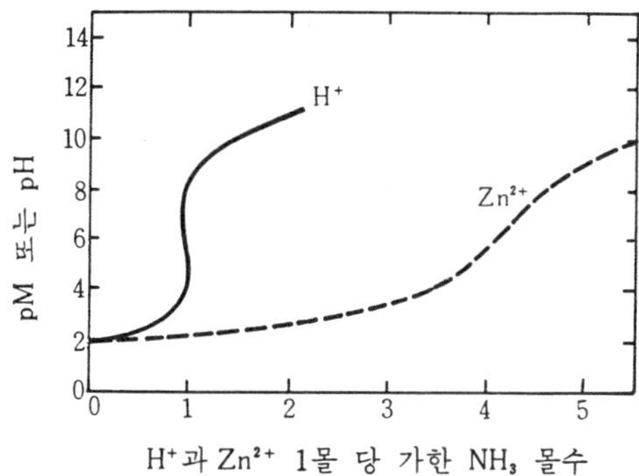

그림 5-9 NH_3로 10^{-2} M H^+ 및 10^{-2} M Zn^{2+}의 적정

표 5-5 질소를 포함한 배위자와 Zn^{2+}-착체의 안정도 정수

NH_3	log K_1=2.3 log K_2=2.3 log K_3=2.4 log K_4=2.1 log K=9.1
$NH_2 \cdot CH_2CH_2 \cdot NH_2$(en)	log K_1=5.9 log K_2=5.9 log K=11.1
$(NH_2 \cdot CH_2 \cdot CH_2)_3N$(tren)	log K_1=14.7

일반적으로 킬레이트제인 다좌 배위자(polydentate)는 단순한 일좌 배위자(monodentate)보다 안정도가 큰 착체를 생성하고 더 중요한 것은 어떤 킬레이트제는 금속과 반응할 때 중간 착제를 생성하지 않는 것이다.

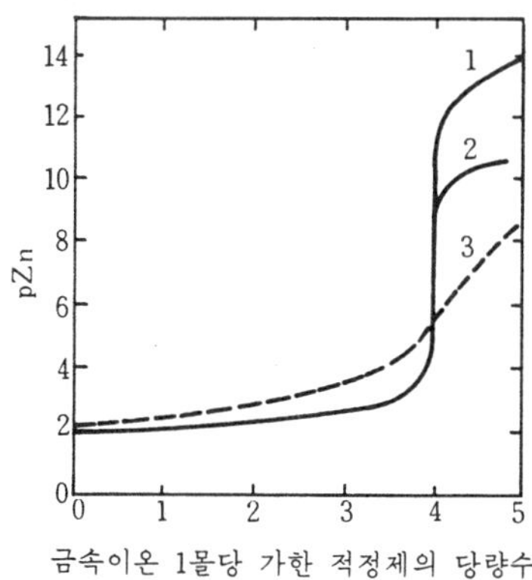

1. tren(triethylenetetramine : $N(CH_2CH_2NH_2)_3$
2. en(ethylenediamine : $NH_2 \cdot CH_2CH_2 \cdot NH_2$)
3. NH_3

그림 5-10 NH_3, en, tren으로 Zn^{2+}의 적정

그림 5−10에 NH_3, en 및 tren과 Zn^{2+}의 적정곡선을 나타내었다. 여기서 제일 좋은 적정제는 pZn의 jump가 제일 큰 tren이다. en도 적당한 적정제이지만 $Zn(en)^{2+}$이란 중간 착체가 생기므로 당량점에서 pZn이 상승하여 jump 값이 작게 된다.

이상에서 Schwarzenbach는 Zn^{2+}를 1좌 배위자인 NH_3로 적정하면 log K는 9.1로서 pZn의 jump가 미약하지만 두 개의 1좌 배위자를 한 개의 2좌 배위자로 치환한 en 경우는 log K가 11.1로 증가하여 pZn의 jump가 커짐을 알았다. 만일 암모니아를 4좌 배위자인 tren으로 치환하면 금속−킬레이트 생성은 일단계 반응으로 끝나고 log K도 14.7로 크게 증가하여 pZn의 jump가 매우 커지게 된다.

이와 같이 n 개의 1좌 배위자를 단일의 유사한 다좌 배위자로 바꿈으로써 금속−킬레이트의 안정도가 증가하는 현상을 킬레이트 효과(effect of chelation)라 한다.

그러므로 킬레이트 적정에서는 2좌 배위자 이상의 킬레이트 시약을 사용하며 이 경우에는 당량점 이후에 일어나는 해리가 적고, 중간 착화합물의 생성이 없으며, 당량점 이전에 있어서 pM의 상승이 일어나지 않으므로 강산−강염기의 중화곡선과 같이 당량점에서 pM의 jump가 일어나 이상적으로 된다.

또한 킬레이트제가 금속 적정제로 적당한지 여부를 결정하는 중요한 요인은 금속이온과의 반응속도이다. Proton 이동반응과 같이 킬레이트와 금속과의 금속착체 생성반응은 일반적으로 순간적으로 일어나지만 어떤 금속은 금속착체 생성반응이 비교적 느린 것이 있다. 예를 들면 Cr(Ⅲ) 이온은 대부분의 배위자와 반응할 때 반응속도가 느리므로 직접 킬레이트제로 적정하기는 곤란하다.

(3) 킬레이트생성반응에 미치는 영향인자

① pH의 영향

금속이온이 EDTA와 반응할 때 그 안정도 정수는 다음과 같다.

$$M^{n+} + Y^{4-} \rightleftharpoons MY^{n-4}$$

$$K = \frac{[MY^{n-4}]}{[M^{n+}][Y^{4-}]}$$

이 때 EDTA는 그림 5−8에서처럼 pH 10 이상에서만 Y^{4-}로 존재하고 그 이하의 pH에서는 pH에 따라서 HY^{3-}, H_2Y^{2-}, H_3Y^- 및 H_4Y의 여러 형태로 존재하므로 실제 금속이온과 결합하지 않은 EDTA의 총 농도는 식(5-32)의 Y'가 된다.

따라서 실제 적정되는 용액에서는 EDTA에 의한 부반응이 일어나기 때문에 안정도 정수 대신 조건 안정도정수로 표시한다. 즉

$$K' = \frac{[MY^{n-4}]}{[M^{n+}][Y']} \quad \cdots\cdots (5-35)$$

식(5-33)에서 $Y' = [Y^{4-}] \cdot \alpha_{L(H)}$이므로

$$K' = \frac{[MY^{n-4}]}{[M^{n+}][Y^{4-}] \cdot \alpha_{L(H)}} = \frac{K}{\alpha_{L(H)}} \quad \cdots\cdots (5-36)$$

$$\therefore \quad \log K' = \log K - \log \alpha_{L(H)} \quad \cdots\cdots (5-37)$$

또 식(5-32)에서 $\alpha_{L(H)}$는 $[H^+]$에 비례하므로 식(5-37)은 $[H^+]$가 커지면 즉 pH가 작아지면 K'는 감소함을 알 수 있다. 그러므로 킬레이트 화합물의 안정도는 용액의 pH에 의하여 크게 영향을 받게 된다.

그림 5-11은 Ca^{2+}용액을 EDTA로 적정할 때 pH 영향을 조사한 것이다. 용액을 낮은 pH 값의 완충용액으로 하였을 때 당량점 부근에서 pCa의 jump는 pH가 낮아질수록 작아지는 것을 볼 수 있다. 이 이유는 $\alpha_{Y(H)}$값이 pH에 영향을 받으므로 pH가 낮으면 조건 안정도정수 K'값이 작아지므로 생기는 현상이다.

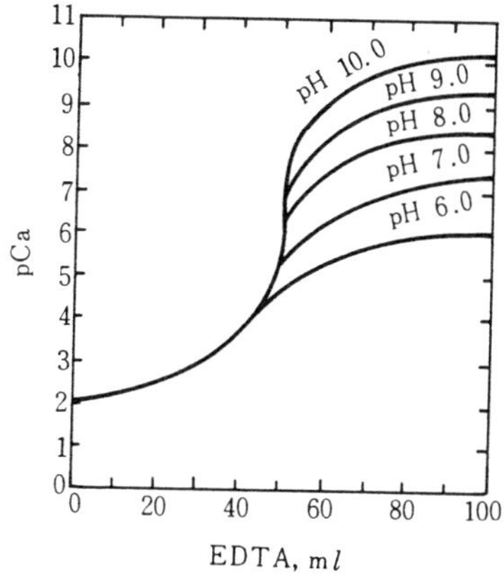

그림 5-11 EDTA-Ca의 적정에서 pH의 영향

pH 8 이하에서는 Ca^{2+}을 EDTA로 적정할 때 당량점 부근에서 pCa의 변화가 작아 명확한 종말점을 찾기는 곤란하다.

금속과 EDTA 사이의 반응에서 0.1% 과량의 EDTA를 가하였을 때 99.9% 반응이 진행된다면 금속 EDTA 적정이 가능한 최소 pH 값을 계산할 수 있다. 만약 금속농도가 0.01 M 이라 하면 이 때 과량의 EDTA 농도와 조건 안정도정수는 다음과 같다.

$$M^{n+} + Y^{4-} \rightleftharpoons MY^{(4-n)-}$$

$$[Y'] = 10^{-5}\,M$$

$$\frac{[MY^{(4-n)-}]}{C_M} = 10^3$$

$$K' = \frac{[MY^{(4-n)-}]}{C_M \cdot [Y']} = \frac{10^3}{10^{-5}} = 10^8$$

각 금속이 EDTA와 결합할 때 조건 안정도정수 K' 값이 10^8이 되는 조건은 각 금속이온과 EDTA간의 안정도 정수와 $\alpha_{Y(H)}$ 값으로부터 계산할 수 있다. 이 값을 그림 5-12에 금속 - EDTA 적정이 가능한 최소 pH 값으로 나타내었다.

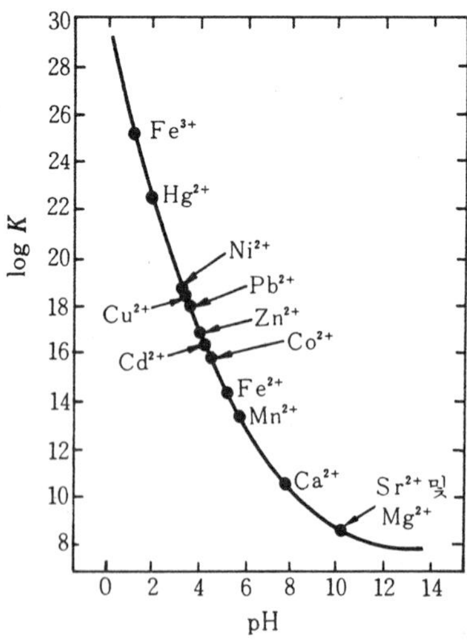

그림 5-12 금속 - EDTA 적정에서 허용되는 최소 pH 값

② OH^-의 영향

앞의 pH 영향에서 보다 안정한 킬레이트 화합물을 생성하기 위해서는 용액의 pH가 일반적으로 높은 것이 요구되었다. 그러나 pH가 너무 커지면 $[OH^-]$가 증가하므로 다음 반응이 일어날 수도 있다.

$$M^{n+} + nOH^- \rightarrow M(OH)_n\downarrow$$

즉 수산화물 침전이 생성되므로 금속어온은 킬레이트 시약과 반응하지 않게 된다.

예를 들면 Ca^{2+}은 pH 12에서도 EDTA로 적정할 수 있으나 Mg^{2+}는 pH 12에서 $Mg(OH)_2$로 침전하므로 적정이 불가능하다.

③ 보조 착화제의 영향

보조 착화제(보조 킬레이트 시약)는 킬레이트를 높은 pH에서 생성시킬 때 금속이온이 수산화물 침전으로 되는 것을 방지하기 위하여 가하는 착화제 혹은 킬레이트 시약을 말한다. 예로서 Cu, Zn 등은 NH_4OH와 안정한 착체를 형성한다. 이 때 수산화물 침전을 방지하기 위하여 NH_4Cl을 첨가하면 이들은 완충용액으로 작용하여 일정한 pH를 유지하게 된다. 그러나 이 경우에는 보조 착화제가 킬레이트를 형성하여 부반응을 일으키므로 조건 안정도정수가 달라지게 된다. 따라서 보조 착화제는 최소한의 필요량만을 사용할 필요가 있다.

3. 금속 지시약

금속이온을 EDTA와 같은 킬레이트 시약으로 적정할 때 종말점을 찾는 지시약으로 가장 널리 사용되는 것은 금속 지시약(metal indicator)이다.

유기색소인 금속 지시약은 다음과 같은 2가지 성질을 가지고 있어야 한다.

① 색소 자신이 금속이온과 반응하여 금속 킬레이트를 만드는 능력을 가지고 또 특이하고 강한 정색을 할 것.

② 지시약과 금속이온이 만든 킬레이트의 조건 안정도 정수는 적정제인 EDTA와 금속이온이 만든 킬레이트의 조건 안정도정수보다 작을 것

이상 두 가지 성질을 가진 지시약(X^{2-})을 금속 이온을 포함한 시료에 미량 가하면 금속이온과 킬레이트를 형성해서 특이한 정색을 할 것이다.

$$M^{2+} + X^{2-} \rightleftharpoons 2MX$$

여기에 적정제인 EDTA를 가하면 금속이온이 EDTA와 금속 킬레이트를 만들므로 종말점에 이르러서는 금속과 결합되었던 지시약이 유리되어 지시약 본래의 색깔이 나타나게 된다.

$$2MX + Y^{4-} \rightleftharpoons 2MY^{2-} + X^{2-}$$

Eriochrome black T(E. B. T)를 지시약으로 하여 Mg^{2+}을 EDTA로 적정할 때를 예를 들어 고찰해 보자.

Eriochrome black T의 구조는 다음과 같다.

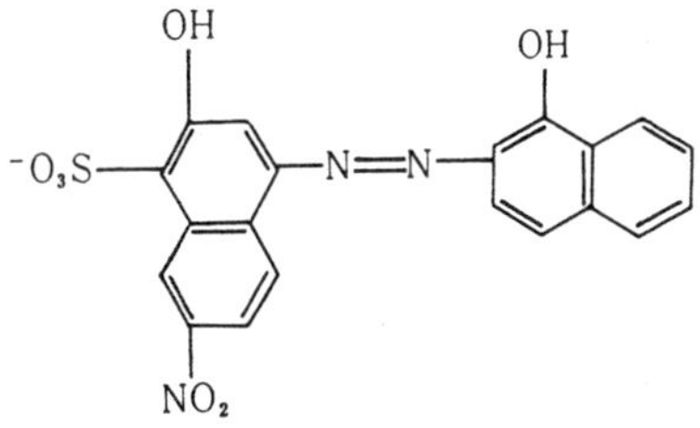

이 지시약을 H_3In로 나타내면 산-염기 지시약과 마찬가지로 pH 변화에 따라 4 가지 형태로 전리하여 그 때의 색깔이 서로 다르다.

$$H_3In \rightleftharpoons H_2In^- + H^+ \qquad pK_{a1} = 1.6$$

$$H_2In^- \rightleftharpoons HIn^{2-} + H^+ \qquad pK_{a2} = 6.3$$

$$HIn^{2-} \rightleftharpoons In^{3-} + H^+ \qquad pK_{a3} = 11.6$$

$$\underset{\text{흑자색}}{H_3In} \rightleftharpoons \underset{\text{적색}}{H_2In^-} \rightleftharpoons \underset{\text{청색}}{HIn^{2-}} \rightleftharpoons \underset{\text{등색}}{In^{3-}}$$

pH 10에서는 주로 HIn^{2-} 형태로 용액속에 존재하여 Mg^{2+}과 킬레이트를 만든다.

$$Mg^{2+} + \underset{\text{청색}}{HIn^{2-}} \rightleftharpoons \underset{\text{적색}}{MgIn^-} + H^+$$

이 반응의 평형정수는 2.75×10^{-5} 이다.

그러므로

$$2.75 \times 10^{-5} = \frac{[MgIn^-][H^+]}{[Mg^{2+}][HIn^{2-}]}$$

pH 10에서

$$2.75\times10^5 = \frac{[MgIn^-]}{[Mg^{2+}][HIn^{2-}]}$$

$[MgIn^-]$와 $[HIn^{2-}]$는 적색과 청색의 강도에 비례하므로 다음과 같이 표시할 수 있다.

$$2.75\times10^5 = \frac{\text{적색의 강도}}{[Mg^{2+}]\ \text{청색의 강도}}$$

$$\therefore [Mg^{2+}] = 10^{-5.44}\cdot\frac{\text{적색의 강도}}{\text{청색의 강도}}$$

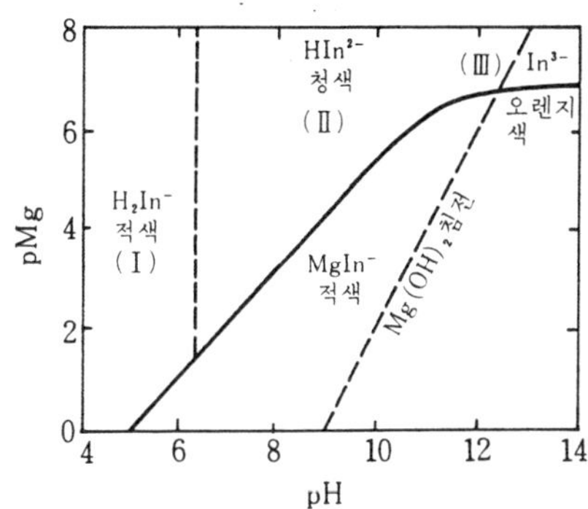

그림 5−13 Mg 지시약으로 E. B. T

청색과 적색의 농도가 같을 때 pMg는 5.44이다.

결국 Eriochrome black T의 색깔은 pH와 pMg에 의하여 결정되므로 그림 5−13에 pH와 pMg 변화에 대한 색깔의 변화를 나타내었다.

여기서 (Ⅱ)의 영역과 (Ⅲ)의 영역 사이의 수직선에서는 $[HIn^{2-}]$와 $[In^{3-}]$가 같으므로 HIn^{2-}의 pK_a값과 같다. 같은 이유로 H_2In^-의 pK_a 값에서 $[H_2In^-]$와 $[HIn^{2-}]$가 같아서 수직선이 된다. (Ⅰ)의 영역과(Ⅱ), (Ⅲ)의 영역을 분리하는 선은 지시약의 반이 $MgIn^-$형태로 존재하는 pH와 pMg 값을 나타낸다.

다음에 몇가지 금속 지시약을 설명한다.

(1) E. B. T. (Eriochrome black T) : pH 7∼11에서 청색이며 Ca, Mg, Zn, Cd, Hg, Pb, Mn 등의 2∼3가 금속 이온에 의하여 적색으로 변한다. Cu, Co, Ni, Fe 등은 이 변색을 방해하므로 KCN을 가하여 이들 이온을 은폐(masking) 시킬 필요가 있다.

(2) P. V. (pyrocatechol violet) : 수용액은 황색, 강산성에서 적색, 염기성에서 적자색이다. 금속이온과의 킬레이트 화합물은 pH 2~3에서 Bi(청), Th(적), pH 5~6에서 Cu(청), 염기성에서 Ni, Co, Mn, Zn, Cd, Cu(청록)이 된다.

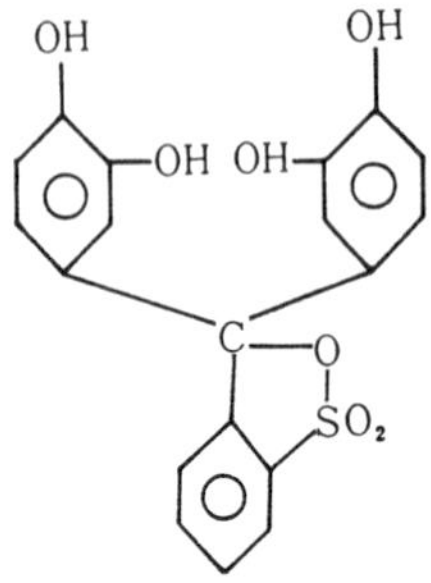

(3) N. N. (2-hydroxy-1-(2hydroxy-4-sulfo-1-naphthylazo-3-naphthoicacid) : pH 12에서 청색이며, Ca에 의하여 적색으로 변한다. 이 pH에서 Mg는 킬레이트 적정반응에 관계 없으므로 Ca, Mg 혼합물 중에 Ca 적정시 이용한다.

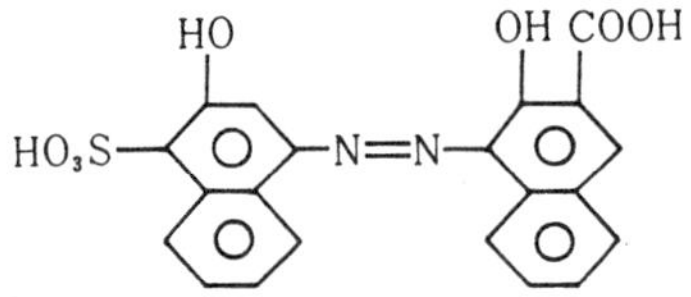

(4) MX(murexide) : MX 0.2~0.4 g을 특급 NaCl이나 K_2SO_4 100 g을 혼합한 것을 시료용액 100 ml 당 약 0.1 g을 가하여 사용한다. pH 12인 암모니아 알칼리성에서 Ca은 적색에서 자색으로 변하며 Co, Ni 및 Cu는 황색에서 자색으로 변한다. 이 지시약은 갈색병에 보관한다.

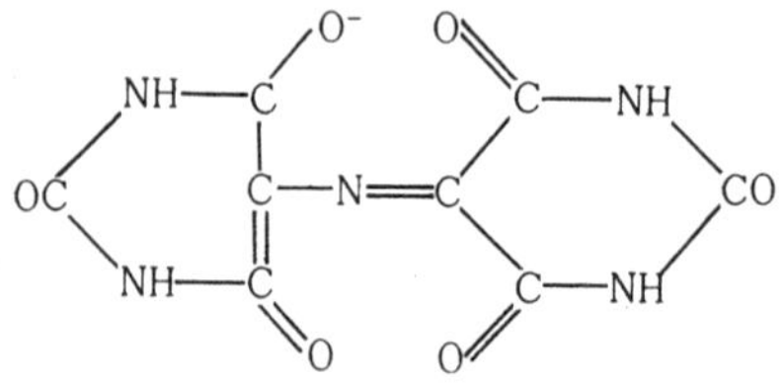

4. 킬레이트 적정곡선

킬레이트 적정곡선도 중화 적정곡선의 경우와 마찬가지로 가하는 EDTA의 ml 수에 대한 pM 값을 작도하여 그릴 수 있으며 적중 도중의 M^{2+}는 다음 식에 의하여 구할 수 있다. 즉

$M^{2+} + Y^{4-} \rightarrow MY^{2-}$에서

적정전 : $[M^{2+}]$ = 시료의 M 농도 값

당량점 이전 : $$[M^{2+}] = \frac{MV - M'V'}{V+V'} \quad \cdots\cdots (5-38)$$

당량점 : $M^{2+} + Y^{4-} \rightleftharpoons MY^{2-}$에서

$$K = \frac{[MY^{2-}]}{[M^{2+}][Y^{2-}]}$$

당량점에서 $[M^{2+}]=[Y^{4-}]$이므로

$$\therefore [M^{2+}] = \sqrt{\frac{[MY^{2-}]}{K}} \quad \cdots\cdots (5-39)$$

당량점 이후 : $$[Y^{4-}] = \frac{M'V' - MV}{V'+V}$$

$$[MY^{2-}] = \frac{MV'}{V'+V}$$

$$\therefore [M^{2+}] = \frac{[MY^{2-}]}{K \cdot [Y^{4-}]} \quad \cdots\cdots (5-40)$$

【예제 5-6】 0.01 *M* Ca^{2+} 용액 50 ml에 완충용액을 충분히 가하여 pH 10으로 한 후 0.01 M EDTA · 2Na 용액으로 적정한다. 적정제를 ① 0.00 ml ② 25.00 ml ③ 50.00 ml ④ 75.00 ml 가하였을 경우 pCa를 계산하고 적정곡선을 작도하라. 단, Ca-EDTA의 안정도 정수 $K=5\times10^{10}$이다.

(풀이) Ca^{2+} + EDTA → Ca-EDTA에서

① 0.00 ml 가할 때

$[Ca^{2+}] = 0.01\ M = 10^{-2}$ pCa = 2.00

② 25.00 ml 가할 때

$$[Ca^{2+}] = \frac{0.01\times50 - 0.01\times25}{50+25} = 3.33\times10^{-3}$$

$pCa = 3.52$

③ 50.00 ml 가할 때

$$[Ca-EDTA] = \frac{0.01\times 50}{50+50} = 0.005\,M$$

당량점에서는 $[Ca^{2+}] = [EDTA]$이므로

$$K = \frac{[Ca-EDTA]}{[Ca^{2+}][EDTA]} = \frac{[Ca-EDTA]}{[Ca^{2+}]^2} = 5\times 10^{10}$$

$$\therefore [Ca^{2+}] = \frac{[Ca-EDTA]}{K} = \sqrt{5\times 10^{-3}\ 5\times 10^{10}} = 3.16\times 10^{-7}$$

$pCa = 6.50$

④ 75.00 ml 가할 때

$$[EDTA] = \frac{0.01\times 75-0.01\times 50}{75+50} = 2.0\times 10^{-3}$$

$$[Ca-EDTA] = \frac{0.01\times 50}{75+50} = 4.0\times 10^{-3}$$

$$\therefore [Ca^{2+}] = \frac{[4.0\times 10^{-3}]}{5\times 10^{10}\times 2.0\times 10^{-3}} = 4.0\times 10^{-11}$$

$pCa = 11.60$

위의 계산 결과를 그림으로 나타내면 그림 5-14와 같다.

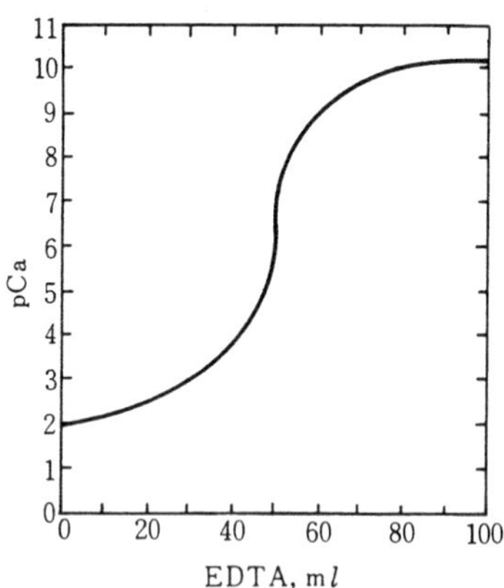

그림 5-14 0.01 M Ca^{2+} 50 ml를 0.01M EDTA로 적정할 때의 적정곡선

한편 부반응이 일어날 경우는 조건 안정도정수를 이용하여 당량점과 당량점 이후에서의 pCa를 계산하여야 하며 이 경우 적정곡선은 앞의 그림 5-11의 pH 10.0이 된다.

5-4 킬레이트 적정실험

[실험 5-1] 물의 경도측정

1. 개 요

pH 10에서 E. B. T를 지시약으로 EDTA · 2Na로써 적정하면 Ca, Mg 양자가 동시에 반응하므로 총량을 알 수 있어 총경도를 구할 수 있다.

다음 pH 12~13에서 NN 지시약을 써서 적정하면 Ca만 반응하므로 Ca경도를 구할 수 있다. Mg경도는 총 경도에서 Ca경도를 빼면 된다.

2. 조 작

(1) 0.01 *M* EDTA 표준용액의 조제 및 표정

① 0.01 *M* EDTA 표준용액

80 ℃에서 항량이 될 때까지 건조시킨 $Na_2H_2Y \cdot 2H_2O$ 특급품 약 0.9 g을 정확히 칭량한 다음, 증류수에 용해시켜 250 m*l*로 한다. 보통 이 용액은 polyethylene 병에 보존한다. 시약이 특급품이 아니면 위의 방법으로 만든 용액을 표정하여야 한다.

② 0.01 *M* EDTA 용액의 표정

1차표준물질로는 특급 $CaCO_3$, 금속아연, 수은, $HgCl_2$, $MgSO_4$ 등을 많이 사용한다. 여기서는 $CaCO_3$를 사용하는 방법을 설명한다.

〈$CaCO_3$을 사용하는 법〉

특급 $CaCO_3$(*M. W*; 100.09)을 110 ℃에서 항량이 될 때까지 건조시킨 다음, 약 1 g을 정확히 칭량하여 되도록 소량의 묽은 HCl에 용해시키고 CO_2발생이 끝나면 가온하여 완전히 용해시킨다. 식힌 후 물을 가하여 정확하게 1000 m*l*로 하여 Ca의 표준용액으로 한다. 이 용액 25 m*l*를 삼각 플라스크에 취하고 NH_3-NH_4Cl 완충액(pH 10) 1 m*l*, E. B. T 지시약 2~3 방울을 가한 다음 적색이 청색으로 될 때까지 EDTA 표준용액으로 적정한다.

NH_3-NH_4Cl 완충액(pH 10) : NH_4Cl 70 g과 NH_4OH(*s.g.* 0.9) 570 m*l*를 포함한 용액을 물로 희석하여 1*l*가 되게 한다.

E. B. T 지시약 : E. B. T. 0.5 g과 hydroxylamine · HCl 4.5 g을 100 m*l* 메틸 알콜에 녹인다.

(2) 물의 경도 측정

① 총경도

시료 50 m*l*를 250 m*l* 삼각 플라스크에 정확히 취한다. 이때 시료가 산성 혹은 염기성일 경우에는 KOH와 HCl으로 중화한다. 또 시료 중에 미량의 Fe, Ni, Co, Cu 등이 함유되어 있을 때는 적정의 종말점을 확인하기 곤란하므로, 5% KCN 용액을 0.5 m*l* 가하여 이들 중금속을 은폐시키고 HCl hydroxylamine 용액 1 m*l*를 넣는다. 다음에 NH_3-NH_4Cl(pH=10) 완충액 2 m*l*, E. B. T 지시약 2~3 방울을 가하고 EDTA 표준용액으로 적정하여 적색이 완전히 청변할 때까지 적정한다. 이 때의 소비된 m*l* 수를 *a*라 한다.

② Ca경도

시료 50 m*l*를 250 m*l* 삼각 플라스크에 정확히 취하고 5% KCN 용액 0.5 m*l*, HCl hydroxylamine 용액 1 m*l*를 가한 뒤 8*N* KOH 1~4 m*l*를 가한다. 때때로 흔들면서 3~5분간 방치하여 Mg을 $Mg(OH)_2$로 침전시켜 EDTA와 반응을 못하도록 한다. NN 지시약 분말 10~100 mg(용액일 때는 2~3방울)을 첨가하고 EDTA 표준용액으로 적정한다. 종말점은 적색이 완전히 청색으로 변할 때까지이다. 이때 소비된 m*l* 수를 *b*라 한다.

시료에 중금속이 존재할 때는 KCN을 가하여 은폐하여야 한다.

3. 계 산

0.01 *M* EDTA 1m*l* = 0.4008mg Ca
= 0.5608mg CaO
= 1.001mg $CaCO_3$

$$\text{전경도 } (CaCO_3 \text{ mg}/l) = a \times \frac{1000}{V} \times 1.001 \times f$$

$$Ca(\text{mg}/l) = b \times \frac{1000}{V} \times 0.4008$$

$$Mg(\text{mg}/l) = (a-b) \times \frac{1000}{V} \times 0.2432$$

[실험 5-2] 역적정법에 의한 Ni 정량

1. 개 요

Ni^{2+}과 EDTA의 킬레이트 화합물은 안정도 정수가 대단히 크므로 용액의 pH는 3~12에서 적정할 수 있다. Ni^{2+} 시료 용액에 일정 과량의 EDTA 표준액을 가한 다음 과잉의 EDTA를 Zn^{2+} 또는 Mg^{2+} 표준용액으로 역적정하여 Ni을 정량한다. 이 때 다른 이온들이 공존하면 먼저 Ni^{2+}을 dimethylglyoxime으로 침전시켜 분리하여야 한다. Ni-EBT는 대단히 안정하여 EDTA로는 변하지 않으므로 직접 적정할 수가 없다.

2. 조 작

시료액 100 ml(Ni로서 15 mg 이하)를 정확히 취한 다음, 일정 과량의 0.01 ***M*** EDTA 표준액을 가하고 (a ml), 2 ml의 NH_3-NH_4Cl 완충용액 (pH 10)및 E. B. T 2~4방울을 가하고, Zn 혹은 Mg 표준용액(0.01 ***M***)으로 청색이 적색으로 변할 때까지 적정한다(b ml).

3. 계 산

$$Ni(mg) = 0.5871 \times (a-b)$$

[실험 5-3] 치환 적정법에 의한 Al 존재하의 Mn 정량

1. 개 요

Triethanolamine과 KCN은 Al, Fe와 안정한 착체를 만들므로 MgY^{2-}을 가해서 유리되는 Mg^{2+}을 EDTA로 적정한다.

$$MgY^{2-} + Mn^{2+} \rightarrow MnY^{2-} + Mg^{2+}$$

이 용액에 Zn, Cd, Cu 등과 같은 금속이 포함되더라도 KCN을 가하였을 때 안정한 시아노 착이온을 만들므로 Mn^{2+} 정량에는 영향이 없다.

2. 조 작

Mn^{2+}과 Al^{3+}이 포함하는 용액에 소량의 triethanolamine과 hydroxylamine 및 pH 10인 NH_3-NH_4Cl 완충용액 2 ml를 가하고 Mg－EDTA 용액을 가한다. 다음 소량의 KCN을 가하고 유리된 Mg^{2+}을 E. B. T를 지시약으로 하여 0.01 *M* EDTA 표준액으로 적정한다. Mg－EDTA 용액은 시판품을 물에 용해시키든가, EDTA 표준액에 Mg 표준액을 당량 만큼 가하여 만든다.

3. 계 산

$$0.01\,M \text{ EDTA } 1\,\text{m}l = 0.5498\,\text{mg Mn}$$

[실험 5－4] Co, Ni, Cu 중의 Zn과 Cd 정량

1. 개 요

Formaldehyde는 CN^-과 반응하여 glycolic acid nitrile을 만든다. NH_3-NH_4Cl 완충용액 중에서 Zn과 Cd의 시아노 착체와 formaldehyde 사이에서도 이 반응이 일어난다. 그러나 같은 조건에서 Co, Ni 및 Cu의 시아노 착체는 안정하여 이 반응이 일어나지 않는다.

$$[Zn(CN)_4]^{2-} + 4HCHO + 4H_2 \rightarrow Zn^{2+} + 4H_2C(OH)CN + 4OH^-$$

이 원리를 이용하면 Co, Ni 및 Cu 중의 Zn과 Cd를 정량할 수 있다.

2. 조 작

Zn 혹은 Cd와 Co, Ni, Cu를 포함하는 약 산성 용액에 pH 10인 NH_3-NH_4Cl 완충용액을 2~3 ml가하고 10 % formaldehyde 용액 2~3 ml를 가한다. 즉시 0.01 *M* EDTA 표준액으로 적정한다. 종말점은 적색이 청색으로 되는 점이다.

3. 계 산

$$0.01\,M\ \text{EDTA}\ 1\text{m}l = 0.6537\ \text{mg Zn}$$
$$= 1.1241\ \text{mg Cd}$$

[실험 5-5] Ag의 정량

1. 개 요

Ag^+은 EDTA와의 chelate 생성정수가 적으므로(log K=7.3) 직접 적정하는 것은 불가능하지만, Ag^+이 $Ni(CN)_4^{2-}$과 반응하여 은-시아노착염을 생성하고 다음 식과 같이 정량적으로 Ni^{2+}을 유리하므로 이 Ni^{2+}을 적정하여 간접적으로 Ag^+을 정량할 수 있다.

$$2Ag^+ + Ni(CN)_4^{2-} \rightarrow 2Ag(CN)^{2-} + Ni^{2+}$$

Cl^-, Br^-, I^-도 Ag^+과 정량적으로 침전을 생성하기 때문에 침전중의 Ag^+을 정량하여 이들 이온을 간접적으로 정량할 수가 있다.

2. 조 작

① Macro 법

Ag염의 침전 혹은 Ag^+을 함유한 시료용액(Ag으로서 100 mg 전후)에 진한 암모니아수 10 m*l*, NH_4Cl 용액 100 m*l* 및 고체의 $K_2Ni(CN)_4$ 0.2 g을 가하면 Ag염의 침전은 완전히 용해한다(단, AgI의 경우는 약간 가열하지 않으면 안된다). 전량을 100~200 m*l*로 희석하고 MX 지시약을 가한 후 0.01 *M* EDTA 표준액으로 적정한다. 종말점의 변색은 황색에서 자색으로 되는 점이다.

② Micro 법

$K_2Ni(CN)_4$ 수용액 일정량을 취하여 3 *N* NH_4OH 몇 방울과 MX 지시약 소량을 가하면 용액은 적색이 된다(지시약의 양은 되도록 소량). 이 용액에 Ag^+를 함유한 시료를 용액 혹은 halogen화은의 암모니아 용액을 가하면 액은 황색으로

된다. 다음에 전량을 50~100 ml로 희석하고 NH_3의 농도를 약 1 %로 한 후 0.01 *M* EDTA 표준액으로 적정한다. 종말점 부근에서 한 방울씩 저으면서 가한다. 종말점의 변색은 황색에서 자색으로 되는 점이다.

〈$K_2Ni(CN)_4$의 제법〉

$NiSO_4 \cdot 7H_2O$ 25 g을 증류수 50 ml에 녹이고 KCN 25 g을 서서히 저어 주면서 가하면 황색의 용액이 되고 K_2SO_4의 백색 침전이 동시에 생성한다. 이 용액에 95 % alcohol 100 ml를 가하여 K_2SO_4을 완전히 석출시킨 후 여과하고 침전은 다시 무수 alcohol로 두번 세척한다. 여액은 70 ℃에서 결정이 석출할 때까지 증발 건조시킨다.

이 결정에 무수 alcohol 50 ml를 가하여 잘 저은 후 흡인여과하고 다시 alcohol 5 ml로 두 번 세척한다. 이와 같이 하여 얻은 황색 침상 결정을 증발 접시에 펴서 방치 건조한다. 제품 중에는 미량의 KCN과 K_2SO_4가 불순물로 포함되어 있다. 미량으로 존재하는 KCN은 탄산염이 된다. 그러나 Ni : CN의 비는 정확한 화학양론적인 1 : 4로 존재한다.

3. 계 산

$$0.01\,M\ \text{EDTA}\ 1\,\text{ml} = 1.079\,\text{mg Ag}$$

문 제

5−1 착화합물

1. Zn^{2+}, Fe^{2+}, Cu^{2+}, Al^{3+}, Na^{+}, Ag^{+}, Co^{2+}을 포함하는 수용액에 10 % NaOH, 10 % NH_4OH, 10 % HCl, 5 % KCN을 각각 넣으면 어떠한 변화가 일어나는가? 또 공기를 불어 넣으면 어떻게 되겠는가?
2. 다음 착화합물을 명명하라.
   (a) $K[CrOF_4]$　(b) $Na_3[Ag(S_2O_3)_2]$　(c) $H_2[PtCl_6]$
   (d) $K_3[Fe(CN)_5NO]$　(e) $[Ni(\text{dimethylglyoxime})_2]$　(f) $[Coen_3]_2(SO_4)_3$
   (g) $[Co(NH_2)_2(NH_3)_4]OC_2H_5$　(h) $[CrCl_2(H_2O)_4]Cl \cdot 2H_2O$　(i) $[CrCl_2(H_2O)_4]^+$
   (j) $[(NH_3)_4Co \langle {NH_2 \atop OH} \rangle Co(NH_3)_4]BR_4$
3. 다음 화합물의 전자배치를 그리고, 혼성궤도의 종류, 기하학적 배치의 형, 자기성과 반응성을 설명하라.

$[Ag(NH_3)_2]^+$, $[CoCl_6]^{4-}$, $[CoCl_6]^{3-}$, $[MnCl_6]^{3-}$, $[Ge(C_2O_4)_3]^{2-}$

4. 유기 침전제로서 8-히드록시퀴놀린(oxine)의 이용도를 설명하라.

5-2 안정도 정수

1. Ni^{2+}과 Zn^{2+}의 농도가 각각 0.01 *M*, KCN이 1 *M*, $[S^{2-}]$이 0.5 *M* 포함되게 만든 용액 속의 Ni^{2+}과 Zn^{2+}의 농도를 계산하여 이 두 이온이 잘 분리됨을 증명하라. 단, $[Ni(CN)_4]^{2-}$과 $[Zn(CN)_4]^{2-}$의 총 안정도정수는 각각 10^{22}, 8.3×10^{17}이고, NiS과 ZnS의 용해도적은 각각 10^{-24}, 1.6×10^{-23}이다.
2. 0.01 몰의 AgBr을 완전히 녹이기 위하여서는 이 용액 1 *l*에 몇 몰의 NH_3 용액이 포함되어 있어야 하느냐? 단, AgBr의 용해도적은 5×10^{-13}이다.
3. 0.1 *M* NH_3 용액에 녹는 AgCl의 용해도를 계산하라. 단, AgCl의 용해적은 1.78×10^{-10}, $[Ag(NH_3)_2{}^+]$의 총 안정도정수는 1.58×10^7이다.
4. 100 mg의 AgBr을 완전히 녹이는 데에 필요한 6 *N* NH_4OH 부피를 계산하라. 단, $[Ag(NH_3)^{2+}]$의 총 불안정도정수는 6×10^{-8}이다.
5. pH 7, 8, 10으로 조절된 완충 용액에 KCN 2.2 *M*, $Cd(NO_3)_2$를 0.05 *M*되게 넣은 용액 속의 $[Cd^{2+}]$를 계산하라.
6. 50 m*l*의 0.1 *M* $ZnCl_2$와 50 m*l*의 0.4 *M* NH_4OH를 포함하는 용액 속에 있는 모든 Zn 화합물의 농도를 계산하라. 단, 평형에서 용액 속의 $[NH_3]$는 0.0306 *M*이며, $[Zn(NH_3)_4{}^{2+}]$의 연속 안정도 정수는 각각 $K_1=3.9\times10^2$, $K_2=2.1\times10^2$, $K_3=102$, $K_4=51$이다.

5-3 킬레이트 적정법

1. pH 4에서 0.1000 *M* EDTA 용액의 H_4Y, HY^{3-} 및 Y^{4-}의 몰 농도를 계산하라.
2. 다음 용액의 pZn을 구하라. 단, 용액은 pH 10.5의 완충용액을 가하였다.
   ① 0.100 *M* Zn용액 20 m*l*에 0.100 *M* EDTA 10 m*l*를 가했을 때
   ② 0.100 *M* Zn용액 20 m*l*에 0.100 *M* EDTA 20 m*l*를 가했을 때
3. 0.1 *M* NH_3와 0.1 *M* NH_4Cl를 포함하는 pH 9.4인 용액 중에서 Ca-EDTA 착체의 조건 안정도 정수를 구하라.

5-4 킬레이트 적정 실험

1. 2.0×10^{-3} *M* Mg을 포함하는 pH 10인 완충용액을 0.10 *M* EDTA로 적정한다.
   ⓐ Mg-EDTA의 조건 안정도정수를 계산하라.
   ⓑ EDTA를 가하여 Mg와 반응시킨 백분률은 다음과 같다. 각각의 pMg를 계산하라.
   0, 25, 50, 75, 90, 99, 100, 101, 125
   ⓒ 적정곡선을 작성하라.
   ⓓ 지시약으로 EBT를 사용하여 적정할 경우 이론적인 오차를 계산하라. 단, 지시약이 착체로 된 $MgIn^-$형으로부터 HIn^{2-}형으로 10% 변했을 때를 종말점으로 한다.

ⓔ 만약 종말점을 $MgIn^-$가 HIn^{2-}로 90% 변하는 점을 잡았을 때 적정오차를 계산하라.

2. 금속 Zn 시료 0.200 g을 0.1 *M* EDTA용액으로 적정하여 24.18 ml가 소비되었다. 시료 중의 Zn의 %를 구하라. 단, 시료 중 Zn만이 EDTA와 반응한다.

3. 물 50 ml를 정확히 취하여 0.01 *M* EDTA 용액으로 적정하여 28.60 ml가 소비되었다. 경도는 얼마인가?

제 6 장

중량분석법과 그 실험

6-1 중량분석법의 종류

시료 속에 분석하고자 하는 성분과 공존하는 물질은 반응 생성물의 양에 오차를 일으키는 원인이 되므로, 어떤 성분만을 다른 성분으로부터 분리하여 조성이 일정한 화합물로 만든 다음, 그 무게를 달아서 시료를 분석하는 화학분석의 한 방법을 중량분석법(gravimetric analysis method)이라 한다.

이 중량분석법에서는 시료용액 속의 원소나 화합물을 침전시키거나, 기타의 여러 가지 방법으로 조성이 일정한 물질로 만들어 분리한 다음에 정량한다. 이때 침전된 물질을 침전형(precipitated form), 분리된 물질을 분리형(isolated form), 마지막에 무게를 다는 물질을 칭량형(weighing form)이라 하며, 이들을 구별하기 위하여 화학식으로 나타낸다. 침전형을 가열하여도 조성이 변하지 않는 분리형은 그대로 칭량형으로 쓸 수 있으나, 침전형이 일정한 조성으로 존재하지 않을 때에는 가열하여 조성이 일정한 칭량형으로 바꾸어야 한다.

침전형은 다음의 조건을 갖추어야 한다.

① 난용성염을 만드는 반응이 정량적일 것.

② 침전제가 특이하여 시료용액 속의 다른 성분은 침전제와 난용성염을 만들지 않아야 하며, 불순물의 오염도가 작아야 한다. 따라서 침전형의 조성은 일정하고 순수하며 안정해야 하나, 휘발성인 불순물은 오염되어 있어도 가열하면 휘발하므로 관계 없다.

③ 침전이 치밀하여 여과 세척하기 쉬울 것.

④ 침전형의 분자량은 크고, 성분의 함량비는 될 수 있는 한 적을 것.

또 칭량형은 다음 조건을 만족해야 한다.

① 칭량형은 일정한 조성을 가지는 순수한 물질일 것.

② 안정하여 건조 방냉할 때 분해하거나 휘발하지 않을 것.

③ 공기 속의 수분, 탄산가스 등을 흡수하지 않고, 풍해성이 없을 것.

④ 분자량이 크고, 성분의 함량비가 적어서 상대 오차를 줄일 수 있을 것.

또한 중량분석은 정량하고자 하는 성분을 분리하는 방법에 따라 침전법, 휘발법, 추출법 및 전해 분석법 등으로 나눈다.

1. 침전법

시료용액에 구하고자 하는 성분에 대하여 특이하고, 선택적인 침전제를 넣어 어떤 성분만을 침전시켜 조성을 아는 난용성 물질로 분리하는 방법을 침전법(precipitation method)이라 한다. 이와 같이 침전생성의 목적은 목적성분의 중량분석뿐만 아니라 타성분의 분리제거와 미량성분의 농축목적 등에도 이용된다.

이 때 침전을 만드는 데에는 조제한 시료용액을 큰 비커에 넣고 침전제를 가하여 반응을 완결시키면 된다. 예를 들어 금속이온을 포함하는 용액에 염기를 넣어 수산화물 침전을 시킬 경우를 보자. 수산화물 침전이 일어나는 용액의 pH는 제 3 장에서 이미 공부하였으므로 구하고자 하는 성분을 수산화물로 침전시키고자 할 때에는 표 3-1에 있는 값보다 큰 pH의 완충용액으로 침전시키면 된다. 이처럼 침전조작은 비교적 간단한 편이나 실제로는 주의하지 않으면 침전 생성물이 불완전하여 여과하기가 어렵게 된다.

침전법에 의한 주요 무기이온들의 중량분석방법은 표 6-1에 요약하여 나타내었다.

침전법은 중량분석법 중에서 가장 많이 이용되는 대표적인 방법이므로 여기서는 개요만 설명하고 불순물이 적고 굵은 입자의 순수한 침전은 6-2절에서, 침전법에 의한 중량 분석 실험은 6-3절에서 상세히 설명하기로 한다.

표 6-1 침전법에 의한 무기이온의 분석법

이온	침 전 제	침전형	세척액	칭량형	강열온도(℃)	주 의
Al	NH_3, NH_4Cl	$Al(OH)_3$	NH_4Cl	Al_2O_3	1200	
	$(NH_4)_2HPO_4$, NH_3	$AlPO_4$	NH_4NO_3	$AlPO_4$	1000	위의 방법보다 낫다.
	옥신, NH_3	Al- 옥신염	H_2O	$Al(C_9H_6ON)_3$	130	1200°에서 Al_2O_3으로 강열
Ba	$(NH_4)_2Cr_2O_7$, HAc, NH_4Ac	$BaCrO_4$	NH_4Ac	$BaCrO_4$	110	Sr에서 분리
Be	NH_3, NH_4Cl	$Be(OH)_2$	NH_4Cl	BeO	1200	
Bi	HCl	BiOCl	H_2O	BiOCl	110	
	H_2S, H_2SO_4	Bi_2S_3	H_2S, HCl	Bi_2O_3	700	황화물을 녹여 수산화물로 침전
Cd	KCN, NaOH	Cd	알코올	Cd	110	전기분해
	H_2S, H_2SO_4	CdS	H_2O	CdS	110	CdS과 H_2SO_4를 발열시키면 $CdSO_4$
Ca	$(NH_4)_2HPO_4$, NH_3	$Ca_3(PO_4)_2$	NH_4NO_3	$CaSO_4$	1000	인산염을 H_2SO_4로 처리
	$(NH_4)_2C_2O_4$, NH_3	$CaC_2O_4 \cdot H_2O$	H_2O	CaO	950	수산염을 강열
				$CaSO_4$	1000	$(NH_4)_2SO_4$와 옥살산염을 강열
				CO_2		감량 · 흡수법(유기물, 강철, 탄산염)
C				AgCl		
Cl	$AgNO_3$, HNO_3	AgCl	NH_4NO_3	Co_3O_4	150	약 900°에서 CoO
Co	α-니트로소 β-나프롤, HCl	Co-α-니트로소-β-나프톨염	HCl	Co	850	H_2기류에서 강열
				Cu		전기분해

Cu	HNO_3, H_2SO_4	Cu	알코올	CuO	110	공기 속에서 황화물을 강열
	H_2S, H_2SO_4	CuS	H_2S, H_2SO_4	H_2O	1000	
H				H_2O		감량법 또는 흡수법
Pb	HNO_3	PbO_2	H_2O	PbO_2	120	전기 분해(양극)
	$K_2Cr_2O_7$, NH_4Ac, HAc	$PbCrO_4$	H_2O	$PbCrO_4$	105	
	H_2SO_4, HNO_3	$PbSO_4$	H_2O	$PbSO_4$	600	
	$(NH_4)_2MoO_4$, NH_3	$PbMoO_4$	NH_4NO_3, NH_3	$PbMoO_4$	650	
Li						
Mg	진한 HCl	LiCl	알코올-에테르	LiCl	700	KCl, NaCl에서 LiCl을 추출 분리
	$(NH_4)_2HPO_4$, NH_3	$MgNH_4PO_4 \cdot 6H_2O$	NH_4NO_3, NH_3	$Mg_2P_2O_7$	1050	
Hg	H_2S, H_2SO_4	HgS	H_2O	HgS	110	
Mo	α-벤조인옥심, H_2SO_4	Mo-옥심염	옥심, H_2SO_4	MoO_3	525	약 600°에서 휘발
	H_2S, H_2SO_4	MoO_3	H_2S, H_2SO_4	MoO_3	525	황화물을 강열
Ni	NH_3	Ni	알코올	Ni	110	전기분해
	디메틸글리옥심, NH_3	$Ni(C_4H_7O_2N_2)_2$	옥심, NH_3	$Ni(C_4H_7O_2N_2)_2$	150	매우 선택적
Nb	$HClO_4$	$Nb_2O_5 \cdot xH_2O$	HCl	Nb_2O_5	1050	
PO_4	$MgSO_4$, $(NH_4)_2SO_4$, NH_3	$MgNH_4PO_4 \cdot 6H_2O$	NH_4NO_3, NH_3	$Mg_2P_2O_7$	1050	
				KCl		
K	진한 HCl	KCl	증발 건고	$KClO_4$	600	$HClO_4$와 KCl을 발연
	$Na_3CO(NO_2)_6$, HNO_3	$K_2NaCO(NO_2)_6$	HCl, 알코올	$K_2NaCO(NO_2)_6$	350	Na에서 분리
	H_2PtCl_6, 알코올	K_2PtCl_6	알코올	K_2PtCl_6	100	

Se	$NH_2OH \cdot HCl$	Se	H_2O	Se		
SiO_2	$HClO_4$	$SiO_2 \cdot xH_2O$	HCl	SiO_2	85	HF로 휘발시켜 감량 측정
					1100	
Ag	KI, HNO_3	AgI	HNO_3	AgCl	110	Pb로 AgCl을 건고 환원
	HCl, HNO_3	AgCl	HNO_3	Ag		
				NaCl	400	
Na	진한 HCl	NaCl	증발 건고	$NaClO_4$	600	850° 이상에서 휘발
	UO_2Ac_2, $MgAc_2$, HAc	NaMg우라닐초	시약, 알코올	$NaMg(UO_2)$	350	NaCl을 $HClO_4$와 발연
		산염		$_2Ac_9 \cdot 6H_2O$	110	NaZn 우라닐 초산염으로도 침전
Sr	H_2SO_4, 알코올	$SrSO_4$	알코올−에테르	$SrSO_4$		
SO_4	$BaCl_2 \cdot 2H_2O \cdot HCl$	$BaSO_4$	H_2O	$BaSO_4$	800	
Ta	$HClO_4$	$Ta_2O_5 \cdot xH_2O$	HCl	Ta_2O_5	1050	
Tl	H_2SO_4, $NaHSO_3$, KI	TlI	KI, 알코올	TlI	105	
Sn	HNO_3	$SnO_2 \cdot xH_2O$	H_2O	SnO_2	1100	황화물을 강열
	H_2S, H_2SO_4	SnS	NH_4Ac, HAc	SnO_2	1100	
W	H_2SO_4	$WO_3 \cdot xH_2O$	HCl	WO_3	750	750° 이상에서 휘발
Zn	H_2S, H_2SO_4	Zns	H_2O	ZnO	950	ZnS를 강열
	$(NH_4)_2Hg(SCN)_4$,	$ZnHg(SCN)_4$	$(NH_4)_2Hg$	$ZnHg(SCN)_4$	105	위의 방법보다 낫다.
	H_2SO_4	$Zn(C_9H_6ON)_2$	$(SCN)_4$	$Zn(C_9H_6OH)_2$	140	
	옥신, HAc, NH_4Ac		H_2O			
Zr	$(NH_4)_2HPO_4$, H_2SO_4	$Zr(HPO_4)_2$	NH_4NO_3	ZrP_2O_7	1050	

2. 휘발법

시료 중에서 구하고자 하는 성분 또는 기타의 성분이 휘발성이거나, 가열하거나 산과 같은 시약을 첨가함으로써 기체로 바꿀 수 있을 때에 이러한 휘발 성분을 분리하여 정량하는 방법을 휘발법(volatilization or evolution method)이라 한다. 휘발시키는 방법에는 증발, 증류, 승화 등이 있다. 적당한 흡수제 일정한 양에 휘발 성분을 흡수시키고, 그 무게가 증가한 양을 달아서 정량하는 방법을 직접법(direct metod, 또는 흡수법)이라고 한다. 때에 따라서는 흡수제에 휘발 성분을 흡수시키고, 미반응으로 남은 흡수제를 다른 표준용액으로 적정하기도 한다. 또 일정한 양의 시료에서 휘발 성분만을 휘발시켜 버리고, 잔사를 달아서 정량하는 방법은 간접법(indirect methiod, 또는 감량법)이라 한다. 구하고자 하는 성분이 찌꺼기로 남을 때에는 잔사에 불순물이 섞이거나, 찌꺼기가 산화와 같은 화학반응을 일으킬 수도 있으며, 휘발 성분일 때에는 딴 물질이 함께 휘발하여 실험오차가 상당히 커질 수도 있다. 다음 6-3절에는 몇 가지 화합물을 휘발법으로 정량하는 보기를 들어 둔다.

(1) 수 분

수분은 결합상태에 따라 다음과 같이 나눈다. 고체가 수용액 속에 있을 때 고체에 균일하게 흡수되어 존재하는 용해수분(dissolved water)은 105~110℃로 가열하면 쉽게 휘발된다. 고체 표면에 단순히 흡착되어 있는 표면 흡착 수분(surface-adsorbed water)은 건조한 기체 속이나 진공 데시케이터 안에 두면 쉽게 제거되나, 고체 안의 작은 동공이나 결정 내부에 흡장되어 존재하는 흡장수분(occluded water)은 수용액에서 침전시킨 대부분의 고체에 포함되는데, 이 수분을 휘발 제거하려면 보다 놓은 온도로 가열해야 한다.

수분과 고체가 일정한 비율로 화학결합한 물을 휘발시키는 데에는 물리적으로 결합되어 있는 수분보다 상당한 에너지가 더 필요하므로 높은 온도에서 제거된다. $CaSO_4 \cdot 2H_2O$와 같은 수화물 안에 있는 물 분자는 고체의 성분 분자나 이온과 결합하고 있다. 이러한 수분은 결정수(water of hydration or crystallizaticn)라고 한다. $Ba(OH)_2$이나 $NaHCO_3$와 같이 원시료 속에 물 분자로 존재하지 않으나 열분해하면 휘발하는 수분은 구성수분(water of constitution)이라고 한다. 또 시료를 가열할 때 휘발하는 수분 전체를 총 수분(total water, 또는 총 습분 total moisture)이라고 한다.

$$2NaHCO_3 \xrightarrow[\triangle]{} Na_2CO_3 + CO_2\uparrow + H_2O\uparrow$$

(2) 탄산가스

가열하거나 산을 넣으면 분해되는 탄산염을 분해시켜 휘발하는 CO_2를 흡수법이나 감량법으로 정량한다. 휘발성 물질이 공존하지 않으면 간접법을 쓸 수 있다. 보기를 들면 1기압에서 $CaCO_3$에서는 895℃에서 분해 휘발하므로 $CaCO_3$와 $MgCO_2$의 혼합물은 900~100℃로 가열하면 CO_2가 휘발한다. 이와 같이 분해온도가 매우 높을 때에는 $Na_2B_4O_7$이나 $NaPO_3$와 같은 적당한 용융제를 넣고 용융시킨다.

$$MgCO_3 + Na_2B_4O_7 \xrightarrow[\triangle]{} 2NaBO_2 + Ca(BO_2)_2 + CO_2\uparrow$$

탄산염 시료가 순수한 화합물일 때에는 보통 산을 넣어 휘발하는 CO_2를 $CaCl_2$, 진한 황산, $Mg(ClO_4)_2$ 또는 P_2O_5 등으로 건조한 후 $Ba(OH)_2$나 KOH 또는 소오다라임[$Ca(OH)_2$와 수산화 알칼리] 용액에 흡수시켜 그 무게 증가를 구하여 정량하거나 간접법으로 함량을 구한다. 다른 방법으로는 염기 표준용액에 CO_2를 흡수시키고, 미반응의 염기를 산 표준용액으로 적정하기도 한다.

(3) 규산염

규산(염) 시료에 진한 황산과 플루오르화수소산을 넣고, 높은 온도로 가열하여 SiF_4를 휘발시키고 그 감량으로부터 규산(염)을 정량한다.

$$Na_2SiO_3 + H_2SO_4 + (x-1)H_2O = SiO_2 \cdot xH_2O + Na_2SO_4$$

$$SiO_2 \cdot xH_2O \xrightarrow[\triangle]{} SiO_2 + xH_2O\uparrow$$

$$SiO_2 + 6HF \rightarrow H_2SiF_6 + 2H_2O$$

$$H_2SiF_6 \xrightarrow[\triangle]{} SiF_4\uparrow + H_2F_2\uparrow$$

SiO_2에는 Al_2O_2, Fe_2O_2 및 TiO_2 등이 불순물로 흔히 포함되나, 반응 생성물을 가열하면 SiF_4는 휘발하고, 공존하는 물질은 다시 산화물로 되돌아 가므로, 이들 불순물이 공존해도 SiO_2의 정량에는 아무런 관계가 없다. 따라서 규산(염)을 정량할 때 침전법보다는 이 휘발법을 흔히 쓴다. 플루오르화수소산보다 끓는 점이 높은 황산을 함께 넣지 않으면, 공존하는 불순물이 플루오르화물을 만들어 강열하기 전에 휘발하여 오차를 일으키나, 황산이 공존하면 다음과 같이 반응한다.

$$Fe_2O_3 + 6HF \xrightarrow[\triangle]{} 2FeF_3\uparrow + 3H_2O\uparrow$$

$$2FeF_3 + 3H_2SO_4 \xrightarrow[\triangle]{} Fe_2(SO_4)_3 + 6HF\uparrow$$

$$Fe_2(SO_4)_3 \xrightarrow[\triangle]{} Fe_2O_3 + 3SO_3$$

수산화알미늄과 산화티탄도 비슷한 반응이 일어난다.

3. 추출법

어떤 물질이나 그 물질의 반응 생성물의 용해도가 용매의 종류에 따라 다를 때에 시료 속의 어떤 성분만을 적당한 용매에 녹여 녹지 않는 성분으로부터 분리 정량하는 방법을 추출법(또는 침출법, extraction method)이라고 한다. 대다수의 무기물질은 유기용매에 잘 녹지 않으므로 무기물과 유기물의 분리에 유기용매를 흔히 쓴다.

구하고자 하는 성분만이 유기용매에 난용성일 때에는 고체시료를 그대로 또는 난용성 물질로 반응시킨 다음, 유기용매에 녹는 성분만 녹이고 여과 건조하여 칭량한다. 이 때 구하고자 하는 성분이 소량 녹으므로 용매에 그 성분을 미리 포화시켜 쓰거나, 세척 용매량에서 녹은 성분의 양을 계산하여 보정한다. 어떤 성분만이 녹을 수 있을 때에는 용매로 시료를 추출 분리한 다음, 용매를 증발 제거하고 남는 찌꺼기를 평량한다. 다른 물질이 용매에 다소 녹을 때에는 용매 전체량에 녹는 양을 측정하여 보정한다.

고체 또는 반고체 시료를 용매 일정량으로 여러 번 반복하여 추출할 때에는 그림 6-1과 같은 Soxhlet 추출기(보기 : 지방 추출에 에테르나 벤젠을 용매로

씀)를 쓰며, 액체를 추출할 때에는 분액 깔때기에 물과 섞이지 않는 용매를 넣고 흔들어야 한다. 시료 속의 구하고자 하는 성분이 유기산(또는 염기)일 때에는 알칼리(또는 산)수용액으로 추출하여 알칼리(또는 산)염으로 만들고, 액성을 산(또는 알칼리)성으로 하여 분리된 유기산(또는 염기)을 에테르와 같은 유기 용매층으로 추출 분리한 다음, 용매를 휘발시켜 찌꺼기를 칭량한다.

용매 추출법에 대해서는 제11장에서 상세히 다룬다. 유기용매에 무기물이 녹을 때에는 무기물 시료에 유기용매를 넣어 녹는 물질을 추출 제거하여 정량하는 다음과 같은 보기가 있다.

그림 6-1 Soxhlet 추출기

(1) K의 분리 정량

칼륨염 시료에 알칼리 금속만이 공존할 때에는 다음의 2가지 방법을 쓰나, 다른 금속이온이 시료용액에 공존하면 미리 제거해야 한다.

NaCl, LiCl, KCl의 혼합물 시료 1g을 소량의 물에 녹이고, 약 10%의 H_2PtCl_6 용액을 넣어 수분이 다 휘발될 때까지 증발 농축하여 냉각하면, 알칼리 금속과 수소가 치환된 고체 혼합물이 된다.

$$2KCl + H_2PtCl_6 = K_2PtCl_6 + 2HCl$$

이 고체에 80%(*V*/*V*) 알콜을 적당한 양 넣어 녹기 쉬운 $Na_2PtCl_6 \cdot 6H_2O$나 $Li_2PtCl_6 \cdot 6H_2O$를 침출 용해한다. 찌꺼기 K_2PtCl_6를 여과 도가니에 넣고 추출액

이 무색으로 될 때까지 세척 여과한 다음, 130℃ 근처에서 항량이 될 때까지 건조하고, 데시케이터에서 방냉하여 칭량한다. 수분, Na_2SO_4, NaCl, $PtCl_2$, Na_2PtCl_4, Li_2PtCl_4 등의 불순물이 다소 포함되므로 칼륨의 환산 계수 0.1608을 쓰지 않고, 경험계수 0.1603을 쓴다. 이러한 오차를 줄이기 위하여 세척액으로 K_2PtCl_6를 포화시킨 NH_4Cl 용액을 써야 한다.

LiCl, NaCl, KCl의 시료 1g을 소량의 물에 녹이고, 60% $HClO_4$를 5 ml 넣어 물중탕에서 증발 건조한다. $HClO_4$의 흰 연기가 나면 냉각하여 비커 벽에 묻은 침전은 소량의 물로 씻어 넣고, 60% $HClO_4$를 25 ml넣고 3~4번 위 조작을 되풀이한다. LiCl과 NaCl도 $LiClO_4$과 $NaClO_4$로 침전하나 물과 알콜에 녹는다.

$$KCl + HClO_4 = KClO_4 + HCl$$

마지막에는 증발 건고하여 $HClO_4$를 휘발시키고, 방냉하여 거름 도가니에 넣는다. $KClO_4$를 포화시킨 소량의 $HClO_4$를 포함하는 100~150 ml의 무수 알콜로 4~5번 씻은 다음, 약 130℃에서 1시간 건조하고 데시케이터에서 방냉하여 무게를 단다.

(2) 철의 추출 분리

철과 소량의 Al, Cr, Mn, Co, Ni, Ti 등이 포함된 6.2~6.3 *N* HCl 수용액을 에틸에테르로서 2~3번 추출하면, 표 6-2에서 알 수 있는 바와 같이 다른 금속이온으로부터 철을 유기용매층으로 정량적으로 분리할 수 있다. 보다 정밀한 분석에서는 7~8 *N* HCl 수용액을 이소프로필에테르로, 9 *N* HCl 수용액을 디클로에틸에테르로 추출하여 분리한다.

표 6-2 에틸에테르를 쓴 금속염화물의 추출

원소	Sb(Ⅲ)	Sb(Ⅴ)	As(Ⅲ)	As(Ⅴ)	Cu	Ga(Ⅲ)	Ge
추출율(%)	6	81	68	2~4	0.05	97	40~60
Au(Ⅲ)	In	Ir(Ⅳ)	Fe(Ⅲ)	Hg(Ⅱ)	MoO_3	P_2O_5	Pt(Ⅳ)
95	흔적	5	99	0.2	80~90	흔적	흔적
Se	Te(Ⅳ)	Tl	Sn(Ⅱ)	Sn(Ⅳ)	V_2O_2	V_2O_4	Zn
흔적	34	90~95	15~30	17	흔적	흔적	0.2

이 이외에 Al, Be, Bi, Ca, Cd, Cr, Co, Fe(Ⅱ), Pb, Mn, Ni, Os, Pd, Rh, Zr, Ag, Th, Ti, W, U 및 희토류의 염류는 추출되지 않는다.

4. 전해분석법

시료용액 중의 금속이온을 적당한 조건하에서 전해하고 목적성분을 전극에 석출시킨 뒤 그 중량을 달아서 정량하는 방법이다. 전해 분석법은 기기분석에서 주로 다루며 이 교재에서는 제 9 장에서 상세히 설명한다.

6-2 중량분석법의 기본조작

일반적으로 침전법에 의한 중량분석법의 조작은 그림 6-2의 공정도와 같다. 이 그림에서 시료의 칭량과 용해에 대해서는 앞의 제 1 장에서 설명하였으며 여기서는 침전, 여과와 세척, 건조 및 강열 그리고 계산법에 대하여 설명한다.

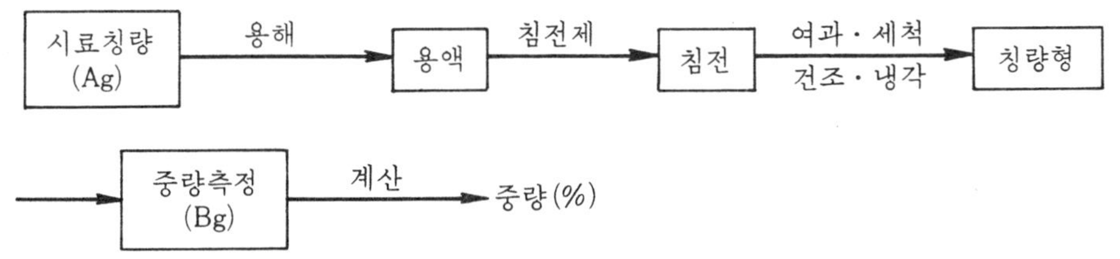

그림 6-2 침전법에 의한 중량분석 조작도

1. 침 전

(1) 침전의 생성과 입도

침전시키려는 성분 이온을 포함하는 용액에 침전제를 넣어 침전이 생길 때까지는 그림 6-3과 같은 여러 가지 과정을 거쳐야 한다. 곧 침전될 성분의 이온 농도적이 그 용해도적보다 큰 과포화 용액(supersaturated solution)으로 되어야 한다. 과포화 상태는 불안정하므로 많은 이온이 이온쌍으로 결합하여 침전 입자의 핵(seed)이 생성(nucleation)되며, 이 핵도 불안정하여 교질 입자로 성장한다. 교질 입자는 과포화 용액이 아니면 안정한 졸로 존재하며 응고시키면 조질 집합체(colloidal aggregate)로 된다. 반면에 교질 입자가 과포화 용액에서는 차츰 성장하여 미세 결정(fine crystal)의 단계를 거쳐 조대 결정(coarse crystal) 또는 결정 집합체(crystalline aggregate)로 침전한다. 이 세 가지 경로를 동시에 거쳐 침전될 때도 있다.

중량분석에서 필요한 침전은 입자가 큰 것이어야 하며, 침전생성의 속도가 느린 것은 별로 문제가 되지 않으므로 입도가 큰 조대 결정성 침전만이 생기도록 조건을 맞추어 주어야 한다. 이 침전은 경로 Ⅰ에 의하여 만들어지는 것으로 여과 세척하기 쉽고, 불순물을 흡착하는 경향이 가장 작다. 이러한 침전의 보기로는 용해도가 상당히 큰 $PbCl_2$, $KClO_4$, K_2PtCl_6, $MgNH_4PO_4 \cdot 6H_2O$, $CaC_2O_4 \cdot H_2O$ 등과 낮은 과포화도에서 생기는 난용성 염 등을 들 수 있다.

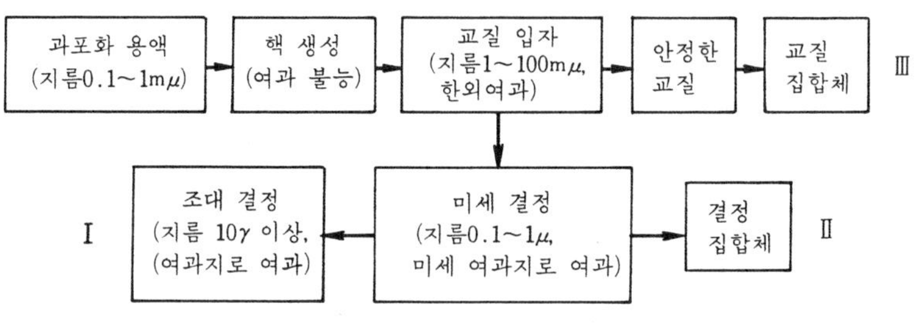

그림 6-3 침전의 생성 과정

조대 결정성 침전을 만들 수 없을 때에는 미세 결정성 침전이라도 만들어야 한다. 이것은 미세 결정의 집합체이며, 치밀하고 빨리 침전되나 거르기에 곤란하며 불순물이 흡장되기 쉽다. 이 침전의 보기로는 $BaSO_4$, $BaCO_3$, $PbSO_4$, $BaCrO_4$, $CaCO_3$ 등이 있다.

응유상 침전(curdy precipitate)은 교질 입자가 응결한 것으로서 AgCl이나 CuI가 그 보기이다. 이것은 주로 소수 졸이 응결하여 생기며, 물은 거의 포함하지 않으므로 치밀하나, 불순물을 흡장하는 경향이 많으며 씻을 때 해교되기 쉬우므로 특히 조심해야 한다. 친수 졸은 응결시켜도 부풀어 솜털같은 아교상 침전

(gelatinous precipitate)이 되어 물을 많이 포함하며 불순물의 오염 정도가 가장 크고, 여과 세척하기 어려우므로 모액을 흡인 여과하여 침전을 분리한다. 보기로서는 $Fe(OH)_3$, $Cr(OH)_3$, $Al(OH)_3$, SiO_2, As_2S_3, CuS, ZnS 등이 있다.

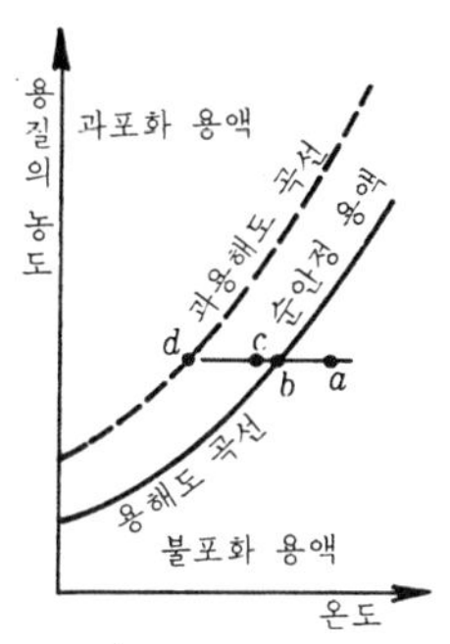

그림 6-4 과포화와 용해도 곡선

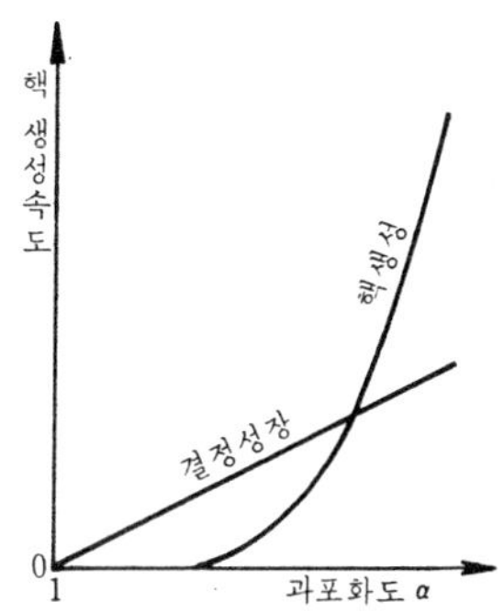

그림 6-5 핵 생성과 결정성장

그림 6-4에서 α로 표시되는 불포화 용액을 냉각시키면 점 *b*에서 포화되며, 핵이 없으면 더 식혀도 침전이 생기지 않는 점 *c* 곧 준안정 상태로 되나, 더욱 식히면 점 *d* 곧 과포화 용액이 되어 비로소 핵이 생기기 시작한다.

핵 생성속도와 과포화도 사이에는 Christiansen과 Nielsen이 제안한 식(6-1) 식이 성립되며, 그 결과를 그림으로 나타내는 그림 6-5와 같다.

$$V = k\alpha^n \qquad (6-1)$$

여기서 *V*는 핵 생성속도, *k*는 농도에 관계없이 다른 특성에 따르는 정수, α는 포화용액 속의 이온 농도 곧 침전의 용해도 *S*에 대한 과포화 용액의 농도 *Q*의 비 곧 과포화도(degree of supersaturation)이며, *n*은 핵 한 개에 들어 있는 분자의 수로서 이온성 침전에서는 보통 3~5의 값을 가진다. 그림 6-5에서 보는 바와 같이 저포화도에서는 임계 핵 크기 이하의 분자 집합체가 우연히 생기더라도 불안정하므로 핵은 생기지 않는다. 그러나 과용해도가 과용해도 곡선의 위에 있을 때에는 핵생성의 속도는 빨라진다. 일단 핵이 생기면 그 주위에는 핵과 이온 사이에 인력이 작용하여 개개의 분자가 어떤 특정한 결정격자로 배열성장한다. 이러한 결정의 배열구조는 X선 장치나 전자 현미경으로 조사한다. 이 핵은 불순물이나 용기의 벽일 수도 있다. 결정이 자랄 때에 요소와 같은 불순물이 1 : 10^{-5} 정도로 존재해도 결정의 성장 모양이 바뀔 때가 있다.

침전제를 넣으면 과포화도가 용액 전체에 걸쳐서 균일하지 않으므로 핵 생성과 성장은 동시에 일어나기도 한다. 또 침전제를 넣음으로써 과포화도가 커지며, 곧 침전이 생기는 속도가 빨라지면 많은 핵이 생겨 침전결정의 입도는 작아진다. 과포화도가 균일하고 작아지면 작은 핵이 생기므로 침전이 완결되는 시간이 많이 필요하나 입도는 커진다. 결정성장에 대하여 von Weimarn은 식(6−2)와 같은 실험식을 제안하였다.

$$-\frac{dQ}{dt} = k'A\frac{Q-S}{S} \quad \cdots\cdots (6-2)$$

여기서 Q와 S는 식(6−1)의 뜻과 같고, A는 성장하는 결정이나 핵의 단면적이고, k'는 정수이며, $-dQ/dt$는 결정의 성장속도, $(Q-S)/S$는 용액의 비 과포화도이다.

위의 두 식을 보면 핵과 결정의 성장속도는 과포화도에 비례하며, 침전 결정 용해도에 반비례하고, k, k' 및 A에 의해 특정된다. 보기를 들면 $CaSO_4$는 결정

표 6−3 $BaSO_4$ 침전의 성질에 대한 과포화의 영향

$Ba(SCN)_2$과 $MnSO_4$의 몰 농도	비과포화도	침전생성 시작시간	침전완결 시 간	침전의 성질
2.5×10^{-3}~7×10^{-5}	1~3	1년 지나도 안 됨	×	침전을 만들지 않는다.
1×10^{-4}~1.2×10^{-4}	8~10	1주일	2개월	6개월 뒤. 가장 큰 결정은 $5\times10\mu$
2×10^{-4}~1×10^{-3}	16~80	수시간 ~수초	1일~ 0.5시간	5×10^{-4} M에서 3시간 뒤에 $2\times30\mu$, 6개월 뒤에 $4\times7\mu$
1×10^{-3}~0.4	80~2×10^4	거의 순간적	×	나무 모양 및 바늘 모양의 작은 결정 0.1 M에서 바늘 모양은 2 μ보다 작다. 0.4 M에서는 맨 눈으로 보임.
0.4~1.5	2×10^4~ 9×10^4	순간적	×	응유상 무정형 침전. 1500배의 배율에도 해상
1.5~3.5	9×10^4~ 2×10^5	순간적	×	투명한 젤리상, 한외 현미경으로도 보이지 않고 불안정하여 빨리 결정된다.

속도가 빠르나 $MgNH_4PO_4$는 느리다. 표 6-3은 $BaSO_4$침전에 대한 von Weimarn의 실험 결과이다.

(2) 균일 침전법

침전시키려는 성분을 포함하는 용액에 직접 침전제를 넣어 침전을 만드는 방법을 직접 혼합법(direct mixing method)이라 한다. 천천히 저으면서 묽은 용액에 침전제를 넣더라도 부분적으로는 과포화 상태가 되므로 침전이 균일하지 않고, 불순물이 포함되기 쉽고, 입자가 치밀하지 못하며, 때에 따라서는 교질성 침전이 생기므로 침전제를 용액 속에서 느린 반응으로 발생시키면, 침전제의 농도는 균일하게 되어 과포화도를 조절할 수 있다. 이러한 방법으로 어떤 성분을 침전시키는 방법을 균일 침전법(homogeneous precipitation or precipitation from homogeneous solution)이라고 한다. 이 실험법에 의한 침전은 입자가 굵고, 균일하며, 치밀하고, 다른 물질이 흡착되기 어려우며, 여과하기도 쉽고, 또 분별 침전시킬 수 있는 장점이 있다. 몇 가지의 보기를 들면 다음과 같다.

요소를 산성 용액에서 가수분해시키면 NH_3가 발생하는데, 이 NH_3를 이용하여 Fe^{3+}을 침전시킬 때에는 HCOOH 완충용액을 쓴다. pH 5 이상에서 침전하는 Zn, Cu, Co, Ni 등에서 요소를 써서 분리 침전시키고자 할 때에는 완충제로

$$CO(NH_2)_2 + H_2O \xrightarrow[\triangle]{H^+} 2NH_3 + CO_2\uparrow$$

숙신산을 쓰며, pH가 4 되도록 온도와 가열시간(1~2시간)을 조절하면 $Al(OH)_3$만이 침전된다. 직접 혼합법으로 만든 $Al(OH)_3$에는 Cu^{2+}이 40% 공존하며, 강열하여 항량으로 만들기 위해서는 1100℃라는 높은 온도가 필요하나, 균일 침전법에 의하면 1g의 Cu^{2+}을 공존시켜도 0.01% 이내로 Cu^{2+}이 공침되며, 650℃에서 항량으로 만들 수 있다.

Ca^{2+}을 $CaC_2O_4 \cdot H_2O$로 침전시킬 때에 산성용액에 $(NH_4)_2C_2O_4$와 요소를 넣고 가열하면, 공침하기 쉬운 Mg^{2+}이나 PO_4^{3-}에서 Ca^{2+}만을 분리 침전시킬 수 있다. 또 $(NH_4)_2C_2O_4$와 요소 대신에 $(CH_3)_2C_2O_4$를 써도 좋다.

$$H^+ + C_2O_4^{2-} \rightarrow HC_2O_4^-$$

$$2Ca^{2+} + 2HC_2O_4^- + CO(NH_2)_2 \xrightarrow[\triangle]{H_2O} 2CaC_2O_4 \cdot H_2O + 2NH_4^+ + CO_2\uparrow$$

이 밖에도 에틸인산을 가수분해하여 PO_4^{3-}을 발생시켜 인산염을 침전시키는 방법, 에틸황산, 메틸황산이나 술파민산에서 SO_4^{2-}을 발생시켜 난용성 황산염을 침전시키는 방법과 티오아세트아미드에서 S^{2-}을 발생시켜 균일 침전법으로 난용성 황화물을 침전시키는 방법 등이 있다.

(3) 순수한 침전

불순물이 침전에 포함되면 실험오차가 커지므로 오염을 방지하거나 불순물을 줄여야 하는데, 중량분석에 필요한 조대 결정성의 순수한 침전을 만들기 위해 침전시킬 때의 유의사항을 들면 다음과 같다.

(1) 균일 침전을 쓸 것.

(2) 침전을 세척할 것. 특히 표면 흡착 불순물은 씻어 제거할 수 있다. 세척액은 침전을 해교해서는 안 되며, 세척액에 침전의 용해도가 적어야 하며, 침전을 더 불순하게 해서는 곤란하다. 보기로서 $MgNH_4PO_4$는 물로 세척하면 $MgHPO_4$로 가수분해하므로 묽은 NH_4OH로 씻어야 하며, Fe^{3+}이나 Al^{3+}과 같이 가수 분해하기 쉬운 금속염은 묽은 산으로 씻어야 한다.

(3) 과포화도를 낮게 유지할 것. 묽은 용액을 데워서 침전의 용해도를 증가시켜 두고, 잘 저으면서 침전제를 피펫이나 뷰렛을 써서 조금씩 천천히 비커 벽에 따라 넣으면, 굵은 결정이 생기기 좋고, 표면 흡착이나 내장을 최소로 줄일 수 있으며, 어떤 국부에 임시로 생긴 진침전을 막을 수 있다. 용해적에 영향을 미치는 인자를 고려한 침전제는 농도가 0.01～0.05 M 정도의 과량으로 넣어 용해도를 줄인다.

(4) 재침전시킬 것. 침전을 여과 세척하여 적당한 용매에 녹이고, 침전제를 다시 넣어 침전시키는 조작을 재침전(reprecipitation)이라고 한다. 이 조작을 되풀이하면 표면흡착, 내장 또는 후침에 의한 오염물을 충분히 제거할 수 있으나, 동시 침전이나 동형 화합물이 생길 때 및 시약 자체나 과정 자체에 의한 불순물은 제거되지 않는다. 침전이 재용해하기 매우 쉽거나 다른 방법이 없을 때를 제외하고는 시간이 많이 걸리고, 오차의 확률이 크므로 이 방법을 잘 쓰지 않는다.

(5) 침전에 흡착되기 쉬운 물질은 미리 분리 제거해야 하나, 가열할 때에 휘발하기 쉬운 물질은 무방하다. 또 착염제를 넣거나, 산화－환원반응 등의 화학반응으로서 불순물이 침전되지 못하게 한다. 보기를 들면 $BaSO_4$에 오염되는 Fe^{3+}은

NaF를 넣어 FeF_6^{3-}로 만들거나, $NH_2OH \cdot HCl$을 넣어 Fe^{2+}으로 미리 환원시켜 버린다.

(6) 온침법을 쓸 것. 침전을 모액과 접촉시켜 비점보다 조금 낮은 온도로 데우면서 오랫동안 방치하면, 침전과 응결과정이 평형을 이루어 침전은 보다 순수하고 굵으며, 여과하기 쉽고 불순물의 오염도가 주는데, 이러한 방법으로 침전시키는 것을 온침법(digestion)이라 한다. 가열하는 것은 침전 완결 시간을 줄이고, 결정 성장 속도를 빠르게 하기 위해서이다. 침전은 너무 오랫동안 방치하지 말고, 실온까지 냉각시킨 다음, 한 시간 정도 두었다가 여과한다. 침전이 생기고 난 뒤에 침전 속에서 일어나는 모든 비가역 변화와 구조변화를 Kolthoff는 묵힘(aging)이라 하였다. 곧 침전을 묵히면 다음과 같은 변화가 일어난다.

① 굵은 입자는 성장하고, 비표면적이 큰 작은 입자는 녹으므로 오염물이 모액으로 유리된다. 이 과정을 Ostwald 숙성(ripening)이라고 한다.

② 무정형 오염물이 흡착 내장되면 주결정이 응력을 받아 혼란되거나 홈이 생긴다. 이러한 침전을 가열 교반하면 보다 녹기 쉬운 불완전한 개개의 결정이 완전하게 되며, 분자가 자발적으로 상당한 시간 동안 재배치하고, 불순물이 표면으로부터 밀려 제거된다. 이 과정은 열묵힘(thermal aging)이라 한다.

③ 여과하기 곤란하고, 용해도가 크며, 무정형인 준안정형의 불순물이 제거되어 안정한 결정으로 재결정된다.

④ 흡착된 불순물을 평형에 도달시켜 오염물이 모액으로 녹도록 한다.

⑤ 결정성 집합체가 재결정하여 일차입자가 서로 결합한다.

2. 여과와 세척

(1) 여과

침전과 용액을 분리하는 데에는 보통 깔때기에 거름종이를 접어 얹어서 거른다. 이러한 조작을 여과(filtration or filtering)라 하며 분석목적, 거르는 시간, 침전의 크기와 성질 등에 따라서 거르는 데에 쓰는 종이 곧 여과지(또는 거름종이 filter paper)를 적당히 선택해야 한다. 여과지에는 태웠을 때 회분의 양이 많고 일정하지 않은 정성 여과지와 회분의 양이 0.3mg보다 적고 그 평균량이 일정한 정량 여과지가 있다. 실험실에서 흔히 쓰는 거름 종이의 지름은 5.5, 7.9,

11, 12.5 cm 등의 원형인데 이들 여과지 한 장의 평균 회분량과 용도는 표 6-4와 같다.

이 밖에도 Schleicher and Schüll 검은 리본, 흰 리본 및 푸른 리본의 No. 589와 직4각형, 골무형 여과지 등이 있다.

표 6-4 여과지의 종류 및 용도

종 류	평균 회분량(mg)	용 도
Toyoroshi No.1		일반 정성 분석용. 구멍이 크므로 여과속도가 빠르다.
No.2		표준 정성 분석용
No.101		세균용
No.131		반경질, 정성 분석용
Schleicher and Schüll No.595, 597		정성 분석용
No.575		경질, 정성 분석용
Toyoroshi No.3	0.6	간단한 정량 분석용
No.4	0.22	경질, 흡인 여과용
No.5A	0.16	신속 정량용 (보기 : $MgNH_4PO_4\ 6H_2O$)
No.5B	0.16	일반 정량형
No.5C	0.16	미세 침전 여과용(보기 : $BaSO_4$)
NO.6	0.08	표준 정량용(보기 : 교질상 $Al(OH)_3$)
No.7	0.04	최고급 정량용
Schleicher and Schüll, 589 초록 ribbon	0.07	연질, 젤라틴상 침전, 굵은 침전 여과용 (보기 : $Fe(OH)_3$, 유기 침전)
Whatman No.41	0.14	
Munktell OOR	0.08	
Schleicher and Schüll, 589 푸른 ribbon	0.07	미세 침전 여과용(보기 : $BaSO_4$)
Whatman No.40	0.14	
Munktell OK	0.12	
Schleicher and Schüll 589 붉은 ribbon	0.07	극미세 침전 여과용 (보기 : CaC_2O4H_2O, $(NH_4)_3PO_4 \cdot 12MoO_3$)
Whatman No.42	0.10	

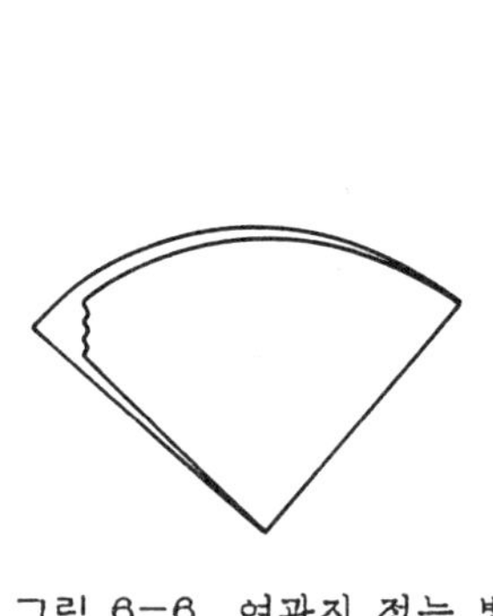

그림 6-6 여과지 접는 법

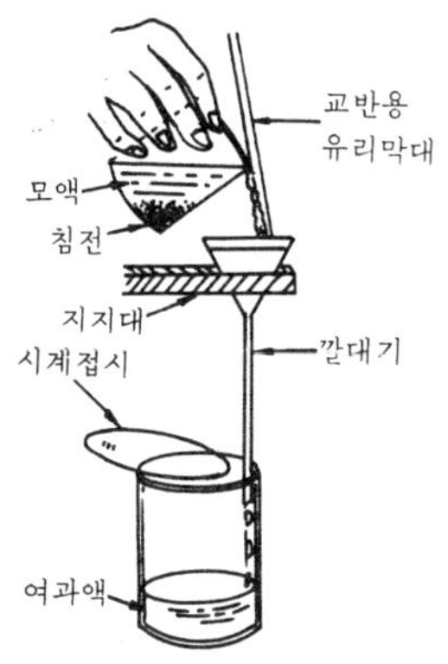

그림 6-7 경사법

여과지는 그림 6-6과 같이 두 번 접어서 깔때기에 잘 붙도록 1/8인치 정도 찢어 내고, 깔때기 위에 얹어 세척병의 증류수로 적셔서 밀착시켜야 한다. 침전과 모액(mother liquor)이 들어 있는 비커는 그림 6-7과 같이 침전이 될 수 있는 한 많이 비커에 남도록 하여 대부분의 모액을 분리하는 조작 곧 경사법(decantation)을 쓴다. 비커의 침전은 세척액으로 여러 번 씻어 경사한 다음 여과지에 옮긴다. 비커 벽에 붙어 있는 침전은 끝에 고무가 달린 유리막대 곧 policeman으로 긁어 모으고, 세척액으로 여과지에 옮긴다. 이 조작과정에서 주의해야 할 점은 침전이 여과지의 반 이하의 높이가 되도록 여과지의 크기를 선정해야 하며, 여과지의 윗 끝이 깔때기의 윗 끝보다 0.5~1 cm 정도 낮아야 한다.

뜨거운 용액은 그 점도가 찬 물보다 상당히 작으므로 여과속도가 빠르나, 침전의 용해도가 일반적으로 커지므로 $Fe(OH)_3$와 같은 난용성 침전은 뜨거운 용액에서 거를 수 있으나, 온도가 높아짐에 따라 용해도가 커지는 $MgNH_4PO_4 \cdot 6H_2O$와 같은 침전은 냉각시켜 걸려야 한다. 침전을 건조하여 바로 칭량할 수 있으나 가열하면 분해하는 AgCl, Hg_2Cl_2, $BaCrO_4$ 등은 여과지를 쓰지 말고, Gooch 도가니나 여과지와 깔때기의 구실을 동시에 하는 유리 여과기(glass filter) 등으로 걸러야 한다.

이 밖에도 여과에 쓰는 기구로는 Munroe 도가니, Alihn관, 밑 바닥에 구멍이 많은 자기제의 Büchner 여과 깔때기 및 흡인 여과관과 여과속도를 빠르게 해주는 데 쓰는 흡인(suction) 또는 여과(filtering) 플라스크, 수류 펌프(aspirator) 및 진공 펌프 등을 들 수 있다. 흡인 여과할 때에는 흡인 플라스크에 깔때기를

그림 6-9와 같이 고무 마개를 써서 연결하고, 수류 펌프로 흡인 플라스크 안의 공기를 뽑아 낸다. 다음에는 Gooch 도가니와 유리 가루막 도가니를 쓰는 방법을 살펴 보자.

그림 6-8 유리 여과기

그림 6-9 Gooch 도가니의 배치

① Gooch 도가니

Gooch 도가니는 밑 바닥에 수십 개의 작은 구멍이 뚫린 자기제 또는 백금 도가니이다. 이 도가니에는 수십개의 작은 구멍을 가진 여과판이 따로 들어 있다. 쓰기 전에 도가니를 그림 6-9와 같이 장치한 다음, 수류 펌프로써 약하게 흡인하면서 도가니에 정제한 석면을 증류수에 풀어 놓은 액을 조금씩 부어 1~2mm의 석면층을 만든다. 여기에 여과판을 얹고 다시 석면액을 부어 1mm 정도의 석면층을 만들고, 증류수를 넣고 흡인하여 석면 조각을 완전히 흘러 내리고, 도가니 전체를 120~140℃에서 1시간 건조한다.

위에서 쓴 석면의 정제방법은 다음과 같다. 일급 시약 석면 섬유를 약 0.5cm 길이로 끊고, 비커에서 20% 염산 10~20 배량과 혼합하여 물중탕에서 80~90℃로 1시간 정도 가열하여 불순물을 녹이고, 흡인 여과하여 뜨거운 증류수로 Cl^-이 완전히 없어질 때까지 씻어 증류수와 같이 병에 넣어 보관한다.

② 유리 여과기

가장 간편한 여과기로서 약품에 대한 저항력이 세고 항량을 얻기 쉬우나, 600℃ 이상으로는 가열할 수 없으며 갑자기 가열하거나 식히면 깨지기 쉽다. 여과기에는 1G4와 같은 번호가 붙어 있는데 맨 앞의 숫자는 모양과 크기, G는 유리의 종류, 마지막 숫자는 여과기 구멍의 크기를 나타낸다. 처음의 숫자가 1(또는 2)이면 윗 부분의 바깥 지름이 38(또는 47)mm이고, 들이는 30(또는 50)ml, 그 무게는 약 20(또는 25)g이다. 마지막 숫자가 1이면 가루막의 작은 구멍의 크기가

120~100 μ, 2이면 50~40 μ, 3이면 30~20 μ, 4이면 10~5 μ이므로 침전입자의 크기에 따라 적당한 것을 선택해야 한다. 쓰는 방법은 Gooch 도가니와 같다.

(2) 세척

침전에 붙어 있는 모액성분이나 불순물을 세척할 때에는 침전이 변질되거나 녹지 않도록 조심해야 한다. 결정성인 침전을 세척할 때에는 찬 증류수나 침전과 공통이온을 포함한 전해질 용액 곧 세척액(wash liquid)으로 씻어야 하며, 씻을 때 교질용액으로 해교되기 쉬운 침전은 뜨거운 세척액을 쓴다. 세척한 침전은 앞으로 건조 또는 강열하므로 휘발하기 쉬운 물질 곧 NH_4NO_3, $(NH_4)_2C_2O_4$, NH_4Ac 등의 암모늄염, NH_4OH 및 H_2S 등의 용액은 세척액으로 가장 많이 쓴다. 때에 따라서는 유기용매를 포함하는 세척액을 쓰기도 하나, 언제든지 지나치게 씻어서는 곤란하다. 침전을 증류수로 세척할 때에는 여과지나 여과기 위에 놓고, 세척병을 써서 씻는다. 세척액을 쓰기도 하나, 언제든지 지나치게 씻어서는 곤란하다. 침전을 증류수로 세척할 때에는 여과지나 여과기 위에 놓고, 세척병을 써서 씻는다. 세척액으로 침전이 완전히 덮이면 그 세척액이 다 여과된 뒤에 같은 방법으로 세척액을 넣어 여과하고, 그 여과액에 적당한 확인 시약을 떨어뜨려 봄으로써 세척이 다 되었는지 조사해 보아야 한다.

일정한 양의 세척액으로 침전을 세척할 때 한 번에 다량의 세척액으로 씻어 세척횟수를 줄이기보다 소량의 세척액을 써서 여러 번 세척하는 것이 좋다고 하는 Ostwald의 세척이론을 살펴 보자. 지금 모액에서 침전을 여과하여 분리할 때에 침전에 모액이 항상 v ml 남아 있다고 하고, 이 v ml 속에 녹을 수 있는 불순물의 농도를 C_0(g/ml)라 하자. 다음에 세척액 V ml를 가하여 침전을 씻고, 여과하면 이 때에 침전에 남아 있는 v ml 속의 불순물 농도 C_1은

$$C_1 = C_0 \frac{v}{V+v} \qquad \cdots\cdots (6-3)$$

이 침전을 두번째도 V ml의 세척액으로 씻어 여과하며 이 $v$ml 속의 불순물의 농도 C_2는

$$C_2 = C_1 \frac{v}{V+v} = C_0\left(\frac{v}{V+v}\right)^2 \qquad \cdots\cdots (6-4)$$

같은 방법으로 n번 씻으면

$$C_n = C_0(\frac{v}{V+v})^n \quad \cdots\cdots (6-5)$$

n번 씻은 뒤에 침전에 붙어 남은 용액 속의 불순물의 무게 W_n은 vC_n이므로

$$W_n = vC_n = vC_o(\frac{v}{V+v})^n \quad \cdots\cdots (6-6)$$

이 식으로 알 수 있는 바와 같이 v가 작을수록, V와 n은 클수록 침전에 남는 불순물의 무게가 줄어 든다. 그러나 보기를 들어 $vC_0 = 1\text{g}$, $v = 1\text{m}l$, $V = 10\text{m}l$라고 하면, 다섯 번 씻은 뒤의 불순물의 무게 W_5는

$$W_5 = 1 \times (\frac{1}{10+1})^5 = 6.2 \times 10^{-6}(\text{g})$$

이 양은 무시할 수 있으므로 충분히 세척되었으나, 50 ml를 25 ml씩 두번만 씻는다면 상당한 양의 불순물이 남게 된다.

$$W_2 = 1 \times (\frac{1}{25+1})^2 = 1.5 \times 10^{-3}(\text{g})$$

이러한 이론은 경사법이나 용매 추출법에도 적용할 수 있으나, 실제로는 이 계산에 나타나는 양보다 많은 양의 불순물이 흡착하여 오염되며, 유발 침전으로 불순물이 침전에 섞이므로 완전히 세척하기란 어렵다.

3. 건조 및 강열

(1) 건조

위와 같은 방법으로 세척한 침전을 건조하는 데에는 가열장치를 쓰거나, 보통 실온에서 수분을 제거하는 데에 쓰는 데시케이터 등이 있다. 가열건조장치로서는 보통 60~200℃로 건조시키는 데에 쓰는 항온전기건조기(constant temperature electric drying oven)을 많이 이용한다. 이 건조기는 105℃ 정도에서 시료나 유리 기구에 붙어 있는 수분을 제거하는 데에 가장 알맞는 장치이다. 유리에 눈금이 들어 있는 부피 측정기구를 건조할 때에는 100~105℃ 이상의 온도로 올려서는 안 된다. 공기중탕은 불꽃으로 바깥 도가니를 강열하면 시료나 침전이 들어 있는 안쪽의 자기제 도가니가 뜨거운 공기로 데워지므로 휘발성분을 천천히 휘발시키는 데에 쓸 수 있다.

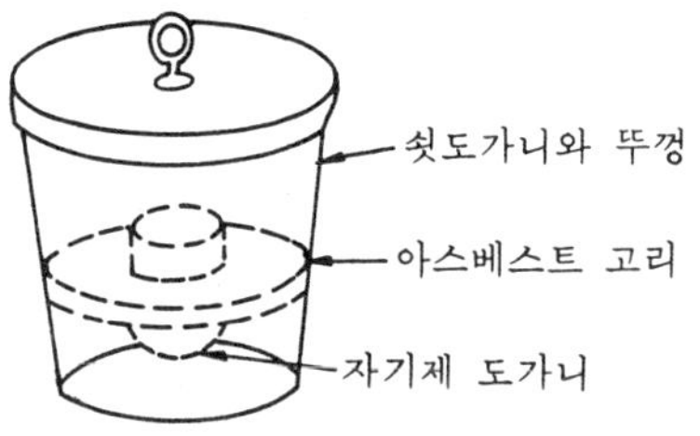

그림 6-10 공기 중탕

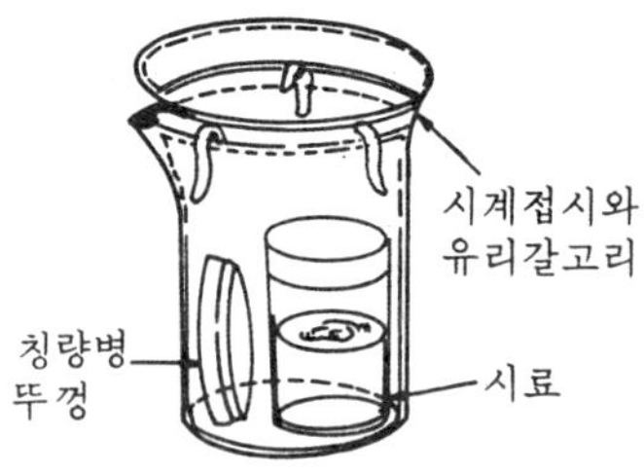

그림 6-11 시료 건조할 때의 칭량병의 배치

침전이나 시료의 수분을 제거하거나, 건조한 상태로 보존할 때 또는 건조하거나, 강열시킨 물질이 수분을 흡수하지 않고 실온으로 냉각시킬 때에 데시케이터(desiccator)를 이용한다. 데시케이터의 밑부분에 넣는 건조제(desiccant)로는 옛날에는 염화칼슘을 썼으나 요즈음은 실리카겔을 쓸 때가 많다. 특히 건조 정도에 정밀한 것을 원할 때에는 진한 황산이나 오산화인을 쓴다. 여러 가지 건조제를

그림 6-12 데시케이터

표 6-5에 나타낸다. 각 값은 각각의 건조제와 공존하는 공기 1l 속의 수분의 잔류 무게이므로 이 값이 작을수록 우수한 건조제이다.

표 6-5 대표적인 건조제

건조제	공기 1l당 잔류 수분량(mg) 30.5 ℃	건조제	공기 1l당 잔류 수분량(mg) 30.5 ℃
$CuSO_4$	2.8	Silica gel	3×10^{-2}
$CaCl_2\cdot H_2O$, 입상	1.5	KOH, 봉상	1.4×10^{-2}
$CaCl_2\cdot 1/4H_2O$, 공업용 무수물	1.25	Al_2O_3	5×10^{-3}
$ZnCl_2$, 동상	0.98	$CaSO_4$ 무수물	5×10^{-3}
$Ba(ClO_4)_2$ 무수물	0.82	CaO	3×10^{-3}
NaOH, 봉상	0.80	H_2SO_4	3×10^{-3}
$CaCl_2$ 무수물	0.36	$Mg(ClO_4)_2$	2×10^{-3}
H_2SO_4, 95%	0.3	Al_2O_3	1×10^{-3}
NaOH, 용융	0.16	BaO	7×10^{-4}
$Mg(ClO_4)_2\cdot 3H_2O$	3×10^{-2}	P_2O_5	2×10^{-5}

(2) 강열

정량 여과지에 싸여 있는 침전을 자기제, 니켈 또는 백금 도가니 등에 넣어 높은 온도로 강열(또는 가열 회화, 작열, ignition)하는 데에 쓰는 가열기구에는 900~950 ℃까지 올릴 수 있는 분젠 버너(750 ℃)의 개량품인 G. S. 버너, 950~1000 ℃까지 높일 수 있는 분젠 버너의 일종인 Tirrill버너, 1200~1600 ℃까지 높일 수 있는 전기회화로(electric muffle furnace) 등이 있다.

자기제 도가니의 뚜껑에 기체 도입관이 있는 Rose 도가니는 침전을 H_2나 CO_2 등의 기류 중에서 태울 때 쓴다. H_2는 황산 산성 $KMnO_4$액과 진한 황산액에 도입하여 공기가 섞여 들어가지 않을 때에 쓰며, CO_2는 물, 탄산나트륨액, 진한 황산액에 통하여 쓴다.

침전을 강열하기 전에 도가니는 세척하여 말린 다음, 그림 6-14와 같이 배치하여 처음에는 낮은 온도에서 천천히 가열하고 차차 높은 온도로 강열하여 강열 온도에서 0.5~1시간 정도 가열한다. 자기제 도가니를 강열할 때에 도가니가 나타나는 색과 대략의 온도는 표 6-6과 같으나 자기제 도가니의 특성으로 보아 1000 ℃ 이상인 오렌지색이나 흰색이 될 때까지 강열해서는 안 된다. 이 도가니를 냉각할 때에는 가열하던 위치에서 100~200℃로 식힌 다음에 데시케이터에서 약 반 시간 정도 냉각하여 천칭으로 칭량조작을 항량이 될 때까지 되풀이한다.

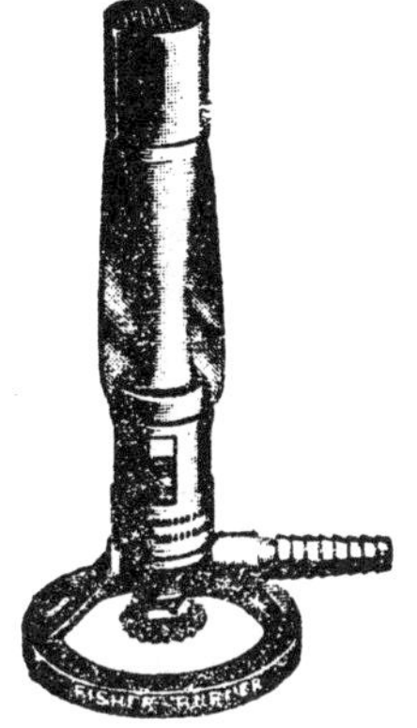

그림 6-13 Meker 버너

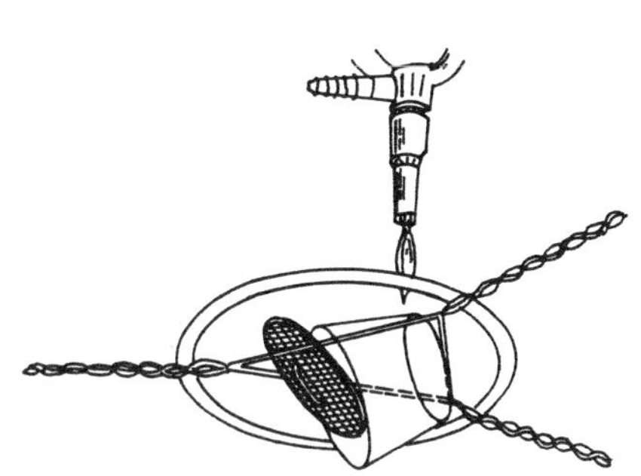

그림 6-14 강열할 때의 도가니 위치

표 6-6 도가니의 색과 대략의 온도

색	온도(℃)
빨 간 색	500
담 적 색	600
분 홍 색	800
오렌지색	1000
흰 색	1200

침전을 여과지와 같이 강열하는 방법은 다음과 같다. 먼저 침전과 여과지를 그림 6-15와 같이 조금 젖은 상태에서 접어 항량의 도가니에 넣고 3각석쇠 위에 올려 놓는다. 천천히 가열하여 건조시키고, 여과지가 타기 시작하면 도가니 집게로 뚜껑을 덮는다. 도가니를 바로 세워 연기가 나지 않을 때까지 가열하여 탄화시킨 다음, 계속하여 강열온도에서 강열하거나 전기 회화로에서 완전히 회화하여 데시케이터에 넣어 방냉한 다음, 천칭으로 달아 항량이 될 때까지 위의 조작을 되풀이한다.

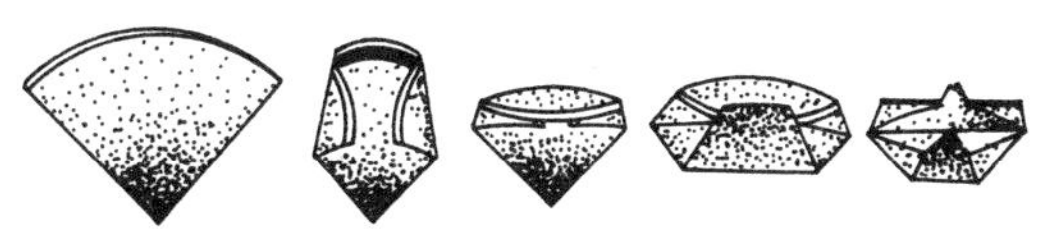

그림 6-15 회화시킬 여과지 접는 법

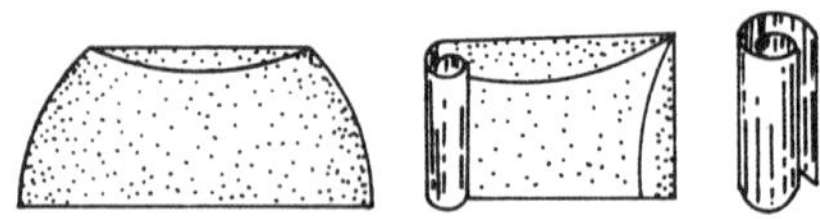

그림 6-16 여과지를 원통형으로 마는 방법

침전을 여과지에서 떼어내고 여과지만을 태우는 방법은 가열하여 회화시키는 도중에 탄소나 일산화탄소에 의하여 침전이 환원되므로 일정한 조성의 칭량형을 얻을 수 없을 때에는 앞의 방법보다 우수하다. 여과지와 침전을 함께 100~105℃에서 건조시킨 다음, 도가니에 대부분의 침전을 옮기고, 여과지는 침전이 붙어 있는 쪽을 속으로 들어 가도록 그림 6-16과 같이 접어 유리막대 끝에 달린 길이 약 10cm 정도의 백금선으로 감는다. 여기에 쓰는 백금선은 염산에 담그었다가 강열하여 깨끗하게 해 둔 것을 쓴다. 그림 6-17과 같이 침전이 들어 있는 도가니 위에서 천천히 여과지를 산화염으로 태워 도가니 속에 회분(ash)이 떨어지게 한다. 이 때 도가니는 시계접시 위에 넣고, 접시 밑에는 침전의 색과 반대의 흰 색 또는 검은 색의 광택지를 깔아서 회분의 유실을 막아야 한다. 침전과 회분이 든 도가니는 앞의 방법으로 강열한다.

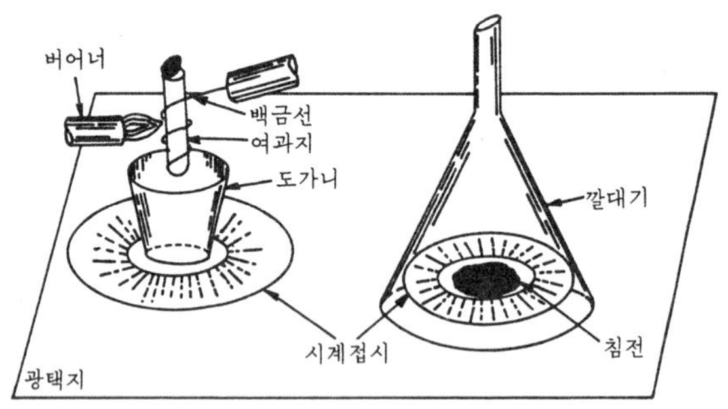

그림 6-17 여과지의 회화

4. 중량분석의 계산법

지금 칼슘이 포함된 시료 Sg을 용액으로 만든 다음, $(NH_4)_2C_2O_4$ 용액을 넣어 칼슘 이온을 침전시켰다 하자. 이 침전형 $CaC_2O_4 \cdot H_2O$를 900℃로 강열하여 CaO Wg을 얻었다면, 원래의 시료 속에 들어 있는 칼슘의 무게 백분률 P는

$$P(\%) = \frac{W}{S} \times \frac{\text{Ca의 원자량}}{\text{CaO의 분자량}} \times 100 \quad \cdots\cdots (6-7)$$

이다. 여기서 $W \times \frac{\text{Ca의 원자량}}{\text{CaO의 분자량}}$ 은 원시료 속의 성분 Ca의 양이다.

이와 같이 칭량형의 조성이 구하고자 하는 성분과 다를 때에 칭량형 양에 대한 구하고자 하는 양의 비

$$F = \frac{\text{구하고자 하는 성분의 양}}{\text{칭량형 량}} \quad \cdots\cdots (6-8)$$

을 **환산계수**(comversion factor, 또는 중량분석계수 gravimetric factor)라 한다. 위의 보기에서 S=1.0000 g. W=0.4000 g이라면 칼슘의 무게 백분율은 다음과 같다.

$$F = \frac{\text{Ca의 원자량}}{\text{CaO의 분자량}} = \frac{40.08}{56.08} = 0.7147$$

$$\therefore P = \frac{W}{S} \times F \times 100 = \frac{0.4000}{1.0000} \times 0.7147 \times 100 = 28.59\,(\%)$$

시료 속의 어떤 성분의 양을 분석하여 구한 값을 실험치(experimental value, 또는 분석치)라 하고, 원자량에서 수식적으로 계산하여 얻은 값을 이론치(theoretical value, 또는 계산치)라고 하는데, 부반응이나 불완전한 반응 또는 손실 등에 의하여 이들 두 값이 다를 때가 있다. 보기를 들면 인산염을 $(NH_4)_3PO_4 \cdot 12MoO_3$로 칭량할 때에 침전에는 P가 이론치로는 1.65%이나, 실험으로 구한 값을 1.63%이다. 이와 같이 실험치가 재현성이 좋을 때에는 환산 계수 F=0.0165

표 6-7 환산계수의 보기

구하고자 하는 물질	침전형	칭량형	환산계수
Ag	AgCl	AgCl	0.7526
Ca	$CaC_2O_4 \cdot H_2O$	CaO	0.7147
Mg	$MgNH_4PO_4 \cdot 6H_2O$	$Mg_2P_2O_7$	0.2185
MgO	$MgNH_4PO_4 \cdot 6H_2O$	$Mg_2P_2O_7$	0.3622
P	$MgNH_4PO_4 \cdot 6H_2O$	$Mg_2P_2O_7$	0.2783
P_2O_5	$MgNH_4PO_4 \cdot 6H_2O$	$Mg_2P_2O_7$	0.6378
S	$BaSO_4$	$BaSO_4$	0.1374
SO_3	$BaSO_4$	$BaSO_4$	0.3430

를 써서는 안 되며, 경험계수(empirical factor) F=0.0163을 써서 실험결과를 계산해야 한다. 곧 실험조건에 따라서 오차가 상당히 클 때에는 실험조건을 일정하게 고정하여 기지와 미지의 시료를 분석한 다음, 경험계수를 써서 계산한다.

6-3 중량분석실험

[실험 6-1] 하 · 폐수 중의 현탁고형물, 총고형물 및 용존고형물의 측정

1. 개 요

시료수를 증발, 건조시켰을 때 잔존하는 물질을 총고형물이라 하며 시료수를 여과후 여지에 잔류하는 건조고형물을 현탁고형물, 여액을 증발건조했을 때의 잔류물은 용존고형물이다.

총고형물 = 현탁고형물 + 용존고형물

2. 조 작

① 현탁고형물

유리섬유 여지(GF/C)를 미리 정제수로 씻은 다음 시계접시 위에 놓고 105~110℃의 건조기 안에서 2시간 건조시켜 황산 데시케이터에 넣어 방냉하고 항량으로 하여 무게를 정밀히 달고(Amg) 여과기에 부착시킨다. 시료 적당량(Vml)을 여과기에 주입하면서 흡인여과한다. 여과기의 기벽과 여지상의 잔류물을 물로 수회 씻어주고 유리섬유 여지를 핀셋으로 주의하면서 여과기에서 끄집어 내어 시계접시 위에 놓고 105~110℃의 건조기 안에서 2시간 건조시켜 황산 데시케이터에 넣어 방냉한 다음 항량으로 하여 무게를 정밀히 단다(Bmg). 같은 방법으로 3회 이상 실험을 실시한다.

여과 전후의 유리섬유 여지 무게의 차이를 구하여 현탁고형물의 양으로 한다.

② 총고형물 및 용존고형물

증발접시를 미리 정제수로 씻은 다음 105~110℃의 건조기 안에서 2시간 건조시켜 황산 데시케이터에 넣어 방냉하고 항량으로 하여 무게를 정밀히 측정한다(Cmg). 시료(용존고형물을 측정할 경우는 현탁고형물 측정할 때의 여액) 적당량(Vml)을 증발접시에 취하여 끓는 온도보다 2℃ 정도 낮은 온도에서 수분이 없어질 때까지 증발 건조시키고 105~110℃의 건조기 안에서 2시간 건조시킨 다음 황산 데시케이터에 넣어 방냉하고 항량으로 하여 무게를 정밀히 측정한다(D mg). 같은 방법으로 3회 이상 실험을 실시한다.

3. 계 산

① 현탁고형물(mg/l) $= (B-A)\times\frac{1000}{V}$

② 총고형물(mg/l) $= (D-C)\times\frac{1000}{V}$

③ 용존고형물(mg/l) = 총고형물 − 현탁고형물

[실험 6-2] 황산구리 속의 결정수 정량

1. 개요

결정 황산구리의 가열에 의한 분해 온도는 다음과 같다.

$$\underset{(\text{남색})}{CuSO_4 \cdot 5H_2O} \xrightarrow{43℃} CuSO_4 \cdot 3H_2O \xrightarrow{68℃} \underset{(\text{담청색})}{CuSO_4 \cdot H_2O} \xrightarrow{218℃} \underset{(\text{회백색})}{CuSO_4} \xrightarrow{\text{강열}} \underset{(\text{검은색})}{CuO}$$

그러므로 시료를 일정량 칭량병에 취하고 일정온도에서 가열한 후 그 감량을 구하여 결정수를 정량한다.

2. 조작

물로 깨끗이 씻고, 105~110℃에서 건조하여 냉각, 칭량함으로써 항량이 된 20 ml들이 정도의 칭량병에 재결정하여 정제한 건조시료 가루를 1.5g 정도 정확하게 단 다음, 항온 전기 건조기에서 105~110℃로 약 1시간 가열하고, 뚜껑을 닫아 데시케이터에서 30분 냉각시킨 뒤에 단다. 이러한 가열, 냉각, 칭량조작을 항량이 될 때까지 되풀이하면 4분자의 결정수가 휘발한다.

이 분석치와 이론치 27.68%를 비교하라.

5분자의 결정수를 전부 휘발시키고자 할 때에는 $CuSO_4 \cdot 5H_2O$ 시료를 모래 중탕이나 공기중탕을 써서 220~250℃에서 항량으로 한 도가니에 넣고, 220~225℃에서 1~2시간 가열한 다음, 항량이 될 때까지 되풀이한다. 이 때의 실험치를 계산하고, 계산치 36.08%와 비교하라.

3. 계산

$$H_2O\,(\%) = \frac{\text{감소량}}{\text{시료의 무게}} \times 100$$

[실험 6-3] $BaSO_4$로써 황산염의 정량

1. 개요

K_2SO_4에 $BaCl_2$를 가하여 $BaSO_4$ 침전을 얻고 강열한 후 그 무게를 달아 SO_4를 정량한다.

$$K_2SO_4 + BaCl_2 \rightarrow BaSO_4 + 2KCl$$
$$BaSO_4 + 4C \rightarrow BaS + 4CO \text{(600℃ 이상)}$$
$$BaS + 2O_2 \rightarrow BaSO_4$$

2. 조작

항량이 될 때까지 건조한 시료(K_2SO_4) 약 0.5g을 정확하게 달아 500ml 비커에 넣고, 약 25ml의 물에 녹여 진한 염산 1ml를 넣는다. HCl 산성이 아니면 CO_3^{2-}, PO_4^{3-}, $C_2O_4^{2-}$ 등의 음이온이 Ba염으로 공침한다. 물을 더 넣어 300ml로 묽힌 다음, 시계접시를 덮고 가열한다. 끓으면 흔들면서 피펫으로 한 방울씩 5% $BaCl_2$ 20~50ml를 넣는다. 침전이 비커 밑바닥에 가라 앉으면, 상등액에 $BaCl_2$를 침전이 더 생기지 않을 때까지 넣어야 한다. 침전이 더 이상 생기지 않으면, 시계접시를 덮고 물중탕에서 1~2시간 방치한다.

얻어진 흰 침전은 먼저 정량용 여과지에 상등액을 경사하고, 비커에 남아 있는 침전은 소량의 뜨거운 물로 여과지에 옮긴다. 비커 벽에 묻은 침전은 policeman으로 뜨거운 물을 써서 완전히 여과지에 옮기고, 여과지 위의 침전은 뜨거운 물을 8~10번 소량씩 넣어 씻는다. 최후의 세척액 수 ml를 시험관에 받아 $AgNO_3$ 용액을 몇 방울 넣어 흰 혼탁 AgCl이 생기지 않는 것을 확인하고, 침전을 깔때기와 같이 90~95℃로 조절된 항온 전기 건조기에서 말린다.

800~900℃에서 반 시간 정도 강열하고, 데시케이터에서 반 시간 냉각시킨 다음 칭량한다. 강열하기 전에 여과지를 완전히 연소시키지 못하면 다음 반응식에 따라 $BaSO_4$가 환원되나, BaS를 공기 속에서 강열하면 다시 산화한다. 순수한 $BaSO_4$를 약 1400℃의 고온으로 강열해도 분해하지 않는다.

3. 계산

$$SO_4(\%) = \frac{BaSO_4\text{를 단 무게(g)}}{\text{시료의 채취량(g)}} \times \boldsymbol{F} \times 100$$

$$\text{단, 환산 계수 } \boldsymbol{F} = \frac{\boldsymbol{I}_{SO_4}}{\boldsymbol{M}_{BaSO_4}} = 0.4115$$

[실험 6-4] $Mg_2P_2O_7$ 으로써 인산염의 정량

1. 개 요

시료용액에 마그네시아 혼액과 암모니아수를 가하여 $MgNH_4PO_4$침전을 만들고 1050℃로 강열하면 암모니아 기체와 수분이 휘발하면서 $Mg_2P_2O_7$이 남는다. 이것을 칭량하고 계산으로부터 P_2O_5의 순도를 구한다.

$$HPO_4^{2-} + Mg^{2+} + NH_4OH + 5H_2O \rightarrow 2MgNH_4PO_4 \cdot 6H_2O$$

$$MgNH_4PO_4 \xrightarrow[1050\,℃]{\text{강열}} Mg_2P_2O_7 + 2NH_3 + 13H_2O$$

2. 조 작

시료($Na_2HPO_4 \cdot xH_2O$는 105℃에서 4시간 건조) 약 0.4g을 정확하게 달아 300 ml 비커에서 약 100ml의 물에 녹이고, 진한 HCl 1ml를 넣는다. 다음에 마그네시아 혼액 20ml 및 10% NH_4OH 50ml를 넣고, 흔들어서 4시간 방치하여 생긴 침전을 정량 여과지로 거른다. 2% NH_4OH로 Cl^-의 반응이 없을 때까지 씻는다.

다음에 침전을 말리고, 항량이 될 때까지 전기 회화로에서 1050℃로 강열하여 데시케이터에서 식힌 다음, $Mg_2P_2O_7$을 단다. 또 여과지는 백금선을 써서 회화시키는 방법, 또는 여과지를 도가니 속에서 연소시키는 방법 중의 어느 방법이라도 좋으나, 될 수 있는 한 저온에서 태워야 한다.

마그네시아 혼액 만드는 법 : $MgCl_2 \cdot 6H_2O$ 55g 및 NH_4Cl 105g을 증류수 500ml에 녹이고, NH_4OH를 소량 넣어 알칼리성으로 하여 하룻밤 방치할 때 침전이 생기면 거르고, 여과액을 소량의 HCl로 약산성화하여 물로 1l로 묽힌다.

3. 계 산

$$P_2O_5(\%) = \frac{Mg_2P_2O_7\text{을 단 무게(g)}}{\text{시료의 채취량(g)}} \times F \times 100$$

$$\text{단,}\quad F = \frac{M_{P_2O_5}}{M_{Mg_2P_2O_7}} = 0.6378$$

[실험 6-5] Al_2O_3로써 명반의 정량

1. 개 요

시료에 NH_4OH를 가하여 $Al(OH)_3$ 침전을 만들고 1200℃에서 1시간 강열한 후 얻어진 Al_2O_3의 무게를 달아서 명반의 순도를 구한다.

$$Al^{3+} + 3OH^- \rightarrow Al(OH)_3$$

$$2Al(OH)_3 \xrightarrow[1\,hr]{1200\,℃} Al_2O_3 + 3H_2O \uparrow$$

2. 조 작

시료(명반 $K_2SO_4Al_2(SO_4)_3 \cdot 24H_2O$) 약 1g을 정확하게 달아서 500ml 비커에 넣고, 250ml의 물에 녹여 메틸렛을 한 방울 넣는다. 불순물로 섞인 Mg^{2+}과 반응하지 못하게 하고, 지나친 알카리성을 막고, $Al(OH)_3$의 교질화를 막기 위하여 NH_4Cl 가루를 약 1g 넣어 녹인다. 끓을 때까지 가열하고 난 다음 가열을 그치고, 10% NH_4OH를 붉은 색이 노란 색으로 될 때까지 넣어 용액의 pH는 6.2 정도로 한다. 1~2분간 끓인 다음, 곧 여과액을 경사하여 정량 여과지로 거른다. 비커에 남은 침전은 $Al(OH)_3$의 해교를 막기 위하여 2% NH_4Cl의 더운 용액으로 여러 번 경사하여 여과지에 옮긴다. 이 때에 세척액을 5% $BaCl_2$ 용액으로 검사하여 세척액 중에 SO_4^{2-}의 반응이 없을 때까지 씻는다. 이 여과지와 깔때기를 90~95℃로 말려 도가니에 넣고 강열한다. 전기로에서 1200℃로 1시간 강열하고, 데시케이터에서 반 시간 냉각한 다음 정확하게 무게를 단다. 위의 실험 결과에서 명반의 순도를 구한다.

3. 계 산

$$\mathrm{Al}(\%) = \frac{\mathrm{Al_2O_3}\text{를 단 무게(g)}}{\text{시료의 채취량(g)}} \times \mathrm{F} \times 100$$

$$\text{단, } \mathrm{F} = \frac{2\boldsymbol{M}_{\mathrm{Al}}}{\boldsymbol{M}_{\mathrm{Al_2O_3}}} = 0.5291$$

[실험 6-6] Fe_2O_3로써 철의 정량

1. 개 요

시료(황산철암모늄 : $(NH_4)_2Fe(SO_4)_2 \cdot 6H_2O$)에 NH_4OH를 반응시켜 $Fe(OH)_3$ 침전을 만들고 1000℃로 강열하여 Fe_2O_3를 얻은 후 그 무게를 달아서 Fe를 정량한다.

$$Fe^{3+} + 3OH^- \rightarrow Fe(OH)_3$$

$$2Fe(OH)_3 \xrightarrow[1\,hr]{1000\,℃} Fe_2O_3 + 3H_2O \uparrow$$

2. 조 작

황산철암모늄 $[(NH_4)_2Fe(SO_4)_2 \cdot 6H_2O]$ 약 0.5~1g을 정확하게 달아서 500ml 비커에 넣고, 물 100ml와 가수분해를 막기 위하여 진한 HNO_3 4~5ml를 넣어 녹이고, 5분간 물중탕에서 가열하면, 제1철이온이 완전히 산화된다. 다음에 약 200ml로 묽히고, 용액을 잘 젓고, 끓이면서 붉은색 리트머스 시험지가 푸른 색으로 될 때까지 NH_4OH를 가하여 $Fe(OH)_3$의 침전을 완결시킨다. 경사법으로 모액을 제거하고, 침전은 NH_4NO_3 소량을 포함하는 더운 물로 3~4번 씻고, 침전을 여과지로 옮겨 세척액이 중성이 될 때까지 씻는다. 여과지와 침전을 말리고, 도가니에 넣어 항량이 될 때까지 강열한 다음, 천천히 냉각하여 정확하게 단다.

적갈색, Fe_2O_3에 흑갈색 Fe_3O_4이 섞이지 않도록 미리 완전히 산화시켜야 하며, 온도는 1000℃ 이하로 유지해야 한다. 또 Al^{3+}, Cr^{3+}, Ti^{4+}, Mn^{2+}, Zr^{4+}, PO_4^{3-}, SiO_3^{2-}, UO_3^-, AsO_4^{3-} 등의 이온은 방해한다.

3. 계 산

$$\text{Fe}(\%) = \frac{\text{Fe}_2\text{O}_3\text{를 단 무게(g)}}{\text{시료의 채취량(g)}} \times \boldsymbol{F} \times 100$$

$$\text{단, } F = \frac{M_{Fe_2O_3}}{M_{(NH_4)_2Fe(SO_4)_2 \cdot 6H_2O}} \times \frac{A_{Fe}}{M_{Fe_2O_3}} = 0.0712$$

문 제

6－1 중량분석법의 종류

1. 염화바륨의 결정수를 정량하는 실험방법을 조사 설명하라.
2. 석회석 시료 1.0000 g을 105℃에서 항량이 되도록 건조하니 0.9902 g이었고, 950℃로 강열하니 0.5402 g이었다. 영수시료의 H_2O 무게 백분율을 계산하고, 건조시료와 영수시료 속의 $CaCO_3$의 무게 백분율을 구하라.

6－2 중량분석법의 기본조작

1. Pb_3O_4를 포함하는 시료 0.2905 g을 녹여 $PbSO_4$로 침전시켰더니 0.3819 g이었다. 이 침전의 Pb에 대한 환산계수를 구하고, 시료의 순도와 Pb의 무게 백분율을 구하라. 또 경험계수가 0.6822일 때의 Pb의 무게 백분율은 얼마냐?
2. 3.5*M* $Ba(SCN)_2$ 100*ml*와 0.5M $MnSO_4$ 100*ml*가 섞일 때에 $(Q-S)/S$를 구하라.
3. 길이 1cm의 입방체를 100mμ의 입방체로 할 때의 비표면적의 변화를 구하라.

6－3 중량분석실험

1. AgCl로써 염화물을 정량하는 방법을 설명하라.
2. Dimethylglyoxime법에 의한 Ni 정량법을 조사하라.
3. Oxine법에 의한 Mg의 정량원리를 설명하라.

제 7 장

정성분석

7-1 정성분석 기본조작

1. 정성분석 개요

본서에서 다루는 반미량 무기 정성분석은 다음 순서에 따라 실험한다. 곧 예비시험을 하여 시료 속에 들어 있는 성분을 대강 추정하고, 시료가 고체이면 용액상태로 만들어 그 추정성분을 적당한 방법으로 본 실험을 한다. 곧 시료용액 속의 몇 가지 성분과 선택적으로 반응하는 선택성 시약(selective reagent)을 넣어 차례로 침전되는 것을 분리하여 몇 개의 족(group)으로 나눈다. 어떤 시약이 단 한 가지의 성분과 특이하게 화학반응을 일으킬 때에 이것을 특이성 반응(specific reaction)이라고 하며, 몇 가지만의 성분과 시약이 공통적으로 반응할 때에 이러한 화학반응을 선택성 반응(selective reaction)이라고 한다. 이와 같이 여러 가지 이온이 함께 포함되어 있는 용액에 선택성 시약을 넣어 몇 개의 족으로 가르는 분리법을 이용한 방법은 계통분석(systematic analysis)이라 하고, 여기에서 분리의 목적으로 쓰는 시약을 특히 분족시약(group reagent)이라 한다. 분족된 침전 중의 각 성분을 분리하기 위하여 넣은 시약은 분리시약(separation reagent)이라 하고, 분리된 각 성분에 특이성시약(specific reagent)을 넣어 각 성분이온의 존재를 확인하는 시약을 확인시약(identification reagent) 또는 검출시약(detection reagent)이라 한다. 보기를 들면 양이온 제 1 족 이온을 침전시키기 위하여 넣는 묽은 HCl 용액은 양이온 제 1 족의 분족시약이고, 침전 AgCl과

Hg_2Cl_2을 분리하기 위하여 넣는 NH_4OH는 분리시약이며, Ag^+의 검출에 쓰는 HNO_3 용액은 확인시약이다.

2. 시 약

(1) 양이온 용액의 조제법

1 m*l* 속에 성분 이온이 10 mg 들어 있도록 증류수에 녹여 만든다.

이 온	용 질	용질의 1 *l*당 *g*수	조 제 법
Ag^+	$AgNO_3$	15.7	수용액 1*l*에 진한 HNO_3 5 m*l*를 넣는다.
Hg_2^{2+}	$Hg_2(NO_3)_2 \cdot 2H_2O$	14.0	0.6 *M* HNO_3에 녹인다.
Pb^{2+}	$Pb(NO_3)_2$	16.0	물에 녹인다.
Hg^{2+}	$Hg(NO_3)_2 \cdot 2H_2O$	18.0	0.16 *M* HNO_3에 녹인다.
Bi^{3+}	$Bi(NO_3)_3 \cdot 5H_2O$	23.2	3 M HNO_3에 녹인다.
Cu^{2+}	$Cu(NO_3)_2 \cdot 3H_2O$	38.0	물에 녹인다.
Cd^{2+}	$Cd(NO_3)_2 \cdot 4H_2O$	27.5	물에 녹인다.
As^{3+}	As_2O_3	13.2	4 *M* HCl에 녹인다.
As^{5+}	$Na_2HAsO_4 \cdot 7H_2O$	41.7	물에 녹인다.
Sb^{3+}	$SbCl_3$	18.8	2.8 *M* HCl에 녹인다.
Sn^{2+}	$SnCl_2 \cdot 2H_2O$	19.0	2.8 *M* HCl에 녹인다.
Sn^{4+}	$SnCl_4 \cdot 5H_2O$	29.6	2.4 *M* HCl에 녹인다.
Fe^{3+}	$Fe(NO_3)_3 \cdot 9H_2O$	72.5	물에 녹인다
Al^{3+}	$Al(NO_3)_3 \cdot 9H_2O$	139.0	물에 녹인다
Cr^{3+}	$Cr(NO_3)_3 \cdot 9H_2O$	77.0	물에 녹인다.
Mn^{2+}	$Mn(NO_3)_2 \cdot 6H_2O$	52.3	50% 시약 용액은 42.4 ml를 물에 녹인다.
Ni^{2+}	$Ni(NO_3)_2 \cdot 6H_2O$	49.5	물에 녹인다
Co^{2+}	$Co(NO_3)_2 \cdot 6H_2O$	49.5	물에 녹인다.
Zn^{2+}	$Zn(NO_3)_2 \cdot 6H_2O$	45.5	물에 녹인다.
Ba^{2+}	$Ba(NO_3)_2$	19.0	물에 녹인다.
Ca^{2+}	$Ca(NO_3)_2 \cdot 4H_2O$	59.0	물에 녹인다.
Sr^{2+}	$Sr(NO_3)_2 \cdot 4H_2O$	32.4	물에 녹인다.
Mg^{2+}	$Mg(NO_3)_2 \cdot 6H_2O$	108.8	물에 녹인다.
K^+	KNO_3	26.0	물에 녹인다.
Na^+	$NaNO_3$	37.0	물에 녹인다.
NH_4^+	NH_4NO_3	44.5	물에 녹인다.

CO_3^{2-}	$Na_2CO_3 \cdot 10H_2O$	47.6	물에 녹인다.
SO_4^{2-}	$Na_2SO_4 \cdot 10H_2O$	33.5	물에 녹인다.
SO_3^{2-}	$Na_2SO_3 \cdot 7H_2O$	31.5	방치하면 천천히 산화된다.
S_2O_3	$Na_2S_2O_3 \cdot 5H_2O$	22.1	보존용으로로는 티몰 결정을 넣어라.
PO_4^{3-}	$Na_2HPO_4 \cdot 12H_2O$	37.6	물에 녹인다.
F^-	$KF \cdot 2H_2O$	2.1	물에 녹인다.
SiO_3^{2-}	$Na_2SiO_3 \cdot 9H_2O$	37.4	물에 녹인다.
$C_4H_4O_6^{2-}$	$KNaC_4H_4O_6$	19.1	보존용으로는 티몰 결정을 넣어라.
BO_3^{2-}	$Na_2B_4O_7 \cdot 10H_2O$	25.0	물에 녹인다.
AsO_4^{3-}	$Na_2HAsO_4 \cdot 7H_2O$	41.7	물에 녹인다.
AsO_3^{3-}	Na_2HAsO_3	22.7	물에 녹인다.
CrO_4^{2-}	K_2CrO_4	37.3	물에 녹인다.
Cl^-	NaCl	16.5	물에 녹인다.
Br^-	KBr	14.9	물에 녹인다.
I^-	KI	13.1	물에 녹인다.
SCN^-	KSCN	16.7	물에 녹인다.
$Fe(CN)_6^{3-}$	$K_3Fe(CN)_6$	15.5	물에 녹인다.
$Fe(CN)_6^{4-}$	$K_4Fe(CN)_6 \cdot 3H_2O$	19.8	물에 녹인다.
S^{2-}	$Na_2S \cdot 9H_2O$	75.2	방치하면 산화된다.
NO_2^-	$NaNO_2$	15.0	물에 녹인다.
NO_3^-	$NaNO_3$	13.7	물에 녹인다.
ClO_3^-	$NaClO_3$	12.7	물에 녹인다.
$C_6H_5O_7^{2-}$	$Na_3C_6H_5O_7 \cdot 2H_2O$	15.6	물에 녹인다.
$C_2H_3O_2^- = A_C^-$	$NaAc \cdot 3H_2O$	23.0	물에 녹인다.
MnO_4^-	$KMnO_4$	28.8	갈색병에 보관하라.

(2) 산과 염기

HAc(6*M*) : 시약(17*M*)을 1 : 2로 묽혀라.

HCl(6*M*) : 시약(12*M*)을 1 : 1로 묽혀라.

HNO_3(6*M*) : 시약(16*M*)을 1 : 1.7로 묽혀라.

H_2SO_4(6*M*) : 시약(18*M*)을 1 : 2로 묽혀라. H_3PO_4(85%) : 시약

NH_4OH(6*M*) : 시약(9*M*)을 1 : 1.5로 묽혀라.

NaOH(6*M*) : 240g NaOH/*l* 물

$KOH(0.5M)$: 28g KOH/l 물
$Ba(OH)_2(0.2M)$: 68g $Ba(OH)_2 \cdot 8H_2O/l$ 물

(3) 기타 염류와 특수시약

$NH_4Ac(3M)$: 231g/l
$NH_4Cl(1M)$: 54g/l
$(NH_4)_2HPO_4(1M)$: 132g/l
$NH_4NO_3(0.2M)$: 16g/l
$(NH_4)_2SO_4(1M)$: 132g/l
$NH_4SCN(1M)$: 176.1g/l
$(NH_4)_2C_2O_4(0.2M)$: 35.5g $(NH_4)_2C_2O_4 \cdot 2H_2O/l$
$BaCl_2(0.2M)$: 48.8g $BaCl_2 \cdot 2H_2O/l$
$Ba(NO_3)_2(0.1M)$: 26.1g/l
$Ca(NO_3)_2(0.1M)$: 23.6g $Ca(NO_3)_2 \cdot 4H_2O/l$
$CaSO_4(0.015M)$: 70g/l
$CuSO_4(1M)$: 250g $CuSO_4 \cdot 5H_2O/l$
$NH_2OH \cdot HCl(1M)$: 70g/l
$Pb(NO_3)_2(0.1M)$: 33.1g/l
$PbAc_2(0.1M)$: 76g $PbAc_2 \cdot 3H_2O/l$
$MgCl_2(0.02M)$: 4.1g $MgCl_2 \cdot 6H_2O/l$
$HgCl_2(0.1M)$: 27.2g/l
$KBrO_3(0.2M)$: 33.4g/l
$KClO_3(0.57M)$: 70g/l
$K_2CrO_4(0.5M)$: 97.1g/l
$K_3Fe(CN)_6(0.3M)$: 108g/l
K_2CO_3(50%) : 500g/l
$KNO_2(6M)$: 510g/l
$KMnO_4(0.01M)$: 1.6g/l
$KSCN(1M)$: 97g/l
Rhodamine B(0.01%) : 0.1g/l
$KF(0.1M)$: 16.6g/l
KCN(3%) : 30g/l
$Mn(NO_3)_2$(10%) : 100g/l
$K_4Fe(CN)_6(0.2M)$: 84.5g $K_4Fe(CN)_6 \cdot 3H_2O/l$
$AgNO_3(0.2M)$: 34g/l
$Ag_2SO_4(0.04M)$: 8g/l
$NaCl(0.02M)$: 1.2g/l
Na_2SO_4(10%) : 100g/l
티오요소(10%) : 100g/l
Alizarin S(0.1%) : 1g/l
$Na_2CO_3(1M)$: 124g $Na_2CO_3 \cdot H_2O/l$
$Na_3C_6H_5O_7(1M)$: 294g $Na_3C_6H_5O_7 \cdot 2H_2O/l$
$Na_2HPO_4(0.5M)$: 71g/l
$Na_2S_2O_3(1M)$: 248g $Na_2S_2O_3 \cdot 5H_2O/l$
$Zn(NO_3)_2(1M)$: 297g $Zn(NO_3)_2 \cdot 6H_2O/l$
$ZrOCl_2(0.5M)$: 161g $ZrOCl_2 \cdot 8H_2O/1l$ $1M$ HCl
$SnCl_2(0.5M)$: 113g $SnCl_2 \cdot 2H_2O/1l$ $1M$ HCl
Triethanolamine(20%) : 20V%

Aluminon(aurintricarboxyl 산의 NH_4^+ 염, 0.1%) : 1g/*l*

브롬수(0.2*M*) : 11ml Br_2/*l*

Dimethylglyoxime(1%) : 10g/1*l* 95% 알콜

$FeSO_4$(1*M*) : 280g $FeSO_4 \cdot 7H_2O$/1*l* H_2SO_4

H_2O_2(3%) : 10m*l* 30% H_2O_2/*l*　　호박산(0.5*M*) : 59g/*l*

염소수 : 냉수에 Cl_2 기체를 포화시켜라.

$(NH_4)_2CO_3$(2*M*) : $(NH_4)_2CO_3$ 192g을 80m*l* 진한 NH_4OH와 500m*l* 증류수의 혼합액에 녹이고 1*l*로 묽혀라.

$(NH_4)_2MoO_4$(0.5*M*) : $(NH_4)_6Mo_7O_{24} \cdot 4H_2O$ 90g과 NH_4NO_3 240g을 6*M* NH_4OH에 녹이고 1*l*로 묽혀라.

$(NH_4)_2S_x$(0.3*M*) : 진한 NH_4OH 150m*l*에 H_2S 를 포화시키고 진한 NH_4OH 250m*l*와 유황 10g을 더 넣어 유황이 녹을 때까지 흔든 다음 1*l*로 묽혀라.

$Ca(NO_3)_2$ $-Ba(NO_3)_2$ 혼합 용액 : 0.2*M* $Ba(NO_3)_2$와 1*M* $Ca(NO_3)_2$를 같은 부피 섞어라.

$FeCl_3$(0.35*M*) : $FeCl_3 \cdot 6H_2O$ 90g을 6*M* HCl 20m*l*에 녹여 1*l*로 묽혀라.

I_2−KI(0.1*M*) : 80m*l* 물에 KI 80g을 녹이고 요오드 25g을 넣어 잘 흔들고 1*l*로 묽혀라.

마그네시아 혼합 용액 : $MgCl_2 \cdot 6H_2O$ 55g과 NH_4Cl 140g을 500m*l*의 물에 녹이고, 진한 NH_4OH를 130m*l* 넣어 잘 저은 다음 1*l*로 묽혀라.

초산마그네슘우라닐 : 60m*l*의 HAc를 포함하는 800m*l*의 수용액에 $UO_2Ac_2 \cdot 2H_2O$ 45g과 $MgAc_2 \cdot 4H_2O$ 300g을 넣어 잘 저은 다음 1*l*로 묽혀라.

마그네손 시약 또는 S.O. 시약(0.05%) : p-nitrobenzenazoresorcinol 0.5g을 0.025*M* NaOH 1*l*에 녹여라.

$Na_3Co(NO_2)_6$(0.2*M*) : 80g/*l*, 찬 곳에 두고 매 주마다 새로 만들어라.

$Sr(NO_3)_2$(4.4 *M*) : $Sr(NO_3)_2 \cdot 4H_2O$ 1240g을 가온하면서 물에 녹여 1*l* 되게 하라.

티오아세트아미드(13%) : 130g/　　　이상 두고 난 다음에 쓸 때에는 $BaCl_2$를 넣을 때에 침전이 생기면 새로 만들어라.

$Zn(NH_3)_4(NO_3)_2$: 1*M* NH_4OH를 각각 500m*l*씩 섞어라.

지르코놀 −alizarin : 95% 알콜 200m*l*에 알리자린 0.5g을 가온하면서 녹이고, 100 m*l*의 물에 $ZrOCl_2 \cdot 8H_2O$ 1.5g을 녹인 두 액을 합하여 1*l*로 묽혀라.

KF(0.5*M*) : KF · $2H_2O$ 47g을 물 1*l*에 녹이고, 폴리에틸렌 병에 보관한다.

왕수 : 진한 HCl과 진한 HNO_3를 쓰기 바로 전에 3 : 1로 섞는다.

$NaHSnO_2$(또는 $Sn(OH)_4^{2-}$) : 0.5*M* $SnCl_2$ 용액에 20% NaOH를 쓰기 바로 전 한 방울씩 떨어뜨려 용액이 맑아지면 쓴다.

$(NH_4)_2Hg(SCN)_4$ (10%) : $HgCl_2$ 100g과 NH_4SCN 90g을 물에 녹여 1*l*로 한다.

$(NH_4)_2S$: 진한 NH_4OH 100m*l*에 H_2S를 포화시키고 진한 NH_4OH 100m*l*를 더 넣는다.

$K_2H_2Sb_2O_7$(2%) : $K_2H_2Sb_2O_7$ · $6H_2O$ 20g을 물 200m*l*에 넣고 5분 끓여 속히 냉각한 다음, 15% KOH 100m*l*를 넣어 하루 방치하고 여과한다. 사용하기 바로 전에 NaCl에 의하여 백색 결정성 침전이 생기는가를 검사한다.

네슬러 시약 : KI 50g을 뜨거운 물 50m*l*에 녹이고, $HgCl_2$ 25g을 뜨거운 물 100 m*l*에 녹인 용액을 저으면서 조금씩 넣어 생긴 침전 일부가 녹지 않고 남아 있을 때에 냉각하고, KOH 150g을 물 300m*l*에 녹인 용액을 넣은 다음 1*l*로 묽힌다. 여기에 $HgCl_2$ 용액 5m*l*를 넣고 방치한 다음 상징액을 쓴다.

Sodium nitroprusside(1%) : $Na_2[Fe(CN)_5NO]$ · $2H_2O$ 10g을 물 1*l*에 녹인다.

Turmeric 시험지 : turmeric tincture 10g에 알콜 30g, 물 40g을 넣어 잘 섞은 용액에 여과지를 적셔서 암실에서 방냉한다.

디티존 시험지 : 100m*l* CH_3COCH_3에 0.1g diphenylthiocarbazone 0.1g을 녹인 용액에 정성 여과지를 담근 후 말려서 1×5cm의 크기로 끊어라.

(4) 고체와 순수한 액체시약

Al선(1cm)	Cu선(1cm)	Sn(20메쉬)	Zn(20메쉬)
Hg	NH_4Cl	NH_4NO_3	As_2O_3
$(NH_4)_2C_2O_4$	NH_4SCN	CCl_4	C_2H_5Ac
C_2H_5OH(95%)	CH_3OH	HCHO(40%)	$C_2H_5OC_2H_5$
CH_3COOCH_3	$FeSO_4$	PbO	PbO_2
$PbCl_2$	$H_2C_2O_4$	$KClO_3$	KCl
K_2CrO_4	K_2CO_3	$K_2Cr_2O_7$	$K_3Fe(CN)_6$
Ag_2SO_4	Na_2CO_3	Na_2O_2	KSCN

$NaBiO_3$	$NaHSO_3$	NaCl	NaF
$NaNO_2$	NH_3SO_3	NH_2CONH_2	$Na_2B_4O_7 \cdot 10H_2O$
$ZnCO_3$			

7-2 양이온의 분석

양이온의 계통 분석표에는 황화물 침전에 사용하는 S^{2-}을 내놓는 시약의 종류에 따라 H_2S 법, Na_2S 법, 티오아세트아미드법 등의 여러 가지 방법이 있다. 다음 표는 티오아세트아미드(thioacetamide, TA)법에 의하여 25가지의 양이온을 분족 시험하는 계통 분석표이다.

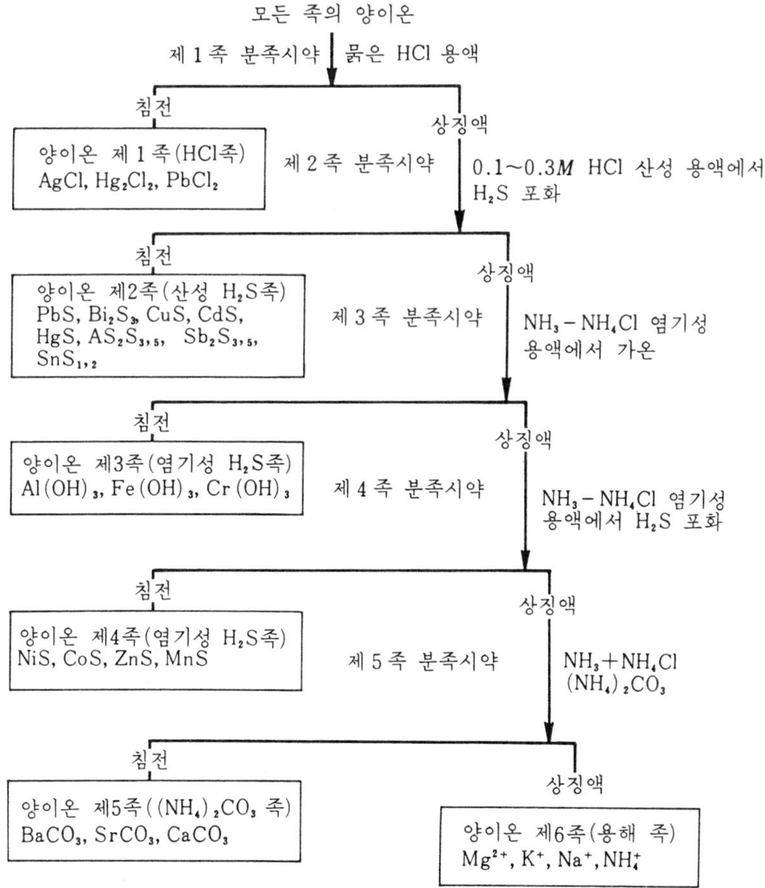

1. 양이온 제 1족

제 1 족 양이온 Pb^{2+}, Ag^{+}, Hg_2^{2+}

(1) 양이온 제 1족의 계통 분석도

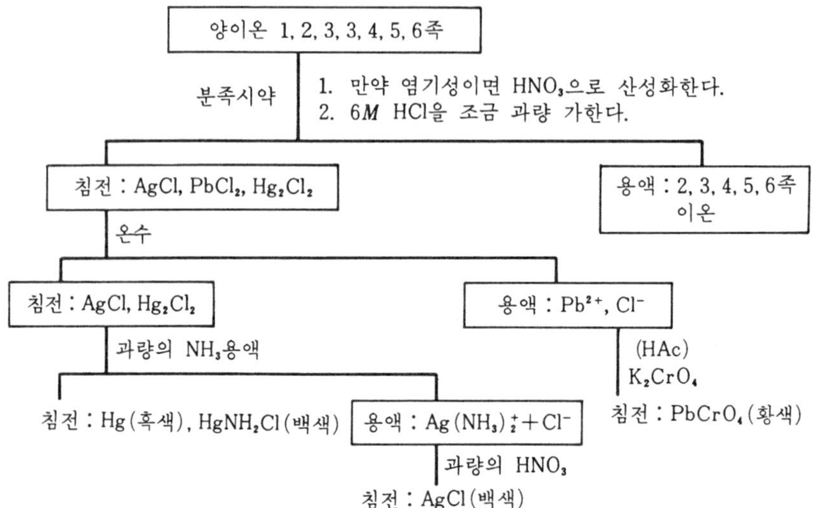

(2) 분리 및 확인 반응

가. Pb(lead)

① 분족 시약 : 묽은 HCl, $Pb^{2+} + 2Cl^{-} \longrightarrow PbCl_2\downarrow$

② AgCl과 Hg_2Cl_2으로부터 분리 시약 : 온수. $PbCl_2\downarrow \longrightarrow Pb^{2+} + 2Cl^{-}$

③ 확인 시약 : K_2CrO_4와 CH_3COOH

$$Pb^{2+} + CrO_4^{2-} \longrightarrow PbCrO_4\downarrow$$

나. Ag(silver)

① 분족 시약 : 묽은 HCl. $Ag^{+} + Cl^{-} \longrightarrow AgCl\downarrow$

② Pb^{+2}의 분리 시약 : 온수. AgCl은 거의 녹지 않는다.

③ Hg_2Cl_2으로 분리 시약 : NH_3 용액

$$AgCl\downarrow + 2NH_3 \longrightarrow Ag(NH_3)_2^+ + Cl^-$$

$$2AgCl\downarrow + 2Hg \longrightarrow Hg_2Cl_2\downarrow + 2Ag\downarrow$$

④ 확인 시약 : HNO_3

$$Ag(NH_3)_2^+ + 2H^+ + Cl^- \longrightarrow AgCl\downarrow + 2NH_4^+$$

다. Hg(mercury)

① 분족 시약 : 묽은 HCl. $Hg_2^{2+} + 2Cl^- \longrightarrow Hg_2Cl_2\downarrow$

② Pb^{2+}의 분리 시약 : 온수. Hg_2Cl_2는 거의 녹지 않는다.

③ AgCl으로부터 분리 시약 : NH_3

$$Hg_2Cl_2\downarrow + 2NH_3 \longrightarrow HgNH_2Cl\downarrow + Hg\downarrow + NH_4^+ + Cl^-$$

④ 잔사 용해 시약 : 왕수.

$$Hg + 4H^+ + 4Cl^- + 2NO_3^- \longrightarrow HgCl_4^{2-} + 2NO_2\uparrow + 2H_2O$$

$$2HgNH_2Cl_2\downarrow + 8H^+ + 6NO_3^- + 6Cl^- \longrightarrow$$

$$2HgCl_4^{2-} + N_2\uparrow + 6NO_2\uparrow + 6H_2O$$

⑤ NO_3^-의 제거 : $4H^+ + 3Cl^- + NO_3^- \xrightarrow[\triangle]{} NOCl\uparrow + Cl_2\uparrow + 2H_2O$

⑥ 확인 시약 : $SnCl_2$

$$2HgCl_4^{2-} + Sn^{2+} \longrightarrow Hg_2Cl_2\downarrow + SnCl_6^{2-}$$

$$Hg_2Cl_2\downarrow + Sn^{2+} + 4Cl^- \longrightarrow 2Hg\downarrow + SnCl_6^{2-}$$

(3) 양이온 제 1족의 계통 분석 조작표

원심 분리관에 혼합 연습액 15 방울을 넣고 리트머스 시험지로 액성을 조사한다. 액성이 염기성이면 6*M* HNO_3를 잘 저어 주면서 넣어 산성으로 한다.① 여기에 6*M*HCl을 한 방울씩 넣고 유리봉으로 잘 저어 준다. 침전이 생성되면 $PbCl_2$ 침전의 생성이 느리므로 1~2분 방치한 후 원심 분리기의 한쪽에 넣고, 같은 용적의 물을 채운 관을 반대쪽에 넣어 원심 분리한다. 상징액에 6*M* HCl을 한 방울 더 넣어 침전이 완결되었는지 확인한다. 이 때 과량의 HCl을 가하지 않도록 한다.② 침전을 매우 묽은 HCl로 몇 번 세척한다. ③

침전 : AgCl, Hg_2Cl_2, $PbCl_2$ 시험관에 있는 침전에 10 방울의 뜨거운 증류수를 넣고,	용액 : Pb^{2+}, H^+ 및 Cl^-을 포함하는 다른 족 이온

저어 주면서 물중탕에서 몇 분간 가열한다. 원심 분리하고 다른 시험관에 상징액을 옮긴다.		
침전 : AgCl, Hg_2Cl_2 ($PbCl_2$) 만약 Pb^{2+}이 존재하면 0.5 *M* K_2CrO_4으로 상징액에서 Pb^{2+}이 확인되지 않을 때까지 뜨거운 물로 잔사를 세척하여 Pb^{2+}을 제거시킨다. ⑥ 잔사에 15*M* NH_3 용액 몇 방울을 넣고 유리봉으로 잘 저어 준 다음, 원심 분리하고 상징액을 다른 원심관에 옮긴다.		용액 : Pb^{2+} 용액에 한 방울의 6*M* CH_3COOH를 넣은 다음 2, 3 방울의 0.2*M* K_2CrO_4를 가한다. ④ Pb^{2+}가 존재하면 $PbCrO_4$ 황색침전이 생긴다. ⑤
침전 : $HgNH_2Cl$(백색) +Hg(흑색) 흑색침전이 생기면 $Hg_2{}^{2+}$이 존재한다. ⑧	용액 : $Ag(NH_3)_2{}^+$ Cl^- 및 과량의 NH_3 6*M* HNO_3으로 산성화하고 리트머스 시험지로 액성을 조사한다. Ag^+ 이 존재하면 AgCl 백색침전이 생긴다. ⑦	

[해 설]

① NH_3 염기성에서 Ag^+은 $[Ag(NH_3)_2]^+$ 으로 존재하며 또 NaOH 염기성에서 Pb^{2+}는 $HPbO_2{}^-$을 형성하므로 산을 넣어 이들 이온을 단순한 양이온으로 만들어야 한다.

② 과량의 HCl을 사용하면 염화물이 녹는다.

③ 묽은 HCl으로 세척하는 이유는 Bi, Sb 등이 가수분해하여 산염화물 BiOCl, SbOCl 등으로 침전하는 것을 방지하기 위함이다.

④ CH_3COOH 산성에서 Pb^{2+}을 $PbCrO_4$로 확인하는 것은 세척과 같은 실험상의 부주의로 Bi^{3+}나 Cu^{2+}이 존재하더라도 $(BiO)_2CrO_4$ 이나 $CuCrO_4$와 같은 황색침전이 되는 것을 방지할 수 있기 때문이다.

⑤ Bi나 Cu가 존재하여 황색침전이 생기는지 그 여부를 조사할 때는 침전에 NaOH를 과량 가하면 침전 $PbCrO_4$은 완전히 녹는다. 이것으로 Pb^{2+}이 존재하는 것을 확인할 수 있다. 그러나 $(BiO)_2CrO_4$나 $CuCrO_4$는 NaOH에 녹지 않는다.

⑥ Pb^{2+}이 완전히 제거되어 있지 않으면 암모니아를 넣을 때 난용성 $Pb(OH)_2$이 생겨 염화물에 피막을 형성하므로 AgCl이나 Hg_2Cl_2가 암모니아와 반응하는 것을 방해하고, $Pb(OH)_2$ 의 백색침전 때문에 $Hg_2{}^{2+}$의 확인이 곤란할 경우가 있다.

⑦ $Ag(NH_3)_2{}^+$은 산성으로 하면 Ag^+이 유리되므로 공존하고 있는 Cl^-과 반응하여 AgCl 백색침전이 생성한다. 이 때 HNO_3를 가하고 잘 저어 주어야 한다.

⑧ 과량의 Hg가 존재할 때 미량의 AgCl은 환원되어 금속 Ag로 되기 때문에 Ag나 Hg의 확인이 불명확할 때가 있다. 이 경우는 Hg의 존재를 확실히 알아야 한다. 그리하여 흑색잔사를 카세롤에 넣고 1 방울의 16 *M* HNO_3와 3 방울의 12*M* HCl(왕수)을 가하여 반응이 끝날 때까지 물중탕에서 가열한다. $NO_3{}^-$을 파괴하고 과량의 HCl을 제거하기 위하여

거의 건조할 때까지 조심스럽게 가열한다. 용액이 2~3 방울 남으면 냉각한 후 물로 희석하고 원심판에 용액을 옮긴 후, 원심분리할 때 용액이 흐리거나 침전이 생기면 Ag^+가 존재하는 것을 의미한다. 침전에 암모니아를 넣어 다시 녹인 후 HNO_3를 넣어 AgCl 침전을 만들면 Ag^+을 확인할 수 있다. 상징액이 들어 있는 용액에 $SnCl_2$를 몇 방울 넣을 때 Hg_2Cl_2 백색침전이나 Hg 흑색침전이 생기면 Hg^{2+}이 확인된다.

2. 양이온 제 2 족

제 2 족 양이온 Hg^{2+}, Bi^{3+}, Cu^{2+}, Cd^{2+}, As^{3+}, As^{5+}, Sb^{3+}, Sb^{5+}, Sn^{2+}, Sn^{4+}

(1) 양이온 제 2 족(동족, 비소족)의 계통 분석도

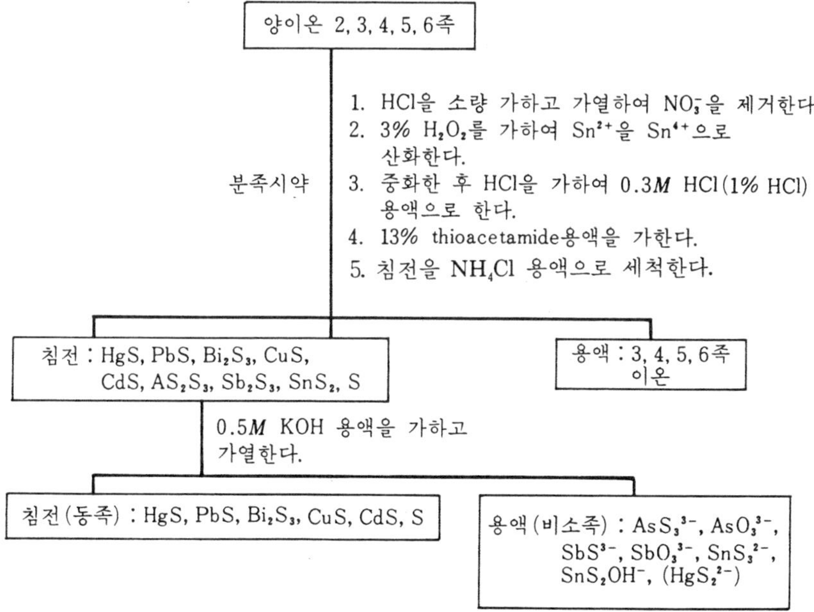

(2) 동족과 비소족의 황화물 침전 및 분리 반응

가. 황화물 침전 반응

2족 양이온과 S^{2-}와의 반응은 다음과 같다.

$Hg^{2+} + S^{2-} \longrightarrow HgS$(흑색 : 약간 적색이 비친다.)

$Pb^{2+} + S^{2-} \longrightarrow PbS$(흑색)

$2Bi^{3+} + 3S^{2-} \longrightarrow Bi_2S_3$(갈색)

$2BiOCl + 2H_2S \longrightarrow Bi_2S_3 + 2H_2O + 2HCl$

$Cu^{2+} + S^{2-} \longrightarrow CuS$(흑색)

$Cd^{2+} + S^{2-} \longrightarrow CdS$(황색)

$2SbCl_6^{2-} + 3S^{2-} \longrightarrow 6Cl^- + Sb_2S_3$ (오렌지색)

$SnCl_6^{3-} + 3S^{2-} \longrightarrow 6Cl^- + SnS_2$(황색)

$2H_2AsO_4^- + 5S^{2-} + 12H^+ \longrightarrow 8H_2O + 2S + As_2S_3$(황색)

나. 비소족의 용해 반응

0.5 *M* KOH 용액과 반응하는 2 족 황화물 침전은 다음과 같다.

$AS_2S_3 + OH^- \longrightarrow AsS_3^{3-} + AsO_3^{3-} + 3H_2O$

$Sb_2S_3 + 6OH^- \longrightarrow SbS_3^{3-} + SbO_3^{3-} + 3H_2O$

$5SnS_2 + 8OH^- \longrightarrow 2SnS_3^{2-} + SnO_3^{2-} + 2SnS_2OH^- + 3H_2O$

$HgS + S^{2-} \longrightarrow HgS_2^{2-}$

HgS 은 KOH 용액에서 S^{2-} 존재하에 극소량 용해한다.

(3) 양이온 제 2족(동족과 비소족)의 분리 조작표

2족 혼합 연습액 15방울이나 1족을 제거한 용액을 카세롤에 넣고, 묽은 HCl 2~3방울을 가하고 서서히 가열하여 농축시킨 다음①. 냉각시킨 후 3% H_2O_2를 2방울 가하고 타지 않도록 더욱 가열하여 용액이 2~3방울 남을 때까지 농축시킨다.② 냉각시킨 후 물 2~3방울을 가하여 희석시키고 미리 물 2.5 ml를 가하여 표시를 한 시험관에 용액을 옮긴 다음 3~5방울의 물로 카세롤을 두 번 세척하여 시험관의 용액과 합친 후 6*M* NH_3를 리트머스 시험지로 액성을 조사하여 염기성이 될 때까지 잘 저어 주면서 가한다. 염기성이 되면 Cu^{+2}이 존재할 때는 암민 착화합물을 만들어 농청색이 된다. 3족 이온이 존재할 때는 3족 이온의 유색침전이나 착이온의 색 때문에 농청색이 흐리게 된다. 염기성인 용액에 2*M* HCl을 정확하게 0.35 ml(7방울) 가한 후 여기에 4방울의 13 % thiacetamide(앞으로는 TA라 약함)를 가하고 물로 희석하여 용적이 2.5 ml가 되게 한다.③ 이 때 pH는 0.5가 되고 H^+의 농도는 0.3*M*이 된다. 용액을 물중탕에서 5분간 가온한다.④ 원심분리하고 용액을 다른 시험관에 옮긴 후 methyl violet 시험지나 pH 시험지를 사용하여 액성을 조사한다.⑤ 여기에 2방울의 TA를 가하고 몇 분간 가온한 후 침전이 더 이상 생기지 않으면 원심분리한다. 이 때 침전이 생기면 다시 TA를 가하고 이 조작을 되풀이한다. 침전을 전부 합하여 20방울의 물에 한 방울의 1 *M* NH_4Cl을 가한 용액으로 두 번 세척한다.⑥ 처음 세척용액은 위의 용액과 합한다.

<table>
<tr><td colspan="2">침전 : HgS, PbS, Bi_2S_3, CuS, CdS, As_2S_3, Sb_2S_3, SnS_2 및 S
침전에 0.5 *M* KOH 10방울을 가하고 물중탕에서 가온하여 침전을 녹인다. 원심분리하여 용액을 다른 시험관에 옮기고 다시 한 번 더 KOH 용액으로 침전을 녹인 후 처음 용액과 합친다.</td><td rowspan="2">용액 : HCl, NH_4Cl, H_2S, TA를 포함하는 다른 족 이온.
만약 TA 대신에 H_2S 기체를 사용한다면 A_s^{5+}을 조사하여야 된다.⑦ 용액에 1 m*l*의 12 *M* HCl을 가하고 카세롤에 옮긴 후 거의 증발 농축시킨다.⑧ 여기에 몇 방울의 물과 6 *M* HCl 한 방울을 가한 다음 3족 실험을 위하여 보관한다.</td></tr>
<tr><td>침전 : HgS, PbS, Bi_2S_3, CuS, CdS 및 S
한 방울의 0.2 *M* NH_4NO_3 용액을 포함한 온수로 침전을 두 번 세척한 후 동족 확인 실험을 한다.⑪</td><td>용액 : AsS_3^{3-}, AsO_3^{3-}, SbS_3^{3-}, SbO_3^{3-}, SnS_3^{2-}, SnO_3^{2-}, SnS_2OH^-, (HgS_2^{2-}) KOH
미량의 침전을 제거하기 위하여 재차 원심 분리한 다음⑨, 투명한 황색용액을 시험관에 옮긴 후 비소족 확인 실험을 한다.⑩</td></tr>
</table>

[해 설]

① 용액에 NO_3^-이 존재하면 H_2S를 파괴시키므로 HCl을 가하고 가열하면 NO_3^-이 NO로 환원되며 동시에 Cr이 $Cr_2O_7^{-2}$으로 있으면 Cr^{3+}로 환원된다.

② Sn^{2+}을 Sn^{4+}으로 산화시키는 과정이다. 이 때 용액이 너무 농축되어 타게 되면 As, Sb, Sn 및 Hg의 염화물은 쉽게 승화하므로 이들 이온의 확인이 곤란하다.

③ 실험 조작과 같이 하면 대략 0.3 *M* HCl 용액이 되나 산의 농도변화에 따라 다음과 같이 예민하게 변색하는 methylviolet 시험지를 사용하여 HCl의 농도를 조사하면 편리하다. 0.3 *M* HCl 용액은 대략 1% HCl이므로 물이나 산을 가하여 HCl의 농도를 조절한다.

3.6%		황 색	1.0%	0.25 *M* HCl	청 색
1.8%	0.5 *M* HCl	녹 색	0.42%	0.1 *M* HCl	청록색
1.2%	0.33 *M* HCl	청록색	0.04%	0.01 *M* HCl	자 색

④ TA가 가수분해하기 위하여는 충분한 시간이 필요하다. 이 때 가온하면 황화물 침전이 쉽게 응고되므로 분리하기 쉽다. TA 용액 대신에 황화철(FeS)을 5% HCl 용액에 넣어서 H_2S 기체를 발생시켜 사용할 수도 있다.

$$FeS + 2HCl \longrightarrow FeCl_2 + H_2S\uparrow$$

⑤ 황화물 침전이 생기면 H^+이 유리되어 용액이 너무 산성으로 되므로 NH_3를 가하여

0.3*M* HCl이 되도록 하여야 한다.

⑥ NH_4Cl은 황화물 침전이 교질로 되는 것을 방지한다.

⑦ TA 대신에 H_2S 기체를 사용하면 AsO_4^{3-}과 H_2S가 천천히 반응한다. 그러므로 H_2S 기체를 사용하여 황화물 침전을 만들었다면 용액을 카세롤에 넣어서 반으로 농축시킨 후 12*M* HCl 한 방울을 더 가하고 H_2S 기체를 포화시킨 후 원심분리한다. 이 때 생긴 As_2S_5를 2*M* HCl로 세척한 후 세척액은 상징액과 합치고 As_2S_5 침전은 2 족 침전과 합친다.

⑧ H_2S가 공기와 접촉하면 S이나 SO_4^{2-}으로 산화되므로 H_2S를 증발시켜 제거하여야 한다. SO_4^{2-}은 Ba^{2+}나 Sr^{2+}을 침전시킨다.

⑨ 용액에 갈색 콜로이드가 생성하면 NH_4NO_3를 전해질로 가하고 가온하여 콜로이드를 파괴한 후 원심분리한다.

⑩ 곧 비소족 확인 실험을 하지 않을 경우에는 한 방울의 TA를 가하고 뚜껑을 한 후 보관한다.

⑪ 계속 실험을 하지 않을 때는 침전에 소량의 물과 TA를 한 방울 가하고 시험관에 뚜껑을 덮은 후 보관한다.

(4) 동족의 계통 분석도

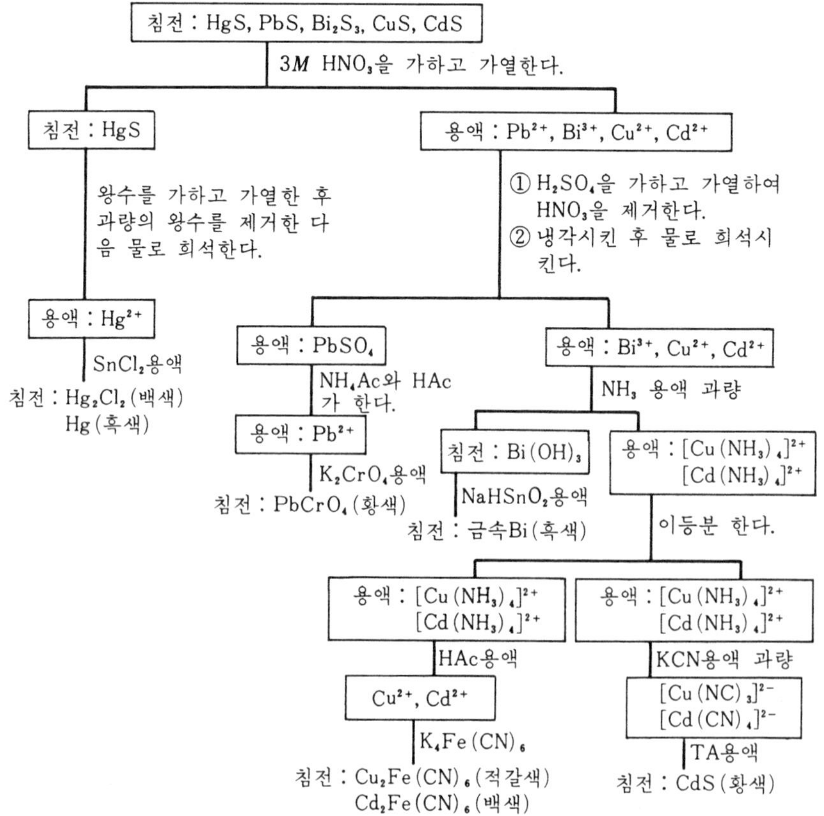

(5) 동족의 분리 및 확인 반응

가. Hg(mercury)

① HgS 용해 시약 : 왕수

$$Hg^{2+} + 3S^{2-} + 2NO_3^- + 4Cl^- + 8H^+ \longrightarrow HgCl_4^{2-} + 2NO\uparrow + 4H_2O + 3S$$

과량의 왕수를 농축할 때

$$8H^+ + 6Cl^- + 2NO_3^- \longrightarrow 3Cl_2\uparrow + 2NO\uparrow + 4H_2O$$

과량의 HCl이 제거된 후는

$$HgCl_4^{2-} \longrightarrow HgCl_2 + 2Cl^-$$

② 확인 시약 : $SnCl_2$

$$2Hg^{2+} + 8Cl^- + Sn^{2+} \longrightarrow SnCl_4^{2-} + Hg_2Cl_2 \text{ (백색)}$$
$$Hg^{2+} + 6Cl^- + Sn^{2+} \longrightarrow SnCl_6^{2-} + Hg\text{(흑색)}$$
$$2HgCl_4^{2-} + Sn^{2+} \longrightarrow SnCl_6^{2-} + Hg_2Cl_2 \text{ (백색)}$$
$$HgCl_4^{2-} + 2Cl^- + Sn^{2+} \longrightarrow SnCl_6^{2-} + Hg\text{(흑색)}$$

③ 비소족에서 Hg^{2+}의 반응

ⓐ 묽은 HCl과 반응 : $HgS_2^{2-} + 2H^+ \longrightarrow HgS + 2H_2S\uparrow$

ⓑ 진한 HCl과 반응 : $HgS + 2H^+ + 4Cl^- \longrightarrow HgCl_4^{-2} + H_2S\uparrow$

ⓒ 증발 농축 반응 : $HgCl_4 \rightleftharpoons HgCl_2 + 2Cl^-$

ⓓ TA와 반응 : $HgCl_2 + H_2S \longrightarrow HgS\downarrow + 2HCl$

ⓔ Al과 반응 : $3HgCl_2 + 2Al \longrightarrow 3Hg\downarrow + 2Al^{3+} + 6Cl^-$

나. Pb(lead)

① HgS으로부터 PbS의 분리 시약 : 3*M* HNO_3, Bi_2S_3, CuS, CdS의 경우도 같다.

$$8H^+ + 2NO_3^- + 3S^{2-} \longrightarrow 3S + 2NO\uparrow + 4H_2O$$

오랫동안 가열하면 S^{2-}과 S는 SO_4^{2-}로 산화된다.

$$8H^+ + 8NO_3^- + 3S^{2-} \longrightarrow 3SO_4^{2-} + 8NO\uparrow + 4H_2O$$

$$2NO_3^- + S^{2-} \longrightarrow SO_4^{2-} + 2NO\uparrow$$

② $PbSO_4$의 용해 시약 : 더운 3 *M* CH_3COONH_4

$$PbSO_4\downarrow + 2CH_3COO^- \longrightarrow Pb(CH_3COO)_2 + SO_4^{2-}$$

③ 확인 시약 : K_2CrO_4.

$$Pb(CH_3COO)_2^- + CrO_4^{2-} \longrightarrow PbCrO_4\downarrow + 3CH_3COO^-$$

다. Bi(bismuth)

① 1% HCl 산성에서 Bi^{3+}은 가수분해하면 침전을 만든다.

$$Bi^{3+} + Cl^- + H_2O \longrightarrow BiOCl\downarrow + 2H^+$$

② Cu^{2+}과 Cd^{2+} 로부터 분리 시약 : NH_3

$$Bi^{3+} + 3NH_3 + 3H_2O \longrightarrow Bi(OH)_3\downarrow + 3NH_4^+$$

이 때 Cu^{2+}과 Cd^{2+}은 물과 NH_3가 치환하게 된다.

$$Cu(H_2O)_4^{2+} + 4NH_3 \longrightarrow Cu(NH_3)_4^{2+} + 4H_2O$$

(농청색)

$$Cd(H_2O)_4^{2+} + 4NH_3 \longrightarrow Cd(NH_3)_4^{2+} + 4H_2O$$

$Bi(OH)_3$가 침전할 때 $Cu(OH)_2$나 $Cd(OH)_2$이 생기나 곧 용해한다.

$$Cu(OH)_2 + 4NH_3 \longrightarrow Cu(NH_3)_4^{2+} + 2OH^-$$

$$Cd(OH)_2 + 4NH_3 \longrightarrow Cd(NH_3)_4^{2+} + 2OH^-$$

③ 확인 시약 : $HSnO_2^-$

Sn^{2+}은 과량의 NaOH에 용해한다.

$$Sn^{2+} + 2OH^- \longrightarrow Sn(OH)_2\downarrow \text{ (백색)}$$

$$Sn(OH)_2 + OH^- \longrightarrow HSnO_2^- + H_2O$$

$Bi(OH)_3$는 $HSnO_2^-$에 의하여 환원되어 금속 Bi를 유리시킨다.

$$2Bi(OH)_3 + 3H_2O + 3HSnO_2^- + 3OH^- \longrightarrow 3Sn(OH)_6^{2-} + 2Bi\text{(흑색)}$$

라. Cu(copper)

① 확인 시약 : CH_3COOH와 $K_4Fe(CN)_6$

ⓐ $Cu(NH_3)_4^{2+} + 4CH_3COO^- \longrightarrow Cu^{2+} + 4NH_4^+ + 4CH_3COO^-$

ⓑ $2Cu^{2+} + Fe(CN)_6)^{4-} \longrightarrow Cu_2Fe(CN)_6\downarrow$

② $Cd(NH_3)_4^{2+}$ 로부터 $Cu(NH_3)_4^{2+}$의 분리 : $Na_2S_2O_4$ (sodium dithionite)

$$S_2O_4^{2-} + Cu(NH_3)_4^{2+} + 2H_2O \longrightarrow Cu\downarrow + 2SO_3^{2-} + 4NH_4^+$$

마. Cd(cadmium)

$Cu(NH_3)_4^{2+}$과 $Cd(NH_3)_4^{2+}$에 CN^-을 가할 때 Cu^{2+}이 Cu^+으로 환원되고 CN^-은 CNO^- 으로 산화된다.

$$2Cu(NH_3)_4^{2+} + 7CN^- + 2OH^- \longrightarrow 2Cu(CN)_3^{2-} + 8NH_3 + CNO^- + H_2O$$
$$Cd(NH_3)_4^{2+} + 4CN^- \longrightarrow Cd(CN)_4^{2-} + 4NH_3$$

$Cd(CN)_4^{2-}$ 은 약간 전리한다.

$$Cd(CN)_4^{2-} \rightleftharpoons Cd^{2+} + 4CN^-$$

여기서 생성되는 Cd^{2+}의 농도가 H_2S의 포화용액이 될 때 CdS의 용해도적보다 크게 되어 CdS 황색침전이 생긴다.

(6) 동족의 계통 분석 조작표

침전 : HgS, PbS, Bi_2S_3, Cus, CdS, S

침전에 5방울의 물과 같은 양의 3M HNO_3를 가하고 반응이 일어날 때까지 물중탕에서 가열한다.① 원심분리하고 침전을 물로 세척한 후 상징액에 합한다.

침전 : HgS(흑색) 2HgS · $Hg(NO_3)_2$ (백색)② 및 S 침전에 소량의 왕수를 가하고 가온한 후 용액이 1/3 정	용액 : Pb^{2+}, Bi^{3+}, Cu^{2+}, Cd^{2+}, NO_3^- 카세롤에 용액을 옮긴 후 18M H_2SO_4 2방울을 가하고 통풍실에서 약한 불꽃으로 SO_3 흰 연기가 발생할 때까지 증발 농축시킨다.⑤ 냉각시킨 다음 조심하여 물 10방울을 가하고 잘 저어 준 다음 곧 원심분리관에 붓고 카세롤을 물 4 방울로 잘 씻어 넣는다. 원심분리하여 상징액을 다른 원심분리관에 옮기고 침전을 물로 씻는다.

<table>
<tr>
<td rowspan="2">도 농축되면③ 냉각시킨다. 여기에 물 1ml를 가하고 ④ 원심분리관에 옮긴 후 용액이 투명하지 않으면 원심분리하고 잔사를 버린다.
$SnCl_2$용액을 가하여 Hg_2Cl_2 백색 침전이나 Hg회색 침전이 생기면 Hg^{2+}이 존재한다.</td>
<td rowspan="2">침전 : $PbSO_4$ $[(BiO)_2SO_4]$⑥
침전에 몇 방울의 1M NH_4Ac 용액을 가하고 가온한 다음 원심분리하고 상징액에 한 방울의 6M CH_3COOH를 가하고 K_2CrO_4 몇 방울을 가할 때⑦ $PbCrO_4$ 황색침전이 생기면 Pb^{2+}이 존재한다.</td>
<td colspan="2">용액 : Bi^{3+}, Cu^{2+}, Cd^{2+},
15M NH_3를 염기성이 될 때까지 가한다.⑧ 리트머스 시험지로 액성을 확인한 후 원심분리하고 침전을 물로 세척한다.</td>
</tr>
<tr>
<td>침전 : $Bi(OH)_3$
새로 만든⑩ $NaHSnO_2$를 2~3방울 가할 때 흑색 Bi가 유리되면 Bi^{3+}가 존재한다.</td>
<td>① Cu확인
용액 일부에 6M CH_3COOH를 가하고 농청색을 청색으로 한 후 0.2M $K_4Fe(CN)_6$ 2방울을 가할 때 $Cu_2Fe(CN)_6$ 적색 침전이 생기면 Cu^{2+}가 존재한다.
② Cd 확인
Cu가 없을 때는 용액 일부에 TA를 가할 때 CdS 황색 침전이 생기면 Cd^{2+}이 존재한다. 그러나 Cu^{2+}이 존재할 때는 다음과 같이 확인한다.
ⓐ 용액에 0.2M KCN을 농청색이 없을 때 ⑪까지 가하고 원심분리한 후 상징액을 취하여 TA를 가할 때 CdS황색 침전이 생기면 Cd^{2+}이 존재한다.
ⓑ 용액에 $Na_2S_2O_4$를 가하여⑫ 가온하고 Cu^{2+}을 Cu금속으로 환원시킨 후 상장액에 TA를 가할 때 CdS 황색침전이 생기면⑬ Cd^{2+}이 존재한다.</td>
</tr>
</table>

[해 설]

① 3M HNO_3을 사용하는 이유는 농도가 너무 진하면 PbS가 산화되어 $PbSO_4$로 되어 HgS 침전 중에 포함된다.

② HNO_3와 오랫동안 가열하면 HgS는 $Hg(NO_3)_2 \cdot 2HgS$의 백색침전으로 변한다.

③ $HgCl_2$가 조금 승화하므로 너무 오랫동안 가열하지 말아야 된다.

④ 증발은 NO_3^-과 과량의 HCl을 제거하기 위한 것이다. $HgCl_2$와 Sn^{2+}의 반응에서 HCl의 농도가 진하면 반응속도가 느리므로 물을 가하여 산의 농도를 희석시켜야 한다.

⑤ SO_3의 생성은 HNO_3가 완전히 제거된 표시이다.

⑥ $(BiO)_2SO_4$는 CH_3COONH_4에 거의 녹지 않으며, 또 $(BiO)_2CrO_4$는 CH_3COOH에 용

해하나 NaOH에 불용이다.

⑦ $PbCrO_4$는 NaOH에 용해하므로 침전에 NaOH를 가하여 다시 확인한다.

⑧ 농청색이 되면 Cu^{2+}이 존재한다.

⑨ 처음 실험하는 사람은 미량의 제라틴 침전인 $Bi(OH)_3$를 확인하기가 곤란하므로 반드시 원심분리하여야 된다.

⑩ $NaHSnO_2$ 용액은 공기 중의 산소에 의하여 산화되므로 실험 할 때 반드시 새로 만들어 사용하여야 된다.

$$SnCl_2 + 2NaOH \longrightarrow Sn(OH)_2 + 2NaCl$$
$$Sn(OH)_2 + OH^- \rightleftharpoons Sn(OH)_3^- \rightleftharpoons HSnO_2^- + H_2O$$

즉 한 방울의 $SnCl_2$ 용액에 6*M* NaOH를 가하여 $Sn(OH)_2$ 침전이 생기면 2방울 정도 NaOH를 더 가하여 $Sn(OH)_2$를 다시 녹게 한다. 이 용액에 $HSnO_2^-$이 들어 있다.

⑪ KCN을 가하여 농청색이 없어지고 난 후 2~3 방울 더 과량 가하여 완전히 시안 착화물로 한다.

⑫ $Na_2S_2O_4$은 강한 환원제이므로 불안전하여 건조상태에서 보관하며, 가열하면 분해한다. $Na_2S_2O_4$ 용액을 가하면 농청색이 즉시 사라진다.

⑬ 때때로 흑색 침전이 생기는 경우가 있다. 이 경우은 실험의 부주의로 생기므로 침전을 6*M* HCl에 녹인 후 ⓐ, ⓑ와 같은 방법으로 실험하여 Cd^{2+}을 확인한다.

(7) 비소족의 계통 분석도

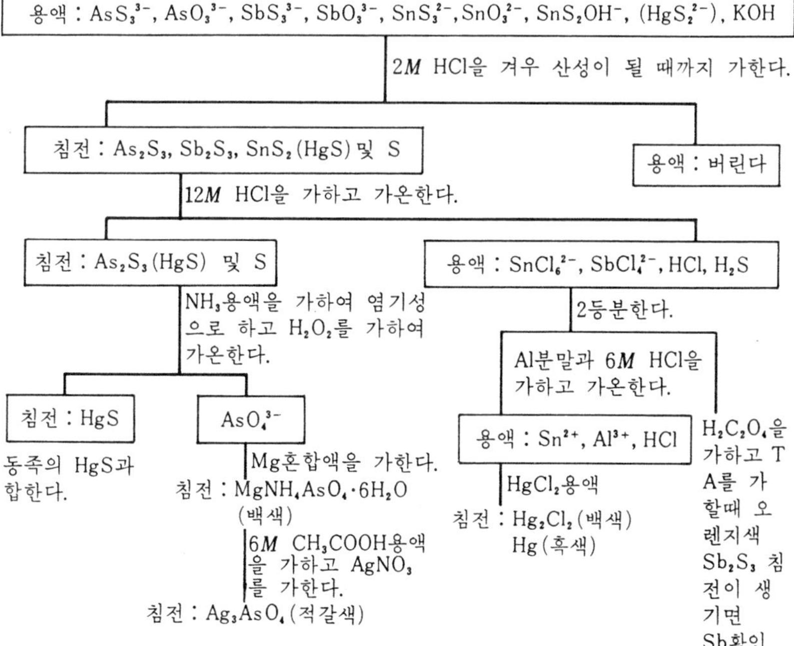

(8) 비소족의 분리 및 확인 반응

가. As(arsenic)

① 황화물 재침전 시약 : 2*M* HCl.

$$AsO_3^{3-} + AsS_3^{3-} + 6H^+ \longrightarrow As_2S_3\downarrow + 3H_2O$$

이 때 HgS^{2-} 도 HgS이 된다.

② As_2S_3의 용해 시약 : NH_3와 H_2O_2 용액.

$$As_2S_3 + 12NH_4OH + 14H_2O_2 \rightarrow 2AsO_4^{2-} + 3SO_4^{2} + 20H_2O + 12NH_4^+$$

③ 확인 시약 : Mg 혼합액($Mg(NO_3)_2$, NH_4NO_3 및 NH_3 혼합용액) 및 $AgNO_3$ 용액.

$$Mg^{2+} + NH_4^+ + AsO_4^- + 6H_2O \longrightarrow MgNH_4AsO_4\cdot 6H_2O\downarrow \text{(백색)}$$
$$MgNH_4AsO_4\cdot 6H_2O\downarrow + 2CH_3COOH \longrightarrow Mg^{2+} + NH_4^+ + H_2AsO_4^- + 2CH_3COO^- + 6H_2O$$
$$H_2AsO_4^- + 3Ag^+ \longrightarrow Ag_3AsO_4\downarrow \text{ (적갈색)} + 2H^+$$

나. Sb(antimony)

① 황화물 재침전 시약 : 2*M* HCl.

$$SbO_2^- + 3SbS_2^- + 4H^+ \longrightarrow 2Sb_2S_3\downarrow + 2H_2O$$

② As와 분리 시약 : 12*M* HCl.

$$Sb_2S_3 + 6H^+ + 8Cl^- \longrightarrow 2SbCl_4^- + 3H_2S$$

③ 확인 시약

ⓐ $SbCl_4^- + 3H_2C_2O_4 \rightleftharpoons Sb(C_2O_4)_3^{3-} + 4Cl^- + 6H^+$

ⓑ $2SbCl_4^- + 3H_2S \longrightarrow Sb_2S_3\downarrow + 6H^+ + 8Cl^-$

④ Sn으로부터 분리

$$SbCl_4^- + Al \longrightarrow Sb\downarrow + Al^{3+} + 4Cl^-$$

다. Sn(tin)

① 황화물 재침전 시약 : 2*M* HCl.

$$2SnS_3^{2-} + SnO_3^{2-} + SnS_2OH^- + 7H^+ \longrightarrow 4SnS_2 + 4H_2O$$

② As와 분리 시약 : 12*M* HCl.

$$SnS_2 + 4H + 6Cl^- \longrightarrow SnCl_6^{-2} + 2H_2S\uparrow$$

③ Sb와 분리 시약 : $H_2C_2O_4$와 TA

$$SnCl_6^{2-} + 3H_2C_2O_4 \longrightarrow Sn(C_2O_4)_3^{2-} + 6H^+ + 6Cl^-$$

TA와 반응하지 않는다.

④ Sn^{4+}을 Sn^{2+}으로 환원 시약 : Al 금속.

$$SnCl_6^{2-} + Al \longrightarrow Al^{3+} + Sn^{2+} + Cl^-$$
$$Sn^{2+} + Al \longrightarrow Al^{3+} + Sn$$
$$Sn + 2H^+ \longrightarrow H_2 + Sn^{2+}$$

⑤ 확인 시약 : $HgCl_2$ 용액. Hg 확인 시약과 같다.

(9) 비소족의 계통 분석 조작표

<table>
<tr><td colspan="3">용액 : AsS_3^{3-}, AsO_3^{3-}, SbS_3^{3-}, SbO_3^{2-}, SnO_3^{2-}, SnS_2OH^-, (HgS_2^{2-}), KOH.
원심분리관에 한 방울의 TA를 가하고① 2*M* HCl을 한 방울씩 가하면서 리트머스 시험지로 액성을 조사하여 겨우 산성이 되게 한다.② 이 때 침전의 색깔을 잘 관찰하여야 한다.③ 원심분리하여 상징액을 버린다.</td></tr>
<tr><td colspan="3">침전 : As_2S_3(황색), Sb_2S_3(오렌지색), SnS_2(황색) (HgS 흑색) 및 S.
10방울의 12*M* HCl을 가하고 잘 저어 주면서 물중탕에서 가온한 후 원심분리하고 침전을 6*M* HCl 몇 방울로 세척하여 상징액과 합치고, 침전을 물로 두 번 세척한다.④</td></tr>
<tr><td rowspan="2">침전 : As_2S_3(HgS).
2방울의 15*M* NH_3 용액과 한 방울의 3% H_2O_2를 가하고 잠시</td><td colspan="2">용액 : $SnCl_6^{2-}$, $SbCl_4^-$, HCl, H_2S.
용액을 카세롤에 옮겨 후 약한 불꽃에서 용액이 반으로 줄 때까지 농축한 후 물 1*ml*을 가하고 용액을 2등분한다.</td></tr>
<tr><td>Sb확인.
시험관에 극</td><td>Sn 확인.
시험관에 극소량의 Al선(5mm)이나 혹은 분</td></tr>
</table>

<table>
<tr>
<td rowspan="2">가온한 후 원심분리한다. 잔사는 버린다.⑤ 이 용액에 Mg 혼합액을 몇 방울 가하고 유리봉으로 시험관 벽을 저어 주면서 결정을 유발시킨다. 5분 간 방치 후⑥ 원심분리한 다음 용액을 버리고, 침전은 물로 한번 씻는다.
침전 : $MgNH_4AsO_4 \cdot 6H_2O$ 백색 결정성 침전.
한 방울의 6 M CH_3COOH을 가하며 침전을 녹인 후 몇 방울의 0.2 M $AgNO_3$용액을 가할 때 적갈색 Ag_3AsO_4 침전이 생기면 As^{3+}이 존재한다.⑦</td>
<td rowspan="2">소량의 $H_2C_2O_4$ 고체를 가하고 TA 몇 방울을 가한다. 이 때 오렌지색 침전이 Sb_2S_3이 생기면 Sb^{3+}이 존재한다.</td>
<td colspan="2">말과 6 M HCl 10 방울을 가하고 물중탕에서 10분간 가온하여 Al이 완전히 용해하면 ⑧ 원심분리한다.</td>
</tr>
<tr>
<td>용액 : Sn^{2+}, Al^{3+}, HCl 같은 용적의 물을 가하고 곧 1~2방울 0.2 M $HgCl_2$ 용액을 가한다.⑩
Hg_2Cl_2 백색침전이나 Hg 흑색침전이 생기면 Sn^{2+}이 존재한다.</td>
<td>침전은 흑색반점의 금속 Sb이다.⑨</td>
</tr>
</table>

[해 설]

① 휘발되어 날라간 H_2S를 보충한다.

② 용액이 너무 산성이면 SnS_2이 용해한다. 그러므로 6 *M* HCl 보다 2 *M* HCl이 좋다.

③ 비소족의 황화물 침전은 모두 황색 내지 오렌지색이므로 침전이 생성할 때 색깔을 잘 관찰해 두면 다음 확인 반응 때 도움이 된다.

④ 처음 물로 세척하면 As_2S_3 침전에 부착되어 있던 $SbCl_4^-$ 이나 $SnCl_6^{2-}$이 가수분해하여 SbOCl이나 Sn(OH)Cl으로 되어 As_2S_3와 같이 침전한다.

⑤ 흑색침전은 HgS이므로 동족에서 Hg 확인할 때 합하여 실험한다.

⑥ 이 침전은 때때로 과포화 용액을 만든다. 그러므로 기다려 보아야 한다.

⑦ 백색침전은 AgCl이다. 이 때는 $AgNO_3$을 더 가하여야 된다.

⑧ Al은 $SnCl_6^{2-}$과 Sn^{2+}을 금속 Sn으로 환원시킬 수 있다. 그러므로 반응이 끝난 후 Al과 Sn을 녹이면 Sn^{2+}이 된다.

⑨ Al에 의하여 $SbCl_4^-$은 금속 Sb으로 환원되나 HCl에 녹지 않는다.

⑩ Sn^{2+}은 공기 중에서 산화되므로 곧 $HgCl_2$을 가해야 된다.

3. 양이온 제 3족

제 3 족 양이온 Fe^{3+}, Al^{3+}, Cr^{3+}

(1) 양이온 제 3족의 계통 분석도

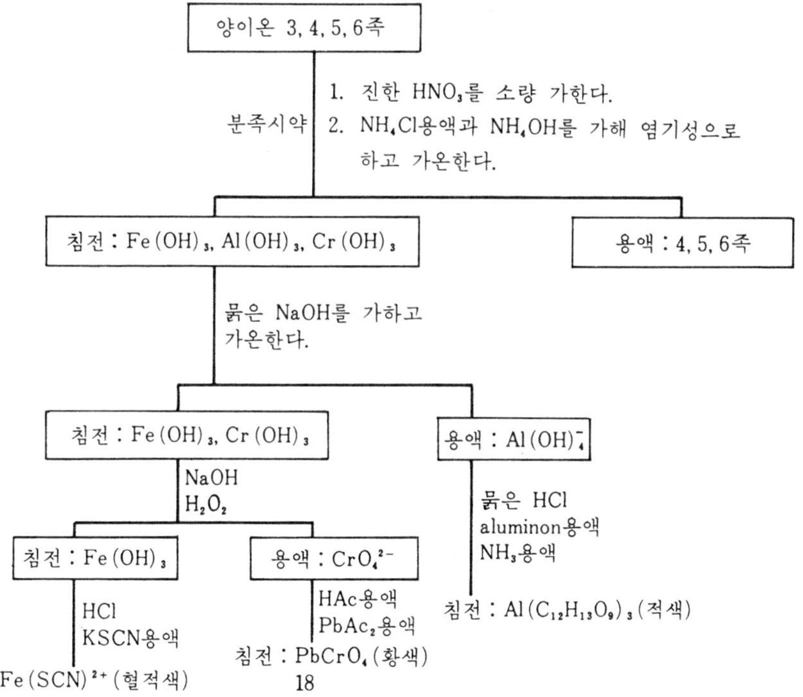

(2) 분리 및 확인 반응

가. Fe(Iron)

① 분족 시약 : NH_4Cl 및 NH_3 용액

$$Fe^{3+} + 3OH^- \longrightarrow Fe(OH)_3 \downarrow$$ (적갈색)

② 확인 시약 : KSCN 용액

$$Fe^{3+} + SCN^- \longrightarrow Fe(SCN)^{2+}$$

나. Cr(Chromium)

① 분족시약 : NH_4Cl 및 NH_3 용액

$$Cr^{3+} + 3OH^- \longrightarrow Cr(OH)_3 \downarrow$$ (초록색)

② 수산화물 용해 시약 : NaOH와 H_2O_2 용액

$$Cr(OH)_3 + OH^- \longrightarrow Cr(OH)_4^-$$
$$Cr(OH)_4^- + 3H_2O_2 + 2OH^- \longrightarrow 2CrO_4^{2-} + 8H_2O$$

③ 확인시약 : HAc 용액과 $PbAc_2$ 용액

$$CrO_4^{2-} + PbAc_2 \longrightarrow PbCrO_4 \downarrow \text{(황색)} + 2Ac^-$$

다. Al(Aluminum)

① 분족 시약 : NH_4Cl 및 NH_3 용액

$$Al^{3+} + 3OH^- \longrightarrow Al(OH)_3 \downarrow$$ (백색)

② 수산화물 용해 시약 : NaOH 용액

$$Al(OH)_3 + OH^- \longrightarrow Al(OH)_4^-$$

③ 확인 시약 : HCl, NH_3 용액, aluminon 시약

$$Al(OH)_4^- + 4H^+ \longrightarrow Al^{3+} + 4\ H_2O$$
$$Al^{3+} + 3C_{12}H_{13}O_9^- \longrightarrow Al(C_{12}H_{13}O_9)_3 \downarrow$$ (적색 킬레이트)

(3) 양이온 제 3족의 계통 분석 조작표

3족 혼합 연습액 15 방울이나 1, 2족을 제거한 용액을 약 2 ml가 되게 물로 희석한 후, Fe^{2+}이 존재하면 c-HNO_3 두 방울을 가한 다음, 가열하여 Fe^{3+}으로 산화시킨다. 3 *M*

NH_4Cl 10 방울을 가해서① $Mg(OH)_2$ 침전이 안 생기게 하고 c-NH_4OH 3~4 방울을 가하여 알칼리성으로 하여 2분 동안 물중탕 속에서 가열한 다음, 원심분리한다.② 침전은 3*M* H_4Cl 두 방울과 6*M* NH_4OH 한 방울을 포함한 물 1*ml*로 두 번 씻고, 세척액은 버린다.

<table>
<tr><td colspan="2">침전 : $Fe(OH)_3$, $Al(OH)_3$, $Cr(OH)_3$
6M NaOH 10 방울을 가하여 알칼리성으로 하고 다시 2~3분 동안 가열한다. 원심분리한 다음 침전은 더운물 1ml로 씻고 세척액은 버린다.②</td><td>용액 : 4, 5, 6족 이온</td></tr>
<tr><td colspan="2">침전 : $Fe(OH)_3$, $Cr(OH)_3$
6M NaOH 10방울과 3% H_2O_2 1ml를 가하고 가열한다. H_2O_2의 분해가 끝나면 원심분리하고 침전은 더운 물 1ml로 씻는다.</td><td rowspan="2">용액 : $Al(OH)_3$
6M HCl을 가하여 산성으로 하고 3MNH_4Cl과 3M NH_4OH를 세 방울씩 가한 다음, 0.1% aluminon 시약 세 방울을 다시 가하고 흔들 때 침전이 붉은색으로 변하면 Al^{3+}가 존재한다.④</td></tr>
<tr><td>침전 : $Fe(OH)_3$
Fe^{3+}의 검출… 침전을 3M HCl에 녹이고 물로 묽혀서 둘로 나누어 다음 실험을 한다.
0.2M KSCN 1방울을 가하여 혈적색이 되면 Fe^{3+}가 존재한다.③</td><td>용액 : CrO_4^{2-}(노란색)
6M $HC_2H_3O_2$로 산성으로 하고, Pb^{2+}을 가하여, 노란색 침전이 생기면 Cr^{3+}가 존재한다.</td></tr>
</table>

[해 설]

① NH_4Cl을 가하고 NH_3 용액을 가하는 이유는 공통이온인 NH_4^+의 영향으로 NH_4OH의 전리가 억제되어 OH^-농도를 감소시켜 Mg^{2+}의 침전을 방지하기 위함이다.

② 용액은 약염기성이어야 한다. 강염기성이면 Al이나 Cr의 수산화물이 조금 용해한다. 이 생성된 침전의 색깔을 $Cr(OH)_3$는 탁한 녹색, $Fe(OH)_3$는 적갈색, $Al(OH)_3$는 백색이므로 침전 색깔을 잘 관찰하면 확인 반응에 도움이 된다.

③ KSCN과 Fe^{2+}은 반응하지 않으나 Fe^{3+}은 적색 착이온을 만든다.

$$Fe^{3+} + SCN^- \longrightarrow Fe(SCN)^{2+}$$

또 Fe^{3+}과 Fe^{2+}을 구별하는데 $K_4Fe(CN)_6$나 $K_3Fe(CN)_6$를 사용한다. $K_4Fe(CN)_6$는 Fe^{3+}과 반응하여 청색침전이 되나 Fe^{2+}은 백색침전이 된다.

$$4Fe^{3+} + 3Fe(CN)_6^{4-} \longrightarrow Fe_4[Fe(CN)_6]_3\downarrow$$

청색(prussian blue)

이 때 Fe^{2+}은 백색침전을 만든다.

$$2Fe^{2+} + Fe(CN)_6^{4-} \longrightarrow Fe_2[Fe(CN)_6]\downarrow \text{ (백색)}$$

$K_3Fe(CN)_6$는 Fe^{2+}과 반응하여 청색침전이 되나 Fe^{3+}은 갈색용액이 된다.

$$3Fe^{2+} + 2Fe(CN)_6^{3-} \longrightarrow Fe_3[Fe(CN)_6]_2 \downarrow$$ 청색(turnbull's blue)

④ 레이크가 잘 생기는 pH가 5~7.2 사이이므로 aluminon을 포함하는 산성 용액에 NH_4Ac를 가해서 약산성으로 하여야 한다. Al 량이 많으면 약산성에서도 침전이 생성되나 약염기성에서 침전이 더 잘 생성된다. 만약 이 때 SiO_2가 존재하면 레이크를 형성하지 않으므로 SiO_2가 이 용액에 포함되어 있다면 미리 분리시켜야 한다.

4. 양이온 제 4족

제 4 족 양이온 Mn^{2+}, Ni^{2+}, Co^{2+}, Zn^{2+}

(1) 양이온 제 4족의 계통 분석도

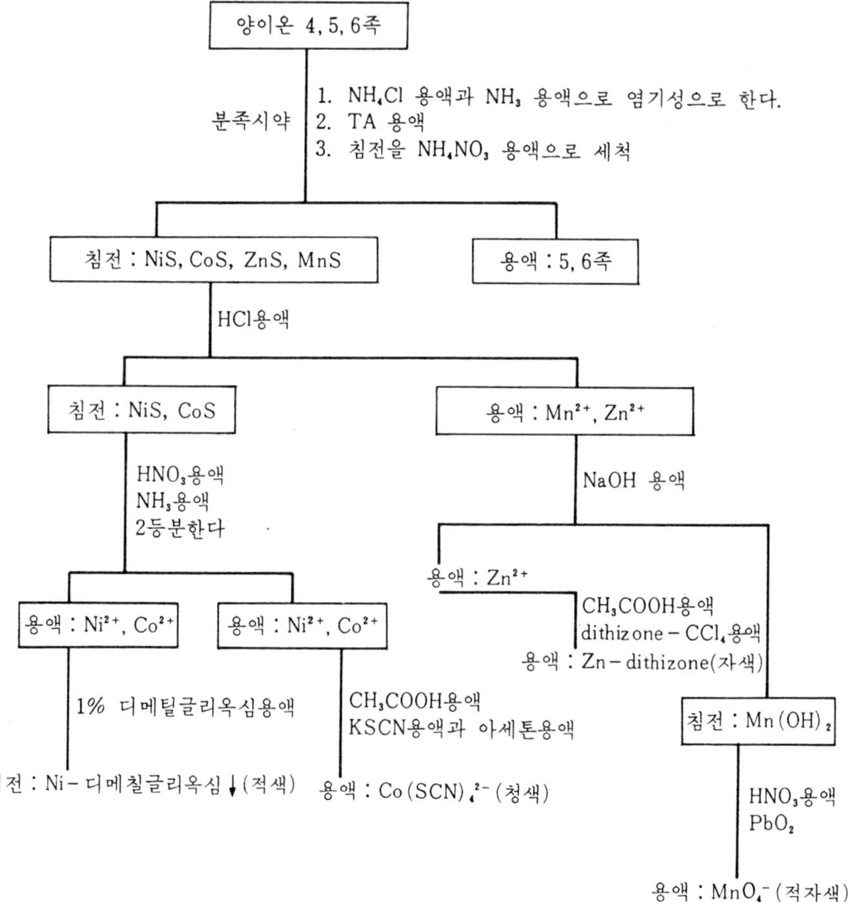

(2) 분리 및 확인 반응

가. Ni(nickel)

① 분족 시약 : NH_4Cl 및 NH_3 용액

$$Ni^{+} + 6NH_3 \longrightarrow Ni(NH_3)_6^{2+}$$

$$Ni(NH_3)_6^{2+} + S^{2-} \longrightarrow NiS\downarrow(\text{흑색}) + 6NH_3$$

② 황화물 침전 용해 시약 : HNO_3 용액

$$NiS\downarrow + HNO_3 \longrightarrow Ni(NO_3)_2 + H_2S$$

③ 확인 시약 : 1% 디메틸글리옥심 용액

$$Ni^{2+} + 2\begin{array}{l} CH_3-C=N-OH \\ \quad\;\; | \\ CH_3-C=N-OH \end{array} \longrightarrow \begin{array}{c} O\cdots H-O \\ \uparrow \qquad\quad | \\ CH_3-C=N \qquad N=C-CH_3 \\ | \qquad \searrow \quad \swarrow \\ | \qquad\quad Ni \\ | \qquad \nearrow \quad \searrow \\ CH_3-C=N \qquad N=C-CH_3 \\ | \qquad\quad \downarrow \\ O-H\cdots O \end{array} + 2H^{+}$$

나. Co(Cobalt)

① 분족 시약 : NH_4Cl 및 NH_3, TA 용액

$$Co^{2+} + 6NH_3 \longrightarrow Co(NH_3)_6^{2+}$$

$$Co(NH_3)_6^{2+} + S^{2-} \longrightarrow CoS\downarrow(\text{흑색}) + 6NH_3$$

② 황화물 침전 용해 시약 : HNO_3 용액

$$CoS\downarrow + 2HNO_3 \longrightarrow Ni(NO_3)_2 + H_2S$$

③ 확인 시약 : KSCN 용액

$$Co^{2+} + 4SCN^{-} \longrightarrow Co(SCN)_4^{2-}$$

다. Zn(zinc)

① 분족 시약 : NH_4Cl 및 NH_3, TA 용액

$$Zn^{2+} + 4NH_3 \longrightarrow Zn(NH_3)_4^{2+}$$

$$Zn(NH_3)_4^{2+} + S^{2-} \longrightarrow ZnS\downarrow (\text{백색}) + 4NH_3$$

② 황화물 침전 용해시약 : HCl 용액

$$ZnS + 2HCl \longrightarrow ZnCl_2 + H_2S$$

③ 확인 시약 : dithizone 용액

$$Zn^{2+} + H_2S \longrightarrow ZnS\downarrow (\text{백색}) + 2H^+$$

$$Zn^{2+} + 2S{=}C(-NH-N(C_6H_5)-H)(-N{=}N-C_6H_5) \xrightarrow{\text{약산성, 중성, 약염기성}}$$

$$S{=}C\langle(N(H)-N(C_6H_5))(N{=}N(C_6H_5))\rangle Zn \langle(N(C_6H_5)-N(H))(N(C_6H_5){=}N)\rangle C{=}S + 2H^+$$

라. Mn

① 분족 시약 : NH_4Cl 및 NH_3, TA 용액

$$Mn^{2+} + S^{2-} \longrightarrow MnS\downarrow (\text{등색})$$

② 황화물 침전 용해 시약 : HCl 용액

$$MnS + 2HCl \longrightarrow MnCl_2 + H_2S$$

③ 수산화물 침전 시약 : NaOH 용액

$$Mn^{2+} + 2OH^- \longrightarrow Mn(OH)_2\downarrow$$

④ 확인시약 : HNO_3용액 및 PbO_2

$$3Mn(OH)_2 + 2HNO_3 \longrightarrow 3MnO(OH)_2 + 2NO + H_2O$$

$$2MnO(OH)_2 + 3PbO_2 + 6HNO_3 \longrightarrow 2HMnO_4 + 3Pb(NO_3)_2 + 4H_2O$$

(3) 양이온 제 4족의 계통 분석 조작표

<table>
<tr><td colspan="4">4족 혼합 연습액 15방울이나 1, 2, 3족을 제거한 액에 TA 15 방울을 가한 다음, 물중탕 속에서 2~3분 동안 가열한다. 식힌 후 1~2방울의 TA를 가하여 끓여도 침전이 안 생기는 것을 확인하고 원심분리한다. 침전은 NH_4NO_3를 포함한 온수 1 ml로 씻는다.①</td></tr>
<tr><td colspan="3">침전 : NiS, CoS, ZnS, MnS
3 M HCl 10방울을 가하고 1분 동안 잘 저어 준 다음 원심분리한다. 침전은 TA 한 방울과 3 M NH_4Cl 2~3방울을 포함한 물 1 ml로 씻고 세척액은 상징액에 합한다.</td><td>용액 : 제 5 족 이하의 분석에 쓴다.</td></tr>
<tr><td colspan="2">침전 : NiS, CoS
3 M HNO_3 5방울(또는 소량의 $KClO_3$ 분말이나 6 M HCl 2방울과 5% NaOCl 5방울)을 가하고 가열하여 녹인다. 이것을 식힌 다음 안 녹은 찌꺼기는 걸러 버리고, 6 M NH_4OH로 알칼리성으로 한 후, 두 개의 시험관에 나누어 넣고 다음 실험을 한다.</td><td colspan="2">용액 : Mn^{2+}, Zn^{2+}
끓여서 H_2S를 완전히 날려 보낸다. S이 석출하면 걸러버리고 6 M NaOH를 과량 가하여 가열한 다음 원심분리한다.</td></tr>
<tr><td>용액 : Ni^{2+}, Co^{2+}
1% dimethylglyoxime 2~3 방울을 가하여 붉은 침전이 생기면 Ni^{2+}가 존재한다.②</td><td>용액 : Ni^{2+}, Co^{2+}
6 M $HC_2H_3O_2$로 산성으로 한 다음, 일부에 0.2 M KSCN 2~3 방울과 아세톤 8~12 방울을 가하고 섞었을 때 용액이 푸른색을 나타내면 Co^{2+}가 존재한다.③</td><td>침전 : $Mn(OH)_2$
1. 침전에 6 M HNO_3 5방울을 가하여 녹이고 소량의 PbO_2를 가하여 1분 동안 가열했을 때 용액이 붉은 자색을 띠면 Mn^{2+}가 존재한다.</td><td>용액 : ZnO_2^{2-}
$HC_2H_3O_2$로 산성으로 한 다음 dithizone의 CCl_4액 2~3방울을 떨어뜨리고 흔들 때 푸른색의 CCl_4층이 붉은 자색으로 변하면 Zn^{2+}가 존재한다.</td></tr>
</table>

* 이 침전은 공기 중에서 차츰 산화되어 갈색으로 변한다.

[해 설]

① NH_4NO_3은 황화물 침전의 교질화를 방지시킨다.

② Co^{2+}은 dimethylglyoxime과 반응하여 황색으로 되지만 침전은 생성되지 않는다. 그러나 Co^{2+}에 의해서 dimethylglyoxime이 손실되므로 조금 과량의 시약을 가해야 한다.

③ 수용액에 홍색인 Co^{2+}이 SCN^-과 반응하여 청색인 $Co(SCN)_4^{2-}$을 만든다.

$$Co^{2+} + 4SCN^- \longrightarrow Co(SCN)_4^{2-}$$

수용액에서 생성된 $Co(SCN)_4^{2-}$은 쉽게 전리한다.

$$Co(SCN)_4^{2-} \rightleftharpoons Co(SCN)_2 + 2SCN^-$$

그러나 아세톤으로 추출하면 착이온의 전리가 억제되고 또 유기 용매층에 $Co(SCN)_4^{2-}$가 녹아서 청색이 된다. 이 때 Fe^{3+}은 이 반응을 방해하므로 가리움 시약으로 NaF를 가하여 더욱 안전한 착이온을 만든다.

5. 양이온 제 5족

제 5족 양이온 Ba^{2+}, Ca^{2+}, Sr^{2+}

(1) 양이온 제 5족의 계통 분석도

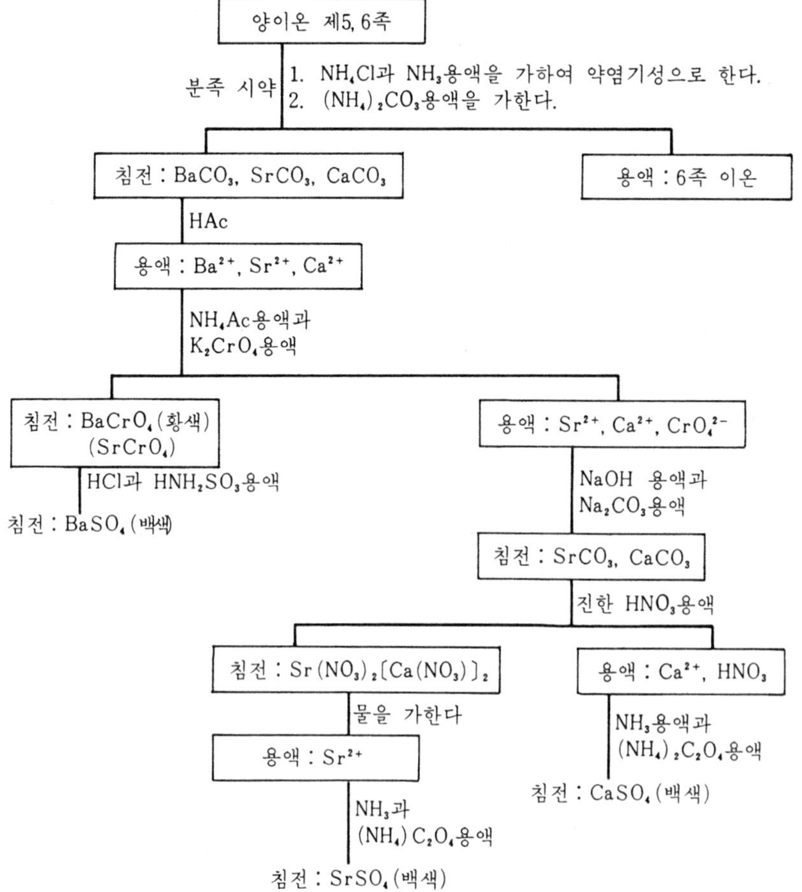

(2) 분리 및 확인 반응

가. Ba(barium)

① 분족 시약 : $(NH_4)_2CO_3$, NH_4Cl 및 NH_3.

$$Ba^{2+} + CO_3^{2-} \longrightarrow BaCO_3\downarrow$$

② 탄산염 용해 시약 : CH_3COOH.

$$BaCO_3\downarrow + 2CH_3COOH \longrightarrow Ba^{2+} + 2CH_3COO^- + H_2O + CO_2\uparrow$$

③ Sr과 Ca으로부터 분리 시약 : K_2CrO_4, NH_4Ac 및 CH_3COOH.

$$Ba^{2+} + CrO_4^{2-} \longrightarrow BaCrO_4\downarrow$$

④ 크론산염의 용해 시약 : HCl.

$$2BaCrO_4 + 16H^+ + 6Cl^- \longrightarrow 2Cr^{3+} + 3Cl_2\uparrow + 2Ba^{2+} + 8H_2O$$

⑤ Ba 확인 시약 : HNH_2SO_3.

$$Ba^{2+} + SO_4^{2-} \longrightarrow BaSO_4\downarrow$$

나. Sr(strontium)

① 분족 시약 : $(NH_4)_2CO_3$, NH_4Cl 및 NH_3.

$$Sr^{2+} + CO_3^{2-} \longrightarrow SrCO_3\downarrow$$

② Ca으로 부터 분리 시약 : 진한 HNO_3

$$Sr^{2+} + 2NO_3^- \longrightarrow Sr(NO_3)_2\downarrow$$

③ 질산염 용해 시약 : 물.

$$Sr(NO_3)_2\downarrow \longrightarrow Sr^{2+} + 2NO_3^-$$

④ Sr의 확인 시약 : $(NH_4)_2SO_4$, NH_3 및 triethanolamine.

$$Sr^{2+} + SO_4^{2-} \longrightarrow SrSO_4\downarrow$$

다. Ca(calcium)

Ca의 분리 과정에서 일어나는 반응은 Sr의 경우와 같다.

Ca의 확인 시약 : $(NH_4)_2C_2O_4$

$$Ca^{2+} + C_2O_4^{2-} \longrightarrow CaC_2O_4\downarrow$$

5 족 금속염의 용해도 대소 비교

탄산염	$Ca^{2+} > Sr^{2+} > Ba^{2+}$
황산염	$Ca^{2+} > Sr^{2+} > Ba^{2+}$
수산염	$Ba^{2+} > Sr^{2+} > Ca^{2+}$
크롬산염	$BaCrO_4$은 중성이나 약산성에서 침전되나 $SrCrO_4$은 중성 또는 약염기성에서 침전된다. Ca^{2+}은 침전하지 않는다.

(3) 양이온 제 5족의 계통 분석 조작표

<table>
<tr><td colspan="3">5족 혼합 연습액 10방울이나, 1, 2, 3, 4족을 제거한 상징액을 카세롤에 옮기고 진한 HNO_3 15방울을 가한 후 약한 불꽃에서 용액이 완전히 증발될 때까지 가열한다.
계속 가열하면 NH_4염이 분해되어 흰 연기가 발생한다. 흰 연기 발생이 중지되면 가열하는 것을 곧 그쳐야 한다.① 냉각시킨 후 6M HCl 3방울과 10방울의 물을 가하여 녹인 다음 원심분리관에 옮기고 카세롤을 물로 세척하여 원심분리관의 용액과 합한다. 용액이 투명하지 않으면 원심 분리하여 잔사는 버린다.②</td></tr>
<tr><td colspan="3">용액에 1M NH_4Cl 한 방울을 가하고 15M NH_3 용액으로 염기성으로 한 후 2M $(NH_4)_2CO_3$ 용액 5방울을 가하고 잘 저어 준다. 원심분리관을 따뜻한 물중탕에서 조금 가온하고③ 원심 분리한 후 침전을 물로 세척한다.</td></tr>
<tr><td colspan="2">침전 : $BaCO_3$, $SrCO_3$, $CaCO_3$.
6M HAc 최소량으로 침전을 녹이고 산에 녹지 않는 잔사가 있으면 버린다. 용액에 3M NH_4Ac 3방울을 가하고 물 10방울로 희석시킨다. 여기에 0.5M K_2CrO_4 몇 방울을 가하고 원심 분리하고 침전은 물로 세척한다.</td><td rowspan="2">용액 : Mg^{2+}, K^+, Na^+, NH_3, NH_4^+.
용액이 염기성인지 확인하고 2M $(NH_4)_2CO_3$ 한 방울을 더 가하여 침전이 생기면 4족 탄산염 침전과 합치고 침전이 생기지 않으면 HCl로 산성으로 한 후 5족 이온 확인을 위해서 보관한다.</td></tr>
<tr><td>침전 : $BaCrO_4$(황색) ($SrCrO_4$).
6M HCl 1~2방울에 녹인 후 물 1ml로 희석시키고 소량의 고체 HNH_2SO_3를 가하여 녹인 다음 물중</td><td>용액 : Sr^{2+}, Ca^{2+}, CrO_4^{2-}
용액을 6M NaOH와 Na_2CO_3 용액을 넣고 가온한다. 원심 분리하여 상징액에 Na_2CO_3을 더 가하여 침전이 생기지 않으면 침전을 물로 세척하여 CrO_4^{2-}을 제거한다.
침전 : $SrCO_3$, $CaCO_3$.
침전을 HNO_3 몇 방울에 녹여 카세롤에</td></tr>
</table>

탕에서 10분간 맹렬히 가온한다. $BaSO_4$ 백색침전이 생기면 Ba^{2+}이 존재한다.	옮기고 원심분리관은 물로 씻어 카세롤의 용액과 합친 후 건고될 때까지 직화로 가열한다. 냉각시킨 후 16M HNO_3 5방울을 가하고 카세롤 내벽에 붙은 잔사를 건조한 유리봉으로 긁어 녹인 다음 건조시킨 원심분리관에 옮긴다.④ 카세롤을 16M HNO_3 5방울로 씻어내어 원심분리관에 합친 후, 건조한 유리봉으로 원심분리관 기벽을 잘 긁어준다. 원심분리관을 때때로 저으면서 찬 물에 5분간 방치한 후⑤ 원심 분리하고, 침전을 16M HNO_3으로 세척한다.	
	침전 : $Sr(NO_3)_2$, $[Ca(NO_3)_2]$. 침전을 물 5~10방울에 녹인 후 NH_3 용액으로 염기성으로 하고 triethanolamine 몇 방울과 0.2M $(NH_4)_2SO_4$ 몇 방울을 가하고 원심분리관의 기벽을 긁어주면서 가온한다. $SrSO_4$ 백색침전이 생기면 Sr^{2+}이 존재한다.	용액 : Ca^{2+}, HNO_3, 물 1ml로 희석시킨 후⑥ 15M NH_3 용액으로 염기성으로 하고 2M $(NH_4)_2C_2O_4$ 몇 방울을 가할 때 CaC_2O_4 백색침전이 생기면 Ca^{2+}이 존재한다..

[해 설]

① NH_4^+ 농도로 CO_3^{2-} 농도와 OH^-농도를 정확히 조절하지 않으면 5족 이온의 탄산염 침전과 같이 6족 이온인 Mg^{2+}이 $MgCO_3$나 $Mg(OH)_2$로 침전된다.

4족에서 NH_4^+을 가하였기 때문에 정확하게 NH_4^+ 농도를 조절할 수 없으므로 NH_4^+을 완전히 제거시킨 다음, 새로 NH_4^+을 가하여 NH_4^+ 농도를 조절한다. NH_4^+은 HNO_3와 가열 도중에 분해되나 350℃ 이하에서 건고시키면 완전히 제거된다.

$$NH_4^+ + NO_3^- \longrightarrow N_2O\uparrow + H_2O$$

$$NH_4Cl \xrightarrow[\text{가열}]{} NH_3\uparrow + HCl\uparrow$$

② 4족에서 사용한 TA가 용액이 포함되었으면 HNO_3에 파괴되어 타게 되므로 흑색인 탄소 잔사가 남는다.

③ 오랫동안 가온하면 $(NH_4)_2CO_3$가 NH_3, CO_2 및 H_2O로 분해되어 탄산염의 침전이 생성되지 않는다.

④ 충분히 $Sr(NO_3)_2$를 분리하기 위하여 HNO_3의 농도가 70%(16*M*) 이상이어야 한다. 이상적인 경우는 HNO_3의 농도가 80% 이상일 것이다. 그러므로 실험 중에 사용하는 유리기구는 완전히 건조시키든가, 16*M* HNO_3로 몇 번 세척하여야 한다. 16*M* HNO_3는 부식성이 매우 크므로 조심해야 한다.

⑤ $Sr(NO_3)_2$는 과포화 용액을 만드는 경향이 있다. 일반적으로 과포화 상태를 파괴하는 조작은 다음과 같다.

ⓐ 용액을 잘 저어준다.

ⓑ 원심분리관 기벽을 긁어 준다.

ⓒ 용액을 냉각시켜서 오랫동안 방치한다.

⑥ $Sr(NO_3)_2$를 분리하기 위하여 16*M* HNO_3 10방울을 사용하였으므로 중화하는 데 필요한 15*M* NH_3는 11방울 정도이면 된다. 이 때 반응이 맹렬히 일어나므로 HNO_3를 물로 희석시켜 NH_3로 중화한다.

⑦ 침전을 HCl에 녹혀 불꽃 반응을 하여 재확인한다.

6. 양이온 제 6 족

제 6 족 양이온 Mg^{2+}, K^+, Na^+, NH_4^+

(1) 양이온 제 6 족의 계통 분석도

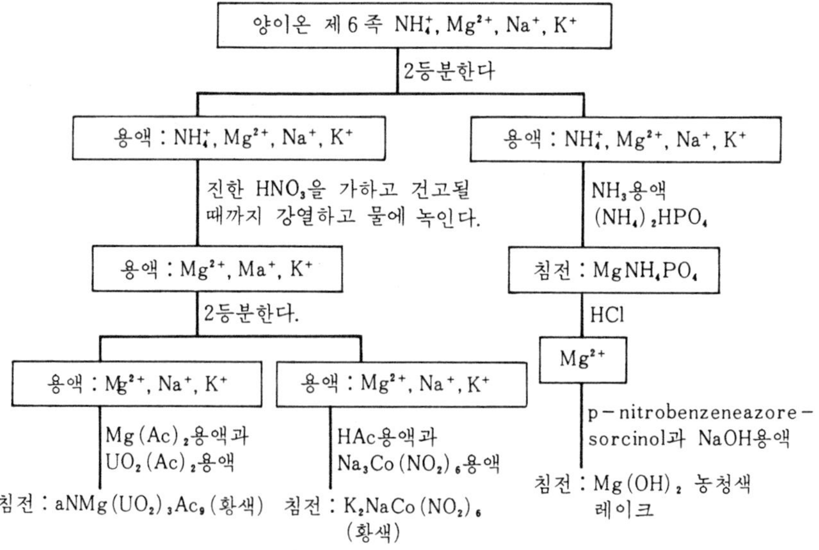

* NH_4^+은 양이온 계통 분석에서는 원시료에서 5족 종합 연습액은 원 연습액에서 NaOH를 가하고 가열하여 발생하는 NH_3 기체로 확인한다.

(2) 제 6 족의 분리 및 확인 반응

가. NH_4^+(ammonium ion)

① 확인 시약 : NaOH과 물에 젖은 청색 리트머스 시험지

$$NH_4^+ + OH^- \longrightarrow NH_3\uparrow + H_2O$$
$$NH_3 + H_2O \longrightarrow NH_4^+ + OH^-$$

또 Nessler 시약(과량의 KI에 HgI_2를 가하고 KOH 염기성으로 한 용액)을 사용할 때

$$2HgI_4^{2-} + 3OH^- + NH_3 \longrightarrow 7I^- + 2H_2O + [O : Hg_2NH_2]I\downarrow \text{(적갈색)}$$

② NH_4염 제거 시약 : HNO_3 및 강열

$$4H^+ + 2NH_4^+ + 6NO_3^- \longrightarrow N_2\uparrow + 6NO_2\uparrow + 6H_2O$$
$$NH_4Cl \rightleftharpoons NH_3\uparrow + HCl\uparrow$$
$$2NH_4^+ + CO_3^{2-} \rightleftharpoons 2NH_3\uparrow + CO_2\uparrow + H_2O$$

③ K^+확인할 때 일어나는 반응

$$NH_4^+ + NO_2^- \longrightarrow N_2\uparrow + 2H_2O$$
$$2NH_4^+ + Na^+Co(NO_2)_6^{3-} \longrightarrow (NH_4)_2NaCo(NO_2)_6\downarrow \text{(황색)}$$

나. Mg^{2+}(magnesium ion)

① 분리 시약 : NH_4Cl, NH_3 및 Na_2HPO_4.

$$Mg^{2+} + NH_4^+ + PO_4^{3-} + 6H_2O \longrightarrow MgNH_4PO_4 \cdot 6H_2O\downarrow$$

② 용해 시약 : HCl

$$Mg\ NH_4PO_4 \cdot 6H_2O + 2H^+ \longrightarrow Mg^{2+} + NH_4^+ + H_2PO_4^- + 6H_2O$$

③ 확인 시약 : NaOH와 p-nitrobenzeneazoresorcinol

$$Mg^{2+} + 2OH^- \longrightarrow Mg(OH)_2\downarrow$$

다. K^+(potassium ion)

확인 시약 : $Na_3Co(NO_2)_6$.

$$2K^+ + Na^+ + Co(NO_2)_6^{3-} \longrightarrow K_2NaCo(NO_2)_6\downarrow \text{ (황색)}$$

라. Na^+(sodium ion)

확인 시약 : $HMg(UO_2)Ac_9$

$$Na^+ + Mg^{2+} + 3UO_2^{2+} + 9Ac^- + 9H_2O \longrightarrow NaMg(UO_2)_3Ac_9 \cdot 9H_2O\downarrow$$

(황색 결정성)

(3) 제 6 족의 계통 분석 조작표

NH_4^+ 확인 : 3, 4족 이온의 분리 목적으로 NH_4Cl과 NH_3 용액을 가하므로 NH_4^+은 원 시료에서 확인해야 한다.

5 m*l* 비커나 카세롤에 5방울의 시료를 넣고 양이온 1~3족 이온이 존재하면 Na_2S 용액을 2방울 가하고① 6 ***M*** NaOH 몇 방울을 가하여 염기성으로 한 후, 시계접시 밑 바닥에 적색 리트머스 시험지를 물에 적시어 붙인 다음 곧 비커 위에 얹고, 물중탕에서 가온하면 2분 이내 붉은 리트머스 시험지가 청색으로 변한다.②

NH_4^+ 검출의 다른 방법은 원 시료 2~3방울 취하여 Nessler 시약을 가할 때 황색 내지 적갈색이 되면 NH_4^+이 존재한다.

용액 : NH_4^+, Mg^{2+}, Na^+, K^+.

5족 혼합 연습액 10적이나 4족 이온을 제거한 상징액을 약 1/3로 증발 농축시킨 다음 이 용액의 1/3을 취하여 Mg^{2+}확인에 사용하고 나머지 2/3는 카세롤에 옮긴 후 K와 Na 확인에 사용한다.

K와 Na확인 : NH_4염 제거 과정.

약한 불꽃으로 가열하여 용액을 건고시키고 냉각한다. 여기에 16 ***M*** HNO_3 10방울을 가하여 카세롤의 내벽과 밑바닥을 잘 젖도록 한다. 다시 작열하여 완전히 건고시키고 NH_4염의 증발로 생기는 흰 연기가 그칠 때까지 가열한다.④ 냉각시킨 후 물 5 방울을 가하여 잔사를 녹이고⑤ 원심분리한 후 잔사가 있으면 버리고 용액을 2 등분한다.

Na확인

$HMg(UO_2)_3Ac_9$ 용액 6 방울을 가하고 시험관 기벽을 긁어 준 후 때때로 저어 주면서 5 분간 방치시킬 때

K확인

6 ***M*** HAc 한 방울을 가하고 $NaNO_2$의 작은 결정 한 개를 가하고 가열하여 남아 있을지 모르는 미량의

Mg확인

용액을 묽은 NH_3 용액으로 염기성으로 하고 NH_4Cl이 존재하지 않을 때는 6 ***M*** NH_4Cl 한 방울을 가한다. 용액에 0.2 ***M*** Na_2HPO_4 몇 방울을 가하고 잘 저어 준 후 시험관의 기벽을 유리봉으로 긁어 준다. 5 분간 방치한 다음 원심분리하고 용액을 버린다.

$MgNH_4PO_4 \cdot 6H_2O$ 백색 결정성 침전이 생기면 6 ***M***

담황색 침전 $NaMg(UO_2)_3Ac_9 \cdot 9H_2O$가 생기면 Na가 존재한다.⑥	NH_4^+을 제거시킨다. 용액을 냉각시킨 후 $Na_3Co(NO_2)_6$ 몇 방울을 가할 때 황색 침전 $K_2NaCo(NO_2)_6$ K^+ 생기면 K^+이 존재한다. ⑦	HCl 몇 방울에 녹인다. p-nitrobenzeneazoresorcinol 한 방울을 가하고 6 ***M*** NaOH로 염기성으로 할 때 용액과 침전이 황색이 되면 6 ***M*** NaOH 한 방울 더 가하고 원심분리한다. 농청색 레이크 $Mg(OH)_2$가 되면 Mg^{2+}이 존재한다.③

[해 설]

① Cu^{2+}, Ag^+, Zn^{2+} 등과 같은 양이온은 NH_3와 암민 착이온을 만들어 휘발하는데 방해한다. 그러므로 Na_2S을 가하여 불용성인 황화물 침전을 만들어 둔다.

② 리트머스 시험지가 NaOH가 젖어 있는 비커에 닿으면 실험을 다시 해야 한다.

③ 용액이 자색이 되어 레이크가 청색침전인지 구별하기 어려우므로 확인하기 위하여 용액을 제거하고 5~10 방울의 물로 침전을 세척한 후 다시 원심분리하고 침전을 관찰해야 한다.

④ NH_4^+염을 완전히 제거하지 않으면 NH_4^+이 K^+과 같은 반응을 하므로 K 확인은 할 수 없다.

⑤ 확인시에 생성되는 침전은 상당히 가용성이므로 농도가 진하여야 한다. 많은 물을 사용하면 확인되지 않는다.

⑥ $NaMg(UO_2)_3Ac_9$ 침전을 HCl에 녹인 다음 Pt선이나 Ni선으로 불꽃 반응할 때 황색이 되면 Na가 존재한다.

⑦ $Na_3Co(NO_2)_6$ 침전을 HCl에 녹인 다음 불꽃 반응할 때 자색이 되면 K가 존재한다.

Na가 함께 존재할 때는 Na에서 나오는 강한 황색 때문에 자색을 확인하기 곤란하다. 이 때는 Co 청색 유리를 통하여 보면 황색은 제거되고 자색은 유리를 통과하게 되므로 쉽게 확인할 수 있다.

문 제

7-1 정성분석 기본조작

1. 양이온 계통분석에서 각 족의 분족시약을 설명하라.
2. 양이온 제 2 족 계통분석에서 각 이온의 분리시약을 설명하라.
3. 양이온 제 4 족 계통분석에서 각 이온의 확인시약과 반응식을 설명하라.
4. stock solution을 설명하라.

7-2 양이온의 분석

1. 양이온 제 1 족을 침전시킬 때 조금 과량의 HCl를 사용하는 3가지 이유를 설명하라.
2. 염기성인 미지 용액을 처음 산으로 중화할 때 HCl보다 HNO_3를 사용하면 좋은 이유를 설명하라.
3. Pb이나 Hg은 왜 양이온 제 1 족과 제 2 족에서 확인하는가?
4. 다음 이온들의 분리는 어떤 방법이 적당하겠는가?
   ⓐ Ag^+과 Hg_2^{2+}의 분리　　ⓑ Ag^+과 Pb^{2+}
   ⓒ CrO_4^{2-}과 NO_3^-의 분리　　ⓓ Hg_2Cl_2와 $HgCl_2$의 분리
5. 양이온 제 1 족 분리 시약으로 HCl이 가장 적당한 이유를 설명하라.
6. 제 2 족 양이온을 0.3 *M* HCl 산성에서 TA를 가하여 침전시키는 이유를 상세히 설명하고 이 때 각 이온들의 황화물 침전 색깔을 써라.
7. NO_3^-을 제거하는 이유와 제거하는 방법을 기술하라.
8. Sn^{2+}을 Sn^{4+}으로 산화시키는 이유를 설명하여라.
9. 황화물 침전을 세척할 때 NH_4Cl 용액은 왜 사용하는가?
10. 2족 황화물 침전 중에 0.5 *M* KOH 용액에서 침전하는 것은 어떤 것이 있으며, 왜 용해하는가?
11. 3족 이상의 이온을 포함한 용액에서 H_2S를 제거한 후 보관하는 이유는 무엇 때문인가?
12. 염화물 중 가수분해하여 백색침전이 생기는 이온은 어떤 것이 있느냐?
13. HgS 확인시 과량의 왕수를 제거하는 이유는 무엇이며, 이 때 일어나는 반응식을 써라.
14. Cu^{2+}과 Cd^{2+}을 포함하는 중성 용액에 KCN을 과량 가하고, TA용액을 가하였더니 CdS만 침전되었다. 이 이유를 설명하여라.
15. 다음 용액에서 일어나는 현상을 방정식으로 나타내어라.
    ⓐ $HgCl_2$에 $SnCl_2$을 가할 때　　ⓑ HgS를 왕수에 녹일 때
    ⓒ $Bi(OH)_3$에 $NaHSnO_2$ 용액을 가할 때　　ⓓ As_2S_3에 KOH 용액을 가할 때
16. 다음과 같은 이온이 혼합된 용액에서 각 이온을 분리하라.
    ⓐ 동족 이온　　ⓑ 비소족 이온
17. 양이온 제 3 족 이온을 4족 이온과 분리할 때 분족시약은 어떤 것이 적당하며 그 이유를 설명하라.
18. 용액 중에 Fe^{3+}과 Fe^{2+}이 있다. 각 이온의 확인법을 써라.
19. 다음 이온들의 아쿠오 착이온의 색을 써라.
    Cr^{3+}, Mn^{2+}, Fe^{2+}, Fe^{3+}, Co^{2+}, Ni^{2+}, Cu^{2+}.
20. Co^{2+}을 NH_4SCN으로 확인할 때 알콜—에테르를 가하는 이유를 설명하라.

21. 다음과 같은 용액에서 이온을 분리하여라.

ⓐ Fe^{3+}, Al^{3+}, Cr^{3+}. ⓑ Ni^{2+}, Al^{3+}, Fe^{3+}.

ⓒ Co^{2+}, Ni^{2+}, Al^{3+}. ⓓ Zn^{2+}, Co^{2+}, Ni^{2+}.

22. 다음 물음에 반응식을 써라.

ⓐ Ni^{2+}을 dimethylgyloxime으로 침전 시킬 때

ⓑ Cr^{3+}을 H_2O_2 존재하에서 NaOH을 가할 때

ⓒ Al^{3+}에 다량의 NaOH를 가할 때

ⓓ $Co(OH)_3$ 침전을 HCl에 녹일 때

23. 산성에서 Mn^{2+}을 MnO_4^-으로 산화시킬 수 있는 4가지 산화제의 예를 들고 이 때 일어나는 반응식을 써라.

24. Hg_2^{2+}, Cu^{2+} 및 Ni^{2+}을 포함하는 용액에서 각 이온을 계통적으로 분리하라.

25. Ba^{2+}, Ca^{2+}, Sr^{2+}의 성질의 차이점을 상세히 설명하라.

26. 양이온 제 4 족 이온을 제 5 족 이온과 분리할 때 분족 시약은 어떤 것이 적당하며, 그 이유를 설명하라.

27. Ba^{2+}, Ca^{2+}, Sr^{2+} 중에 Ba^{2+}를 CrO_4^{2-}를 사용하여 HAc, NH_4Ac 완충액을 분리하는 이유를 설명하라.

28. 다음 화합물의 용해도 순서를 써라.

$SrSO_4$, $Sr(NO_3)_2$, $SrCrO_4$, $SrCO_3$, SrC_2O_4.

29. Pb^{2+}, Cd^{2+}, Ni^{2+}, Ca^{2+}를 포함하는 용액에서 각 이온을 계통적으로 분리하라.

30. 다음 반응식을 완결하고 생성되는 침전의 색깔을 써라.

a. $MgCl_2 + (NH_4)_2HPO_4 + NH_4OH \longrightarrow$

b $NaCl + HMg(UO_2)_3Ac_0 + 6H_2O \xrightarrow[HAc]{}$

c. $KCl + Na_3Co(NO_2)_6 \longrightarrow$

31. K과 Na확인 실험을 하기 전에 NH_4염을 제거시키는 이유와 방법을 설명하라.

32. Nessler 시약으로 NH_4^+를 확인할 때 반응식을 써라.

33. K^+, Na^+가 포함된 용액에서 K^+을 불꽃 반응으로 확인할 때 Co 청색 유리를 사용하는 이유를 설명하라.

34. Ag^+, Cd^{2+}, Al^{3+}, Ba^{2+}, K^+를 포함하는 용액이 있다. 각 이온을 계통적으로 분리하라.

제 8 장

전기화학적 분석법

8-1 전위차법

1. 전위차법

보통의 용량분석적정에서 쓰는 지시약 대신에 전위차계로 기준전극과 지시전극 사이의 전위차를 일일이 측정함으로써 적정반응의 종말점을 결정하는 방법을 전위차 적정법(potentiometric titration method)이라 한다. 그러나 전위차법은 용액의 전위차를 한 번만 측정하여 용액 속의 어떤 성분의 농도를 알아내는 방법이다. 전위차를 측정하는 데에 쓰는 기준전극은 앞의 제 4 장 제 2 절에서 설명한 여러 가지 중에서 적당한 것을 선택하면 좋으나, 지시전극은 적정법의 종류에 따라 알맞는 것을 선택해야 한다. 지시전극(indicator electrode)이란 적정반응에 포함되어 있는 용액 속의 어떤 한 가지 이온의 농도가 변함에 따라 그 전극전위가 변하는 전극을 말하며, 기준전극은 적정 도중에 전위가 변하지 않는 전극이다. 따라서 앞으로는 지시전극을 선택하는 문제에 주로 관심을 기울이기로 하자.

전위차 적정법은 유색용액과 같이 종말점을 뚜렷하게 구별하기 어렵거나, 적당한 지시약이 없어 적정 불가능한 반응에도 이용할 수 있고, 적정의 개인오차가 작고, 지시약을 쓰는 방법보다 정밀도가 높으며 감도도 높다. 또한 자동적정이나 비수용매에서의 적정도 가능한 장점이 있다. 그러나 전위차법은 활동도 계수가 염의 농도에 따라 변하고, 액간 접촉전위가 적정 도중에 변하며, 농도가 상당히 변해도 전위차의 변화는 조금밖에 나타나지 않는 단점을 들 수 있다.

이와 같이 전위차 적정법에 이용되는 화학반응은 용량분석에서 쓰는 반응 곧 중화, 침전, 산화－환원, 착물생성반응 등이다. 이와 관련하여 가장 흔히 전극반응에 나타나는 형을 조사해 보자.

(1) 금속/금속이온(보기 ; $Zn \rightleftharpoons Zn^{2+} + 2e$) : 열역학적 견지에서 보면, 금속은 순수하고 가장 안정한 상태이어야 한다.

(2) 기체/이온(보기 ; $\frac{1}{2}H_2 \rightleftharpoons H^+ + e$) : 전극반응이 일어날 표면을 제공해 주는 금속극이 필요하다. 여기에 쓰는 금속 전극은 기체나 이온 또는 용매와 반응하지 않는 Pt, Ir, Au, W, Ag, Rh 등의 불활성 금속극이다.

(3) 이온/이온(보기 ; $Fe^{2+} \rightleftharpoons Fe^{3+} + e$) : 불활성 금속극의 표면에서 반응이 일어난다.

(4) 금속/난용성염(보기 ; $Ag + Cl^- \rightleftharpoons AgCl + e$) : 전극전위는 금속이온과 난용성염을 이루는 음이온의 농도 및 염의 용해도에 따라 변한다.

2. 기준전극

전극전위는 그 절대값을 알 수 없으나 전위의 기준이 되는 전극 곧 기준전극 (reference electrode)과 전위를 측정하려는 전극을 짝지어 전지를 만들고 그 기전력을 측정함으로써 상대적인 값을 구할 수 있다. 이 때 사용되는 기준전극으로는 표준수소전극 외에 감홍전극과 은－염화은 전극 등이 있다.

(1) 표준수소전극

구조는 그림 8－1과 같으며 접촉면적을 크게 하기 위해서 백금 가루를 전착시킨 백금흑 조각이 수소 이온의 몰 농도가 1 *M*(엄밀하게는 25 ℃에서 활동도가 1인 1.18 *M* HCl)인 용액에 담겨져 있다. 1 atm(엄밀하게는 fugacity가 1)이 걸려 있는 옆 구멍을 통하여 주기적으로 수소 기체의 기포가 달아나므로, 백금흑의 일부가 H^+과 H_2에 번갈아서 노출된다.

수소 이온과 수소는 전극과 용액의 경계면에서 백금 촉매에 의하여 다음과 같은 반응이 일어난다. 그 전위는 $E = -0.0591$ pH(25 ℃)로서 pH에 비례한다.

$$(Pt)H_2 \mid H^+ : H_2 \rightleftharpoons 2H^+ + 2e$$

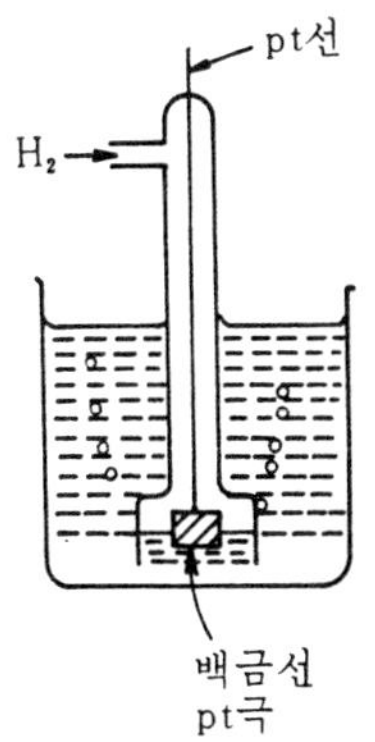

그림 8-1 수소전극

이 상태에서의 전극을 표준수소전극(normal or standard hydrogen electrode : NHE)이라 하고 앞에서 설명한 표준전극전위 E^0 값의 기준이 되며 모든 온도에서 그 전위는 0.000 V로 정하였다.

그러나 이 수소전극은 실제 사용할 때에 정확하게 $a_{H^+} = 1$, $f_{H_2} = 1$이 되게 만들기가 곤란하므로, 그림 9-2의 왼편 그림처럼 표준수소전극과 짝지어 전위를 측정함으로써 그 전위를 정확하게 알 수 있고, 또 재현성이 좋은 다른 전극을 기준전극으로 많이 쓴다. 이들은 보통 금속과 그 금속의 난용성 염으로 되어 있으며, 그 염과 공통이온을 포함한 용액에 넣어 둔다.

(2) 감홍전극

가장 편리하여 실용적이고, 안정하며 제작하기 쉽고, 전극 전위가 정확하게 알려져 있는 감홍전극(calomel electrode)은 다음과 같이 표시된다.

$$Hg, Hg_2Cl_2 \mid Cl^- ; 2Hg + 2Cl^- \rightleftharpoons Hg_2Cl_2 + 2e$$

Hg과 Hg_2Cl_2의 활동도는 1이므로 전극 전위는 Cl^-의 활동도에 따라 정하여진다. 전극전위는 $E = E^0 - 0.0591 \log[Cl^-]$ (25 ℃)로 주어지며 포화 감홍전극(saturated calomel electrode : SCE 혹은 포화 카로멜전극), 노르말 감홍전극(normal calomel electrode : NCE 혹은 노르말 카로멜전극) 등으로 부른다.

(3) 은-염화은 전극

재현성이 매우 좋은 은-염화은 전극(silver-silver chloride electrode)은 은 선의 표면에 AgCl 피막을 입혀서 일정한 조성의 KCl 용액에 담근 편리한 전극이

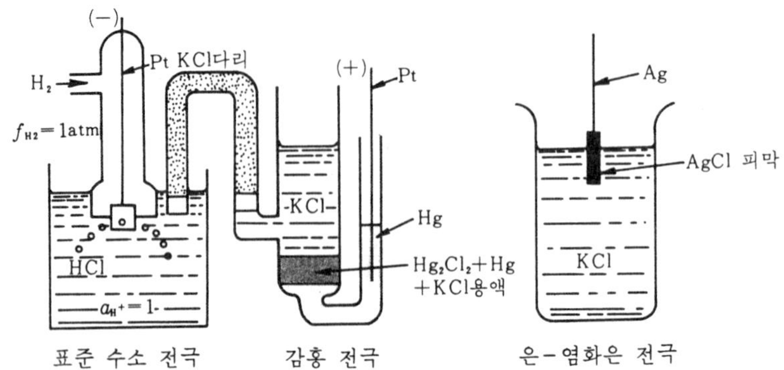

그림 8-2 여러 가지의 기준전극

다. 전극반응과 전극전위는 다음과 같이 나타낸다.

$$Ag, AgCl \mid Cl^- ; Ag + Cl^- \rightarrow AgCl + e$$
$$E = E^0 - 0.0591 \log[Cl^-] \ (25 ℃)$$

표 8-1 기준전극의 전위(*V*)

KCl 농도	감홍전극의 전위(*t*℃)	은-염화은 전극(25℃)
0.1*M*	$0.3330-6\times10^{-5}(t-18)$	0.2880
1*M*	$0.2864-2.4\times10^{-4}(t-18)$	0.2355
포 화	$0.2684-7.6\times10^{-4}t$	0.2000

(4) 표준전극전위

표준전극전위를 정하는 IUPAC의 협약은 다음과 같다.

① 전지에서 표준수소전극은 왼편에, 전위를 측정하려는 전극은 오른편에 둔다.

② 전지의 표현은 전지반응과 같은 순서로 쓴다. 즉 금속원자는 전지 안에 표시되어 있는 전극이므로 방정식과 같은 편에 나타낸다. 보기를 들면 그림 8-2의 왼편 전지는 다음과 같이 나타내며 그 반응식은 식(8-3)과 같다.

$$(Pt)\ H_2 \mid H^+ \parallel KCl, Hg_2Cl_2 \mid Hg$$

$$2H^+ + 2e \rightleftharpoons H_2 \quad \cdots\cdots (8-1)$$

$$Hg_2Cl_2 + 2e \rightleftharpoons 2Hg + 2Cl^- \quad \cdots\cdots (8-2)$$

그러므로 전지반응은

$$H_2 + Hg_2Cl_2 \rightleftharpoons 2Hg + 2H^+ + 2Cl^- \cdots\cdots (8-3)$$

③ 왼편 극은 (－)극, 오른편 극은 (＋)극으로 잡는다.

④ 전지의 전극전위는 왼편에 수소 전극을 두었을 때와 오른편에 나타나는 반쪽전지의 전극전위 곧 반반응의 기전력이다.

따라서 전극전위 E는 오른편 전극 (＋극)의 환원전위 E_2에서 왼편 전지의 환원전위 E_1 (－극)을 뺀 값에서 액간 접촉전위 E_j를 합한 것으로 다음과 같이 나타낼 수 있다.

$$E = E_2 - E_1 + E_j \cdots\cdots (8-4)$$

같은 방법에 의하여 은－염화은 기준전극의 전위는 다음 전지의 기전력으로부터 구할 수 있다.

$$\text{Pt, } H_2 \mid H^+ \parallel \text{KCl, AgCl} \mid \text{Ag}$$

$$2H^+ + 2e \rightleftharpoons H_2$$

$$AgCl + e \rightleftharpoons Ag + Cl^-$$

그러므로 전지반응은

$$H_2 + 2AgCl \rightleftharpoons Ag + 2H^+ + 2Cl^-$$

3. 지시전극

(1) 수소전극

수소전극의 전극반응은 $2H^+ + 2e = H_2$이므로 그 전위는 Nernst식에 의해

$$E = \frac{1.983 \times 10^{-4} T}{2} \log \frac{a_{H^+}{}^2}{P_{H_2}} = -1.983 \times 10^{-4}\, T\text{pH}$$

$$- \frac{1.983 \times 10^{-4} T}{2} \log P_{H_2} \cdots\cdots (8-5)$$

수소전극은 pH 측정시 가장 정밀하고, 신뢰도가 크므로 센 산성이나 센 알칼

리성 용액의 $[H^+]$를 측정하는 데에 쓰나, 수소의 압력을 조절하기가 힘들고, pH가 용액 속의 어떤 화합물, 보기를 들면 니트로벤젠이나 니트로페놀 등과 같이 수소화하면 정확한 pH를 측정할 수 없으며, CN^-, H_2S, As^{5+}, 수소보다 이온화경향이 작은 금속이온은 백금 촉매 표면에 변화를 일으키므로 수소전극을 쓸 수 없게 되는 불편한 점이 있다.

(2) 퀸히드론 전극

히드로퀴논(H_2Q)과 퀴논($Q=OC_4H_4O$)의 1 : 1 분자 화합물인 퀸히드론 결정을 검사액에 포화시키면, 백금선 극에 나타나는 전극반응과 전극전위 E는

$$Q + 2H^+ + 2e \rightleftharpoons H_2Q$$

$$E = E^0_{Q.\,H_2Q} + \frac{1.983 \times 10^{-4}T}{2} \log \frac{a_Q\, a_{H^+}{}^2}{a_{H_2Q}}$$

용액 속의 다른 염 농도가 매우 크지 않으면, 퀸히드론을 포화시킬 때에 $a_Q / a_{H_2Q}=1$이므로 25℃에서 이 식을 정리하면

$$pH = \frac{E^0_{Q.\,H_2Q} - E}{1.983 \times 10^{-4} \times (273.12 \times 25)} = \frac{0.6998 - E}{0.05916} \quad \cdots\cdots\cdots\cdots (8-6)$$

퀸히드론 전극은 간단하므로 만들기 쉽고, 빨리 평형에 도달하는 장점이 있으나, 다음과 같은 단점 때문에 오늘날에는 잘 쓰지 않는다. 곧 pH가 8보다 높은 용액에서는 히드로퀴논이 중화반응을 일으키거나, 공기에 의해 산화될 우려가 있고, 강산화제나 강환원제 용액에서는 수소전극과 같은 이유에 의해 쓸 수 없게 되며, 염 농도가 커지면 농도비가 변하는 염 오차가 일어나나, 퀸히드론을 포화시킨 용액에서는 활동도 비가 1은 아니나 일정하게 된다.

(3) 금속－금속산화물 전극

수산화물이나 수화된 산화물이 금속표면에 입혀져 있는 금속, 보기를 들면 Sb, W, Te, Mo, Mn, Ge, Hg 등으로 이루어진 전극은 pH 측정에 쓸 수 있다.

이들 전극은 금속 산화물의 용해도가 매우 작아야 하는데, 센 산성이나 센 알칼리성에서는 실제 용해도가 커지고, 금속이온은 보통의 음이온과 안정한 착물을 만들지 않아야 하나, 착화제가 용액에 존재하면 금속이온 농도가 줄며, 산화제나 환원제에 의해 전극전위가 변하는 등의 단점이 있다. 이러한 형태의 전극 중에서

가장 잘 알려져 있는 안티몬 전극의 전극반응과 그 전위는

$$Sb_2O_3 + 6H^+ + 6e \rightleftharpoons 2Sb + 3H_2O$$

$$E = E^0_{Sb_2O_3, Sb} + \frac{1.983 \times 10^{-4} T}{6} \log \frac{a_{Sb_2O_3}\, a_{H^+}{}^6}{a_{Sb}{}^2\, a_{H_2O}{}^3}$$

표준상태에 있는 Sb과 Sb_2O_3의 a는 대략 1이므로 25℃에서 pH와 전극전위 사이에는 다음 관계식이 성립한다.

$$\mathrm{pH} = \frac{E^0_{Sb_2O_3, Sb} - E}{0.05916} \quad \cdots\cdots (8-7)$$

$E^0_{Sb_2O_3, Sb}$를 결정하는 가장 좋은 방법은 완충용액의 pH : 기전력의 검정곡선을 만들고, pH가 0이 될 때까지 검정선을 외삽하여 절편으로부터 구한다. 안티몬 전극의 다른 단점을 들어 보면 다음과 같다. 곧 전극반응이 완전히 가역적이 아니며, 완충용액의 조성, 용액에 녹은 산소의 양, 타르타르산 이온, 옥살산 이온, 시트르산 이온, PO_4^{3-}, Cu^{2+}과 같은 어떤 금속이온의 양에 따라 E가 민감하게 변하는 점이다.

Ir, Re, Ru, Os 등의 금속극을 산소가 녹아 있는 용액에 넣고, 기준전극과 짝지워 기전력을 측정함으로써 용액의 pH를 측정할 수 있는데, 이러한 전극은 산소전극이라 부른다.

【예제 8-1】 pH를 측정하려는 용액에 수소전극을 담그고, 포화감홍전극과 짝지어 전압을 측정하니 0.7084(V)이고 수소 전극이 (-)극으로 되었다. 용액의 온도는 18℃이고, 수소압력은 760mmHg일 때 이 용액의 pH를 계산하라.

(풀이) 전지의 전압이 0.7084(V)이고, 18℃에서의 포화감홍전극의 전위는 0.2684(V)이므로 수소전극의 전위는 0.2684-0.7084=-0.4400(V)이다. 따라서 식(8-5)를 써서 계산하면

$$-0.4400 = -1.983\times10^{-4}\times291.12\,\mathrm{pH} - \frac{1.983\times10^{-4}\times291.12}{2}\log\frac{760}{760}$$

그러므로

$$\mathrm{pH} = 0.4400/0.05773 = 7.62$$

(4) 유리전극

① 전극 구성과 전위

$[H^+]$를 구하는 지시전극으로 가장 널리 쓰이는 것은 유리전극이다. 전극은 그

림 8－3과 같이 유리구(지름 0.5～1 cm, 두께 0.1～0.3 mm)로 되어 있다. $[H^+]$가 다른 두 가지의 용액을 H^+에 대하여 반투성과 전도성을 나타내는 얇은 유리막으로 분리하여 두면, 그림 8－4와 같이 진한 용액에서 묽은 용액으로 유리막을 통하여 수소이온의 일부가 확산하므로 유리막의 한편에는 (＋)하전을 띠고, 다른 편은 (－)하전을 띠게 되어 전위차가 생긴다. 용액 속의 다른 이온은 수소이온보다 크므로 유리막을 통해 확산하려는 경향이 작게 된다.

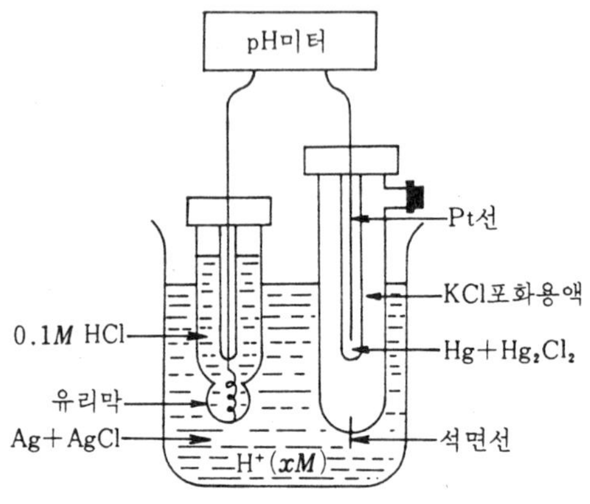

그림 8－3 pH 측정용 전극쌍

유리구 속에는 보통 0.1 *M* 염산 완충용액으로 만든 은－염화은 전극이나 감홍전극과 같은 기준전극을 넣어 두며, 이 유리전극을 검사용액에 넣은 다른 전극과 짝지우면 완전한 전지가 이루어진다. 내부전극으로 은－염화은 전극, 외부전극으로 포화감홍전극을 쓰면 전지는 다음과 같이 나타낼 수 있다.

$$\text{Ag, AgCl} \mid 0.1M\ \text{HCl}([\text{H}^+]=C_1) \vdots \text{pH 검사액}([\text{H}^+]=C_2) \| \text{KCl(포화)} \mid \text{Hg}_2\text{Cl}_2,\ \text{Hg}$$

내부기준전극　　　　　　　　　　　　　외부기준전극

H^+은 유리막 ⋮ 을 통과할 수 있으므로 이 전지는 농담전지로 볼 수 있다. 외부기준전극과 내부기준전극의 전위는 일정하므로 그 차이를 a라 하면 전지전체의 전위차는 $E_{전지} = a + E_g$

$$\therefore E_{전지} = a + 1.983 \times 10^{-4}\ T(\text{pH}_2 - \text{pH}_1) = a_s + 1.983 \times 10^{-4}\ T\ \text{pH}_2$$

또는 25 ℃에서

$$\text{pH} = \frac{E_{전지} - a_s}{0.05916} \qquad \cdots\cdots (8-8)$$

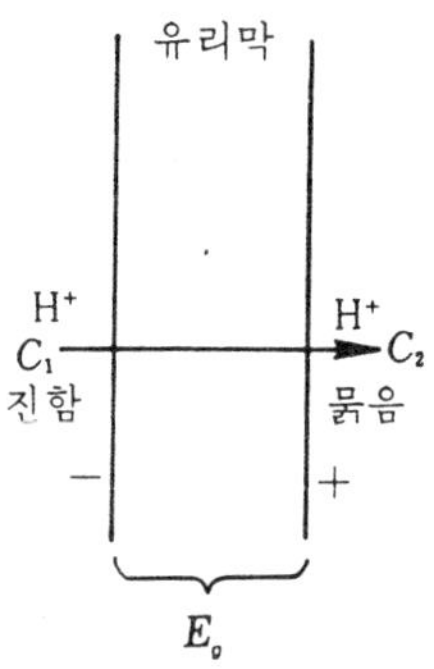

그림 8-4 유리막의 전위

윗식의 a_s는 상수로서 기준전극인 은-염화은 전극과 포화감홍전극의 전위와 비대칭성 전위(asymmetry potential) 및 액간 접촉전위를 포함한다. 비대칭성 전위란 유리막 양편의 용액이 같더라도 유리막이 둥글고, 표면처리가 다르게 되어 있기 때문에 유리막에 스트레인이 틀려서 생기는 전위이며, 물론 pH가 0인 용액의 전위차와 같게 된다. 어떤 한 유리전극에 대해서는 일정한 값이며, 유리전극이 달라지면 그 값이 변하므로 이론적으로 이 전위를 평가하기란 어렵다. 이러한 이유 때문에 pH 미터의 눈금은 pH를 정확하게 아는 완충용액에 두 전극을 넣어 먼저 보정해야 한다. 완충용액은 pH 미터 생산자로부터 구하거나, 그들의 상품정제를 물에 녹여 만든다. pH 미터를 보정할 때에는 그 눈금을 측정하려는 용액의 pH와 5 pH단위 이하로 비슷한 완충용액의 pH에 놓고, pH 미터 검류계의 지침이 0을 가리킬 때까지 기기를 조정하여 보정하고, pH를 측정하려는 용액에 이들 두 전극을 담그고, 검류계의 지침이 0이 될 때까지 pH 눈금을 돌려서 측정한다. pH 미터의 눈금은 mV 단위로 직접 읽을 때도 쓸 수 있다.

유리전극을 pH 측정용으로 쓸 때의 장점을 들어 보면 다음과 같다. 곧 pH를 측정하려는 용액에 다른 물질을 넣을 필요가 없고, 쉽게 산화 환원되는 물질이 공존해도 간섭을 받지 않으며, 비완충 용액의 pH를 정확하게 측정할 수 있고, 유리전극의 크기가 작은 것을 쓰면 측정용액의 부피가 적어도 좋으며, 연속측정에 쓰면 편리하다.

② 유리 전극의 오차

pH가 9보다 높거나, 0.5 보다 낮은 용액에서 보통의 유리전극은 그림 8-7과 같이 pH값에 오차가 생긴다. 곧 염기성 용액에서는 $[H^+]$가 매우 묽으므로 H^+과 크기가 비슷한 다른 금속이온, 특히 Na^+이 유리막을 통해 확산할 수 있기 때문에 pH가 낮아진다. pH 측정값을 이 오차에 대해 보정하고자 할 때에는 pH 미터 생산자가 주는 Na^+ 보정표를 쓰면 된다. 보기를 들면 Corning 유리 015 (72% SiO_2, 22% Na_2O, 6% CaO)로 만든 전극은 저항이 비교적 작고, 전위 평형이 빨리 이루어지는 우수한 특성 때문에 널리 쓰이나, 알칼리성 용액에서 오차가 매우 커진다. 이러한 오차는 유리의 조성을 바꾸어 양이온이 통과하지 못하게 함으로써 줄일 수 있다. 곧 Na_2O 대신에 Li_2O를 많이 포함하는 리튬 유리(72.2% SiO_2, 18.2% Li_2O, 9.6% CaO)로 만든 전극은 LiOH 이외의 알칼리 용액에서는 pH 12.5까지도 오차가 매우 작다. Na^+에 의해 오차가 나타나는 것을 이용하여 그 이온의 활동도를 측정할 수도 있다. 곧 Al_2O_3를 많이 포함하고 있는 유리를 전극으로 쓰면, H^+과 알칼리 금속이온의 활동도에 따라 전위차가 변하는데 a_{H^+}이 일정하고 a_{Na^+}에 비하여 매우 작으면

a_{H^+}이 일정하고 a_{Na^+}에 비하여 매우 작으면

$$E_{전지} = E^0_{전지} + 1.983\ T \times 10^{-4} \log (a_{H^+} + k a_{Na^+})$$

$$= E^0_{전지} + 1.983 \times 10^{-4}\ T \log a_{Na^+} \cdots\cdots (8-9)$$

여기서 k는 Na^+과 H^+의 선택성 비로서 유리의 조성에 따르는 정수이다.

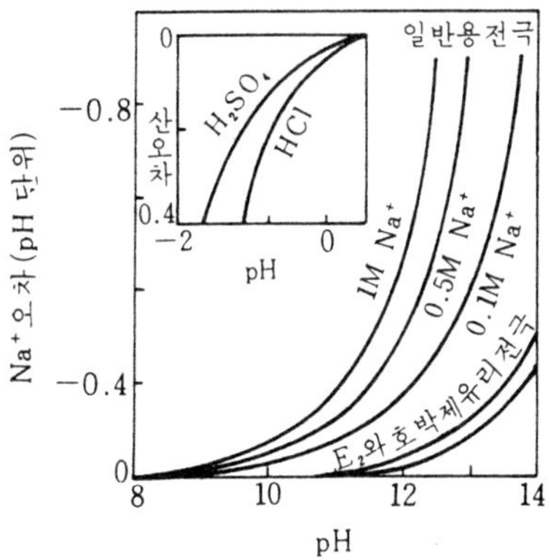

그림 8-7 유리전극의 오차

pH가 낮은 강산성에서는 너무 높은 pH값이 얻어지는데, 이것은 적어도 한 분자 이상의 물분자를 포함하는 H^+이 유리막을 통해 이동할 때에 용액 속의 $[H^+]$가 매우 크므로 용액에서 유리막의 표면으로 이동하는 물의 활동도가 1보다 작아지기 때문에 생기는 현상이다. 또 pH가 6보다 낮은 용액에 플루오르화이온이 공존하면 유리를 부식하므로 비대칭성 전위 값이 변하게 되어 오차가 생긴다.

유리전극으로 pH를 잴려고 할 때에 재려는 용액이 산성이면 증류수나 약산성 용액에, 알칼리성이면 약알칼리 용액에 1~2시간 담그었다가 측정한다. 유리전극의 둥근 끝 부분은 깨어지거나 긁히기 쉬우므로 부드러운 종이나 베천으로 묻은 액을 닦아내야 하고, 손가락이 이 부분에 닿아서는 안 되며, 비수용매의 pH를 측정한 다음에는 곧 증류수로 씻어야 한다.

(5) 기타 지시전극

산화−환원적정이나 침전 적정의 지시전극으로는 보통 적정 도중에 용액 속의 물질과 반응을 일으키지 않는 불활성 금속극을 쓴다. 침전적정에서는 침전반응에 포함되는 금속(보기를 들면 은 정량에 은선)이나 백금선(보기를 들면 I^- 정량에 Pt, $I_2 | I^-$)을 쓰기도 한다. 산화−환원적정에서는 그림 8−8과 같은 두 금속쌍을 두 전극으로 쓸 수 있다. 그림에서 1과 2의 전위차가 생기는 원인은 Pt는 빨리 평형전위에 도달하나 W는 속도가 늦기 때문이다. 적정의 전위차의 비교치만이 필요할 때에는 3과 같이 Pt는 지시 전극으로, W는 기준전극 대신에 씀으로써 보다 편리하게, 보다 뚜렷한 종말점을 찾을 수 있다.

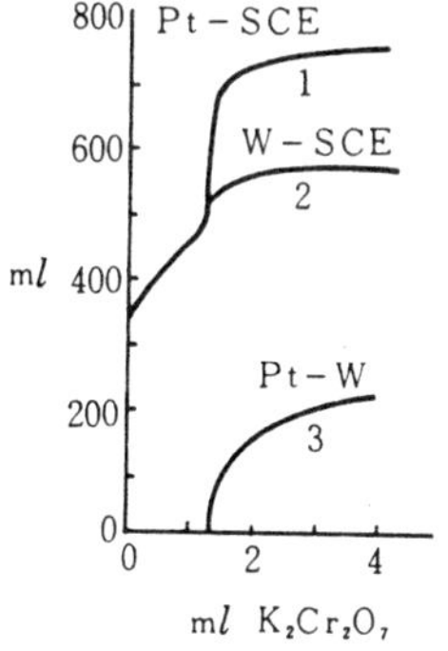

그림 8−8 Fe(Ⅱ)의 전위차 적정

다음에는 여러 가지 금속이온의 EDTA 킬레이트 적정에서 쓸 수 있는 $Hg-HgY^{2-}$ 전극에 대해 살펴 보자. 용액 속에 M^{n+}, Hg^{2+}, EDTA가 공존할 때 Hg를 지시금속극으로 쓰면 그 반전지와 전위는

$$M^{n+},\ MY^{(n-4)+},\ HgY^{2-},\ Hg^{2+}|Hg \quad \cdots\cdots\cdots\cdots \quad (8-10)$$

$$E = E^0_{Hg^{2+},\,Hg} + \frac{RT}{2F}\ln\frac{[HgY^{-2}]\,K_{MY}^{(n-4)+}}{[MY^{(n-4)+}]\,K_{HgY^{2-}}} + \frac{RT}{2F}\ln[M^{n+}] \cdots\ (8-11)$$

당량점 부근에서 처음의 두 항은 정수이므로 전극전위는 $[M^{n+}]$와 선형관계에

있게 된다.

pH 미터도 약산 음이온의 침전적정이나 EDTA 적정에 쓸 수 있음은 그 반응식으로부터 쉽게 알 수 있다.

표 8-2 $Hg-HgY^{2-}$ 전극을 쓴 EDTA 적정

pH	완충용액	적정되는 금속이온
1.5~2.5	HNO_3 또는 $ClCH_2COOH$	Hg^{2+}, Bi^{3+}, Th(Ⅳ)
4.0~4.5	CH_3COOH, Hexamine	VO^{2+}, Mn^{2+}, Co^{2+}, Zn^{2+}, Cd^{2+}, Hg^{2+}, Pb^{2+}, RE^{3+} Zr(Ⅳ), Hf(Ⅳ), Th(Ⅳ), Al^{3+}, Ga^{3+}, In^{3+}, Cr^{3+}, Fe^{3+}, Ni^{2+}
8.0~10.0	NH_3, Ethanolamine, Triethanolamine	Mg^{2+}, Ca^{2+}, Sr^{2+}, Ba^{2+}, Co^{2+}, Ni^{2+}, Cu^{2+}, Zn^{2+}, Cd^{2+}, Pb^{2+}, In^{3+}, Hg^{2+}, Tl^{3+}, Bi^{3+}, RE^{3+}

【예제 8-2】 식(8-10)과 같은 형태의 전극을 지시전극으로 써서 Ni^{2+}을 EDTA로 적정할 때 25 ℃에서 E와 pNi의 관계식을 유도하라.

단, $E^{0'}_{Hg^{2+},\ Hg} = 0.858\ (V)$, $[HgY^{2-}] = [NiY^{2-}] = 10^{-3}\ M$, $\log\ K_{NiY^{2-}} = 18.62$, $\log\ K_{HgY^{2-}} = 21.80$이다.

(풀이) $$E = 0.858 + \frac{8.313\times(273.12+25)}{2\times96495}\times 2.303$$

$$\log\left(\frac{10^{-3}\times4.17\times10^{18}}{10^{-3}\times6.31\times10^{21}}\times[Ni^{2+}]\right) = 0.762-0.0296\,\text{pNi}$$

4. 기전력

다음의 두 전지에서 기전력을 계산하고 전극반응을 세워서 반응의 진행 여부를 알아 보자.

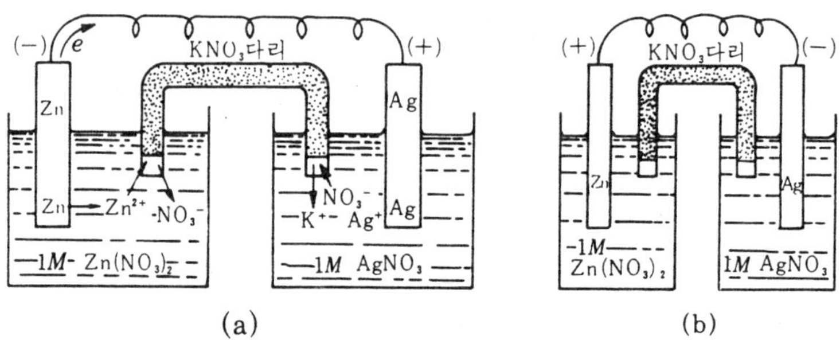

그림 8-9 화학전지의 극성

그림 8-9에서 (a) 전지의 전극반응과 그 기전력은

$$Zn \mid Zn(NO_3)_2(1\,M) \parallel AgNO_3(1\,M) \mid Ag$$
$$Zn \rightleftharpoons Zn^{2+} + 2e$$
$$Ag^+ + e \rightleftharpoons Ag$$

그러므로 전지반응은

$$Zn + 2Ag^+ \rightleftharpoons Zn^{2+} + 2Ag$$
$$E_{Zn} = E^0_{Zn} + \frac{0.0591}{2}\log[Zn^{2+}] \doteqdot -0.763(V)$$
$$E_{Ag} = E^0_{Ag} + 0.0591\ \log[Ag+] \doteqdot 0.7991(V)$$
$$\therefore E \doteqdot E_2 - E_1 = 0.7991-(-0.763) = 1.5621(V)$$

(b)전지의 전극반응과 그 기전력은

$$Ag \mid AgNO_3 \parallel Zn(NO_3)_2 \mid Zn$$
$$\therefore 2Ag + Zn^{2+} \rightleftharpoons Zn + 2Ag^+$$
$$\therefore E = E_2 - E_1 = -0.763 - (0.7991) = -1.5621(V)$$

따라서 (a)전지의 기전력은 자발적인 화학반응에 의한 화학전지이며, (b)전지의 기전력은 (−)이므로 그 전지반응은 외부에서 전기 에너지를 가하여 주어야 일어나는 전해용기에서의 반응이다.

【예제 8-3】 전지 $Zn \mid Zn^{2+}(a=1) \parallel Cu^{2+}(a=0.1) \mid Cu$의 기전력을 계산하라.

(풀이) 전지반응은 $Zn^{2+} + 2e \rightleftharpoons Zn$과 $Cu^{2+} + 2e \rightleftharpoons Cu$에서
$Zn + Cu^{2+} \rightleftharpoons Zn^{2+} + Cu$ 이므로

$$E_{Zn} = E^0_{Zn} + \frac{0.0591}{2}\log a_{Zn^{2+}} = -0.763(V)$$
$$E_{Cu} = E^0_{cu} + \frac{0.0591}{2}\log\frac{0.1}{1} = 0.34 - 0.03 = 0.31(V)$$
$$\therefore E = E_{Cu} - E_{Zn} + E_j \doteqdot 0.31 - (-0.763) = 1.073(V)$$

따라서 Zn극은 (−)극, Cu극은 (+)극이 된다.

【예제 8-4】 전지 $Pt \mid Fe^{2+}(0.05\,M),\ Fe^{3+}(0.1\,M) \parallel Cl^-(0.01\,M) \mid AgCl \mid Ag$의 극성과 전극반응 및 기전력을 계산하라.

(풀이) 왼쪽 반응 : $Fe^{2+} \rightleftharpoons Fe^{3+} + e \qquad E^0_{Fe} = -0.771(V)$

오른쪽 반응 : $AgCl + e \rightleftharpoons Ag + Cl^- \qquad E^0_{AgCl,\ Ag} = 0.222(V)$

그러므로

전체 반응 : $AgCl + Fe^{2+} \rightleftharpoons Ag + Fe^{3+} + Cl^- \ E^0_{전지} = -0.549(V)$

$$\therefore\ E_{전지} = E^0_{전지} + \frac{0.0591}{1}\log\frac{a_{AgCl}a_{Fe^{2+}}}{a_{Ag}a_{Fe^{3+}}}$$

$$= -0.54 + 0.0591\log\frac{0.05}{0.1\times0.01} = -0.449(V)$$

또는 왼쪽 전극 : $E_{Fe} = E^0_{Fe} + 0.0591\log\dfrac{a_{Fe^{3+}}}{a_{Fe^{2+}}}$

$$= 0.771 + 0.018 = 0.789(V)$$

오른쪽 전극 : $E_{Ag} = E^0_{AgCl,\ Ag} + 0.0591\log\dfrac{1}{a_{Cl^-}} = 0.222 + 0.118 = 0.340(V)$

$$\therefore\ E_{전지} = E_{Ag} - E_{Fe} + E_j \fallingdotseq 0.340 - 0.789 = -0.449(V)$$

따라서 Pt극을 (−)극, Ag극을 (+)극으로 잡은 것은 그 극성을 잘못 택한 것이다. 따라서 극성을 바꾸면 전위는 (+)값을 가지게 된다.

5. 장치 및 측정

전류를 흘리지 않고, 전위를 측정하는 장치로는 전위차계(potentiometer)를 쓴다. 그림 8−10의 *A*와 *B* 사이는 눈금이 들어 있는 높은 저항의 균일한 저항선, *R*은 가변저항, *Ba*는 축전지, *W*는 표준 Weston 전지, *G*는 검류계와 같은 전류지시기, *K*는 스위치, *Bu*는 뷰렛, *IE*는 지시전극, *RE*는 기준전극, *SB*는 염다리, *S*는 교반기이다. 전위차계는 *R*, *Ba*, *AB*, *C*, *K*, *W*, *G*, *D*가 모두 들어 있는 장치이며, *AB* 사이의 저항이 미터의 눈금으로 나타나 있다. 적정할 때의 볼타전지의 기전력을 측정하는 방법은 다음과 같은 Poggendorff의 상살법(compensation method)의 원리를 이용한다. 곧 *D*를 위로 올려 그 기전력 E_W를 정확하게 아는 표준전지 *W*와 연결하고, 스위치를 순간적으로 누를 때 전류 지시기 *G*에 전류가 흐르지 않도록 조절하여 접촉점 *C*를 찾으면, *Ba*에 의한 *BC*사이의 전위강하는 E_W와 같게 된다. 다음에 *D*를 아래로 내려 전위차를 측정하려는 용액의 두 전극과 전위차계를 연결하고, 스위치를 순간적으로 눌러 검류계에 전류가 흐르지 않는 *C'*점을 발견하면, *Ba*에 의한 *BC'* 사이의 전위 강하도는 *RE*와 *IE* 사이의 전위차 *E*와 같게 된다. *AB*는 균일한 저항체이므로 *RE*와 *IE* 사이의 전위차는

$$E = \frac{BC'\text{사이의 저항}}{BC\text{사이의 저항}} \times E_w \quad \cdots\cdots\cdots\cdots (8-12)$$

이 식의 E_w는 아는 전위이며, 두 가지의 저항을 측정함으로써 전위 *E*를 쉽게 계산할 수 있다. 전위차계에서는 *AB*와 *IE* 사이의 전위차 *E*는 적정할 때마다 일일이 기록하거나 자동기록장치를 써야 한다.

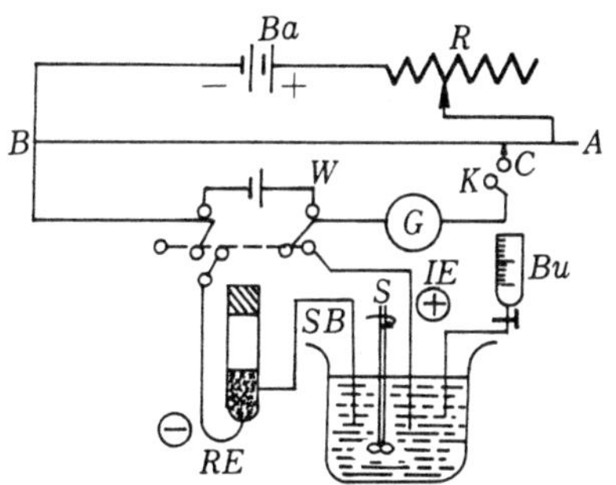

그림 8-10 전위차 측정의 배선

6. 전위차 적정법

전위차 적정에 이용되는 지시전극은 적정법의 종류에 따라서 적당한 전극을 선정하여야 한다. 중화 적정법에서는 보통 지시전극으로 유리전극을 사용하며, 침전적정의 경우는 침전반응에 포함되는 물질의 전극 예를 들어 은 적정법에서는 은선을 사용한다. 또 산화-환원적정일 때는 지시전극으로서 백금과 같은 비활성 전극을 많이 사용하며 킬레이트 적정에서는 수은이나 은 또는 이온 선택성 전극을 쓸 수 있다.

그림 8-10과 같이 적정하려는 용액에 기준전극과 지시전극을 연결하고, 표준용액을 넣을 때마다 전위차 또는 pH값을 기록하여 표준용액의 적하량(*V* m*l*)을 그림의 가로축에, 전위차(*E*) 또는 pH값을 세로축으로 하여 곡선을 그리면 그

림 8－11의 (a)와 같이 되고, 표준용액의 부피를 가로축에, 표준용액 0.05 ml에 대한 전위차 또는 pH의 변화값($\Delta E/\Delta V$ 또는 ΔpH / ΔV)을 가로축에 그리면 (b)와 같이 되며, 표준용액 0.05 ml에 대한 $\Delta E/\Delta V$ 또는 ΔpH / ΔV의 변화값($\Delta^2E/(\Delta V)^2$ 또는 $\Delta^2 pH/(\Delta V)^2$)을 세로축으로 하여 그리면 (c)와 같이 된다. 따라서 반응 종말점까지에 소비된 표준용액의 부피는 (a)에서는 변곡점, (b)에서는 피크의 점, (c)에서는 0점이 된다. 그러나 도해법을 쓰지 않더라도 실험 결과를 써서 표 8－3과 같이 계산함으로써 종말점을 결정하는 분석적 방법(analytical method)을 쓸 수도 있다.

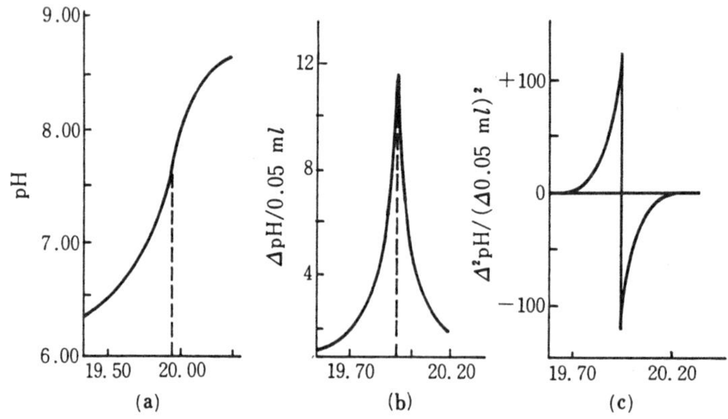

그림 8－11　표 8－3를 이용한 적정곡선

표 8－3　종말점 근처의 전위차 적정

적정제 부피(ml)	pH	ΔpH / ΔV	Δ^2pH / $(\Delta V)^2$
19.50	6.46		
		1.30	
19.60	6.59		+1.00
		1.40	
19.70	6.73		+2.00
		1.60	
19.80	6.89		+9.35
		3.00	
19.85	7.04		+52.0
		5.60	
19.90	7.32		+124
		11.80	
19.95	7.91		−136
		5.00	
20.00	8.16		−24.0
		3.80	
20.05	8.35		−5.00
		3.40	
20.10	8.52		
		1.60	
20.20	8.68		

$$\therefore V = 19.90 + 0.05\left(\frac{124}{124+136}\right) = 19.92\,ml$$

또 침전적정의 경우에는 적정곡선을 그려보면 적정 실험곡선은 침전에 이온이 흡착되기 때문에 이론곡선에서 약간 벗어나는 현상을 나타나게 된다. 이 현상을 흡착효과(adsorption effect)라 한다. 예를 들어 그림 8－12에서 보는 바와 같이 I^-용액에 Ag^+을 적정시키면 AgI침전이 생성되는데 당량점 이전에는 AgI가 I^-을 흡착함으로써 E값이 크게 나타나며 반대로 당량점 이후에는 AgI가 Ag^+을 흡착하여 E값이 오히려 작게 나타난다.

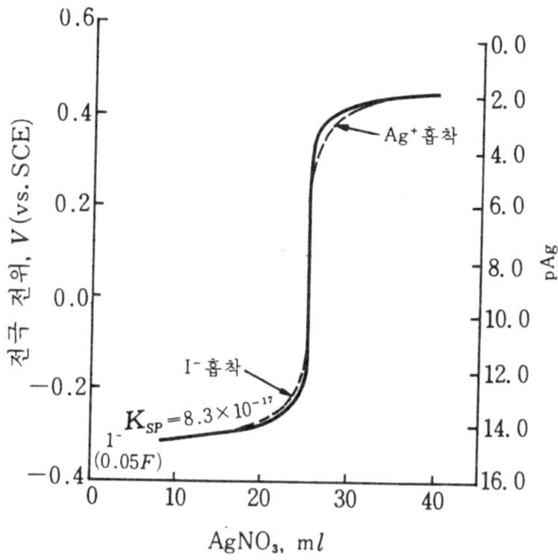

그림 8－12 0.05 N NaI 50 ml를 0.1 N $AgNO_3$로 적정할 때의 적정곡선에 대한 흡착효과

8－2 전해분석법

1. 전기분해

금속이온을 포함하는 시료 수용액에 무게를 아는 두 개의 전극을 담그고 외부의 직류 전원으로부터 전류를 보내면 전해용기에서는 이온이 환원되어 음극에서 금속이 석출되거나, 양극에서 산화반응에 의하여 금속 산화물이 석출되는데 이것

을 전기분해(또는 전해, electrolysis)라고 한다. 전해를 완결시켜서 전극에 석출된 금속 또는 금속 산화물을 세척, 건조, 칭량하여 증가된 무게로부터 금속이온을 정량분석하는 방법을 전해분석법(electroanalytical method, 전기중량법 electrogravimetric method, 또는 전기석출법(electrodeposition method)이라고 부른다. 이 방법은 분리하기 쉽고, 그 결과도 정확하며, 조작이 간편한 장점이 있으나, 전해조건을 잘 조절해 주지 않으면 오차가 매우 커진다.

보기를 들어 $CuSO_4$ 용액에 2개의 백금극을 담그어 전해하면 각 극에서는

$$Cu^{2+} + 2e \longrightarrow Cu \text{ (음극, 환원)}$$

$$2OH^- - 2e \longrightarrow H_2O + \frac{1}{2} O_2 \uparrow \text{ (양극, 산화)}$$

이와 같이 보통의 금속이온은 음극에 금속으로 석출되나, Pb, Mn, Mo, U 등의 용액에 백금극을 담그고 전해하면 산화물이 양극에 석출한다. 보기로서 진한 HNO_3 용액에서 Pb^{2+}은 다음과 같은 과정을 거쳐 양극에 PbO_2로 석출한다.

$$Pb^{2+} + 2H_2O - 2e = PbO_2 + 4H^+ \qquad E^0 = -1.455(V)$$

그러나 1 *M* 산성에서는 물이 분해하여 O_2가 발생(E^0=1.24 *V*)하므로 이 반응이 일어나지 않는다. 산으로서 HCl을 쓰면, Cl^-이 양극 감극제로서 작용하여 Cl_2 기체가 발생하므로 음극에 Pb^{2+}이 Pb로 석출하게 된다.

전해액의 액성, 조성, 온도, 전류, 밀도, 교반, 전해 억제제나 광택제 등을 조절하여 정량적으로 구하려는 성분을 석출시켜야 하며, 석출된 물질이 순수하고, 조성이 일정하며, 치밀하여 세척, 건조, 칭량할 때 변질하거나 떨어져서는 안 되는 등의 조건이 만족될 때에만 전기분해가 가능하다. 전해법은 정량목적 이외에도 방해물질을 제거, 분리하는 데에 이용된다.

2. 전기분해의 법칙

전해질 용액을 전해할 때에 용액에 통한 전기량과 전극에 석출된 물질의 무게 사이에는 다음과 같은 관계가 성립한다. 곧 전극에 석출되는 물질의 양은 용액을 통과한 전기량에 비례하는데 이것을 Faraday 제 1 법칙이라 하며, 같은 전기량으로 석출되는 물질의 무게는 그 물질의 당량에 비례하는데 이것은 Faraday 제 2

법칙이라고 부른다. 이 두 법칙을 합하여 Faraday의 법칙 또는 전기분해의 법칙이라고 한다. 지금 용액 속을 흐른 전류를 i 암페어, 시간을 t 초라 하면, 이동한 전기량 $q = it$ 쿨롱이다. 또 1 쿨롱의 전기량으로 석출되는 원소의 g 수를 전기화학당량(electrochemical equivalent)이라 한다. 보기를 들면 은의 전기화학당량은 0.001118이다. 1g 당량을 석출시키는 데에 필요한 전기량은 1 패러데이 ($1F$=96494~96496 쿨롱)라고 부른다.

지금 화학당량이 M/n(여기서 n은 산화-환원 석출반응에 관여한 전자수이며, M은 석출물이 금속이면 원자량이고, 기이면 기의 원자량의 합이다), 이 전해질 용액에 흐른 전류를 $i(A)$, 시간을 t(초)라고 하면, 이동한 전기량 q는 it이며, 석출한 물질의 질량 m은 다음과 같다.

$$m = itM/96495n = qM/96495\,n \quad \cdots\cdots (8-13)$$

정량분석에 실제 전해를 이용할 때, 보기를 들면 산성용액에 구리를 석출시킬 때에 전극에는 H_2와 같은 다른 물질도 석출 유리되기 때문에 용액에 통해준 전기량은 모두 구리를 석출하는 데에 쓸 수 없게 된다. 이 때에는 흘려 준 전기량으로부터 계산한 이론적 Cu 석출량에 대해 실제 석출된 Cu 양의 백분율을 구하여 그 조건에서의 전류효율(current efficiency)이라고 한다. 만일 이와 같은 부반응이 일어나지 않는다면, 어떤 물질을 산화 또는 환원시키는 데에 소요된 전기량을 기체 전기량계, 물 전기량계 또는 구리 전기량계로 재어 그 물질의 농도를 분석 계산할 수 있다. 이러한 방법은 전기량법(coulometric method)이라고 부른다.

【예제 8-5】 0.1 M $CuSO_4$ 용액 100 ml에서 Cu를 완전히 석출시키는 데에 필요한 전기량을 구하라. 또 2 암페어의 전류를 흘린다면 전해시간은 얼마이어야 하나? 단, 전류효율은 100%라고 한다.

(풀이) Cu 전체의 양은 100(ml) ×0.1(밀리몰/ml)=10 밀리몰 또는 20 밀리그램당량이고, 1 밀리그램당량을 석출시키는 데에 필요한 전기량은 약 96.5 쿨롱이므로 20×96.5=1930 쿨롱이 필요하다. 또 2 암페어를 1초 동안 흘리면 2 쿨롱이므로 1930(쿨롱)/2(쿨롱/초)=965 초 또는 16.1 분이다.

3. 분해전압

볼타전지에서는 산화－환원반응이 저절로 일어나서 기전력이 나타나는데, 전해할 때에는 전해용기에 기전력과 반대부호의 전압 곧 역기전력(back e. m. f., E_b 또는 평형분해전위)보다 충분히 큰 전압을 걸어 주어 볼타전지에서와는 반대 방향의 반응을 일으켜야 한다. 전해시키기 위해서는 이 역기전력 외에도 전극쪽으로 이온이 영동해야 하므로 전해용기의 저항 R에 의한 전압강하 곧 오옴전위강하(ohmic drop)만큼 더 걸어 주어야 한다. 전해질 용액의 두 전극을 그림 8－13과 같이 연결하여 그 극 사이에 외부에서 전압을 차차 크게 걸어 주면, 낮은 전압에서는 거의 전기분해가 일어나지 않으므로 작은 전류 곧 잔류전류가 흐른다. 이와 같이 외부에서 걸어 주는 전압은 가전압(applied voltage, 또는 외부 전압) E_a라고 부른다. 가전압은 어떤 전압이상이 되도록 하면 그림 8－14와 같이 갑자기 전류가 흐르며 전해가 일어난다. 이처럼 전극에 양이온과 음이온을 계속하여 석출시키는 데에 필요한 최소의 가전압을 그 전해질 용액의 분해전압(decomposition voltage) E_d라고 한다. 그림 8－14의 금속극은 두 극을 석출되는 금속과 같은 극을 썼을 때이므로 용액 속에는 전혀 화학반응이 일어나지 않으며, 전압과 전류 사이에는 오옴의 법칙이 적용된다. 두 개의 평활면 백금극을 써서 각 전해질 용액에 대하여 측정한 분해전압은 표 8－4과 같다. 이와 같이 백금을 전극으로 쓰더라도 금속이 석출된 순간부터 그 금속극의 역할을 나타낸다. 이 분해 전압은 전해온도, 전해질의 종류, 농도, 전극의 종류, 전극의 단위면적에 흐르

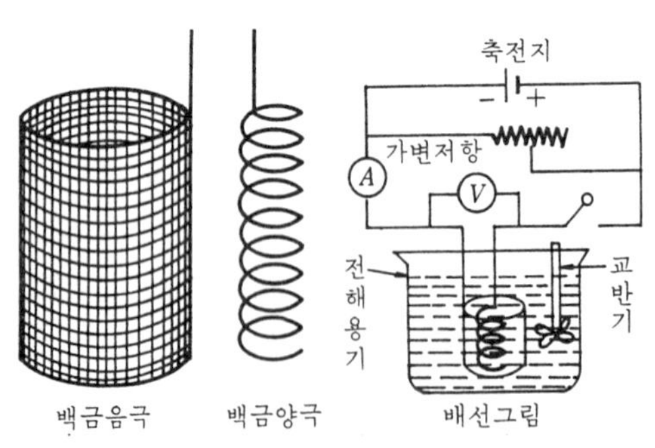

그림 8－13 전해장치의 극과 배선 그림

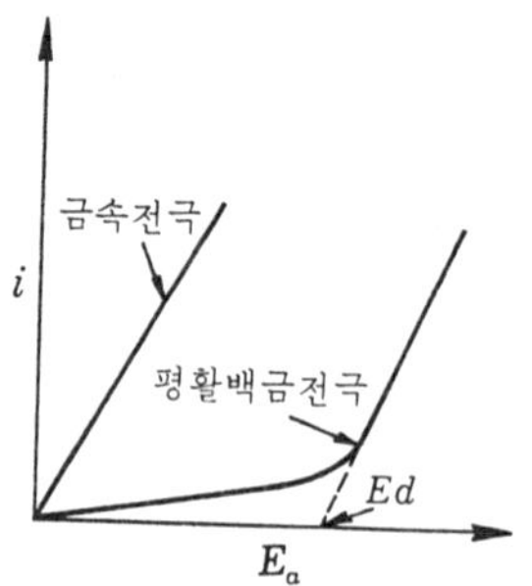

그림 8－14 분해전압

는 전류의 세기 곧 전류밀도(current density, A/cm^2, 보통 *N. D.*로 나타내는데 $N.D._{100}$은 $A/100cm^2$를 의미함) 등에 따라 그 값은 다르다.

표 8-4 분해전압(Le Blanc)

전 해 질	농도 (*M*)	분해전압 E_d (*V*)	석출물질		전 해 질	농도 (*M*)	분해전압 E_d (*V*)	석출물질	
			(−)극	(+)극				(−)극	(+)극
$ZnSO_4$	0.5	2.35	Zn	O_2	H_2SO_4	0.5	1.67	H_2	O_2
$CdSO_4$	0.5	2.03	Cd	O_2	HI	1.0	0.52	H_2	I_2
$Cd(NO_3)_2$	0.5	1.98	Cd	O_2	HNO_3	1.0	1.69	H_2	O_2
$ZnBr_2$	0.5	1.80	Zn	Br_2	HBr	1.0	0.94	H_2	Br_2
$AgNO_3$	1.0	0.70	Ag	O_2	H_3PO_4	0.33	1.70	H_2	O_2
$CdCl_2$	0.5	1.88	Cd	Cl_2	HCl	1.0	1.31	H_2	Cl_2
$CoSO_4$	0.5	1.92	Co	O_2	HI	1.0	0.52	H_2	I_2
$CuSO_4$	0.5	1.37	Cu	O_2	NaOH	1.0	1.69	H_2	O_2

위의 분해전압표에서 알 수 있는 바와 같이 분해전압이 매우 다른 두 가지의 전해질 용액을 전해하면 그 전압이 낮은 것이 먼저 석출하고, 높은 것이 나중에 석출하므로 이러한 사실을 이용하여 두 물질을 분별 석출시킬 수 있다. 만일 분해전압차가 작으면 분해전압이 낮은 것이 먼저 석출하게 되나, 석출하여 농도가 줄어듬에 따라 분해전압이 높아지므로 완전히 그 물질을 석출시키자면 다른 물질이 섞여 석출하므로 분별하여 석출시키기 어려워 진다. 또 이온화 서열에서 수소보다 앞에 있는 금속을 산성용액에서 전해하면 H_2가 먼저 유리되므로 이들 물질은 석출시킬 수 없게 된다. 여기에 대해서는 뒤에서 다시 설명한다. 그러나 수소보다 뒤의 금속인 Cu, Hg, Ag 등은 H_2를 유리하는 데 필요한 전압보다 분해전압이 작으므로 이들 물질을 석출분리시키기 쉽다.

【예제 8-6】 다음과 같은 전지의 25℃에서의 기전력과 역기전력을 구하라.
단, $E^0_{Cu^{2+},Cu} = 0.337$, $E^0_{O_2,H_2O} = 1.229(V)$이다.
$Cu|CuSO_4(0.5M)||H_2SO_4(0.5M)|O_2(P_{O_2}=1$기압), Pt

(풀이) 두 전극의 전극반응과 전극전위는 Nernst식에 의하여 다음과 같다.

구리 전극 : $Cu^{2+} + 2e \longrightarrow Cu$

$$E_{Cu^{2+},Cu} = E^0_{Cu^{2+},Cu} + \frac{0.05916}{2}\log[Cu^{2+}] = 0.337 + \frac{0.05916}{2}\log 0.5$$
$$= 0.328(V)$$

산소 전극 : $O_2 + 4H^+ + 2e \longrightarrow 2H_2O$

$$E_{O_2, H_2O} = E^0_{O_2, H_2O} + \frac{0.05916}{2} \log \frac{P_{O_2} a_{H^+}{}^4}{a_{H_2O}} = 1.226 + \frac{0.059}{2} \log (1)^4$$

$$= 1.229(V)$$

따라서 볼타전지의 기전력 $E = E_{O_2, H_2O} - E_{Cu^{2+}, Cu} = 1.229 - 0.328 = 0.901$ (V)이며 외부에서 전압을 걸어줄 때에는 구리 전극을 음극, 산소 전극을 양극으로 하여 0.901(V)만큼 걸어 준다.

4. 과전압

위에서 설명한 역기전력 E_d와 오옴 전위강하 iR, 가전압 E_a 및 분해전압 E_b 사이에는 다음과 같은 관계가 성립한다.

$$E_a = E_d + iR = (E_b + w) + iR = \{(E_a - E_c) + (w_a - w_c)\} + iR \quad (8-14)$$

여기서 $E_a - E_c$는 양극과 음극 사이의 역기전력이며, $w_a - w_c$는 양극과 음극에서의 과전압이다. 이와 같이 계속해서 전해를 일으키는 데 필요한 비가역적 전위 곧 분해전압과 가역평형전위인 역기전력과의 차이를 과전압(over voltage)이라 하고, 이러한 현상을 분극(polarization)이라고 하므로 과전압을 분극전위라고도 한다. 분극의 원인은 다음과 같은 두 가지 이유 때문에 생긴다. 그 하나는 전해질 용액에 외부에서 전압을 가하여 전해하면, 어떤 이온이 환원되거나 산화되어 석출제거되기 때문에 금속극과 용액의 경계면 근처에서는 석출되는 이온의 농도가 용액 태반의 농도보다 금속극쪽으로 갈수록 더 묽어지게 된다. (+), (−) 두 극에서 동시에 일어나는 이러한 농도기울기(concentration gradient)의 차이 때문에 생기는 분극을 농도분극(concentration polarization)이라 하며, 금속극과 평형을 이루는 이온은 금속극 근처의 묽어진 농도에 관계되므로 농도기울기를 없애 주기 위해서는 외부에서 역기전력보다 더 큰 전압을 걸어 주어야 한다. 이 전압은 특히 과전위(overpotential)라고 부른다. 다른 하나의 원인은 H_2나 O_2와 같은 기체가 전극에서 유리되기 때문에 이들 기체가 발생하도록 외부에서 더 걸어주어야 할 전압이 필요하게 된다. 이 전압을 일반적으로 과전압이라고 부른다. 이 과전압은 유리되는 과정 곧 석출되는 이온의 방전, 방전된 원자가 결합하여 분자가 생기는 과정, 생긴 기체분자의 기체로의 유리 등의 단계 중에서 어떤 과정이 상당히 느린 속도로 진행될 때, 이 반응을 촉진시키기 위하여 외부에서 전압을 더 걸어 주어야 하는데 이러한 분극을 화학분극(chemical polarization)이라 한다.

과전압에 영향을 끼치는 인자를 보면 다음과 같다. 곧

① 전극으로 쓴 금속의 종류, 성질 및 그 표면의 물리적 상태와 용액의 $[H^+]$

② 전극에 석출되는 물질이 고체이면 과전압은 작으나, 기체이면 크다.

③ 전류밀도가 클수록, 농도분극이나 화학분극이 클수록 과전압은 크다.

④ 온도를 올리거나 용액을 저어 주면 농도분극이 줄므로 과전압은 작아진다.

보통 금속의 과전압은 매우 작다. 보기를 들면 Cu는 0.01(*V*)이나 주기율표 8족의 금속 Fe, Co, Ni 등은 예외적으로 커서 0.2∼0.4(*V*) 정도이다.

전지 $(Pt)H_2|0.5M\ H_2SO_4||0.5M\ H_2SO_4|O_2(Pt)$의 역기전력은 1.229(*V*)인데 $0.5M\ H_2SO_4$의 분해전압은 표 5−1에서 1.67(*V*)이므로, 그 차이 1.67−1.229≒0.44(*V*)가 산소를 발생시키기 위하여 외부에서 더 가해 주어야 할 전압 곧 $0.5M\ H_2SO_4$ 수용액의 산소 과전압(oxygen overvoltage)인데, 산성용액에서 평활면 백금 전극을 쓰면 대개 $0.023A/cm^2$에서 0.4(*V*) 정도이다. 알칼리성 용액에서는 산소 과전압은 산성용액에서 보다 1(*V*) 정도 더 크다.

표 8−5 과전압(1 *N* KOH)

금속극	Hg	Pb	Cd	Ni	Ag	Fe	Au	Pd	평활면 Pt	백금흑 Pt
O_2	−	0.31	0.43	0.06	0.41	0.25	0.53	0.43	0.45	0.25
H_2	0.78	0.64	0.48	0.21	0.15	0.08	0.02	0	0.09	0

다음 표 8−6는 실온과 0.1 *M* 이하의 H_2SO_4 산성 용액에서의 수소 과전압인데, 알칼리성 용액에서는 이 값보다 0.1∼0.3(*V*) 정도 더 크다.

표 8−6 수소 과전압

음	극	평활면 Pt	백금흑 Pt	Au	Hg	Cu	Sn	Fe	Zn
전류밀도 (A/cm^2)	50×10^{-5}	0.08	0.00	0.02	0.57	0.19	0.40	0.17	0.48
	0.01	0.07	0.03	0.39	1.04	0:58	1.08	0.56	0.75
	0.1	0.29	0.04	0.59	1.07	0.85	1.22	0.82	1.06

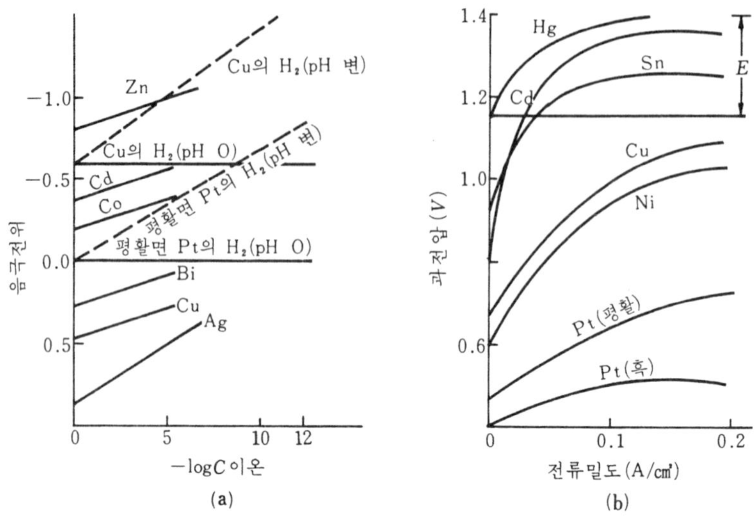

그림 8−15 음극전위와 수소 과전압

그림 8−15(a)는 1 N H_2SO_4에서는 여러 가지 황산염의 분해 음극전위의 계산치이며, (b)는 전류밀도의 변화에 따른 과전압의 실측치이다. 그림 8−15(b)의 E는 0.2 A/cm^2에서 수은극에 유리되는 수소의 과전압이다.

표 8−6과 그림 8−15를 보면 다음과 같은 사실을 알 수 있다. 곧 KBr 용액을 전해할 때에 철을 음극으로 쓰면 철이 석출되기 전에 H_2가 유리 발생하나, 수소 과전압이 큰 Hg을 음극으로 쓰면 H_2가 발생하기 전에 K^+이 환원되어 아말감이 된다. 따라서 백금에 전착되지 않는 금속을 전해할 때에 수은 음극을 널리 쓴다. Fe, Cr, Ni, Co, Zn, Cd, Ga, Cu, Sn, Mo, Bi, Ag, Au 등을 Al, Ti, Zr, P, V, U에서 분리할 때에 Hg 음극을 쓰면 백금극보다 유리하다. 산소 과전압이 큰 Au를 양극으로 쓰면 OH^-이 방전되기 전에 Br_2가 유리되는 것은 표 8−5를 보면 쉽게 알 수 있다. 또 이온화 서열의 뒤에 있는 Cu, Hg, Ag, Au 등은 산성에서 H_2가 발생하기 전에 석출하나, 앞의 Fe, Co, Ni, Zn 등은 산성에서 금속이 석출하기 전에 수소 기체가 발생하므로 다음 절에서 설명하는 바와 같이 NH_4OH, $Na_2C_2O_4$, NaAc 등을 넣어 pH를 조절하거나, 착이온으로 만들어 금속이온의 농도를 줄인채 전해해야 한다. 또 Ni^{2+}, Zn^{2+} 등은 H_2의 과전압이 커지도록 조건을 조절해 주면 H_2를 발생시키지 않고 석출시킬 수도 있다.

5. 금속석출의 조건

① 금속염 용액을 전해하면 Ag, Pb, Sb, Au 등은 조립상 또는 침상 결정으로 석출하여 전극에서 떨어지기 쉽고, Zn, Cu, Cr 등은 조립상으로 석출되기 쉬으며, Fe, Co, Ni 등은 석출된 금속이 치밀하다. 또 일반적으로 많은 금속은 Pt에보다는 Cu에 더 잘 부착한다.

② 금속이온 용액의 농도가 진하면 다공성 또는 해면상의 조대 결정성 석출물이 생기기 쉬우므로 보통 착이온으로 만들어 전해한다.

③ 50~90℃로 가열하면서 저어 주면, 용액의 점도가 줄므로 두 전극 사이의 저항이 감소되어 오옴 전위가 강하하고, 이온의 이동이 열확산에 의해 빨라지므로 농도분극이 줄며, 석출속도가 빨라진다.

④ 전류밀도를 0.1~0.01 A/cm^2 정도로 작게 하여 치밀하고 부착성이 좋은 석출물을 얻어야 한다. 망상 금속 전극의 전류밀도는 금속선의 직경을 d, 1cm^2 당의 구멍수를 n, 흐르는 전류를 i, 원통의 둘레를 l, 원통의 높이를 b라고 하면 $i/2\pi dlb\sqrt{n}$을 써서 구한다.

⑤ 음극에서 H_2가 유리되면 석출물이 해면상으로 되어 부서지기 쉬우므로 알칼리성으로 하거나, 두 극의 전위를 조절한다. Cu를 석출시킬 때에 질산을 넣고 전해하면 $NO_3^- + 10H^+ + 8e \longrightarrow NH_4^+ + 3H_2O$ 반응으로 $[H^+]$가 조절 감소되므로 H_2 발생을 막을 수 있다. 이 때의 질산을 감극제(depolarizer)라고 하는데, 이것은 전극이 수소 등의 흡착에 의하여 변질되는 원인을 제거하고, 농도분극을 방지하며, 석출된 극을 원상태의 극으로 되돌려 주는 역할을 하는 시약이다. 음극전위를 조절하기 위하여 감극제로 같은 농도의 $Fe^{2+}-Fe^{3+}$계를 쓰고, Fe^{2+} 보다 쉽게 산화되는 물질이 용액 속에 없다면, 전해를 계속하더라도 두 극에서는 이들 두 이온이 산화-환원되므로 농도비는 같게 유지되어 음극전위를 0.771(V)로 일정하게 된다. 이러한 $Fe^{2+}-Fe^{3+}$계를 전위 완충제(potential buffer)라고 한다. Ni^{2+}에서 Cu^{2+}을 HNO_3 산성에서 석출 분리하는 것은 H^+이 이러한 성질을 나타내기 때문이며, Co^{2+}과 Cd^{2+}과 같은 것을 Cr^{3+}, Mn^{2+}, MoO_4^{2-} 등에서 분리할 때 U(Ⅳ)−U(Ⅲ)계를 전위 완충제로 쓰면 Hg 음극의 전위를 −0.9(V)로 제한 조절할 수 있다.

⑥ Ni^{2+}을 전해할 때에는 NO_3^-이 감극제로 작용하므로 질산염을 쓸 수 없다.

따라서 전해질염은 단순 황산염이나 착염을 보통 쓴다. As와 같이 석출 물질이 유독하거나, 전극을 침식하는 Cl^-은 미리 제거해야 한다.

양이온이 음이온이나 중성분자와 반응하여 착이온을 만들면, 그 양이온의 농도가 줄어들기 때문에 금속을 석출시키기 위해서는 보다 음성전위를 더 걸어 주어야 한다. 보기를 들면 Cu, Co, Cd, Ag, Ni, Hg, Zn 등은 NH_4OH와 가용성 착이온을 만들므로 착이온의 안정도 정수의 크기에 따라 단순염보다는 다소 높은 분해전압과 전류밀도에서 전해해야 하며, NH_4OH 때문에 용액 속의 $[H^+]$도 작아지므로 H_2를 발생시키지 않고, 정량적으로 석출분리하여 Pt극에 치밀한 금속을 얻을 수 있다. H_2S, HCN, H_3PO_4, 시트르산, 타르타산 등의 알칼리염이 만드는 금속착이온 등도 금속이온으로의 해리도가 작아지므로 높은 분해전압에서 H_2를 발생시키지 않고 단일염이나 혼합물로부터 Pt극에 분리전착시킬 수 있다. Cd, Cu, Zn, Ag, Bi, Au 등은 알칼리성과 착이온을 만드는 두 역할을 동시에 나타내는 KCN 용액에서, Ag, Sb, Sn 등은 Na_2S 용액에서, Ag, Bi, Cd, Cu, Fe, Sn 등은 유기산염에서, Ag, Cd, Co, Cu, Hg, Ni, Pb, Pt, Zn 등은 H_2SO_4 또는 HNO_3 산성에서 Pt극에 석출시키면 유리하다. 그러나 단순염으로부터 분리 석출이 가능하면 단순염은 보다 낮은 전압에서 전해되므로 착화제를 쓰지 않는 편이 일반적으로 더 좋다.

표 8-7 단순염 및 KCN 용액에서의 음극전위

금 속	0.1 *M*	0.1 *M* 시안착이온 당 넣은 과량의 KCN		
		0.2 *M*	0.4 *M*	1 *M*
Zn	−0.79	−1.03	−1.18	−1.23
Cd	−0.43	−0.71	−0.87	−0.90
Cu	+0.315	−0.61	−0.96	−1.17

6. 전해분리

분해전압으로부터 알 수 있는 바와 같이 여러 가지 금속염의 혼합용액을 전해하면, 분해전압이 가장 낮은 금속이 먼저 석출하므로 이 금속만을 분별 정량할 수 있다. 그러나 분해전압차가 작아지면, 한 금속이 석출됨에 따라 분해전압이 큰 물질보다 커지게 되어 완전히 분리하기 곤란할 때도 있다. 보통 1가 이온은 0.35(*V*), 2가 이온은 0.2(*V*)정도의 분해전압 차이가 있으면 분리 석출 정량이 가능하다고 한다. 보기를 들어 그림 8-15 (a)에서 보면 0.4(*V*)에서는 Cu로 부터 Ag을 분리 석출시킬 수 있다. 우리는 보통금속이온의 농도가 10^{-6}~10^{-7} *M*로 줄면 전해는 정량적으로 완료되었다고 한다.

1 *M* $CuSO_4$-0.5 *M* H_2SO_4 용액에서 Cu를 석출시킬 때, O_2를 발생하는 양극 전위는 1.67(*V*)이고, 구리 전극전위는 0.337(*V*)이므로 1.67-0.337=1.33(*V*)이상의 가전압을 걸어 주면 전해가 시작된다. 0.01 A/cm^2의 전류 밀도에서 Cu 음극의 수소 과전압은 0.58(*V*)이므로 1.67+0.58=2.25(*V*)이하의 가전압에서는 H_2를 발생시키지 않고 구리만을 석출 분리 시킬 수 있다. 가전압을 1.98(*V*)로 일정하게 유지하여 전해하면 $[Cu^{2+}]$는 Nernst식에 의하여 다음과 같이 계산되어 2×10^{-22} *M*까지 줄도록 전해 석출이 진행된다.

$$1.33 - 1.98 = \frac{0.05916}{2} \log [Cu^{2+}]$$

또는

$$1.67 - 1.98 = E^0_{Cu^{2+},\,Cu} + \frac{0.05916}{2} \log [Cu^{2+}]$$

$$= 0.337 + \frac{0.05916}{2} \log [Cu^{2+}]$$

Zn은 Pt과 합금을 만들므로 백금극을 음극으로 써서는 안 된다. 비교적 강한 산성에서는 구리를 도금한 백금 음극에 $ZnSO_4$ 용액을 전착시키더라도 Zn이 석출되기에 앞서 H_2가 유리된다. 따라서 수소 과전압이 매우 높은 Hg 음극을 쓰거나 $[H^+]$를 줄여야 한다. 지금 pH 6의 HAc-NaAc 완충용액에서 수소전극 전위는 $E=0.05916 \log 10^{-6}=-0.355(V)$(그림 8-15 (a)를 보라)이고, 구리 도금한 전극의 수소 과전압은 0.58(*V*)이므로 아연 전극의 전위는 -0.58-0.355=-0.94(*V*)이다. 따라서 $[Zn^{2+}]$는 7.08×10^{-7}이다.

$$-0.94 = -0.76 + \frac{0.05916}{2} \log [Zn^{2+}]$$

위에서와 같이 전해할 때의 가전압을 어떤 필요한 값으로 일정하게 해 두고 전해하는 방법은 조절전위전해(controlled potential electrolysis)라고 부른다. 이때 전류는 전해하는 동안 차츰 줄어 든다. 이에 반하여 전해하는 전류를 일정하게 유지하기 위하여 가전압을 증가시키는 방법은 일정전류전해(constant current electrolysis)라 한다. 두 방법 모두 다 전해하는 동안 음극전위가 보다 음성으로 되어 다른 금속이 석출될 우려가 있다.

외부 전원을 쓰지 않고, 볼타전지를 써서 전해하는 방법은 내부전해(internal electrolysis)라고 부른다. 석출시키려는 금속보다 더 쉽게 산화되는 이온화 서열의 앞에 있는 금속을 양극으로 쓴다. 이 때는 음극과 양극을 반투막으로 분리해야 한다. 보기를 들어 $CuSO_4$ 용액에 백금극과 Zn극을 담그면, 다음과 같은 반응이 두 전극전위가 같아질 때까지 진행한다. 이 방법의 단점은 볼타전지의 기전력이 작으므로 석출 속도가 늦으며, 용액의 저항이 낮아야 하는점 등을 들 수 있다.

$$Cu^{2+} + Zn \rightleftharpoons Cu + Zn^{2+}$$

8-3 폴라로그래피

1. 질량이동

기전력은 보통 볼타전지 속에 거의 전류가 흐르지 않는 상태에서 잰다. 그러나 상당한 전류가 전해용기 속을 흐르는 상태에서 전류와 가전압 사이의 관계를 설명하여 분석에 이용하는 방법을 전압전류법(voltametry)이라고 하며, 미소전극으로 적하수은전극(dropping-mercury electrode, DME)이나, 미소백금전극을 쓸 때를 특히 폴라로그래피(polarography)라고 한다.

폴라로그래피는 체코의 Heyrovsky(1924)가 DME를 써서 전류전압곡선(polarogram)을 자동적으로 기록하는 장치 곧 폴라로그래프를 발표함으로써 시작되었다. 폴라로그래피는 전해 분석법의 일종으로써 그 특징은 한 전극은 그 전위가 전류값에 따라 변하는 표면적이 비교적 작은 전극 곧 농도분극이 일어나는 분극전극(polarizable electrode, 보기 : DME, 미소백금전극)을 쓰며, 대극으로는 전극전위가 흐르는 전류에 관계 없이 일정한 넓은 표면적을 가진 비분극전극(unpolarized electrode, 보기 ; 수은풀, SCE)을 써서 환원성 물질이 포함되어 있는 용액을 전해하여 폴라로그램을 해석하는 방법이다. 이 방법은 용액이 10^{-3}~10^{-5}

M 정도의 미량 성분을 포함할 때, 간편 신속하고 비교적 정확하게 정성과 정량할 수 있는 장점이 있다.

음극전위를 차츰 더 음성적으로 걸어줄 때 농도분극이 일어나므로 환원성 물질의 질량이동이 없다면, 전극 표면에서의 농도는 용액 태반의 농도보다 상당히 줄어 없어질 수도 있을 것이다. 그러나 실제에는 용액을 저어 주거나, 용액의 각 부분에서의 온도 및 밀도 차이에 의한 이동 곧 대류(convection)와 확산, 영동 등에 의하여 전극 표면으로 질량이동이 일어난다. 영동은 전류가 용액 속을 흐를 때 전해액의 저항에 의한 전위 기울기 때문에 하전 입자가 음극이나 양극을 향하여 이동하는 현상이다. 폴라로그래프 전해용기의 음극을 향해 이동하는 양이온의 영동은 질량이동속도를 증가시키나 음이온의 영동은 질량이동을 억제한다. 만일 음극반응에는 방해되지 않고, 환원되기 어려운 KCl, KNO_3, NaCl, $(CH_3)_4N^+$ 염 등의 전해질을 환원성 물질에 비해 50배 정도 과량으로 넣으면, 환원성 물질에 의한 전류는 무시될 수 있을 정도로 작아진다. 이와 같이 환원성 이온의 영동 현상에 의한 전류를 무시할 수 있을 정도로 줄이기 위하여 넣는 전해질을 지지전해질(supporting electrolyte)이라고 부른다. 또 환원성 물질이 영동으로 전극 표면에 도달하여 생기는 전류 곧 영동전류(migration current)는 지지전해질이 있을 때와 없을 때의 전류 차이와 같게 된다.

2. 확산전류

지금 고정된 평면전극을 써서 용액이 저어지지 않고, 전해시간이 1 분 이내이므로 대류가 없고, 지지전해질이 과량으로 존재하므로 확산이 질량이동의 유일한 방법이며, 다음과 같은 산화-환원 과정에서 물질 O가 전극에 도달하면 즉시 환원될 때 곧 전극 표면에서의 O의 농도는 용액 태반의 농도 C^0보다 작은 곧 농도분극이 일어날 때를 생각해 보자.

$$O + ne \rightleftharpoons R \quad \cdots\cdots (8-15)$$

Fick의 법칙에 의하면, 농도분극이 일어나서 전극 표면 근처에 농도 기울기가 생기면 전극 표면 근처의 어떤 점에서 단위 시간에 단위 면적의 전극 표면을 향해 확산하는 물질의 양 곧 속도는 그 물질의 농도 기울기에 비례한다. 따라서 이

러한 관계를 이용하면 평면 전극에서 단면적 A의 전극에 흐르는 전류는

$$i_d = nFAC^0\sqrt{\frac{D_o}{\pi t}} \quad \cdots\cdots (8-16)$$

여기서 i_d는 확산에 의한 이동 때문에 생기는 전류 곧 확산전류(diffusion current)이며 D_o는 물질 O의 확산계수, t는 전해시간, n은 산화-환원 반응에 관여한 전자수, F는 96495 쿨롱, C^0는 O 물질의 용액 태반에서의 농도이다.

고정 평면 전극 대신에 DME를 쓸 때를 고려해 보자. 수은 그릇과 연결된 모세관은 보통 그 안지름이 0.03 mm, 모세관의 길이가 5~10 cm, 모세관 끝과 수은면 사이의 높이를 40~60 cm 정도로 조절하여 2~5초 사이에 수은 방울이 한 방울씩 떨어지게 하면, 수은 방울은 지름이 1 mm 정도가 되는 구형이 된다. 모세관 끝에서 용액쪽으로 수은 방울이 완전한 구형으로 커진다고 가정하자. 이 방울의 반지름을 r로 두면 그 표면적은 $4\pi r^2$이 된다. 수은의 밀도를 d, 방울이 생기기 시작해서 부터의 시간을 t, 수은이 단위 시간 당 모세관을 통해 떨어진 질량 곧 유출 속도를 m이라 하면 수은 방울의 부피는 $mt/d = 4\pi r^3/3$이므로 $r = (3mt/4\pi d)^{1/3}$이다. 따라서

$$A = 4\pi r^2 = 4\pi(3mt/4\pi d)^{2/3} \quad \cdots\cdots (8-17)$$

정지 평면 전극을 DME로 바꿀 때의 보정 계수 $\sqrt{7/3}$을 써서 식(8-17)을 식(9-12)에 대입하면

$$i_d = \sqrt{7/3}\, nF\,[4\pi(3mt/4\pi d)^{2/3}]\, C^0\sqrt{D_o/\pi t} \quad \cdots\cdots (8-18)$$

여기서 d는 25 ℃에서 13.53 g/cm^3, π는 3.14, F는 96.495 쿨롱을 대입하여 i는 A에서 μA로, m은 g/sec에서 mg/sec로, C^0는 몰/cm^{3}에서 밀리몰 농도로 바꾸면

$$i_d = 708nm^{2/3}t^{1/6}D_o^{1/2}C^0 \quad \cdots\cdots (8-19)$$

이 식은 Ilkovic(1935)가 유도한 Ilkovic 방정식이다. 펜식 기록기는 이러한 확산전류를 그린다. 그러나 방울 성장 중에서 전류가 너무 빨리 변하므로 보통의 검류계는 그 전류를 일일이 따라갈 수 없다. 그러므로 방울이 성장할 때의 평균전류는 감도가 좋은 검류계로서 잴 수 있는데, 평균전류 i_d는 수은 방울이 떨어지는 데에 걸리는 시간 곧 적하시간을 τ라 하면 다음과 같이 구할 수 있다.

$$\bar{i}_d = \frac{1}{\tau}\int_{\tau}^{0} i_d dt = 708\, nm^{2/3} D_o^{1/2} C^0 \frac{1}{\tau}\int_0^{\tau} t^{1/6} dt$$

$$= \frac{6}{7} \times 708 nm^{2/3} D_o^{1/2} C^0 \tau^{1/6}$$

$$= 607 nm^{2/3} \tau^{1/6} D_o^{1/2} C^0 \cdots\cdots (8-20)$$

그림 8-16의 ③은 평균확산전류 ($\bar{i}_d$)이고, ①는 최대확산전류(i_d)이며, ②은 보통의 검류계로 만들어진 폴라로그래프가 실제 그리는 폴라로그램이다. 확산전류는 수은주 높이의 제곱근에 비례하고, 온도가 1℃ 변하면 1~2% 정도의 확산전류가 변하며, $\bar{i}_d / m^{2/3}\ \tau^{1/6}$ 곧 모세관 정수에 대한 평균확산속도의 비는 적하 시간에 따라 5% 정도까지 변하며, 전위는 $\bar{i}_d$에 간접적인 영향을 미치므로 이들 실험 조건은 언제나 조절해 주지 않으면 안된다.

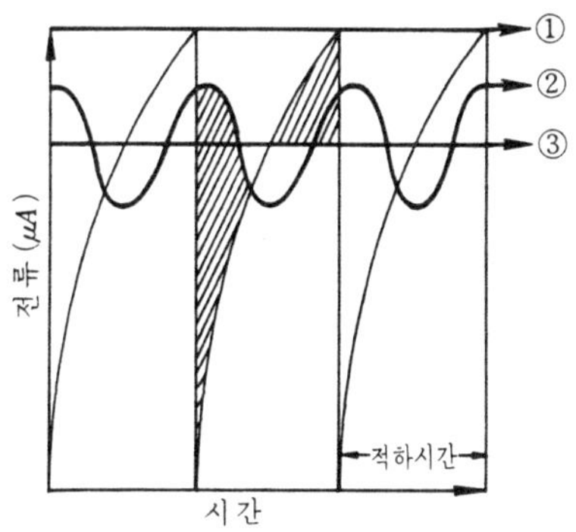

그림 8-16 확산전류

전극 표면에서의 물질 O의 농도를 $(C_o)_{x=0}$라고 두어 이 농도를 C^0에 비하여 무시할 수 없고, Nernst식을 적용할 수 있는 가역 과정에 대하여 살펴 보자. O와 R이 모두 가용성이면 25℃에서 식(8-15)의 DME의 전위는

$$E = E^0_{O,R} + \frac{0.05916}{n} \log \left(\frac{f_o C_o}{f_R C_R} \right)_{x=0} \cdots\cdots (8-21)$$

따라서 전류는

$$\bar{i} = 607 nm^{2/3} \tau^{1/6} D_o^{1/2} \left[C_o - (C_o)_{x=0} \right]$$

$$= \bar{i}_d - 607 nm^{2/3} \tau^{1/6} D_o^{1/2} (C_o)_{x=0} \cdots\cdots (8-22)$$

및 $\bar{i} = 607 nm^{2/3} \tau^{1/6} D_R^{1/2} (C_R)_{x=0} \cdots\cdots (8-23)$

만일 $(C_R)_{x=0}=0$이거나, $(C_R)_{x=0}=C^0$이면 $O+ne \longrightarrow R$ 반응이 일어나지 않으므로 전류는 거의 흐르지 않으며, $(C_o)_{x=0}=0$이면 확산전류가 흐르며 식(8−22)은 식(8−20)과 같으므로, 이러한 조건이 성립되지 않는 범위에서는 식(8−22)과 식(8−23)에 의한 전류가 흐르게 된다. 그러므로 전극전위와 전류 사이에는

$$E = E^0_{O,R} + \frac{0.05916}{n}\log\frac{f_o D_R^{1/2}}{f_R D_o^{1/2}} + \frac{0.05916}{n}\log\frac{i_d - i}{i}$$

$$= E_{1/2} + \frac{0.05916}{n}\log\frac{i_d - i}{i} \quad \cdots\cdots\cdots\cdots (8-24)$$

폴라로그램의 한 보기를 그림으로 나타내면 그림 8−17과 같다. 그림의 *A* 부분에서는 전해전위가 $E^0_{Ca^{2+},Cd}$ 보다 더 양성이므로 $(C_O/C_R)_{x=0}\gg 1$일 때 곧 환원이 일어나지 않으므로 전류는 거의 흐르지 않으나, 전위가 보다 음성으로 되는 *B* 부근에서는 $(C_O/C_R)_{x=0}$이 감소하며 전류가 증가한다. *C* 부분에서는 $(C_O/C_R)_{x=0}$ $\ll 1$ 이므로 물질 O가 전극에 도달하는 즉시 환원된다. 이러한 폴라로그램의 특성을 나타내기 위해서 Heyrovsky는 이것을 파(wave)라고 불렀다. 식(8−24)의 *E*에 대한 log $\frac{\bar{i}_d - \bar{i}}{\bar{i}}$ 의 그림표를 그리면 기울기가 25℃에서 $\frac{0.05916}{n}$ 직선이 얻어진다. 이러한 성질을 써서 반응이 가역적으로 이루어지는가 그 여부를 알 수 있다.

환원성 용액을 전해할 때에 음극전위가 분해전압에 도달할 때 가지는 지지 전해질에 의한 작은 전류 곧 잔류전류(residual current)가 흐르는데, 가전압을 분해전압 이상으로 올리면 전해가 일어나고 전류는 증가하나, 어떤 전위 이상이 되면 일정한 전류 곧 한계전류(limitting current)에 도달한다. 이 한계전류와 잔류전류의 차이를 실험적인 확산전류라고 한다. 또 확산전류는 파고(wave height)라고 하며, 파고의 1/2에 해당하는 전류값을 나타내는 점 곧 $\bar{i}=\bar{i}_d/2$인 점의 전위를 반파전위(half wave potential) $E_{1/2}$라고 한다. 반파전위는 E^0와 비슷하며, 일정한 조건 아래에서는 특정한 값을 가지므로 정성 분석에 쓰며, 파고는 환원성 물질의 농도에 비례하므로 정량분석에 이용할 수 있다.

많은 폴라로그램 파에 반응의 가역성에는 관계 없이 피크나 봉우리 같은 전류가 나타나는 현상을 볼 수 있는데, 8−18과 같이 이러한 이상한 큰 전류를 극대전류(maximum current), 또는 극대파(maximum wave)라고 한다. 극대파는 전류 측정에 방해 되므로 전해액 속에 0.001∼0.01 *M* 정도의 계면활성물질을 넣어 제거 할 수 있다. 이러한 목적으로 쓰는 물질을 극대억제제(maximum

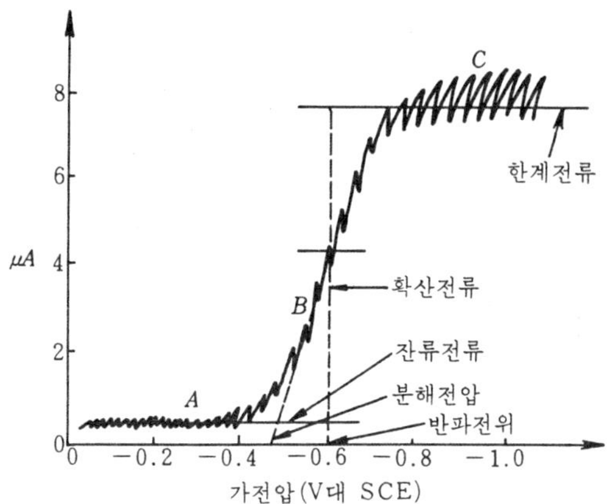

그림 8-17 0.1 M KCl에서의 10^{-3} M $CdCl_2$의 전형적 폴라로그램

suppressor)라고 하며, 아교 물감류 등의 유기물질을 흔히 쓴다. 극대억제제의 농도가 너무 진하면 점도가 커지므로 $\bar{i}_d$가 감소하게 되기 때문에 그 농도를 너무 진하게 해서는 안된다.

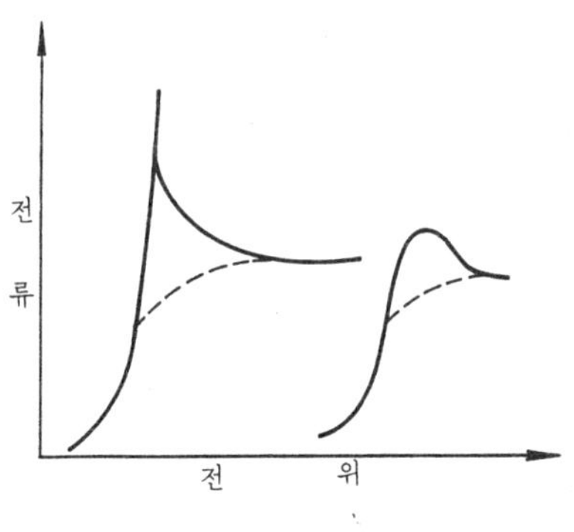

그림 8-18 극대파

【예제 8-7】 0.1 M $(CH_3)_4NCl$ 지지전해질의 $5\times10^{-4}M$ $BaCl_2$ 용액의 $E_{1/2}$는 −19.4 V vs. SCE이며, 평균확산 전류는 4 μA이다. 유출속도는 1분 사이에 24방울이 떨어지고, 20방울의 수은을 모으니 0.0750 g이라 할 때 확산계수 D를 구하라.

(풀이) 환원반응은 $Ba^{2+}+2e \longrightarrow Ba$이므로 $n=2$ 이며, $C^\circ = 5\times10^{-4}$ $M=0.5$ 밀리 몰 농도, $t=60/24=2.5$ sec/방울, $m=24$(방울/초)$\times0.0750$ g/20 방울 $=1.5$ mg/sec이므로 Ilkovic 방정식에 대입하면

$$4.0 = 607 \times 2 \times D^{1/2} \times 0.5 \times (1.5)^{2/3} \times (2.5)^{1/6}$$

$$\therefore\ D=1.9 \times 10^{-5}(cm^2/sec)$$

【예제 8-8】 다음 그림 9-14는 $CdCl_2$ 용액의 폴라로그램이다. 이것을 이용하여 n과 $E_{1/2}$을 구하라.

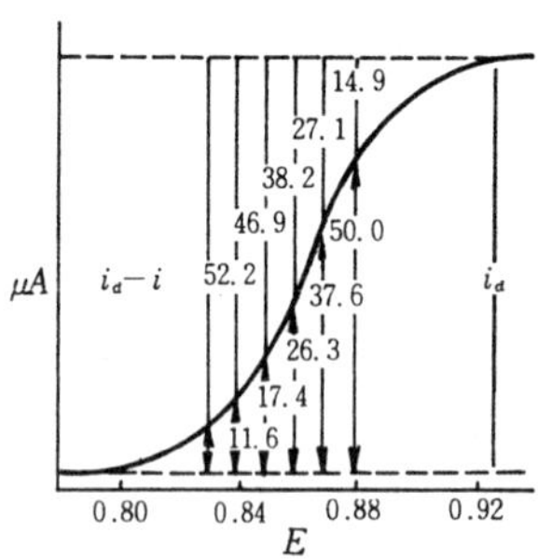

그림 8-19 폴라로그램

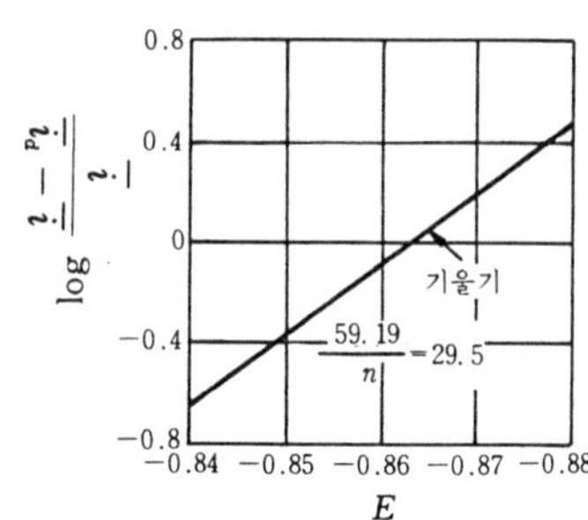

그림 8-20 log $\frac{\bar{i}}{\bar{i}_d - \bar{i}}$: E의 그림

(풀이) 그림을 이용하여 다음 표를 만들 수 있다. 이 표를 써서 log $\frac{\bar{i}}{\bar{i}_d - \bar{i}}$: E를 그리면 그림 9-15와 같이 된다. 그림 8-20에서 기울기 Δ log $\frac{\bar{i}}{\bar{i}_d - \bar{i}}$ / ΔE는 1.18 / 0.04 = 29.5이고 29.5 = 59.16/$n(mV)$ 이므로 $n \doteqdot 2$이다.
$E_{1/2}$ $\bar{i}$는 = $\bar{i}_d - \bar{i}$ 또는 log $\frac{\bar{i}}{\bar{i}_d - \bar{i}}$ = log 1 = 0일 때의 전위 곧 −0.863 (V)이므로

$E_{1/2}$ = −0.863−(−0.246, 이 값은 SCE에 대한 값임)
= −0.62(V)

E	$\frac{\bar{i}}{\bar{i}_d - \bar{i}}$	log $\frac{\bar{i}}{\bar{i}_d - \bar{i}}$
0.840	$\frac{11.6}{52.2}$	−0.6532
0.850	$\frac{17.4}{46.9}$	−0.4306
0.860	$\frac{26.3}{38.2}$	−0.1621
0.870	$\frac{37.6}{27.1}$	0.1422
0.880	$\frac{50.0}{14.9}$	0.5258

3. 정량분석법

파고가 농도에 비례하므로 이를 재어 정량하는 방법은 다음과 같다.

(1) 절대법(absolute method)

Ilkovic식을 변형하면 다음 식과 같은 확산전류정수(diffusion current constant)를 얻는다.

$$K = \tau_d \,/\, C^0\ m^{2/3}\ \tau^{1/6} = 607nD_o^{1/2} \quad \cdots\cdots (8-25)$$

이 K는 어떤 물질에 대하여 일정한 온도와 조성을 아는 용액의 전해에서는 일정하므로 미리 K를 재어 두면, 파고와 m, τ만을 측정함으로써 농도를 계산할 수 있는 간편한 방법이다. 그러나 $\bar{i}_d$, m, τ를 매우 정확하게 측정하지 않으면 오차가 커진다.

(2) 검정선법(calibration curve method)

시료와 같은 조건에서 표준용액의 각 농도를 그림으로 그려 검정선을 만든다. 이 때 농도와 파고 사이에는 직선관계가 성립하면 좋으나, 직선이 아니더라도 분석계산에는 관계없다. 또 시료를 써서 파고를 측정하여 검정선으로부터 농도를 구한다. 이 방법에 의한 오차는 1% 이내로서 가장 정확한 방법이며, 많은 시료를 분석할 때에는 가장 간편하나, 온도나 τ가 일정하지 않으면 오차가 매우 커진다.

(3) 표준첨가법(standard addition method)

시료 일정량(Vml)을 가지고 파고(i_{d_1})를 잰 다음, 농도(C_S)를 정확하게 아는 같은 물질의 용액 일정량($v$ml)을 더 넣고 파고($\bar{i}_{d2}$)를 잰다. 시료의 농도C는

$$C = \frac{\bar{i}_{d_1} v C_s}{\bar{i}_{d_1} v + (\bar{i}_{d_2} - \bar{i}_{d_1})\ (V + v)} \quad \cdots\cdots (8-26)$$

로써 구한다. 정확한 부피의 표준용액을 넣으면 3% 전후의 오차범위 내에서 정량할 수 있다. 시료의 수가 작을 때에는 가장 편리한 방법이다.

(4) 내부표준법(internal standard method)

널리 쓰이지 않는 방법이나 그 원리가 흥미 있다. 지금 어떤 한 용액 속에 있는 두 가지 물질의 농도가 같으면, 각각의 확산전류를 구하여 그 비를 구할 수 있다. 두 가지 물질의 혼합비 중 한 가지가 결정되면, 둘 중 한 물질 곧 내부표준물질의 기지량을 다른 미지용액에 넣어 미지의 농도를 구할 수 있다.

$$\frac{\bar{i}_{d1}}{\bar{i}_{d2}} = \frac{K_1 C_1}{K_2 C_2} \quad \cdots\cdots (8-27)$$

여기서 $\bar{i}_{d_1}$과 $\bar{i}_{d_2}$는 각각 내부표준물질과 미지농도의 확산전류이고, K_1/K_2는 그들의 확산전류 정수비이며, C_1과 C_2는 각각 내부표준물질과 구하려는 물질의 농도이다.

【예제 8-9】 0.3000 g의 Sn광석 시료를 Na_2O_2로 용융하고 녹여 250 m*l*로 만들었다. 이 용액 25 m*l*를 전해 용기에 넣어 폴라로그램을 그리니 파고가 24.9 μA이었고, 6×10^{-3} M의 Sn용액 5 m*l*를 시료용액에 넣었더니 파고가 28.3 μA이었다. Sn의 원자량이 118.70일 때 광석 속의 Sn의 백분율을 구하라.

(풀이) 식(8-26)에서

$$C = \frac{24.9\times5\times6\times10^{-3}}{24.9\times5+(28.3-24.9)(25+5)} = 3.3\times10^{-3}\,M$$

그러므로 Sn의 무게와 백분율은

$$118.70\times3.3\times10^{-3}\times\frac{250}{1000} = 0.098\text{ g} \qquad \frac{0.098\times100}{0.3000} = 32.7\%$$

【예제 8-10】 한 용액 속에 들어 있는 $4\times10^{-4}M$ $PbCl_2$는 파고가 1.74 μA이었다. $3\times10^{-4}M$ $PbCl_2$ 용액 25 m*l*에 50 m*l*의 시료용액을 넣어 파고를 측정하니 Zn^{2+}은 2.0 μA, Pb^{2+}은 1.2 μA이라면 시료용액 속의 $[Zn^{2+}]$는?

(풀이) 먼저 K_1/K_2를 구하면

$$\frac{1.74}{1.04} = \frac{K_1\times4\times10^{-4}}{K_2 3\times10^{-4}} \qquad \therefore K_1/K_2 = 1.25$$

식(8-27)에서

$$\frac{1.2}{2.0} = 1.25\times\frac{6\times10^{-4}\times25/75}{C} \qquad \therefore C = 4.17\times10^{-4}$$

따라서 시료의 농도는 $4.17\times10^{-4}\times75/50 = 6.25\times10^{-4}M$

4. 반파전위와 파고의 작도법

폴라로그램에서 반파전위와 파고를 작도하는 데에는 다음과 같은 방법이나 이에 준하는 방법 중에서 적당히 선택하면 될 것이다.

(1) 대각선법(diagonal method)

폴라로그램의 아래 위 평평한 부분의 중앙점을 연장하여 직선*AA′* 및 *BB′*를 긋고, 파의 전류상승부분을 연장하여 *CC′*를 그어 *CC′*와 *AA′* 및 *BB′*가 만나는 점을 각각 *N* 및 *O*라 한다. 수평축에 평행하고 *N*과 *O*를 지나는 *DD′* 및 *EE′*를 긋고, *O*와 *N*에서 *DD′* 및 *EE′*에 수선을 내려 만나는 점을 각각 *F* 및 *F′*라 한다.

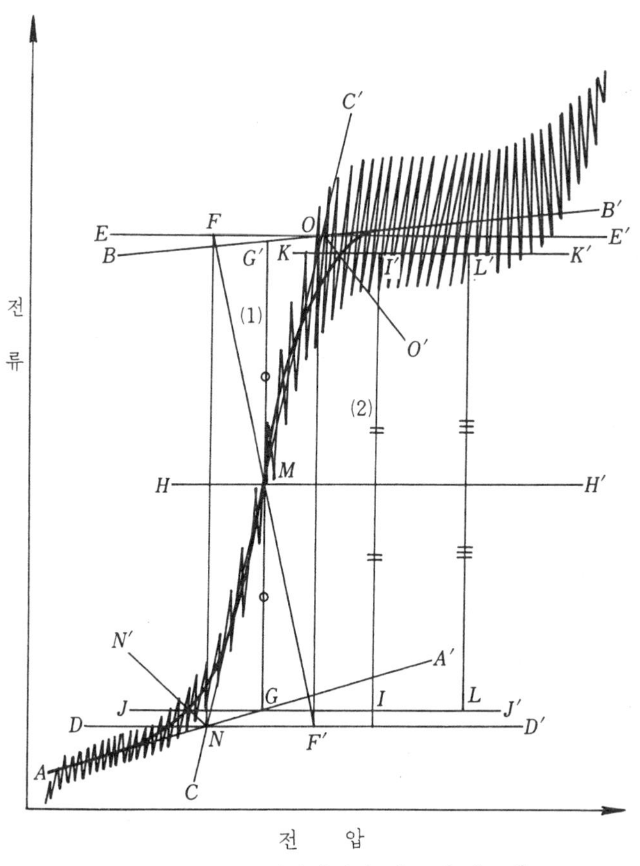

그림 8-21 반파전위와 파고의 작도법

CC'와 FF'의 교점 M에 해당하는 전위를 반파전위로 하고, 세로축에 평행하고 M을 지나는 선을 그어 AA' 및 BB'와 만나는 점을 각각 G, G'라 하면 파고는 GG'이다.

(2) 교점법(intersection method)

(1)과 같이 그려 AA', BB', CC', N, O, DD' 및 EE'를 구하여 DD'와 EE'의 수직거리 II'를 파고로 하고, 수평축에 평행하고 파고의 중앙점을 지나는 HH'를 그어 CC'와의 교점인 M에 해당하는 전위를 반파전위로 한다.

(3) 최대곡률법(maximum curvature method)

(1)과 같이 작도하여 AA', BB', CC', N 및 O를 구하고, 각 ANO와 각 $B'ON$의 2등분선 NN', OO'를 긋는다. 폴라로그램 진폭의 중앙점을 지나는 JJ' 및 KK'를 그어 JJ'와 KK'의 수직 거리 LL'를 파고로 하고, 수평축에 평행하고 파고의 중앙점을 지나는 HH'를 그어 CC'와의 교점 M에 해당하는 전위를 반파 전위로 한다.

5. 장치 및 측정

그림 8－22와 같은 폴라로그래프 회로의 전해용기 C에 걸리는 전압은 가변 저항기로 R점을 조절하여 전압계 V로 측정하고, 전류는 검류계 G에서 읽는다. 전해용기는 그림 8－23과 같은 것 외에도 여러 가지 형태로 만들어 쓸 수 있다.

폴라로그래프에는 R의 이동을 손으로 조절하여 각 전압에 해당하는 전류값을 일일이 측정 기록해야 하는 수동식 폴라로그래프, 가전압의 변화를 자동적으로 가하여 사진 인화지에 전압전류곡선을 기기가 그리는 사진 기록식 폴라로그래프, 전류계로 전자관식 자동평형기록계를 써서 기록지에 기계의 펜이 폴라로그램을 그리는 펜기록식 폴라로그래프의 3 가지가 있다.

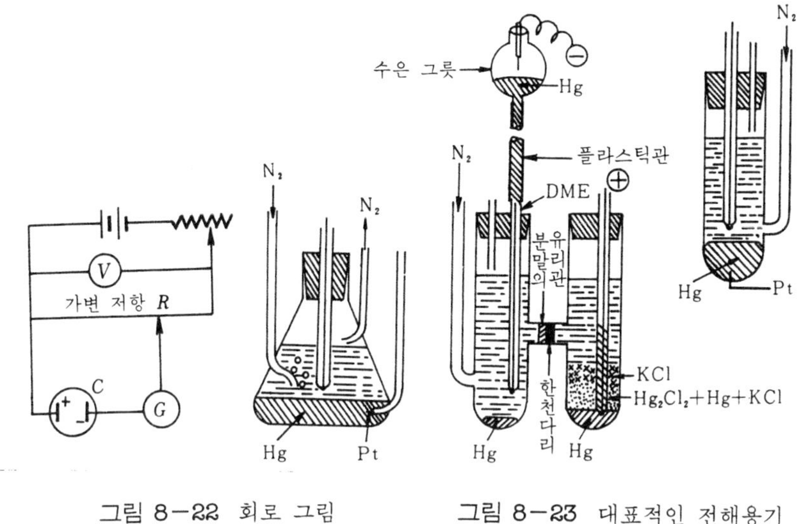

그림 8-22 회로 그림

그림 8-23 대표적인 전해용기

8-4 전기전도도법

1. 용액의 전도도

전해질 용액에서 중요한 물성 중의 하나는 용액이 전류를 통하는 현상이다. 어떤 용액에 단위 전압을 걸어줄 때 흐르는 전류의 정도를 전도도라 하며 이는 용액내에 존재하는 이온의 종류와 농도에 의존하므로 시료용액의 전도도를 측정함으로써 목적성분을 분석할 수 있다. 이 방법을 전기전도도법(conductometry)이라 한다.

전도도법에 대한 기본개념과 측정원리 등에 관해서는 앞의 제 1 장 제 9 절에서 설명하였으므로 여기서는 생략하기로 한다.

한편 용액 중에 여러 가지 전해질이 섞여 있으면 전도도는 다음과 같이 각 성분이온의 당량전도도와 농도적의 합으로 표시된다.

$$L = \frac{S}{1000l} \sum \lambda_i C_i \quad \cdots\cdots (8-28)$$

이를 비전기전도도 κ로 나타내면 이온의 하전이 Z_i일 경우 식(8-29)와 같이 된다.

$$\kappa = \frac{1}{1000} \sum Z_i C_i \lambda_i \cdots\cdots\cdots\cdots\cdots\cdots\cdots\cdots\cdots\cdots\cdots (8-29)$$

묽은 용액에서 비전기전도도는 농도에 거의 비례하고 있으며 농도변화에 따른 κ 값을 도시하면 직선이 얻어지게 된다. 이 관계를 이용하여 단일성분을 포함하는 전해질 용액의 경우는 전도도를 측정함으로써 정량분석을 할 수 있다. 그러나 이온의 하전이 클수록 직선성은 나쁘게 된다.

전도도 분석은 이외에도 목재 등의 수분, 설탕속의 회분, 보일러수 중의 용존 고형물, 물의 순도측정 등에 이용되며 분석시 사용하는 물은 저항이 $10^{-7}\Omega$ 이하의 고순도를 가지는 전도도 측정용 물을 사용하여야 한다.

2. 전기전도도 적정

시료용액을 어떤 적정제로 적정할 경우 적정제의 적하량에 따른 전기전도도의 변화를 측정하여 반응의 종말점을 구하는 방법을 전기전도도 적정(conductometric titration)이라 한다. 전도도 적정은 약전해질이나 산 혼합물의 정량 등에 많이 이용되고 있으며 특히 착색용액이나, 적당한 지시약이 없을 때 그리고 전위차 적정에서 적당한 전극이 없을 경우에 매우 유용하다.

전도도 적정법은 중화적정, 침전적정, 산화-환원적정, 착화합물 적정 등에 이용할 수 있으며 그 중에서도 특히 산-염기적정과 침전법 적정에 많이 이용되고 있다.

(1) 산-염기적정

HCl용액을 NaOH용액으로 적정하는 경우를 예로 들어 본다.

$$H^+ + Cl^- + Na^+ + OH^- \longrightarrow Na^+ + Cl^- + H_2O$$

의 반응에서 적정에 따른 부피 변화를 무시하고 표 1-15의 당량이온 전도도 값을 그대로 이용하면 당량점까지는

$$H^+ + Cl^- + Na^+ + OH^- \longrightarrow Na^+ + Cl^- + H_2O$$
$$350+76=426 \qquad\qquad 50+76=126$$

와 같이 426에서 126 mho cm^2로 줄고 당량점 이후에서는

$$Na^+ + Cl^- + Na^+ + OH^- + H_2O$$
$$50 + 76 + 50 + 199 = 375$$

와 같이 126에서 375 mho cm^2로 커지게 된다. 그러므로 적정곡선은 그림 8－24와 같으며 그림 중의 HCl, NaOH, NaCl은 각각의 물질이 전도도에 기여하는 부분을 나타내었다.

일반적으로 적정조작에서 적정제의 농도는 시료보다 10배 정도 진한 것을 사용하며 만약 적정제의 농도가 묽거나 정밀한 측정을 필요로 하는 경우에는 위와 같이 적정에 따른 부피의 변화를 무시할 수 없으므로 측정한 전도도 값에 보정계수 $(V+v)/V$를 곱하여 사용한다. 여기서 V는 시료 용액의 부피이고 v는 적정제의 소비 ml수이다.

또 적정곡선을 보면 염의 가수분해나 해리, 침전의 용해 등으로 당량점 부근에서는 둥글게 되어 직선성이 나쁘게 되므로 측정점을 전위차 적정처럼 종말점 근처의 여러 점을 구할 필요가 없다. 전도도 적정은 당량점 전 후 두 직선의 교차점으로부터 종말점을 구하므로 적정시부터 거의 동일한 간격으로 10여점의 측정점을 구하면 된다.

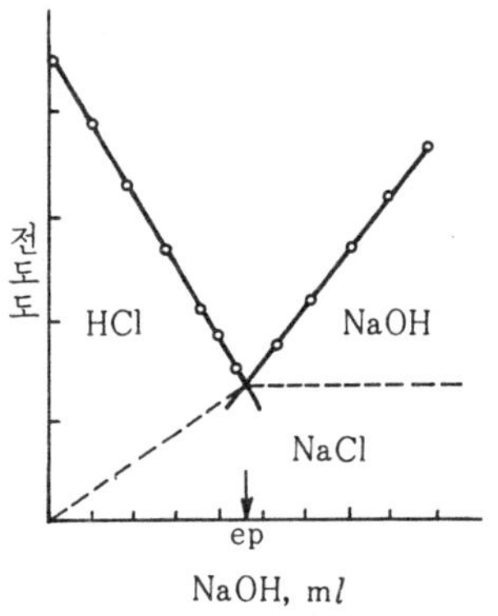

그림 8－24 강산－강염기의 전기전도도 적정곡선

한편 약산($K_a=10^{-5}$)을 강염기 혹은 약염기로 적정할 경우의 적정곡선은 그림 8−25의 (a) 혹은 (b)와 같으며 강산−강염기의 적정곡선처럼 당량점이 명확하지 못하게 된다.

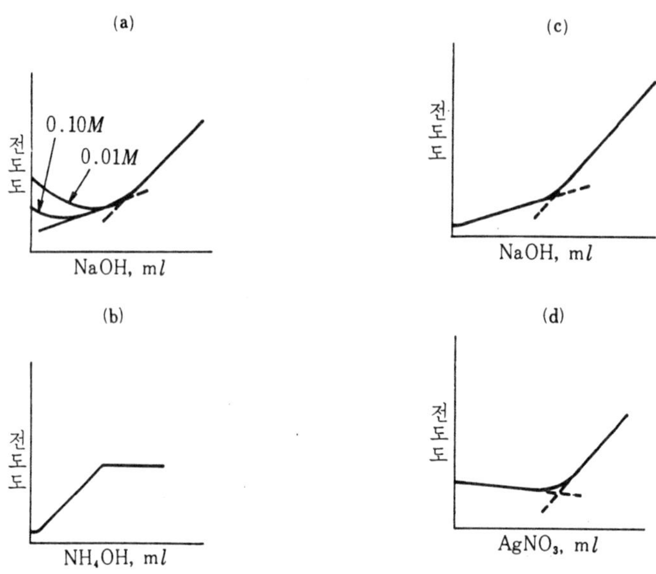

그림 8−25 여러 가지 전기전도도 적정곡선

매우 약한 산($K_a=10^{-10}$)을 강염기로 적정하면 적정곡선은 그림 8−25의 (c)와 같은 형이 되는데 페놀을 NaOH로 적정하는 예를 들 수 있다. 페놀은 이온화상수가 10^{-10} 정도이므로 지시약 혹은 전위차 적정으로는 정량이 곤란하지만 그림에서 보는 바와 같이 전도도 적정을 이용하면 보다 정확한 종말점을 얻을 수가 있다.

(2) 침전법 적정

질산은 표준용액에 의한 염화물의 정량이 대표적인 예이다.

$$Na^+ + Cl^- + Ag^+ + NO_3^- \longrightarrow AgCl(s) + Na^+ + NO_3^-$$

적정제를 가하면 용액 중의 염소 이온은 다소 느린 질산이온으로 대치되므로 전도도는 다소 감소하게 된다. 당량점 이후에는 과잉의 질산은 때문에 급격하게 증가하게 되고 이를 도시하면 그림 8−25의 (d)와 같이 된다.

3. 장치 및 측정

(1) 장 치

용액의 전기전도도는 저항의 역수이므로 전해질 용액에 전류를 통하여 저항을 측정함으로써 구할 수 있다. 이 때 사용하는 전류는 고주파 교류를 사용하는데 이는 직류 전류 사용시 일어나는 전극에서의 분극과 전기분해에 의한 용액의 조성변화를 방지하기 위해서이다.

전도도 측정장치는 전도도 셀과 교류 브리지로 되어 있으며 적정조작에 응용할 때에는 그림 8-26과 같이 적정용 뷰렛과 교반장치가 필요하다.

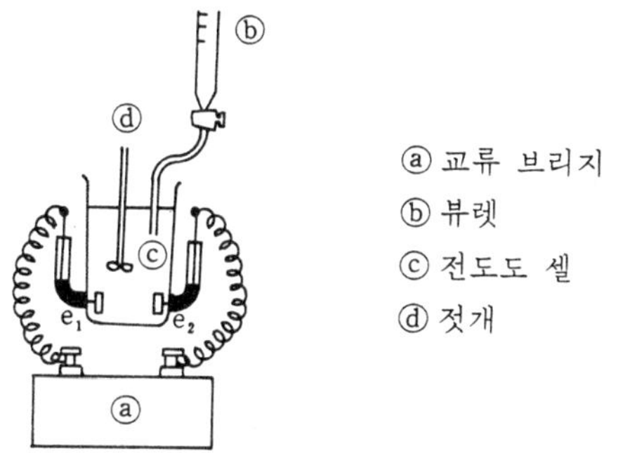

그림 8-26 전도도 적정 장치

① 전도도 셀

보통 많이 사용하는 전도도 셀은 그림 8-27과 같이 보통형과 침액형의 두 가지가 있다. 이 때 전극은 불활성 전극으로 백금 도금한 백금전극을 사용하는데 두 장의 백금판(1×1 cm)을 1 cm의 거리로 평형하게 고정시켜 놓았다. 전도도 측정시 백금전극은 분극을 작게 하기 위해 그 표면에 백금을 해면상(veludo상)으로 전착시켜 표면적을 극대화한 이른바 백금흑(Pt black)을 사용한다. 즉 염화백금수소산 3 g과 초산염 0.103 g을 물 100 ml에 녹인 용액에 백금극 두 장을 모두 담그고 2~4 V로 (+), (-)를 2분 간격으로 교환하여 10분간 전착시킨다. 다시 6 N 황산용액에서 두 극을 서로 교환하면서 전해하여 불순문을 제거하고 증류수로 씻어 사용한다. 보존도 순수한 물 중에서 한다.

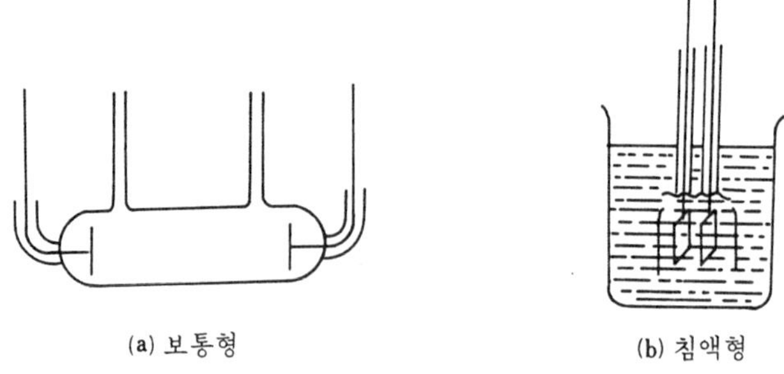

그림 8-27 전기 전도도 셀

② 교류 브리지

전기전도도 측정용의 교류 브릿지는 일반적으로 Wheatstone bridge를 사용하며 그 구성은 크게 그림 8-28에서 보는 바와 같이 교류 전원(S), 가변 저항 (R_1, R_2, R_3) 및 교류 검류계(G)로 되어 있다.

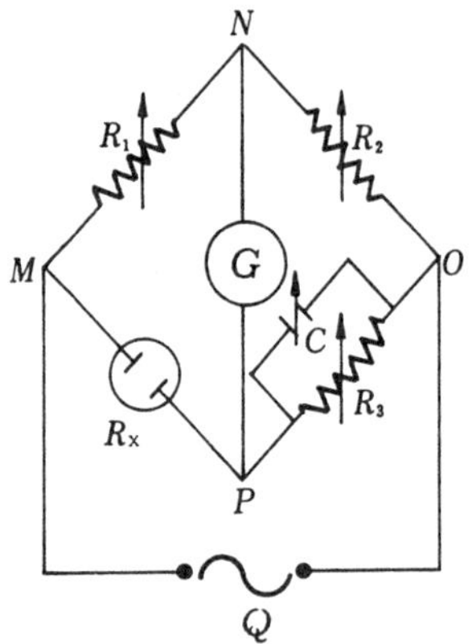

그림 8-28 교류 브리지

교류 전원 Q는 1000~10000 Hz를 가지는 6~10 V의 전원이고 가변 저항 R_1, R_2, R_3는 정밀하게 조절할수 있도록 되어 있으며 C는 가변 케파시티로서 측정 감도를 높이는 역할을 하고 R_X는 미지 용액의 저항을 나타낸다.

또 검류계 G는 receiver, earphone, magic eye, oscillograph 등에 쓰인다.

저항의 측정은 시료용액을 R_X에 넣고 각 저항과 C를 조절하여 브리지를 평형시킨다. 브리지가 평형이 되면 N과 P의 전위가 같으므로 G에는 전류가 흐르지 않게 되고 다음 관계가 성립된다.

$$\frac{R_X}{R_3} = \frac{R_1}{R_2}$$

$$R_X = \frac{R_1R_3}{R_2}$$

그러므로 용액의 전기 전도도 L_X는 (8-30)식으로 계산할 수 있다.

$$L_X = \frac{1}{R_X} = \frac{R_2}{R_1R_3} \quad \cdots\cdots (8-30)$$

(2) 셀 정수의 측정

앞의 식(8-29)에서 비전기전도도 κ를 구하기 위해서는 S와 l을 정확히 잴 필요가 있다. 그러나 오차가 생기기 쉬우므로 κ값이 정확하게 알려져 있는 표준용액을 사용하여 저항을 측정하고 이로부터 셀 정수 즉 $\kappa = l / S$를 계산하여 구해 둔다. 이 때 사용되는 표준용액은 일반적으로 KCl 용액이 많이 쓰인다.

표 8-8 0.1 *M* KCl 용액의 비전기전도도

온도 (℃)	0	18	20	25
mho/cm	0.007154	0.01119	0.01167	0.01289

8-5 전기화학적 분석실험

[실험 8-1] NaoH 표준용액에 의한 HCl의 전위차 적정

(1) 개 요

산-염기 사이의 전위차 적정에는 지시전극으로 유리전극을 주로 사용한다. 유리전극 pH meter에서 용액의 pH와 전위차의 관계는 25℃에서 다음과 같다.

$$\text{pH} = \frac{E_{전지} - a_S}{0.0591}$$

pH(혹은 mV)의 측정에서는 a_S가 일정하므로 그 값을 구하지 않고 기지의

pH 표준 완충용액을 사용하여 E 값(혹은 pH)을 교정하면 된다. 즉 시료수와 표준 완충액의 pH를 각각 pH_x, pH_s라 하면

$$E_x = a_s + 0.0591pH_x$$
$$E_s = a_s + 0.0591pH_s$$

따라서

$$pH_x = pH_s + \frac{E_x - E_s}{0.0591}$$

그러므로 표준용액으로 pH meter를 조정한 후 NaOH 표준용액의 적하량에 따른 pH값(혹은 mV)을 측정하여 중화적정곡선을 작도하고 pH가 급변하는 부분의 당량점을 찾아서 HCl의 정확한 농도를 계산해 낼 수 있다.

(2) 조 작

1) 기기장치

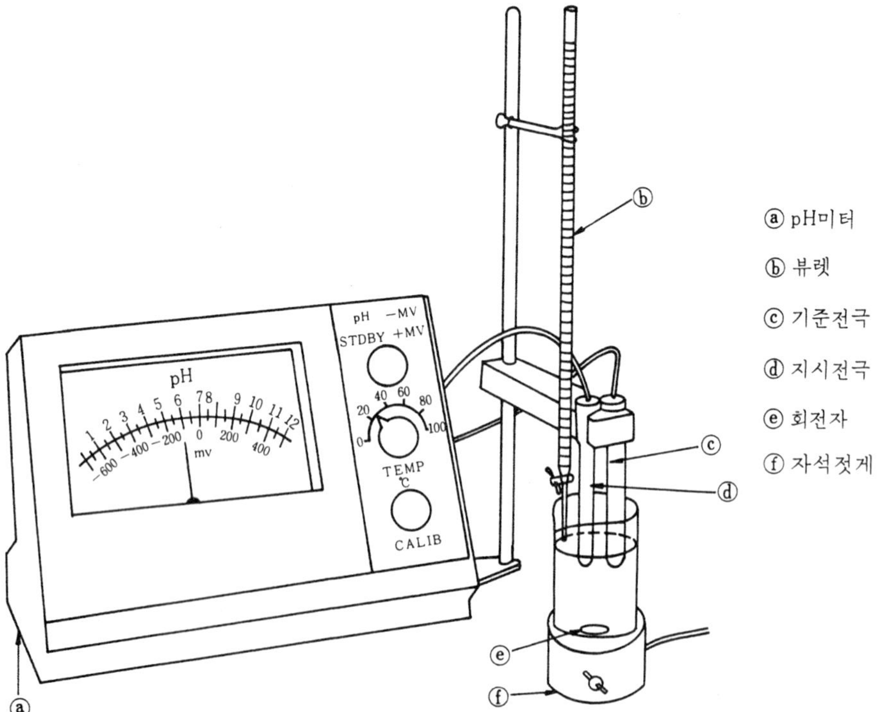

그림 8-29 전위차 적정장치

2) 적정조작

① 0.1 *N* NaOH 표준용액을 뷰렛에 표선까지 채운다.

② 비커에 회전자를 넣고 약 0.1 *N* HCl 용액 25 ml를 pipette으로 취하고 증류수를 가하여 약 100 ml가 되게 된다.

③ pH meter의 전극과 뷰렛의 끝을 비커의 용액 속에 담근다.

④ 교반기를 작동시키고 NaOH 표준용액을 0.5~2 ml 가량씩 적하한다. 1~2분 후 pH값이 일정하게 되면 교반기를 정지시키고 pH값을 기록한다.

⑤ 당량점 부근에서는 적하량을 소량으로 하고 적정조작은 이 점을 지날 때까지 계속한다.

(3) 결과정리

① 적정제의 소비 ml수에 따른 pH값을 기록하고 이로부터 $\Delta pH / \Delta V$ 및 $\Delta^2 pH / (\Delta V)^2$를 계산하라.

② 표준용액의 첨가량을 횡축으로 하고 용액의 pH값을 종축으로 하여 측정결과를 plot하고 각 점을 연결시켜 적정곡선을 작성하라. 당량점은 pH값의 변화율이 최대가 되는 점이다.

③ ②와 동일한 방법으로 1차미분 $\Delta pH / \Delta V$ 및 2차미분 $\Delta^2 pH / \Delta V^2$에 대해서 도시하고 종말점을 구하라.

또 정확한 종말점을 분석적 방법으로 계산하고 도해법에 의한 값과 비교, 검토하라.

④ 적정제의 소비 ml수에 따른 pH값의 변화를 이론적으로 계산하여 중화적정곡선을 작성하고 ②의 결과와 비교, 검토하라.

⑤ 정확한 종말점을 이용하여 HCl 용액의 노르말 농도를 계산하라.

[실험 8-2] $AgNO_3$ 표준용액에 의한 Cl^-의 침전전위차 적정

(1) 개 요

Ag^+이 Cl^-과 반응하여 AgCl의 난용성 침전을 생성하는 성질을 이용하여 지시전극으로 은 전극을 사용해서 전위차 적정법으로 시료 중의 Cl^- 농도를 구한다.

(2) 조 작

1) 기기장치

지시전극으로 은 전극을 사용한다.

2) 적정조작

① 0.05 N $AgNO_3$ 표준용액을 뷰렛의 표선까지 채운다.

② 비커에 회전자를 넣고 적당한 농도의 NaCl 용액을 25 ml 피펫으로 취하고 증류수로 전체가 100 ml 정도 되게 한다.

③ 적정조작은 [실험 8-1]과 동일하게 한다.
단, 이 경우 당량점 근처에서의 적하량을 소량씩 가할 필요는 없다.

(3) 결과정리

① 적정제의 소비 ml수에 따른 전위값을 기록하고 이로부터 $\Delta E/\Delta V$, $\Delta^2 E/(\Delta V)^2$를 계산하라.

② 표준용액의 첨가량을 횡축으로 하고 용액의 전위값을 종축으로 하여 측정 결과를 plot하고 각 점을 연결시켜 적정곡선을 작성하라. 당량점은 전위값의 변화율이 최대가 되는 점이다.

③ ②와 동일한 방법으로 1차미분 $\Delta E/\Delta V$ 및 2차미분 $\Delta^2 E/\Delta V^2$에 대해서 도시하고 종말점을 구하라.

④ 또 정확한 종말점을 분석적 방법으로 계산하고 도해법에 의한 값과 비교, 검토하라.

⑤ 정확한 종말점으로부터 시료 중의 Cl^-의 함량을 계산하라.

⑥ 흡착효과에 대하여 조사하라.

[실험 8-3] 전해분석법에 의한 $CuSO_4 \cdot 5H_2O$ 중의 Cu 정량

(1) 개 요

$CuSO_4 \cdot 5H_2O$ 용액을 전해하여 음극에 Cu를 석출시키고 그 무게를 달아서 시료 중의 Cu 함량을 구한다.

(2) 조 작

1) 기기장치

그림 8-13 전해장치의 극과 배선 그림 참조.

2) 전해조작

전극과 배선은 그림 8-13과 같이 하고, 전해용기로서는 200~500ml의 비커를 쓴다. $CuSO_4$ 시료 1g을 물에 녹이고, 진한 H_2SO_4 4ml, 진한 HNO_3 2ml를 넣고, 전류밀도를 0.007 A/cm^2, 전압을 $2\pm0.1(V)$로 조절하여 60~90℃에서 약 두 시간 전해한다. 용액 속에 Cu^{2+}이 없음을 정성시약으로 확인한 다음, 음극을 꺼내어 증류수로 씻고, 100~105℃에서 반시간 정도 건조하고, 데시케이터에 20~30분 정도 두었다가 정확히 달아 $CuSO_4$의 순도를 구하라. 전해를 시작히기 전에 미리 두 백금극을 HNO_3 산성에서 씻고, 음극은 세척 건조 냉각하여 그 무게를 정확하게 달아 두어야 석출된 Cu의 증가량을 구할 수 있다.

(3) 결과정리

① 전기분해에 관한 패러데이의 제 1 법칙과 제 2 법칙을 조사하라.

② 전극에서의 석출상태에 미치는 영향인자를 조사하라.

③ 시료 중의 구리의 순도(%)를 계산하라.

$$\mathrm{Cu}(\%) = \frac{\text{구리 석출 백금 음극(g)} - \text{백금 음극(g)}}{\text{시료(g)}} \times 100$$

[실험 8-4] NaOH 표준용액에 의한 아스피린의 전도도 적정

(1) 개 요

의약품의 하나인 아스피린은 산이자 에스테르의 성질을 가지고 있으므로 NaOH 표준용액으로 산-염기 사이의 중화반응을 전도도법으로 측정하고 종말점을 구하여 아스피린의 순도를 계산해 낸다.

(2) 조 작

1) 기기장치

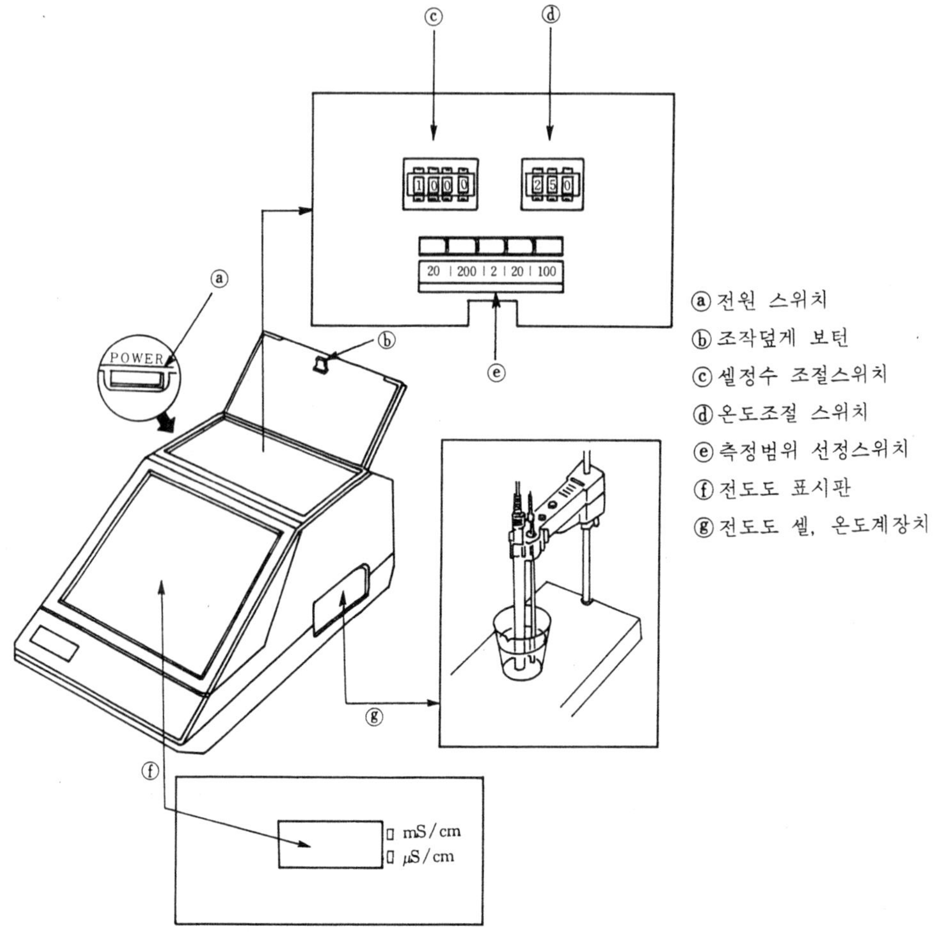

그림 8-30 전기전도도 적정장치

2) 적정조작

① 0.1 *N* NaOH 표준용액을 뷰렛에 표선까지 채운다.

② 비커에 회전자를 넣고 아스피린 용액 25 ml를 피펫으로 취하고 증류수를 가하여 전체부피가 약 50 ml 되게 한다.

③ 전도도 셀과 온도계를 용액 속에 담그고 전원스위치를 on한 다음 조작덮게 보턴을 누른다.

④ 셀정수 조절스위치를 전도도 셀에 표시된 셀정수 값으로, 온도조절 스위치를 온도계가 나타내는 액온으로 맞춘다.

⑤ 전도도 측정범위 선정스위치를 high에서 low쪽으로 차례로 눌러서 측정하고자 하는 적당한 범위를 찾는다.

⑥ 교반기를 작동시키고 뷰렛에서 표준액의 일정량(0.5~2 m*l* 정도)을 적하한다. 1~2분이 지나 전도도값이 일정하게 되면 회전자를 정지시키고 이 때의 전도도값을 기록한다.

⑦ 표준용액의 적하와 전도도 측정을 반복하여 당량점에 도달하고 이 점을 지날 때까지 계속된다.

(3) 결과정리

① 적정제의 소비 m*l*수에 따른 비전도도 값을 이용하여 적정곡선을 작성하고 시료 중의 아스피린 순도를 구하라.

② Wheatstone bridge의 원리를 알아보라.

③ 전도도 적정의 응용에 대해서 조사하라.

④ 전도도와 비전도도의 단위에 대하여 조사하라.

문 제

8－1 전위차법

1. 전지 $Hg|HgCl_2$, $KCl(1\,M)||M^{2+}|M$의 전극 반응을 쓰고, 기전력 E와 pH 사이에는 25℃에서 다음 관계식이 성립함을 증명하라.

$$pH=\{E-0.285-E^0_{M^{2+},\,M}-\frac{0.05916}{2}\log\ (K_{SP,\ M(OH)_2}/K_w^2)\}\ /\ 0.05916$$

2. 전지 $Pt|Q$, H_2Q, $H^+(xM)||KCl(1M)$, $Hg_2Cl_2|Hg$의 전극반응 및 E와 pH 사이의 관계식을 유도하라.

3. 어떤 용액에 수소전극과 1 M KCl 감홍전극을 넣어 전압을 측정하니 0.706(V)이었다. 용액의 온도는 25℃이며, 수소의 압력은 727 mmHg일 때 이 용액의 pH는 얼마냐?

4. [예제 9－2]에서 Ni^{2+} 대신에 Cu^{2+}을 EDTA로 적정하면, E와 pCu 사이의 관계식은 어떻게 되느냐?

5. 전지 $Ag|Ag^+(xM)$, $Cl^-(1\,M)||KCl(1\,M)$, $Hg_2Cl_2|Hg$에서 용액에 Ag^+을 떨어뜨려 적정할 때, 25℃에서 다음 관계 $E=-0.012+0.05916$ pCl이 성립됨을 증명하라.

8－2 전해분석법

1. 4 A의 전류를 3시간 동안 $CuSO_4$ 용액에 통과시킬 때에 몇 g의 Cu가 석출되는

가? 또 발생한 기체의 양은 얼마인가?

2. 4 g의 구리를 포함하는 중성용액 100 ml를 1.2 A로 7분 동안 전해하였다.
(a) 전해완결시간 (b) 전해가 완료될 때의 기체부피, (c) 마지막 용액의 pH를 구하라

3. 10^{-3} *M*의 Cu 용액에 은이온을 넣었다. 은 이온이 석출되지 않기 위한 농도를 계산하라. 은이온의 농도가 10^{-4} *M*이라면 몇 mg의 은이 석출되는가?

4. NaCl을 전해할 때에 구리 전기량계에 29 g의 Cu가 석출하였다. NaOH의 농도가 0.8 *M*이고, 용액은 580 ml이었다. 전류효율을 구하라.

8-3 폴라로그래피

1. 0.2 g As^{3+} 시료의 1 *N* H_2SO_4 산성에서의 파고는 41.7 μA이었다. 시료와 같은 방법으로 처리한 150, 250, 350, 500 mg의 As^{3+} 표준용액의 1 *N* H_2SO_4 산성에서의 파고는 각각 19.3, 32.1, 45.0, 64.3 μA라면 시료 속의 As의 함량 백분율은 얼마냐?

2. 0.4 *M* 타르타르산나트륨에서 타르타르산칼륨안티모닐의 반파전위는 −0.8 *V* vs. SCE이다. 이 화합물을 1.0, 3.2, 5.6, 7.4 밀리몰 농도로 하여 확산전류를 구하니 각각 0.94, 3.10, 5.40, 7.12 μA이었다. Sb을 포함하는 시료 0.0407 g의 용액은 파고가 5.72 μA이라면 시료 속의 Sb의 함량 백분율을 구하라.

3. 중합체 물질 속에 포함된 메타아크릴산메틸은 짝이중 결합을 이루고 있기 때문에 환원파가 나타난다. 0.5 g의 중합체를 25 ml의 벤젠−알콜 용매에 녹이니 파고가 3.1 μA이었다. 여기에 5 ml의 4×10^{-4} *M*단위체를 더 넣으니 파고가 5.5 μA로 커졌다면 중합체 속의 단위체의 백분율은 얼마가 되겠느냐?

8-4 전기전도도법

1. 25 ℃에서 황산제일철의 무한 희석에 대한 몰 전도도를 구하여라.

2. 다음 반응에서 전도도의 적정곡선 형태를 그려라.
① CH_3COOH + NaOH(적정제)
② HCl + NH_4OH (적정제)
③ NaCl + $AgNO_3$(적정제)

3. 어떤 비전도도 측정용기에 비전도도가 2.767×10^{-3} ohm^{-1} cm^{-1}인 0.02 *N* KCl 용액을 넣고 용기의 저항을 측정하니 4364 ohm이었다. 용기상수는 얼마인가?

4. 전기전도도와 비전기전도도의 단위를 설명하라.

제 9 장

광학적 분석법

9-1 흡수분광법

1. 광과 색

일반적으로 어떤 물질이 흡수하는 전자기 복사선 즉 광의 양을 측정하여 분석하는 방법을 광도법(photometry)이라고 부른다. 광도법 중에서 비색법(colorimetry)은 시료 속의 구하고자 하는 성분 자신이나, 시료에 어떤 시약용액을 첨가할 때 백색광의 일부분을 흡수하여 나타나는 색의 짙기를 표준물질의 색의 강도와 비교 또는 측정하여 그 성분의 양을 결정하는 분석법이다. 고체나 기체의 정색을 이용할 수도 있으나, 보통 용액의 정색을 이용할 때가 가장 많다. 곧 시료를 용액으로 만들어 분리, 농축 또는 방해작용을 하는 공존물질을 제거하고, 적당한 시약을 넣어 정색반응에 의한 발색 및 그 색의 짙기를 비교 측정하는 조작을 포함하게 된다. 옛날의 비색분석은 가시광선에만 한정되었으나, 측정기기가 발달함에 따라 가시광선보다 파장이 긴 쪽이나 짧은 영역까지의 전자기복사선도 써서 용액 속의 이온 또는 분자에 의한 선택적 흡수광의 강도를 측정함으로써 용액의 성분농도를 측정하게 되었다. 이러한 방법은 흡수광도법(absorption photometry)이며, 작은 입자가 분산되어 있는 현탁액의 흐림도를 투과광의 강도를 비교측정하여 정량하는 방법은 비탁법(turbidimetry)이라고 한다. 백색광을 쓰지 않고, 광원으로부터 나온 복사선을 필터나 프리즘과 같은 분광기로 어떤 특정의 단색광이나 좁은 파장범위의 광선으로 분광하여 측정용액에 통과시켜 나오는 복사선을 측정할 때를 비색법에 대하여 특히 분광광도법(spectrophotometry)이라 부른다.

흡수광도법의 장점은 예민한 정색반응에 의하여 미량의 성분을 간편 신속하게 정량할 수 있는 점이다. 곧 중량분석이나 용량분석법에서는 0.1 %의 성분이 포함되어 있을 때에는 분석의 오차가 비교적 커지나, 흡수광도법은 $1\sim10^{-4}$ % 범위의 미량성분 정량에 적당하고, 조건만 잘 조절 선정하면 상대오차 1% 정도의 정확도로써 정량분석할 수도 있다.

전자기복사선은 광자라고 불리우는 일련의 불연속적인 에너지 입자의 흐름으로 볼 수 있다. 또 복사선은 파동의 성질도 띠고 있으므로 파동과 입자의 이중성을 나타낸다. 따라서 광자 한 개의 에너지 $\boldsymbol{E}$는

$$E = h\nu = h\frac{C}{\lambda} = hC\lambda^{-1} \cdots\cdots (9-1)$$

여기서 h는 Planck의 보편정수 6.6256×10^{-27}(erg · sec)이며, 진동수 ν는 1초에 파동이 진동하는 수이고, 파장 λ는 파동의 인접한 두 산 사이의 거리이며, 파수 λ^{-1}은 진동수의 역 곧 1 cm당의 파의 수이며, 진행파동의 전파속도는 진공 속에서 $C = 2.9979 \times 10^{10}$ cm/sec이나, 매질 속에서는 이 값보다 작다. 이들 파라미터의 단위를 살펴 보면 다음과 같다.

ν : hertz(1 Hz = 1 cycle/sec), fresnel(1 fresnel = 10^{12} Hz)

λ : cm, Å(1 Å = 10^{-10} m), micron(1 μ = 10^{-6} m, 1 mμ = 10^{-7} cm)

nanometer(1 nm = 10^{-9} m = 1 mμ = 10 Å)

λ^{-1} : 1 cm^{-1} = 1 kayser(또는 kaiser)

E : erg, electron volt

$$1\text{eV} = 1.602 \times 10^{-12}\,\text{erg} = 8{,}066\,\text{cm}^{-1}(= 1\,\text{kayser})$$
$$= 2.4186\times10^{14}\,\text{Hz} = 1.2395\times10^{-6}\text{m} = 23.063\,\text{cal/mole}$$

$$1\,\mu = 10^{-4}\,\text{cm} = 10{,}000\,\text{Å} \equiv 10{,}000\,\text{cm}^{-1} = 2.998\times10^{14}\,\text{cycle/sec}$$
$$= 2.998\times10^{6}\,M\,\text{cycle/sec} = 1.2398\ \text{eV} = 28{,}590\,\text{cal/mole}$$

전자기파를 여러 가지의 범위로 잘라서 그 파장과 화학적인 작용을 보면 표 9-2와 같다. 이 표로부터 알 수 있는 바와 같이 전자파의 일종인 가시광선은 그 파장이 380~780 nm로서 우리의 맨 눈으로 볼 수 있는 빛이다. 용액의 정색은 광선이 용액을 통과할 때 용액이 흡수하는 빛의 파장에 해당하는 색의 여색

이다. 그러나 필터는 다른 모든 빛은 흡수하고, 그 색과 같은 파장의 빛만을 통과시키는 역할을 하는 것이다.

표 9-1 가시광선의 파장과 색

파장(nm)	~ 380 ~ 465 ~ 482 ~ 487 ~ 498 ~ 530 ~ 571 ~ 576 ~ 587 ~ 667 ~ 780 ~
흡 수 색	자외 자 청 녹청 청록 청 황록 녹황 황 오렌지 적 적외
여 색	− 황록 황 오렌지 적 진홍 홍 자 청 청록 청록 −

표 9-2 전자 스펙트럼의 분류

파장 범위	이 름	화 학 적 현 상
10^{-3} Å이하	우주선	
10^{-4}~1 Å	r선	핵반응
10^{-1}~100 Å	X선	K 껍질 또는 L 껍질 곧
(1~10 nm)	연 X선	내부의 전자가 전이, 무거운 원자↑ 가벼운 원자↓
10~200 nm	원자외선	
(100~200 nm)	진공 자외선	중간 껍질 전자가 전이하여 이온화
200~380 nm	근 또는 석영 자외선	가장 바깥 껍질의 원자가 전자가 전이
380~780 nm	가시광선	분자의 오버톤 진동
0.75~2.5 μ	근적외선	
2.5~50 μ	중적외선	기본진동, 스트레칭↑ 벤딩↓
50~1000 μ	원적외선	분자 회전과 진동
0.1~100 cm	단 파	분자 회전, 스핀이 배향하는 전자 스핀
1~1000 m	라디오파	공명 액체나 고체에서 분자의 회전, 자장에서 스핀이 배향하는 핵자기 공명
1000 m 이상	무선 또는 전파	통신

【예제 9-1】 $KMnO_4$ 용액은 525 nm의 빛을 가장 잘 흡수한다. $KMnO_4$ 1 몰이 빛을 흡수하여 보다 높은 에너지를 가진 여기상태로 가전자가 들뜨는 데에 필요한 에너지를 구하라.

(풀이) MnO_4^- 한 개가 흡수하는 에너지는 식 (9-1)과 같으며, 1몰에 들어 있는 분자의 수는 아보가드로의 수이므로

$$E = N_0 h\frac{c}{\lambda} = 6.023\times10^{23}\times6.6256\times10^{-27}\times\frac{2.9979\times10^{10}}{525\times10^{-7}}$$

$$= 2.28\times10^{12}\ \text{erg/mole} = 54.5\ \text{kcal/mole}$$

2. 광흡수의 원리

(1) 광흡수와 스펙트럼

어떤 물질이 광을 흡수하면 전이(transition)가 일어나는데 이 때 광의 흡수는 Bohr의 조건을 만족하는 파장의 광만을 흡수한다. 즉

$$\nu = \frac{E_2 - E_1}{h} \quad \cdots\cdots (9-2)$$

여기서 E_1과 E_2는 광을 흡수하기 전후의 화학종의 에너지로서 특정 화학종에 대해서는 일정한 조건에서 일정한 값을 가지므로 어떤 물질의 파장변화에 따른 흡광도를 측정하면 각 물질에 따라서 고유의 곡선이 얻어진다. 이 곡선을 흡수곡선(absorbtion spectrum)이라 하며 정성분석의 유력한 지표가 된다.

한편 어떤 분자가 가지는 내부 에너지에는 회전 에너지, 진동 에너지, 전자 에너지 등이 있다. 즉

$$E_i = E_{rot} + E_{vib} + E_{el} \quad \cdots\cdots (9-3)$$

여기서 E_i = 내부 에너지(internal energy)

E_{rot} = 회전 에너지(rotational energy)

E_{vib} = 진동 에너지(vibrational energy)

E_{el} = 전자 에너지(electronic energy)

이 때 광흡수는 이들 함수 중 하나 이상의 에너지가 변할 때 일어나며 이 흡수 스펙트럼을 분자흡수스펙트럼이라 한다.

식 (9-3)에서 회전 에너지의 흡수는 원적외선이나 마이크로파 영역에 나타나며 진동 에너지는 적외선 영역에, 전자 에너지는 가시선과 자외선 영역에 일어난다. 광분석에서 자외선-가시광선 분광 광도계, 적외선 분광 광도계로 대별하여 이용되는 것도 이 때문이다. 그리고 자외선-가시광선 영역에서 광흡수가 일어날 때 분자가 빛을 흡수하면 바닥상태(ground state)에서 들뜬상태(excited state)로 분자궤도의 전자전이가 일어나는데 이 경우 전자쌍의 스핀이 역방향이면 일중항(singlet), 평행이면 삼중항(triplet)으로 표시한다.

(2) Beer의 법칙

그림 9-1과 같이 평평한 두 평행판으로 된 투명한 용기(cuvet)에 들어 있는 복사 에너지를 흡수하는 물질의 농도가 c(g/l)이고, 두 평행판 사이의 길이 곧 복사선이 통과한 용액층의 두께를 b(cm)라 할 때, 단색광이 P_0의 강도로 들어와서 P란 세기로 용액 바깥으로 나올 때를 생각해 보자. 입사광이 지나가는 동안 용액이나 용기벽에 의한 반사, 굴절, 회절, 산란 등을 무시하고, 용매가 복사 에너지를 흡수하지 않는다고 가정하자. 빛을 흡수하는 물질의 농도가 같을 때에는 용액층의 단위 길이에서 흡수되는 빛의 세기는 액층의 길이에 비례한다. 이것을 Lambert(1768)의 법칙 또는 Bouguer(1729)의 법칙이라고 하며, 수식으로 나타내면

$$-\frac{dP}{db} = k_1 P$$

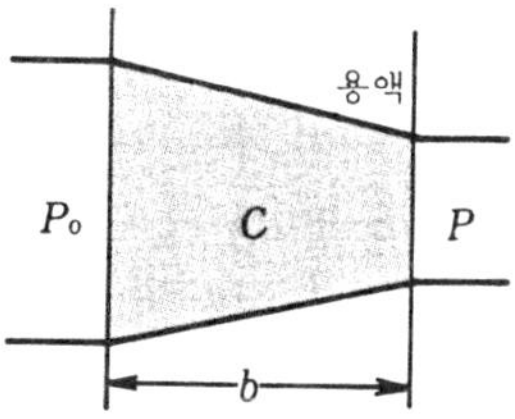

그림 9-1

이 식을 변형하여 적분하면

$$\int_{P_0}^{P}\frac{dP}{P} = \ln\frac{P}{P_0} = -k_1\int_{P_0}^{P} db = -k_1 b \text{ 또는 } P = P_0 e^{-k_1 b} \quad \cdots\cdots\cdots\cdots (9-4)$$

위와 같은 조건에서 용액층의 길이가 일정할 때에 흡수되는 빛의 강도는 빛을 흡수하는 용액의 농도에 비례한다. 이것은 Beer(1852)의 법칙이라 부르며, 수식으로 나타내면

$$-\frac{dP}{dc} = k_2 P$$

위와 같은 방법에 의해

$$\int_{P_0}^{P}\frac{dP}{P} = \ln\frac{P}{P_0} = -k_2\int_0^c dc = -k_2 c \text{ 또는 } P = P_0 e^{-k_1 c} \quad \cdots\cdots\cdots\cdots (9-5)$$

식(9-4)와 식(9-5)를 합하면

$$P = P_0 e^{-abc}$$

또는 $\log\frac{P_0}{P} = -\log T = 2-\log \%T = A=abc = \varepsilon bc_M$ ·············· (9−6)

식(9−6)을 Beer-Bouguer-Lambert의 법칙, Beer-Lambert의 법칙, 또는 보통 Beer의 법칙이라고도 한다. 여기서 T는 투광도(transmittance), $\%T$는 투광율, A는 흡광도(absorbance), a는 흡광계수(absorptivity), ε는 몰흡광계수(molar absorptivity)이다.

지금 농도가 c_1 및 c_2인 용액층의 길이를 b_1, b_2라 할 때 각각의 흡광도가 같으면 $b_1c_1=b_2c_2$이며, b_1과 b_2는 측정할 수 있으므로 농도를 정확하게 아는 표준용액의 농도를 c_1이라 하면, 같은 물질이 포함되어 있는 시료의 농도는 다음 식으로 구할 수 있다. 또 a를 미리 측정하여 두면, 일정한 용액층의 길이 b에 대하여 흡광도 A를 측정함으로써 $c=A/ab$로부터 계산할 수도 있다.

$$c_2 = c_1 \times b_1 / b_2 \quad \cdots\cdots (9-7)$$

(3) 흡광계수

흡광계수는 빛을 흡수하는 물질이 들어 있는 용액의 온도와 용매, 측정파장 및 물질 자체의 성질에 따라 그 값이 변하는 정수이다.

온도가 많이 변하지 않는다면 별 문제가 되지 않는다. 온도가 변하면 용액의 부피가 변하므로 농도가 변하고, 용해평형이나 다른 이온이나 화합물과의 평형이 이동하거나 분해할 수도 있으며, 매우 저온으로 하면 흡수곡선의 모양이 바뀌므로 정밀한 측정에서는 조절해 줄 필요가 있다.

표 9−3 용매의 자외선 흡수

파 장(nm)	용 매
180~195	96% H_2SO_4, H_2O, CH_3CN
200~210	시클로펜탄, n-핵산, 글리세린, CH_3OH
210~220	n-부탄올, i-프로판올, 시클로핵산, 에테르
245~260	$CHCl_3$, $CH_3COOCH_2CH_3$, $HCOOCH_3$
265~275	메틸술폭시드, 디메틸포름아미드, CH_3COOH, CCl_4
280~290	벤젠, 톨루엔, m-크실렌
300 이상	피리딘, CS_2, CH_3COCH_3

용매는 용질을 녹일 수 있으면 충분하나, 표 9-3과 같이 자외선 영역에서는 대부분의 용매 자체가 빛을 흡수하므로 적당히 선택해야 한다.

일정한 온도에서 일정한 용매를 써서 만든 물질의 흡광계수를 측정해도 측정 파장에 따라 그 값이 변하고, Beer의 법칙이 성립되지 않을 때가 있다. 그림 9-2에는 $KMnO_4$ 수용액의 흡수 스펙트럼을 그려 놓았다. 흡광계수는 측정하는 기기의 특성인 파장의 밴드 두께에 따라 크게 변할 수 있다. 그림을 보면 파장 480~570 nm의 빛을 잘 흡수하므로 MnO_4^- 용액은 홍색으로 나타난다. 만일 녹색유리필터를 써서 백색광 중에서 약 480~570 nm 곧 ***L*~*Q*** 사이의 광만을 용액에 통하여 광흡수를 측정하면, 몰흡광계수는 그 파장범위의 평균치인 1700~1800으로 나타날 것이나, 빛의 파장범위를 더 좁힐 수 있는 장치를 써서 ***M*~*P*** 사이의 빛만을 통하면 평균치 약 2300을 얻을 수 있다. 만일 분해능이 매우 큰 분광광도계를 써서 파장 ***N*~*O*** 사이의 복사선만을 용액에 통과시키면 몰흡광계수는 참값인 2500으로 나타날 것이다.

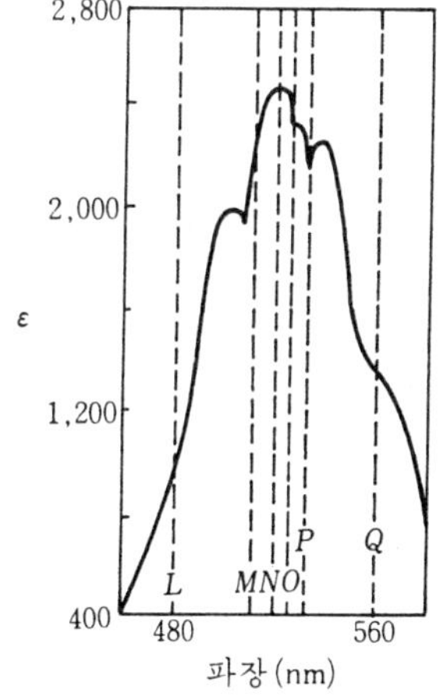

그림 9-2 Mn^{7+}의 스펙트럼

용액의 농도를 묽게 할 때에 조건을 조절해 주지 않으면, 용질 서로 사이나 용질과 용매 사이에 어떤 화학반응이 일어나서 Beer의 법칙이 적용되지 않는 것처럼 흡수 스펙트럼의 형태가 바뀔 때가 있다. 보기를 들면 CCl_4에 녹인 벤질알콜은 용액을 묽힐수록 다음 반응식에 따라 해리하므로 Beer의 법칙에 따르지 않게 된다.

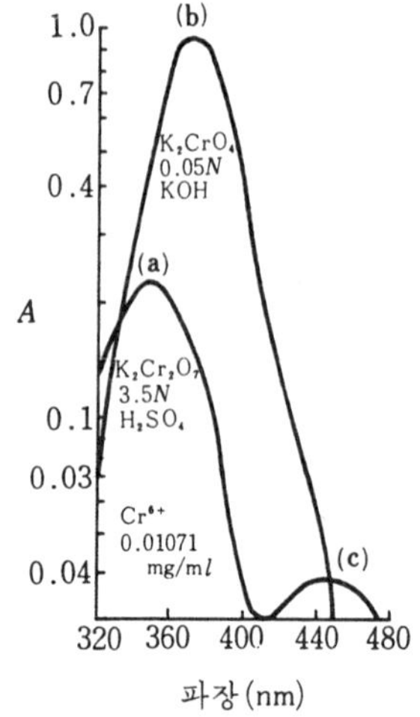

그림 9-3 Cr^{6+}의 흡수 스펙트럼

$$4C_6H_5CH_2OH \rightleftharpoons (C_6H_5CH_2OH)_4$$

다른 보기를 들면 묽힐 때 다음과 같이 반응하는 $K_2Cr_2O_7$ 용액에서

$$\underset{(\text{오렌지색})}{Cr_2O_7^{2-}} + H_2O \rightleftharpoons 2HCrO_4^- \rightleftharpoons 2H^+ + \underset{(\text{노랑})}{2CrO_4^{2-}}$$

$K_2Cr_2O_7$과 K_2CrO_4 두 물질의 같은 농도에서의 흡수곡선은 그림 9-3과 같다. 이들 두 가지가 섞인 용액을 물로 묽혀가며 348 nm, 372 nm와 446 nm에서 검정선을 그린 것은 각각 그림 9-4의 (a), (b), (c)와 같다. 두 이온의 흡광 계수가 같은 파장 곧 등흡광도점(isosbestic point) 446 nm에서는 Beer의 법칙이 성

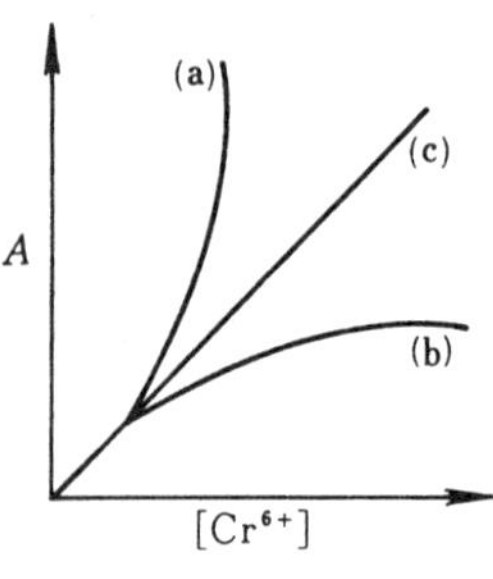

그림 9-4 검정선

립되며, (a)나 (b)의 검정선도 용액을 묽힐 때 용액의 산성이나 알칼리성을 일정하게 유지하면 Beer의 법칙에 따르게 된다.

【예제 9-2】 1 ml에 0.5 mg의 V를 포함하는 V킬레이트 표준용액은 380 nm에서 10 mm cuvet을 썼을 때에 투광도가 65%이었다. 시료의 투광도가 75%이라면 그 농도는 얼마냐?

(풀이) $A = \log(P_0/P) = 2 - \log \%T$를 써서 시료의 흡광도 A_1과 표준 용액의 흡광도 A_2를 계산하면

$A = 2 - \log 75 = 0.125,\ A_2 = 2 - \log 65 = 0.187$

Beer의 법칙 $A = abc$에서 ab는 같으므로

$0.125 = abc_1,\quad 0.187 = ab \times 0.5\ \text{mg}$

두 식을 연립하여 풀면 $c_1 = 0.33\ \text{mg/ml}$

3. 발색반응

보기를 들면 MnO_4^-염, $Cr_2O_7^{2-}$염, Cu^{2+}염, Ni^{2+}염 등을 포함하는 시료는 자신이 색깔을 띠고 있으므로 바로 비색하여 정량할 수 있으나, 대개의 화합물은 무색이거나 유색이더라도 바로 정량하기는 곤란하므로 시료용액에 적당한 시약을 넣어 발색반응(color reaction)에 따라 발색시켜야 한다. 이들 발색반응의 반응기구는 보기를 들면 Mn이나 Cr과 같은 시료는 산화 반응, I_2는 녹말을 넣어 착물

표 9-4 킬레이트 발색시약의 종류

배위원자	시약의 보기	정량금속	용 매
N, N	디메틸글리옥심 1, 10-페난트롤린 큐프로인	Ni, Pd Fe Cu	클로로포름 물 이소아밀알코올
N, O	니트로소R 옥신	Co 많은 금속	물 클로로포름
O, O	아세틸아세톤 알리자린 S	많은 금속 Al	클로로포름 물
N, S	디티존	많은 금속	사염화탄소
S, S	디에틸디티오카르바민산염	Cu 등	사염화탄소

교질용액 형성, Fe^{3+}은 SCN^-을 넣어 착이온 $FeSCN^{2+}$ 생성반응, Ni^{2+}은 디메틸글리옥심과 같은 킬레이트제에 의하여 발색된다. 이 중에서 킬레이트 생성반응을 이용하는 것이 대부분이며 따라서 대부분의 발색시약은 킬레이트제이다. 표 9-4에 대표적인 킬레이트 발색시약을 나타내었다.

또한 위의 여러 가지 반응에 의한 정색이 비색분석에 이용되기 위해서는 다음 조건을 갖추어야 한다.

① 발색반응이 예민하고, 진용액이며, 정색이 안정할 것

② 온도, 용액의 pH, 시약량 등의 발색조건이 약간 변해도 정색은 별로 영향을 받지 않을 것

③ 맨눈으로 비색할 때에는 정색용액의 흡수최대파장이 470~650 nm의 범위이고, 광전 비색계 등을 쓸 때에는 광전지, 광전관의 분광강도곡선에 따르는 색상을 나타낼 것

④ 될 수 있는 한 Beer의 법칙에 따를 것

4. 측정의 오차

Beer의 법칙이 적용되는 계에서도 농도가 너무 묽거나 진하면 정확도가 떨어진다. 농도가 너무 묽으면 검류계와 같은 P를 측정하는 기기 자체의 상대오차 때문에 오차가 커진다. 곧 검류계가 검출할 수 있는 최소의 P 변화 곧 ΔP는 P에 관계 없이 일정하며, 가장 정확하게 흡광도를 측정하기 위해서는 ΔP에 해당하는 ΔA와 A의 비 곧 $\Delta A/A$가 최소치를 가져야 한다. $\Delta A/A$는 농도의 상대오차 $\Delta c/c$와 같으므로

$$\frac{dc}{c} = \frac{dA}{A} \quad \cdots\cdots (9-8)$$

Beer의 법칙을 바꾸어 쓰면

$$A = \log\frac{P_0}{P} = \frac{1}{2.303}\ln\frac{P_0}{P}$$

$$dA = \frac{1}{2.303}\ln\frac{P_0}{P} = \frac{(-P_0/P^2)dP}{2.303P_0/P} = -\frac{dP}{2.303P}$$

그러므로 $\dfrac{dc}{c} = \dfrac{dA}{A} = -\dfrac{0.4343dP}{AP}$

$$= \frac{-0.4343}{A} \frac{1}{P_0 10^{-A}} dP \cdots\cdots (9-9)$$

$\frac{dc}{c}$가 최소가 되기 위해서는 식(9-9)의 분모가 최대로 되어야 한다. 분모를 y로 두면

$$y = AP_0 10^{-A} \cdots\cdots (9-10)$$

y가 최대치로 되자면 미분한 값이 0일 때이므로

$$\frac{dy}{dA} = P_0(10^{-A} - 2.303\,A\,10^{-A}) = 10^{-A}(1-2.303A)P_0 = 0$$

10^{-A}는 0 이 아니므로 괄호 안의 값이 0 으로 되어야 한다. 따라서

$$1-2.303\,A = 0, \quad A = 0.4343 \cdots\cdots (9-11)$$

식(9-6)을 써서 $\frac{P}{P_0}$를 구하면 $\frac{P}{P_0} = 0.368$ 곧 $T = 36.8\%$이다.

따라서 광도법에서 가장 정확한 결과를 얻기 위해서는 조건을 조절하여 투광도가 36.8% 되도록 해야 한다. 검류계의 바늘이 전체 눈금을 움직일 때의 그 오차가 ±0.5%이라면 정량분석의 상대오차는 최소한 1.4% 정도로 되며, 15%와 65% 곧 흡광도로서 0.8과 0.2에서는 농도의 오차가 1.8% 정도 되는데 이 관계를 그림 9-5에 그려 놓았다. 이 곡선을 Twyman-Lothian 곡선이라 한다.

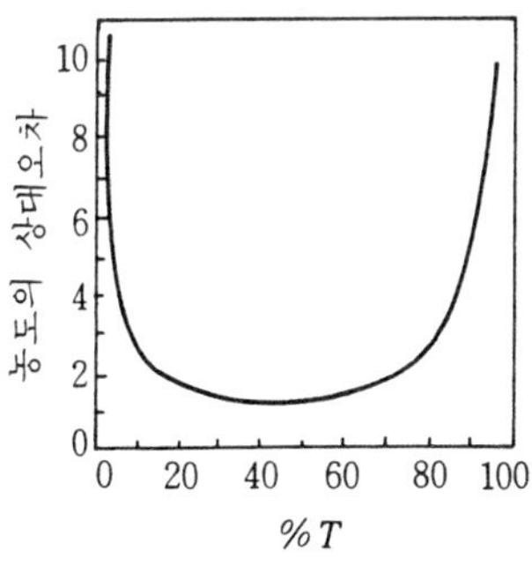

그림 9-5 상대오차

5. 정량분석법

정량법은 맨눈에 의한 비색법과 비색계나 분광 광도계를 이용하여 흡광도를

구하는 흡광도법으로 크게 나눈다.

맨눈에 의한 비색법은 아래의 (1)～(4)의 방법을, 흡광도법은 (5)～(6)의 방법을 주로 이용하는데 흡광도법은 통상 극대흡수파장에서 발색용액의 흡광도를 측정하고 흡광도가 용액의 농도에 비례하므로 미리 그려둔 검량선을 이용하여 시료 용액의 농도를 구한다.

즉 극대흡수파장은 각 파장에 대한 흡광도를 측정하여 도시한 흡수스펙트럼 곧 흡수곡선을 이용하여 구할 수 있다. 파장이 선정되면 분석성분을 여러 가지 농도의 표준용액으로 만들고 극대흡수파장에서 각각의 흡광도를 측정한 후 농도 대 흡광도를 도시하여 검정선을 그리는데 이 때 Beer 법칙을 만족하는 범위까지 작도한다. 이 때 대조액으로 시료를 넣지 않은 동일한 조건의 바탕용액을 사용한다.

검량선이 작성되면 시료용액을 Beer 법칙이 성립하는 범위 내의 농도에서 흡광도를 측정하고 검량선을 이용하여 농도를 구한다.

(1) 표준열법(standard series method)

농도가 틀리는 여러 개의 표준용액을 만들고, 각 용액에 일정량의 발색시약을 넣어 발색시켜 한 줄로 나란히 놓는다. 한편 시료도 표준용액과 같은 조건에서 발색시켜 표준용액의 어느 것과 색깔의 짙기가 같은가를 결정하여 시료용액의 농도를 구하는 방법이다. 시험관을 써도 좋으며 정색이 Beer의 법칙에 따르지 않는 것에도 쓸 수 있으나, 표준열의 간격을 좁히지 않으면 오차가 커진다.

(2) 묽힘법(dilution method)

시료용액과 성분농도가 거의 같은 표준용액을 같은 형의 두 비색관에 따로 넣고, 각각에 일정량의 시약을 넣어 발색시키고, 두 용액의 색의 세기가 같게 될 때까지 진한 쪽에 물을 넣는다. 표준용액의 부피를 V_1, 시료용액의 부피를 V_2, 표준용액 속의 성분농도를 c_1, 시료의 농도를 c_2라 하면 Beer의 법칙에 따라 식 (9－12)가 성립한다. 이 방법은 정색용액이 농도변화에 따라 변하지 않고, Beer의 법칙을 쓸 수 있어야 한다.

$$c_1 = c_1 \times V_2 / V_1 \quad \cdots\cdots (9-12)$$

(3) 균형법(balancing method)

표준용액과 시료용액을 따로 비색관에 넣고, 발색 시약으로 같은 조건에서 발색시켜 그 부피를 같게 한다. 위쪽에서 관찰할 때 색의 강도가 같게 되도록 용액층의 길이를 조절하고, 식 $b_1c_1 = b_2c_2$를 써서 계산한다. 이 방법에 쓰이는 비색장치로는 콕크로 진한 쪽의 용액을 유출시켜 색의 짙기를 같게 하는 Hehner관이나, 두 용액에 투명한 유리막대를 넣어 오르내림으로써 용액층의 길이를 변화시키는 Duboscq 비색계 등이 쓰인다.

(4) 복제법(duplication method)

비색관에 시료용액 일정량을 넣어 발색시켜 두고, 다른 비색관에는 시료용액보다 약간 적은 부피의 물과 시약을 넣고, 표준용액을 뷰렛에서 넣어 발색시킨 다음, 물을 넣어 시료용액과 같은 부피로 한다. 두 용액의 색깔의 짙기가 같게 되도록 조절하면, 두 비색관의 정색용액은 부피도, 농도도 같으므로 표준용액의 양으로부터 성분량을 계산한다. 이 방법은 Beer의 법칙이 성립되지 않아도 좋으나 발색이 빠르고, 정색이 안정해야 한다.

(5) 검량선법(calibration curve method)

여러 가지 농도의 표준용액의 흡광도를 측정하여 검량선을 그려 둔다. 한편 시료의 흡광도를 표준용액과 같은 조건에서 측정하여 검량선으로부터 농도를 계산한다. 이 방법은 한 번 검량선을 만들어 두면 계속하여 많은 시료를 단시간에 측정할 수 있고, Beer의 법칙에 따르지 않는 정색용액에도 이용할 수 있으며, 정확도와 정밀도가 가장 높으므로 현재 많이 쓰는 방법이다.

흡광도 분석에 쓸 검량선을 만드는 방법에는 3 가지가 널리 쓰인다. 곧 $\%T : c$의 지수함수곡선을 응용하거나, 그림 9-4의 직선을 이용할 수 있다. 직선을 이용하면 Beer의 법칙이 적용되는 농도범위를 쉽게 알 수 있으나, 여러 가지 흡광도에서 정밀도의 상대값을 알 수 없는 단점이 있다.

제 3 의 방법은 % 흡수도($= 100 - \%T$, 그러므로 **吸收度**(absorptance) $= 1 - T$) : $\log c$를 작도하는 Ringbom(1939)의 방법으로 여러 가지 농도범위에 걸쳐 작도하면, 그림 9-6과 같은 S자형의 곡선 곧 Ringbom선을 얻을 수 있다. 계가 Beer의 법칙에 따른다면 정확도

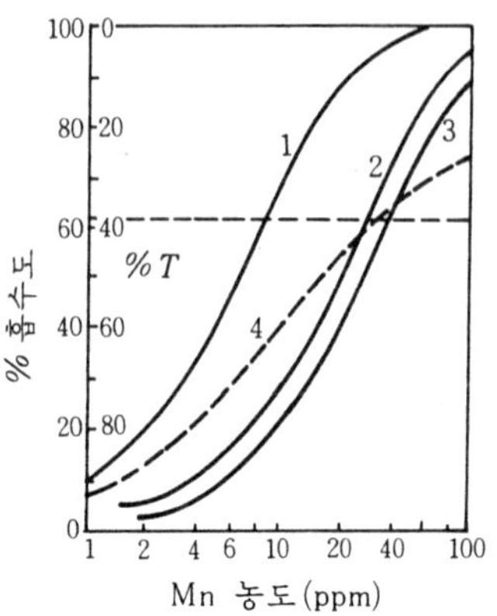

그림 9-6 Ringbom 선

$$\frac{dP}{dc/c} = \frac{dP}{2{,}303 d\log c} = \frac{\text{Ringbom선의 기울기}}{2.303} \quad \cdots\cdots\cdots\cdots\cdots\cdots \quad (9-13)$$

가 최대일 때는 기울기가 가장 큰 점인 변곡점($T = 36.8\%$)이 되며, Beer의 법칙이 적용되지 않으면 36.8%가 변곡점이 되지 않으나 곡선의 형은 같다. 따라서 곡선의 직선부분은 분석오차가 가장 작은 범위이므로 최적농도범위를 쉽게 찾을 수 있으며, 분석의 정확도는 곡선의 기울기로부터 평가할 수 있다. 곧 $\Delta c/c$는 광도법의 절대오차 ΔP에서의 상대오차이며, ΔP가 1%라면 식 (9-13)에서

$$-\frac{\Delta c/c \times 100}{\Delta P(\%)} = \frac{\text{분석의 상대오차}}{\text{광도법 오차 }1\%} = \frac{230.3}{\Delta P/\Delta \log c}$$

$$= \frac{230.3}{\text{Ringbom선의 기울기}} \quad \cdots\cdots\cdots\cdots\cdots\cdots \quad (9-14)$$

그림 9-6은 Mn을 정량할 때의 Ringbom선인데 1은 526 nm, 2는 480 nm, 3은 580 nm에서 분광 광도계로 측정한 값이고, 4는 430 nm의 필터 광도계를 써서 얻은 검량선이다. 1에서 보면 광도법 오차가 1%일 때 분석의 상대오차는 2.8%임을 식 (9-14)를 써서 계산하면 알 수 있다. 재현성이 좋은 정밀한 현대 기기의 광도계의 측정오차는 약 0.2%이므로 분석오차는 0.6% 정도로 된다. 3에서 보면 6~60 ppm, 1에서 보면 2~20 ppm의 농도범위까지 분석에 이용할 수 있음을 알 수 있다.

(6) 표준첨가법(standard addition method)

시료용액에 충분한 양의 발색시약을 넣어 발색시켜 그 흡광도를 재고, 표준

용액 일정량을 더 넣어 같은 조건에서 흡광도를 측정하여 묽힘 오차를 고려하여 시료용액 속의 성분농도를 구한다. 이 방법은 Beer의 법칙이 적용되어야 하며, 계산방법은 8장의 표준첨가법과 같다.

(7) 혼합물의 동시정량

용액 속에 복사 에너지를 흡수하는 물질이 두 가지 이상 존재하며 각각의 흡수스펙트럼이 상당히 다르고, 용질과 용질, 용질과 용매 사이에 화학작용이 없다면 이들의 흡광도는 가감성이 성립하므로

$$A = \Sigma A_i = b\Sigma a_i c_i \cdots\cdots (9-15)$$

이러한 이유 때문에 측정한 흡광도에서 용매나 시약 자체에 의한 흡광도를 빼거나, 바탕용액(blank solution)을 용매나 시약용액으로 하여 흡광도를 측정한다. 식(9-15)와 같은 흡광도의 가감성을 이용하여 용액 속에 두가지 이상의 물질이 공존할 때 이들을 동시에 정량할 수 있다. 지금 물질 1의 파장 λ_v에서의 흡광도를 A_{1v}, λ_u에서의 흡광도를 A_{1v}, 그 광흡수곡선을 1이라 하고 물질 2의 λ_v에서 흡광도를 A_{2v}, λ_u에서의 흡광도를 A_{2v}, 그 광흡수곡선을 2라 할 때, 한 용액에 이들 두 물질이 같은 농도로 다 들어 있다면 그 광흡수스펙트럼은 3이 되며, 파장 λ_v와 λ_u에서 흡광도를 그림 9-7과 같이 각각 A_v, A_u라 하면 흡광도에는 가감성이 성립하므로

$$A_v = A_{2v} + A_{1v} = a_{2v}bc_2 + a_{1v}bc_1 \cdots\cdots (9-16)$$

$$A_u = A_{2u} + A_{1u} = a_{2u}bc_2 + a_{1u}bc_1 \cdots\cdots (9-17)$$

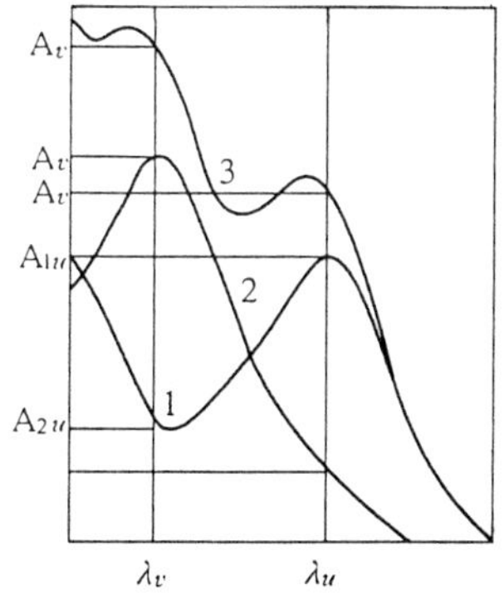

그림 9-7 2성분 분석

식(9−16)과 (9−17)에서 c_1과 c_2를 풀면

$$c_1 = \frac{a_{2u}A_v - a_{2v}A_u}{b(a_{1v}a_{2u} - a_{2v}a_{1u})} \quad \cdots\cdots\cdots\cdots \quad (9-18)$$

$$c_2 = \frac{a_{1v}A_u - a_{1u}A_v}{b(a_{1v}a_{2u} - a_{2v}a_{1u})} \quad \cdots\cdots\cdots\cdots \quad (9-19)$$

위에서 선택한 파장 λ_v와 λ_u는 A_{2v}/A_{1v}와 A_{1v}/A_{2u}의 비가 가장 큰 값이어야 한다. b를 정확하게 아는 용기를 쓰고 농도를 정확하게 아는 용액으로 흡광도를 구하여 a_{2v}, a_{1v}, a_{2u}, a_{1u}를 미리 구해 두면 A_v와 A_u만을 측정함으로써 혼합물 속의 두 물질의 농도를 구할 수 있게 된다.

두 물질의 최대흡광도(A_{max}) 또는 최대흡광계수(a_{max})를 나타내는 파장의 차이가 작으면 작을수록 두 흡수곡선이 더욱 겹치므로 정확도는 떨어지며, 혼합물의 성분수가 많아질수록 더욱 부정확하게 된다.

【예제 9−3】 0.01 M의 염료 P의 흡광도는 515 nm에서 0.80, 635 nm에서 0.15이며, 0.02M의 염료 T의 흡광도는 515 nm에서 0.20, 635 nm에서 1.0이며, cuvet은 10 mm 짜리를 썼다. 두 염료 혼합물의 흡광도가 515 nm, 0.55, 635 nm에서 0.825라면 혼합 용액 속의 각 염료의 농도를 구하라.

(풀이) 염료 P와 T의 515 nm, 635 nm에서의 ab값은 Beer의 법칙에 의해

$$P: 0.80 = a_{P515}b \times 0.01 \qquad \therefore a_{P515} = 80$$
$$0.15 = a_{P635}b \times 0.01 \qquad \therefore a_{P635} = 15$$
$$T: 0.20 = a_{T515}b \times 0.02 \qquad \therefore a_{T515} = 10$$
$$1.00 = a_{T635}b \times 0.02 \qquad \therefore a_{T635} = 50$$

따라서 식(9−18), (9−19)를 써서 계산하면

$$c_p = \frac{a_{T615}A_{635} - a_{T635}A_{515}}{b(a_{T515}a_{P635} - a_{P515}a_{T635})} = \frac{10\times0.825-50\times0.55}{1(10\times15-80\times50)} = 0.005\,M$$

$$c_T = \frac{a_{P635}A_{515} - a_{P515}A_{635}}{b(a_{T515}a_{P635} - a_{P515}a_{T635})} = \frac{15\times0.55-80\times0.825}{1(10\times15-80\times50)} = 0.015\,M$$

6. 착화합물의 조성 결정

정색화합물의 조성이 비색정량분석에 꼭 필요한 것은 아니나, 될 수 있는 한

구하면 좋다. 용액 속에 생긴 착물의 조성을 결정하는 데에는 여러 가지 방법이 있으나, 흡수분광법으로 구하는 방법은 다른 방법보다 직접적이며 편리하다.

(1) 연속변화법(continuous variations method)

다음 반응에 따라 착물이 생긴다고 하자.

$$A + nB \rightleftharpoons AB_n \quad \cdots\cdots (9-20)$$

A와 B를 같은 농도의 용액으로 만들어 B x m*l*와 A $(1-x)$ m*l*를 섞어 흡광도를 적당한 파장에서 잰다. A와 B 자체에 의한 광흡수를 그 파장에서 무시할 수 있을 때에는 측정한 흡광도를, 만일 A와 B에 의한 광흡수가 있을 때에는 측정 흡광도에서 A와 B의 흡광도를 뺀 값을 Y축으로 하고, $X_A + X_B = 1$이 되게 조절하여 [B]의 값을 X축으로 한다. Y의 극대점을 나타내는 X의 값을 x라고 하면 AB_n의 n은

$$n = x/(1-x)$$

이 방법은 간편하나, n이 4 보다 크면 착물의 조성을 결정하기 곤란하다.

(2) 몰비법(molar ratio method)

식(9-20)에 따라 생긴 착물의 해리도가 매우 작으면, A의 농도를 일정하게 유지하고 B의 몰 농도비 [B]/[A]를 X축으로 하고, 흡광도를 Y축으로 하여 작도하면 AB_n이 다 생길 때까지는 [B]가 증가함에 따라 흡광도가 직선적으로 증가한다. $[B]/[A]=n$ 이상에서는 흡광도가 일정하게 된다. 생긴 착물이 어느 정도 해리하여 흡광도-몰비곡선의 꺾이는 점이 뚜렷하게 나타나지 않을 때에는 이온강도를 크게 하거나, 조건을 잘 조절해 주지 않으면 안 된다.

(3) 경사비법(slope ratio method)

다음 반응식에 따라 유일한 착물 A_mB_n이 생긴다고 하자.

$$mM + nZ \rightleftharpoons M_mZ_n$$

B의 농도는 A_mB_n의 해리를 무시할 수 있을 정도로 큰 값으로 일정하게 유지

하고 [M]을 변화시킨다. 이 때는 $[M_mZ_n] = [M]/m$이므로 M_mZ_n의 흡광도는 [M]이 증가함에 따라 직선적으로 비례한다.

같은 방법으로 [M]을 일정하게 유지하고 [Z]를 변화시키면 $[M_mZ_n] = [Z]/n$이 성립한다. 측정한 흡광도와 [M] 또는 [Z]에 대한 그림을 그리면 두 직선의 기울기를 그릴 수 있고, 그 기울기 비를 구하면 n/m을 알 수 있으므로 M_mZ_n의 조성은 알 수 있다.

7. 장치 및 측정

(1) 비색관

비색관으로 쓸 수 있는 것은 시험관 외에 그림 9-8과 같은 것들이 있다. 또 Ukena 비색관은 Eggertz관의 윗 부분에 코크가 달려 있는 10개의 비색관이 한 소로 되어 있으며, 검은 색의 비색관대 뒷면에 흰 유리판이 붙어 있다.

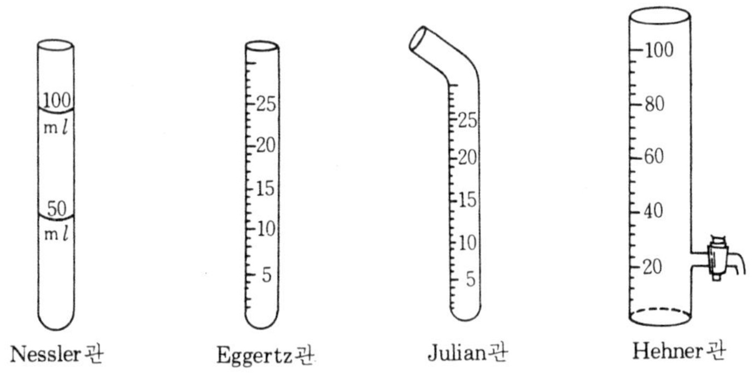

그림 9-8 비색관

흡광도를 측정할 때에는 10mm 두께의 직6면체형의 euvet을 쓰는 것이 좋다.

(2) Duboscq 육안 비색계(visual comparator)

균형법으로 비색할 때에 쓰는 장치로서 여러 가지의 개량형이 있으나, 원리 및 외형은 대동소이하며, 그 모형 그림은 그림 9-9와 같다. C_1과 C_2는 표준용액과 시료용액이 들어 있는 비색관이며, 뒷면의 다이얼을 돌려 C_1과 C_2를 오르내림으로써 색의 짙기를 같게 하고, 부척으로 0.1 mm까지 읽는다. 빛은 반사 거울 *M*에 의해 C_1과 C_2를 들어가서 유리막대(plunger) *P*를 지나 프리즘 *Q*, 렌즈 *L*을 통과하여 접안경 *F*에 도달한다. C_1과 C_2를 지난 빛의 세기가 두 시야에 같아질 때까지 유리막대를 오르내려 부척으로 액층의 높이를 잰다.

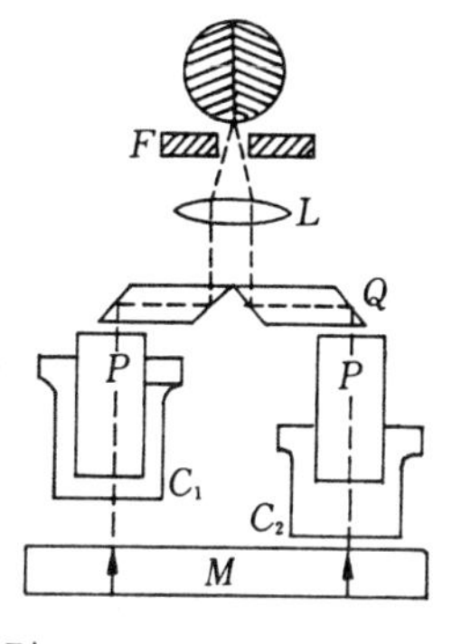

그림 9-9 Duboscq 비색계

(3) 광전광도계(photoelectric photometer)

일반적으로 필터를 써서 어떤 파장범위의 빛을 뽑아 시료용액에 조사시켜서 투과광을 광전지나 광전관에 받아 전류로 바꾸어 미터로 투과광의 세기를 측정하는 장치이다. 광전광도계에는 보통 6~8 매의 필터가 붙어 있으므로 쓸 때에는 용액의 정색과 여색의 필터를 쓰면 좋다. 혼합색일 때에는 그 용액의 흡수 스펙트럼을 조사하여 최대흡수를 나타내는 필터를 쓴다.

(4) 광전분광광도계(photoelectric spectrophotometer)

원리는 광전비색계와 같으나 필터를 쓰지 않고, 단색화장치(monochromator)를 써서 임의의 파장의 빛을 분광하여 입사광으로 쓴다. 따라서 정확도가 높고, 공존하는 물질의 방해 작용도 작게 할 수 있으나, 장치가 복잡하고, 값이 비싸므로 흡수곡선을 그릴 때나 혼합물의 정량 등 특별할 때에만 쓰고, 비색 정량에서는 광전 광도계를 써도 충분하다.

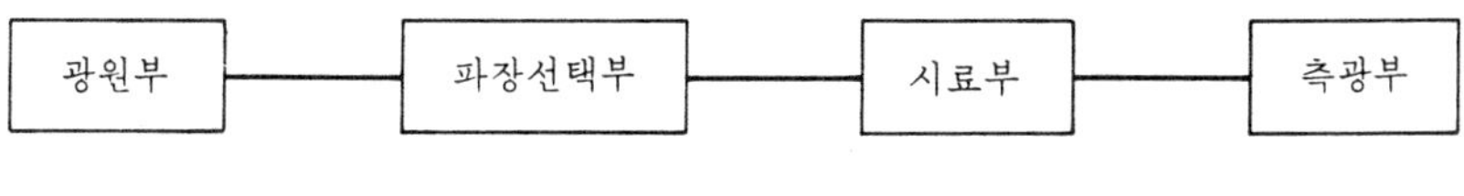

그림 9-10 흡수분광 광도계의 기본구성

흡수분광 광도계의 기본구성은 그림 9-10과 같으며 그림 9-11과 9-12에 광전광도계와 광전분광광도계의 광학계 한 보기를 나타내었다. 다음에 이들에 대하여 간단히 설명하기로 한다.

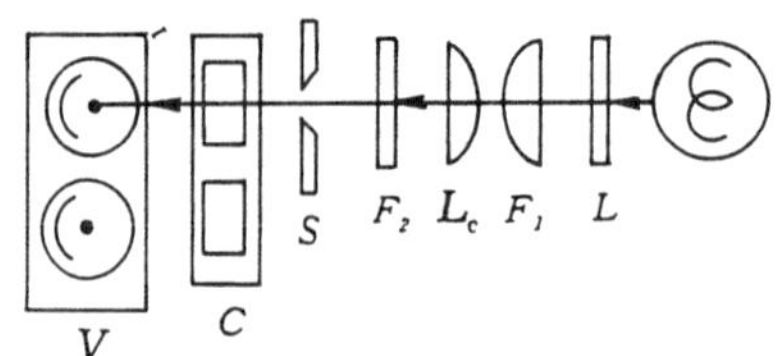

L : 텅스텐등 F_1 : 열선차단필터
L_c : 집광렌즈 F_2 : 광학필터 S : 광량조리개 C : 흡광용기 V : 광전관

그림 9-11 광전광도계의 광학계

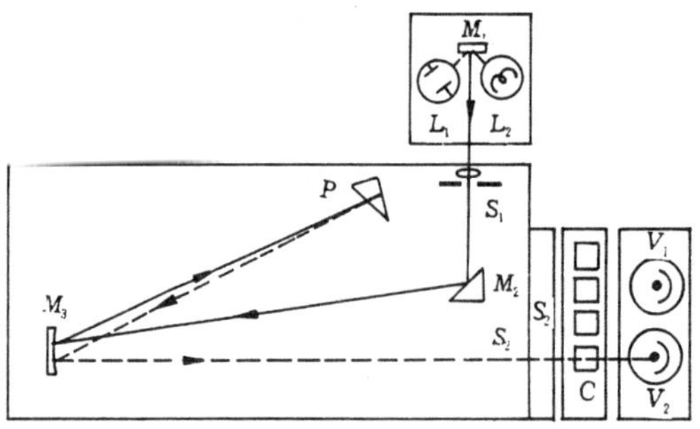

L_1 : 수소방전관 L_2 : 텅스텐등 M_1, M_2 : 반사거울 M_3 : 빛평행거울 P : 프리즘, S_1, S_2 : 슬릿 S_3, 슬릿조리개 C : 흡광용기, V_1, V_2 : 검출기

그림 9-12 광전분광 광도계(프리즘형)의 광학계

① 광원부

광원부의 광원에는 가시부와 근적외부용으로는 텅스텐 램프를 사용하며 자외부용으로는 수소 또는 중수소 방전관이 주로 쓰인다.

② 파장 선택부

파장의 선택에는 광학필터 혹은 단색화장치(manochromator)를 사용한다. 광학필터에는 착색유리필터, 젤라틴필터 및 간섭필터가 있다. 착색유리필터는 유리에 금속 산화물을 넣어 만든 것으로 2~3 장을 조합시켰으며 여기서 얻어지는 단색광의 파장나비는 20~40 nm 정도이다. 젤라틴필터는 2장의 투명 유리판 사이에 유기색소를 젤라틴에 녹여 샌드위치 모양으로 넣은 것으로 파장 나비는 좁으나 투과성, 빛, 열에 약한 단점이 있다.

또 간섭필터는 은막 등의 얇은 금속막에 의한 간섭현상을 이용한 것으로 파장나비는 10~15 nm 정도이며 투과성도 좋은 편이다.

한편 단색화 장치는 일반적으로 입구 슬릿-빛 평행 장치-프리즘 혹은 회절발-집광 렌즈-출구 슬릿의 순서로 구성된다. 단색화 장치에서는 특히 프리즘이나 회절발이 중요하다. 프리즘은 유리 또는 용융 석영으로 만드는데 이 때 단색광의 파장나비 $\Delta\lambda$와 슬릿나비 S 사이에는 다음 식이 성립한다.

$$\Delta\lambda = S\sqrt{1-n^2\cos^2\frac{\phi}{2}} \Big/ 2f\sin\frac{\phi}{2}\frac{dn}{d\lambda} \quad \cdots\cdots (9-21)$$

여기서 n : 굴절률

ϕ : 프리즘의 꼭지각

f : 빛 평행거울의 초점거리

$\frac{dn}{d\lambda}$: 분산

회절발(grating)은 유리 또는 금속표면 위에 같은 간격의 평행한 홈선을 1 mm당 500~1000 개 정도 새겨 놓은 것으로 이 표면에서 빛은 회절간섭하여 분산되는데 이 때의 스펙트럼 순도는

$$\Delta\lambda = \frac{S\cos\theta}{fmn'} \quad \cdots\cdots (9-22)$$

여기서 m은 1 cm당 홈선의 수이다.

③ 시료부

시료부에는 일반적으로 시료용액을 넣는 시료 셀과 대조액을 넣는 대조 셀이 있다. 이 때 사용되는 흡수용기는 그림 9-13과 같이 4각형 혹은 시험관형의 것을 사용한다.

일반적인 분석에는 그림 9-13의 (1) 보통형이 쓰이며 (2)의 특수형은 다음의 경우에 사용하는 특수 용도형이다. 즉 그림 9-13의 (2) 특수형에서 (a)는 액량이 1 ml 이하, 액층 길이 10 mm 이상인 것, (b)는 시료용액을 흘려 보내면서 농도를 측정할 때, (c)는 휘발성 시료액의 측정시 (d)는 액층의 길이가 50 mm 이상으로 저농도 시료의 분석시 사용한다.

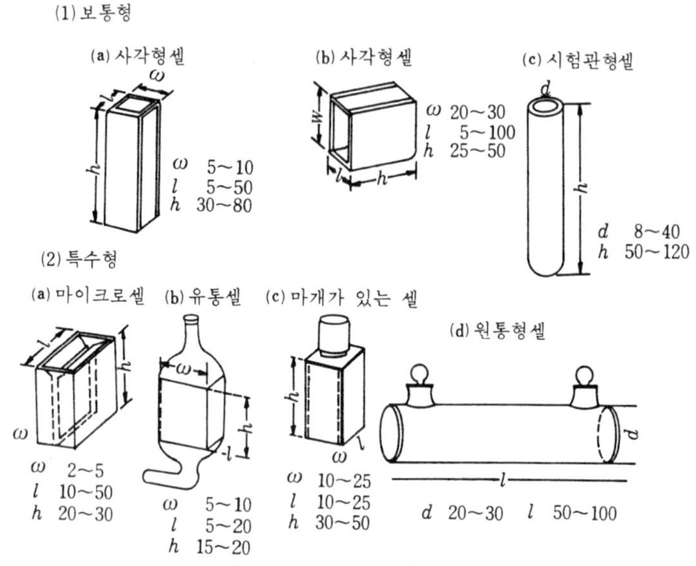

그림 9-13 흡수셀의 모양 보기

흡수셀의 재질로는 유리, 석영, 플라스틱 등을 사용한다. 이 중 유리는 가시 및 근적외부 파장범위에, 석영제는 자외부 파장범위, 그리고 플라스틱제는 근적외부 파장범위의 측정시 주로 사용한다.

④ 측광부

측광부에는 검출기, 증폭기, 기록기(지시계)로 구성된다. 검출기는 광량을 전기량으로 바꾸는 변환기로서 광전지, 광전관, 광전자 증배관, 광전도 셀 등이 있고 지시계는 투과율, 흡광도, 농도 등을 눈금 또는 숫자로 나타낸다.

(5) 장치의 보정

① 파장눈금의 보정

파장눈금은 표 9-5의 광원을 사용하여 안정한 휘선 스펙트럼 λ_t(line spectrum)의 파장을 중심으로 하여 전후의 좁은 파장범위에서 스펙트럼 강도를 측정한다. 그림 9-14와 같이 이들 값을 기록하고 두 직선을 연장하여 교차점으로부터 λ_m을 구한다.

λ_m과 λ_t의 차 $\Delta\lambda$는 파장 오차를 나타내므로 단색화 장치의 파장 조절 기구를 사용하여 $\Delta\lambda = 0$가 되게 보정하면 된다.

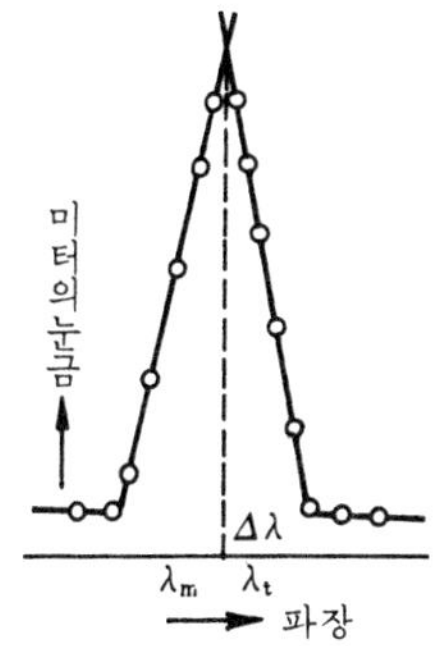

그림 9-14 파장눈금 교정을 위한 선 스펙트럼 측정 보기

표 9-5 파장눈금의 교정

광원의 종류	사용하는 휘선스펙트럼의 파장(mm)	
수소 방전관	486.13	656.28
중수소 방전관	486.00	656.10
석영 저압수은	253.65	365.01
방 전 관	435.88	546.07

② 흡광도 눈금의 보정

$K_2Cr_2O_7$ 0.0303 g을 0.05 N KOH 용액 1 l에 녹인 용액을 기준으로 한다. 이 용

표 9-6 중크롬산칼륨 용액의 흡광도와 투과율(%) (25 ℃)

파장(nm)	흡광도	투과율(%)	파장(nm)	흡광도	투과율(%)
220	0.446	35.8	340	0.316	48.3
230	0.171	67.4	350	0.559	27.6
240	0.295	50.7	360	0.830	14.8
250	0.496	31.9	370	0.987	10
260	0.633	23.3	380	0.932	11.7
270	0.745	18.0	390	0.695	20.2
280	0.712	19.4	400	0.396	40.2
290	0.428	37.3	420	0.124	75.1
300	0.149	70.9	440	0.054	88.2
310	0.048	89.5	460	0.018	96.0
320	0.063	86.4	480	0.004	99.1
330	0.049	71.0	500	0.000	100

액을 10 mm 흡수 용기에 넣고 흡광도 혹은 투과율을 측정하였을 때 표 10－6과 같으면 이 기기는 이상이 없으며 만약 다른 값을 나타내면 흡광도 눈금을 보정한다.

9－2 적외선 흡수분광법

1. 적외선 흡수

적외선의 파장 영역은 표 9－2에서 보는 바와 같이 0.75 μ～1000 μ 범위이나 실제 적외선 흡수분석에 이용되는 파장 범위는 2.5 μ～25 μ이다. 어떤 물질을 이루고 있는 부자는 원자 또는 원자단이 공과 공의 용수철로 결합하여 항상 진동하고 있는 것과 같은 형태의 화학 결합을 하고 있다. 이러한 분자의 진동 중 쌍극자모멘트의 변화를 일으키는 진동에 기인하는 흡광을 측정하여 흡수 파장으로부터 정성분석을, 흡수 세기로부터 정량분석을 할 수 있는데 이와 같은 흡수분석법을 적외선 흡수분광법(Infra Red Spectrophotometry : IR법)이라 한다. 이 분석법은 가스 크로마토그래피와 더불어 유기 기기분석법 중의 하나로서 중요하며 특히 유기 작용기의 정성과 정량, 고분자 물질의 분석, 반응 기구나 구조의 해석 등에 널리 쓰이고 있다.

(1) 적외선 흡수의 필요조건

일반적으로 적외선 흡수가 일어나기 위해서는 다음과 같은 조건이 필요하다. 즉 첫째로 분자를 구성하고 있는 원자나 원자단이 입사광의 에너지와 같은 진동수로 진동할 경우 분자는 이 진동수에 해당하는 광을 흡수하게 되므로 분자 본래의 진동수와 입사광의 진동수가 같아야 한다.

둘째로 분자의 진동수는 $E = h\nu$를 만족시켜야 한다.

셋째로 분자는 변화할 수 있는 전기 쌍극자를 갖고 있으며 분자의 미소 전하를 갖는 부분이 서로 진동을 하게 되면 쌍극자 능률은 변하게 된다. 그러므로 진동에 의한 변위의 결과는 쌍극자 능률이 변화해야 한다.

넷째로 진동에 의해 쌍극자 능률이 변화하면 흡수강도가 달라지는데 이 경우 흡수강도는 쌍극자 능률의 변화속도의 제곱에 비례하여야 한다.

(2) 분자의 진동

앞에서 설명한 바와 같이 분자는 그것을 구성하는 원자들이 용수철로 연결되어진 형태의 결합을 하고 있으므로 질량이 m_1, m_2인 이원자 분자의 경우 진동수 ν는 다음 식으로 나타낼 수 있다.

$$\nu = \frac{1}{2\pi}\sqrt{\frac{k}{\mu}} \quad \cdots\cdots (9-23)$$

여기서 k는 화학 결합력을 나타내는 힘 상수(force constant), μ는 진동하는 원자의 환산질량(reduced mass)으로 $\frac{m_1 m_2}{m_1+m_2}$를 뜻한다.

또 진동 에너지는 양자화되어 있으므로 바닥 상태($v=0$)에서 들뜬 상태($v=1$: 기본 진동, $v=2$: 오버톤 진동)로 되려면 식(9-24)와 같이 된다.

$$E_{\text{vib}} = (v+\frac{1}{2})h\nu = (v+\frac{1}{2})\frac{h}{2\pi}\sqrt{\frac{k}{\mu}} \quad \cdots\cdots (9-24)$$

여기서 v는 진동 양자수이며 0를 포함하는 양의 정수만을 가진다. n개의 원자로 이루어져 있는 다원자 분자에서 각 원자는 3개의 직교 좌표축이 필요하므로 $3n$의 자유도를 가진다. 이 자유도는 회전, 진동, 병진운동으로 이루어지며 회전과 병진운동에 각각 3개의 자유도가 필요하다. 따라서 분자의 진동을 고려할 때에는 이들 값을 빼야 하므로 이를 n원자 분자의 기준진동이라 하고 그 수는 $3n-6$이 된다. 그러나 직선분자의 경우는 분자축을 회전축으로 한 회전운동은 회전으로 볼 수 없으므로 회전운동은 2개의 자유도를 가지며 기준 진동수는 $3n-5$가 된다.

이러한 기준진동에는 결합의 길이가 변하는 신축진동과 결합각이 변하는 굽힘진동이 있으며, 그림 9-15에 이들 진동방식의 보기를 나타내었다.

그림 9-15에서 면내진동은 이중결합을 가진 분자평면 내에서의 진동을 말하고 면외진동은 분자평면에 수직방향으로 진동이 일어나는 것을 말한다.

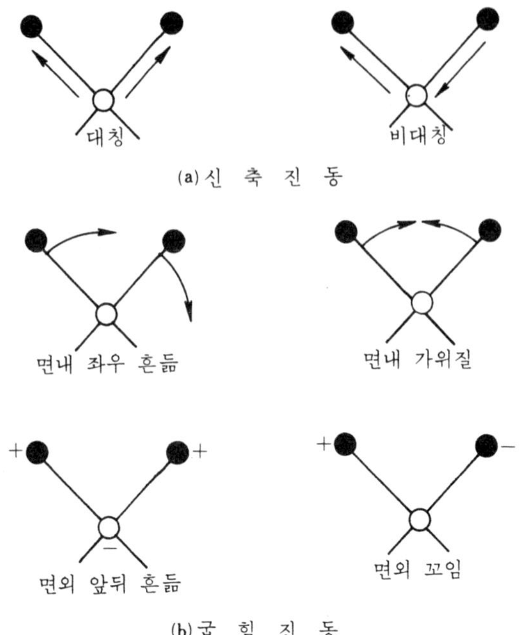

그림 9−15 분자진동의 형태(+는 종이면에서 앞쪽으로, −는 뒤쪽으로 가는 운동을 나타낸다)

2. 적외선 스펙트럼

(1) 스펙트럼의 도시

일반적으로 적외선 흡수 스펙트럼은 세로축을 투광률, 가로축을 파장(μ) 또는 파수(cm^{-1})의 눈금으로 나타낸다. 파장과 파수 사이의 환산관계는 다음과 같으며

$$\text{파수}(cm^{-1}) \times \text{파장}(\mu) = 10{,}000 \quad \cdots\cdots (9-25)$$

파수 값은 에너지와 주파수에 정비례하기 때문에 많이 쓰이고 있다.
그림 9−16에 적외선 흡수 스펙트럼의 한 예를 나타내었다.

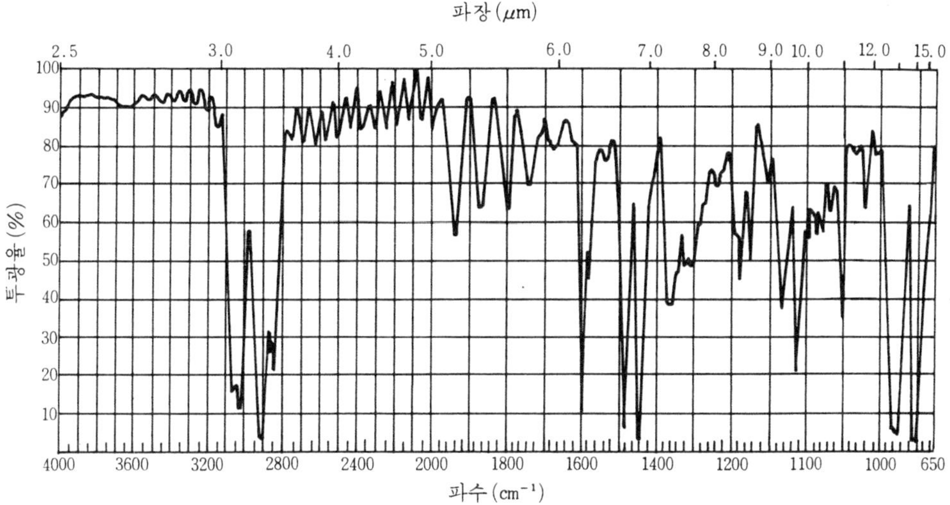

그림 9-16 폴리스틸렌 필림의 IR spectrum.

(2) 특성 흡수띠

어떤 작용기에 의해 생기는 특유의 흡수띠를 특성 흡수띠라 하며 이들은 흡수위치가 특징적이며 흡수의 세기도 크므로 이의 확인은 적외선 스펙트럼 해석에서 매우 중요하며 정성분석시 유력한 수단이 된다.

특성 흡수띠에 대한 실험자료를 종합하여 수집한 것을 스펙트럼 일람도표라 하며 부록 13에 이를 수록하였다. 다음의 중요한 스펙트럼 영역에 대하여 간단히 설명한다.

① 3700～2700 cm^{-1}범위

이 영역은 수소 신축진동 영역에 해당한다.

3700～3100 cm^{-1}은 O－H와 N－H의 신축진동이며 O－H는 보다 높은 파수에서 나타난다. 3000～2850 cm^{-1}은 C－H의 진동 영역인데 분자구조가 C－H 결합력에 영향을 끼치면 흡수위치가 이동하게 된다. 예를 들어 Cl－C－H는 3000 cm^{-1} 보다 큰 파수에서 흡수가 나타나고 아세틸렌의 C－H는 3300 cm^{-1}에서 나타난다.

② 2700～1850 cm^{-1} 범위

이 영역은 삼중결합 영역에 해당하며 비교적 간단하다. 즉 $-C \equiv N$은 2250～2225 cm^{-1}에서, $-N^{+} \equiv C^{-}$는 2180～2120 cm^{-1}, $-C \equiv C-$는 2260～2190 cm^{-1}이고

S−H는 2600∼2550 cm^{-1}, P−H는 2440∼2350 cm^{-1}, Si−H는 2260∼2090 cm^{-1}에서 나타난다.

③ 1950∼1550 cm^{-1} 범위

이중결합 영역에 해당하며 카르보닐기의 신축진동이 이 영역에서 흡수된다. 케톤, 알데히드, 산, 아미드, 탄산 등은 1750 cm^{-1} 부근에서 나타나며 에스테르, 산염화물, 산무수물 등은 1700∼1726 cm^{-1}에서 흡수되어 나타난다. 이 영역의 흡수로는 어떤 형태의 카르보닐기인지 결정하기 어려우므로 계속하여 다른 영역의 스펙트럼을 더 조사하여야 한다. 예를 들어 에스테르는 1200 cm^{-1}에서 강한 C−O−R 진동을 나타나는데 알데히드는 앞에서 본바와 같이 2700 cm^{-1}보다 큰 파수에서 수소진동 봉우리가 나타난다.

또 C=C와 C=N은 1690∼1600 cm^{-1}에서, 방향족 고리는 1650∼1450 cm^{-1}에서 나타나므로 흡수 스펙트럼을 잘 조사하면 구조해석에 필요한 귀중한 자료를 얻을 수 있다.

④ 1500∼700 cm^{-1} 범위

지문영역이라고 하며 분자의 구조와 성분에 매우 민감하게 나타난다. 그러므로 이 영역에서 두 개의 스펙트럼이 비슷하게 나타나면 두 물질은 동일물질이라고 보아도 좋다. 에스테르와 에테르의 C−O−C 신축진동은 1200 cm^{-1}에서, C−Cl 진동은 700∼800 cm^{-1}에서 나타난다.

3. 정성 및 정량분석

(1) 정성분석

적외선 흡수 스펙트럼은 광학 이성질체를 제외하고는 물질의 종류에 따라서 달라지며 혼합물의 스펙트럼도 개개 성분물질의 흡수 스펙트럼이 중복된 것과 같은 원리이므로 이를 이용하여 정성분석을 할 수 있다.

그러나 적외선 흡수 스펙트럼만으로 미지시료를 정성하기는 실제로 매우 어려우며 정확한 결과를 기대하기는 어렵다.

여기서는 미지시료로부터 출발하여 스펙트럼을 얻고 이 스펙트럼에서 구조를 결정하는 순서에 대하여 간단히 설명하기로 한다.

① 시료를 크로마토그래피, 재결정 조작 등으로 순수하게 하고 추출 등의 방법으로 단순물질로 분리한다.

② 시료의 채취원, 색, 용해도, 원소 분석치, 분자량, 비점, 자외선 스펙트럼 등 가능한 많은 물리, 화학적 자료를 보아서 시료 추정범위를 좁힌다.

③ 적외선 흡수 분광계로 흡수도를 측정하여 흡수 스펙트럼을 얻는다.

④ 스펙트럼을 해석하여 작용기와 구조를 추정한다.

이 경우 특성 흡수띠를 종합 정리한 clothup표나 작용기의 흡수 특성에 대한 단행본 등을 이용하면 편리하다. 작용기와 구조의 추정은 통상 파수가 높은 쪽에서 먼저 H, C, N, O 등의 특성 흡수를 조사하고 그 정보를 낮은 파수쪽의 흡수로 확인하는 방법을 쓴다.

⑤ 작용기나 구조가 추정되면 표준물질로부터 얻은 표준 스펙트럼과 시료의 스펙트럼을 비교한다. 흡수띠의 파수, 흡수의 세기, 흡수 모양 등이 완전히 일치하면 시료는 표준물질과 동일물질로 확인된 것이며 너무 큰 차이가 나면 다시 추정하는 것이 옳다.

(2) 정량분석

적외선 흡수 분석에서도 정량의 원리는 Beer의 법칙이다.

$$A = \log \frac{P_o}{P} = abc$$

측정조작에서 시료 셀을 같은 것으로 사용하면 b는 일정하며 a는 흡광계수이므로 흡광도는 농도에 비례함을 알 수 있다.

즉, $A = kc$ ………………………………………………………………… (9-26)

가 성립함으로 여러 가지 농도의 표준용액을 조제하고 특성 흡수띠에서의 흡광도를 각각 측정하여 검량선을 작성한 다음 미지시료를 정량할 수 있다.

시료가 다성분계일 경우에도 일반적으로 성분 사이의 상호 작용은 무시되며 스펙트럼도 거의 영향을 미치지 않는다고 볼 수 있으므로 각각을 1 성분으로 보았을 때의 합으로 생각할 수 있다.

즉, $A = \log \frac{P_o}{P} = a_1bc_2 + \cdots + a_2bc_2 + \cdots + a_n bc_n$

$= b\sum_{i=1}^{n} a_i c_i$ ………………………………………………………… (9-27)

그러므로 다성분계 혼합물에서 각 성분의 주요띠(key band : 특성 흡수띠)에 대한 흡수의 세기가 Beer 법칙에 따를 경우 가감성에 의하여 식(9−28)이 성립된다.

$$\begin{aligned} A_1 &= k_{11}c_1 + k_{12}c_2 + k_{13}c_3 \\ A_2 &= k_{21}c_1 + k_{22}c_2 + k_{23}c_3 \\ &\text{- - - - - - - - - - - - - - -} \\ A_n &= k_{n1}c_1 + k_{n2}c_2 + k_{n3}C_3 \end{aligned} \qquad (9-28)$$

여기서 A_i는 i 성분의 주요띠에서의 혼합시료의 흡광도, $k_{ij} = ba_{ij}$로 i 성분의 주요띠에서의 j성분의 검량선의 기울기, C_i는 i 성분의 농도이다.

윗식은 n개의 미지수 c_1, c_2, … c_n을 포함하는 연립 1 차방정식이므로 이로부터 각 성분의 농도를 구할 수 있다. 예를 들어 3 성분계의 혼합물 정량에 대하여 알아보자.

① 각 성분의 표준물질을 사용하여 각각의 흡수 스펙트럼을 측정한다.

② 각 흡수 스펙트럼으로부터 각 성분에 대해 1 파수씩 서로 중복되지 않는 주요띠를 3 개 선정한다.

③ 각 성분의 표준물질로 여러 가지 기지농도의 표준용액을 만들고 ①과 같이 그 흡수를 측정한다. 각 성분의 주요띠에서 흡광도를 구하고 농도 대 흡광도를 도시하여 검량선을 작성한다. 이 때 검량선이 직선이 되면 기울기로부터 k_{ij}를 구한다.

④ 혼합시료의 흡수 스펙트럼을 측정하고 각 성분의 주요띠에 대하여 흡광도 A_i를 구한다.

⑤ 실험에서 구한 K_i, A_{ji}의 값들을 식(9−28)의 연립방정식에 대입하여 풀면 각 성분의 농도인 c_1, c_2, c_3를 구할 수 있다.

4. 장치 및 측정

(1) 장 치

적외선 흡수 스펙트럼 측정용의 장치는 자외선 및 가시선 흡수 분광계와 같은 기본장치로 구성되어 있으며 다만 장치의 재료나 세부적인 면에서 차이가 있다.

광원으로는 탄화규소로 만든 globar, ZrO_2에 CeO_2, ThO_2를 섞어 만든 Nernst glower, 니크롬선 등을 사용하며, 단색화 장치에는 단결정의 식염제 프리즘이나 회절발을 사용한다. 또 흡수용기는 NaCl, KBr 판을, 검출기로는 열전기쌍이나 볼로우메타를 쓰고 있다.

그림 9-17은 시판되고 있는 겹빛살형 적외선 분광광도계의 개략도를 나타낸 것이다. 겹빛살형이란 광원으로부터 나온 빛을 시료광로와 기준광로의 두 방향으로 나누어 그 세기를 비교해서 흡수곡선을 구하는 방식이다. 광원에서 발생한 적외선은 두 갈래로 나뉘어 시료용기와 기준용기를 각각 투과하고 입구 슬릿(S_1)에 상을 맺는다. 이들 빛은 Sector 거울의 회전에 의해 교대로 단색화 장치에 들어오며 단색이 된 적외선은 출구 슬릿(S_2)에 상을 맺고 타원 거울(M_{10})에 집광시켜 검출기($T.C$)에 수렴하게 된다. 이 때 시료에 흡수가 일어나면 투과광의 세기에 차이가 생기고 이 차가 검출기의 출력으로 나타나 증폭되어서 펜의 추진 모터를 움직인다. 펜의 추진 모터는 한쪽에서 감쇄기(W)와, 다른 한쪽에서는 기록용 펜과 연결되어 작동되며 균형이 될 때까지 움직인 감쇄기의 길이가 흡광도

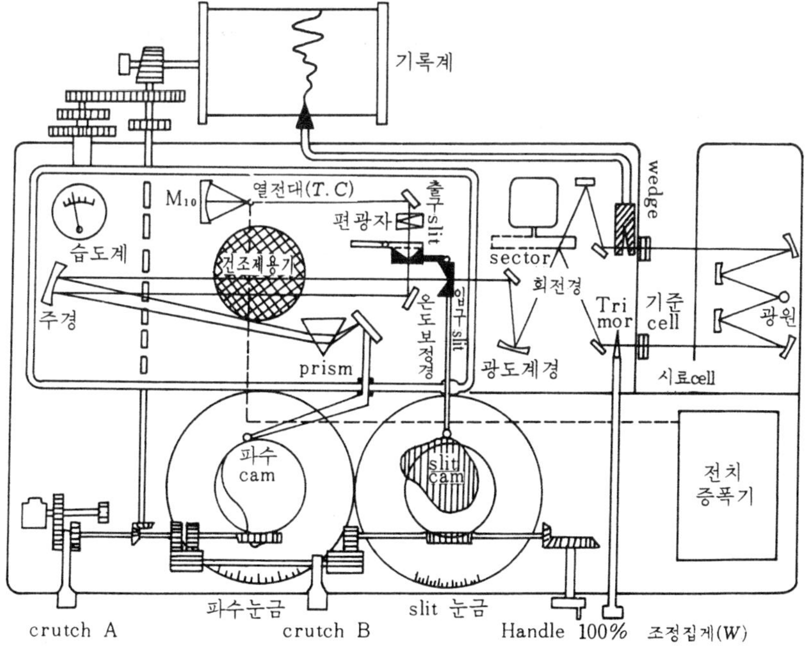

그림 9-17 겹빛살형 적외선 분광 광도계의 개략도

혹은 투광률의 눈금으로 기록되게 되어 있다.

(2) 시료조제법

① 고체시료

약 1 mg의 시료에 100~1000배의 KBr가루를 충분히 혼합 분쇄하고 수 mmHg의 진공하에서 5~10 t/cm^{2}의 압력으로 5분 정도 가압 성형하여 정제로 만든다. 이 방법을 KBr 정제법이라 하며 적당한 용매가 없을 경우에 편리하며 가장 많이 이용되고 있다.

Paste법은 미세분말의 시료에 유동 파라핀(Nujol)을 잘 섞어 반죽하고 두 장의 압연판 사이에 끼워서 압착한 후 고른 paste층을 만들고 측정하는 방법이다.

또 용액법은 시료를 적당한 용매에 녹인 후 액체시료 용기에 넣고 측정하는 방법이다. 이 때 사용되는 용매는 CS_2, CCl_4, $CHCl_3$, Cyclohexane, benzene, heaptane 등이 주로 이용되며 물은 흡수가 강하고 용기를 녹일 수 있으므로 사용이 곤란하다.

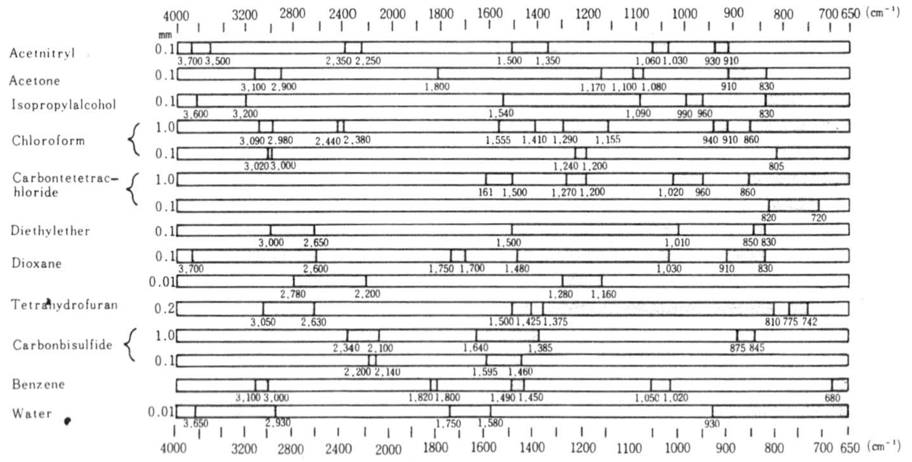

그림 9-18 여러 가지 용매의 적외선 흡수도
(사선부분은 사용 불가능 영역이며 왼편은 cell의 두께이다)

② 액체

1~2 방울의 시료를 두 장의 암염판 사이에 끼우고 측정하는 sandwich법과 위의 용액법이 있다.

③ 기체

기체 시료는 통상 5~10 cm 길이의 기밀한 기체용 시료용기에 넣고 측정하며 50~700 mmHg에서 측정을 한다.

9-3 원자 흡수분광법

1. 원자 흡수

금속염이 포함된 시료용액을 고온의 불꽃속에 분무·연소하면 용매는 증발하고 염의 미립자가 남게 되는데 이 미립자는 다시 열해리를 일으켜 기체상태의 중성원자로 된다. 이 때 생성된 중성원자는 대부분이 바닥상태에 있고 일부만이 여기되어 있으며 이 비는 Maxwell-Boltzmann식으로 계산할 수 있다.

$$\frac{N_e}{N_o} = \frac{g_e}{g_o}\exp\left(\frac{E_j}{kT}\right) \qquad \cdots\cdots (9-29)$$

여기서 N_o와 N_e는 바닥상태와 여기상태에 있는 원자수이고 k는 Boltzmann상수(1.38×10^{-16} erg/deg), T는 절대온도(K), E_j는 바닥상태와 여기상태 사이의 에너지 차이며, g_o와 g_e는 바닥상태와 여기상태에서의 통계적 계수이다.

보통 사용하는 불꽃의 온도에서는 대부분의 원자가 바닥상태에 있으며 이 원자 증기층에 이와 동일한 원소에서 복사되는 특유 파장의 빛을 통과시키면 광흡수가 일어나게 된다. 이 현상을 이용하여 흡광도를 측정하면 시료 중의 목적원소를 정량분석할 수 있다. 이와 같이 원자에 의한 광흡수현상을 이용하는 분석법을 원자 흡수분광법(Atomic Absorption Spectrophotometry : AAS법)이라 한다.

이 방법은 조작이 비교적 간단하며 감도가 예민하므로 극미량의 알칼리 금속 및 알카리 토금속 등 대부분의 금속원소를 정량할 수 있다. 그러나 분석시 연료기체의 취급이 불편하고 정량 원소마다 목적광원을 사용해야 하는 단점도 있다.

2. 정량의 원리

광원으로부터 진동수 v, 강도 P_{ov}인 단색광이 길이 b(cm)인 원자 증기층을 투과할 때 원자에 의하여 광이 흡수되고 나오는 빛의 강도를 P_v라 하면

$$P_v = P_{ov}e^{-kvb} \quad \cdots\cdots (9-30)$$

가 된다.

여기서 k_v는 흡광계수로서 진동수 v에 따라서 그 값이 달라진다. 이 k_v에 관한 적분흡수율 $\int k_v d_v$과 흡광에 관여하는 단위 부피당의 원자수 N_v 사이에는 다음 관계식이 성립한다.

$$\int k_v d_v = \frac{\pi e^2}{mc} N_v \cdot f \quad \cdots\cdots (9-31)$$

여기서 e는 전자의 전하, m은 전자의 질량, c는 광속도, f 는 진동자 강도이다.

보통 사용하는 불꽃 중에서는 대부분의 원자가 흡광에 관여하는 바닥상태에 있으므로 식(9-31)의 N_v는 전체의 원자밀도 N으로 생각할 수 있으며, π, e, m, c는 상수이므로 적분 흡수율은 원자밀도에 비례함을 알 수 있다.

그러나 실제는 적분 흡수율은 측정하기가 곤란하므로 그 대신 흡수 스펙트럼선의 중앙에서의 흡수율인 K_{max}를 측정하여 N을 구하게 된다. 또 어떤 원소의 농도 c와 원자밀도 N은 일정한 분석 조건하에서는 비례관계가 성립하므로 N을 알면 시료 중의 목적원소 농도 c를 결정할 수 있다.

식(9-30)을 흡광도로 표시하면

$$A = 0.4343k_v b \quad \cdots\cdots (9-32)$$

가 되고 적분흡수율 대신 K_{max}를 측정하면

$$A = K_{max}b \quad \cdots\cdots (9-33)$$

로 된다. 따라서 흡광도 A를 측정하면 K_{max}를 구할 수 있고 $K_{max} = \varepsilon_{AA} \cdot C$이므로 식(9-31)은

$$A = \varepsilon_{AA}bc \quad \cdots\cdots (9-34)$$

로 표시할 수 있다. 여기서 ε_{AA}는 원자 흡광율로서 목적 원자마다 고유의 정수값을 가지므로 b가 일정하면 흡광도 A를 측정하여 농도 c를 구할 수가 있다.

그러므로 실제 분석에서는 여러 가지 농도의 표준시료용액에 대하여 흡광도를 측정하고, 농도 대 흡광도를 도시하여 검량선을 작성한 다음 미지시료의 흡광도를 측정하여 검량선으로부터 미지농도를 구하게 된다.

3. 정량분석

원자 흡수분광계를 이용한 시료원소의 정량에는 다음의 세가지 방법이 이용된다.

(1) 검량선법

흡수분광법에서 설명한 바와 같이 여러 가지 농도의 표준용액으로 흡광도를 측정하고 검량선을 작성한 다음 이로부터 시료를 정량하는 방법이다. 이 때 검량선 작성시와 시료측정시의 분석조건이 조금이라도 다르면 불꽃속의 원자농도가 달라져 오차를 유발하므로 특히 주의하여야 한다.

(2) 표준첨가법

시료용액에 여러 가지 농도의 표준용액을 일정량씩 첨가한 후에 흡광도를 측정한다. 표준물질의 첨가농도에 대한 각각의 흡광도를 도시하면 직선이 얻어지게 되며 이 선을 연장하여 농도축과의 교점을 구하고 이로부터 시료의 농도를 산출하는 방법이다. 이 방법은 공존원소의 간섭이 심할 경우 유효한 방법이 된다.

(3) 내부표준법

이 방법은 분석할 목적원소와 물리·화학적 성질이 유사한 임의의 원소를 내부표준원소로 하여 목적원소와의 흡광도 비를 구하고 분석하는 방법이다. 즉 목적원소에 의한 흡광도 A_S와 표준원소에 의한 흡광도 A_R와의 비를 구하고 A_S/A_R 값 대 표준물질의 농도를 도시하여 검량선을 만든 다음 목적원소의 농도를 정량하는 방법이다.

4. 장치 및 측정

원자 흡수 분광광도계의 기본 구성은 그림 9-19와 같이 광원부, 시료 원자화부, 단색화부 및 측광부로 구성되어 있으며 이 중 단색화부와 측광부는 앞의 흡수 분광법에서와 같은 원리이므로 여기서는 광원부, 시료 원자화부에 대하여 설명하기로 한다.

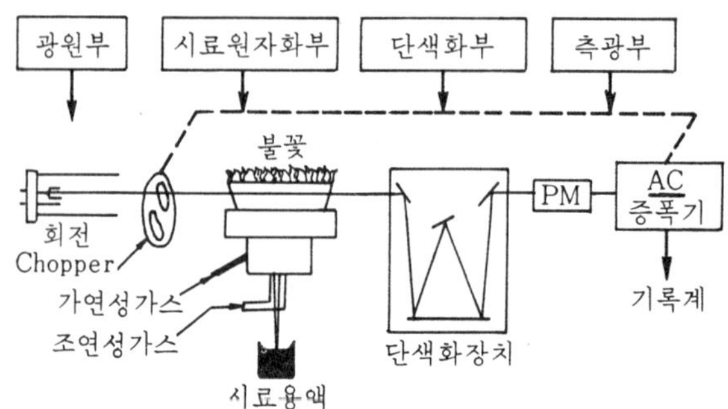

그림 9-19 원자 흡수 분광광도계의 구성

(1) 광원부

앞에서도 설명한 바와 같이 원자 흡수 분광계에서의 흡광도는 실제 K_{max}를 측정하는 것이므로 이 때 사용하는 광원은 원자 흡광 스펙트럼선의 선폭보다 좁은 선폭과 높은 휘도의 스펙트럼을 방출할 수 있어야 한다. 이러한 조건을 만족시키는 광원 중 가장 보편적인 것이 중공음극램프(hollow cathode lamp)이다.

중공음극램프는 분석하려고 하는 원소와 같은 종류의 단일금속 또는 합금으로 된 중공(속빈) 원통형의 음극과 텅스텐 양극으로 구성되어 있으며 1~5 torr의 희유기체 원소와 함께 유리 또는 석영제의 창판을 갖는 유리관 속에 봉입시켜 놓았다.

이 램프의 점등 장치로는 직류점등 방식과 교류점등 방식이 있으며 직류점등 방식에서는 광원 램프와 시료 원자화부 사이에 광단속기(chopper)가 필요하다.

램프의 점등에 의한 스펙트럼선의 방출원리는 다음과 같다. 즉 두 극에 강한 전압을 걸어 주어 기체를 방전하여 이온화시키고 이 때 생기는 양이온이 음극을 때리면 음극표면의 금속원자가 여기되면서 그 원자의 공명선(resonance line)을 방출하게 된다.

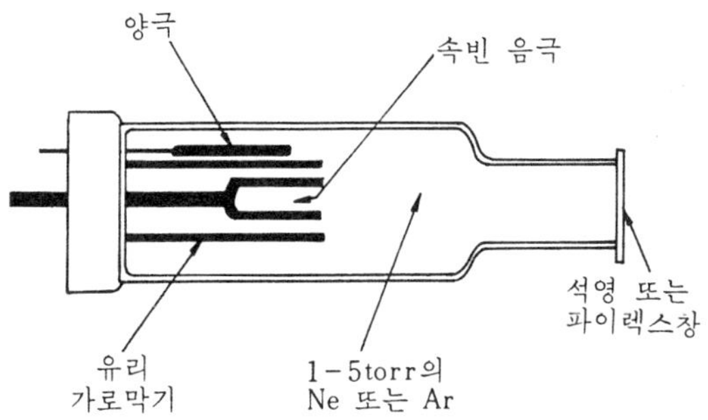

그림 9-20 중공음극램프의 구조

(2) 시료 원자화부

시료 원자화부는 시료를 원자 증기화하기 위한 원자화장치(atomizer)와 원자 증기층에 광을 투과시키기 위한 광학계로 되어 있다.

시료의 원자화는 일반적으로 용액상태의 시료를 불꽃 중에 분무시키는 방법을 이용하며 이 때 버너와 불꽃이 매우 중요한 역할을 한다.

① 버너

버너에는 시료용액을 직접 불꽃 중으로 분무하여 원자화시키는 전분무 버너와 시료용액을 일단 분무실 내에 불어 넣고 미세한 입자만을 불꽃 속에 분무시키는 예비혼합 버너가 있다.

전분무 버너(total consumption burner)는 그림 9-21과 같은 구조를 가지고 있으며 연료가스와 조연가스는 각기 다른 통로에서 혼입되어 버너 끝부분에서 불꽃을 형성하고 시료 용액은 모두 이 불꽃속에 분무되어 연소하게 되므로 동시 공급식 버너라고도 한다.

예비혼합 버너(premixed burner)는 그림 9-22에서 보는 바와 같이 분무기, 분무실 및 버너 머리로 구성되어 있다.

시료용액은 분무기 끝에서 흡입가스의 유속에 의해 안개 모양으로 되며 이 에어로졸은 연료가스와 혼합된다. 이들 혼합물은 분무실에서 일종의 혼합판을 지나면서 입자가 큰 것은 제거되고 미세방울만 통과하게 된다. 따라서 버너 머리에는 균일한 미세입자와 연료 및 조연성 가스가 도입되고 이들은 10 cm 길이의 슬롯 버너에서 연소하게 된다.

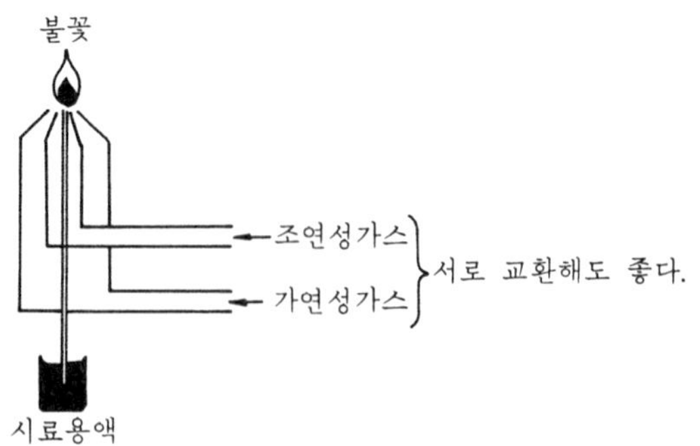

그림 9-21 전분무 버너

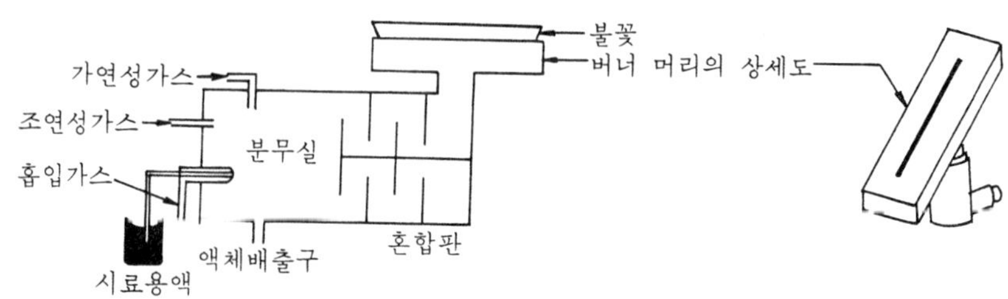

그림 9-22 예비혼합 버너

② 불꽃

원자흡광분석에 사용되는 불꽃은 정량원소를 원자화하는 데 그 목적이 있으므로 정량하려는 원소의 종류에 따라서 연료가스와 조연기체의 종류, 유속 등을 잘 조절하여야 한다.

일반적으로 불꽃 중에서 해리나 이온화가 쉬운 원소는 낮은 온도의 수소-공기 불꽃을, 불꽃 중에서 해리가 어려운 내화성 원소들은 고온의 아세틸렌-공기 불꽃을 쓰며 이외 대부분의 원소는 아세틸렌-공기 불꽃을 사용한다.

표 9-7에 여러 가지 연료가스와 조연가스의 조합에 따른 불꽃의 온도를 나타내었다.

표 9-7 여러 가지 연료가스와 조연가스의 조합에 따른 불꽃 온도

연 료	산 화 제	측정 온도(℃)
천 연 가 스	공 기	1700~1900
천 연 가 스	산 소	2740
수 소	공 기	2000~2050
수 소	산 소	2550~2700
아 세 틸 렌	공 기	2125~2400
아 세 틸 렌	산 소	3060~3135
아 세 틸 린	아산화질소	2600~2800
시 아 노 겐	산 소	4500

③ 광학계

원자흡광분석에서 불꽃 속에 광을 투과시킬 때 분석의 감도를 높이고 안정한 측정값을 얻기 위하여는 빛이 투과하는 불꽃 중에서의 유효길이는 가능한 한 길게 하고, 불꽃으로부터 빛이 벗어나지 않게 버너의 위치설정을 잘 하여야 한다.

불꽃의 유효길이를 버너 불꽃의 길이보다 길게 해 주는 방법으로 멀티 패스(multi-path)방식을 이용하기도 하는데 여기서는 그 설명을 생략하기로 한다.

9-4 분광학적 분석실험

[실험 9-1] 흡수곡선의 측정

(1) 개 요

Lambert-Beer 법칙에서 흡광도 혹은 투광도는 다음 식으로 주어진다.

$$A = \log\frac{P_0}{P} = abc = \varepsilon bc_M = -\log T = 2 - \log \% T$$

여기서 A 또는 T는 단색광의 파장을 바꾸면 변화한다. 그러므로 단색광의 파장을 변화시키면서 A 혹은 T를 측정하고 이 관계를 도시하면 각 물질 고유의 그래프를 얻을 수 있는데 이것을 흡수곡선이라 한다. 흡수곡선은 그 형태가 물질

에 따라 특이하므로 정성분석의 중요한 수단이 되며 또 미지 물질의 정량에서 파장선정 특히 극대파장의 선정에 있어서 필수불가결한 요소이다.

(2) 조 작

1) 기기장치

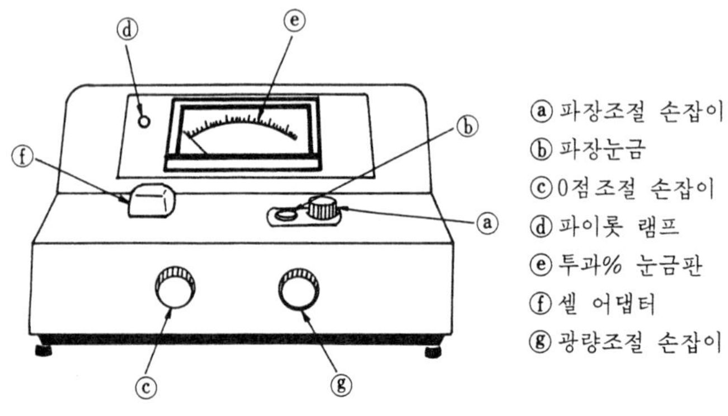

그림 9-23 흡수분광계의 구조

2) 분석 조작

① $KMnO_4$ 0.287 g을 정칭하여 물에 녹이고 증류수를 가하여 1 *l*로 희석한다. 용액은 갈색병에 보관한다.

② 이 용액으로부터 $KMnO_4$의 농도가 5, 10, 20, 40 mg/*l*인 용액 100 m*l*를 각각 조제한다.

③ 광원이 W 전구인지를 확인하고 파장조절 손잡이로 파장을 600 nm에 설정한다. 0점조절 손잡이를 시계방향으로 돌리면 파이롯 램프가 점등된다. 5분 정도 warming up 후 0점조절 손잡이를 돌려 미터바늘이 정확히 "0"을 지시하도록 조정한다(0% T 조정).

④ 셀에 증류수를 2/3 정도 채우고 셀 방향 표시에 주의하면서 꽂고 뚜껑을 덮는다. 광량조절 손잡이를 돌려 지침이 "100"을 지시하도록 조정한다(100% T 조정).

⑤ 증류수가 든 셀을 뽑아내고 다른 셀에 5 mg/*l*의 $KMnO_4$ 용액을 채운 뒤 같은 방법으로 하여 투광도를 측정한다.

⑥ 이상의 조작을 파장을 700 nm에서 350 nm까지 변화시키면서 측정을 반복한다. 파장간격은 통상 20 nm 간격으로 하되 흡광도가 극대점 근처일 때는 5 nm

간격으로 측정한다.

⑦ $KMnO_4$ 10, 20, 40 mg/l 용액에 대하여도 동일한 방법으로 측정한다.

(3) 결과 정리

① 셀의 사용법, 세척 및 보존법에 대하여 조사하라.

② 20 mg/l의 $KMnO_4$ 용액에 대하여 파장 대 T% 및 A의 계산 결과를 데이터를 하여 표로 작성하라. 또 흡수곡선을 그리고 극대파장을 조사하라.

③ 측정 데이터를 이용하여 파장 대 %T, 파장 대 A 및 파장 대 log A를 도시하고 각각의 특징을 조사하라.

④ 분석조작에서 A를 바로 측정하지 아니하고 %T를 측정한 후 A를 계산하는 이유를 설명하라.

[실험 9-2] 흡수분광법을 이용한 Mn^{2+}의 정량

(1) 개 요

$KMnO_4$ 표준원액을 이용하여 여러 가지 농도의 희석된 표준용액을 만들고 극대 흡수파장에서 흡광도를 측정한 다음 농도와 흡광도 사이를 도시하여 검량선을 작성한다. 작성된 검량선으로부터 Beer법칙의 적용한계와 그 농도를 조사하고 미지시료의 Mn^{2+} 농도를 구한다.

(2) 조 작

1) 기기장치

[실험 10-1]의 기기장치와 동일함

2) 분석조작

① $KMnO_4$ 표준원액으로부터 Mn^{2+}의 농도가 0, 2, 4, 6, 8, 10, 15 mg/l인 표준용액을 각각 100 ml 조제한다.

② 앞에서 구한 최대흡수파장에 파장을 고정시킨다.

③ 한쪽 셀에는 표준용액을, 다른 셀에는 증류수를 넣어서 영점과 100% 조정을 하면서 각 용액의 흡광도를 측정한다.

④ 미지시료의 흡광도를 측정하고 검량선에 의하여 Mn^{2+}의 농도를 구한다.

(3) 결과정리

① 표준용액과 미지시료의 농도에 대한 흡광도를 표로 작성하라.

② Mn^{2+}의 검량선을 작성하고 Beer 법칙의 적용한계와 그 농도를 조사하라.

③ 검량선을 이용하여 미지시료의 Mn^{2+} 농도를 구하라.

④ 만약 미지시료의 농도가 Beer법칙을 벗어난다면 시료 중의 Mn^{2+} 농도를 구할 수 있는 방법은 무엇인가?

[실험 9-3] 적외선 흡수분광법에 의한 ethyl toluene 이성체의 정량

(1) 개 요

다성분계 혼합물에서 각 성분의 주요띠에 대한 흡수의 세기는 가감성의 원리에 따른다.

$$A_1 = k_{11}c_1 + k_{12}c_2 + k_{13}c_3$$
$$A_2 = k_{21}c_2 + k_{22}c_2 + k_{23}c_3$$
$$\overline{\qquad\qquad\qquad\qquad\qquad}$$
$$A_n = k_{n1}c_1 + k_{n2}c_2 + k_{n3}c_3$$

여기서 A_i는 i 성분의 주요띠에서의 혼합시료의 흡광도, K_{ij}는 i 성분의 주요띠에서의 j 성분의 검량선의 기울기, c_i는 i 성분의 농도이다.

윗식은 n 개의 미지수 c_1, c_2, $\cdots c_n$을 포함하는 연립 1 차방정식이므로 대수계산에 의하여 각 성분의 농도를 구할 수 있다.

(2) 조 작

1) 기기장치

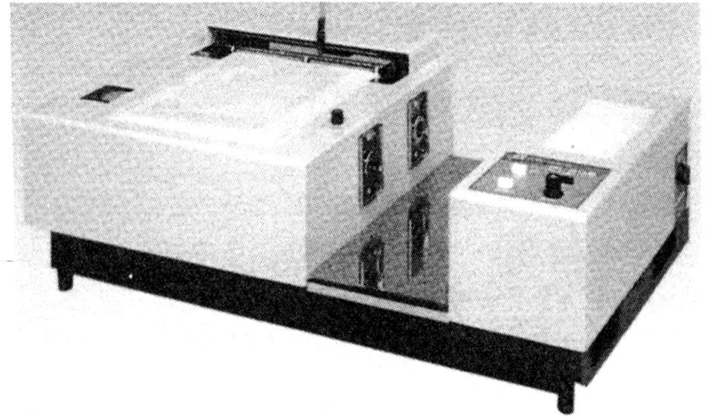

그림 9-24 적외선 흡수 분광계의 구조

2) 분석조작

① 증폭기의 평형, slit폭의 조절, 증폭도, 펜의 응답속도 등을 적당히 조절하여 측정조건을 설정한다.

② 순수한 시료(o-, m-, p-ethyltoluene)를 각각 250 mg 칭량하고 10 ml의 CS_2에 녹인다. 용액의 농도는 약 0.2 mole/l이다. 이 용액 2 ml를 주사기로 취하여 0.2 mm 고정셀에 주입하고 시료측 광로에 장착한다. 기준측 광로에는 순용매를 주입한 고정셀을 장착한 다음 광흡수를 측정한다.

③ 방향족 핵수소의 면외 진동 860~700 cm^{-1}에 주목하여 서로 중복되지 않는 흡수점을 주요띠로 선정한다.

④ ②의 용액을 CS_2로 0, 2, 4, 8배 희석하여 각각 5 ml 조제한다. 위와 동일한 방법으로 각 농도에 대한 광흡수를 측정하고 각 성분의 주요띠에 있어서의 흡광도를 구한다. 흡광도와 농도관계를 도시하여 검량선을 작성하고 검량선으로부터 기울기 k_{ij}를 구한다.

⑤ 혼합시료 약 50 mg을 2 ml의 CS_2에 녹이고 같은 조건에서 광흡수를 측정한다. 각 성분의 주요띠에서의 흡광도 A_1, A_2, A_3를 구하고, 실측한 각각의 k_{ij}와 A_i의 값을 연립방정식에 대입하여 대수계산으로 각 성분의 농도 c_1, c_2, c_3를 구한다.

(3) 결과정리

① 각각의 순수한 시료로부터 측정한 표준흡수 스펙트럼을 이용하여 각 시료의 주요띠를 선정하라.

② 각 주요띠에서 여러 가지 농도에 대한 표준시료들의 흡광도를 이용하여 검량선을 작성하고, 기울기 k_{ij}를 구하라.

③ 혼합시료의 측정에서 얻은 흡수 스펙트럼으로부터 각 주요띠에서의 흡광도를 구하고 이들 값을 이용하여 $co-$, $Cm-$, $Cp-$ ethyl toluene의 값을 계산하라.

④ 적외선 흡수 스펙트럼의 자료집에 대하여 조사해 보자.

[실험 9－4] 원자 흡수분광법에 의한 Zn^{2+}의 정량

(1) 개 요

순수한 아연가루로부터 여러 가지 농도의 아연표준용액을 조제하고 원자 흡수분광계로 흡광도를 측정한 다음 검량선을 작성한다. 미지시료의 흡광도를 측정하고 검량선을 이용하여 시료 중의 아연농도를 정량한다.

(2) 조 작

1) 기기장치

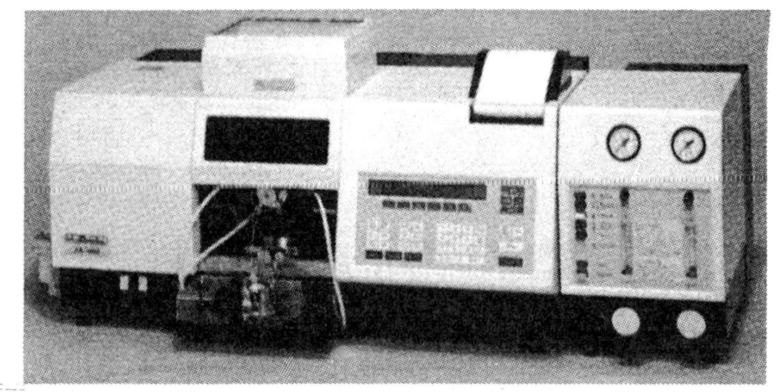

그림 9－25 원자 흡수 분광계의 구조

2) 분석조작

① 측정원소의 램프를 장착하고 전원스위치를 "ON"으로 한후 램프의 방전전류 및 slit폭을 조절한다.

② 표 9－8의 측정조건으로 파장을 맞추고 연료가스의 압력과 유량을 적당히 조절한다.

③ 버너를 점화시키고 약 15분후 버너온도와 불꽃이 안정되면 측정을 시작한다.

④ 순수한 아연분말 1.000 g을 염산(1+3) 용액 50 ml에 가열 용해하고 물로 희석하여 1 l로 한다.

⑤ 위용액 10 ml를 취하고 다시 물로 희석하여 100 ml로 한다.

⑥ ⑤의 표준원액으로부터 아연농도가 0, 1, 2, 4, 6, 10 mg / l인 표준용액을 각각 100 ml씩 조제한다.

⑦ 설정된 측정조건하에서 위의 표준용액을 원자 흡수 분광계로 흡광도를 측정한다.

⑧ 미지시료의 흡광도를 측정한다.

표 9-8 원자 흡수 분광계의 측정조건

원소	파장 (Å)	연료 가스	감도 (μg/ml)	원소	파장 (Å)	연료 가스	감도 (μg/ml)	원소	파장 (Å)	연료 가스	감도 (μg/ml)
Ag	3281	A	0.02	Ge	2652	N	0.15	Rb	7800	A	0.1
Al	3093	N	0.5	Hf	3073	N	15	Re	3461	N	15
As	1890	H	0.5	Hg	2537	A	1	Rh	3435	A	0.15
Au	2428	A	0.05	In	3040	A	0.6	Sb	2176	A	0.5
B	2498	N	50	Ir	2640	N	15	Se	1961	A	0.5
Ba	5536	N	0.5	K	7665	A	0.01	Si	2516	N	1.5
Be	2349	N	0.005	Li	6708	A	0.005	Sn	2246	H	0.5
Bi	2231	A	0.5	Mg	2852	A	0.003	Sr	4607	A	0.03
Ca	4227	A	0.03	Mn	2795	A	0.02	Ta	2714	N	10
Cd	2288	A	0.01	Mo	3133	N	0.4	Te	2143	A	0.3
Co	2407	A	0.04	Na	5890	A	0.005	Ti	3643	N	4
Cr	3579	A	0.03	Nb	3580	N	25	Tl	2768	A	0.65
Cs	8521	A	0.05	Ni	2320	A	0.04	V	3184	N	2
Cu	3248	A	0.02	Pb	2170	A	0.2	Zn	2139	A	0.005
Fe	2483	A	0.04	Pd	2476	A	0.15	Zr	3601	N	15
Ga	2874	A	1	Pt	2659	A	1.5				

불꽃길이 10cm, 수용액, A : 공기-아세틸렌, H : 공기-수소, N : 아산화질소-아세틸렌, 감도는 1% 흡수를 나타내는 농도

(3) 결과정리

① 표준용액의 농도에 대한 흡광도를 이용하여 검량선을 작성하라.

② 미지시료의 아연농도를 구하여라.

③ 이상적인 램프위치의 선정과 불꽃 모양에 대하여 설명하라.

④ 원자 흡수분 광계에 의한 정량시 감도에 미치는 영향인자를 조사하라.

⑤ 원자 흡수 분광계에 의한 정량에서 시료의 전처리에 대하여 조사하라.

문 제

9-1 흡수분광법

1. 분자량이 194인 물질 0.01 % 용액을 10 mm cuvet에 넣고, 490 nm에서 측정한 투광도는 9.0 %이었다. 이 파장에서의 몰흡광계수를 구하라.
2. 520 nm에서 $KMnO_4$ 용액의 몰흡광계수가 2,235라면, 이 파장에서 0.0010 %의 $KMnO_4$용액을 2 cm cuvet에 넣을 때 투광도는 얼마가 되겠느냐?
3. 최대흡수파장에서 몰흡광계수가 14,000인 물질의 용액을 1 cm cuvet에서 흡광도를 측정하니 0.850이었다. 이 물질의 몰 농도를 구하라.
4. 강철 0.2000 g을 달아 산에 녹이고, MnO_4^-으로 산화시켜 100 ml로 묽혔다. 0.008 *M* $KMnO_4$ 용액 25 ml를 100 ml로 묽힌 용액을 표준용액으로 하고, Duboseq 비색계를 써서 비색하니 표준용액은 32.0 mm, 시료용액은 28.3 mm 일 때 두 용액의 색의 짙기가 같았다면 Mn의 무게 백분율을 구하라.

9-2 적외선 흡수분광법

1. 적외선 흡수가 일어날 수 있는 필요 조건을 설명하라.
2. 적외선 비활성이란 무엇인가?
3. 미지물질의 스펙트럼에서 구조를 추정하는 순서를 간단히 설명하라.
4. 적외선 흡수 스펙트럼이 3450 cm^{-1}와 1276 cm^{-1}에서 특성 흡수띠를 보였다면 이는 어떤 화합물로 추정할 수 있는가?
5. 다음은 어떤 화합물의 IR 스펙트럼이다. 스펙트럼을 해석하고 어떤 화합물인지를 밝혀라.

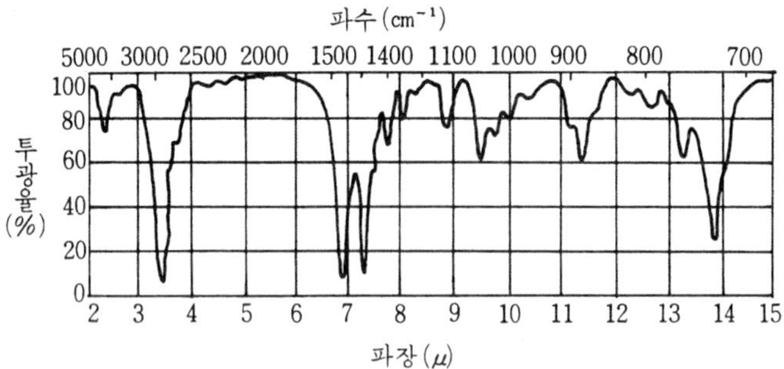

9-3 원자 흡수분광법

1. 2500 °K의 불꽃 속에서 Na 원자에 대한 바닥상태와 들뜬상태에 있는 원자수의 비를 구하여라.
2. 원자 흡수분광법에 의한 정량분석에서 감도에 미치는 영향인자를 조사하고 간단히 설명하라.
3. 중공음극램프의 구조를 그리고 그 원리를 설명하라.
4. 원자화 장치에 대하여 설명하라.

제 10 장

분리분석법

10-1 크로마토그래피

1. 크로마토그래피의 개요

기기분석법은 시료 속에 여러 가지 성분이 존재할 때 있는 그대로 분석하여 어떤 성분을 정량하는 공존분석법과 물리·화학적 방법으로 목적성분만을 분리한 후에 정량하는 분리분석법으로 나눌 수 있다. 앞에서 설명한 기기분석법은 대부분이 공존분석법에 속하며 분리분석법에는 크로마토그래피, 이온교환법, 정밀정류법, 전기영동법, 용매추출법 등이 있으나 이 장에서는 크로마토그래피, 이온교환법, 용매추출법에 관해서 설명하기로 한다.

크로마토그래프의 크로마토란 말은 색을 뜻하며, 그래프란 대상으로 나누어지는 현상을 말한다. 크로마토그래피라는 분리분석법은 1906년 화란의 식물학자 Tswett이 $CaCO_3$를 채운 유리관에 식물색소의 석유에텔용액을 흘릴 때에 색소가 서로 분리되어 각각의 색대로 흡착되는 것을 관찰한 것으로부터 유래한다. 그 뒤 흡착제로서는 주로 Al_2O_3를 쓰게 되었고, 분리하기 곤란한 유기화합물을 중심으로 연구가 진행되었다. 이와 같이 고체의 흡착성을 이용하는 방법을 흡착 크로마토그래피(adsorption chromatography)라고 한다. 1941년 영국의 생화학자 Martin에 의하여 일정한 양의 수분을 포함한 실리카겔을 채운 관에 아미노산 혼합용액을 흘려 넣고, $CHCl_3$를 계속하여 흘려 넣어서 아미노산이 서로 분리되는 것을 보았다. 이 방법은 실리카겔에 붙은 수분과 용매 $CHCl_3$에 각종 아미노산이 분배되는 정도가 틀리므로 분리되는 것이다. 이와 같이 액체의 분배계수 차이에 의하여 분리되는 방법을 분배 크로마토그래피(partition chromatography)라고 한다.

여기서 크로마토그래피는 정지상과 이동상의 2상으로 구성됨을 알 수 있고 정지상은 자기 자신은 움직이지 않고 흡착 또는 분배의 역할을 나타내는 상이며 이동상은 시료를 이동시키는 용매 등의 전개제를 말한다. 그러므로 크로마토그래피란 여러 가지 고체 또는 액체를 정지상 물질로 하고 정지상의 한쪽 끝에서 혼합시료를 이동상 물질과 함께 이동시키면 각 성분들은 정지상 물질에 대한 흡착성 혹은 분배계수의 차이에 의하여 이동속도의 대소가 생기고 이에 따라 각 성분이 분리되는 방법이다. 예를 들어 이동상 물질로 액체를 사용할 경우 시료성분을 관에 도입하고 분리되어 나올 때까지 흘려주는 이동상 물질의 양을 V_R이라 하면 다음 식으로 된다.

$$V_R = V_M + kV_S \quad \cdots\cdots (10-1)$$

여기서 V_M : 이동상 체적

V_S : 고정상 체적

$$k : 분배계수 = \frac{C_S}{C_M} = \frac{고정상 체적당의 시료성분무게}{이동상 체적당의 시료성분무게}$$

V_R : 머무름 부피 혹은 지속용량

식(10−1)에서 분리관이 결정되면 V_M과 V_S는 정해지므로 V_R은 k에 의해 결정되고 따라서 시료 중의 성분이 각각 다른 k값을 가지면 상호 성분들의 분리가 가능하게 된다.

크로마토그래피법은 다성분계 혼합물의 분리분석에 특히 유효한 수단이 된다.

2. 크로마토그래피의 전개

크로마토그래피는 주로 이동상과 정지상의 종류에 따라 분류하며 보통 이동상을 먼저 표시하는데 간단히 이동상만으로 표시하기도 한다. 이 때 이동상 물질로는 기체나 액체가 쓰이며 정지상 물질로는 고체나 액체가 사용되므로 이들을 조합하여 분류하면 표 10−1과 같다.

표 10−1 크로마토그래피의 분류

이동상	정지상	명칭	
액 체	고 체	액체−고체 크로마토그래피 (Liquid-Solid Chromatography, LSC)	액체 크로마토그래피(LC)
액 체	액 체	액체−액체 크로마토그래피 (Liquid-Liquid Chromatography, LLC)	
기 체	고 체	기체−고체 크로마토그래피 (Gas-Solid Chromatography, GSC)	기체 크로마토그래피(GC)
기 체	액 체	기체−액체 크로마토그래피 (Gas-Liquid Chromatography, GLC)	

또 크로마토그래피의 전개방법에는 다음의 3종류가 있다.

① 용리전개(elution development)

그림 10−1의 (a)와 같이 정지상 물질(S)을 채운 관에 이동상 물질(C)을 통과시키다가 어느 점에서 시료($A+B$)를 주입하고 계속하여 이동상 물질을 보내주면 시료 중에 흡착력이 약한 A성분은 관속을 빨리 이동하고 B성분은 천천히 이동하므로 이 이동속도의 차이를 이용하여 분리할 수 있다. 이렇게 분리되어 나온 용출액의 농도는 적당한 방법으로 측정하여 검출기에 의하여 그림(a)와 같이 봉우리로 그려지게 된다.

② 프론트 전개(frontal development)

그림(b)와 같이 시료($A+B$)를 계속하여 주입하는 방법으로 B성분이 용출하기 까지는 순수한 A성분만 용출하므로 흡착력이 강한 미량성분을 주성분에서 분리할 경우 효과적이다.

③ 치환전개(displacement development)

혼합물에서 1성분만을 분리·농축시 효과적인 방법으로 시료성분보다 흡착력이 강한 용리액(D)을 처음부터 통과시켜 주면 시료 중에 가장 흡착력이 약한 A성분이 먼저 용출하고 성분과 성분 사이에 용리액이 나타나는 것은 거의 없게 된다.

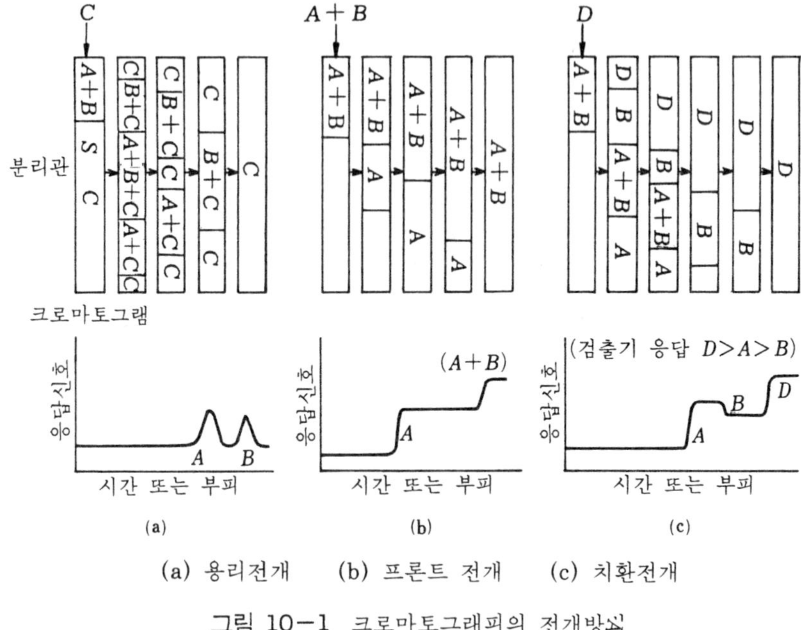

(a) 용리전개 (b) 프론트 전개 (c) 치환전개

그림 10−1 크로마토그래피의 전개방식

3. 크로마토그래피의 종류

(1) 관 크로마토그래피(Column Chromatography : CC)

관에 흡착제로 알루미나, 마그네시아, 실리카겔, 활성탄 등을 채운 흡착형과 지지체에 물 또는 적당한 용매를 머무르게 한 분배형이 있다.

흡착형은 시료를 관의 윗 끝에 주입하고 적당한 용매로써 전개시키면 시료의 각 성분이 흡착성에 따라서 이동속도의 차이가 생기므로 분리하는 방법이다.

또 분배형은 시료와 정지상 용매와 반응하지 않는 용매를 이동상으로 하여 함께 관에 통과시키면 시료의 성분은 두 액체상 사이에 분배가 일어나고 이 때 분배계수의 차이에 따라 이동속도가 다르므로 분리하는 방법이다.

이 때 흡착띠의 이동거리와 용매 이동거리와의 비를 용리상수(elution constant) R이라 하며, 흡착띠의 중심부가 용출하기까지의 용리액 부피를 머무름 부피(retention volume) V_R이라 한다. 이 R 또는 V_R는 조작조건이 일정하면 물질 고유의 값을 나타내므로 정성분석의 자료로 이용된다. 한편 관에서 용출하는 용출액을 성분마다 모아서 정량분석도 할 수 있다.

(2) 기체 크로마토그래피(Gas Chromatography : GC)

이동상 물질로 기체를 사용하는 것 외에는 다른 크로마토그래피와 같은 원리이다. 흡착형과 분배형이 있으며 흡착형은 무기기체나 저비점 탄화수소류 등의 분석에, 분배형은 유기화합물의 일반적인 분석에 이용된다.

이 방법은 최근 매우 발전하여 유기화합물의 분리분석법으로 많이 이용되고 있으며 연구실이나 공장 등에서 많이 사용되고 있다. 좀 더 자세한 설명은 10-3에서 공부하기로 한다.

(3) 종이 크로마토그래피(Paper Chromatography : PC)

지지체로 여과지를 이용하고 물을 정지상 물질로 하는 분배 크로마토그래피이다. 시료용액을 여과지의 원점에 한방울 붙여 말리고 전개용액에 담구어 전개시킨 후 건조하여 적당한 방법으로 검출하면 여과지 위에 유색점적(spot)이 나타난다. 원점에서 점적까지의 거리를 이용하여 이동률 R_f를 구하고 정성분석하며 점적의 넓이로부터 정량분석을 하기로 한다. 10-2에서 자세한 방법을 설명해 둔다.

(4) 박층 크로마토그래피(Thin Layer Chromatography : TLC)

유리판 위에 흡착제를 250-300 μ 정도의 얇은 막을 입힌 다음 종이 크로마토그래피와 같은 방법으로 전개시키는 판형 크로마토그래피이다. 이 때 흡착제의 종류를 적당히 선택함으로써 흡착형과 분배형 및 이온교환형 등의 방식을 고안해 낼 수 있다. 종이 크로마토그래피와 같이 정성분석 등에 주로 이용되며 정량분석시는 오차가 크므로 주의를 요한다.

(5) 이온교환 크로마토그래피(Ion Exchage Chromatography : IEC)

정지상 물질로 이온교환성 물질을 이용하는 방법이며 폴리스틸렌 또는 폴리메타크릴산과 디비닐벤젠의 중합체 등에 유기산(유기염기)의 친수성 작용기를 가지는 고분자 전해질을 주로 사용한다.

(6) 겔 투과 크로마토그래피(Gel Permentation Chromatography : GPC)

스틸렌과 디비닐벤젠의 혼성중합체 등의 다공성 겔을 분자체로 이용하는 방법이다. 고분자물질은 관에서 빨리 유출하고 저분자일수록 느리게 유출하므로 분자 크기에 따른 분리분석이 가능하다.

이상의 여러 가지 크로마토그래피는 분리되는 원리에 따라 분류하면 표 10－2와 같다.

표 10－2 크로마토그래피의 종류

명 칭	분리의 원리
관 크로마토그래피	LLC(분배), LSC(흡착)
기체 크로마토그래피	GLC(분배), GSC(흡착)
종이 크로마토그래피	LLC(분배),
박층 크로마토그래피	LLC(분배), LSC(흡착, 이온교환)
이온교환 크로마토그래피	LSC(이온교환)
겔 투과 크로마토그래피	LSC(분자체)

10－2 종이 크로마토그래피

1. 종이 크로마토그래피

종이 크로마토그래피는 Martin과 Synge에 의하여 1944년 실리카겔 대신에 여과지를 사용하여도 아미노산이 분리되는 것을 관찰함으로써 시작되었다. 따라서 이 방법은 분배 크로마토그래피의 한 종류이다. 즉 여과지는 보통 20% 앞뒤의 수분이 흡착수로 포함되어 고정상을 이루고 있다. 여과지의 원점에 시료용액 spot을 붙이는 것은 이 고정상 일부에 시료를 녹이는 것이 된다. 여기에 물을 포화시킨 유기용매가 스며드는 것, 즉 전개는 고정상과 이동상 사이에 무한한 회수의 분배를 반복시키는 것이다. 각 물질은 이 두 상에 대한 분배계수가 틀리므로, 각각 다른 위치로 운반되는 것이다.

나비 2cm, 길이 40cm의 크로마토그래프용 여과지를 그림 10-2의 (a)에 나타낸 것처럼 연필로써 1cm 간격으로 선을 20개 그어, 0~20의 번호를 붙인다. 0은 여과지 아래 끝에서 4cm 떨어진 곳이 적당하다. 0의 중앙에, 보기를 들어 Cu^{2+}, Hg^{2+}을 포함하는 시료용액 1방울을 붙인 다음 공기 속에서 건조한다. (b)에서와 같은 큰 시험관의 아래에 아세톤 : 부틸알콜 : 진한 염산 = 5 : 2 : 1 의 비율로 섞은 용매를 넣고, 시험관 위 끝에 끼워 넣을 고무 코르크는 반으로 자른다. 여과지가 잘 펴지도록 짧은 유리막대를 아래 부분에 끼워 넣는다. 이 시료용액이 포함된 여과지 0의 1cm 아래까지 용매가 차도록 조절하고 시험관을 수직으로 세워 두면, 용매는 여과지 모세관현상에 의하여, 스며들어 올라간다. 용매가 20까지 도달하는 데에는 3~4시간이 걸릴 것이다. 이 선에 도달하면 여과지를 가만히 꺼내어 아래에 붙은 용매를 아래로 털어 버리면서 압침 등으로 고정하여 공기 중에서 말린다. 다음에 그림 10-3과 같은 분무기로 H_2S수를 뿜으면 대략 15와 20선에 점적이 나타난다. 위는 Hg^{2+}이고 아래의 점적은 Cu^{2+}이다. 그림 10-2의 (c)는 이 반점을 나타낸 것이다.

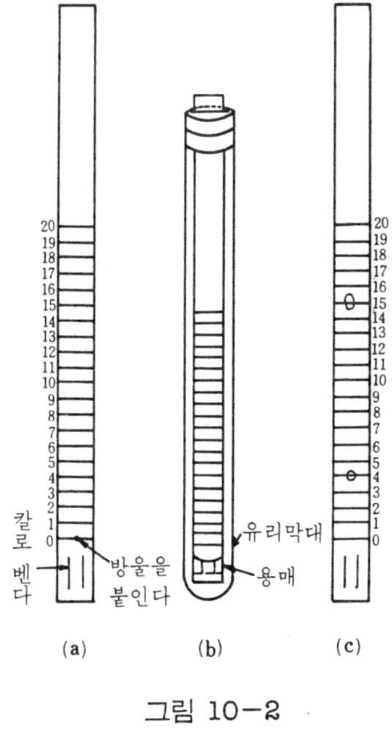

그림 10-2

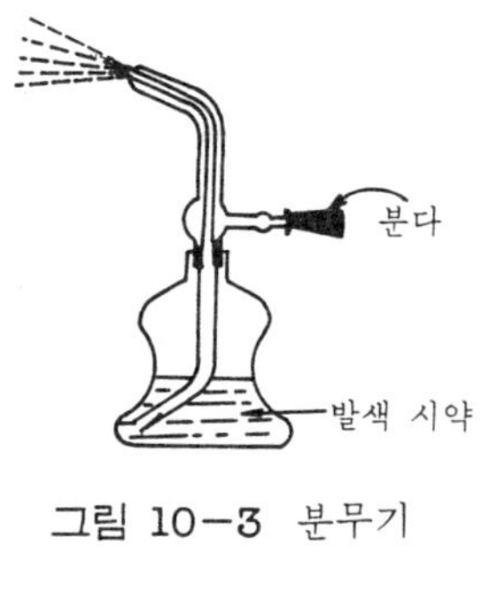

분다
발색 시약

그림 10-3 분무기

2. 이동률

위 실험조작을 순서대로 나타내면

① 적당한 여과지를 선택하여 크로마토그래프용 여과지를 만들어, 시료용액 1방울을 여과지에 떨어뜨린다. 이 여과지 조각을 strip이라 하고, 시료가 묻힌 장소를 원점 또는 원선이라고 한다.

② 적당한 용매를 여과지에 스며들게 하여 혼합성분을 분리한다. 이것을 전개(development)라 하고, 이 때 쓰는 용매를 전개용매 또는 전개제(developer)라 한다.

③ 분리된 물질을 확인하고자 확인시약을 뿜는다. 이것을 발색(revelation)이라고 한다.

용매가 여과지에 스며들어 올라간 앞 끝을 용매선단(solvent front)이라 한다. 원점에서 각 성분이 이동한 점을 spot이라 하며 이동률(rate of flow) 또는 R_f 값은 다음과 같이 정의한다.

$$R_f = \frac{\text{원점에서 각 물질의 spot 중심까지의 거리}}{\text{원점에서 용매선단까지의 거리}} \quad \cdots\cdots\cdots\cdots\cdots (10-2)$$

따라서 앞 실험의 R_f 값은 각각 $15/20=0.75(Hg^{2+})$, $4/20=0.20(Cu^{2+})$이다.

R_f 값은 용매의 종류, 온도, 여과지의 종류, 시료용액의 상태 등이 일정하면 일정한 값이므로, 이미 아는 시료와 같은 조건으로 실험하여 R_f 값을 측정함으로써 이동된 물질이 무엇인가를 확인할 수 있다.

무기염류는 이온으로 이동하나, 유기화합물은 대부분이 분자로서 이동한다. 각 이온의 이동률에 대하여 분자의 이동률을 분자이동률(rate of molecular flow) M_f 로 정의한다. 따라서 M_f 값은 R_f 값에서 계산하여 구한다.

$$M_f = \text{유기물질의 분자량}/100\,R_f$$

표 10－3 아미노산의 M_f 값(전개제 80% 페놀)

산	cystine	glycin	alanine	valine	methionine
R_f	0.16	0.42	0.59	0.75	0.77
분자량	240.30	75.07	89.09	117.15	149.21
M_f	15	1.8	1.5	1.6	1.9

산	lysine	arginine	serine	aspart산
R_f	0.71	0.76	0.43	0.32
분자량	146.19	174.20	105.09	133.10
M_f	2.1	2.3	2.4	4.2

3. 장치 및 측정

(1) 여과지

정밀한 실험에서 여과지의 선택에 충분히 검토하여야 할 것을 들면 다음과 같다.

① 여과지는 실험에 방해되는 성분을 포함하지 않을 것.

② 여과지가 약하여 찢어지지 않을 것.

③ 용매가 스며드는 속도가 적당할 것.

④ 여과지의 질이 순수하고 균일할 것.

여과지에는 철과 같은 무기이온이 포함되는 경우가 있으므로 무기이온을 확인하고자 할 때에 특히 전처리할 필요가 있으면, 2*N* HAc 중에 수 일 간 담구어 두었다가 꺼내어 증류수로 잘 씻어 말린다. 여과지를 아세톤과 에틸 알콜 1 : 1 혼합액에 1주일 간 담구어 두었다가 꺼내어 말리면 유기물이 제거된다. 여기에 사용하는 여과지는 Toyoroshi No. 50～54, Whatman No. 1 등을 쓰면 편리할 것이다.

위와 같이 전개시키는 1차원법에서는 시료용액 0.05～0.2 m*l*를 여과지에 붙이나 2차원법에서는, 2～3배 양의 시료용액을 쓴다. 그러나 시료용액 속의 성분량이 분리되어 spot로 검출되는 강도에 따라 그 양은 일정하지 않다.

(2) 전개장치와 방법

종이 크로마토그래피는 밀폐된 용기 속에서, 용매증기가 포화된 상태에서 실험하여야 한다. 같은 용매를 사용하여 전개를 많이 하고자 할 때에는 그림 10−4와 같은 장치를 사용하면 좋다. (a)는 비교적 배가 높은 주둥이가 넓은 병이고, (b)는 시판기구로 ⑦, ⑪에 있는 유리돌기에 여과지를 고정한다. (b)는 분액깔때기, ①에 넣은 용액 *S*는 ③, ⑤, ⑨를 통하여 밑바닥 ⑫에 들어가도록 된 편리한 장치이다.

R_f 값이 잘 알려져 있지 않은 물질은 같은 조건으로 이미 아는 용액과 시료용액을 같이 전개하여 비교하면 편리하다. 2차원법은 그림 10−5와 같이 처음에는 x 방향으로 전개하고, y 방향으로 다른 용매를 써서 전개하는 방법이다. 처음 용매로써 분리되지 않던 것도 분리되는 수 있으므로, 혼합성분이 많을 때에는 이와 같은 2차원법으로 분리하는 것이 좋다. 이 2차원법에 쓰는 여과지는 40×40 cm, 56×48.5 cm 또는 60×60 cm 등이 좋다.

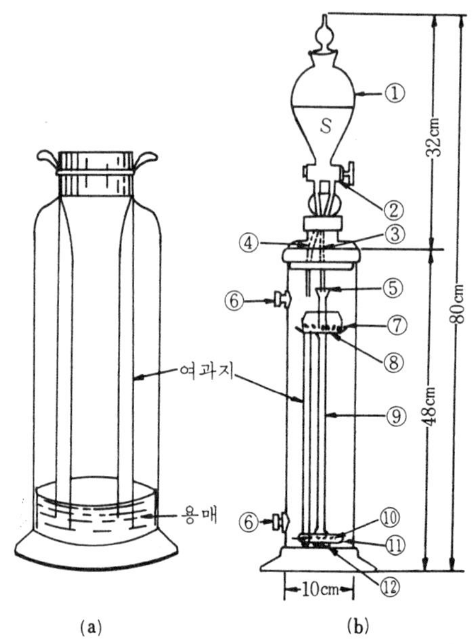

그림 10−4

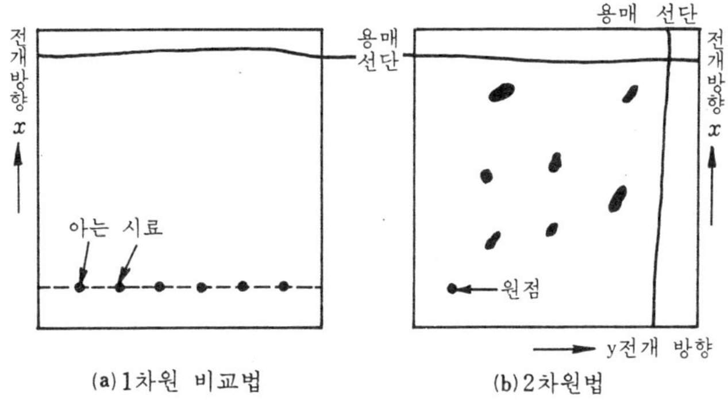

(a) 1차원 비교법 (b) 2차원법

그림 10-5

이 경우에 쓰는 여과지는 그림 10-6에 나타낸 것과 같은 4각형 여과지를 원통형으로 말아서 쓴다.

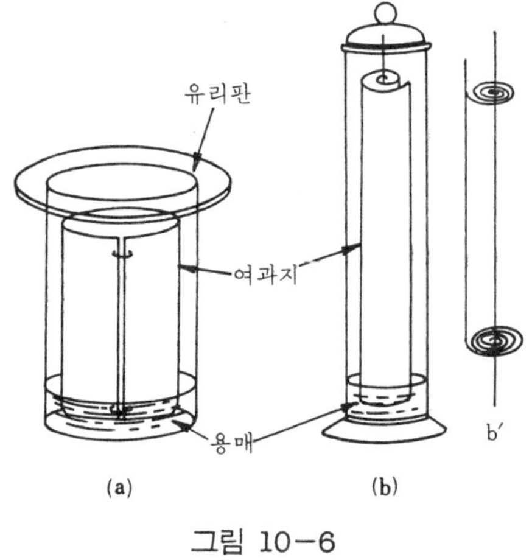

(a) (b)

그림 10-6

(3) 전 개

위에 설명한 것과 같이 여과지에 용매를 흡수, 상승시키는 전개방법을 상승법(ascending method)이라 하고, 그림 10-7과 같이 여과지를 아래로 내려 용매가 아래로 내려오도록 전개시키는 방법을 하강법(descending method)이라 한다. 상승법은 간단하므로 널리 쓰이나 스며드는 속도가 느리므로 시료를 붙인 원점에서 20 cm 정도로 상승시킨다. R_f 값의 차가 작거나 접근한 물질을 분리시키고자 할 때에는 전개거리가 40 cm 정도인 하강법이 좋다. 그림 10-4(b)를 쓸 때에는 콕크 ②를 돌림으로써 용매가 ④, ⑧을 지나 ⑦로 들어오게 하면 된다.

특별한 전개법으로는 연속전개법(continuous running method)이 있다. R_f 값 차이가 0.2 이하인 물질을 분리시키고자 할 때에는 용매를 20 cm 침투시켜도 4 cm 정도밖에 이동하지 않으므로, R_f 값이 거의 비슷한 물질을 효과적으로 분리시키는 데에는 짧은 strip을 써서 용매를 선단까지 올리고, 선단에 탈지면을 붙여 용매를 계속하여 제거한다. 이 때에는 R_f 값을 측정할 수 없으나 물질을 분리하는 데에는 우수한 방법이다.

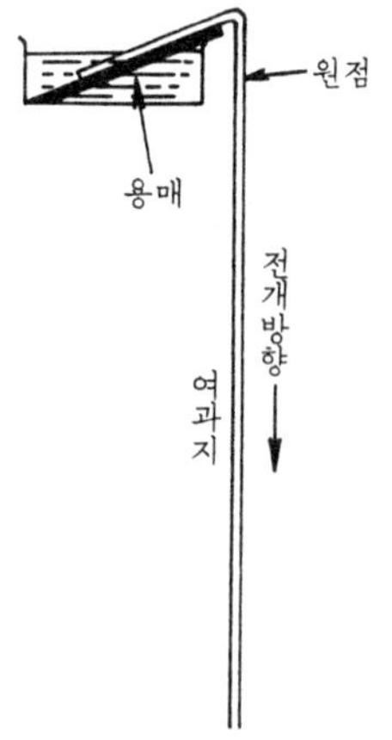

그림 10-7

원형 크로마토그래피(circular paper chromatography 또는 disc chromatography)는 그림 10-8(a)와 같이 원형 여과지(직경 9cm)를 직경에 따라 3mm 나비로 자르고 중심에서 직각으로 접어 쓴다.

시료용액 spot을 (b)와 같이 붙이고, (c)와 같이 용매를 넣은 비커에 맞추어 넣어 용매를 전개시킨다. 시계접시로 뚜껑을 하여 용매의 증발을 막는다. 크로마토그램의 R_f 값은 중심으로부터의 거리를 측정하여 계산한다(d).

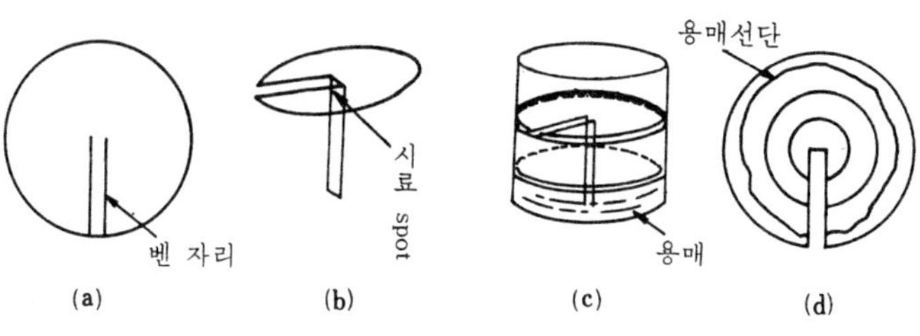

그림 10-8

(4) 확인법

전개가 끝난 여과지를 전개용기에서 꺼내어 원점을 아래로 내리고, 위 끝을 적당한 장소에 압침으로 고정하여 선풍기를 쓰거나, 건조기 또는 공기 중에서 말린다. R_f 값을 측정하고자 할 때에는 끄집어 내자마자 용매선단을 표시하여 두어야 한다.

건조가 끝나면 분무기로 특이성 또는 선택성 발색세를 뿜어서 각 성분의 spot 위치를 확인한다. 확인방법에 대하여서는 일반적인 이온의 확인방법에 따라서 한다. 표 10-4는 각 무기 이온에 대한 확인용 발색제를 나타낸 것이다.

표 10-4 무기이온 spot의 주요한 검출법

이 온	확인에 쓰는 발색제
Sn, Sb, Fe, Al, Ca, Sr, Mg. Ba, Bi, Zn, Cd, Cu, Mn, Ni, Cr, Th, In, 희토류	알리자린
Ag, Hg, Sn, Bi, Zn, Cd, Fe, Cu, Co, Pb, Mn, Ni, Al, Mg, Ca, Sr, Ba	옥신(형광 확인)
Hg, Sb, Bi, As, Zn, Cd, Cu, Co, Pb, Ag, Sn, Mn, Ni, Fe, In	디티존
Ag, Pb, Hg, Tl, Cu, Cd, Bi, As, Sb, Sn, Fe, Co, Ni, Mn, Pt, Pd, Rh, MoO_4	H_2S
Cl, Br, I, S, S_2O_3, CrO_4, PO_4, AsO_4	$AgNO_3$
Li, Mg, Na, K	회화법
Pt, Pd, Au, Rh, MoO_4	$SnCl_2$
SCN, $Fe(CN)_6$	$FeCl_3$
C_2O_4, S_2O_3, F	$FeCl_3$ + KCNS
Ag	감광법

주요한 양이온 및 음이온의 여러 가지 전개용매에 의한 R_f 값은 표 10-5, 10-6에 나타내었다.

표 10-5 주요한 양이온의 R_f 값

전 개 용 매	Ag^+, Hg_2^{2+}, Pb^{2+}			Hg^{2+}, Bi^{3+}, Cu^{2+}, Cd^{2+}				As^{3+}, Sb^{3+}, Sn^{2+}, Sn^{4+}				Al^{3+}, Cr^{3+}, Fe^{3+}			Zn^{2+}, Mn^{2+}, Co^{2+}, Ni^{2+}				Ca^{2+}, Sr^{2+}, Ba^{2+}, Mg^{2+}, Na^+, K^+					
1 *N* HCl 포화 부탄올	.0	.97	.0	.75	.43	.07	.33	.43	.60	.65	.63	.07	.05	.08	.54	.07	.07	.07	.05	.05	.03			
2 *N* HCl 포화 부탄올	.0	.93	.0	.75	.56	.17	.61	.53	.62	.67	.67	.07	.09	.19	.62	.11	.10	.09	.05	.05	.03			
3 *N* HCl 포화 부탄올	.0	.95	.0	.82	.69	.30	.78	.65	.78	.82	.82	.21	.24	.45	.76	.27	.26	.26	.12	.10	.09			
1 *N* H_2SO_4 포화 부탄올	.12		.07		.18	.10	.10	.45		.74	.65	.05	.06	.06	.05	.08	.08	.05	.06	.05	.05	.07	.06	.06
2 *N* H_2SO_4 포화 부탄올	.13		.08		.19	.11	.11	.45		.76	.98	.05	.06	.06	.06	.09	.09	.06	.06	.05	.06	.09	.07	.07
3 *N* H_2SO_4 포화 부탄올	.19		.15		.25	.15	.15	.48		.84	.75	.12	.15	.15	.15	.16	.16	.15	.14	.14	.13	.18	.15	.15
프로필알콜 +10% 5 *N* HCl	.06	.05	.03	1.0	.84	.28	.84	.66	.77	.88		.35	.28	.35	.87	.37	.27	.23		.11	.05	.23		.15
에틸알콜+ 10% 5 *N* HCl	.02	.08	.16	1.0	.94	.47	1.0	.50	.85	.97		.37	.47	.56	.93	.36	.32	.34		.11	.04	.33		.08
아세톤 20 부피 35% HCl 2 부피 물 1 부피	.05	.95	.55	.95	.95	.85	.96	.95	.99	.99	.08	.08	.07	.98	.96	.25	.70	.06	.05	.0	.0	.08	.06	.05

표 10−6 주요한 음이온의 R_f 값

음 이 온	전개용매							
	1.5 *N* NH_4OH 포화부탄올	i-프로필알콜 +10% 진한 NH_4OH	20% HAc 포화 부탄올	부탄올 (2) 피리딘 (1) 1.5 *N* NH_4OH (2)	진한 NH_4OH (4) 아세톤 (13) 부탄올 (3)	메틸알콜 (6) 물 (4)	부탄올 (5) 아세톤 (2) 1 *N* NH_4ON (3)	아세톤 (10) 물 (1) 부탄올 (1)
SCN^-	.45	.8	.44	.56	.80	.76	.62	.76
I^-	.30	.6	.32	.47	.77	.75	.59	.62
NO_3^-	.24		.25	.40			.51	.45
AsO_3^{3-}	.21		.41	.19		.61	.23	.02
NO_2^-	.20			.25			.48	.0
Br^-	.16	.46	.16	.36	.66	.74	.47	.35
BrO_3^-	.13			.25		.72	.40	.30
Cl^-	.10	.37	.21	.24	.54	.73	.41	.23
IO_3^-	.03			.09		.63	.21	.03
F^-	.0						.05	.0
S^{2-}	.0				.99		.29	
$S_2O_3^{2-}$	.0				.20		.24	.01
CrO_4^{2-}	.0	.01	.24	.0	.06	.48	.10	.0
PO_4^{3-}	.0		.03	.04			.07	.01
$Fe(CN)_6^{3-}$	.0	.01				.85	.18	.06
$Fe(CN)_6^{4-}$	.0	.01		.42	.02	.0	.0	.01
ClO_3^-				.06		.79	.53	.64
CO_3^{2-}				.07	.23			
SO_4^{2-}					.10		.19	.0
CN^-					.27			
$C_2O_4^{2-}$					.14			.01
BO_3^{3-}							.10	.02

10-3 기체 크로마토그래피

1. 기체 크로마토그램

기체 크로마토그램은 기체 크로마토그래프로 기록한 용출곡선이며 그림 10-9에 그 한 보기를 나타내었다.

세로 축은 기록기의 응답(mV)으로 시료 속의 각 성분 농도에 비례하며 가로 축은 시간(min)이나 조작시 운반기체의 유속은 일정하므로 운반기체의 양에 해당된다고 볼 수 있다.

기체 크로마토그래프에 전원을 켜고 항온조의 온도를 일정하게 유지하면서 운반기체를 통과시키면 어느 점에서부터 그림과 같이 일정한 수평선이 얻어지는데 이를 바탕선의 안정화라고 한다.

바탕선이 안정되면 시료를 주입(I)하며 경우에 따라 O 봉우리가 먼저 용출하기도 한다. O 봉우리는 관 속에서 분배되지 않고 그대로 나오는 물질로서 예를 들면 질소, 수소, 공기, 불활성 기체 등의 봉우리이며 IO는 이들 물질이 나오는데 소요하는 시간(t_M)이다. 시료주입 후 시료성분 A 혹은 B 봉우리의 극대점이 얻어지기까지의 시간 t_A 혹은 t_B를 이들 성분의 머무름시간(retention time)이라 하고 t_R(분)로 나타낸다. 이 때 운반기체의 유속을 F(ml/min)라 하면 t_R 동안에 관속을 통과한 운반기체의 부피 V_R는 식(10-3)으로 주어진다.

$$V_R = F \cdot t_R \quad \cdots\cdots \quad (10-3)$$

여기서 V_R는 t_R의 머무름시간에 대하여 머무름부피라고 한다. 또 그림 10-9에서 보면 IO까지는 관속의 공간부피, V_M에 해당하며 이를 빈 공간(dead space)라 한다. 머무름부피에서 이 빈 공간을 빼면 공간부피를 보정한 머무름부피가 되며 이를 겉보기 머무름부피(apparent retention volume) V_A라 하고 식(10-4)와 같다.

$$V_A = V_R - V_M = kV_S = F(t_R - t_M) = kw/\rho \quad \cdots\cdots \quad (10-4)$$

여기서 k는 분배계수, w는 정지상 액체의 무게, ρ는 그 온도에서의 밀도이다.

식(10－4)에 관 속의 압력구배를 고려한 보정인자 f를 곱하면 총 보정 머무름 부피 V_T를 얻는다.

$$V_T = f \cdot V_A = f \cdot F(t_R - t_M) = f \cdot kw/\rho \quad \cdots\cdots\cdots\cdots\cdots\cdots (10-5)$$

여기서 $f = 3[(P_i/P_o)^2 - 1] / 2[(P_i/P_o)^3 - 1]$

P_i = 입구압력

P_o = 출구압력

그러므로 정지상 물질의 w, ρ 및 P_i, P_o, F를 알면 크로마토그램으로부터 t_R, t_M의 값을 구하여 식(10－5)에 대입함으로써 분배계수 k의 값을 계산할 수 있다.

한편 그림에서 W는 피크의 좌우 변곡점에서 점선이 자르는 바탕선의 길이를 나타내며 띠나비(band of width)라고 한다. Δt는 봉우리 높이 h의 반이 되는 점에서의 나비이며 반높이 띠나비(half band width)라 한다.

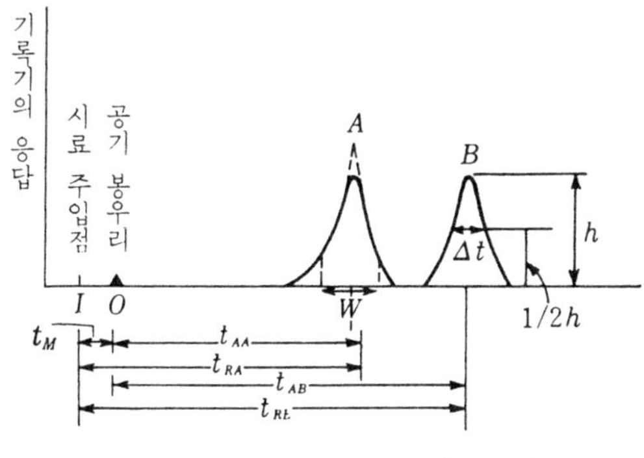

그림 10－9 기체 크로마토그램

2. 분리의 평가

크로마토그램에서 peak의 분리여부는 시료성분의 정성과 정량에 매우 중요하며 통상 분리관의 효율과 분리능을 조사하여 평가한다.

(1) 분리관 효율

분리관내에서 용질의 이동속도를 v, 이동상의 속도를 u라 하면 분리관의 길이

가 L(mm)일 때

$$v = \frac{L}{t_R} \quad \cdots\cdots (10-6)$$

$$u = \frac{L}{t_M} \quad \cdots\cdots (10-7)$$

이고 용질의 이동속도는 이동상 속도의 분율로 나타낼 수 있으므로

$$v = u \frac{C_M V_M}{C_M V_M + C_S V_S} = u\left(\frac{1}{1 + C_S V_S / C_M V_M}\right)$$

$$= u\left(\frac{1}{1 + k'}\right) \quad \cdots\cdots (10-8)$$

가 된다. 여기서 $k' = kV_S/V_M$으로 용량계수(Capacity factor)이다. 식(10−6), (10−7)을 식(10−8)에 대입하고 정리하면 식(10−9)가 얻어진다.

$$t_R = t_M\left(1 + \frac{kV_S}{V_M}\right) \quad \cdots\cdots (10-9)$$

즉 어떤 성분의 머무름 시간은 분배계수와 이동상에 대한 정지상의 부피비가 커지면 증가하게 된다.

식(10−9)를 재정리하면

$$k' = \frac{t_R - t_O}{t_O} \quad \cdots\cdots (10-10)$$

그러므로 크로마토그램으로부터 t_R, T_O를 구하면 식(10−10)을 이용하여 용량계수를 계산할 수 있다.

분리관의 효율은 보통 이론단수(theoretical plate number : N) 혹은 일이론단 해당높이 (height equivalent to a theoretical plate ; $HETP$ 혹은 H)로 표시하며 그림 10−3과 같이 크로마토그램상의 피크로부터 다음 식으로 구할 수 있다.

$$N = 16\left(\frac{V_R}{W}\right)^2 = 16\left(\frac{t_R}{W}\right)^2 = \frac{L}{H} \quad \cdots\cdots (10-11)$$

$$H = \frac{L}{N} = \frac{L}{16}\left(\frac{W}{t_R}\right)^2 \quad \cdots\cdots (10-12)$$

또 식(10－11)에서 보면 t_R가 일정할 경우 N 값이 증가하면 W 즉 피크의 폭은 좁아지므로 좋은 크로마토그램이 얻어지게 된다. 마찬가지로 식(10－12)에서 H는 그 값이 작을수록 관의 단위길이당 효율이 큰 것을 알 수 있다.

일반적으로 GC의 경우 H에 대하여는 다음의 van Deemter식을 많이 이용한다.

$$H = A + B/u + Cu \quad \cdots\cdots (10-13)$$

여기서 A는 소용돌이 흐름확산, B는 분자확산, C는 물질이동에 대한 항이며 u는 운반기체의 선속도이다.

이 식은 관의 효율이 어느 인자에 좌우되는가를 결정하는 식이므로 H를 최소로 하기 위한 운반기체의 속도값이 있음을 알려준다. 즉 운반기체의 유속이 작으면 분자확산이 지배적이고, 커지면 물질이동이 지배하므로 관의 효율을 극대화하기 위해서는 A, B 및 C를 작게 하고 H가 가능한 한 작은 값을 가질 수 있는 유속을 선정하면 된다.

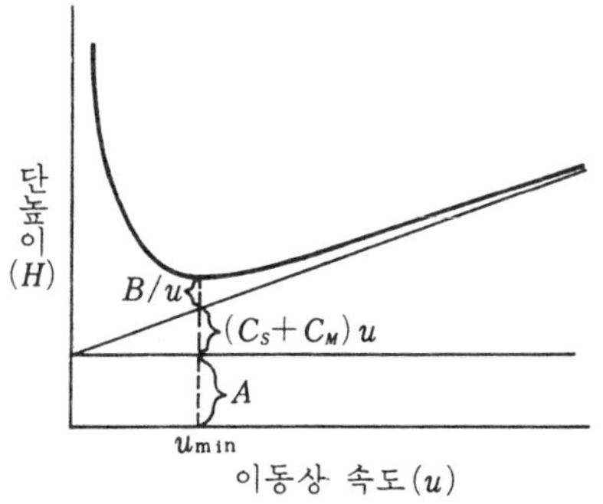

그림 10－10 운반기체의 선속도와 H 관계

(2) 분리능

분리능은 2개의 중복된 봉우리에 대하여 분리정도를 나타내기 위하여 분리계수 또는 분리도로써 표시하며 그림 10－11로부터 다음과 같이 구한다.

$$d = \frac{t_{R2}}{t_{R1}} \quad \cdots\cdots (10-14)$$

$$R = \frac{2(t_{R2} - t_{R1})}{W_1 + W_2} \quad \cdots\cdots (10-15)$$

여기서 d는 분리계수, R은 분리도를 나타낸다.

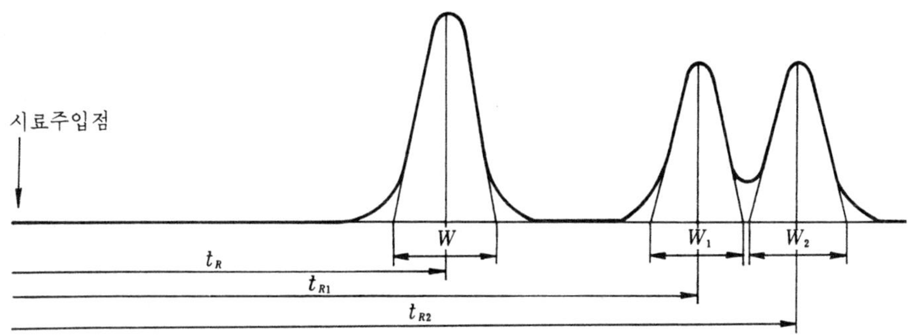

그림 10−11 기체 크로마토그램의 한 보기

분리계수는 선택계수(selectivity factor)라고도 하며 두 성분 1, 2의 용량계수비를 나타내므로 식(10−16)으로 표시할 수도 있다.

$$d = \frac{k'_2}{k'_1} = \frac{t_2}{k_1} = \frac{t_{R_2} - t_O}{t_{R_1} - t_O} \quad \cdots\cdots (10-16)$$

분리도는 관의 분리능을 정량적으로 표시한 식으로 그 값이 1이면 그림 10−11에서 1성분의 봉우리가 그 성분을 약 4% 정도 포함하고 1보다 크면 완전히 분리되며 만약 1보다 작아지면 분리가 불완전하게 된다.

(3) N와 T_R의 계산

그림 10−11에서 봉우리가 서로 접하여 있으면 W_1, W_2는 거의 같으므로 식(10−10)은 다음과 같이 쓸 수 있다.

$$R = \frac{t_{R2} - t_{R1}}{W_2} \quad \cdots\cdots (10-17)$$

식(10−11)을 식(10−17)에 대입하면

$$R = \frac{t_{R2} - t_{R1}}{t_{R2}} \cdot \frac{\sqrt{N}}{4} \quad \cdots\cdots (10-18)$$

식(10−9)를 식(10−18)에 대입하고 분리계수 d를 사용하여 정리하면

$$R = \frac{\sqrt{N}}{4}\left(\frac{d-1}{d}\right)\left(\frac{k'_2}{1+k'_2}\right) \cdots\cdots (10-19)$$

식(10－19)를 N으로 나타내면 식(10－20)이 된다.

$$N = 16R^2\left(\frac{d}{d-1}\right)\left(\frac{1+k_2}{k_2}\right)^2 \cdots\cdots (10-20)$$

그러므로 어떤 성분을 분리할 때 목적하는 분리도에 필요한 이론단수는 식(10－20)을 사용하여 계산할 수 있다.

또 식(10－6)을 식(10－8), (10－11)에 대입하고 정리하면

$$t_R = \frac{NH(1+k_2)}{u} \cdots\cdots (10-21)$$

식(10－20)을 식(10－21)에 대입하면

$$t_R = \frac{16R^2H}{u}\left(\frac{d}{d-1}\right)^2\frac{(1+k_2)^3}{(k_2)^2} \cdots\cdots (10-22)$$

따라서 분리관내에서 어떤 성분을 완전히 용리시키는데 필요한 시간은 식(10－22)로부터 구할 수 있다.

3. 정성분석

(1) 정지상 물질의 선정

정성분석에서 정지상 물질의 선정은 매우 중요하다. 정지상 물질의 종류에 따라서 각 성분의 머무름시간이 달라지며 분리의 정도가 좌우되므로 시료의 종류와 성질에 따라 적당한 것을 선택하여야 한다.

GSC의 경우 정지상 물질로는 주로 실리카겔, 활성탄, 알루미나, 합성 제올라이트 등의 흡착제를 100∼300 mesh 크기의 입자로 하여 사용한다. GLC에서는 규조토, 내화벽돌가루, 분말유리, 합성수지 등의 지지체에 각종 유기용매를 입혀서 쓴다. 이 때 용매의 분배계수는 용매와 시료성분 사이의 극성에 깊은 관계가

있으므로 식(10−23)과 같이 n−부탄과 부타디엔의 분리를 기초로 하여 스콸란을 0%, $\beta \cdot \beta'$−옥시디프로피오니트릴을 100%로 했을 때 임의의 정지상 액체의 극성을 백분율로 계산하고 정지상 물질의 선정자료로 이용한다.

$$P(\%) = (1 - \frac{\varepsilon_1 - \varepsilon_x}{\varepsilon_1 - \varepsilon_2}) \times 100 \quad \cdots\cdots (10-23)$$

여기서 P는 극성 백분율, ε_1은 $\beta-\beta'$옥시디프로피오니트릴, ε_2은 스콜란, ε_X는 정지상 액체로 x를 사용했을 때의 머무름 비의 대수이다. 일반적으로 정지상 액체로는 화학적 조성이 일정하며 화학적으로 안정하고, 사용온도에서 낮은 증기압과 점성이 작으며 분석대상물질을 완전히 분리할 수 있는 조건 등이 필요하다. 표 10−7에 대표적인 정지상 물질의 종류와 분리물질을 나타내었다.

표 10−7 정지상 물질의 종류

정지상 물질명	사 용 온 도	분 리 물 질
실리카겔	드라이아이스 +아세톤	O_2, N_2, CO, NO 등
알루미나	상온	CH_4, C_2H_6, C_2H_4, CO 등
활성탄	상온~180 ℃	H_2, 공기, CH_4, $C_2H_4 \cdot C_2H_2$ 등
폴리에틸렌그릴콜 1500	150 ℃	산소, 질소 포함 극성 물질
옥타 데칸올	140 ℃	저비점 알콜류
스탈란	140 ℃	저급 탄화수소
디페닐 메탄	100 ℃	방향족 화합물
실리콘 오일	250 ℃	고비점 물질
트리크레실 포스페이트	120 ℃	염화탄화수소
트리에탄올아민	100 ℃	알콜, 저급아민
β', β−옥시디프로피오니트릴	80 ℃	지방족과 방향족 탄화수소 분리

(2) 정성분석

기체 크로마토그래피에서 정성분석의 기초가 되는 것은 머무름시간 또는 머무름부피이다. 이는 실험조건이 일정할 경우 시료성분은 각각 고유의 머무름시간을 나타내므로 기지물질과 미지물질의 머무름시간을 비교함으로써 정성이 가능하기 때문이다.

① 머무름 비법

시료에 내부표준물질을 첨가하여 시료성분의 머무름시간을 표준물질의 머무름시간에 대하여 머무름 비로 계산하고 기지의 데이타와 비교하는 방법이다. 이 때 표준물질은 그 봉우리가 시료성분의 봉우리와 멀리 떨어지지 않는 것이 좋으며 표준물질을 S, 시료물질을 x라 하면 시료의 머무름 비 X는 식(10－24)로 주어지고 두 성분의 분배계수 비를 의미한다.

$$X = \frac{t_{Rx}}{t_{RS}} = \frac{k_x}{k_S} \quad \cdots\cdots (10-24)$$

② 추정성분 첨가법

시료에 추정성분의 표준물질을 첨가한 후 얻어지는 봉우리가 더 크게 되는지 혹은 따로 봉우리가 나타나는지를 조사하여 확인하는 방법이다. 이 때 어떤 형태의 추정은 동족계열의 경우 탄소수 또는 비점에 대한 머무름시간의 대수를 도시하면 직선관계가 성립한다는 성질을 이용한다.

③ 머무름시간 비교법

동일한 실험조건에서 표준물질과 시료의 머무름시간을 각각 측정하고 비교하여 분석하는 방법이다.

이상 3가지 방법 중에서 머무름 비법이 많이 이용되고 있으며 실제로는 GC의 경우 1성분은 한 봉우리밖에 나타나지 않으므로 얻을 수 있는 정보가 적어서 간단한 경우를 제외하고는 GC만으로 정성분석을 하는 데는 어려움이 있다. 더욱 정확한 정성분석법은 GC의 좋은 분리능으로 각 성분을 분리한 후 용출성분을 화학분석하거나 적외선분광계 혹은 질량분석계 등을 연결하여 분석하는 GC－IR 혹은 GC－MS 사용법을 병용하면 좋다.

한편 정성분석시의 응용기법으로 종이 크로마토그래피법과 같이 2차원 표시법을 사용하면 보다 나은 결과를 얻을 수 있다. 즉 두 가지 이상의 성분이 포함된 시료가 같은 머무름시간을 나타내거나 한 봉우리로 나타낼 경우 특성이 다른 정지상 물질을 2가지 사용하여 머무름시간을 측정하고 각 정지상 물질에 대한 머무름시간으로 표시하면 각 성분의 정성이 명확해진다, 그러나 이 경우에는 측정점이 원점 부근에 모이는 단점이 있을 수 있으므로 양대수 눈금으로 하여 도시할 필요가 있다.

4. 정량분석

정량분석은 크로마토그램의 봉우리 넓이가 그 성분의 함량에 비례하는 원리를 이용하는 것으로 보다 정확한 정량결과를 얻기 위해서는 봉우리가 대칭성이고 각각이 완전히 분리되어야만 한다. 봉우리의 높이도 간혹 쓰이지만 실험조건의 영향을 많이 받으므로 일반적으로 넓이가 많이 이용된다.

(1) 봉우리 넓이 측정법

① 반높이 떠나비법

봉우리 높이에 반높이 떠나비를 곱하여 넓이로 한다. 봉우리가 대칭성이 아니거나 반높이 떠나비의 폭이 좁을 경우, 꼬리끌기현상이 나타날 경우는 오차가 커지는 단점이 있다.

② 봉우리 무게 측정법

기록지 상의 봉우리를 끊어 내어 무게를 달고 표준물질의 무게와 비교하는 방법으로 봉우리 모양에 무관하지만 크로마토그램의 보존과 지질의 균일성이 문제가 된다.

③ 자동적분기법

기록계에 부착된 자동적분기를 이용하는 방법으로 인위적 오차가 없어 정확한 면적을 측정할 수 있으므로 많이 사용된다. 다만 봉우리가 완전히 분리되지 않은 경우에는 인위적으로 봉우리를 분리하여야 하는 어려움이 있다.

④ 면적측정기법

봉우리의 형태를 따라서 면적측정기로 넓이를 구하는 방법이다. 봉우리가 작은 경우는 오차가 커진다.

한편 봉우리가 완전히 분리되지 않을 때에는 운반기체의 유속이나 기록지의 이동속도 등 측정조건을 잘 검토하여 분리를 완전히 한 후에 넓이를 측정하여야 하지만 이것이 불가능할 경우에는 곡선분리기를 이용하거나 다음의 근사적인 계산법에 의하여 구한다.

첫째, 봉우리의 중복이 심하지 않을 경우(그림 a) : 봉우리의 골에서 바탕선에 수직선을 내리고 각 봉우리의 넓이를 구한다.

둘째, 봉우리의 중복이 심할 경우(그림 b) : 두 봉우리를 삼각형으로 보고 두 삼각형의 교차점에서 수직선을 내린 후 넓이를 구한다.

셋째, 미량성분이 주성분에 중복될 경우(그림 c) : 주성분의 꼬리를 연장하고 면적을 계산한다.

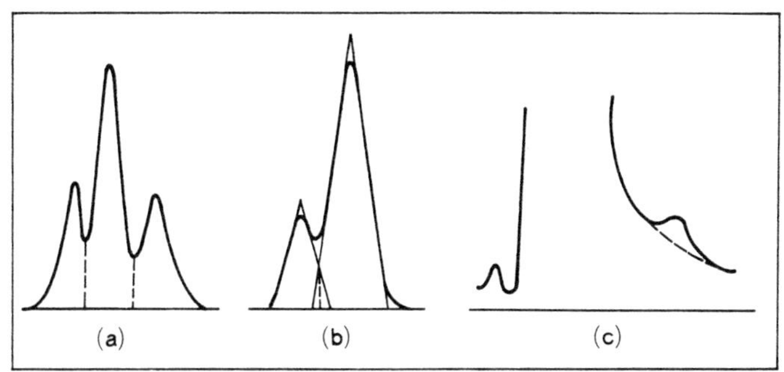

그림 10-12 분리가 불완전할 때의 면적측정 보기

(2) 정량분석

① 상대넓이 비교법

봉우리 넓이가 성분의 무게에 비례한다고 가정하여 봉우리 전체 넓이를 100으로 하였을 때 어떤 성분의 봉우리 넓이의 비를 계산하고 정량하는 방법으로 시료 속의 각 성분을 무게 백분율로 구한다.

이 방법은 특별히 표준물질이 요구되지 않으며 봉우리로써 검출된 전체 성분을 비교적 간단히 정량할 수 있으므로 많이 이용되고 있다.

그러나 시료 속의 각 성분 사이의 열전도도 차이가 작다고 무시하는데에 문제가 있으므로 다음의 상대감도 혹은 보정계수를 이용한 식(10-25)로 정량하게 된다.

$$\text{성분 } i(\%) = \frac{A_i / r_i}{\sum_{i=1}^{n} A_i / r_i} \times 100 = \frac{A_i f_i}{\sum_{i=1}^{n} A_i f_i} \times 100 \quad \cdots\cdots\cdots\cdots\cdots \text{(10-25)}$$

여기서 A_i는 성분 i의 봉우리 넓이, r_i는 상대감도, f_i는 보정계수이다.

실제로 헬륨가스를 운반기체로 하여 벤젠 1몰의 봉우리넓이를 100으로 할 때 여러 가지 화합물의 몰당 봉우리 넓이를 구할 수 있는데 이를 상대몰감도라 한다.

② 내부표준법

실험조건의 변화에 따른 오차가 감소되므로 가장 정확한 정량법의 하나이다. 여러 가지 농도의 표준시료에 일정량의 내부표준물질을 각각 첨가하여 조성 기지의 혼합시료에 대해서 봉우리 넓이비를 구하여 검량선을 작성하고, 분석할 시료에 일정량의 내부표준물질을 넣어 봉우리 넓이를 측정한 다음 검량선을 이용 정량하는 방법이다.

시료주입량을 정확히 할 필요가 없고 함량이 미량인 성분의 정량에 특히 좋다.

③ 절대검량선법

정량하려는 성분의 표준물질을 사용하여 그 주입량에 따른 봉우리의 넓이로부터 검량선을 작성하고 시료의 농도를 분석하는 방법이다. 이 경우 시료주입량은 정확해야 하며 측정조건도 일정하게 할 필요가 있다.

5. 장치 및 측정

기체 크로마토그래프의 기본구성은 그림 10-13과 같이 가스유로계, 시료주입부, 분리관, 검출기 및 기록계로 되어 있으며 시료주입부, 분리관 및 검출기는 항온조에 의하여 일정한 온도를 유지할 수 있게 되어 있다. 장치의 개략도는 그림 10-14에 나타내었으며 각 주요부에 대한 설명은 다음과 같다.

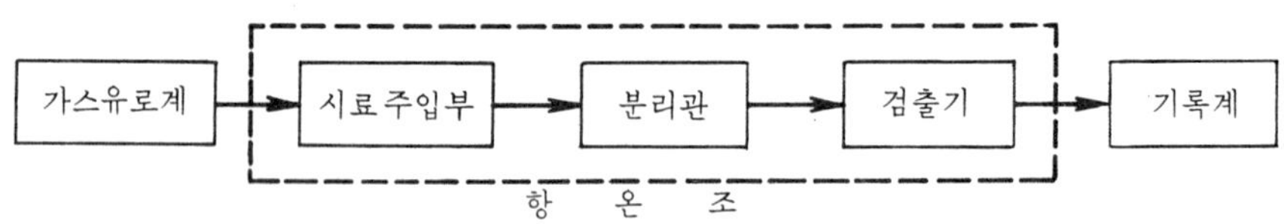

그림 10-13 기체 크로마토그래프의 기본구성

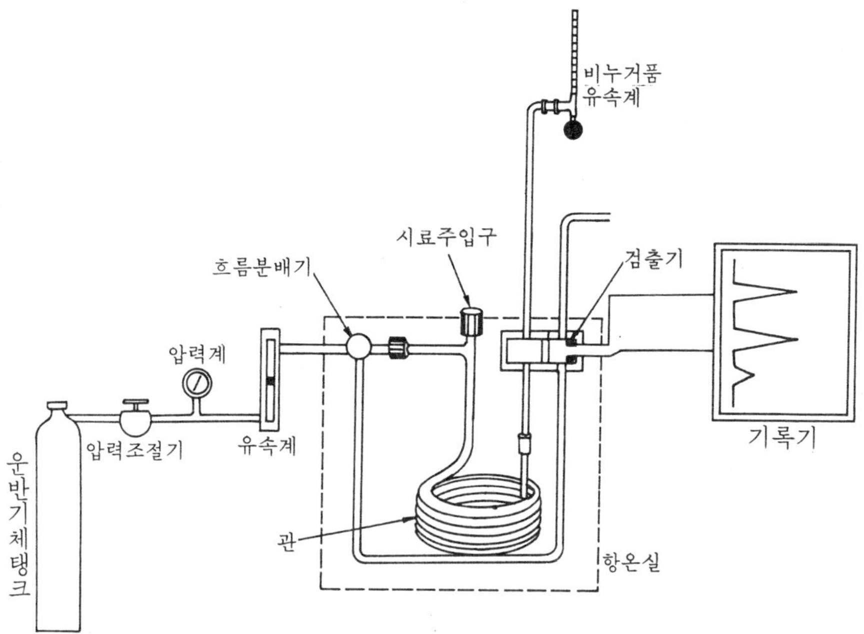

그림 10-14 기체 크로마토그래프의 개략도

(1) 가스 유로계

운반가스 유로는 유량조절부와 분리관 유로로 구성되어 있다.

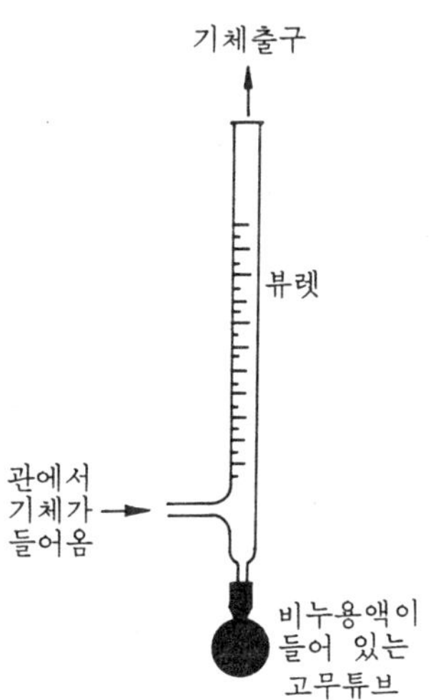

그림 10-15 비누거품 미터

유량조절부는 분리관 입구의 압력을 일정하게 유지하여 주는 압력조절밸브, 분리관 내를 흐르는 가스의 유량을 일정하게 유지하여 주는 유량조절기 등으로 구성되는데 필요에 따라 유속계가 첨부된다.

운반기체는 화학적으로 비활성이어야 하며 헬륨, 아르곤, 질소 및 수소 등이 널리 쓰인다. 분리관 입구의 압력은 압력조절기로 10~50 psi를 유지하고 분리관 내의 유속은 로터 미터로 25~50 ml/min를 유지한다. 보다 정확한 유속의 측정은 그림 10-15의 비누거품 유속계를 이용하기도 하는데 이는 비누용액이 들어있는 고무 튜브를 누를 때 생성되는 비누막을 유입되는 기체에 의하여 뷰렛의 일정거리까지 상승시킬 때 걸리는 시간을 측정함으로써 유속을 계산할 수 있다.

(2) 시료주입부

분리관 입구에 시료주입부가 있으며 액체시료는 보통 마이크로 주사기(1~100 μl)를 사용하여 실리콘 고무와 같은 내열성 탄성체의 cap을 통해 넣고, 기체 시료일 때는 일정한 부피의 용기에 시료를 채취하여 코크를 바꿈으로써 도입하거나 주사기를 사용하기도 한다. 한편 고체시료는 용매에 용해 후 액체시료와 같은 방법을 많이 이용한다.

(3) 분리관

분리관은 통상 내경 0.3~0.5 mm인 모세관에 액체상의 얇은 막을 도포한 모세관형과 내경 2~8mm인 유리 또는 금속관을 길이 2~20m의 길이로 코일 형태로 한 충진관형의 두 가지가 있다. 모세관형은 수십만의 이론단수를 얻을 수 있으며 충진관형은 보통 관의 길이 30 cm당 100~1000의 이론단수를 확보할 수 있으므로 우수한 충전관의 경우 총 이론단수는 20,000 이상이 된다.

분리관 내부에 채우는 정지상 물질의 종류는 앞의 정성분석에서 설명한 것들이 많이 이용되지만 분석성분에 따라 달라지며 충전방법은 여기서는 생략하기로 한다.

시료성분의 분리에서 분리관의 온도는 매우 중요하다. 일반적으로 관의 온도가 증가하면 분리시간은 단축되나 분리능은 저하하므로 충분한 분리능을 가지면서 분석시간도 가능한 한 짧은 조건을 찾는 것이 필요하다. 보통 관의 온도는 시료성분의 비점보다 약간 높도록 유지하며 이 때 충진제의 사용한계온도를 넘어서면 정지상 물질 자체가 기화하므로 주의를 요한다.

한편 시료성분 중 각 성분의 비점이 넓은 온도분포를 가질 경우는 시료주입 후 관의 온도를 단계적으로 올려 저비점 성분은 저온에서 고비점 성분은 고온에서 분리하여 각 성분을 최적분리온도에서 분석하는 이른바 승온 크로마토그래피가 있다.

(4) 검출기

검출기(detector)는 관에서 용출되어 나오는 기체 중 운반기체 이외의 다른 성분을 전기적인 값으로 변화시켜 검출하는 장치이다.

기체 크로마그래프가 사용되는 검출기는 그 목적에 따라 다음과 같이 나눈다.

① 열전도도 검출기(Thermal Conductivity Detector, TCD)

비교적 간단하고 정확도도 좋아서 모든 기체와 증기에 응답하는 만능 검출기이며 무기기체분석에 많이 이용된다.

검출원리는 그림 10-16과 같이 백금 또는 텅스텐 등의 가는 선에 전류를 흘려 가열하고 여기에 기체가 흐르면 기체의 열전도도 작용에 의하여 전기저항이 감소하므로 도입되는 기체의 종류와 양에 따라 달라지는 전기저항의 변화를 측정한다. 즉 그림과 같이 기준용기와 시료용기가 Wheatstone 다리의 양쪽 단자에 연결되어 있으며 처음 기준용기와 시료용기에 운반기체만이 흐를 경우는 두 용기의 열전도도는 같으므로 브릿지를 평형시켜두고, 다음에 운반기체와 시료성분이 도입되면 기준용기는 운반기체만이, 시료용기는 운반기체와 시료성분이 함께 흐르게 되므로 두 용기의 열전도도는 다르게 되고 이것이 G에 비평형전위로 나타나게 된다.

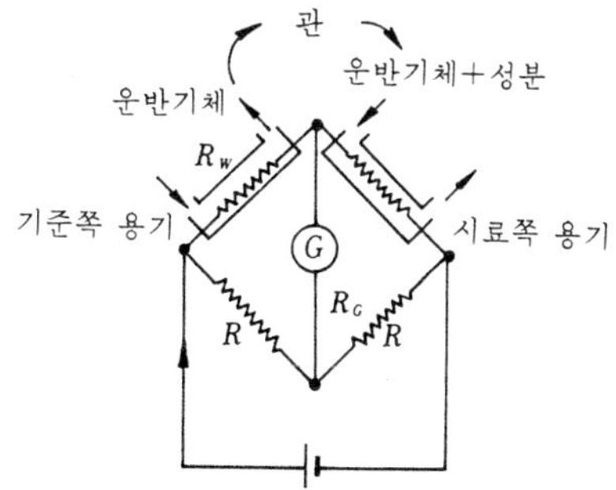

그림 10-16 열전도도 검출기의 원리회로도

이를 전자관식 자동평형기록기로 기록하면 운반기체만 흐를 때는 기록지 상에 바탕선으로 그려지고 운반기체와 시료성분이 함께 도입되면 시료성분에 해당하는 저항값이 봉우리로 검출하게 되므로 기체 크로마토그램을 얻을 수 있다.

② 불꽃 이온화 검출기(Flame Ionization Detector, FID) 최근 널리 이용되고 있는 검출기로서 유기물에 대한 감도는 열전도도 검출기의 1000배 정도이고 화합물의 종류, 성질에 따라 응답량이 변화하며, 무기화합물에 대하여는 거의 응답하지 않는다.

검출기의 구조는 그림 10-17과 같으며 분리관에서 나오는 운반기체(주로 질소)에 수소를 혼합하여 가는 노즐인 젯트에 유출시키고 공기를 보내어 산소존재하에서 수소불꽃을 만든다. 젯트와 콜렉트 전극 사이에 수 백볼트의 전압을 걸어두면 운반기체와 수소만의 불꽃일 경우는 거의 전류가 흐르지 않으나 탄화수소 등의 시료성분이 도입되면 시료성분이 불꽃 속에서 이온화하므로 제트-콜렉트 사이에 전류가 흐르게 된다. 이 때 전류의 세기는 시료의 양에 비례하게 되며 이 전류를 증폭기를 거쳐 검출·기록하면 기체 크로마토그램이 얻어진다. 일반적으로 감도는 탄화수소의 경우가 최고이며 동족 계열의 탄소수에 비례하여 직선성이 좋은 편이다.

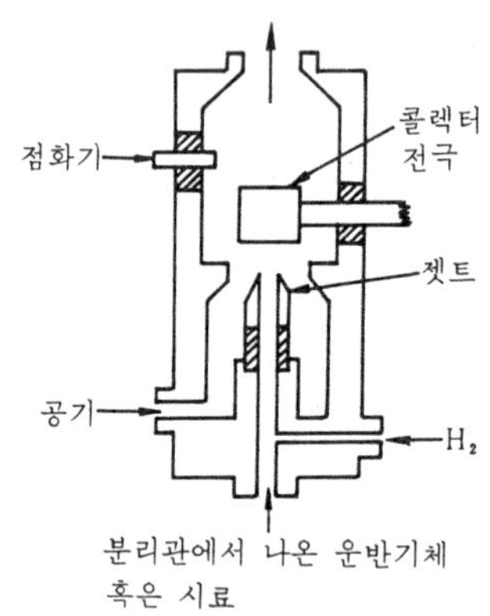

그림 10-17 불꽃 이온화 검출기

③ 전자포착 검출기(Electron Capture Detector : ECD)

감도가 극히 예민하여 유기염소계 농약, 유기할로겐 화합물, PCB 등과 같이 전기음성도가 큰 작용기를 가지는 물질의 분석에 유용하다. 그러나 아민, 알콜, 탄화수소와 같은 화합물에는 잘 감응하지 않는다. 검출원리는 전자친화력이 있는

화합물에 감응하여 검출된다

즉 분리관에서 나오는 운반기체를 닉켈-63 또는 삼중수소와 같은 β선 방사체 위를 통과시키면 방사체에서 나오는 전자가 운반기체를 이온화시킴으로써 많은 수의 전자가 발생하고 일정한 전류가 흐르게 된다. 여기에 전자 친화력이 있는 시료성분이 도입되면 전자전류는 감소하게 되며 이 변화량을 검출·기록하여 크로마토그램을 얻는다.

④ 기타의 검출기

위의 3가지 검출기 외에 간혹 사용되는 검출기로는 불꽃광도 검출기(Flame Photometric Detector : FPD)가 있다. 이는 황 화합물과 인 화합물에 대하여 특히 선택성이 높고 고감도이다.

이밖에 열 이온화 검출기, 광 이온화 검출기, coulometric 검출기 등이 특이한 목적으로 가끔 사용되기도 한다.

(5) 기록계

기록계는 스트립 챠-트식 자동평형 기록기가 많이 이용되며 일반적으로 스팬 전압 1mV, 펜 응답시간 2초 이내, 기록지 이동속도 10mm/분을 포함한 다단변속기능이 포함되어 있다.

10-4 이온교환수지법

용액 속의 구하고자 하는 성분이온만이나 기타 성분을 점토, 토양, 비석과 같은 광물질이나 합성 비석과 같은 적당한 고체흡착제 표면에 교환반응으로 흡착시켜 분리 정량하는 방법 곧 교환흡착 분리법을 간단히 설명한다. 20세기 초반에는 위와 같은 흡착제를 물의 연화에 썼는데, 그 중에서 불용성이고, 다공성이며, 쇠사슬 모양의 규산염 구조를 가진 불석(zeolite)을 칼슘염 용액이나 센 산 용액과 흔들면 다음과 같은 교환반응이 결정구조의 변화없이 일어난다. 이러한 교환반응의 정도는 결정격자쪽으로 이온이 결합하는 힘의 성질, 두 이온의 크기, 용해도 인자, 이온농도, 이온이 결정쪽으로 접근하는 거리 등에 의존한다. 보기로서는 이와 같은 양이온 교환체(cation exchanger) 외에 산성 Al_2O_3도 있다.

$$Na_2Al_2Si_4O_{12} \cdot 2H_2O + Ca^{2+} \rightleftharpoons CaAl_2Si_4O_{12} \cdot 2H_2O + 2Na^+$$
$$CaAlSi_6O_{16} \cdot 5H_2O + 2H^+ \rightleftharpoons H_2AlSi_6O_{16} \cdot 5H_2O + Ca^{2+}$$

1. 이온교환수지

1935년 이후에는 고도로 중합된 3차원 다리결합(cross linkage) 구조의 탄화수소를 뼈대로 하는 합성수지 곧 이온교환수지(ion-exchange resin)를 만들어 이온교환 흡착분리에 쓰는데, 이것은 다른 고체흡착제보다 액체의 투과성도 좋고, 교환용량이 큰 장점이 있다. 교환용량(exchange capacity)이란 건조 수지 1g이 어떤 이온과 치환반응하는 최대의 양이며 밀리당량/g으로 나타낸다. 수지의 뼈대는 투과성이며 불용성이고, 확산할 수 없는 큰 이온이며 반대 하전을 띤 이온은 크기가 작으므로 수지구조 속을 이동할 수 있다.

대표적인 수지의 뼈대는 스티렌과 디비닐벤젠을 그림10-18과 같이 공중합시켜 만드는데, 디비닐벤젠의 양(보통의 상품은 8~12%)에 따라 다리결합의 정도가 변한다. 다리결합의 정도가 커지면, 수지의 물리적 성질 곧 불음, 용해도 및 다공성은 감소하고 견고성은 증가한다. 이 뼈대는 탄화수소의 탄소-탄소 결합력

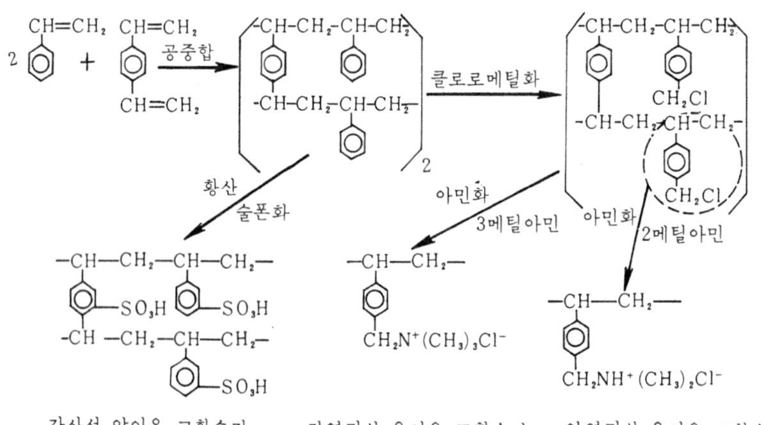

그림 10-18 이온교환수지의 제조

만큼 화학적으로 안정하므로 100℃ 정도에서는 안정하고, 진한 산이나 염기, 대부분의 산화-환원제에는 저항성이 세다. 보기를 들면 뜨거운 왕수에 수지를 어느 정도 온침해도 그 특성을 잃어버리지 않는다. 그러나 유기용매에서는 수지가 부풀어 오른다. 이러한 뼈대에는 이외에도 베크라이트계, 메타아크릴산계 등이 있는데 제조회사의 상품명에 따라 다소 틀린다.

수지 뼈대에 이온성기를 여러 개 화학결합시키면 이온교환의 특성을 나타낸다. 곧 이온교환수지에는 $-SO_3H$, $-COOH$, 페놀성 $-OH$, 페놀성 $-SH$, $-PO_3H_2$기를 가진 양이온 교환수지와 $-NR_3^+$, $-NR_2$, $-NHR$, $-NH_2$기를 가진 음이온 교환수지가 있다. 특히 교환기로 $-SO_3H$기를 가진 것은 강산성 양이온 교환수지, 다른 산성기를 가진 것은 약산성 양이온 교환수지, $-N^+R_3$기를 가진 것은 강염기성 음이온 교환수지, 다른 염기성을 가진 것은 약염기성 음이온 교환수지라고 한다. 이외에도 산성기와 염기성기를 한 수지 속에 가진 양쪽성 합성수지(amphoteric synthetic resin)가 특수연구용으로 쓰인다. 이들 수지단위부피 속에 들어 있는 작용기의 전체 수는 이론적인 교환용량을 결정하는 인자가 된다.

탄소-아민질소 사이의 결합력은 탄소-탄소 사이의 결합강도보다 작으므로 음이온 교환체는 양이온 교환체보다 불안정하며, 수용액에서 가온하면 쉽게 아민이 가수분해하여 교환용량이 줄어들게 되고, 가용성 유기물질 조작으로 용액이 오염된다. 불규칙한 형이나 균일한 구슬로 된 이온교환수지는 지름이 $1\mu \sim 2$mm의 것을 상품으로 구할 수 있다.

실험실에서 흔히 쓰는 몇 가지 이온교환수지의 구조는 보기를 들면 다음과 같다.

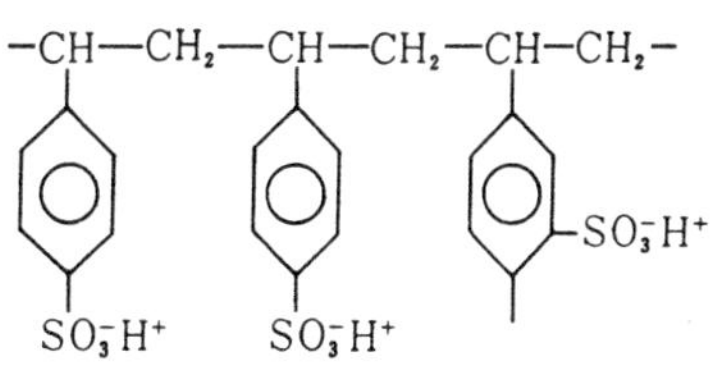

$-CH-CH_2-CH-CH_2-CH-CH_2-$

$SO_3^-H^+$ $SO_3^-H^+$ $SO_3^-H^+$

Amberlite IR-120, Dowex 50

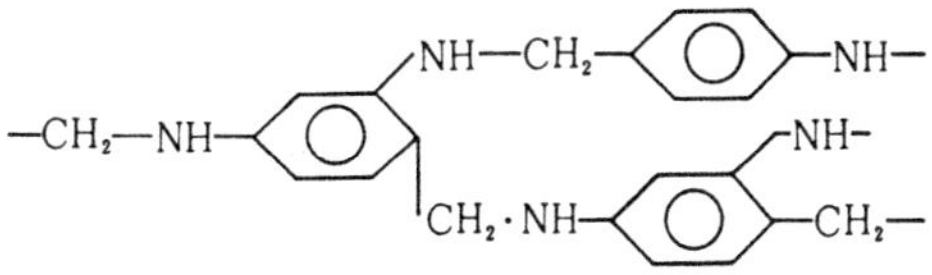

$-CH_2-NH-$ $NH-CH_2-$ $-NH-$ $-NH-$ $CH_2\cdot NH-$ $-CH_2-$

Woftit M

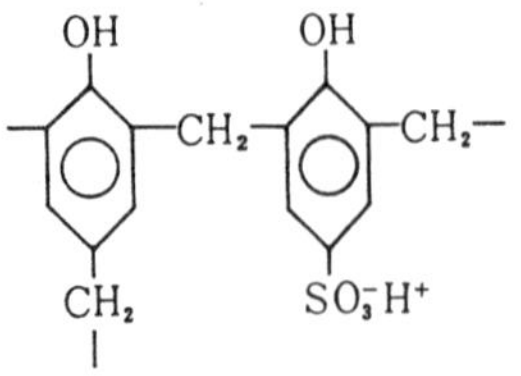

Wofatit K

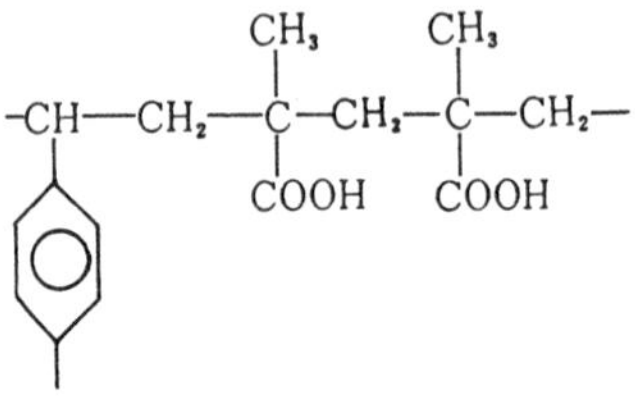

Amberlite IRC-50

2. 이온교환평형

이온교환수지 속에는 극성기가 상당히 많으므로 수지는 친수성이며, 흡습성인 무정형 겔로 작용하여 물을 흡수하면 부풀고, 탈수시키면 수축한다. 마른 수지 1 g은 물 0.5～1 g 정도를 흡수하므로 이온성기는 수용액에 단위체가 있을 때와 같은 특성을 나타낸다. 강산성과 약산성의 교환체 용액을 강염기로 적정한 적정곡선은 그림 10－19, 10－20과 같이 가용성 단위체를 적정할 때와 같은 모양의 곡선이 된다.

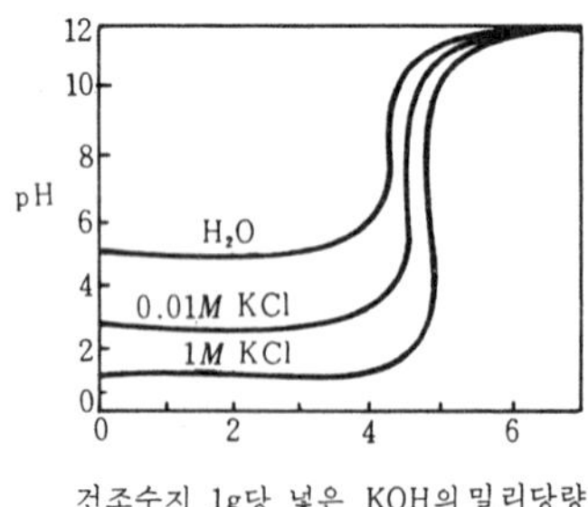

그림 10－19 강산성 이온 교환체의 적정

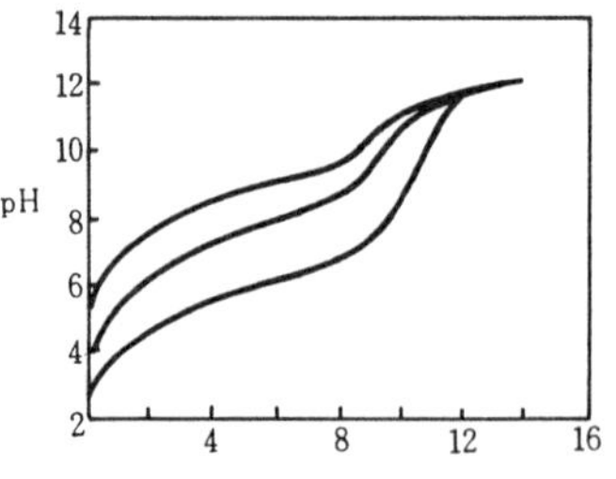

그림 10－20 카르복시산 양이온 교환체의 적정

수지의 전교환용량은 작용기의 성질에만 의존하므로 같은 수지에 있어서는 모든 작은 이온에 대해서 다 같으며, 이론치와 매우 근사하게 일치한다. 그러나 지름이 비교적 큰 유기이온은 3차원 망상 속을 통과하지 못하고, 표면과 그 근처에서만 교환이 일어나므로 교환용량은 작게 된다.

간단한 무기이온만이 교환과정에 포함되면 교환은 정전력으로써 설명할 수 있으나, 비이온성 전해질을 수지에 넣으면 흡착과 같은 계면효과가 나타나게 된다. 평형에 유기이온이 포함되면 위의 두 효과를 동시에 고려해야 하며, 이온에 대한 수지의 친화력은 정전인력과 van der Waals 힘으로 설명할 수 있다. 진한 전해질 용액의 이온 간 인력은 현재의 용액이론으로써는 설명하기 곤란하다. 그러므로 한 상은 전해질을 포함하고 다른 상은 확산불가능한 이온종이 포함될 때, 반투막으로 분리된 두 상에 확산되는 전해질의 분포가 다르다는 Donnan 막평형이론(membrane equilibrium theory)을 써서 진한 전해질 수용액으로 볼 수 있는 수지상을 설명해 보자. 지금 NaCl 용액과 산성 이온교환수지에 Na^+이 결합한 NaR 수지용액을 Na^+과 Cl^-, H^+만이 통과할 수 있는 막으로 분리했을 때, Na^+과 Cl^-, H^+이 막을 통해 확산하여 평형이 이루어지며, H^+을 무시하면 막 양편 물질의 화학 포텐샬은 같아야 하므로

$$\mu_{NaCls} = \mu_{NaClr} \quad \cdots\cdots (10-26)$$

여기서 첨자 s와 r는 각각 수용액상과 수지상을 구별하기 위해 썼다. (10－26)식을 각 이온에 대해 풀어 쓰면 $\mu^{\circ}_{Na^+} + RT\ln a_{Na^+,s} + \mu^{\circ}_{Cl^-} + RT\ln a_{Cl^-,s} = \mu^{\circ}_{Na^+} + RT\ln a_{Na^+,s} + \mu_{Cl^-} + RT\ln a_{Cl^-,s}$이므로

$$a_{Na^+,s}\, a_{Cl^-,s} = a_{Na^+,r}\, a_{Cl^-,r} \quad \cdots\cdots (10-27)$$

용액이 묽어서 활동도와 물농도가 같으면, 전기중성 원리가 적용되므로

$$[Na^+]_s[Cl^-]_s = [Cl^-]_s^2 = [Na^+]_r[Cl^-]_r = \{[Cl^-]_r + [R^-]_r\}[Cl^-]_r \quad (10-28)$$

그러므로 용액 속의 $[Cl^-]_s$는 수지 속의 $[Cl^-]_r$ 보다 크다. 또 용액 속의 $[H^+]$를 무시할 없을 정도로 산성이면, 같은 방법에 의하여

$$[H^+]_s[Cl^-]_s = [H^+]_r[Cl^-]_r \quad \cdots\cdots (10-29)$$

식(10－28)을 식(10－29)로 나누면

$$[Na^+]_s/[H^+]_s = [Na^+]_r/[H^+]_r \quad \cdots\cdots (10-30)$$

Na^+을 Ca^{2+}으로 바꾼다면

$$[Ca^{2+}]_s^{1/2}/[H^+]_s = [Ca^{2+}]_r^{1/2}/[H^+]_r \quad \cdots\cdots (10-31)$$

위와 같은 Donnan 이론은 이상계의 묽은 용액과 교환용량이 낮은 수지에만 적용되므로, 편법으로 이온교환평형에 대하여 반정량적 관계를 나타내는 질량작용의 법칙을 적용해 보자. 이온교환수지 중 순수한 양이온 교환수지 HR와 음이온 교환수지 ROH 각각에 NaCl 용액을 넣으면 다음과 같은 교환반응이 일어나며, 그 평형정수는 각각

$$HR + NaCl \rightleftharpoons NaR + HCl \quad \cdots\cdots (10-32)$$

$$K = \frac{a_{Na^+,r}\ a_{H^+,s}}{a_{H^+,r}\ a_{Na^+,r}} \quad \text{또는} \quad K_{Na}^{H} = \frac{a_{NaR}\ a_{H^+,s}}{a_{HR}\ a_{Na^+,s}} \quad \cdots\cdots (10-33)$$

$$R'NH_2 + H_2O \rightleftharpoons R'NH_3OH \equiv ROH$$
$$ROH + NaCl \rightleftharpoons RCl + NaOH$$

$$K = \frac{a_{Cl^-,r}\ a_{OH^-,s}}{a_{Cl^-,s}\ A_{OH^-,r}} \quad \text{또는} \quad K_{Cl}^{OH} = \frac{a_{RCl}\ a_{OH^-,s}}{a_{ROH}\ a_{Cl^-,s}} \quad \cdots\cdots (10-34)$$

이들 평형정수를 이온교환 평형정수(ion-exchange equlibrium constant)라고 한다. 그림 10-31과 10-32의 0.01 *M* KCl과 1 *M* KCl은 식(10-32)와 같은 반응에 의해 유리된 H^+을 강염기로 적정한 것이다. 그러나 수지 속의 어떤 이온의 활동도를 실험으로 구하기란 어려우므로 식(10-32)를 다음과 같이 바꾸어 쓰고, 이 때의 K'를 겉보기 평형정수(apparent equilibrium constant) 또는 선택성 계수(selectivity coefficient)라 한다. K'는 일정한 농도범위에서는 일정한 정수이다. $[NaR]_r$와 $[HR]_r$는 수지상 속의 각 성분의 몰 분율을 나타낸다.

$$K_{Na}^{H} = \frac{[NaR]_r\ a_{H^+,s}}{[HR]_r\ a_{Na^+,s}} \times \frac{f_{NaR,r}}{f_{HR,r}} = K' \frac{f_{NaR,r}}{f_{HR,r}} \quad \cdots\cdots (10-35)$$

8~10%의 디비닐벤젠을 포함한 폴리스티렌 강산성 양이온 교환수지의 K'^{M}_{H}의 보기를 들면 Li^+(0.8), Na^+(2.0), K^+과 NH_4^+(3), Ca^+(42) 등이다. 이 K'는 수지

상의 비이상성과 두 금속이온에 대해 수지상의 친화력의 비를 나타낸다. 따라서 하전이 같은 이온에서는 수지상과 이온의 교환친화력이 크면, K'가 커지며 교환반응이 잘 일어난다. 이온의 원자가 클수록, 그 수화 반지름이 작을수록 수화도는 커지며, 수화도가 클수록 친화력은 커진다. 또 수지의 다리결합도가 크고 교환용량이 크면 이온이 수지 속으로 침투해 들어가기 힘드나, 수지의 이온에 대한 선택성은 커지며, 다리결합도가 작을수록 수지 자체는 부풀기 쉽다. 수지가 부푸는 것은 이온농도의 함수이며 이온 크기의 함수가 아니나, 이온이 수지에 보다 세게 결합하면 수지는 덜 부풀게 된다. 한편 다리결합도가 클수록 수지는 부풀기 힘들므로 수화이온의 크기가 큰 것은 작은 것보다 교환반응을 일으키기 어렵게 된다. 이러한 인자를 모두 정량적으로 수식화하여 일반식을 만들 수 없으므로 실험결과로부터 얻은 다음과 같은 실험식인 경험법칙을 살펴보자.

$$\frac{[A]_r}{[B]_r}\left(\frac{[B]_S}{[A]_S}\right)^p = k \qquad (10-36)$$

여기서 p와 k는 경험정수인데 많은 실험 데이타는 이 식에 잘 맞는다.

① 교환이온의 원자가가 클수록 선택계수가 커진다. 보기를 들면

$$Na^+ < Ca^{2+} < La^{3+} < Th^{4+}$$

② 주기율표의 같은 족의 이온은 원자량이 클수록 선택계수가 커진다.

$Li^+ < H^+ < Na^+ < K^+ \simeq NH_4^+ < Rb^+ < Cs^+ < Ag^+ < Tl^+$

$Be^{2+} < Mn^{2+} < Mg^{2+} \simeq Zn^{2+} < Cu^{2+} \simeq Ni^{2+} < Co^{2+} < Ca^{2+}$

$Sr^{2+} < Pb^{2+} < Ba^{2+}$

$Al^{3+} < Se^{3+} < Lu^{3+} < V^{3+} < La^{3+} < Ac^{3+}$

$OH^- < F^- < Cl^- < Br^- < NO_3^- < I^- < SCN^- < ClO_4^-$

(강염기성 교환체)

$F^- < Cl^- < Br^- \simeq I^- \simeq Ac^- < MoO_4^{2-} < PO_4^{3-} < AsO_3^{3-} < NO^{3-}$

< 타르타르산$^{2-}$ < 시트르산^{3} < $CrO_4^{2-} < SO_4^{2-} < OH^-$

(약염기성 교환체)

③ 주기율표의 다른 족 이온의 원자가 같으면, f가 클수록 K'가 크다.

④ 수지 속의 작용기의 산성과 염기성이 약할수록 H^+과 OH^-의 K'가 크다.

⑤ 분자량이 큰 유기이온과 금속의 음이온 착물은 이상하게 K'가 크다.

⑥ 이온의 원자가 같으면 수화도가 클수록 K'는 작다.

그러나 이 순위는 고온이거나 농도가 진해지거나, 비수용액 또는 비수용매가 섞인 용액에서는 바뀌어지기도 한다. 또 수지의 종류에 따라 어떤 이온만을 잘 교환하느냐 하는 선택성은 결정된다. 보기를 들면 카르복실산 수지는 H^+, Cu^{2+}과 Ca^{2+}에, 술폰산 수지는 Ag^+과 Tl^+에, 아민 수지는 Cu^{2+}, Ni^{2+}, Co^{2+}와 백금족 금속이온과 같은 음이온 착물에 매우 선택적이다.

3. 교환분리방법

만일 K'가 크고, 약전해질이나 불용성 물질 또는 안정한 착물을 이루는 교환반응이 일어날 때에는 비커와 같은 용기에 수지입자와 시료용액을 넣고, 평형에 도달할 때까지 흔든 뒤에 용액을 걸러 버리는 단일평형과정을 이용하는 방법은 뱃치법(batch method)이라 한다. 이 방법은 단 한 번의 평형과정을 이용하며, 표 10-8과 같이 수지의 교환속도도 일반으로 비교적 느리므로 수지의 교환용량에 비하여 다량의 수지를 써야 한다.

표 10-8 교환체의 교환 속도

평 형	90%가 평형에 도달하는 시간
RSO_3+KOH	2분
$RCOOH+KOH$	7일
$RSO_3Na+CaCl_2$	2분
$RCOONa+CaCl_2$	2분

수지관법(resin column method)에 쓰는 수지관을 만드는 방법은 다음과 같다. 곧 그림 10-21과 같이 안지름 1cm, 길이 20~40cm의 유리관 또는 뷰렛을 준비한다. 여기에 증류수로 씻은 유리솜을 약 1cm의 높이로 채우고, 유리막대로 평평하게 한 뒤, 다시 씻고 증류수를 5ml가량 넣는다. 비커에 50~400메쉬의 이온교환수지 적당량과 증류수를 넣고, 흔든 다음 방치할 때, 상징액이 흐려지면 위 말국은 경사하여 버리고, 새로 증류수를 넣어 흔들어 방치할 때, 위 말국이 맑아질 때까지 되풀이 하여 씻는다. 이와 같이 씻은 수지와 증류수를 함께 관에 부어 침강시킬 때, 수지의 높이가 10~30cm 가량 되게 한다. 수지관 속에는 기포가

생기지 않도록 해야 하는데, 기포가 생겼으면 증류수가 들어 있는 그대로 관을 기울이고 가는 유리막대를 써서 기포가 상징액 위로 올라오게 한다. 분액깔대기는 수지관 위에 고무마개로 연결한다.

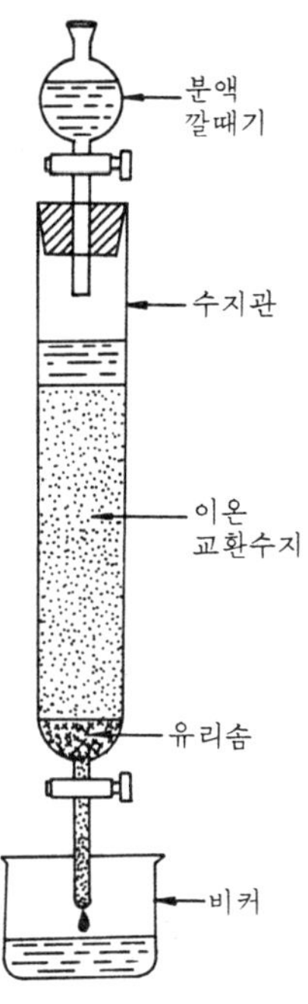

그림 10-21 수지관

위와 같은 방법으로 만든 수지관의 분액깔때기에서 소량의 Cs^+용액을 떨어뜨려 술폰산 나트륨 수지관 속으로 흐르게 하면, 교환되는 Cs^+은 수천만 번 수지의 $-SO_3Na$와 평형을 이루며, 각 평형단계에서는 $[Cs^+]$가 줄어든 용액과 새 수지가 접촉하므로 뱃치 평형을 매우 여러 번 연속적으로 이루게 한 것과 같은 결과가 된다. 관의 윗 부분은 Cs^+으로 포화되어 있으므로 $[Cs^+]$는 분액깔때기에서 흘려 넣은 액체 곧 유입액(influent) 속의 Cs^+의 농도 C_0와 같게 되고, 관의 어떤 중간 부분은 그림 10-22와 같이 $[Cs^+]$는 Cs^+과 Na^+이 공존하는 지대의 길이에 따라 C_0에서 0까지 변한다. 관 밑에 흘러나오는 액체 곧 유출액(effluent)에 처음에는 Cs^+이 없고, Na^+만이 유리되어 나오다가 Cs^+용액의 양이 많아지면 $[Na^+]$는 줄어들고, $[Cs^+]$가 커져서 마지막에는 C_0와 같게 되며, $[Na^+]$는 0이 된다. 이와 같이 Cs^+의 양을 증가함으로써 Cs^+이 유출액에 나타나는 순간을 파괴점(breakthrough point)이라고 한다. 어떤 성분의 돌파점과 교환체의 용량을 나타내는 방법은 그림 10−23과 같이 유출액의 부피 : 교환 이온의 농도비로써 나타낸다. 부피 a는 실험조건에서 교환이온에 대한 수지관의 돌파용량을 나타내며, 부피 b는 돌파곡선이 대칭일 때 교환체의 이론적 교환용량에 해당한다. 보통 돌파곡선은 대칭이 아니며, b는 다만 전교환용량의 근사치이므로 다른 실험조건에서 돌파곡선을 비교할 때 농도는 $C/C_0=0.001$이 되게 임의로 선택하면 좋다. 여기서 C는 유출액 속의 교환용질의 마지막 농도이며, 0.001은 99.9%의 용질이 그 부피분에서 교환되는 즉 정량적 교환이 이루어지는 농도이다. 일반적으로 교환체의 돌파용량의 크기는 교환체가 미립자일수록 평형에 빨리 도달되므로 크고, 수지관의 지름이 작고 길이가 길수록 크며, 유속이 늦을수록, 수지의 다리결합도가 클수록, 온도가 높을수록 커지며, 용액의 조성에도 크게 영향을 받는다.

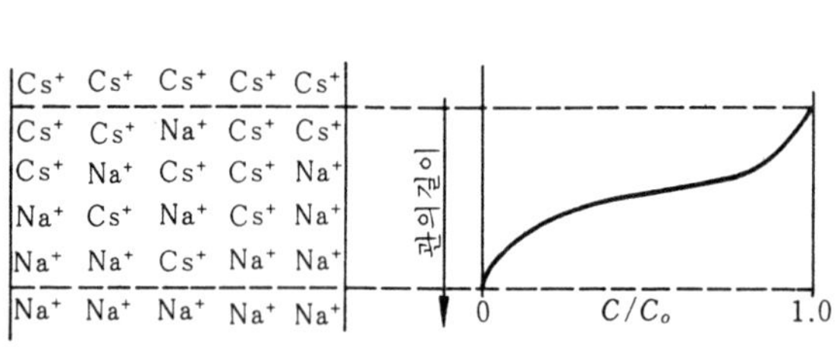

그림 10−22 Na^+과 Cs^+의 수지관 교환

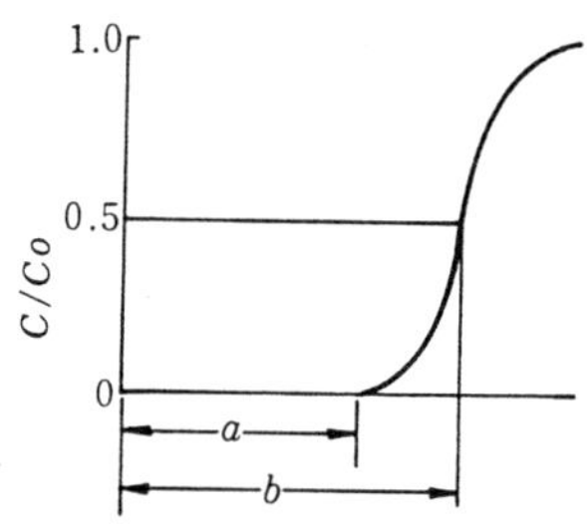

그림 10−23 대표적인 돌파곡선

4. 이온교환 크로마토그래피

수지에 흡착된 이온을 분리 용해하기 위하여 산, 염 또는 착화제와 같은 물질을 포함하는 용액을 넣는 조작을 용리(elution)라 부르고, 넣는 용액을 용리액

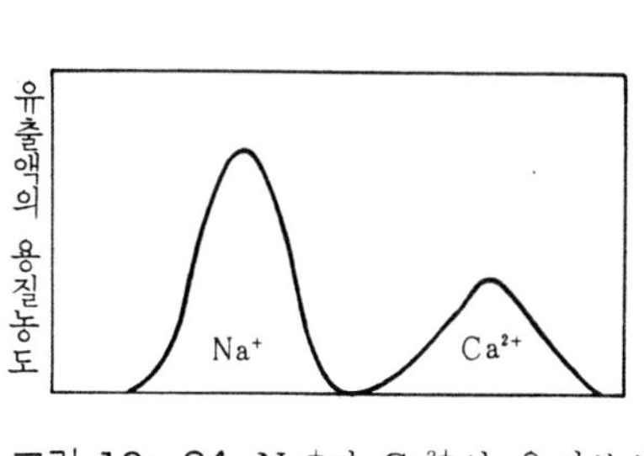

그림 10−24 Na^+과 Ca^{2+}의 용리분석

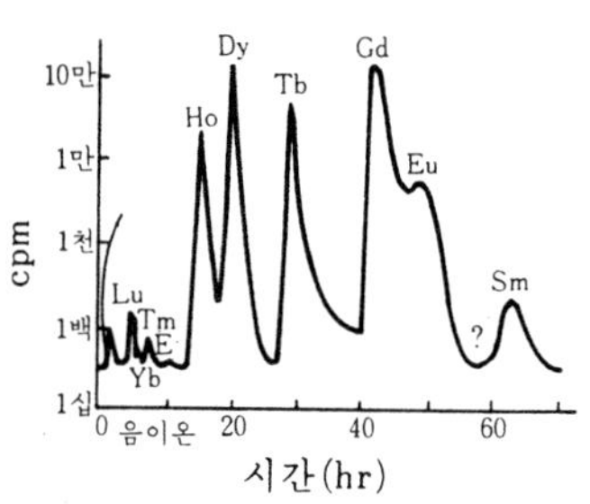

그림 10−25 용리곡선

(eluent), 용액을 만드는 물질을 용리제(eluting agent or elutriant)라고 하며, 이 때의 유출액은 용출액(eluate)이라고 한다. 보기를 들어 강산성 이온교환수지를 써서 Na^+과 Ca^{2+}을 분리할 때, 두 이온이 들어 있는 용액 일정량을 먼저 수지관에 교환흡착시키면, 두 이온은 관의 윗 부분의 좁은 지대에 결합되어 있으나, 분액깔때기에서 묽은 HCl 용액을 떨어뜨리면, 두 이온은 H^+으로 부분적으로 치환되어 관 아래로 옮겨 가서 H^+과 새로 치환한다. 이러한 흡착, 탈착 과정이 되풀이 되어 선택계수가 작은 Na^+이 Ca^{2+}보다 더 아랫 부분에 교환흡착된다. 따라서 $[Na^+]/[Ca^{2+}]$은 관의 아랫 부분에서 크게 되고 윗 부분에서 매우 작아지며, 적당한 조건에서는 두 이온의 지대가 분리되어 다른 속도로 관 아래로 내려간다. 따라서 Na^+이 먼저 유출액에 나타나며, 유출액 속의 $[Na^+]$와 $[Ca^{2+}]$를 유출액 부피에 대해 그리면 그림 10-24와 같은 결과가 된다. 이 때의 분리효율은 용리제, 시료의 양, K'의 차와 돌파용량인자 등에 의하여 결정된다.

무기물질 중에서 분리하기 가장 어려운 것 중의 하나인 희토류 금속이온을 분리한 보기는 그림 10-25와 같다. 실험조건은 100℃에서 단면적 $0.26\,cm^2$, 길이 97 cm의 관에 270/325 메쉬의 Dowex 50을 넣고, pH 3.28인 5% 시트르산 완충용액의 금속이온을 0.64 cm/min의 유속으로 유출시킨 것이다. 반응식과 그 평형정수 및 D는

$$H_3Cit \rightleftharpoons H^+ + H_2Cit^- \qquad K_a = [H^+][H_2Cit^-]/[H_3Cit]$$

$$M(H_2Cit)_3 \rightleftharpoons M^{3+} + 3H_2Cit^- \qquad K_{inst} = [M^{3+}][H_2Cit^-]^3/[M(H_2Cit)_3]$$

$$M^{3+} + 3NH_4R \rightleftharpoons MR_3 + 3NH_4^+ \qquad K_{ex} = [MR_3][NH_4^+]^3/[M^{3+}][NH_4R]^3$$

$$D = \frac{[MR_3]}{[M^{3+}]+[M(H_2Cit]_3]} \simeq \frac{[MR_3]}{[M(H_2Cit)_3]}$$

$$= \frac{K_{ex}K_{int}}{K_a^3} \cdot \frac{[NH_4R]^3[H^+]^3}{[NH_4^+]^3[H_3Cit]^3} \qquad \cdots\cdots (10-37)$$

위 식에서 보면, NH_3를 첨가하면 $[NH_4^+]$가 커지고 $[H^+]$가 작아지므로 D는 작아지나, NH_3 첨가에 의한 $[H_3Cit]$의 감소에 의한 D의 감소도 동시에 일어난다. 따라서 D가 작은 값이고, 수지의 교환용량이 클 때에는 수지상 속의 NH_4^+의 활동도가 바뀌지 않을 정도로 소량의 금속이온을 넣는한 용리할 때 D는 일정한 값이 된다. 그러나 분리계수는 식(10-38)과 같으므로 이들 농도에는 무관하며, 시트르산 이온은 물층 속의 착물화의 정도를 조절함으로써 두 금속이온의 흡착

률의 차가 생기게 하는 역할을 할 따름이다.

$$S^{M_1}_{M_2} = \frac{D_{M_1}}{D_{M_2}} = \frac{K^{M_1}_{ex}}{K^{M_2}_{inst}} \cdot \frac{K^{M_2}_{ex}}{K^{M_2}_{inst}} \quad \cdots\cdots (10-38)$$

여기서 $D_{M_1} > D_{M_2} >$ 이면 M_1보다 M_2가 먼저 용출액에 나타나는데, 이들 금속 이온의 흡착률의 크기 순서는 다음과 같다.

La > Ce > Pr > Nd > Pm > Sm > Eu > Gd > Tb > Dy > Y > Ho > Er > Tm > Yb > Lu

5. 이온교환 크로마토그래피의 이론

증류관과 이온교환 수지관의 연속평형에는 비슷한 점이 많다. 관은 이론적인 교환단의 수 p로 이루어져 있다고 볼 수 있다. 곧 이 단에서 저 단으로 그 부피가 V인 용액이 관을 지날 때 어떤 단 속의 용질의 분포는 다음과 같이 나타낼 수 있다.

$$R_{n,p} \ / \ S_{n,p} = C \quad \cdots\cdots (10-39)$$

여기서 $R_{n,p}$는 n번째의 용액 V가 p단에서 평형을 이룰 때 p단 수지상 속의 용질의 분율, $S_{n,p}$는 n번째의 용액 V가 p단에서 평형을 이룰 때 p단과 접촉하고 있는 용액 속의 용질의 분율, n은 어떤 시간에 어떤 단과 평형을 이루고 있는 V의 수, C는 p단 속의 용액과 수지 사이에 용질의 분포를 나타내는 정수이다. 관 속을 용매가 흐를 때 물질수지가 유지되므로

$$S_{n,p} + R_{n,p} = S_{n,p-1} + R_{n-1,p} \quad \cdots\cdots (10-40)$$

수지관의 제일 윗 부분은 처음의 전개용매 V와 수지가 접촉하여 평형을 이루고 있는데, 이 부분을 0단이라고 하면 $S_{1,0} + R_{1,0} = 0 + 1$

$R_{1,0}/C_{1,0}$는 C이므로

$$R_{1,0} = \frac{C}{1+C} \qquad S_{1,0} = \frac{1}{1+C} \quad \cdots\cdots (10-41)$$

같은 방법에 따라 $R_{2,0}+S_{2,0}=0+\dfrac{C}{1+C}$

$R_{2,0}/C_{2,0}$도 C이므로

$$R_{2,0}=\frac{C^2}{(1+C)^2} \qquad S_{2,0}=\frac{C}{(1+C)^2} \quad \cdots\cdots (10-42)$$

그러므로 0단에서의 R와 S에 대한 일반식은

$$R_{n,0}=\frac{C^n}{(1+C)^n} \qquad S_{n,0}=\frac{C^{n-1}}{(1+C)^n} \quad \cdots\cdots (10-43)$$

1단에서는 $S_{1,1}=S_{1,0}+R_{0,1}=\dfrac{C^0}{1+C}=0$

$R_{1,1}/S_{1,1}$도 C이므로

$$S_{1,1}=\frac{C^0}{(1+C)^2} \qquad R_{1,1}=\frac{C}{(1+C)^2} \quad \cdots\cdots (10-44)$$

같은 방법에 따라 $S_{2,1}+R_{2,1}=S_{2,0}+R_{1,1}=\dfrac{C}{(1+C)^2}+\dfrac{C}{(1+C)^2}$

$R_{2,1}/S_{2,1}$도 C이므로

$$S_{2,1}=\frac{2C}{(1+C)^2} \qquad R_{2,1}=\frac{2C^2}{(1+C)^2} \quad \cdots\cdots (10-45)$$

일반적으로

$$S_{n,1}=\frac{nC^{n-1}}{(1+C)^{n+p}} \qquad R_{n,1}=\frac{nC^n}{(1+C)^{n+p}} \quad \cdots\cdots (10-46)$$

이러한 방법을 더욱 확장하여 계산하면 다음과 같은 일반식을 얻는다.

$$S_{n,p}=(n+p-1)!C(n-1)!p!(1+C)n+p \quad \cdots\cdots (10-47)$$

$$R_{n,p}=\frac{(n+p-1)!C}{(n-1)!p!(1+C)^{n+p}} \quad \cdots\cdots (10-48)$$

n과 p가 큰 값에 대하여 Stirling의 근사식 $x!=e^{-x}n^x(2\pi x)^{1/2}$을 쓰면

$$S_{n,p}=\frac{1}{(2\pi)^{1/2}}\ \frac{(p+n-1)^{p+n-1/2}C^{n-1}}{(n-1)^{n-1/2}p^{p+1/2}(1+C)^{p+n}} \quad \cdots\cdots (10-49)$$

$$R_{n,p}=\frac{(p+n-1)^{p+n-1/2}C^n}{(2\pi)^{1/2}(n-1)^{n-1/2}p^{p+1/2}(1+C)^{p+n}} \quad \cdots\cdots (10-50)$$

따라서 어떤 단에 있는 물질의 양을 계산하는 식은

$$S_{n,p} + R_{n,p} = \frac{1 + C)(P + n - 1)^{p+n-1/2} C^{n-1}}{(2\pi)^{1/2}(n-1)^{n-1/2} p^{p+1/2} (1+C)^{n+p}} \cdots\cdots\cdots (10-51)$$

식(10-51)에서 보면 $S_{n,p}$가 최대일 때는 $n = pC$일 때이다. 용리 피크에 해당하는 n_{max}단에 있는 용액 속의 용질의 분율은

$$S_{max} = S_{p,Cp} = [2\pi pC(1 + C)]^{-1/2} \cdots\cdots\cdots (10-52)$$

수지관을 지나가는 용리액의 자유관 부피의 수 F로 용리 피크의 장소를 나타내면

$$F_{max} = n_{max}/p \cdots\cdots\cdots (10-53)$$

C는 n_{max}/p이므로

$$F_{max} = C \cdots\cdots\cdots (10-54)$$

보통 용리곡선은 수지관의 마지막 단의 $L : n$으로 나타내며, 피크에서는 F와 C가 같으므로 p와 C는 용리곡선으로부터 구한다. 따라서 C가 작은 물질은 빨리 용리된다. 용리곡선은 보통 부피와 농도로 나타내는데, 용리곡선 아래의 면적은 용리된 물질의 전체량이 된다. 이 면적은 표의 t를 찾아서 구하는데, t란 n이 용리 밴드의 피크에서 벗어난 표준편차 σ의 수 곧 $t=n/\sigma$이다. 또 오차곡선의 피크에서의 좌표는 $1/\sigma(2\pi)^{1/2}$ 이므로 용리곡선의 피크에서의 좌표는 $1/\{2\pi p(1+C)\}^{1/2}$이다.

그러므로

$$\sigma = \{pC(1+C)\}^{1/2} \qquad t = \frac{n - n_{max}}{\{C(1+C)\}^{1/2}} \cdots\cdots\cdots (10-55)$$

용리곡선의 피크에서는 $n_{max} = pC$이므로

$$t = \frac{p^{1/2}(F-C)}{C(1+C)^{1/2}} \cdots\cdots\cdots (10-56)$$

6. 응 용

이 장의 앞에서 설명한 바와 같이 물을 연화시키는 데에 이온교환수지를 쓸

수 있으며, 물 속의 탈염, 금속이온 및 유기이온의 분리, 농축, 추출, 회수, 불순물이온의 제거, 기체의 흡착, 염기 및 산의 제조, 완충제의 제조, 불용성 물질의 제거, 보통의 방법으로는 분리하기 곤란한 물질을 분리 정량분석하는 데에 이용할 수 있다.

수도물과 같이 불순물이 포함되어 있는 용액을 탈이온시키고자 할 때에는 그림 10-26과 같이 양이온 교환수지가 들어 있는 수지관을 통과시키면 양이온의 수지의 H^+과 교환, 제거되며, 음이온 교환수지에 통과시키면 음이온이 OH^-과 반응하므로 두 수지관을 통과한 물은 순수하게 된다.

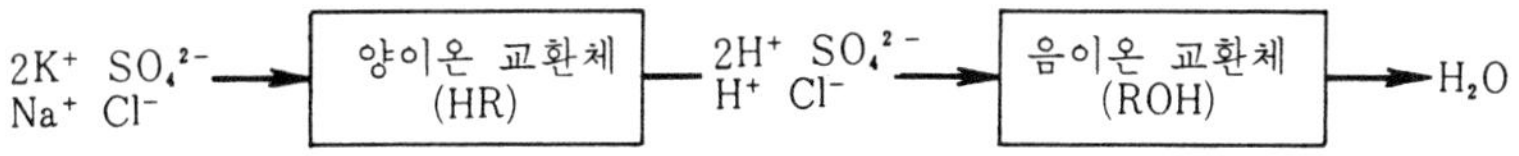

$$\begin{matrix} 2K^+ \ SO_4^{2-} \\ Na^+ \ Cl^- \end{matrix} \longrightarrow \boxed{\begin{matrix}\text{양이온 교환체} \\ \text{(HR)}\end{matrix}} \longrightarrow \begin{matrix} 2H^+ \ SO_4^{2-} \\ H^+ \ Cl^- \end{matrix} \longrightarrow \boxed{\begin{matrix}\text{음이온 교환체} \\ \text{(ROH)}\end{matrix}} \longrightarrow H_2O$$

그림 10-26 전해질 용액의 탈이온

양이온 교환수지를 재생시킬 때에는 묽은 HCl용액을 용리액으로 써서 씻은 다음, 물로 Cl^-이 검출되지 않을 때까지 충분히 씻어야 하며, 음이온 교환수지는 NaOH나 KOH용액으로 씻고, 물로 씻어서 보존해야 한다.

$$\text{NaR} \xrightarrow{\text{HCl}} \text{RH(불순)} \xrightarrow[\text{세척}]{H_2O} \text{HR(순수)}$$

$$\text{RCl} \xrightarrow{\text{NaOH}} \text{ROH(불순)} \xrightarrow[\text{세척}]{H_2O} \text{ROH(순수)}$$

10-5 용매추출법

추출법 중에서 특히 구하려는 성분 또는 그 반응생성물은 적당한 조건 아래서 물과 섞이지 않는 유기용매에 녹고, 다른 성분 또는 반응생성물은 물에 잘 녹을 때에 유기용매로 추출하여 어떤 성분을 분리 정량하는 방법을 용매추출법(solvent extraction)이라 부른다. 화합물을 추출할 때에 쓰는 용매는 적당히 선택해야 하나, 일반적으로 에테르와 같이 끓는점이 너무 낮은 것, 진한 염산과 에스테르류와 같이 물층과 안정한 유탁액을 만들므로 두 액상을 분리하기 곤란한 것

등은 피해야 한다. 물에 녹은 용질은 이온 또는 분자의 상태로서 물분자와 수화하여 녹으나, 물과 서로 섞이지 않는 유기용매에서는 보통 전기적으로 중성인 분자만이 녹으며, 전리는 거의 일어나지 않는다.

1. 이용반응의 종류

(1) 중합반응

보기를 들면 벤조산은 수용액 속에서 C_6H_5COOH, $C_6H_5COO^-$, H^+으로 녹으며, 벤젠 속에서는 C_6H_5COOH, $(C_6H_5COOH)_2$로 되어 유기용매에 녹으며, Fe^{3+}을 염산 수용액에서 디이소프로필에테르로 추출하면, Fe^{3+}의 농도에 따라 n이 2~4인 용매화된 $(H^+FeCl_4^-)_n$으로 되어 녹는다.

(2) 회합반응

요드는 물에 거의 녹지 않으나, 벤젠, 2황화탄소 등의 무극성 유기용매에 잘 녹으며, 요드화 알칼리 수용액 속에서는 회합하여

$$I^- + I_2 \rightleftharpoons I_3^-$$

I_3^-이 되어 녹는다. 이러한 보기는 다음과 같은 반응에서도 일어난다.

$$Br^- + Br_2 \rightleftharpoons Br_3^- \text{ (수용액)}$$
$$H_2O + Cl_2 \rightleftharpoons HCl + HClO\text{(수용액)}$$
$$\text{아민} + \text{피크리산} \rightleftharpoons \text{피크린산아민염(유기상)}$$
$$\text{피크린산} + \text{탄화수소} \rightleftharpoons \text{피크린산·탄화수소(유기상)}$$

(3) 착이온 생성반응

착이온은 중심 금속이온과 배위자의 농도에 따라 여러 가지가 생긴다.

(4) 속착염 생성반응

보기로는 Cu－옥신, Ni^-(디메틸글리옥심)$_2$, Cu－디티존 등을 들 수 있다. 표

10－9는 초록색 시약인 디티존을 4염화탄소에 녹여 유기용매층으로 쓰고, 금속이온이 들어 있는 수용액의 pH를 바꿀 때 어떤 원소가 추출되는가를 나타낸다. 디티존을 쓰면 10^{-7}g의 미량금속이온도 추출 정량할 수 있다.

표 10－9 4염화탄소에 의한 착염의 추출

금 속	추출하는 pH	CCl_4층의 색	금 속	추출하는 pH	CCl_4층의 색	금 속	추출하는 pH	CCl_4층의 색
Bi	>2	등황	Au	묽은광산	노랑	Hg(Ⅱ)	묽은광산	등황
Cd	>7	빨강	Fe(Ⅱ)	6～7	적자	Ni	>7	갈색
Co(Ⅱ)	7～9	보라	Pb	8.5～11	암적	Ag	묽은광산	노랑
Cu(Ⅰ)	<0.1N 광산	보라	Mn(Ⅱ)	11	황자	Sn(Ⅱ)	6～9	빨강
Cu(Ⅱ)	묽은 광산	적자	Hg(Ⅰ)	묽은광산	등	Zn	약염기	빨강

(5) 이온회합체 생성반응

금속의 염산염이 에테르에 추출되며, 유기층의 $Ph_4As^+Cl^-$에 ReO^{4-}이 추출되며, $Na^+Ph_4B^-$이 K^+, Hg^{2+}, Ag^+, NH_4^+ 등을 $K^+Ph_4B^-$, $Hg^{2+}(Ph_4B^-)_2$, $Ag^+Ph_4B^-$, $NH_4^+Ph_4B^-$ 등의 화합물로 만들어 유기상으로 추출하는 것 등이 있다.

2. 추출평형

비이온성 용질이 어떠한 반응도 일으키지 않고 서로 섞이지 않는 두 용매상 속에 같은 화학식을 가진 화합물로 존재할 때의 평형정수 곧 분포계수(distribution coefficient)는 두 상에 녹는 용질의 용해도비와 같다. 수용액상은 w, 유기 용매상은 o를 첨자로 써서 나타내면, 이들 두 상에 용질 A가 분포평형을 이룰 때에 그 평형과 분포계수 K_D는

$$A_w \rightleftharpoons \quad K_D = \frac{[A]_o}{[A]_w} \quad \cdots\cdots (10-57)$$

이 식은 Nernst의 분포법칙의 한 표현이다. 두 상에 고체가 존재하여 이상적으로 포화되어 있으며, 같은 화학종이 평형을 이루고 있을 때에는 각각의 용해도

를 S_o, S_w라고 하면

$$K_D = \frac{S_o}{S_w} \quad \cdots\cdots\cdots\cdots\cdots\cdots\cdots\cdots\cdots\cdots\cdots\cdots \quad (10-58)$$

용질이 중성 분자가 아니고, 이온쌍일 때에 몰 농도로써 분포계수를 쓰면 염류효과 때문에 K_D는 일정한 값이 되지 않는다.

(1) 단일속착염의 추출

물층의 전체 금속이온농도 C_{M_w}에 대한 유기상의 전체 금속이온농도 C_{M_o}의 비를 분석비(distribution ratio, 또는 추출계수 extraction coefficient)라고 하는데, 이것은 분석화학에서 매우 중요한 양이다.

$$D = \frac{C_{Mo}}{C_{Mw}} \cdots\cdots\cdots\cdots\cdots\cdots\cdots\cdots\cdots\cdots\cdots\cdots \quad (10-59)$$

1염기산 배위자 시약의 분포계수 P_r, 그 산해리 정수 K_a, 물층에서의 속착염의 안정도 정수 K_c 및 속착염의 분포계수 P_c과 같이 정의하고, 속착염은 MX_n 뿐이라고 가정하면 분포비는 식(11－64)와 같이 바뀌어진다.

	$H^+ + X^- \rightleftharpoons$	HX
물층	$M^{n+} + nX^- \rightleftharpoons$	MX_n ⇅ ⇅
유기 용매상		MX_n HX

$$(HX)_w \rightleftharpoons (HX)_o \qquad P_r = [HX]_o/[HX]_w \cdots\cdots\cdots \quad (10-60)$$

$$(HX)_w \rightleftharpoons (X^+)_w + (X^-)_w \qquad K_a = [H^+]_w[X^-]_w/[HX]_w \quad (10-61)$$

$$(M^{n+})_w + (nX^-)_w \rightleftharpoons (MX_n)_w \qquad K_c = [MX_n]_w/[M^{n+}]_w[X^-]_w^n \quad (10-62)$$

$$(MX_n)_w \rightleftharpoons (MX_n)_o \qquad P_c = [MX_n]_o/[MX_n]_w \cdots\cdots \quad (10-63)$$

$$D = \frac{CM_o}{CM_w} = \frac{[MX_n]_o}{[MX_n]_w + [M^{n+}]_w} = \frac{[MX_n]_o/[MX_n]_w}{1+[M^{n+}]_w/[MX_n]_w}$$

$$= \frac{P_c}{1 + 1/K_c[X^-]_w^n} = P_c/\{1 + \frac{1}{K_c(K_c[HX]_w/[H^+]_w)^n}\}$$

$$= P_c/\{1+\frac{P_r^{\ n}}{K_cK_a^{\ n}} \cdot \frac{[H^+]_w^{\ n}}{[HX]_o^{\ n}}\} \cdots\cdots\cdots\cdots\cdots\cdots \quad (10-64)$$

$$\left(\frac{K_a[\mathrm{HX}]_o}{P_r[\mathrm{H}^+]_w}\right)^n \quad P_cK_c = \mathrm{D}' \quad \cdots\cdots (10-65)$$

라 두면

$$\frac{1}{D} = \frac{1}{D'} + \frac{1}{P_c} \quad \cdots\cdots (10-66)$$

$[\mathrm{M}^{n+}]_w \gg [\mathrm{MX}_n]_w$ 곧 $\mathrm{P}_c = [\mathrm{MX}_n]_o/[\mathrm{MX}_n]_w \gg 1$ 라고 두면 D와 D'는 같아진다. 그러나 물층의 금속이온 거의 전부가 속착염으로 존재한다면, 곧 $[\mathrm{M}^{n+}]_w/[\mathrm{MX}_n]_w \ll 1$ 이라면 $D \simeq P_c$가 된다. 두 상의 부피가 같다면, 전체 금속이온의 반이 유기상으로 추출되었을 때 곧 $D = 1$에 해당하는 pH를 $\mathrm{pH}_{1/2}$라 한다. 식(10-65)의 상용대수를 취하여 정리하면

$$\begin{aligned}\log D' &= n \log \frac{K_a}{P_r} + \log K_cP_c - n \log[\mathrm{H}^+]_w + n \log[\mathrm{HX}]_o \\ &= n \log \frac{K_a}{P_r} + \log K_cP_c + \mathrm{n}(\mathrm{pH} + \log[\mathrm{HX}]_o) \quad \cdots\cdots (10-67)\end{aligned}$$

$D \simeq D' = 1$이면 $\mathrm{pH} = \mathrm{pH}_{1/2}$ 이므로

$$0 = n \log \frac{K_a}{P_r} + \log K_cP_c + \mathrm{n}(\mathrm{pH}_{1/2} + \log[\mathrm{HX}]_o \quad \cdots\cdots (10-68)$$

식(10-68)에서 식(10-67)를 빼면 식(10-69)가 되고, 식(10-69)를 식(10-67)에 합하여 정리하면 식(10-69)가 된다.

$$-\log D' = n(\mathrm{pH}_{1/2} - \mathrm{pH}) \quad \cdots\cdots (10-69)$$

$$\mathrm{pH}_{1/2} = \log\frac{P_r}{K_a} - \frac{1}{n}\log K_cP_c - \log[\mathrm{HX}]_o \quad \cdots\cdots (10-70)$$

전체의 금속에 대하여 유기상으로 추출되는 백분율을 추출백분율(percentage extraction) E라 하고, 물층과 유기상의 각각의 부피를 V_w와 V_o라 하면

$$D = \frac{E}{100-E} \cdot \frac{V_w}{V_o} \quad \cdots\cdots (10-71)$$

$D \simeq D'$이면 식(10-69)과 식(10-71)에서 pH를 E의 함수로써 나타내면

$$\log \frac{100-E}{E} \cdot \frac{V_o}{V_w} = n(\mathrm{pH}_{1/2} - \mathrm{pH}) = n\,\Delta\mathrm{pH} \quad \cdots\cdots (10-72)$$

또는 E를 pH의 함수로써 나타내면

$$E = 50(1 - \tan h\ 1.513\, n\, \Delta pH) \cdots\cdots\cdots\cdots\cdots\cdots (10-73)$$

여기서 V_w, V_o, E는 실험치이므로 D는 계산되며, K_a는 pH측정으로 구하며, 따라서 P_r는 실험으로 구한 양에서 K_a를 써서 구하고, P_c와 K_c는 계산되며, 배위수 n도 실험결과로부터 구한다.

n을 금속이온의 산화수라 하면, $V_o = V_w$일 때 식(10−72)에서 계산한 E와 pH 사이의 이론적 곡선은 그림 10−27과 같다. 그림에서 보면 금속이온의 하전수가 클수록 기울기는 커지며, 여러 가지 금속이온에 대하여 같은 시약과 용매를 쓰면 속착염의 안정도 정수와 킬레이트 시약의 농도에 따라 $pH_{1/2}$이 변함을 알 수 있다.

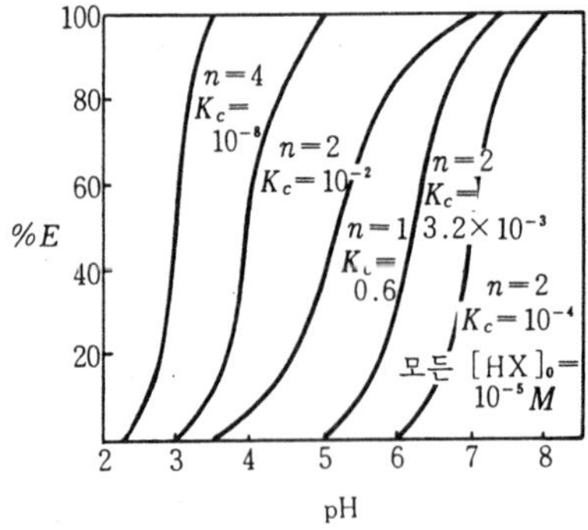

그림 10−27 속착염의 추출곡선

(2) 경쟁착물반응

위에서는 속착염이 MX_n뿐이라고 가정하여 D를 조사해 보았으나, 여기서는 배위수가 n보다 작은 착물도 생길 때와 가수분해 및 다른 시약과 경쟁반응하여 착물을 만드는 일반적인 경우를 고찰해 보자. 유기상에는 MX_n만이 존재한다고 가정하면 분포비는

$$D = \frac{[MX_n]_o}{[M^{n+}] + \sum_i [MX_i] + \sum_j [M(OH)_j] + \sum_p [MY_p]} \cdots\cdots\cdots (10-74)$$

여기서 $\sum_i [MX_i]$는 킬레이트제와 금속이 만드는 착물의 전체 농도이고, $\sum_j [M(OH)_j]$는 수화된 화학종과 양성 금속의 음이온 착물 전체의 농도이며, $\sum_p (MY_p)$는 가리움제와 같이 외부에서 넣어준 착화제와 반응한 모든 금속의 농도이다.

① 물층에 배위수가 n보다 작은 속착물이 생길 때 보기로서 토륨아세틸 아세톤을 물에서 벤젠으로 추출할 때에 ThX^{3+}, ThX_2^{2+} 및 ThX_3^{+}은 고려해야 하나, 착화제가 없으면 수화된 Th^{4+}은 상당히 가수분해하지만 여기서는 수산화 착물을 생각할 필요가 없으므로

$$D=\frac{[MX_n]_o}{[MX_n]_w+\sum_{i=0}^{n-1}[MX_i]_w}=\frac{[MX_n]_o}{[MX_n]_w+[M^{n+}]_w/\beta} \cdots\cdots\cdots\cdots (10-75)$$

여기서

$$\frac{1}{\beta}=\sum_{i=0}^{n-1}K_i[X^-]_w^i=\sum_{i=0}^{n-1}K_i\left(\frac{K_a[HX]_o}{P_r[H^+]_w}\right)^i \cdots\cdots\cdots\cdots (10-76)$$

이며 $K_o=1$이고, 식(10－75)을 식(10－64), 식(10－65)과 같이 변형하면

$$D=P_c\ /\ \{1+\frac{P_r^{\ n}}{\beta K_cK_a^{\ n}}\cdot\frac{[H^+]_w^{\ n}}{[HX]_o^{\ n}}\} \cdots\cdots\cdots\cdots (10-77)$$

$$D'=\left(\frac{K_a[HX]_o}{P_r[H^+]_w}\right)^n\cdot\beta P_cK_c \cdots\cdots\cdots\cdots (10-78)$$

② 다른 착화제와 경쟁반응할 때 배위수가 n보다 작은 속착물과 가수분해를 무시하고, 착화제 Y가 만드는 MY, MY_2, ……, MY_p를 고려하면 D는

$$D=\frac{[MX_n]_o}{[MX_n]_w+\sum_{i=0}^{p}[MY_i]}=\frac{[MX_n]_0}{[MX_n]_w+[M^{n+}]_w/\beta} \cdots\cdots\cdots\cdots (10-79)$$

여기서도 $\frac{1}{\beta}=\sum_{i=0}^{p}K_i[Y]_w^i$이며 $K_o=1$이고, 식(10－79)을 변형하여 식(10－77)와 식(10－78)과 같은 식을 쓸 수 있다. 수산화 이온이 경쟁착화제로 작용하는 특별한 경우는 금속이 양성이거나, 금속이온이 가수분해하여 $M(OH)^{(n-1)+}$, $M(OH)_2^{(n-2)+}$……, $M(OH)_j^{(n-j)+}$ 등으로 존재할 때이다. 지금 과량의 수산화 이온이 존재하여 충분히 알칼리성 ($pH>K_a+\log P_r$)일 때 킬레이트 시약(HX)은 X^-으로 존재하며, 속착염은 MX_n뿐이라고 하면 D는 위와 같이 변형하면

$$D=\frac{[\mathrm{MX}_n]_o}{[\mathrm{MX}_n]_w+\sum_{i=0}^{j}[\mathrm{M(OH)}_i^{(n-i)+}]}=\frac{P_c}{1+[\mathrm{M}^{n+}]_w/\beta[\mathrm{MX}_n]_w}\cdots(10-80)$$

여기서 $\frac{1}{\beta}=\sum_{i=0}^{j}K_i[\mathrm{OH}^-]_w{}^i$이며 $K_o=1$이다. 따라서

$$D=\frac{P_c}{1+1\ /\ K_c\beta[\mathrm{X}^-{}_w]^n}\quad\cdots\cdots(10-81)$$

$$D'=P_cK_c\,\beta[\mathrm{X}^-]_w{}^n\quad\cdots\cdots(10-82)$$

양성 금속이 단일 수산화 착물 $\mathrm{M(OH)}_j{}^{(n-j)+}$을 만들 때 그 안정도 정수가 K_j이면 $\frac{1}{\beta}=1+K_j[\mathrm{OH}^-]_w{}^j\simeq K_j[\mathrm{OH}^-]_w{}^j$이며

$$D'=\frac{P_cK_c}{K_j}\cdot\frac{[\mathrm{X}^-]_w{}^n}{[\mathrm{OH}^-]_w{}^j}=\frac{P_cK_c}{K_jK_w{}^j}\cdot[\mathrm{X}^-]_w{}^n[\mathrm{H}^+]_w{}^j\quad\cdots\cdots(10-83)$$

$$j(\mathrm{pH}-\mathrm{pH}_{1/2})=-\log D'=\log\frac{V_o(100-E)}{V_wE}\quad\cdots\cdots(10-84)$$

이므로

$$\mathrm{pH}_{1/2}=\frac{1}{j}\log\frac{P_cK_c}{K_jK_w{}^j}+\frac{n}{j}\log[\mathrm{X}^-]_w\quad\cdots\cdots(10-85)$$

【예제 10-1】 ① $1M$ HCl과 ② $0.1M$ HCl에서 $10^{-7}M$ Cu^{2+}을 포함하는 수용액 100 ml를 CCl_4에 녹인 0.01% (4×10^{-4} M) 디티존(HX, 10ml)으로 추출할 때의 $\mathrm{pH}_{1/2}$과 추출백분율을 각각 구하라.
단, $P_c=7\times10^4$, $K_c=5\times10^{22}$, $K_a=3\times10^{-5}$, $P_r=1.1\times10^4$이다.

(풀이) ① $1M$ HCl 곧 pH 0에서 식(10-70)을 풀어 식(10-72)에 대입하면

$$\mathrm{pH}_{1/2}=\log\frac{1.1\times10^4}{3\times10^{-5}}-\frac{1}{2}\log\ 5\times10^{22}\times7\times10^4-\log 4\times10^{-4}$$
$$=-1.81$$
$$2(-1.81-0)=\log\frac{100-E}{E}\cdot\frac{10}{100}\qquad\therefore E=99.76(\%)$$

또 식(10-52)와 식(10-59)로부터 E를 구하여 근사식을 쓸 수 있는지 조사해 보면

$$D=7\times10^4\ /\ \{1+\frac{(1.1\times10^4)^2}{5\times10^{22}\times(3\times10^{-5})^2}\cdot\frac{(1)^2}{(4\times10^{-4})^2}\}=\frac{E}{100-E}\cdot\frac{100}{10}$$
$$\therefore E=99.744\%$$

② 위와 같은 방법으로 계산하면 $pH_{1/2}$은 같고 $E = 99.9976\%$, 근사식을 써서 $E = 99.987\%$이고, 보다 높은 pH에서는 $D = P_c$이므로 99.986%가 추출된다.

【예제 10-2】 pH 6에서 100 mℓ의 $10^{-6}M$ Th^{4+} 수용액을 벤젠에 녹인 $10^{-3}M$ 아세틸아세톤(HX) 용액 20mℓ로 추출할 때의 Th^{4+}의 추출백분율을 계산하라. 단, $K_a = 1.17 \times 10^{-9}$, $P_c = 315$, $P_r = 5.95$, ThX_4의 $K_1 = 7 \times 10^7$, $K_2 = 3.8 \times 10^{-15}$, $K_3 = 7.2 \times 10^{21}$, $K_4 = 7.2 \times 10^{26}$이다.

(풀이) 식(10-76)에서 $1/\beta$을 구하여 식(10-77)에 넣고 계산하여 식(10-71)와 연립하여 푼다.

$K_a[HX]_0/P_r[H^+]_w = 1.17\times10^{-9}\times10^{-3}/5.95\times10^{-6} = 2\times10^{-7}$

$1/\beta = 1 + 7\times10^7\times2\times10^{-7} + 3.8\times10^{15}\times4\times10^{-14} + 7.2\times10^{21}\times8\times10^{-21} = 225$

$$D = \frac{315}{1+210} = \frac{E}{100-E}\cdot\frac{100}{20} \qquad \therefore E = 23\%$$

【예제 10-3】 pH4의 수용액에 EDTA가 $0.01M$으로 존재할 때 [예제 10-1]을 이용하여 분포비를 구하라. 단, pH4에서 CuY의 조건 안정도 정수는 $10^{10.3}$이다.

(풀이) 식(10-79)의 $1/\beta$을 먼저 계산하여 식(10-77)에서 D를 구하면

$1/\beta = 1 + 10^{10.3}\times0.01 = 2\times10^8$

$D = 7\times10^4/\{1 + (10^{-4}\times1.1\times10^4)^2\times2\times10^8/5\times10^{22}\times(3\times10^{-5}\times4\times10^{-4})\} \fallingdotseq 289$

3. 추출방법

지금 A성분 및 B성분이 유기상과 물층 사이에서 추출평형을 이룰 때의 각각의 농도를 C_{Ao}, C_{Aw} 및 C_{Bo}, C_{Bw}라 하면, 두 물질 A, B가 분리되는 효율을 분리계수(separation factor) $S_B{}^A$라고 한다.

$$S_B{}^A = \frac{D_A}{D_B} = \frac{C_{Ao}C_{Bw}}{C_{Aw}C_{Bo}} \quad \cdots\cdots (10-86)$$

여기서 D_A와 D_B의 값의 비가 크면 잘 분리되나, $S_B{}^A$의 값이 1과 비슷하면 수용액의 pH를 조절하거나 성분의 산화 상태를 바꾸거나, 은폐 또는 침전제를 넣어 1과는 매우 큰 차이가 나도록 해야 한다. D_A와 D_B의 차이가 클 때에는 분액깔때기나 전동식 진동기 등의 추출기로 추출하는 방법 곧 뱃치 추출법(batch extraction method)을 써서 두 물질을 분리할 수 있다. 추출되는 용질량의 분율

을 f, 물층과 유기층의 부피를 V_w, V_o라 하면 D는

$$D = \frac{f / V_o}{(1-f) / V_w} = \frac{f / V_w}{(1-f)V_o}$$

이 식을 변형하면

$$E = 100f = \frac{100DV_o}{V_w + DV_o} \quad \cdots\cdots (10-87)$$

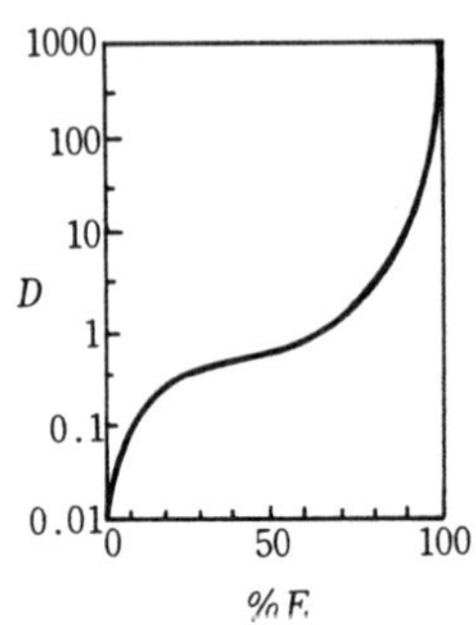

그림 10-28 E와 D의 관계

이 식에서 $V_o = V_w$일 때 E와 D 사이의 관계를 그림 10-28에 나타내었는데, 그림에서 보는 바와 같이 D가 100보다 크면 E는 99% 이상이 된다. 일정한 부피의 유기용매로 한 번 추출하는 것보다 용매를 나누어 여러번 추출하는 것이 앞의 Ostwald 이론으로 본 바와 같이 더 효과적임을 증명해 보자. 지금 wg의 용질이 포함되어 있는 수용액 $V_w$ml를 용매 $V_o$ml로 1번 추출할 때 물층에 남는 용질의 무게를 w_1g이라 하면

$$D = \frac{(w-w_1) / V_o}{w_1 / V_w}$$

$$w_1 = w\frac{V_w}{DV_o + V_w} \quad \cdots\cdots (10-88)$$

용매 $V_o$ml로 한 번 더 추출해도 물층에 남는 용질이 w_2g이라면

$$w_2 = w_1\frac{V_w}{DV_o + V_w} = w\left(\frac{V_w}{DV_o + V_w}\right)^2 \quad \cdots\cdots (10-89)$$

같은 방법으로 n번 추출하면

$$w_n = w\left(\frac{V_w}{DV_o + V_w}\right)^n \quad \cdots\cdots (10-90)$$

용매 nV_o ml로 한 번 추출하여 물층에 남는 용질의 무게를 w_a라 하면

$$w_a = w\left(\frac{V_w}{nDV_o + V_w}\right) \quad \cdots\cdots (10-91)$$

식(10-90), 식(10-91)에서 $V_o = V_w$라 하면, $D > 1$ 이므로 $w\left(\frac{V_w}{DV_o + V_w}\right)^n$은 $w\left(\frac{V_w}{nDV_o + V_w}\right)$ 보다 작다. 분리계수가 비교적 작을 때에 여러번 추출하여 분리하는 방법 곧 연속추출법은 이러한 원리를 이용한 것이다. 보기를 들면 (반)고체시료 속의 지방을 Soxhlet 추출기로 추출하는 것이나, 음식물 속의 수분을 증류하여 용매와 섞이지 않는 물의 부피를 측정하여 수분을 정량하는 방법은 여기에 속한다. 추출백분율은 D, V_o/V_w 및 n에 따라 변하는데 몇 가지만 계산해 보면 표 10-10과 같다.

표 10-10 연속추출법에 있어서 용질의 추출백분율

D V_o/V_w	0.5 1	1 1	1 2	10 1	100 1
추출 회수	물층에 남는 용질의 추출백분율(%)				
0	100	100	100	100	100
1	67	50	33.3	9	1
2	44.5	25	11.1	0.8	0.01
3	29.7	12.5	3.7	0.07	
4	19.8	6.25	1.2		
5	13.2	3.13	0.4		

용질 a의 추출평형이 이루어지지 않은 처음의 물층과 유기상을 각각 W_{10}, O_{10}이라 하고, 이들 두 상에 a가 분포평형된 뒤에 분리한 상을 각각 W_{11}, O_{11}이라 하고, 원래의 물층과 유기층에 용매와 물을 각각 O_{20}, W_{20}씩 넣어 평형에 도달시

키는 조작을 되풀이 하면 그림 10－29와 같은 결과를 얻을 수 있는데, 이러한 방법으로 어떤 성분을 추출분리하는 것은 다중추출법(multiple extraction method)이라고 부른다. 지금 제 1 의 평형이 이루어지고 난 뒤에 물층에 남아 있는 a의 분율을 f_a라 하고, 유기층에 남은 분율을 g_a라 하면 $f_a = 1-g_a$이다. W_{11}에 남아 있는 a의 전체량은 W_{11} 1ml당의 a의 mg수×V_w, O_{11}에 있는 a의 전량은 O_{11} 1 ml당의 a의 mg수×V_o이므로

$$\frac{f_a}{1-f_a} = \frac{W_{11}\ 1\,\text{ml당의}\ a\text{의 mg수}}{O_{11}\ 1\,\text{ml 당의}\ a\text{의 mg수}}\,\frac{V_w}{V_o}\cdot\frac{D_a}{1} \quad \cdots\cdots (10-92)$$

따라서

$$f_a = \frac{D_aV_w}{D_aV_w - V_o} \quad \cdots\cdots (10-93)$$

같은 분율의 a가 W_{11}에, b가 O_{11}에 있다면 두 용질을 가장 잘 분별 분리할 수 있는 조건은 $f_a = g_b = 1-f_b$ 또는 $\frac{D_aV_w}{D_aV_w+V_o} = 1-\frac{D_aV_w}{D_aV_w+V_o}$ 이므로 이것을 풀면

$$(V_w/V_o)^{1/2} = (1/D_a D_b)^{1/2} \quad \cdots\cdots (10-94)$$

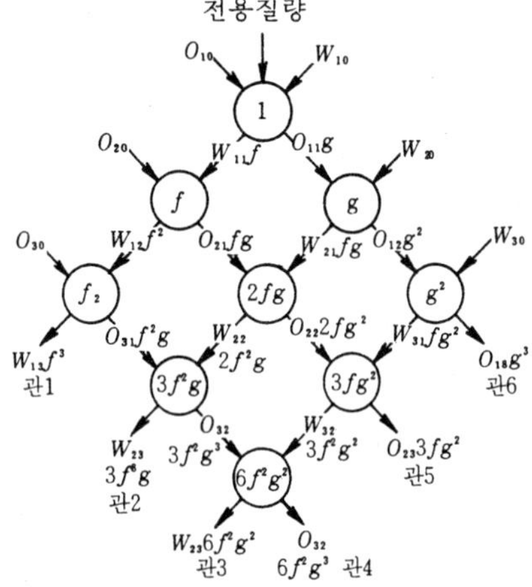

그림 10－29 다중추출 분포

그림 10－29에서 원 속의 숫자는 특정 불균일계 속에 있는 단일 용질의 분별

량이며, 어떤 단일상의 조성은 f와 g로서 그 원 아래에 나타나 있다. 보기를 들면 관 1에 모인 물층의 조성은, 용질 a가 세 가지로 용매 사이에 분배 되었으므로 f^3이 된다. 결국 물층에 농축된 용질은 관 1, 2, 3에 나타나고, 유기용매층에 농축된 용질은 관 3, 4, 5에 나타나 있다. 서로 섞이지 않는 두 용매에 용질을 녹이고 반대방향으로 두 상이 흐르게 하면, 새 추출용매가 묽어진 물층과 접촉하고 새 물층이 진해진 용액과 접촉하므로 추출분리는 매우 효과적이다. 이러한 추출법을 이용하여 어떤 성분을 분리정량하는 방법은 향류추출법(countercurrent extraction method)이라고 한다. 지금 그 수가 0, 1, 2, …, r 개인 일련의 추출관에 같은 부피의 용매 L_0, L_1, L_2, ……, L_r가 들어 있을 때를 생각해 보자. 처음에는 모든 용질이 L_0에 들어 있으며, L_0을 같은 부피의 추출용매 U_0로 접촉 추출시킬 때에 $D = 1$이면, 관 0 속에서 용질의 반은 U_0에 반은 L_0로 들어 간다. U_0를 관 1로 이전하여 L_1과 접촉시키고, 같은 부피의 순수한 U_1를 L_0과 관 0 속에서 접촉시켜 두 상이 평형을 이루게 한다. 따라서 용질의 반은 관 0 속에 반은 관 1 속에 들어 있다. 다시 U_0, U_1 및 U_2를 이전한 다음, 각 용매 L_2, L_1 및 L_0과 관 0, 1, 2에서 접촉시켜 두 번 이전하면 관 0, 1, 2에는 용질이 0.25, 0.5, 0.25 분율로 존재하게 될 것이다. 이 조작을 계속하여 되풀이 하면 그림 10－29와 같은 결과를 얻을 수 있다. 이동상에 이전된 용질의 분율을 $X = D/(D+1)$, 고정상에 남는 용질의 분율을 $Y=1/(D+1)$, $D=1$, 이전하는 수 곧 그림의 왼편 숫자를 n이라 두면, 관을 지나가는 용액의 이전은 다음과 같은 이항전개로 나타낼 수 있다.

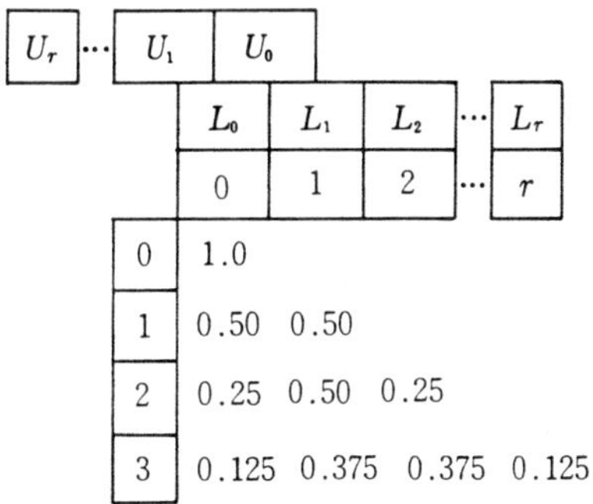

그림 10－30 향류추출법의 용질분포

$$(X+Y)^n = 1 \quad \cdots\cdots (10-95)$$

n번 이전한 뒤에 관 r에 있는 용질의 분율 $T_{n,r}$를 일반식으로 나타내면

$$T_{n,r} = \frac{n!}{r!(n-r)!}\left(\frac{1}{D+1}\right)^{n-r}\left(\frac{D}{D+1}\right)^r \quad \cdots\cdots (10-96)$$

각 관에 있는 용질의 전체 농도를 관수에 대해 그림으로 그리면, 용질은 정상 분포형을 따르며, 평형에 있는 이동상의 용질분율에 비례하는 율로 밴드로서 계를 통해 움직이는 것처럼 보인다. 이전 수 n이 25보다 크면, 식(10－96)을 써서 용질의 분포를 계산하기 매우 곤란하므로, 다음과 같이 실험 사실과 매우 잘 맞는 근사식을 쓰면, 정규분포 오차함수와 같은 식이 된다.

$$T_{n,r} = \frac{1}{\sqrt{2\pi nD/(D+1)^2}}\exp\left\{\frac{-(r_{max}-r)^2}{2nD/(D+1)^2}\right\} \quad \cdots\cdots (10-97)$$

여기서 $r_{max}-r$는 어떤 r가 용질의 농도가 최대인 관 r_{max}로부터 이동하는 관의 수이므로 r_{max}과 $T_{n,r}$를 알면, r_{max} 양편의 여러 가지 r 값에 대해 분포곡선을 그릴 수 있다. 최대용질농도를 나타내는 관의 수 r_{max}과 그 관에서의 용질의 분율 $T_{n,max}$을 구하면 다음과 같다.

$$r_{max} = \frac{nD}{D+1} \quad \cdots\cdots (10-98)$$

$$T_{n,r\,max} = \frac{1}{\sqrt{2\pi nD/(D+1)^2}} \quad \cdots\cdots (10-99)$$

식(10－99)에서 보면 어떤 한 관 속에 용질이 있을 최대농도는 $\sqrt{n}$에 반비례한다. 이 $\sqrt{n}$이 커질수록 분포곡선의 밴드 폭이 커진다. 만일 향류추출법에서 $V_o \neq V_w$이고 $v \equiv V_o/V_w$이면, v를 D에 곱하여 쓰면 된다.

추출하여 유기용매상으로 옮겨진 물질은 유기상을 흡수분광법으로 비색정량하거나, 유기용매를 증발시킨 잔사를 달아서 정량한다. 그러나 유기상으로 추출된 물질을 물이나 다른 유기용매로 다른 상으로 옮겨 정량할 수도 있는데, 이와 같이 다른 상으로 다시 이동하는 조작을 역추출(back extraction, 또는 벗김 stripping)이라고 한다.

10－6 분리분석실험

[실험 10－1] 종이 크로마토그래피에 의한 금속혼합시료의 분리분석

(1) 포도당과 맥아당

각 2%를 포함하는 수용액을 크로마토그래프용 여과지에 spot으로 붙이고 부탄올, 초산, 물의 혼합비율이 4 : 1 : 5인 용매에서 약 9시간 상승전개하고, 공기 속에서 말린 다음 NH_3성 $AgNO_3$용액을 뿜는다. 이 용액은 0.1*M* $AgNO_3$와 5*N* NH_4OH를 같은 부피로 섞어 만든다. 50～60℃에서 2～3분 동안 가온하면 갈색 점적이 나타난다. Ag^+은 환원당과 반응하여 Ag을 유리한다[이것을 은거울 반응(silver mirror test)이라 한다]. 당류의 R_f 값은 위의 전개제를 쓸 때에는 다음과 같다.

당류	R_f	당류	R_f
D－glucose(포도당)	0.18	L－sorbose	0.20
D－galactose	0.16	D－fructose	0.23
D－mannose	0.20	D－xylose	0.28
D－arabinose	0.21	설탕	0.14
D－ribose	0.31	maltose	0.11

(2) 쌀겨 속의 비타민 B_1

쌀겨 1g을 플라스크에 넣고, 0.01 *N* HCl을 물에 넣어 pH 4.5로 한 것 5m*l*를 넣어 잠시 내버려 둔 다음 베주머니에 넣고, 베주머니를 비틀어 짜서 그 액을 여과지로 걸러 시료로 쓴다. 물을 포화시킨 부탄올을 전개용매로 하여 10시간 전개한다. 0.1% $K_3[Fe(CN)_6]$를 포함하는 1% NaOH용액을 분무기로 뿜으면서 수은등 밑에서 보면 청색 형광을 나타낸다. R_f 값은 0.15근방이다.

(3) Hg^{2+}, Cu^{2+}, Cd^{2+}, Bi^{3+}의 혼합시료

여과지의 원점에 시료용액을 2방울 떨어뜨리고, 2*N* HCl을 포화시킨 부탄올 전개제로서 전개한다. 20 cm정도로 용매의 선단이 도달하면 전기오븐(80 ℃)에서 10분 동안 말린다. 물을 뿜어서 여과지가 젖게 한 다음, H_2S를 포화시킨 약산성 용액을 뿜으면 점적이 나타난다. R_f 값이 0.75에서 검은색(Hg^{2+}), 0.61에서 노란색(Cd^{2+}), 0.56(Bi^{3+})과 0.17(Cu^{2+})에서 갈색의 황화물 점적이 나타날 것이다.

(4) Ba^{2+}, Ca^{2+}, Sr^{2+}의 혼합시료

두 장의 여과지 원점에 시료용액을 2방울씩 떨어뜨리고, 부탄올 : 30% NH_4SCN 수용액 = 4 : 1을 전개제로 하여 하강법으로 전개하고 80 ℃에서 말린다. 한 여과지에는 NH_4Ac에 녹인 $PbSO_4$용액을 발색제로 쓴다.

5분이 지난 다음 여과지를 물에 담그고 과량의 시약을 제거하고, 말리면서 $(NH_4)_2S$용액을 뿜는다. R_f 값이 0.42(Sr^{2+})와 0.24(Ba^{2+})에 흑갈색 점적이 나타난다. 이 반응의 원리는 Sr^{2+}과 Ba^{2+}이 황산염으로 여과지에 고정될 때에 $PbSO_4$가 공침하나 $PbSO_4$는 $(NH_4)_2S$와 반응하여 PbS점적이 $SrSO_4$와 $BaSO_4$점에 나타나기 때문이다.

다른 여과지에는 NH_3 알칼리성 5% $Na_2C_2O_4$용액을 뿜어서 Ca^{2+}과 Sr^{2+}을 수산염으로 고정하고, 증류수로 씻어 $C_2O_4^{2-}$을 제거하여 말린다.

H_2SO_4 산성 $KMnO_4$용액을 뿜으면 Ca^{2+}(0.55), Sr^{2+}(0.42)이 없는 부분은 갈색 MnO_2로 되나 그 이온이 있는 부분은 여과지에 흰색 점적으로 나타난다.

[실험 10-2] 기체 크로마토그래피에 의한 저급알콜의 정성

(1) 개 요

저급 알콜의 혼합시료를 기화하여 이동상 물질로 질소가스를, 정지상 물질로 PEG 1500을 이용하여 분리관 내에서 전개시키고, 기체상태에서 분리되는 각 성분을 크로마토그래프적으로 분리한 후 머무름비법을 이용하여 정성분석 한다.

(2) 조 작

1) 기기장치

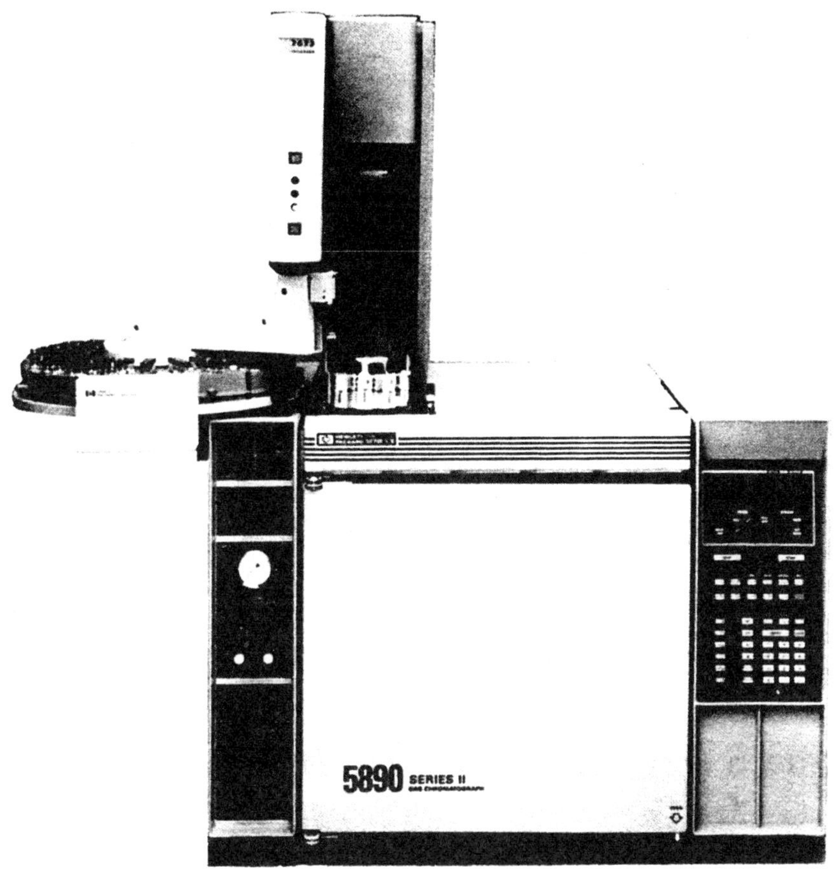

그림 10-31 가스 크로마토그래피의 구조

2) 분석조작

① 분석조건의 설정

ⓐ Column ; 1.5 m, 3 mm ϕ stainless steel

ⓑ Packing material ; P. E. G. 1500

ⓒ Carrier gas ; N_2

ⓓ Carrier gas flow rate ; 0.6 kg/cm^2(pressure gauge)

ⓔ Column temp ; 90 ℃

ⓕ Range : 32

ⓖ Chart speed ; 10 mm/min

② 바탕선의 안정도가 확인되면 시료주입구(S_2)에 기지물질을 각 1 μl씩 주입하여 크로마토그램을 얻는다.

ⓐ n－propyl alcohol

ⓑ iso－propyl alcohol

ⓒ n－buthyl alcohol

ⓓ sec－buthyl alcohol

ⓔ iso－buthyl alcohol－내부표준물질

③ 시료에 내부표준물질을 혼합하여 4μl 주입한 후 크로마토그램을 얻는다.

④ 데이타를 해석하여 미지물질을 정성확인한다.

(3) 결과정리

① 내부표준물질에 대한 기지물질의 머무름비를 계산하라.

② 시료의 크로마토그램으로부터 머무름비를 계산하라.

③ ①, ②의 머무름비를 이용하여 시료 중의 성분을 정성・확인하라.

④ 정성분석의 방법에 대하여 조사하라.

⑤ 열전도도 검출기의 원리에 대하여 알아보자.

[실험 **10－3**] 기체 크로마토그래피에 의한 벤젠과 톨루엔 혼합물의 정량

(1) 개 요

벤젠과 톨루엔의 혼합시료를 기체 크로마토그래프에 의하여 분리하고 상대 넓이 비교법을 이용하여 각각을 정량한다.

(2) 조 작

1) 기기장치

[실험 10－2]의 기기장치와 동일함

2) 분석조작

① 분석조건의 설정

[실험 10－2]와 동일함

② 바탕선의 안정도가 확인되면 순수한 벤젠과 톨루엔을 각각 2μl씩 주입하여 표준물질의 크로마토그램을 얻는다.

③ 미지혼합시료를 동일조건에서 실험하여 혼합물질의 크로마토그램을 얻는다.

④ 각 크로마토그램의 곡선넓이 혹은 피크의 높이를 계산하고 표준물질과 비교 미지시료 중의 벤젠과 톨루엔의 함량을 계산하라.

(3) 결과정리

① 표준물질의 크로마토그램으로부터 벤젠과 톨루엔의 $\triangle t$ 및 h를 구하라.

② 미지혼합시료의 크로마토그램으로부터 벤젠과 톨루엔의 $\triangle t$ 및 h를 구하라.

③ 각 크로마토그램의 머무름시간과 곡선의 넓이를 비교하여 미지시료 중의 벤젠과 톨루엔의 함량을 계산하라.

④ 크로마토그램의 피크 높이 및 넓이측정방법에 대하여 조사하라.

⑤ 정량분석의 방법에 대하여 조사하라.

[실험 **10－4**] 이온교환수지법에 의한 교환용량, 교환평형정수의 측정 및 황산구리 속의 SO_4^{2-}과 Cu^{2+}의 분리

(1) 양이온 교환수지의 교환용량의 측정

양이온 교환수지 Amberlite IR－120을 비커에 5g 가량 넣고, 1N HCl용액 20 ml를 넣어 재생하여 증류수로 세척한 다음, 수지입자를 여과지 위에 놓고, 적외선 등으로 저온에서 건조하여 약 1g을 정확하게 단다(a g). 그림 10－21과 같은 수지관에 넣고, 증류수로 1～2번 씻은 다음, 1 ml분 정도의 유속으로 분액깔때기에서 0.1M NaCl용액 10 ml를 떨어뜨리고, 유출액이 중성으로 될 때까지 증류수로 씻어 3각 플라스크에 모은다. 유출액에 브롬티몰블루 지시약 용액을 2～3방울 넣고, 0.1N NaOH용액으로 적정한다(b ml).

$$\text{교환용량 } C(\text{meq}/\text{g}) = 0.1 \times b/a$$

(2) 교환평형정수의 측정

교환용량을 아는 재생건조한 양이온 수지 약 1g을 정확하게 달아 마개

달린 3각 플라스크에 넣고, 0.1 M NaCl 50 ml를 넣는다. 이것을 25 ℃의 항온조에서 한 시간 흔들어 평형에 도달시킨 다음 방치하여 수지입자를 침강시키고, 피펫으로 윗 말국을 일정량 꺼내어 0.1 N NaOH용액으로 적정하여 $[H^+]$(a meq/ml)를 구한다. 0.1 M NaCl의 정확한 농도를 c(meq/ml)라 하면

$$K_{Na}^{H} = \frac{[NaR]_r}{[HR]_r} \cdot \frac{[H^+]_s}{[Na^+]_s} = \frac{50a}{(C-50a)} \cdot \frac{a}{(c-a)}$$

(3) 황산구리 속의 SO_4^{2-}과 Cu^{2+}의 분리

양이온 교환수지(HR) 약 0.2 g으로 수지관을 만들고, 분액깔때기에서 0.1M $CuSO_4$용액을 20 ml/min의 유속으로 떨어뜨린다. 0.1M $CuSO_4$용액은 푸른 색을 나타내나 유출액은 무색이다. 다음에는 증류수로 충분히 수지관을 씻고, 씻은 액은 모두 합하여 0.1N NaOH용액으로 적정한다. 구리이온을 흡착한 수지관에 2N H_2SO_4를 떨어뜨려 Cu^{2+}을 용출시키고 EDTA용액으로 적정한다. 이 실험결과로부터 SO_4^{2-}의 양과 Cu^{2+}의 양을 비교하라.

[실험 10-5] 용매추출법에 의한 선철 혹은 탄소강 속의 구리의 정량

시료 약 0.2 g을 100 ml 비커에 정확하게 달아 넣고, 진한 HNO_3 1 ml, H_2SO_4 2 ml, 물 10 ml를 넣고 가열분해한 다음, 냉각하여 100 ml 용량 플라스크에 옮겨 물을 표선까지 채운다. 이 시료액 50 ml를 200 ml 분액깔때기에 넣고 20% 시트르산 수용액 10 ml, NH_4OH 10 ml를 넣어 pH 9~12로 조절한다. 구리 함량이 0.1%를 넘으면 10 ml만 써야 하며, 0.1% 이상의 니켈이나, 0.05% 이상의 코발트를 포함할 때에는 NH_4OH를 5 ml 넣고, 1% 디메틸글리옥심 알콜 용액을 넣은 다음에 NH_4OH를 5 ml 더 넣어야 한다. 0.1% 디에틸티오카르바나토나트륨 수용액 10 ml를 넣어 잘 젓고, CCl_4 10 ml를 넣고 10분 간 흔들어 준다. 잠시 방치한 다음, CCl_4층을 분리하여 파장 436 nm에서 흡광도를 측정한다. 발색시킨 다음 측정할 때까지의 시간은 1시간 이내이어야 한다. 미리 만들어 둔 검량선에서 구리의 함량을 구한다.

문 제

10－1 크로마토그래피

1. 이동상 물질로 흡착성 고체와 유기용매를 사용할 경우의 분리분석의 원리를 각각 설명하라.
2. 겔 투과 크로마토그래피에 대하여 자세히 조사하라

10－2 종이 크로마토그래피

1. 종이 크로마토그래피에 의한 정성 및 정량분석의 원리를 설명하라
2. 이차원 표시법에 의한 정성분석의 장점과 유의점을 조사하라
3. 연속전개법을 설명하라

10－3 기체 크로마토그래피

1. van Deenter 식을 설명하라
2. 길이 5m인 분리관에서 $A=0.1$, $B=0.05$, $C=0.2$, $U=0.15\,\text{ml}/$분이라면 HETP는 얼마인가? 또 이 분리관의 이론단수는 얼마인가?
3. 길이 3m인 분리관에서 벤젠의 기체 크로마토그램을 재었더니 기록지에 머무름부피가 100mm, 봉우리의 띠나비가 10mm였다. 이론단수와 HETP를 계산하라.
4. 기체 크로마토그래프 장치도의 개략도를 그리고 그 흐름을 간단히 설명하라
5. GC에 이용되는 검출기의 종류를 조사하고 각각을 설명하라
6. GC분석에서 측정기법에 해당하는 응용분석은 어떤 것이 있는가를 조사하고 각각을 설명하라.

10－4 이온교환수지법

1. 이온교환용량과 교환평형정수를 설명하라.
2. 이온교환수지법의 응용에 대하여 조사하라.
3. 양이온 교환수지와 음이온 교환수지에 의한 물의 정수원리와 재생법에 대하여 알아보자.

10－5 용매추출법

1. pH 3의 완충용액에서 $10^{-5}M$ M^{3+}을 포함하는 수용액을 클로로포름에 녹인 0.01 M 옥신(HX)용액으로 추출할 때의 M^{3+}의 분포비(D')를 구하라. 단, $K_a=1.4\times10^{-10}$, $K_c=10^{37}$, $V_o=V_w$이다.
2. 어떤 금속이온 M^{+}을 $10^{-4}M$ 포함하는 수용액 100ml를 pH 4에서 유기용매에 녹인 $10^{-3}M$ 킬레이트 시약(HX)용액 40ml로 추출하니 50% 추출되었다. HX을 $10^{-4}M$ 60ml, pH를 5로 바꾸었을 때 D'를 써서 E를 구하라.
3. 예제 11－2를 이용하여 $V_o = V_w[\text{X}]_0 = 10^{-3}M$일 때 추출백분율 E를 pH의 함수로

1. 산-염기의 비중과 농도 관계
2. 수화된 이온의 유효지름과 활동도계수
3. 약산의 정리정수
4. 산 염기 지시약
5. 표준 완충용액의 pH
6. 완충용액의 사용범위
7. 용해도적
8. 표준 산화-환원전위
9. 착이온 연속안정도정수의 log값
10. 혼합금속이온의 선택적정법 일람표
11. 무기물질의 반파전위와 확산전류
12. 적외선 흡수스펙트럼 일람도표
13. 지시약 용액을 만드는 법

부록 1. 산-염기의 비중(15℃/4°진공)과 농도 관계

비 중	무게 백분률(%)			비 중	무게 백분률(%)		
	HCl	HNO_3	H_2SO_4		HCl	HNO_3	H_2SO_4
1.000	0.16	0.10	0.09	1.170	33.46	27.88	23.47
1.005	1.15	1.00	0.95	1.175	34.42	28.63	24.12
1.010	2.14	1.90	1.57	1.180	35.39	29.38	24.76
1.015	3.12	2.80	2.30	1.185	36.31	30.13	25.40
1.020	4.13	3.70	3.03	1.190	37.23	30.88	25.04
1.025	5.15	4.60	3.76	1.195	38.16	31.62	26.68
1.030	6.15	5.50	4.49	1.200	39.11	32.36	27.32
1.035	7.15	6.38	5.23	1.205		33.09	27.95
1.040	8.16	7.26	5.96	1.210		33.82	28.58
1.045	9.16	8.13	6.67	1.215		34.55	29.21
1.050	10.17	8.99	7.37	1.220		35.28	29.84
1.055	11.18	9.84	8.07	1.225		36.03	30.48
1.060	12.19	10.68	8.77	1.230		36.78	31.11
1.065	13.19	11.51	9.47	1.235		37.53	31.70
1.070	14.17	12.33	10.19	1.240		38.29	32.28
1.075	15.16	13.15	10.90	1.245		39.05	32.86
1.080	16.15	13.95	11.60	1.250		39.82	33.43
1.085	17.13	14.74	12.30	1.255		40.58	34.00
1.090	18.11	15.53	12.99	1.260		41.34	34.57
1.095	19.08	16.32	13.67	1.265		42.10	35.14
1.100	20.01	17.11	14.35	1.270		42.87	35.71
1.105	20.97	17.89	15.03	1.275		43.64	36.29
1.110	21.92	18.67	15.71	1.280		44.41	36.87
1.115	22.86	19.45	16.36	1.285		45.18	37.45
1.120	23.82	20.23	17.01	1.290		45.95	38.03
1.125	24.78	21.00	17.66	1.295		46.72	38.61
1.130	25.75	21.77	18.31	1.300		47.49	39.19
1.135	26.70	22.54	18.96	1.305		48.26	39.77
1.140	27.66	23.31	19.61	1.310		49.07	40.35
1.145	28.61	24.08	20.26	1.315		49.89	40.93
1.150	29.57	24.84	20.91	1.320		50.72	41.50
1.155	30.55	25.60	21.55	1.325		51.53	42.08
1.160	31.52	26.36	22.19	1.330		52.37	42.66
1.165	32.49	27.12	22.83	1.335		53.22	43.20

비 중	무게 백분률(%)		비 중	무게 백분률(%)	비 중	무게 백분률(%)
	HNO_3	H_2SO_4		H_2SO_4		H_2SO_4
1.340	54.07	43.74	1.525	62.06	1.710	78.04
1.345	54.93	44.28	1.530	62.53	1.715	78.48
1.350	55.79	44.82	1.535	63.00	1.720	78.92
1.355	56.66	45.35	1.540	63.43	1.725	79.36
1.360	57.57	45.88	1.545	63.85	1.730	79.80
1.365	58.48	46.41	1.550	64.26	1.735	80.24
1.370	59.39	46.94	1.555	64.67	1.740	80.68
1.375	60.30	47.47	1.560	65.20	1.745	81.12
1.380	61.27	48.00	1.565	65.65	1.750	81.56
1.385	62.24	48.53	1.570	66.09	1.755	82.00
1.390	63.23	49.06	1.575	66.53	1.760	82.44
1.395	64.25	49.59	1.580	66.95	1.765	83.01
1.400	65.30	50.11	1.585	67.40	1.770	83.51
1.405	66.40	50.63	1.590	67.83	1.775	84.02
1.410	67.50	51.15	1.595	68.26	1.780	84.50
1.415	68.63	51.66	1.600	68.70	1.785	85.60
1.420	69.80	52.15	1.605	69.13	1.790	85.70
1.425	70.98	52.63	1.610	69.56	1.795	86.30
1.430	72.17	53.11	1.615	70.00	1.800	86.92
1.435	73.39	53.59	1.620	70.42	1.805	87.60
1.440	74.68	54.07	1.625	70.85	1.810	88.30
1.445	75.98	54.55	1.630	71.27	1.815	89.16
1.450	77.28	55.03	1.635	71.70	1.820	90.05
1.455	78.60	55.50	1.640	72.12	1.825	91.00
1.460	79.68	55.97	1.645	72.55	1.830	92.10
1.465	81.42	56.43	1.650	72.96	1.835	93.56
1.470	82.90	56.90	1.655	73.40	1.840	95.60
1.475	84.45	57.37	1.660	73.81	1.845	95.95
1.480	86.05	57.83	1.665	74.24	1.8410	96.38
1.485	87.70	58.28	1.670	74.66	1.8415	97.35
1.490	89.90	58.74	1.675	75.08	1.8420	98.20
1.495	91.60	59.22	1.680	75.50	1.8425	98.52
1.500	94.09	59.70	1.685	75.94	1.8430	98.72
1.505	96.39	60.18	1.690	76.38	1.8435	98.77
1.510	98.10	60.65	1.695	76.76	1.8440	99.12
1.515	99.07	61.12	1.700	77.17	1.8445	99.31
1.520	99.67	61.59	1.705	77.60		

비 중	무게백분률(%)	
	KOH	NaOH
1.007	0.9	0.61
1.014	1.7	1.20
1.022	2.6	2.00
1.029	3.5	2.71
1.037	4.5	3.35
1.045	5.6	4.00
1.052	6.4	4.64
1.060	7.4	5.29
1.067	8.2	5.87
1.075	9.2	6.55
1.083	10.1	7.31
1.091	10.9	8.00
1.100	12.0	8.68
1.108	12.9	9.42
1.116	13.8	10.06
1.125	14.8	10.97
1.134	15.7	11.84
1.142	16.5	12.64
1.152	17.6	13.55
1.162	18.6	14.37
1.171	19.5	15.13
1.180	20.5	15.91
1.190	21.4	16.77
1.200	22.4	17.67
1.210	23.3	18.58
1.220	24.2	19.58
1.231	25.1	20.59
1.241	26.1	21.42
1.252	27.0	22.64
1.263	28.2	23.67
1.274	28.9	24.81
1.285	29.8	25.80
1.297	30.7	26.83
1.308	31.8	27.80
1.320	32.7	28.83
1.332	33.7	29.93
1.345	34.9	31.22
1.357	35.9	32.47
1.370	36.9	33.69
1.383	37.8	34.96

비 중	무게백분률(%)	
	KOH	NaOH
1.397	38.9	36.25
1.410	39.9	37.47
1.424	40.9	38.80
1.438	42.1	39.99
1.453	43.4	41.41
1.468	44.6	42.83
1.483	45.8	44.38
1.498	47.1	46.15
1.514	48.3	47.60
1.530	49.4	49.02
1.546	50.6	
1.563	51.9	
1.580	53.2	
1.597	54.5	
1.615	55.9	
1.634	57.5	

비 중	무게백분률(%)
	NH_3
1.000	0.00
0.998	0.45
0.996	0.91
0.994	1.37
0.992	1.84
0.990	2.31
0.988	2.80
0.986	3.30
0.984	3.80
0.982	4.30
0.980	4.80
0.978	5.30
0.976	5.80
0.974	6.30
0.972	6.80
0.970	7.31
0.968	7.82
0.966	8.33
0.964	8.84
0.962	9.35
0.960	9.91

비중	무게백분률(%)
	NH_3
0.958	10.47
0.956	11.03
0.954	11.60
0.952	12.17
0.950	12.74
0.948	13.31
0.946	13.88
0.944	14.46
0.942	15.04
0.940	15.63
0.938	16.22
0.936	16.82
0.934	17.42
0.932	18.03
0.930	18.64
0.928	19.25
0.926	19.87
0.924	20.49
0.922	21.12
0.920	21.75
0.918	22.39
0.916	23.03
0.914	23.68
0.912	24.33
0.910	24.99
0.908	25.65
0.906	26.31
0.904	26.98
0.902	27.65
0.900	28.33
0.898	29.01
0.896	29.69
0.894	30.37
0.892	31.05
0.890	31.75
0.888	32.50
0.886	33.25
0.884	34.10
0.882	34.95

부록 2. 수화된 이온의 유효지름과 활동도계수(25 ℃, 수용액)

이 온	유효지름 (Å)	이온강도 0.005	0.001	0.0025	0.005	0.01	0.025	0.05	0.1
H_3O	9	.975	.967	.950	.933	.914	.88	.86	.83
	8	.975	.966	.949	.931	.912	.88	.85	.82
	7	.975	.965	.948	.930	.909	.875	.845	.81
Li	6	.975	.965	.948	.929	.907	.87	.835	.80
	5	.975	.964	.947	.928	.904	.865	.83	.79
Na, CdCl, $Co(NH_3)_4(NO_2)_2$, ClO_2, IO_3, HCO_3, H_2PO_4, HSO_3, H_2AsO_4	4.5	.975	.964	.947	.928	.902	.86	.82	.775
	4	.975	.964	.947	.927	.901	.855	.815	.77
OH, F, SCN, OCN, HS, ClO, ClO_4, BrO_3, IO_4, MnO_4	3.5	.975	.964	.946	.926	.900	.855	.81	.76
K, Cl, Br, I, CN, NO_2, NO_3	3	.975	.964	.945	.925	.899	.85	.805	.755
Rb, Cs, NH_4, Tl, Ag	2.5	.975	.964	.945	.924	.898	.85	.80	.75
Mg, Be	8	.906	.872	.813	.755	.69	.595	.52	.45
	7	.906	.872	.812	.755	.685	.58	.50	.425
Ca, Cu, Zn, Sn, Mn, Fe, Ni, Co	6	.905	.870	.809	.749	.675	.57	.485	.405
Sr, Ba, Ra, Cd, Hg, S, S_2S_4, WO_4	5	.903	.868	.805	.744	.67	.555	.465	.38
Pb, CO_3, SO_3, MoO_4, $Co(NH_3)_5$, Cl, $Fe(CN)_5NO$	4.5	.903	.867	.805	.742	.665	.55	.455	.37
Hg_2, SO_4, S_2O_3, S_2O_8, S_2O_6, SeO_4, C_2O_4, HPO_4	4	.903	.867	.803	.740	.660	.545	.455	.355
Al, Fe, Cr, Sc, Y, In, La, Ce, Pr, Nd, Sm	9	.802	.738	.632	.54	.445	.325	.245	.18
$(Coen_3)$	6	.798	.731	.620	.52	.415	.28	.195	.13
	5	.796	.728	.616	.51	.405	.27	.18	.15
PO_4, $Fe(CN)_6$, $Cr(NH_3)_6$, $Co(NH_3)_6$, $Co(NH_3)_5H_2O$	4	.796	.725	.612	.505	.395	.25	.16	.095
Th, Zr, Ce, Sn, $(Co(S_2O_3)(CN)_5)$	11	.678	.588	.455	.35	.255	.155	.10	.065
	6	.670	.575	.43	.315	.21	.165	.055	.027
$Fe(CN)_6$	5	.668	.57	.425	.31	.20	.10	.048	.021

유효지름 (Å)	유 기 이 온
8	$(C_6H_5)_2CH_2COO^-$, $(C_3H_7)_4N^+$
7	$(NO_3)_3C_6H_2O^-$, $(C_3H_7)_3NH^+$, $CH_3OC_6H_4COO^-$, $^-OOC(CH_2)_5COO^-$, $^-OOC(CH_2)_6COO^-$, $(Congo\ red)^{2-}$,
6	$C_6H_5COO^-$, $HOC_6H_4COO^-$, $ClC_6H_4COO^-$, $C_6H_5CH_2COO^-$, $CH_2=CHCH_2COO^-$, $(CH_3)_2CHCH_2COO^-$, $(C_2H_5)_4N^+$, $(C_3H_7)_2\ NH_2^+$, $^-OOCC_6H_4COO^-$, $^-OOC(CH_2)_3COO^-$, $^-OOC(CH_2)_4COO^-$.
5	Cl_2CHCOO^-, Cl_3CCOO^-, $(C_2H_5)_3NH^+$, $C_3H_7NH_3^+$, $^-OOCCH_2COO^-$, $^-OOCCH_2COO^-$, $^-OOCCHOH))_2COO^-$, $(Citrate)^{3-}$
4.5	CH_3COO^-, $ClCH_2COO^-$, $(CH_3)_4N^+$, $(C_2H_5)_2NH_2^+$, $NH_2CH_2COO^-$, $^-OOCCOO^-$, $(Hcitrate)^{2-}$
4	$^+H_3NCH_2COOH$, $(CH_3)_3NH^+$, $C_2H_5NH_3^+$
3	$HCOO^-$, $H_2citrate^-$, $CH^3NH_3^+$, $(CH_3)_2NH_2^+$

부록 3. 약산의 전리정수(25 ℃. 단, $K_aK_b = K_w$)

약 산	K_a	pK_a	약 산	K_a	pK_a
H_3AsO_4 (1)	6.0×10^{-3}	2.22	$HF_2^- \rightleftharpoons HF + F^-$		2.6×10^{-1}
(2)	1.05×10^{-7}	6.98	HF	7.4×10^{-4}	3.13
(3)	4×10^{-12}	11.4	$H_2S(g) \rightleftharpoons H_2S(aq)$		1.02×10^{-1}
H_3AsO_3 (1)	8.1×10^{-10}	9.08	H_2S (1)	1.02×10^{-7}	6.99
(2)	3×10^{-14}	13.5	(2)	1.21×10^{-13}	12.92
H_3BO_3	6.5×10^{-10}	9.19	HNO_2	4.5×10^{-4}	3.35
$CO_2(g) + H_2O \rightleftharpoons H_2CO_3(aq)$		3.4×10^{-2}	$H_2PO_2^-$	1.0×10^{-1}	1.0
H_2CO_3 (1)	3.5×10^{-7}	6.46	H_3PO_4 (1)	7.1×10^{-3}	2.15
(2)	6.4×10^{-11}	10.22	(2)	6.2×10^{-8}	7.21
$HClO_2$	1.07×10^{-2}	1.97	(3)	4.4×10^{-13}	12.36
HClO	3.2×10^{-8}	7.50	HSO_4^-	1.02×10^{-2}	1.99
HBrO		8.60	$SO_2(g)+H_2O \rightleftharpoons H_2SO_3(aq)$		1.23
HIO		10.4	H_2SO_3 (1)	1.74×10^{-2}	1.76
$H_2Cr_2O_7$		−1.4	(2)	6.3×10^{-8}	7.20
$HCr_2O_7^-$		1.64	$H_2S_2O_3$ (1)	2.5×10^{-1}	0.60
$Cr_2O_7^{2-} + H_2O \rightleftharpoons 2HCrO_4^-$		3.0×10^{-2}	(2)	2.8×10^{-2}	1.56
H_2CrO_4 (1)	1.20	−0.08	H_4SiO_4 (1)	2×10^{-10}	9.7
(2)	3.5×10^{-7}	6.45	(2)	6×10^{-13}	12.2
HCN	6.0×10^{-10}	9.22	$CH_3COOH(=HAc)$	1.76×10^{-5}	4.76
HOCN		3.66	$ClCH_2COOH$	1.38×10^{-3}	2.86
$Cl_2CHCOOH$		1.26	C_6H_5OH	1.05×10^{-10}	9.98

약 산	K_a	pK_a	약 산	K_a	pK_a
Cl_3CCOOH	1.3×10^{-1}	0.89	Oxine(HQ)	6×10^{-11}	10.2
$^+H_3NCH_2COO-$		9.78	(H_2Q^+)	1.07×10^{-5}	4.99
$(COOH)_2$ (1)	5.6×10^{-2}	1.25	$NH_2OH_2^+$	1.07×10^{-8}	7.99
(2)	6.2×10^{-5}	4.21	NH_4^+	5.5×10^{-10}	9.26
HCOOH	1.70×10^{-4}	3.77	$N_2H_4\cdot 2H^{2+}$	5.4×10^{-1}	0.27
CH_3CH_2COOH		4.87	$N_2H_4\cdot H^+$	1.15×10^{-8}	7.94
Tartaric (1)	2.0×10^{-3}	2.70	$CH^3NH_3^+$	1.91×10^{-11}	10.72
(2)	8.9×10^{-5}	4.05	$(CH_3)_3CNH^+$	1.3×10^{-10}	9.9
Succinic (1)	7.4×10^{-5}	4.13	$C_2H_5NH_3^+$	2.5×10^{-10}	9.60
(2)	4.2×10^{-6}	5.38	H_2en^{2+}	3.8×10^{-8}	7.42
Citric (1)	8.3×10^{-4}	3.08	Hen^+	7.2×10^{-11}	10.14
(2)	1.74×10^{-5}	4.76	$C_6H_5NH_3^+$	7.2×10^{-11}	4.62
(3)	4.0×10^{-7}	6.40	Pyridine(HPy^+)	2.4×10^{-5}	5.21
EDTA(H_4Y) (1)	6.6×10^{-3}	2.18	Alanine(Al)	6.2×10^{-6}	9.87
(2)	1.86×10^{-3}	2.73	(HAl)	1.35×10^{-10}	2.34
(3)	6.3×10^{-7}	6.20	Glycine(Gl)	4.6×10^{-3}	9.78
(4)	1.0×10^{-10}	10.0	(HGl)	1.66×10^{-10}	2.35
C_6H_5COOH	6.3×10^{-5}	4.20	$^+H_3NSO_3^-$	4.5×10^{-3}	1.0
Phthalic (1)	8.0×10^{-4}	3.10	HN_3		4.72
(2)	4.0×10^{-6}	5.40	$(HOH_4C_2)_3NH^+$		7.76
Salicylic (1)	1.07×10^{-3}	2.97			
(2)	10^{-13}	13			

부록 4. 산 염기 지시약

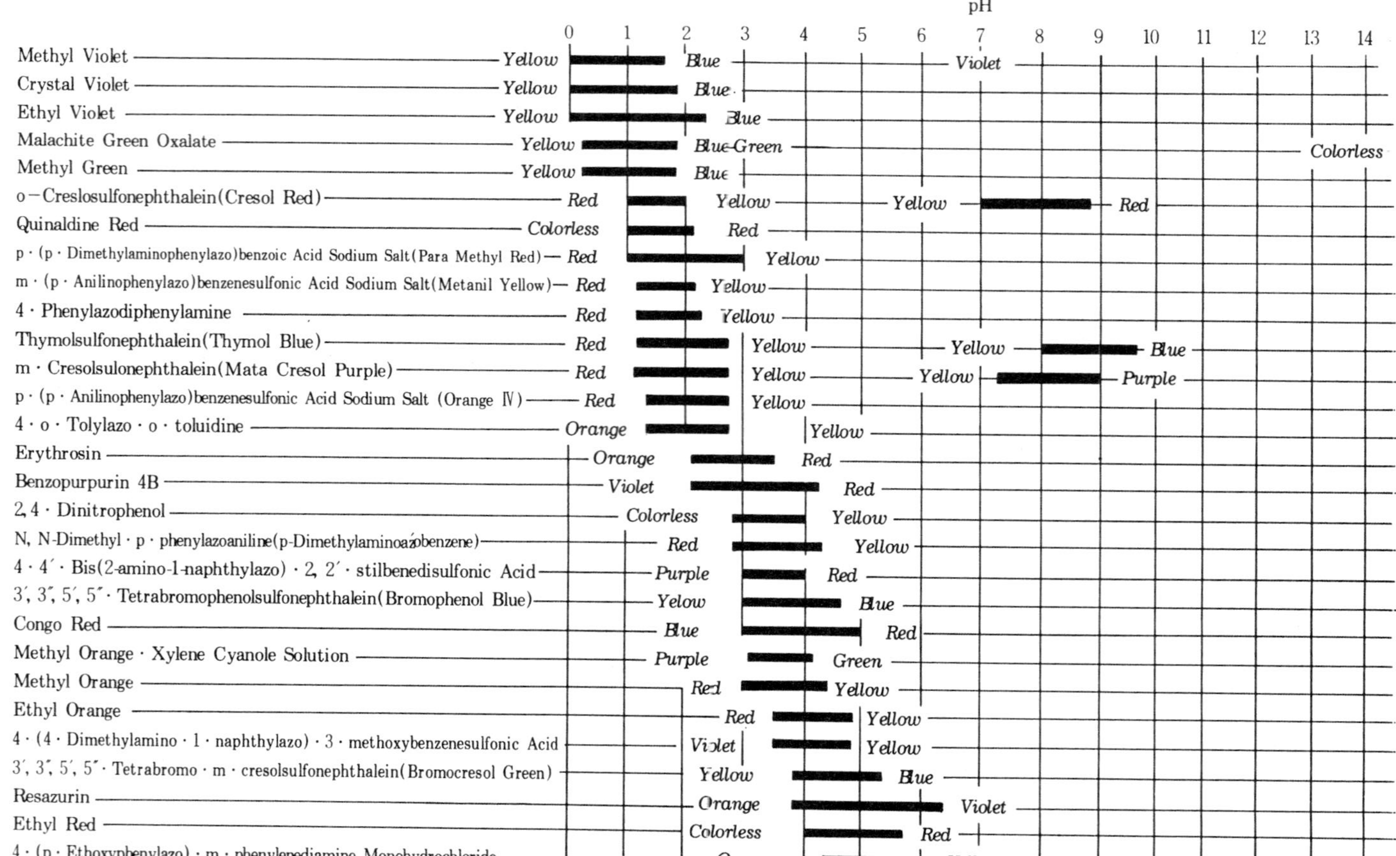
pH
0 1 2 3 4 5 6 7 8 9 10 11 12 13 14
Methyl Violet — Yellow Blue Violet
Crystal Violet — Yellow Blue
Ethyl Violet — Yellow Blue
Malachite Green Oxalate — Yellow Blue-Green Colorless
Methyl Green — Yellow Blue
o−Creslosulfonephthalein(Cresol Red) — Red Yellow Yellow Red
Quinaldine Red — Colorless Red
p · (p · Dimethylaminophenylazo)benzoic Acid Sodium Salt(Para Methyl Red) — Red Yellow
m · (p · Anilinophenylazo)benzenesulfonic Acid Sodium Salt(Metanil Yellow) — Red Yellow
4 · Phenylazodiphenylamine — Red Yellow
Thymolsulfonephthalein(Thymol Blue) — Red Yellow Yellow Blue
m · Cresolsulonephthalein(Mata Cresol Purple) — Red Yellow Yellow Purple
p · (p · Anilinophenylazo)benzenesulfonic Acid Sodium Salt (Orange Ⅳ) — Red Yellow
4 · o · Tolylazo · o · toluidine — Orange Yellow
Erythrosin — Orange Red
Benzopurpurin 4B — Violet Red
2,4 · Dinitrophenol — Colorless Yellow
N, N-Dimethyl · p · phenylazoaniline(p-Dimethylaminoazobenzene) — Red Yellow
4 · 4′ · Bis(2-amino-1-naphthylazo) · 2, 2′ · stilbenedisulfonic Acid — Purple Red
3′, 3″, 5′, 5″ · Tetrabromophenolsulfonephthalein(Bromophenol Blue) — Yelow Blue
Congo Red — Blue Red
Methyl Orange · Xylene Cyanole Solution — Purple Green
Methyl Orange — Red Yellow
Ethyl Orange — Red Yellow
4 · (4 · Dimethylamino · 1 · naphthylazo) · 3 · methoxybenzenesulfonic Acid — Violet Yellow
3′, 3″, 5′, 5″ · Tetrabromo · m · cresolsulfonephthalein(Bromocresol Green) — Yellow Blue
Resazurin — Orange Violet
Ethyl Red — Colorless Red
4 · (p · Ethoxyphenylazo) · m · phenylenediamine Monohydrochloride — Orange Yellow

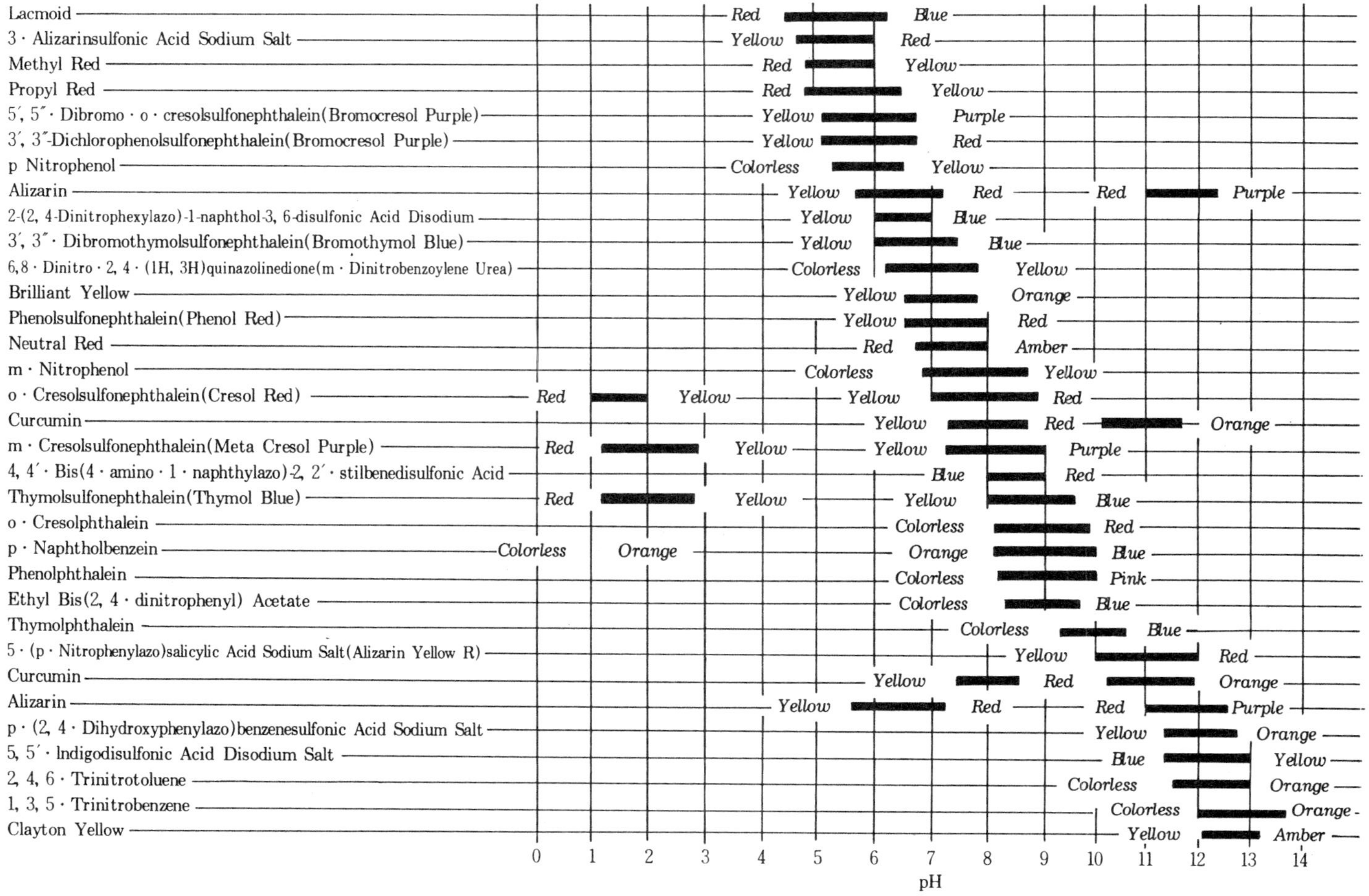

Indicator	Colors (in order of increasing pH)
Lacmoid	Red – Blue
3 · Alizarinsulfonic Acid Sodium Salt	Yellow – Red
Methyl Red	Red – Yellow
Propyl Red	Red – Yellow
5′, 5″ · Dibromo · o · cresolsulfonephthalein(Bromocresol Purple)	Yellow – Purple
3′, 3″-Dichlorophenolsulfonephthalein(Bromocresol Purple)	Yellow – Red
p Nitrophenol	Colorless – Yellow
Alizarin	Yellow – Red; Red – Purple
2-(2, 4-Dinitrophexylazo)-1-naphthol-3, 6-disulfonic Acid Disodium	Yellow – Blue
3′, 3″ · Dibromothymolsulfonephthalein(Bromothymol Blue)	Yellow – Blue
6,8 · Dinitro · 2, 4 · (1H, 3H)quinazolinedione(m · Dinitrobenzoylene Urea)	Colorless – Yellow
Brilliant Yellow	Yellow – Orange
Phenolsulfonephthalein(Phenol Red)	Yellow – Red
Neutral Red	Red – Amber
m · Nitrophenol	Colorless – Yellow
o · Cresolsulfonephthalein(Cresol Red)	Red – Yellow; Yellow – Red
Curcumin	Yellow – Red; Red – Orange
m · Cresolsulfonephthalein(Meta Cresol Purple)	Red – Yellow; Yellow – Purple
4, 4′ · Bis(4 · amino · 1 · naphthylazo)-2, 2′ · stilbenedisulfonic Acid	Blue – Red
Thymolsulfonephthalein(Thymol Blue)	Red – Yellow; Yellow – Blue
o · Cresolphthalein	Colorless – Red
p · Naphtholbenzein	Colorless – Orange; Orange – Blue
Phenolphthalein	Colorless – Pink
Ethyl Bis(2, 4 · dinitrophenyl) Acetate	Colorless – Blue
Thymolphthalein	Colorless – Blue
5 · (p · Nitrophenylazo)salicylic Acid Sodium Salt(Alizarin Yellow R)	Yellow – Red
Curcumin	Yellow – Red; Red – Orange
Alizarin	Yellow – Red; Red – Purple
p · (2, 4 · Dihydroxyphenylazo)benzenesulfonic Acid Sodium Salt	Yellow – Orange
5, 5′ · Indigodisulfonic Acid Disodium Salt	Blue – Yellow
2, 4, 6 · Trinitrotoluene	Colorless – Orange
1, 3, 5 · Trinitrobenzene	Colorless – Orange
Clayton Yellow	Yellow – Amber

pH: 0 1 2 3 4 5 6 7 8 9 10 11 12 13 14

부록 5. 표준 완충용액의 pH

온 도 (℃)	0.01 *M* Tetroxalate	25℃에서 포화 K, H tartrate	0.05 *M* K, H phthalate	0.025 *M* Succinate	0.025 *M* KH_2PO_4 0.025 *M* Na_2HPO_4	0.01 *M* Borax	0.025 *M* Carbonate	0.01 *M* Na_3PO_4
0	2.14 (1.67)		4.01	5.46	6.98	9.46	10.32	
5			4.01		6.95	9.39		
10	2.15 (1.67)		4.00	5.42	6.92	9.33	10.18	
15			4.00		6.90	9.27		
20			4.00		6.88	9.22		
25	2.15 (1.68) (1.69)	3.56	4.01	5.40	6.86	9.18	10.02	
30		3.55	4.01		6.85	9.14		
38	2.16 (1.70)			5.41			9.91	11.38
40		3.54	4.03		6.84	9.07		
45		3.55	4.04		6.83	9.04		
50		3.55	4.06		6.83	9.01		
55		3.56	4.07		6.84	8.99		
60	(1.73)	3.57	4.10		6.84	8.96		
70		3.58	4.12		6.85	8.93		
80		3.61	4.16		6.86	8.89		
90		3.65	4.20		6.88	8.85		
95		3.68	4.23		6.89	8.83		
$\frac{d\beta}{dpH}\times10^3$	22	27	24	37	24	20	26	27
2배 묽힘 (△pH)	+0.30	+0.06	+0.06	+0.06	+0.09	+0.02	+0.09	−0.10

부록 6. 완충용액의 사용범위

성 분	pH 범위	성 분	pH 범위
HCl−Glycine	1.0∼3.7	K, H phthalate−NaOH	4.0∼6.2
HCl−K, H phthalate	2.2∼4.0	NaH_2PO_4−Na_2HPO_4	5.9∼8.0
Citric−NaOH	2.2∼4.5	Diethylbarbituric−Na염	7.0∼9.0
HCOOH−HCOONa	3.0∼5.0	H_3BO_3−NaOH	8.0∼10.0
$C_6H_5CH_2COOH$ −$C_6H_5CH_2COONa$	3.5∼5.0	Glycine−NaOH	8.2∼10.1
HAc−NaAc	4.0∼5.2	Na_2HPO_4−NaOH	11.0∼12.0

부록 7. 용해도적(25℃, 단, 괄호 [ ] 안의 값은 온도)

화 학 식	K°_{sp}	화 학 식	K°_{sp}	화 학 식	K°_{sp}
브롬화물		$Mn_3(AsO_4)_2$	1.91×10^{-29}		(6.3×10^{-38})
AgBr	4.9×10^{-13}	$Ni_3(AsO_4)_2$	3.1×10^{-26}	· $Ga(OH)_3$[실온]	10^{-35}
	(5.0×10^{-13})	$Pb_3(AsO_4)_2$	4.1×10^{-36}	$Hg(OH)_2$	6×10^{-26}
Hg_2Br_2	5.9×10^{-23}	$Sr_3(AsO_4)_2$	1.3×10^{-18}	$In(OH)_3$(18)	1.3×10^{-34}
	(4.0×10^{-23})	UO_2HAsO_4	3.2×10^{-11}	· $La(OH)_3$[실온]	10^{-20}
· $PbBr_2$	2.8×10^{-5}	$Zn_3(AsO_4)_2$	10^{-28}	$Mg(OH)_2$	1.12×10^{-11}
TlBr	3.5×10^{-6}	수산화물			(5.9×10^{-12})
	(4.0×10^{-6})	· AgOH	1.0×10^{-8}	$Mn(OH)_2$[22]	4.5×10^{-13}
브롬산염		· $Al(OH)_3$[실온]	2×10^{-32}		(5.5×10^{-14})
$AgBrO_3$	5.4×10^{-5}	· $Be(OH)_2$[실온]	2×10^{-18}	$Ni(OH)_2$(active)	2×10^{-15}
· $TlBrO_3$[20]	8×10^{-5}	· $Bi(OH)_3$[실온]	10^{-30}	(aged)	6×10^{-18}
비산염 [20]		$Cd(OH)_2$[20](active)	3×10^{-14}	$Pb(OH)_2$[실온]	1.6×10^{-20}
Ag_3AsO_4	10^{-21}	(aged)	6×10^{-15}	$Pb(OH)_2$	10^{-31}
$AlAsO_4$ [22]	1.58×10^{-16}	· $Ce(OH)_3$[18]	5×10^{-23}	· $Sn(OH)_2$	10^{-25}
$Ba_3(AsO_4)_2$	7.8×10^{-51}	$Co(OH)_2$ (blue)	6×10^{-15}	$Th(OH)_4$	10^{-39}
$BiAsO_4$	4.4×10^{-10}	(pink, fresh)	2×10^{-15}	$TiO(OH)_2$	10^{-29}
$Ca_3(AsO_4)_2$	6.8×10^{-19}	(pink, aged)	2×10^{-16}	· $Tl(OH)_3$	10^{-41}
$Cd_3(AsO_4)_2$	2.7×10^{-33}	$Co(OH)_3$	10^{-43}	$VO(OH)_2$	7.4×10^{-23}
$Co_3(AsO_4)_2$	7.6×10^{-29}	$Cr(OH)_3$	8×10^{-31}	· $Y(OH)_3$	1.58×10^{-23}
$Cr(A_3O_4)_2$ [22]	7.8×10^{-21}	$Cu(OH)_2$	3×10^{-20}	$Zn(OH)_2$	10^{-16}
$Cu_3(AsO_4)_2$	7.6×10^{-36}	$Fe(OH)_2$	8×10^{-16}		(1.9×10^{-17})
$FeAsO_4$	5.8×10^{-21}		(7.9×10^{-15})	· $ZrO(OH)_2$	3×10^{-26}
$Mg_3(AsO_4)_2$	$21.\times10^{-20}$	$Fe(OH)_3$[18]	3.2×10^{-38}	AgCNO [19]	2.3×10^{-7}

화 학 식	K_{sp}°	화 학 식	K_{sp}°	화 학 식	K_{sp}°
시안화물		MgC_2O_4	7.1×10^{-7}	Ag_3PO_4[실온]	1.2×10^{-20}
· $AgCN$[실온]	1.21×10^{-16}	· PbC_2O_4[실온]	2.7×10^{-11}	$AlFO_4$[19]	7.2×10^{-19}
	(2.2×10^{-12})	요오드산염		$BiPO_4$[19]	1.38×10^{-23}
· $Hg_2(CN)_2$[실온]	5×10^{-40}	$AgIO_3$	3.1×10^{-8}	$Ca_3(PO_4)_2$[실온]	10^{-28}
염화물		$Ba(IO_3)_2$	1.51×10^{-9}	$CaHPO_4$	2.7×10^{-7}
$CuCl$	1.20×10^{-6}	$Ca(IO_3)_2$	7.1×10^{-7}	$CrPO_4$[19] (violet)	1.0×10^{-17}
$AgCl$	1.78×10^{-10}	$Ce(IO_3)_3$	3.3×10^{-10}	(green)	3×10^{-23}
	(1.8×10^{-10})	$Cu(IO_3)_2$	7.4×10^{-8}	$FePO_4$[19]	1.2×10^{-22}
· $BiOCl$[20]	2.1×10^{-7}	$Hg_2(IO_3)_2$	10^{-16}	Hg_2HPO_4	10^{-14}
Hg_2Cl_2	1.32×10^{-18}	$La(IO_3)_3$	10^{-10}	$Pb_3(PO_4)_2$	10^{-44}
	(1.1×10^{-18})		(4.0×10^{-26})	$PbHPO_4$[실온]	2×10^{-10}
$PbCl_2$	1.00×10^{-1}	$Pb(IO_3)_2$	2.9×10^{-13}	$Th_3(PO_4)_4$[19]	10^{-70}
	(2.6×10^{-5})	$Sr(IO_3)_2$	3.3×10^{-7}	$Th(HPO_4)_2$[19]	10^{-20}
$TlCl$	1.74×10^{-4}	$TlIO_3$	3.1×10^{-6}	$MgNH_4PO_4$	2.5×10^{-13}
	(2.7×10^{-4})	요오드화물		$ZnNH_4PO_4$[100]	1.0×10^{-16}
옥살산염		AgI	9.8×10^{-17}	크롬산염	
· $Ag_2C_2O_4$[실온]	8.9×10^{-12}		(1.5×10^{-12})	Ag_2CrO_4	1.29×10^{-12}
BaC_2O_4	1.60×10^{-7}	· BiI_3[20]	8.1×10^{-19}		(9.0×10^{-12})
	(1.6×10^{-11})	CuI	1.10×10^{-12}	$BaCrO_4$	1.18×10^{-10}
CaC_2O_4	1.86×10^{-9}	Hg_2I_2	4.9×10^{-29}		(1.17×10^{-10})
· CuC_2O_4[실온]	3×10^{-8}	PbI_2	1.05×10^{-9}	$CuCrO_4$	4.9×10^{-6}
$La_2(C_2O_4)_3$	2.0×10^{-28}	· TlI	5.8×10^{-8}	Hg_2CrO_4	2.0×10^{-9}
	(4.0×10^{-26})	인산염		· $PbCrO_4$[18]	1.78×10^{-14}

단, $BiOCl + 2H^+ \rightleftharpoons Bi^{3+} + Cl^- + H_2O$, $2AgCN$(또는 $Ag \cdot Ag[CN]_2$) $\rightleftharpoons Ag^+ + Ag(CN)_2^-$

화 학 식	K°_{sp}	화 학 식	K°_{sp}	화 학 식	K°_{sp}
· $SrCrO_4$[실온]	3.6×10^{-5}	티오시안산염		$CaSO_4$	1.20×10^{-6}
Tl_2CrO_4	9.8×10^{-13}	AgSCN	1.07×10^{-12}		(6.0×10^{-5})
탄산염		· CuSCN	4.8×10^{-15}	Hg_2SO_4	7.1×10^{-7}
Ag_2CO_3	5.6×10^{-12}		(1.6×10^{-11})		(5.0×10^{-7})
	(1.3×10^{-11})	· $Hg_2(SCN)_2$	1.82×10^{-20}	$PbSO_4$	1.70×10^{-8}
$BaCO_3$	5.1×10^{-9}	· $Pb(SCN)_2$	2.0×10^{-5}		(1.86×10^{-8})
	(7.3×10^{-9})	· TlSCN	7.1×10^{-4}	$RaSO_4$	4.3×10^{-11}
$CaCO_3$	7.2×10^{-9}		(2.2×10^{-4})	$SrSO_4$	3.2×10^{-7}
	(4.8×10^{-9})	페르시안화물			(2.9×10^{-7})
$FeCO_3$	3.5×10^{-11}	$Cd_2Fe(CN)_6$	3.2×10^{-17}	황화물	
Hg_2CO_3	8.9×10^{-17}	$Co_2Fe(CN)_6$	1.82×10^{-15}	$Ag_2S(\alpha)$	1.1×10^{-49}
$MgCO_3$	3×10^{-5}	$Cu_2Fe(CN)_6$	1.29×10^{-16}	(β)	6.8×10^{-50}
· $MnCO_3$[실온]	4×10^{-11}	$Fe_4[Fe(CN)_6]_3$	3.0×10^{-41}	Bi_2S_3	6.8×10^{-97}
· $NiCO_3$	6.6×10^{-9}	$Ga_4[Fe(CN)_6]_3$	1.51×10^{-34}		(2.0×10^{-72})
· $PbCO_3$[18]	6×10^{-14}	$In_4[Fe(CN)_6]_3$	1.91×10^{-44}	CdS	7.8×10^{-27}
	(1.6×10^{-13})	$Mn_2Fe(CN)_6$	7.9×10^{-13}		(1.4×10^{-28})
$SiCO_3$	4×10^{-10}	$Ni_2Fe(CN)_6$	1.29×10^{-15}	Ce_2S_3	7.7×10^{-11}
	(1.4×10^{-9})	$Pb_2Fe(CN)_6$	3.5×10^{-15}	CoS	5.9×10^{-21}
$ZnCO_3$[20]	1.45×10^{-11}	$(UO_2)_2Fe(CN)_6$	7.1×10^{-14}		8.7×10^{-23}
	(1.0×10^{-7})	$Zn_2Fe(CN)_6$	4.1×10^{-16}		(3.0×10^{-26})
티오시아노수은산염		황산염		Co_2S_3	2.6×10^{-124}
$CoHg(SCN)_4$[20]	1.51×10^{-9}	Ag_2SO_4	1.70×10^{-5}	Cu_2S	1.6×10^{-48}
· $ZnHg(SCN)_4$	2.2×10^{-7}	$BaSO_4$	1.00×10^{-10}	CuS	8.7×10^{-36}
	(8.0×10^{-36})		(1.0×10^{-16})	(sphalerite)	8.8×10^{-25}
FeS	4.9×10^{-18}	NiS	1.8×10^{-21}	(α, sphalerite)	(7.0×10^{-26})

화 학 식	K°_{sp}	화 학 식	K°_{sp}	화 학 식	K°_{sp}
	(5.0×10^{-18})	(α)	(1.0×10^{-22})	플루오르화물	
Fe_2S_3	1.4×10^{-35}	PbS	8.4×10^{-28}	BaF_2	1.05×10^{-6}
Hg_2S	5.8×10^{-44}		(5.0×10^{-28})	CaF_2	3.9×10^{-11}
HgS	8.6×10^{-52}	PtS	8.0×10^{-72}		(3.4×10^{-11})
	(1.6×10^{-52})	SnS	1.2×10^{-25}	PbF_2	3.1×10^{-8}
La_2S_3	2.5×10^{-13}	Tl_2S	7.5×10^{-20}		(2.7×10^{-8})
MnS(green)	5.4×10^{-14}	ZnS(pptd)	1.1×10^{-21}	SrF_2	2.7×10^{-9}
(pptd.)	5.1×10^{-15}	(wurtzite)	2.0×10^{-22}	· MgF_2	7.0×10^{-9}

단, · 표한 것과 모든 비산염, 인산염, 페로시안화물은 활동도적이 아니다.

부록 8. 표준 산화—환원전위(25℃, 단, 괄호 [ ] 안의 값은 형식 전위)

반 응	$E^0(V)$	반 응	$E^0(V)$
$F_2(g)+2H^++2e \rightarrow 2HF$	3.06	$Tl^{3+}+2e \rightarrow Tl^+$	1.25
$F_2(g)+2e \rightarrow 2F^-$	2.65	$O_3(g)+H_2O+2e \rightarrow O_2(g)+2OH^-$(염기성)	1.24
$O_3(g)+2H^++2e \rightarrow O_2(g)+H_2O$(산성)	2.07	$MnO_2(s)+4H^++2e \rightarrow Mn^{2+}+2H_2O$	1.23
$S_2O_8^{2}+2e \rightarrow 2SO_4^{2-}$	2.01	$O_2(g)+4H^++2e \rightarrow 2H_2O$	1.229
$Ag^{2+}+e \rightarrow Ag^+$	1.98	$IO_3^-+6H^++5e \rightarrow \frac{1}{2}I_2(s)+3H_2O$	1.195
$Co^{3+}+e \rightarrow Co^{2+}$	1.82	$Br(l)+2e \rightarrow 2Br$	1.0652
$H_2O_2+2H^++2e \rightarrow 2H_2O$	1.77	$ICl_2^-+e \rightarrow \frac{1}{2}I_2(s)+2Cl^-$	1.06
$MnO_4^-+4H^++3e \rightarrow MnO_2(s)e+2H_2O$(염기성)	1.695	$VO_2^++2H^++e \rightarrow VO^{2+}+H_2O$	1.00
$PbO_2(s)+SO_4^{2-}+4H^++e \rightarrow PbSO_4(s)+2H_2O$	1.685	(또는 $V(OH)_4^++2H^++e \rightarrow VO^{2+}+3H_2O$)	
$Ce^{4+}+e \rightarrow Ce^{3+}$	1.61	1 *M* H_2SO_4	[1.0]
1 *M* $HClO_4$	[1.7]	1 *M* $HClO_4$, HCl	[1.02]
1 *M* HNO_3	[1.61]	$HNO_2+H^++e \rightarrow NO(g)+H_2O$	1.00
1 *M* H_2SO_4	[1.44]	$NO_3^-+3H^++2e \rightarrow HNO_2+H_2O$	0.94
1 *M* HCl	[1.23]	$Cu^{2+}+I^-+e \rightarrow CuI(s)$	0.86
$H_5IO_6+H^++2e \rightarrow IO_3^-+3H_2O$	1.6	$Ag^++e \rightarrow Ag(s)$	0.7991
$BrO_3^-+6H^++5e \rightarrow \frac{1}{2}Br_2(l)+3H_2O$	1.52	1 *M* H_2SO_4	[0.77]
$MnO_4^-+8H^++5e \rightarrow M$[illegible]$+4H_2O$	1.51	1 *M* $HClO_4$	[0.792]
$Au^{3+}+3e \rightarrow Au(s)$	1.50	1 *M* HCl	[0.228]
$PbO_2(s)+4H^++2e \rightarrow Pb$[illegible]$+2H_2O$	1.455	$Hg_2^{2+}+2e \rightarrow 2Hg(l)$	0.789
$Cl_2(g)+2e \rightarrow 2Cl^-$	1.3595	1 *M* H_2SO_4	[0.674]
$Cr_2O_7^{2-}+14H^++6e \rightarrow 2Cr^{3+}+7H_2O$	1.33	1 *M* $HClO_4$	[0.776]
2 *M* H_2SO_4	[1.10]	1 *M* HCl	[0.274]
1 *M* HCl	[1.09]	$Fe^{3+}+e \rightarrow Fe^{2+}$	0.771

반 응	$E^0(V)$
1 *M* H_2SO_4	[0.68]
1 *M* $HClO_4$	[0.732]
1 *M* HCl	[0.700]
$O_2(g)+2H^++2e \rightarrow H_2O_2$	0.682
$2HgCl_2+2e \rightarrow Hg_2Cl_2(s)+2Cl^-$	0.63
$MnO_4^-+e \rightarrow MnO_4^{2-}$	0.564
$H_3AsO_4+2H^++2e \rightarrow H_3AsO_3+H_2O$	0.559
1 *M* $HClO_4$, HCl	[0.577]
$I_3^-+2e \rightarrow 3I^-$	0.536
	[0.538]
$I_2(s)+2e \rightarrow 2I^-$	0.5355
$Cu^++e \rightarrow Cu(s)$	0.521
$O_2(g)+2H_2O+4e \rightarrow 4OH^-$	0.401
$H_2MoO_4+2H^++e \rightarrow MoO_2^++2H_2O$	0.4
$VO^{2+}+2H^++e \rightarrow V^{3+}+H_2O$	0.361
$Fe(CN)_6^{3-}+e \rightarrow Fe(CN)_6^{4-}$	0.36
0.01 *M* HCl	[0.48]
1 *M* H_2SO_4, $HClO_4$	[0.56]
1 *M* HCl	[0.72]
$Cu^{2+}+2e \rightarrow Cu(s)$	[0.71]
$UO_2^{2+}+4H^++2e \rightarrow U_4^++2H_2O$	0.337
$BiO^++2H^++3e \rightarrow Bi(s)+H_2O$	0.334
$Hg_2Cl_2(s)+2e \rightarrow 2Hg(l)+2Cl-$	0.32
1 *M* KCl	0.2676
	[0.228 0.282]

반 응	$E^0(V)$
포화 KCl	[0.246]
$AgCl(s)+e \rightarrow Ag(s)+Cl^-$	0.222
$SO_4^{2-}+4H^++2e \rightarrow H_2SO_3+H_2O$	0.17
$S_4O_6^{2-}+2e \rightarrow 2S_2O_3^{2-}$	0.17
	[0.08]
$Cu^{2+}+e \rightarrow Cu^+$	0.153
1 *M* HCl	[0.45]
$Sn^{4+}+2e \rightarrow Sn^{2+}$	0.15
1 *M* HCl	[0.14]
$TiO^{2+}+2H^++e \rightarrow Ti^{3+}+H_2O$	0.10
1 *M* H_2SO_4	[0.04]
$AgBr(s)+e \rightarrow Ag(s)+Br^-$	0.095
$2H^++2e \rightarrow H_2(g)$	0.00
1 *M* HNO_3, $HClO_4$, HCl	[0.005]
$MoO_2^++4H^++2e \rightarrow Mo^{3+}+2H_2O$	0.0
$Pb^{2+}+2e \rightarrow Pb(s)$	−0.125
1 *M* $HClO_4$	[−0.14]
$CrO_4^{2-}+4H_2O+3e \rightarrow Cr(OH)_3(s)+5OH^-$	−0.13
$Sn^{2+}+2e \rightarrow Sn(s)$	−0.136
1 *M* $HClO_4$	[−0.16]
$AgI(s)+e \rightarrow Ag(s)+I^-$	−0.151
$CuI(s)+e \rightarrow Cu(s)+I^-$	−0.185
$2SO_4^{2-}+4H^++2e \rightarrow S_2O_6^{2-}$	−0.22
$Ni^{2+}+2e \rightarrow Ni(s)$	−0.250

반 응	$E^0(V)$	반 응	$E^0(V)$
$V^{3+}+e \rightarrow V^{2+}$	−0.255	$Al^{3+}+3e \rightarrow Al(s)$	−1.66
1 M $HClO_4$	[−0.21]	$H_2AlO_3^{-}+H_2O+3e \rightarrow Al(s)+4OH^{-}$	−2.35
$Co^{2+}+2e \rightarrow Co(s)$	−0.277	$Mg^{2+}+2e \rightarrow Mg(s)$	−2.37
$Ag(CN)_2^{-}+e \rightarrow Ag(s)+2CN^{-}$ (염기성)	−0.31	$Ce^{3+}+3e \rightarrow Ce(s)$	−2.48
$Tl^{+}+e \rightarrow Tl(s)$	−0.3363	$Mg(OH)_2(s)+2e \rightarrow Mg(s)+2OH^{-}$	−2.69
$Cd^{2+}+2e \rightarrow Cd(s)$	−0.403	$Na^{+} \rightarrow Na(s)$	−2.710
$Cr^{3+}+e \rightarrow Cr^{2+}$	−0.41	$Ca^{2+}+2e \rightarrow Ca(s)$	−2.87
$Fe^{2+}+2e \rightarrow Fe(s)$	−0.440	$Ba^{2+}+2e \rightarrow Ba(s)$	−2.90
$2CO_2(g)+2H^{+}+2e \rightarrow H_2C_2O_4$	−0.49	$K^{+}+e \rightarrow K(s)$	−2.925
$Fe(OH)_3(s)+e \rightarrow Fe(OH)_2(s)+OH^{-}$ (염기성)	−0.56	$Li^{+}+e \rightarrow Li(s)$	−3.045
$U^{4+}+e \rightarrow U^{3+}$	−0.61	아말감 전극의 $E^0(V)$	
$AsO_4^{3-}+3H_2O+2e \rightarrow H_2AsO_3^{-}+4OH^{-}$	−0.67		
$Cr^{3+}+3e \rightarrow Cr(s)$	−0.74	Pb(−0.13) $Pb^{2+}+2e \rightarrow Pb(Hg)$	−0.126
$Zn^{2+}+2e \rightarrow Zn(s)$	−0.763	Tl(−0.19) $Tl^{+}+e \rightarrow Tl(Hg)$	−0.3363
$2H_2O+2e \rightarrow H_2(g)+2OH^{-}$ (염기성)	−0.828	Cd(−0.32) $Cd^{2+}+2e \rightarrow Cd(Hg)$	−0.403
$TiO^{2+}+2H^{+}+4e \rightarrow Ti(s)+H_2O$	−0.89	Zn(−0.75) $Zn^{2+}+2e \rightarrow Zn(Hg)$	−0.763
$Sn(OH)_6^{2-}+2e \rightarrow HSnO_2^{-}+H_2O+3OH^{-}$	−0.90	K(−1.86) $K^{+}+e \rightarrow K(Hg)$	−2.925
$Cr^{2+}+2e \rightarrow Cr(s)$	−0.91	Na(−1.89) $Na^{+}+e \rightarrow Na(Hg)$	−2.714

부록 9. 착이온 연속안정도정수의 log 값(20 ℃)

NH_3

Ni^{2+} ; 2.75, 4.95, 6.64, 7.79, 8.50, 8.49

Co^{3+} ; 7.3, 14.0, 20.1, 25.7, 30.8, 35.2

Co^{2+} ; 2.05, 3.62, 4.61, 5.31, 5.43, 4.75

Cd^{2+} ; 2.60, 4.65, 6.04, 6.92, 6.6, 4.9

Zn^{2+} ; 2.27, 4.61, 7.01, 9.06

Cu^{2+} ; 4.13, 7.61, 10.48, 12.59

Hg^{2+} ; 8.80, 17.50, 18.5, 19.4

Ag^{+} ; 3.40, 7.40

Cu^{+} ; 5.90, 10.80

단, 위의 값은 $\mu=0.1$, 20℃에서 총 안정도 정수의 log값이며, Co^{3+}, Cu^{+}, Hg^{2+}은 $\mu=2$에서의 값이다.

Cl^-

Ag^{+} ; 3.31, 2.99, 0, 0.26

Cd^{2+} ; 2.00, 0.70, −0.59

Fe^{3+} ; 1.48, 0.60, −1.0

Co^{2+} ; −2.4

Zn^{2+} ; 0.50, −0.50, 1.00, −1.00

Cu^{2+} ; 0.0, −0.7, −1.5, −2.3

Hg^{2+} ; 6.77, 6.54, 0.71, 1.05

Pb^{2+} ; 1.10, 1.16, −0.40, −1.05

Sn^{2+} ; 1.51, 0.73, −0.21, −0.55

Bi^{3+} ; 2.43, 2.3, 0.3, 0.6, 0.5, 0.3

I^-

Cd^{2+} ; 2.28, 1.64, 1.08, 1.10

Pb^{2+} ; 1.26, 1.54, 0.62, 0.50

Hg^{2+} ; 12.87, 10.95, 3.78, 2.23

CN^-

Ag^{+} ; $\log K_1K_2$=20.79, 0.70, −1.13

Cu^{2+} ; $\log K_1K_2$=23.8, 4.6, 2.12

Fe^{2+} ; $\log K$=24,

Ni^{2+} ; $\log K$=22,

Cd^{2+} ; 5.18, 4.42, 4.32, 3.19

Hg^{2+} ; 18.00, 16.70, 3.83, 2.98

Fe^{3+} ; $\log K$=31

Zn^{2+} ; $\log K$=17

F^-

Al^{3+} ; 6.13, 5.02, 3.85, 2.74, 1.63, 0.47

Fe^{3+} ; 5.21, 3.95, 2.70

Cd^{2+} ; 0.46, 0.07

Cr^{3+} ; 4.36, 3.34, 2.48

OH^-

Ag^{+} ; 2.3, 1.9

Zn^{2+} ; 4.36, $\log K$=15.5

$S_2O_3^{2-}$

Ag^{+} ; $\log K_1K_2$=13.8, 0.55

Hg^{2+} ; $\log K_1K_2$=29.86, 2.4, 1.4

Fe^{3+} ; 3.25

SCN$^-$

Ag^+ ; 4.75, 3.48, 1.22, 0.22 — Cd^{2+} ; 1.04, 0.71, −0.97, 1.00

Bi^{3+} ; 1.15, 1.11, $\log K_3K_4=1.15$, $\log K_5K_6=0.82$

Zn^{2+} ; 1.7 — Cd^{2+} ; 3.0, 0, −0.7, −0.04

Cu^{2+} ; $\log K_1K_2K_3=5.19$, $\log K=6.52$ — Cr^{3+} ; 3.08, 1.8, 1.0, 0.3, −0.7, −1.6

Fe^{3+} ; 2.94, 1.19 — Hg^{2+} ; $\log K_1K_2=17.47$, 1.68, 0.62

Ni^{2+} ; 1.18, 0.46, 0.17 — Pb^{2+} ; 1.09, 1.43

$CH_3COCH_2COCH_3$

Cd^{2+} ; 3.8, 2.8 — Co^{2+} ; 5.4, 4.1 — Fe^{3+} ; 9.8, 9.0, 7.4

Cu^{2+} ; 8.2, 6.7 — Fe^{2+} ; 5.1, 3.6 — Zn^{2+} ; 5.0, 3.8

Mg^{2+} ; 3.6, 2.5 — Mn^{2+} ; 4.2, 3.1 — Ni^{2+} ; 5.9, 4.5, 2.1

2.2′−Dipyridyl

Ag^+ ; $\log K_1K_2=6.8$ — Cd^{2+} ; 4.5, 3.5, 2.5

Cu^{2+} ; $\log K_1K_2K_3=17.9$ — Fe^{2+} ; 4.4, $\log K=16.4$

Zn^{2+} ; 5.4, 4.4, 3.7

Dithizone

Co^{2+} ; 5.3 — Ni^{2+} ; 4.8 — Zn^{2+} ; 5.2

$H_2NCH_2CH_2NH_2$(en)

Ag^+ ; 4.7, 3.0 — Cd^{2+} ; 5.5, 4.6 — Co^{2+} ; 5.9, 4.7

Cu^{2+} ; 10.36, 8.93 — Fe^{2+} ; 4.3, 3.3 — Mn^{2+} ; 2.7, 2.1

Ni^{2+} ; 7.7, 6.5, 5.1 — Zn^{2+} ; 5.7, 4.7

8−Hydroxyquinoline(oxine)

Ba^{2+} ; 2.1 — Ca^{2+} ; 3.3 — Sr^{2+} ; 2.6

Cd^{2+} ; 7.8, 6.8 — Co^{2+} ; 9.1, 8.1 — Cu^{2+} ; 12.2, 11.2

Fe^{2+} ; 8.0, 7.0 — Fe^{3+} ; 12.3, 11.3 — Mg^{2+} ; 4.7, 3.7

Mn^{2+} ; 6.8, 5.8 — Ni^{2+} ; 9.9, 8.8 — Pb^{2+} ; 9.0, 8.0

Zn^{2+} ; 8.5, 7.5

$C_2O_4^{2-}$

Co^{2+} ; 4.7, 2.0, 3.0 — Fe^{3+} ; 9.4, 6.8, 4.0 — Mg^{2+} ; 2.6, 1.8

Mn^{2+} ; 3.0, 1.5 — Ni^{2+}, Pb^{2+} ; $\log K_1K_2=6.5$ — Zn^{2+} ; 5.0, 2.4, 0.7

o−Phenanthroline

Fe^{2+} ; $\log K=21.3$ — Fe^{3+} ; $\log K=14.1$ — Mn^{2+} ; $\log K=7.4$

Cd^{2+} ; 6.4, 5.2, 4.2 — Cu^{2+} ; 6.3, 6.2, 5.5 — Zn^{2+} ; 6.4, 5.7, 4.9

Ni^{2+} ; $\log K=18.3$

Tren(2.2′, 2″−triaminotriethylamine)

Ag^+ ; 7.8 — Cd^{2+} ; 12.3 — Co^{2+} ; 12.8 — Cu^{2+} ; 18.8 — Fe^{2+} ; 8.8

Hg^{2+} ; 25.8 — Mn^{2+} ; 5.8 — Ni^{2+} ; 14.8 — Zn^{2+} ; 14.7

$M^{m+} + Z^{z-} \rightleftharpoons MZ^{(m-z)+}$의 p$K$ 값

킬레이트제 / 금속이온	Trien	Tetren	NTA	EDTA	HEDTA	EEDTA	EGTA	DTPA	CDTA
Mn^{2+}	0	0	5.4	8.7	7.0	8.3	5.4	9.0	10.3
Ca^{2+}	0	0	6.4	10.7	8.0	10.0	10.9	10.7	12.3
Sr^{2+}	0	0	5.0	18.7	6.8	8.6	8.5	9.7	10.0
Ba^{2+}	0	0	4.8	7.9	6.2	8.2	8.4	8.6	8.0
La^{3+}	0	0	10.4	15.5	13.2	—	—	19.1	—
R. E	—	—	10.4~12.2	15.8~19.8	14.1~15.8	—	—	—	16.8~21.5
Mn^{2+}	4.9	7.0	7.4	13.8	10.7	13.2	12.3	15.5	16.8
Fe^{2+}	7.8	—	8.8	14.4	11.6	—	—	16.7	—
Fe^{3+}	—	—	15.8	25.1	—	—	—	27.5	—
Co^{2+}	11.0	15.1	10.4	16.3	14.4	14.7	12.3	19.0	18.9
Ni^{2+}	14.0	17.8	11.5	18.6	17.0	14.7	13.6	20.2	19.4
Cu^{2+}	20.1	22.9	12.6	18.8	17.4	17.8	17.8	21.0	21.3
Zn^{2+}	11.9	15.4	10.5	16.5	14.5	15.3	13.0	18.8	18.6
Cd^{2+}	10.8	14.0	9.8	16.5	13.0	16.3	16.7	19.0	19.2
Hg^{2+}	25.0	27.7	—	22.1	20.1	23.1	23.8	27.0	24.4
Al^{3+}	0	0	—	16.1	—	—	—	—	17.6
Pb^{2+}	10.4	10~11	11.1	17.9	15.5	14.4	14.6	18.6	19.7

Trien : Triethylenetetramine (3.32, 6.67, 9.20, 9.92)

Tetren : Tetraethylenepentamine (2.6, 4.1, 8.2, 9.2, 10.0)

NTA : Nitrilotriacetic acid 또는 ammoniatriacetic acid (1.9, 2.49, 9.73)

HEDTA : N-Hydroxyethylethylenediaminetriacetic acid (2.64, 5.33, 9.73)

EEDTA : Ethyletherdiaminetetraacetic acid (1.90, 2.67, 8.82, 9.49)

EGTA : Ethylene glycol-bis-(β-aminoethyl ether)-N, N′-tetraaceticacid (2.0, 2.68, 8.85, 9.43)

DTPA : Diethylenetriamine pentaacetic acid (2.08, 2.41, 4.27, 8.60, 10.55)

CDTA : Cyclohexanediaminetetraacetic acid (2.40, 3.52, 6.12, 11.70)

단, 괄호 안의 값은 pK_a이다.

부록 10. 혼합금속이온의 선택적정법 일람표

혼 합 물	목 적 금 속	pH	지 시 약	은 폐 제	비 고
Ca, Mg	Ca	12~13	NN calcein	KOH	KOH로 pH 12~13이라면 Mg는 수산화물 침전
Ca, Fe^{3+}, Mn^{3+}, Al^{3+}	Ca	11.5	TPC	KCN＋ triethanol amine	Mn^{2+}는 은폐 곤란
Ca, Mg, Sr, Ba, Cd, Zn	Cd, Zn Cd, Zn 알칼리 토류	4~6 10 10	XO EBT EBT	 F^- KCN	알칼리 토류는 불화물로써 침전
Cd, Zn, Pb, Al	Cd, Zn, Pb	4	XO	F^-	
Cd, Zn, Pb	Cd, Zn Pb	4~6 10	dithizone EBT	mercaptopropionic acid KCN	HCHO를 가해 Zn, Cd를 demasking. 계속 Zn, Cd를 적정한다.
Bi, Cd, Zn, Pb	Bi Cd, Zn, Pb Pb	1~2 4~6 4~6	XO XO XO	 phenanthroline	Bi 적정 종료후, 계속 적정 Bi 적정 종료 후, Pb 적정의 시료가 됨. 또는 상단의 적정 종료후, 은폐제를 첨가 유리한 EDTA을 Pb로 역적정함.
Cd, Zn	Zn Zn	5~6 5~6	XO XO	dimercaptosuccunic acid KI	
Bi, Th, Hf, Zr, In, Ga, Zn, Cd, Pb	Bi, Th, In, Ga, Zr, Hf	<2	XO MTB		
Bi, Th, In	Th Bi, In	1~2 1~2	XO XO	$Na_2S_2O_3$ 또는 thio urea Na_2SO_4	
Th, Zr, Hf	Zr, Hf	<1	XO	Na_2SO_4	가열 적정

혼 합 물	목적금속	pH	지시약	은 폐 제	비 고
Bi, In	In	5.5	XO	thioglycolic acid	$Na_2S_2O_3$로써 같이 은폐됨 Zn로 역적정
Bi, Fe	Bi	1~3	XO	ascorbic acid	Fe^{2+}로 환원 은폐
Cu, Ni	Ni Ni Ni	10 10 5	dithizone TPC XO	mercanto propionic acid thioglycolic acid $Na_2S_2O_3$ 또는 thio urea	 Ca으로 역적정 Pb으로 역적정
Cu, Cd, Zn, Ni	Zn, Cd, Ni	4~6	PAN	dithiocarbamate 또는 $Na_2S_2O_3$	열시 적정
Mn, Mg, Zn	Mn, Mg, Zn Mg, Mn Mn	10 10 10	EBT EBT EBT	 KCN KCN+triethanolamine	50~60℃로 가온 적정
Sn, Cu, Pb, Zn	Sn, Pb, Zn Sn	4~6 4~6	XO XO	thio urea F^-	Pb으로 역적정 상단의 적정 종료후 F^-을 가함. 유리한 EDTA을 Pb으로 역적정
Pb, Ni, Mg	Pb, Ni Mg Ni	4~6 10 10	MTB MTB MTB	 KCN	Pb으로 역적정 상단의 적정 종료후, pH 10의 Ca으로 역적정 상단의 역적정 종료후 KCN을 가함, 유리한 EDTA을 Ca으로 역적정
Ni, Cu, Mn^{3+}	Ni, Cu, Mn Ni, Mn Ni	5 12 12	XO TPC TPC	 thioglycolic acid triethanol amine	Pb으로 역적정 Ca으로 역적정 Ca으로 역정적
Co, Ni	Ni	7	XO	H_2O_2+KCN	Co^{3+}과 Ni을 cyan착물로 해서 은폐 후 Ag^+을 가해 Ni유리시킴.

혼 합 물	목 적 금 속	pH	지 시 약	은 폐 제	비 고
Ni, Cu, Zn, Pb	Ni, Cu, Zn, Pb	5	XO		Pb으로 역적정
	Ni, Zn, Pb	5	XO	thio urea	〃
	Ni	10	TPC	thioglycolic acid	Mg으로 역적정
	Pb	10	TPC	KCN	〃
In, Ni, Zn	In, Ni, Zn	10	MTB		Ca으로 역적정
	Ni	10	MTB	triethanol amine	Ca으로 역적정
	In	10	MTB	+KCN	CyDTA사용, Ca으로 역적
In, Ni, AI	In, Ni, Al	5.0~5.5	MTB		가열후, Zn으로 역적정 상단의 적정 종류후 F^-을가함. 가열후, Zn로 역적정 Ca으로 역적정
	Al	5.0~5.5	MTB	F^-	
				triethanol amine	
	Ni	10	MTB	thioglycolic acid	
Al, Fe^{3+}	Fe	2.5	variamine blue		
Al, Fe^{3+}, Cr^{3+}	Al, Fe, Cr	5~6	PAN		일시 적정
					CyDTA 사용, 실온으로 반응
	Al, Fe	5~6	PAN		Pb로 역적정
Al, Ti	Al	5~5.5	XO	lactic acid	Bi로 역적정
Cu, Al	Cu	5	XO	sufosalicylic acid	Zn으로 역적정
	Al	5	XO	thiourea	
Pb, Al	Pb	5	XO	acetylacetone	Pb의 100배의 Al로써 은폐 가능
Fe, Al, Pb, Zn	Zn	5~6	XO	citric acid	아연 제품 중의 Zn의 정량
U, Fe, Al, Mg	Mg	10	MTB	triethanolamine hydroxylamine	
Hg, Zn	Hg, Zn	10	EBT	KI	
	Zn	10	EBT		

부록 11. 무기물질의 반파전위와 확산전류

원소	반 응	지 지 전 해 질	$E_{1/2}$ *vs.* S.C.E	I
Ag	I → 0	1 *M* NaF, 0.01% Gelatin	>0	2.35
As	III	0.5 *M* H_2SO_4, 0.01% Gelatin	−0.7	−
	III → 0	1 *M* H_2 tartaric, 1 *M* HCl	−0.40	4.32
Au	I → 0	0.1 *M* KCN	−1.46	−
Ba	II → 0	0.1 *M* LiCl 또는 $N(CH_3)_4I$	−1.92	3.58
Bi	III → 0	1 *M* HCl, 0.01% Gelatin	−0.0	95.3
	III → 0	0.5 *M* Na_2 tartrate, pH 8.8, 0.01% Gelatin	−0.7	3.0
Cd	II	1 *M* NH_3, 1 *M* NH_4Cl	−0.81	3.68
	II	0.1 *M* KCl 또는 HCl	−0.60	3.51
Co	II → 0	0.1~1 *M* KCl 또는 NaCl, 0.01% Gelatin	−1.20	−
	II → 0	1 *M* NaF, pH 3~6, 0.01% Gelatin	−1.38	2.75
Cr	II → III	1 *M* KCl, 0.005% Gelatin, Anodic wave	−0.40	−1.54
	IV → II	0.1 *M* KCl, 0.01% Gelatin	−0.61	−
	VI → III	1 *M* NH_3, 1 *M* NH_4Cl, 0.1	−0.2	−
Cu	I → 0	0.1 *M* KCl, 50% Pyridine	−0.52	−
	II → 0	1 *M* NH_3, 1 *M* NH_4Cl, 0.004% Gelatin	−0.51	3.75
	II → 0	1 *M* KCl 또는 HCl, 0.01% Gelatin	−0.22	3.39
Fe	II → 0	1 *M* NH_3, 1 *M* NH_4Cl	−1.49	−
	III → II	0.1 *M* KHF_2, 0.5 *M* Na_2 tartrate, pH 6, 0.005% Gelatin	−0.19	1.11
Ga	III → 0	0.1 *M* KCl	−1.1	−
Mg	II → 0	0.1 *M* $N(CH_3)_4Cl$	−2.3	−
Mn	II → 0	1 *M* KCl	−1.51	−
Mo	VI → V	0.3 *M* HCl	−0.26	−
Na	I → 0	0.1 *M* $(C_2H_5)_4NOH$, 50 *V/V*% C_2H_5OH	−2.07	1.40
Ni	II → 0	1 *M* NH_3, 1 *M* NH_4Cl	−1.10	3.56
	II → 0	5 *M* $CaCl_2$	−0.56	−
	II → 0	1 *M* HCl	−0.80	−
	II → 0	1 *M* KSCN, 0.01% Gelatin	−0.68	3.59
Pb	II → 0	0.1 *M* KCl, 0.005% Gelatin	−0.40	3.85
	II → 0	1 *M* HCl, 0.01% Gelatin	−0.44	3.86
Pt	II → 0	1 *M* KCl	−0.1	4.06
Rb	I → 0	0.1 *M* $(CH_3)_4NOH$	−2.03	−

원소	반 응	지 지 전 해 질	$E_{1/2}$ *vs.* *S.C.E*	I
Sb	Ⅲ	1 *M* KCN	−1.09	−
	Ⅲ → 0	1 *M* HCl, 0.01% Gelatin	−0.15	5.57
Sn	Ⅱ → 0	1 *M* NaF, pH 4∼6, 0.01% Gelatin	−0.73	4.10
	Ⅱ → 0	1 *M* HCl, 0.01% Gelatin	−0.47	4.07
	Ⅱ → 0	0.5 *M* H_2SO_4, 0.01% Gelatin	−0.46	3.54
Sr	Ⅱ → 0	0.1 *M* $N(C_2H_5)I$	−2.11	3.46
Ti	Ⅳ → Ⅲ	포화 $CaCl_2$	−0.12	−
	Ⅳ → Ⅲ	0.1 *M* HCl, 0.005% Gelatin	−8.81	1.56
U	Ⅳ → Ⅲ	1 *M* HCl	−0.89	−
	Ⅵ → Ⅴ	0.1 *M* HCl	−0.18	1.54
V	Ⅲ → Ⅱ	1 *M* KBr, pH 2.5	−0.43	1.42
	Ⅴ → Ⅳ	1 *M* NH_3, 1 *M* NH_4Cl, 0.005% Gelatin	−0.96	1.6
	Ⅴ → Ⅱ	1 *M* NH_3, 1 *M* NH_4Cl, 0.005% Gelatin	−1.26	4.72
W	Ⅴ → Ⅲ	12 *M* HCl, 3가는 적색	−0.56	2.53
Zn	Ⅱ → 0	*M* NH_3, 1 *M* NH_4Cl, 0.005% Gelatin	−1.35	3.82
	Ⅱ → 0	1 *M* KCI, 0.0003% Methyl red	−1.00	3.42

부록 12. 적외선흡수스펙트럼 일람도표

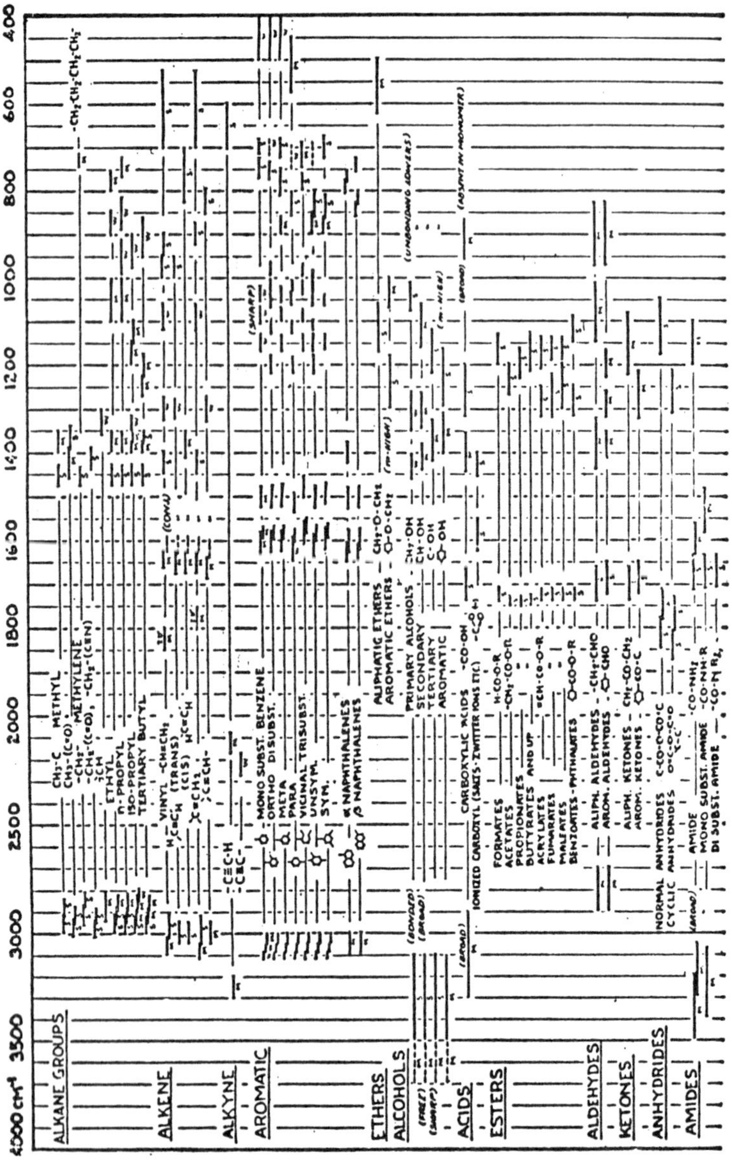

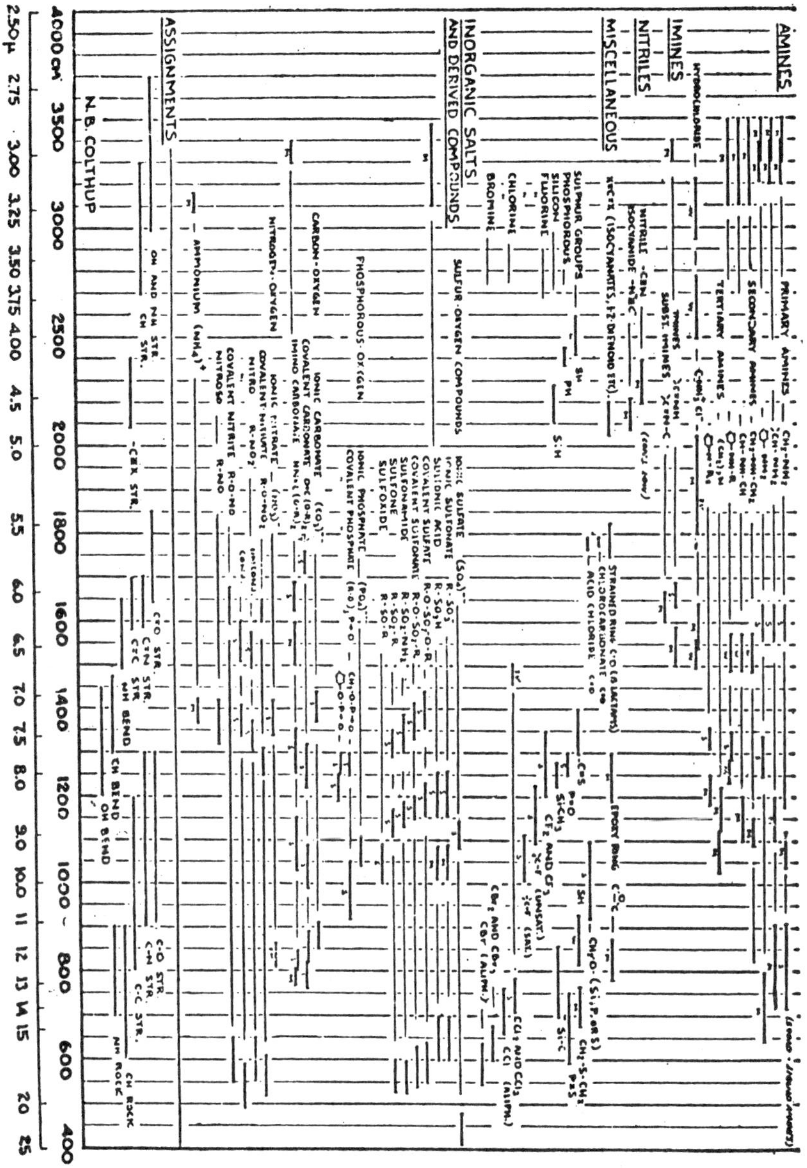

AMINES
PRIMARY AMINES — CH_2-NH_2
$\rangle$CH-NH_2
⌬-NH_2
SECONDARY AMINES — CH_2-NH-CH_2
CH-NH-CH
⌬-NH-R
TERTIARY AMINES — $(CH_2)_3N$
⌬-N-R_2
HYDROCHLORIDE — C-NH_3^+ Cl^-
(SOLID + LIQUID AMINES)

IMINES
IMINES $\rangle$C=NH
SUBST. IMINES $\rangle$C=N-C

NITRILES
NITRILE -C≡N
ISOCYANIDE -N≡C
(CONJ. LOW)

MISCELLANEOUS
X=C=X (ISOCYANATES, 1·2-DIENOID ETC.)
STRAINED RING C=O (β LACTAMS)
CHLOROCARBONATE C=O
ACID CHLORIDE C=O
EPOXY RING
CH_2-O-(Si, P, OR S)
SULPHUR GROUPS — SH
PHOSPHOROUS — PH
SILICON — Si-H
FLUORINE
C=S
P=O
Si-CH_3
CF_2 AND CF_3
$\rangle$C-F (UNSAT.)
$\rangle$C-F (SAT.)
SH
CH_2-S-CH_2
P=S
Si-C
CHLORINE
CCl_2 AND CCl_3
CCl (ALIPH.)
BROMINE
CBr_2 AND CBr_3
CBr (ALIPH.)

INORGANIC SALTS AND DERIVED COMPOUNDS
SULFUR-OXYGEN COMPOUNDS
IONIC SULFATE $(SO_4)^{--}$
IONIC SULFONATE R-SO_3^-
SULFONIC ACID R-SO_3H
COVALENT SULFATE R-O-SO_2-O-R
COVALENT SULFONATE R-O-SO_2-R
SULFONAMIDE R-SO_2-NH_2
SULFONE R-SO_2-R
SULFOXIDE R-SO-R
PHOSPHOROUS-OXYGEN
IONIC PHOSPHATE $(PO_4)^{---}$
COVALENT PHOSPHATE $(R\text{-}O)_3P=O$ — CH_2-O-P=O
⌬-O-P-O
CARBON-OXYGEN
IONIC CARBONATE $(CO_3)^{--}$
COVALENT CARBONATE O=C(O-R)$_2$
IMINO CARBONATE HN=C(O-R)$_2$
NITROGEN-OXYGEN
IONIC NITRATE $(NO_3)^-$
COVALENT NITRATE R-O-NO_2
NITRO R-NO_2
(UNCONJ.)
(CONJ.)
COVALENT NITRITE R-O-NO
NITROSO R-NO
AMMONIUM $(NH_4)^+$

ASSIGNMENTS
OH AND NH STR.
CH STR.
-C≡X STR.
C=O STR.
C=N STR.
C=C STR.
NH BEND
CH BEND
OH BEND
C-O STR.
C-N STR.
C-C STR.
CH ROCK
NH ROCK

N.B. COLTHUP

4000 cm⁻¹ 3500 3000 2500 2000 1800 1600 1400 1200 1000 800 600 400

2.50μ 2.75 3.00 3.25 3.50 3.75 4.00 4.5 5.0 5.5 6.0 6.5 7.0 7.5 8.0 9.0 10.0 11 12 13 14 15 20 25

부록 13. 지시약 용액을 만드는 법

Bromcresol Green : 물 100ml에 Bromcresol Green의 Na염($Na_1C_{21}H_2O_5SBr_4$, 분자량 742.03) 100mg을 녹인다.

Bromophenol Blue : 마노제 막자 사발에서 400mg의 Bromophenol Blue와 0.1 *N* NaOH 6ml를 갈아서 20% 메틸알콜－물 용액으로 묽게 한다.

Calcon : 메틸 알콜 10ml에 Calcon($NaC_{20}H_{13}O_5N_2S$, 분자량 416.40) 100mg을 녹이고, 정성 거름 종이로 걸러서 보관한다. 3주마다 한 번씩 다음의 방법으로 조사한다. 곧 50% NaOH 10방울과 NaCN 1g을 포함하는 100ml의 증류수에 Calcon용액 2방울을 넣는다. 청색이 pink색으로 선명하게 변하는 데에 0.02 *M* $CaCl_2$ 용액 반 방울 이하가 필요하여야 한다.

Dichlorofluorescein : 70*V*/*V*% 알콜 용액 100ml에 Dichlorofluorescein($C_{20}H_{10}O_5Cl_2$, 분자량 401.20) 110mg을 녹인다.

Diphenylamine : 진한 H_2SO_4(비중 1.836, 20℃)100ml에 Diphenylamine 50mg을 녹인다.

Eiochrome Black T : 메틸알콜 10ml에 Eriochrome Black T($NaC_{20}H_{12}O_7N_3S_2$ 분자량 461.390) 100mg을 녹이고, 정성 거름 종이로 걸러서 점적병에 보관한다. 3주마다 한 번씩 다음의 방법으로 조사한다. 곧 pH10의 완충용액 1ml와 NaCN 0.1g을 포함하는 100ml의 증류수에 이 용액 2방울을 떨어뜨린다. 청색이 red purple로 선명하게 변하는 데에 0.02 *M* $MgCl_2$ 용액이 반 방울 이하가 필요하여야 한다.

Ferrion[Tris (1.10-phenanthroline) iron(Ⅱ)sulfate] : G. F. Smith Chemica Co., Columbus, Ohio에서 시판하는 0.01 *M* Ferrion 용액을 쓴다.

Hethyl Orange : 소량의 물에 Methyl Orange($Na(CH_3)_2NC_6H_4N_2C_6H_4SO_3$, 분자량 327.35) 1g을 녹이고 1*l* 되도록 물로 묽힌다.

Methyl Red : 소량의 물에 가용성인 Methyl Red 500mg 녹이고 1*l* 되도록 묽힌다.

Methyl Red－Bromcresol Green : Methyl Red의 Na염 500mg과 Bromcreso Green의 Na염 750mg을 증류수 1*l*에 녹인다.

Phenolphthalein : 1g의 Phenolphthalein($C_{20}H_{14}O_4$, 분자량 318.33)을 1*l*의 에틸알콜에 녹인다.

Sodium Diphenylamine Sulfonate : 100ml의 물에 디페닐 술폰산 바륨 320ml을 녹이고 500mg의 Na_2SO_4를 넣은 다음 $BaSO_4$를 걸러 버린다.

Starch : 가용성 녹말 1g과 10mg의 HgI_2를 소량의 물에 넣고, 반죽처럼 갠 다음에 200ml의 끓는 물에 천천히 넣는다. 5분간 더 끓이고, 방냉하여 하룻밤 둔 다음에 상징액을 경사하여 쓴다.

Xylenol Orange : 10ml의 메틸알콜에 Xylenol Orange($C_{31}H_{32}O_{13}N_2S$, 분자량 672.67) 100mg을 녹이고, 정성 거름종이로 걸러 점적병에 보관한다. 3주마다 한 번씩 다음의 방법으로 조사한다. 곧 0.5 *M* HNO_3 100ml 4방울을 넣는다. 황색이 적색으로 선명하게 변하는 데에 0.02 *M* $Bi(NO_3)_3$용액이 반 방울 이하가 필요하여야 한다.

찾아보기

ㄱ

ㅅ

ㅇ

ㅊ

ㅋ

ㅌ

ㅍ

ㅎ

분석화학

초　판 1쇄 발행 / 1993년 8월 25일
개정판 1쇄 발행 / 1996년 2월 20일
개정판 6쇄 발행 / 2020년 2월 28일

공저　박영규 · 이무강 · 조병락
발행처　형설출판사
경기도 파주시 회동길 37-23 · 전화 (031) 955-2361～4 · 팩시밀리 (031) 955-2341
발행인　장진혁
등록　라－제9호 · 1962년 5월 1일
홈페이지　http://www.hyungseul.co.kr
e－mail　hs@hyungseul.co.kr

정가 26,000원

ISBN 978-89-472-4624-8 93430